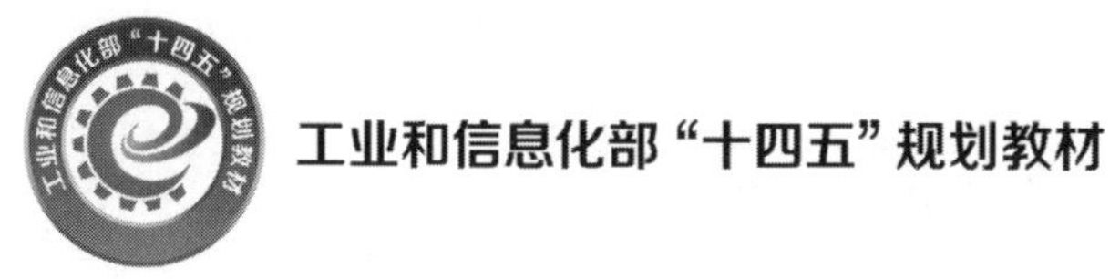

高电压技术

◆张嘉伟　王　倩　主　编

◆王　闯　秦司晨　副主编

電子工業出版社

Publishing House of Electronics Industry

北京 · BEIJING

内 容 简 介

本书涵盖高电压与绝缘技术的基本理论和试验技术，以及相关交叉学科的新知识，包含 5 部分内容：①气、液、固三类电介质的放电理论（第 1～5 章）；②耐压绝缘试验（第 6、7 章）；③输电线路和绕组中的波过程（第 8 章）；④雷电和过电压及其防护（第 9～11 章）；⑤绝缘配合与电磁环境（第 12 章）。其中第 1 部分在介绍电介质放电理论的基础上，加入了一定的工程应用实例和发展前沿技术；第 2 部分主要介绍高电压试验基础及规程，另外将在线监测的相关技术基础引入本书，旨在增强本书的实用性和适用性；第 3 部分详细介绍了输电线路和绕组中的波过程理论；第 4 部分在传统的防雷和防护技术基础上，增加了新型防雷技术及设备的内容，并扩展了其应用领域和范围；第 5 部分结合国家对能源发展的要求和电力系统的发展现状，对绝缘配合与电磁环境进行了阐述。

本书既可作为高等学校电气工程等相关专业的教材，也可作为专业技术人员从工程实际向融合创新提升的基础知识参考书。

图书在版编目（CIP）数据

高电压技术 / 张嘉伟，王倩主编. —北京：电子工业出版社，2023.4

ISBN 978-7-121-45384-7

Ⅰ. ①高… Ⅱ. ①张… ②王… Ⅲ. ①高电压－高等学校－教材 Ⅳ. ①TM8

中国国家版本馆 CIP 数据核字（2023）第 061114 号

责任编辑：孟　宇　　　　特约编辑：田学清
印　　刷：三河市华成印务有限公司
装　　订：三河市华成印务有限公司
出版发行：电子工业出版社
　　　　　北京市海淀区万寿路 173 信箱　　　邮编：100036
开　　本：787×1092　1/16　印张：24.5　字数：581 千字
版　　次：2023 年 4 月第 1 版
印　　次：2023 年 4 月第 1 次印刷
定　　价：79.80 元

凡所购买电子工业出版社图书有缺损问题，请向购买书店调换。若书店售缺，请与本社发行部联系，联系及邮购电话：（010）88254888，88258888。

质量投诉请发邮件至 zlts@phei.com.cn，盗版侵权举报请发邮件至 dbqq@phei.com.cn。

本书咨询联系方式：mengyu@phei.com.cn。

前言

高电压技术与工程应用结合比较紧密。近十年来高电压工程迅速发展，本书在当前国家大力倡导“新工科”以及学科交叉融合的背景下显得极为重要。而且，当前全球科技发展日新月异，电工装备测试新技术与方法、电工新材料、电力系统状态监测与评估新技术以及等离子与放电现象等方面均需要一本全新的高电压技术书籍。基于此，编写组教师面向国家需要和时代需求，把握“新工科”背景下对“高电压技术”课程内容的要求，编写了本书。

编写组教师长期从事高电压技术领域相关教学、研究与实践工作，主持完成了多项国家级科研项目、国际合作项目以及电力行业校企合作项目等，具有丰富的教学经验和工程实践经验。本书既能满足学生未来就业的重要知识储备需求，又能让学生为进一步从事相关领域的科学研究打下扎实的理论基础。本书可作为高等学校电气工程等相关专业的教材，也可作为专业技术人员从工程实际向融合创新提升的基础知识参考书。

本书绪论由张嘉伟编写，第 1、2、8 章由张嘉伟、秦司晨、张建威编写，第 3～6 章由王闯编写，第 7 章由秦司晨编写，第 9～11 章由王倩编写，第 12 章由王倩、王闯编写。同时，本书在编写过程中，得到了李辉、倪峰等老师的协助与支持。

限于编者水平，书中难免有不妥之处，恳请广大读者批评指正。

编　者

2022 年 12 月于西安

目 录

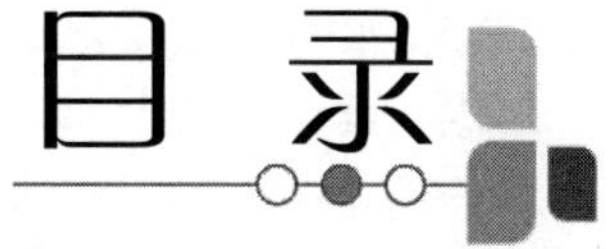

绪论

一、能源演变路径

从人类能源发展的一般规律来看，低密度能源向高密度能源转型是一个重要趋势；同时，人类能源也不断从高碳向低碳方向发展。新一轮由低密度能源取代高密度能源的能源变革的关键在于“电力”。按照 2060 年前国家“碳中和”的要求，新能源不断大规模发展，未来占装机容量的比例将不断扩大。比如，中国清洁能源（水能、风能、太阳能等资源）主要分布在西部、北部地区，而负荷中心与能源需求地区主要集中在东中部，二者呈逆向分布；再比如，随着海洋资源的利用与开发，海上风电已成为重要的战略性新兴产业，大容量的海上风电输送已迫在眉睫。因此，远距离大容量高压输电的设计与研发就显得尤为重要。特高压电网可实现能源从就地平衡到大范围配置的根本性转变，成为中国“西电东送、北电南供、水火互济、风光互补”的能源运输“主动脉”，特高压电网可提升清洁电力供应能力，并有力推动清洁低碳转型，实现能源电力可持续发展。截至 2020 年年底，我国已建成“14 交 16 直”、在建“2 交 3 直”共 35 个特高压工程，在运、在建特高压线路总长度为 4.8 万公里。在“十四五”期间，国家电网有限公司规划建设特高压工程“24 交 14 直”，涉及输电线路 3 万余公里，变电换流容量为 3.4 亿千伏安，总投资预计达 3800 亿元。

电气工程学科是现代科技领域中的核心与关键学科，在经历了第二次工业革命后，再一次登上历史舞台。能源电气工程的发展与国家战略、民族命运紧密联系在一起。同时，在当前信息化、电气化、智能化高度发展的时代背景下，电气工程学科的范畴也更加广阔与丰富。相关的学科交叉不但是高电压技术创新的重要来源，也是在基础研究中萌发创新思想的重要源泉。

二、高压输电的发展过程

高电压技术的发展始于 20 世纪初期，至今已成为电工学科的一个重要分支，它主要研讨高电压（强电场）下的各种电气物理问题。比如，在极端电磁环境影响下电介质会表现出哪些性质，绝缘材料的破坏机理和性能如何提高等问题。高电压技术的发展始终与大功率远距离输电的需求密切相关，现代交流电力系统的输电电压早已由高压（HV）提高到超过 220kV 的超高压(EHV)，发展到 20 世纪 90 年代，世界上最高的交、直流输电电压已分别达到 1000kV 和±800kV。中国作为装机容量和年发电量均居世界第一位的电力大国，也已建成规模巨大的 500kV 交流输电系统，更于 2005 年在西北地区（其原有交流输电系统的电压为 330kV）建成我国第一条 750kV 输电线路；而在直流输电方面，我国原来就以建成投运多条±500kV 直流输电线路而领先世界。随后建成的全球第一条千伏特高压输电线路——±1100kV 的新疆昌吉至安徽古泉的输电线路，跨越 3319 公里，途径 6 省，也成为人类电力工程史上浓重的一笔。表 0-1 说明了电压等级在逐年提高。

表 0-1 高压输电的出现与电压等级的提高

电压等级/kV	10	50	110	220	287	380	525	735	1150
首次出现年份	1890	1907	1912	1926	1936	1952	1959	1965	1985

纵观世界高电压输电工程的发展，各国发展特高压输电的原因不尽相同：俄罗斯是远距离、大容量两方面因素兼有，日本、意大利发展特高压，除为了大容量输电外，很关键的一点是为了减少电站出线回数，压缩线路走廊，节省土地资源。但是事物总是在矛盾中发展的，百万伏级的特高压输电的发展也仍然有许多未解决的技术困难。加拿大、美国、俄罗斯、巴西、南非等国已有多年的实际运行经验，韩国也独立地建成了 750kV 输电线路。中国国土辽阔、经济规模巨大、资源中心与用电负荷中心分布不均，同时伴随着以新能源为主体的新型电力系统建设的不断推进，面向“西电东送”“北电南送”的特高压输电通道工程规划与建设已大规模展开。2005 年，我国开始了规模宏大的特高压交、直流输电技术的研发和工程实践，至今已建成投运多座世界一流的特高压试验研究基地，若干条特高压交、直流输电工程正在建设中。我国已成为世界上交、直流输电电压最高、输送容量最大、送电距离最远的输电大国。此外，特高压建设工程投资规模大、产业链长，不但涉及高压电气开关设备、新型绝缘材料、换流阀、线缆、变压设备、机械工器具等相关领域，还可依托 5G、6G 技术推动物联网、芯片制造等高新技术的发展，有效拉动上下游相关产业发展，促进经济增长。

三、高电压技术的应用

高电压学科的技术发展和应用已涉及国防军事、航空航天、集成电路、工业生产、农业生产、食品科学、医疗卫生等多个领域，具有很好的发展前景，已成为国内外广泛开展研究的方向。

1. 国防军事

脉冲功率技术及其应用。在许多高技术领域、尖端武器领域，如可控热核聚变、激光技术、电子及离子加速器、电磁轨道炮等，包括美国的“星球大战”计划等许多课题需要脉冲功率技术向着高电压、大电流、窄脉冲、高重复率的方向发展。比如，在可控热核聚变中，当等离子体的温度达到几千万摄氏度甚至几亿摄氏度高温时，电子可获得足够的能量摆脱原子核的束缚，使原子核完全裸露，原子核就可以克服斥力聚合在一起，为核子的碰撞准备条件。如果同时还有足够大的密度和足够长的热能约束时间，那么这种聚变反应就可以稳定地持续进行。在人类让核聚变成为取之不竭、用之不尽的清洁新能源方面，高电压技术的发展可助力该技术取得更多突破性进展。

2. 航空航天

等离子推进器。国际空间站位于地球上空 360 公里的轨道上，地球大气层也绵延上千公里厚，尽管高空的空气稀薄，但空间站与空气间的摩擦会消耗一定的能量，导致空间站运动速度下降，空间站的绕地轨道发生改变。如不用燃料推动空间站，其位置将会越来越低，最后滑入大气底层，与大气摩擦后如流星般陨灭。不同于普通的飞行推进器，等离子推进器可利用电能把物质变成离子，再用电能（磁能）加速离子，形成离子气流。太阳能即可作为这种推进器的能量来源。因此，等离子推进器可用于宇宙飞船推进系统，在航空航天技术领域发挥重要的作用，其中相关的基础知识会在本书部分章节内容中提及。

3. 集成电路

随着半导体工业集成电路技术的飞速发展，对工艺水平的要求在不断提高，电子元器件绝缘封装材料的发展、强电场作用下的新型存储技术探索都包含着高电压及电气绝缘技术的相关基础知识。

封装技术。微电子产业的蓬勃发展推动了微电子封装技术的飞速发展。微电子产品向着高可靠性、高集成化、布线微细化、组装三维化、绿色环保化等方向不断发展，对芯片的绝缘封装材料在无杂质、高纯、高耐热、静电防护等方面提出了新的要求。比如，采用复合导电填料、无机填料、抗静电剂等掺杂对绝缘封装用聚乙烯、聚氯乙烯、环氧树脂等材料进行改性，以期使其在复杂的辐照环境、变化的温度/湿度等多个影响因素下具有更优良的电、热、力学性能。

信息存储技术。在面向类脑科技的高性能的感存算一体计算芯片设计与制造方面，阻变存储器作为新一代的高速度、低功耗、高密度、非易失性存储器受到广泛关注。其信息存储的功能是通过电介质内部导电细丝的形成和断裂引发的两个电阻态来实现器件的逻辑和存储状态控制的。不同氧化物层的离子迁移与导电细丝的生长息息相关。因此，绝缘电介质的微尺度探索与研究在助力新型存储技术的发展方面大有可为。

4. 工业生产

静电技术及其应用。基于高电压技术的静电除尘器的效率达 99%以上，在国际上已得到广泛的应用，在我国也成为大力发展的新型环保产品。静电除尘器在大型发电厂中已成为与汽轮机、锅炉、发电机并称的四大主要设备。另外，在污水处理、选矿、印刷、纺织、喷漆、喷雾、食品保鲜等方面，各种利用电晕与静电现象制成的设备也得到了广泛的应用。

液电效应及其应用。液电效应，即液体电介质在高电压、大电流放电时伴随产生的力、声、光、热等效应的总称。利用液电效应制成的铸件清砂装置等已在国内外得到广泛的应用，在石油开采、水下大型桥桩的探伤等方面也已得到应用。

线爆技术及其应用。强大的电流脉冲通过金属线时，会使金属线熔化、气化、爆炸，产生很强的力学效应及光、热、电磁效应。脉冲放电电流在金属材料裂纹愈合、再结晶和相转变、金属及非金属部件表面的改性等方面起到重要的作用，可用于对难熔金属、难镀材料的喷涂。

5. 农业生产

等离子体育种技术。诸多学者和研究机构针对冷等离子体处理植物种子开展了大量研究，结果表明，冷等离子体处理可有效激活种子使其产生多种生物学效应，如促壮复生，使种子活力得到提高、种子的抗旱耐盐能力有所提升、作物生长过程中病害的发生有所减少，这种基于等离子体技术改善植物生长发育特性的新型农业技术被广泛关注。

6．食品科学

高压脉冲电场技术是指将食品置于或流经处理室的两电极间，在电极上形成的高压脉冲电场，可将电能以脉冲形式作用在微生物的细胞膜上，导致细胞膜发生穿孔，增加其通透性，加速细胞内物质向外的传质过程，最终使细胞死亡。该技术可有效杀灭食品中的微生物，在实现节能和保持食品原有新鲜度和口感的同时，使食品中的营养成分不被破坏。此外，该技术也可应用在果蔬残留农药降解、酒类陈酿、食品冷冻、解冻和干燥等方面。美国食品和药物管理局把高压脉冲电场技术列为“可替代的食品处理技术”。

7．医疗卫生

等离子体消杀技术。大气压低温等离子体技术在病毒消杀领域中具有高效、低功耗等特点，可模拟产生自然界雷电放电现象中的高活性物质，在分子水平上破坏微生物的有机结构，打破微生物代谢平衡，实现高效消毒的效果。

废弃医疗用品处理。废弃的医用聚丙烯非织造布的主要处理方法是焚烧法和卫生填埋法，这两类方法因副产物大多有害而会给环境带来巨大的压力。采用高压纳秒脉冲技术的废弃医疗防护服辅助降解装置及方法，不需要外界提供热源和化学催化剂，在高压纳秒脉冲放电作用下产生等离子体和氧自由基等物质，使医用聚丙烯非织造布发生一定的降解，具有结构简单、高效、无二次污染的特点。由于原子间键能不同，氯苯比甲苯难以降解，利用脉冲高压介质阻挡放电可以显著地改善氯苯、甲苯的降解性能。

四、高电压技术的发展趋势与特点

对于电力类专业的学生来说，学习本课程的主要目的是学会正确处理电力系统中的过电压与绝缘这对矛盾。电力系统的设计、建设和运行都要求工程技术人员在各种电介质和绝缘结构的电气特性、电力系统中的过电压及其防护措施、绝缘的高电压试验等方面具有必要的知识，这些问题彼此密切相关，一起构成了“高电压技术”课程的主体内容。

事实上，在目前电气类专业的教学计划中，“高电压技术”课程是唯一研讨电力系统中的过电压和绝缘问题的一门课程，而且本课程的有些部分（如电介质的电气特性、分布参数电路中的行波理论等）还具有专业基础知识的性质，实属强电方面各个专业学生的知识结构中不可或缺的组成部分。

另外，随着高电压技术与其他学科的相互渗透和联系，高电压技术在不断汲取其他科技领域的新成果，促进自身知识结构与内容的更新和发展。同时，高电压技术领域的新进展、新方法更广泛地应用于大功率脉冲技术、激光技术、核物理、等离子体物理、生态与环境保护、生物学、医学、静电工业应用等科技领域，未来将在多学科交叉和科技创新方面显示出强大的活力和巨大的潜力。

第1章 气体放电的基本物理过程

电介质在电气设备中是作为绝缘材料使用的，按其物质形态，可分为气体介质、液体介质和固体介质。不过，实际绝缘结构所采用的往往是由几种电介质联合构成的组合绝缘，例如，架空输电线路的导线是裸导线，相与相之间的导线绝缘是由空气绝缘构成的；电气设备的外绝缘往往由气体介质（空气）和固体介质（绝缘子）联合构成，而内绝缘则较多地由固体介质和液体介质联合构成。

气体介质的优点是在击穿后具有完全的绝缘自恢复特性，因此使用十分广泛。此外，虽然气体放电理论在20世纪初才逐步形成，尚需进一步完善，但较液体介质和固体介质的击穿理论要完整得多，因此，本章先从气体绝缘介质开始论述，并作为绝缘介质部分论述的重点。

1.1 带电粒子的产生和消失

本节主要介绍气体中带电粒子的产生、运动及消失的过程和条件。

1.1.1 气体放电的主要形式

气体中流通电流的各种现象统称为气体放电。处于正常状态并隔绝各种外电离因素的气体是完全不导电的，但空气中总会有来自空间的各种辐射，总会有少量带电质点，一般情况下每立方厘米体积内有 500～1000 对正、负带电粒子，由于带电质点数量极少，电导极差，所以空气仍是性能优良的绝缘体。

当空气间隙（简称气隙）上的电压达到一定数值后，流过气隙的电流剧增，气隙失去绝缘能力，这种由绝缘状态突变为导电状态的现象称为击穿。

根据气体压力、电源功率、电场分布的不同，气隙击穿前后的气体放电可以有多种不同的外形，表 1-1 及图 1-1 给出了不同条件下的气体放电外形。其中，在低气压下放电外形为辉光放电（如荧光灯）。在常压或高气压下，当外回路阻抗较大时，放电外形为火花放电；当外回路阻抗很小时，放电外形为电弧放电。在气隙中的电场极不均匀的情况下，曲率半径较小的电极表面将出现电晕放电，发出淡蓝、淡紫色的晕光。

表 1-1 气体放电的主要外形形式

电场	气压	
	低气压（≪1 个大气压）	高气压（1 个大气压及以上）
均匀电场	辉光放电	火花放电、电弧放电
极不均匀电场	辉光放电	电晕放电、刷形放电、火花放电、电弧放电

注：1 个工程大气压（at）=9.80665×10^4Pa；1 个标准大气压（atm）=1.01325×10^5Pa。

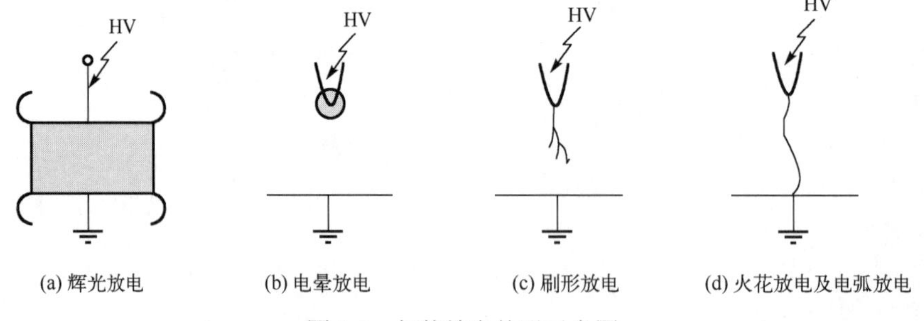

图 1-1 气体放电外形示意图

辉光放电：充满整个电极空间，电流密度较小，一般为 1～5mA/cm^2，整个气隙仍呈上升的伏安特性，处于绝缘状态。

电晕放电：高场强电极附近出现发光的薄层，电流值也不大，整个气隙仍处于绝缘状态。

刷形放电：由电晕电极延伸出的明亮而细的断续放电通道，电流增大，但此时气隙仍未被击穿。

火花放电：贯穿两电极间明亮而细的断续放电通道，气隙由一次次火花放电间歇性地被击穿。

电弧放电：明亮而电导很大，持续贯通两电极的细放电通道，此时的气隙被完全击穿，处于被持续短路的状态。

1.1.2　带电粒子的产生

纯净的中性状态的气体是不导电的，只有气体中出现了带电质点（电子、离子等）以后，才可能导电，并在电场的作用下，发展成各种形式的气体放电现象。产生带电粒子的物理过程称为电离，它是气体放电的首要前提。

气体中带电质点的来源有两个：一是气体分子本身发生电离；二是气体中的固体或液体金属发生表面电离。

从中性气体分子中产生载流子的过程称为电离过程（即电子脱离原子核的束缚而形成自由电子和正离子的过程）。气体中载流子的产生有许多过程，如紫外线照射、宇宙射线、摩擦和运动、电场、电晕放电、离子、光子和亚稳态效应等。气体中的场辅助电离过程是导致电击穿的决定因素。

气体原子中的电子沿着原子核周围的圆形或椭圆形轨道围绕带正电的原子核旋转。在常态下，电子处于离核最近的轨道上，因为这样势能最小。当原子获得外加能量时，一个或若干个电子有可能转移到离核较远的轨道上去，这个现象称为激励，产生激励所需的能量（激励能)等于该轨道和常态轨道的能级差。激励状态存在的时间很短（如 10^{-8}s），之后电子将自动返回常态轨道，这时产生激励时所吸收的外加能量将以辐射能（光子）的形式放出。如果原子获得的外加能量足够大，电子还可跃迁至离核更远的轨道上去，甚至摆脱原子核的约束而成为自由电子，这时原来中性的原子发生电离，分解成两种带电粒子——电子和正离子。使基态原子或分子中结合最松弛的那个电子电离出来所需的最小能量称为电离能。

引起电离所需的能量可通过不同的形式传递给气体分子，诸如光能、热能、机械（动）能等，根据外界给予原子或分子的能量形式不同，电离方式可以分为碰撞电离、光电离、热电离等。

1.1.2.1　碰撞电离

在电场中获得加速的电子在和气体分子碰撞时，可以把自己的动能转给后者而引起碰撞电离。

电子在电场强度为 E 的电场中移过 x 的距离时所获得的动能为

$$W=\frac{1}{2}mv^2=q_{\mathrm{e}}Ex \tag{1-1}$$

式中　m——电子的质量；

q_e——电子的电荷量。

如果 W 等于或大于气体分子的电离能 W_i，该电子就有足够的能量去完成碰撞电离。由此可以得出电子引起碰撞电离的条件应为

$$q_e Ex \geqslant W_i \tag{1-2}$$

电子为造成碰撞电离而必须飞越的最小距离 $x_i = \dfrac{W_i}{q_e E} = \dfrac{U_i}{E}$。式中，$U_i$ 为气体的电离电位，在数值上与以 eV 为单位的 W_i 相等，x_i 的大小取决于场强 E，增大气体中的场强将使 x_i 值减小，可见提高外加电压将使碰撞电离的概率和强度增大。

但即使满足式（1-2）的条件，也不一定每次碰撞都能造成电离，通常每次碰撞造成电离的概率是很小的。因此，需要引入自由行程的概念来对碰撞过程进行讨论。

自由行程是一个质点在每两次碰撞间自由地通过的距离。

平均自由行程 λ 是众多质点自由行程的平均值：

$$\lambda \propto T/P \tag{1-3}$$

式中 T——气体分子温度；

P——气体压力。

式（1-3）表明，在温度高、压力小的气体中带电质点的平均自由行程 λ 越大，积累的动能越大，越容易造成气体电离。

在常温常压下，空气中电子的平均自由行程在 10^{-5}cm 数量级。

当存在电场时，带电质点受电场力的作用，在电场方向得到加速，积聚动能，若与别的质点碰撞，将失去已积聚的动能。正、负离子的体积比电子大得多，在向电场方向加速的途中，在它们尚未积聚到足够动能时就与别的质点碰撞的概率比电子大得多，这样的碰撞只能使它们失去已积聚的某些动能，而不易造成电离；由于电子直径小，它与别的质点相邻两次碰撞之间的平均自由行程比离子大得多，在电场的作用下，积聚足够的动能后再与其他质点碰撞的概率比离子大得多。其次，由于电子的质量远小于原子或分子，当电子的动能不足以使中性质点发生电离时，电子会发生弹性碰撞，几乎不损失动能。所以，在电场中，造成碰撞电离的主要因素是电子。

当不存在电场时，质点的动能只能是该质点的热运动所固有的动能。在室温下，电子和离子的热运动所固有的动能尚不足以造成碰撞电离。只有当气体的温度升到足够高，使部分气体质点热运动的动能超过该气体质点的电离能时，才能发生电离。

表 1-2 所示为某些常见气体的激励能和电离能，它们通常用电子伏（eV）表示。由于电子的电荷 q_e 恒等于 1.6×10^{19}C，所以有时亦可采用激励电位 U_e（V）和电离电位 U_i（V）来代替激励能和电离能，以便在计算中排除 q_e 值。

表 1-2 某些常见气体的激励能和电离能

气体	激励能 W_e/eV	电离能 W_i/eV	气体	激励能 W_e/eV	电离能 W_i/eV
N_2	6.1	15.6	CO_2	10.0	13.7
O_2	7.9	12.5	H_2O	7.6	12.8
H_2	11.2	15.4	SF_6	6.8	15.6

1.1.2.2 光电离

光辐射引起的气体分子的电离过程称为光电离。频率为λ_0的光子能量为

$$W = hv \tag{1-4}$$

式中 h——普朗克常数，$h = 6.63\times10^{-34}\,\text{J}\cdot\text{s} = 4.13\times10^{-15}\,\text{eV}\cdot\text{s}$。

光辐射要引起气体电离必须满足如下条件：

$$hv \geqslant W_i$$

或

$$\lambda \leqslant \frac{hc}{W_i} \tag{1-5}$$

式中 λ——辐射光的波长；

c——光速，c=3×10^{8}m/s；

W_i——气体的电离能（eV）。

引起光电离的临界波长λ_0为

$$\lambda_0 = hc / W_i \tag{1-6}$$

表 1-3 所示为几种气体的电离电位及光电离临界波长。

表 1-3 几种气体的电离电位及光电离临界波长

气体	O_2	H_2O	CO_2	H_2	N_2	空气	He
电离电位/V（或电离能/eV）	12.2	12.7	3.7	15.4	15.5	16.3	24.6
光电离临界波长/nm	102	97.7	90.6	80.6	80.1	76.2	50.4

在外层空间，阳光辐射强烈，造成了地球外大气层的电离，形成了电离层。由于大气层的阻挡，阳光到达地面后，其最短波长λ_{min}一般不小于 290nm。

通过式（1-5）可得，$\lambda \geqslant 290$nm 的普通阳光照射远不足以引起气体直接发生光电离，紫外线也只能使少数电离能特别小的金属蒸气发生光电离，而波长更短的高能辐射线，如 X 射线、γ射线，才能使气体发生光电离。此外，光电离的诱因还可能会是气体本身放电，如已激励的分子或原子回到常态时（称为反激励），或后面将要介绍的带电粒子复合的过程，都会放出辐射能而引起新的光电离。

1.1.2.3 热电离

在一定热状态下的物质都能发出热辐射，气体也不例外。气体热度是气体分子热运动剧烈程度的标志。因气体的热状态而引起的电离，称为热电离。气体分子的平均动能 W_m 与气体温度 T 的关系为

$$W_m = \frac{3}{2}kT \tag{1-7}$$

式中 k——玻尔兹曼常数，$k = 1.38\times10^{-23}\,\text{J/K}$；

T——热力学温度（K）。

气体温度升高时，其热辐射光子的能量大，数量多，这种光子与气体分子相遇就可能产生光电离。同时，由一切热电离过程产生的电子也处于热运动中。因此，高温下的电子也能由于热运动靠碰撞作用而造成分子电离。因此，热电离并非一种独立的电离形式，其实质上

是热状态产生的碰撞电离和光电离的综合。在常温下，气体分子发生热电离的概率极小，可不必考虑其影响。

图 1-2 所示为空气、N_2、SF_6 的电离度与温度的关系曲线，可以看出：只有在温度超过 10000K 时，才需要考虑热电离；而在温度达到 20000K 左右时，几乎全部空气分子都已处于热电离状态。

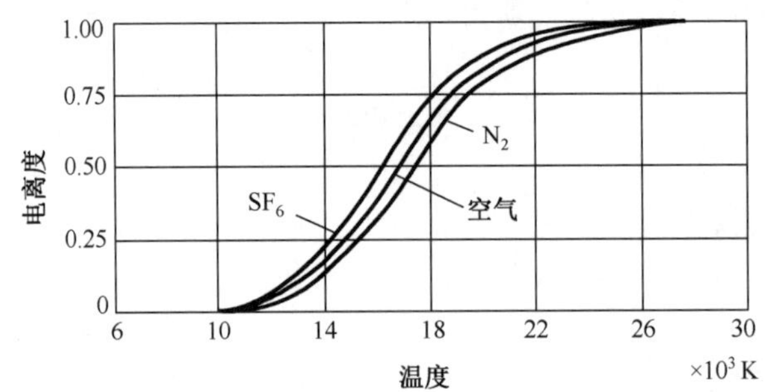

图 1-2 空气、N_2、SF_6 的电离度与温度的关系曲线

1.1.2.4 电极表面的电离

以上讨论的是气体中电子和正离子的产生，但从金属表面逸出的电子也会进入气隙参与碰撞电离过程。

电子从金属表面逸出需要一定的能量，称为逸出功。不同金属的逸出功是不同的，其值还与金属表面的状态有关（氧化层与微观结构等），一些金属的逸出功如表 1-4 所示。

表 1-4 一些金属的逸出功

金属	逸出功/eV	金属	逸出功/eV	金属	逸出功/eV
铝	1.8	铁	3.9	氧化铜	5.3
银	3.1	铜	3.9	铯	0.7
锌	3.3	铬	4.37	镍	5.24
钨	4.54	金	4.82	铂	6.3

将表 1-2 与表 1-4 做比较，就可看出：金属的逸出功要比气体分子的电离能小得多，这表明金属表面电离比气体空间电离更易发生。在不少场合，阴极表面电离（或称电子发射）在气体放电过程中起着相当重要的作用。随着外加能量形式的不同，阴极表面电离可在下列情况中发生。

（1）正离子撞击阴极表面。正离子在电场中将向阴极运动，当其与阴极发生碰撞时，可将其具有的能量传递给阴极中的电子。通常当正离子的能量大于阴极金属材料表面逸出功的两倍时，正离子可以从阴极表面碰撞出电子。这是由于，当从金属表面逸出的电子中有一个和正离子结合或成为原子时，其余的电子才能成为自由电子。

（2）光电子发射。用短波长的光照射电极表面时会引起光电子发射，其条件是光子的能量必须大于金属的逸出功。由于金属的逸出功要比气体的电离能小得多，所以紫外光照射电极表面也能产生光电子发射。然而，当光照射阴极材料表面时，有一部分光子会被反射，部分吸收的光能也会转化成金属材料的热能，只有一小部分成为电子逸出的诱因。

（3）热电子发射。金属中的电子在高温下也能获得足够的动能，克服阴极材料的逸出功而从金属表面逸出，这种现象称为热电子发射。热电子发射仅对电弧放电有意义，并在电子、离子器件中得到了应用。常温下气隙的放电过程不存在热电子发射现象。

（4）强场发射。当阴极表面附近存在很强的电场（约在10^3kV/cm数量级）时，也能使阴极发射出电子，这种现象称为强场发射或冷发射。一般常态气隙的击穿场强远低于此值，所以常态气隙的击穿过程完全不受强场发射的影响；但在真空气隙的击穿过程中，强场发射具有重要的作用。

1.1.3 带电粒子的消失

气体中带电粒子的消失可有下述几种情况。

1. 在电场力作用下带电粒子流入电极

带电粒子在电场的驱动下做定向运动，在到达电极时，会消失于电极上而形成外电路中的电流。带电质点在与气体分子碰撞后虽会发生散射，但从宏观看是在向电极方向做定向运动。在一定电场强度下，受到电场力的作用，带电质点运动的平均速度开始是逐渐增加的，但随着速度的增加，碰撞时失去的动能也在增加，最后，在一定的电场强度下，其平均速度将达到某个稳定值。

电子的迁移率比离子的迁移率约大两个数量级，同一种气体的正、负离子的迁移率相差不大。在标准参考大气条件下，干燥空气中正、负离子的迁移率分别为$1.36\text{cm}\cdot\text{s}^{-1}/(\text{V}\cdot\text{cm}^{-1})$及$1.87\text{cm}\cdot\text{s}^{-1}/(\text{V}\cdot\text{cm}^{-1})$。

2. 带电粒子的扩散现象

带电粒子的扩散是指带电粒子从浓度较大的区域转移到浓度较小的区域，从而使带电粒子在空间各处的浓度趋于均匀的过程。

带电粒子的扩散是粒子的热运动造成的，而不是由同号电荷的电场斥力造成的，因为即使在很大的浓度下，离子之间的距离仍较大，静电相互作用力很小。带电粒子的扩散规律也同气体的扩散规律相似，即气压越高或温度越低则扩散现象越弱。

电子的质量远小于离子，所以电子的热运动速度很大，电子在热运动中受到的碰撞也较少，因此电子的扩散过程比离子要强得多。

3. 带电粒子的复合

带电粒子的复合过程是指带异号电荷的粒子相遇，发生电荷的传递与中和而还原为中性粒子的过程。带电粒子复合时会以光辐射的形式将能量释放出来，这种光辐射在一定条件下能导致气隙中其他中性原子或分子的电离。因此，复合的结果并不一定是对放电过程的削弱，在某些情况下，复合引起的光电离会促进放电在整个气隙中的发展。

每立方厘米的常态空气中经常存在着500～1000对正、负带电粒子，它们是外界电离因素（如高能辐射线）使空气分子发生电离产生出来的，正、负带电粒子又不断地复合，最终达到一种动态平衡。

在复合的过程中，带电粒子的复合率与正、负带电粒子的浓度有关，浓度越大，复合率越高。

发生放电时，带电粒子受电场力作用流入金属电极会消失，但是流入绝缘材料的带电粒子却会在绝缘材料的表面积累形成表面电荷。如图 1-3 所示，在放电后初始时刻[见图 1-3(a)]，一正方形绝缘材料表面积累了电荷，形成钟形分布的表面电势。随着时间的推移[见图 1-3(b)]，电荷会沿着材料的表面逐渐扩散，从浓度较大的区域转移到浓度较小的区域。同时也会有空气中的粒子与材料表面的电荷复合从而使带电质点消失，如图 1-3(c)所示。

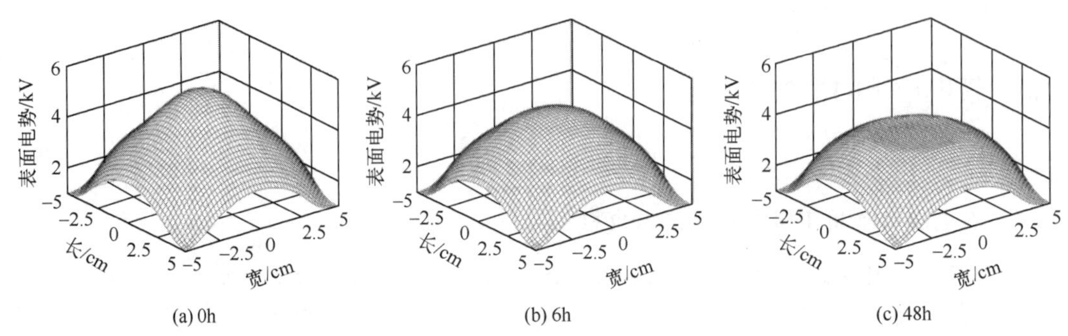

图 1-3 放电后绝缘材料表面积累电荷的消散过程

1.2 电子崩的形成和发展过程

气体放电的现象和规律与气体的成分、气压、温度、湿度、气隙中电场的均匀程度等因素相关，但气体放电的基本过程都是从种子电子的碰撞电离开始，然后发展到电子崩的阶段的。

1.2.1 非自持放电和自持放电

如前所述，宇宙线和放射性物质的辐照射线都可以是气体发生电离而产生新的带电质点的原因。同时，空间分布的正、负带电质点也在不断发生复合，因此，气体空间中会存在一定浓度的带电质点。当在气隙的电极上施加电压时，可检测到微小的电流信号。图 1-4 所示为实验所得的平板电极间（均匀电场）气隙中的电流 I 与外施电压 U 的关系（也即气体放电的伏安特性曲线）。以下将放电过程分为 0a、ab、bc、cS 四个阶段分别进行讨论。

0*a* 段：当电压由 0 开始升高到 a 点电压时，气隙中的电流 I 随外施电压 U 的升高而增大，这是因为带电质点向电极运动的速度加快导致了电流升高。

***ab* 段：**当电压接近 U_a 时，电流趋于饱和值 I_0，因为此时由外界电离因素所产生的带电质点全部进入了电极，所以电流值仅取决于外界电离因素的强弱而与外施电压的大小无关。这种饱和电流 I_0 很微小，在没有人工照射的情况下，电流密度的数量级仅为 10^{-19} A/cm^2，即使采用石英灯照射阴极，其数量级也不会超过 10^{-12} A/cm^2，可见这时的气体仍处于良好的绝缘状态。

bc 段：但当电压继续升高到U_b时，可以观察到回路电流又开始随电压的升高而增大，这是由气隙中电子的碰撞电离引起的，因为此时的电子在电场作用下已积累起足以引起碰撞电离的动能。电压继续升高至U_c时，电流急剧上升，说明放电过程又进入了一个新的阶段。此时气隙转入良好的导电状态，即气体发生了击穿。

cS 段：在伏安特性曲线的 cS 段，虽然电流升高很快，但电流值仍很小，一般在微安级，且此时气体中的电流仍要靠外界电离因素来维持，一旦去除外界电离因素，气隙中的电流将消失。因此，外施电压小于U_0时的放电是非自持放电。电压到达U_0后，电流剧增，且此时气隙中的电离过程只靠外施电压就可以维持，不再需要外界电离因素。因此，外施电压达到U_0后的放电是自持放电，U_0为起始放电电压。在极不均匀电场中，曲率半径较小的电极附近易发生电晕放电，其起始放电电压即电晕起始电压，与击穿电压相差很多。

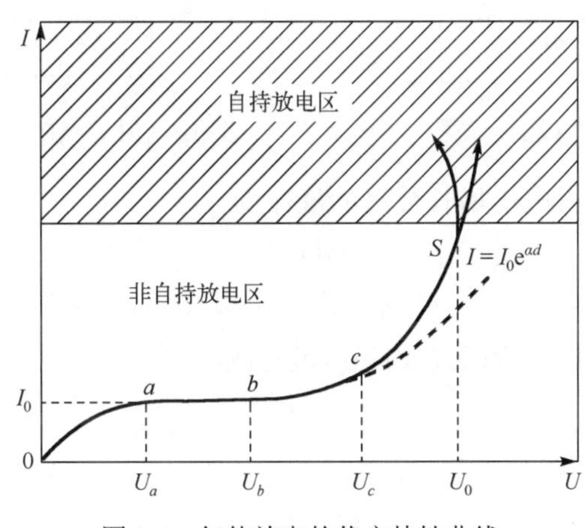

图 1-4 气体放电的伏安特性曲线

1.2.2 电子崩的形成和发展

由前述实验分析可知，非自持放电区向自持放电区转化的过程与气体的压强 p 和气隙长度 d 的乘积相关，pd 值较小时可以用汤森放电理论来解释，而 pd 值较大时则要用流注放电理论来解释。二者均源于电子碰撞电离形成电子崩。

电子崩的形成和发展过程可简述如下：假定在外界电离因素的作用下，阴极附近出现一个初始电子（种子电子），这一电子在向阳极运动的过程中，当电场强度足够大时，将引发碰撞电离，产生新的电子。新电子与初始电子在向阳极运动的过程中将继续引发新的碰撞电离，使电子总数呈几何级数增加。因此，电子和离子穿过气隙所需的传输时间相差约 150 倍。由于电子体积小、质量轻，迅速向阳极运动，且电子数量如雪崩状增加，因此，将碰撞电离使自由电子数不断增加的现象称为电子崩。图 1-5 所示为电子崩形成的示意图。

电子崩的发展过程也称为α 过程。α 为电子碰撞电离系数，它定义为一个电子沿电力线方向行进 1cm 长度平均发生的碰撞电离次数。若已知α，则可估算出电子崩中的电子数量。若每次碰撞电离产生一个新电子，则单位行程内新电离出的电子数为α。

在图 1-6 所示的平板电极气隙中（均匀电场），假设在距离阴极板为 x 的截面上，单位时

间内单位面积上有 n 个电子到达该截面，当这 n 个电子行进 $\mathrm{d}x$ 的距离后，又会产生 $\mathrm{d}n$ 个新电子。根据碰撞电离系数 α 的定义，可得

$$\mathrm{d}n = \alpha n \mathrm{d}x \tag{1-8}$$

变形为

$$\frac{\mathrm{d}n}{n} = \alpha \mathrm{d}x$$

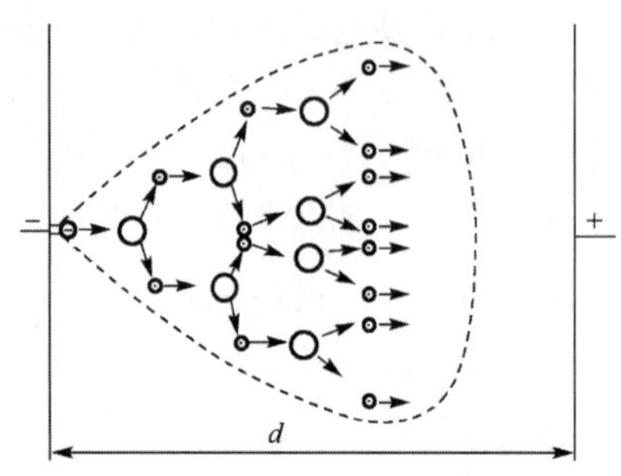

图 1-5 电子崩形成的示意图

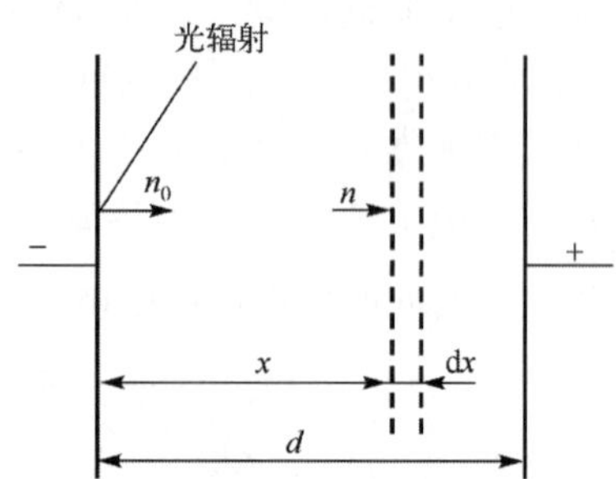

图 1-6 计算气隙中电子数增长的示意图

将该式两边积分，可得电子增长数目的规律为

$$n = n_0 \mathrm{e}^{\int_0^x \alpha \mathrm{d}x} \tag{1-9}$$

由式（1-9）可得，当 $x=0$ 时，$n=n_0$。由于在均匀电场中，气隙中各点的电场强度相同，α 值不随空间位置 x 而变化，所以式（1-9）可写成

$$n = n_0 \mathrm{e}^{\alpha x}$$

因此到达阳极板的电子数为

$$n = n_0 \mathrm{e}^{\alpha d} \tag{1-10}$$

式中 d ——极间距离。

在种子电子从阴极到阳极的行进过程中，气隙中新增加的电子数或正离子数应为

$$\Delta n = n - n_0 = n_0(\mathrm{e}^{\alpha d} - 1) \tag{1-11}$$

所以回路中总电流 I 的值为

$$I = I_0 \mathrm{e}^{\alpha d} \tag{1-12}$$

其中，$I_0 = n_0 q_e$，即图 1-4 中由外界电离因素所形成的饱和电流 I_0。

式（1-12）表明：虽然电子崩电流按指数规律随极间距离 d 增大而增大，但这时的放电还不能自持，因为 $I_0 = 0$ 时 $I = 0$。可见仅有电子崩过程（α 过程）时，放电不能自持。至此，电子崩形成过程中的电子数可被估算出来（见表 1-5），放电如何转为自持阶段，将在 1.2.3 节中予以描述。

表 1-5 电子崩中的电子数

x/cm	0.2	0.3	0.4	0.5	0.6	0.7	0.8	0.9	1.0
n	9	27	81	245	735	2208	6634	19930	59874

1.2.3 自持放电的条件

由 1.2.2 节内容可知，如果只有电子崩过程，自持放电是不能发生的。要达到自持放电的

状态，在初始电子崩消失前必须通过外界电离因素产生新的电子（二次发射电子），作为新的种子电子来延续电子崩过程。

正如图 1-4 中的曲线所示，当气隙上的外施电压大于U_c时，实测电流I随电压U的升高不再遵循$I = I_0\mathrm{e}^{\alpha d}$的规律，而是更快一些，可见此时，正离子开始显露其影响，成了促进放电的新因素。

如 1.2.2 节所述，在电场的作用下，初始电子崩中的正离子向阴极运动，由于它的平均自由行程较短，不易积累动能，所以很难使气体分子发生碰撞电离。但如果电压（电场强度）足够大，正离子撞击阴极时有可能引起表面电离而撞出新的电子，部分新电子和正离子复合，其余新电子则向着阳极运动，并形成引发新的电子崩的条件。在该过程中，如果新电子数等于或大于n_0，那么即使除去外界电离因素的作用（$n_0 = 0$，$I_0 = 0$），放电也不会停止，即放电仅仅依靠已经产生出来的电子和正离子（它们的数目均取决于电场强度）就能维持下去，这就变成自持放电了。由于新一轮初始电子的产生主要依靠阴极上的二次电子发射，因而阴极材料对气隙击穿电压值有相当显著的影响。为此引出正离子表面电离系数γ，γ表示一个正离子撞击到阴极表面时逸出的二次自由电子数。

从上面的概念出发，可以推求出自持放电的条件如下。

设阴极表面在单位时间内发射出来的电子数为n_n（n 表示阴极 negative），按式（1-13），它们在到达阳极时将增加为n_p（p 表示阳极 positive）

$$n_\mathrm{p} = n_\mathrm{n}\mathrm{e}^{\alpha d} \tag{1-13}$$

n_n包括了两部分电子：一部分是外界电离因素所造成的n_0；另一部分是前一秒钟产生出来的正离子在阴极上造成的二次电子发射。当放电达到某种平衡状态时，每秒从阴极上逸出的电子数均为n_n，则上述第二部分的二次电子数应等于$\gamma n_\mathrm{n}\left(\mathrm{e}^{\alpha d} - 1\right)$，而

$$n_\mathrm{n} = n + \gamma n_\mathrm{n}\left(\mathrm{e}^{\alpha d} - 1\right) \tag{1-14}$$

将式（1-14）代入式（1-13），可得

$$\frac{n_\mathrm{p}}{\mathrm{e}^{\alpha d}} - \gamma\frac{n_\mathrm{p}}{\mathrm{e}^{\alpha d}}\left(\mathrm{e}^{\alpha d} - 1\right) = n_0 \tag{1-15}$$

整理后可得

$$n_\mathrm{p} = n_0\frac{\mathrm{e}^{\alpha d}}{1 - \gamma\left(\mathrm{e}^{\alpha d} - 1\right)} \tag{1-16}$$

等式两侧均乘以电子的电荷q_e，即可得

$$I = I_0\frac{\mathrm{e}^{\alpha d}}{1 - \gamma\left(\mathrm{e}^{\alpha d} - 1\right)} \tag{1-17}$$

由式（1-17）可知：如果忽略正离子的作用，即令$\gamma = 0$，式（1-17）就变成$I = I_0\mathrm{e}^{\alpha d}$，即式（1-12）。如果$1 - \gamma\left(\mathrm{e}^{\alpha d} - 1\right) = 0$，那么即使除去外界电离因素($I_0 = 0$)，$I$亦不等于零，即放电能维持下去。

可见自持放电条件应为

$$\gamma\left(\mathrm{e}^{\alpha d} - 1\right) = 1 \tag{1-18}$$

式（1-18）包含的物理意义：在一个电子从阴极到阳极的过程中，因电子崩而造成的正离子数为 $e^{\alpha d}-1$，这簇正离子在阴极上造成的二次自由电子数应为 $\gamma\left(e^{\alpha d}-1\right)$，如果等于 1，就意味着那个初始电子有了一个后继电子，从而形成自持放电。

正离子表面电离系数 γ 的值与阴极材料、气体成分及放电过程中的过渡产物有关。某些气体在低气压下的 γ 值如表 1-6 所示。应该指出：阴极的表面状况（光洁度、污染程度等）对 γ 值也有一定的影响。放电由非自持转为自持时的电场强度称为起始场强，相应的电压称为起始电压。在比较均匀的电场中，它们往往就是气隙的击穿场强和击穿电压（即起始电压等于击穿电压），若一处发生击穿，则气隙处处击穿。而在不均匀电场中，电离过程率先发生于气隙中电场强度等于或大于起始场强的区域，即使发生局部自持放电，但整个气隙仍未击穿。因此，在不均匀电场中，起始电压低于击穿电压，二者的差值随着电场不均匀程度的增大而不断增大。

表 1-6　某些气体在低气压下的 γ 值

阴极材料	H_2	空气	N_2
铝	0.095	0.035	0.100
铜	0.050	0.025	0.066
铁	0.061	0.020	0.059

在不均匀电场中，各点的电场强度 E 不一样，所以各处的 α 值也不同，在这种情况下，上面的自持放电条件应改写成

$$\gamma\left(e^{\int_0^d \alpha dx}-1\right) \tag{1-19}$$

把电子崩和阴极上的 γ 过程作为气体自持放电的决定性因素是汤森放电理论的基础，它只能适用于低气压、短气隙的情况 $\left[pd<26.66\text{kPa}\cdot\text{cm}\left(200\text{mmHg}\cdot\text{cm}\right)\right]$，因为在这种条件下不会出现后面将要介绍的流注现象。

上述过程可以用图 1-7 所示的图解加以概括，当自持放电条件得到满足时，就会形成图解中闭环部分所示的循环不息的状态，放电就能自己维持下去，而不再依赖外界电离因素的作用。

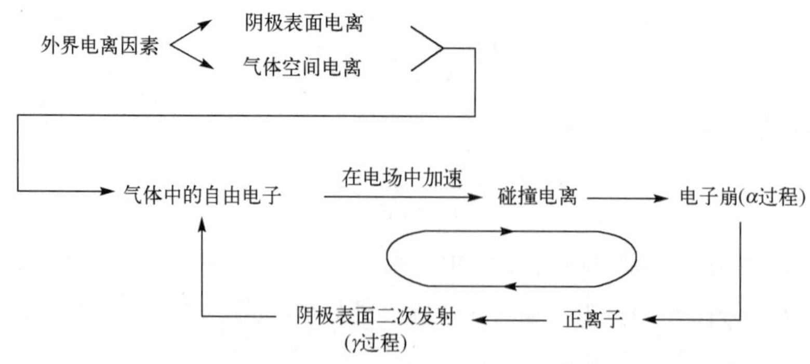

图 1-7　低气压、短气隙情况下的气体放电过程

自持放电的起始电压就是图 1-4 中 S 点所对应的电压 U_0，当外施电压达到 U_0 时，在不

均匀电场中，可以出现稳定的电晕放电；而在均匀电场或稍不均匀电场中，将发生整个气隙的击穿，这时气体介质变成了导体，完全丧失了原有的绝缘性能。

达到自持放电后的放电形式和特性取决于外施电压的类型、电场形式、外电路参数、气压和电源容量等条件。在低气压（不超过数千帕）时出现的是辉光放电，这时每一电子崩都会导致初始电子的增多，它们又引发新的电子崩，所以在低气压下的气体放电具有多电子崩的特征，放电过程充满了整个电极空间，这时由于新一轮初始电子的产生主要依靠阴极上的二次电子发射，因而阴极材料对气隙击穿电压值有相当显著的影响。在常压或高气压下，若外电路阻抗较大、电源容量不大，则将转为火花放电；若外电路阻抗不大、电源容量足够大，则将出现电弧放电。

在一个电极或两个电极具有很小的曲率半径（比极间距离小得多）的极不均匀电场中，当外施电压达到自持放电起始电压时，在小曲率半径的电极附近将出现电晕放电，其电流虽不大，但会伴有蓝紫色的晕光。

1.2.4 气体击穿与帕邢定律

利用汤森放电理论的自持放电条件$\gamma(e^{\alpha d}-1)$以及电子碰撞电离系数α与气压p、电场强度E的关系式（当气温T不变时），并考虑均匀电场中自持放电起始场强$E_0=\dfrac{U_0}{d}$（式中U_0为起始电压），即可得下面的关系式

$$A(pd)e^{-B_{pd}/U_0}=\ln\frac{1}{\gamma}$$

$$U_0=\frac{B(pd)}{\ln\left[\dfrac{A(pd)}{\ln\dfrac{1}{\gamma}}\right]} \tag{1-20}$$

式中　U_0——在温度恒定的条件下，均匀电场中气隙的击穿电压。

由于均匀电场气隙的击穿电压U_0等于它的自持放电起始电压，所以式（1-20）表明：U_0或U_b是气压和极间距离的乘积(pd)的函数，即

$$U_0=f(pd) \tag{1-21}$$

式（1-21）表明的规律在汤森放电理论提出之前就已由帕邢从实验中总结出来了，称为帕邢定律。图1-8所示为空气和SF_6气体的击穿电压U与pd值关系的实验曲线。由图可见，空气在$pd\approx0.7\text{kPa}\cdot\text{mm}$时击穿电压出现极小值；$SF_6$气体的击穿电压也有一个极小值，但在图中缺少$pd$小于临界值的数据，所以并不明显。$U_0=f(pd)$具有极小值这一事实从式（1-20）中可以看出。将式（1-20）对pd求导，并令其等于零，即可从理论上导出击穿电压出现极小值时的pd值。击穿电压U_0具有极小值是容易理解的。设d不变而改变p，p很大（即λ很小）或p很小（即λ很大）时α都很小，因此这两种情况下气隙都不容易放电。由此可知，升高气压或降低气压至高度真空，都能提高气隙的击穿电压。这一概念具有十分重要的实用意义。

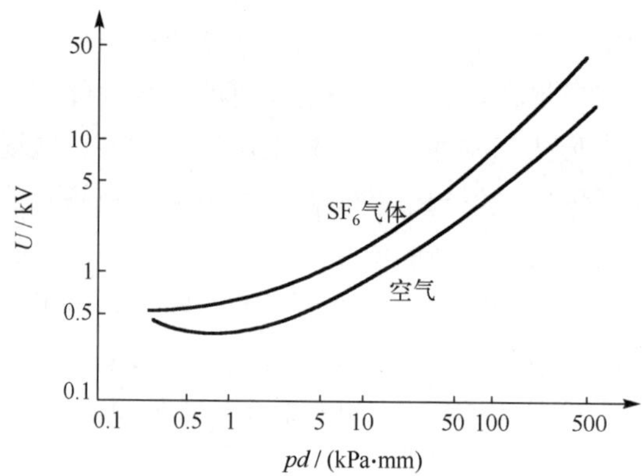

图 1-8 空气和 SF_6 气体的击穿电压 U 与 pd 值关系的实验曲线

应该指出，帕邢定律是在气体温度不变的情况下得出的。对于气温并非恒定的情况，式（1-21）应改写为

$$U_b = F(\delta d) \tag{1-22}$$

式中，δ 为气体相对密度，指在气体密度与标准大气压条件下（$P_s = 101.3\text{kPa}$，$T_s = 293\text{K}$）的密度之比，即

$$\delta = \frac{p}{T}\frac{T_s}{P_s} = 2.9\frac{p}{T} \tag{1-23}$$

式中 p——击穿实验时的气压（kPa）;

T——击穿实验时的温度（K）。

1.3 流注的发展过程

汤森放电理论是用电子碰撞电离（α 过程）及阴极表面电离（γ 过程）来说明 δd 较小时的放电现象的。δd 较大时，放电过程及现象出现了新的变化，因而在大量实验研究的基础上，提出了流注放电理论。

按照汤森放电理论，从施加电压到发生击穿的时间（称为放电时延）至少应为正离子穿过气隙的时间，但在气压等于或高于大气压时，实测的放电时延远小于正离子穿越气隙所需的时间。这表明汤森放电理论不适用于 pd 值较大的情况。

对放电发展过程进行实验研究的方法之一是对云室（即电离室）中的放电过程拍摄照片。云室中充有所研究的气体和饱和蒸气，在施加电压的同时使云室中的气体体积适当膨胀而导致温度下降，于是蒸气转入过饱和状态而在放电形成的离子周围凝结，使放电过程成为可见的现象。

云室的研究表明，pd 值较大时的放电过程也是从电子崩开始的，但是当电子崩发展到一定阶段后会产生电离特强、发展速度更快的新的放电区，这种过程称为流注放电。实验观察表明，流注的发展速度比电子崩的发展速度要快一个数量级，且流注并不像电子崩那样沿电力线方向发展，而是常会出现曲折的分支。

气体放电的流注理论也是以实验为基础的，它考虑了高气压、长气隙情况下不容忽视的若干因素对气体放电过程的影响，其中主要有以下几方面。

1.3.1　空间电荷对原有电场的影响

在电场作用下电子在奔向阳极的过程中不断引起碰撞电离，电子崩不断发展。由于电子的迁移速度比正离子的迁移速度要大两个数量级，因此在电子崩发展过程中，正离子留在其原来的位置上移动得不多，相对于电子可看成静止的。又由于电子的扩散作用，电子崩在其发展过程中横向半径逐渐增大。这样，电子崩中出现了大量的空间电荷，崩头最前面集中着电子，其后直到尾部是正离子，而其外形好似半球头的锥体，电子崩示意图如图 1-9(a)所示。

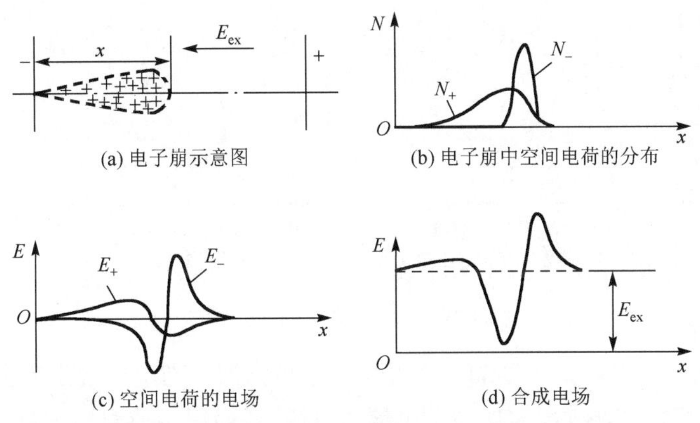

图 1-9　平板电极间电子崩空间电荷对外电场的畸变

如前所述，随着电子崩的发展，电子崩中的电子数 n 按 $n = e^{\alpha x}$ 呈指数级增加。例如，在正常大气条件下，若 $E = 30\text{kV/cm}$，则 $\alpha \approx 11\text{cm}^{-1}$，这时可算得随着电子崩向阳极推进的崩头中的电子数。由此可见，当 $x = 1\text{cm}$ 时，差不多 60%的电子是在电子崩发展途径上的最后 1mm 内形成的。

所以，电子崩的电离过程集中于头部，空间电荷的分布也是极不均匀的，如图 1-9(b)所示。这样，当电子崩发展到一定程度后，电子崩形成的空间电荷的电场将大大增强，并使总的电场明显畸变，大大加强了崩头及崩尾的电场，而削弱了电子崩内正、负电荷区域之间的电场，如图 1-9(c)、图 1-9(d)所示。

电子崩头部的电荷密度很大，电离过程强烈，再加上电场分布受到上述畸变，崩头将放射出大量光子。崩头前后，电场明显增强，这有利于产生分子和离子的激励现象，当分子和离子从激励状态恢复到正常状态时，放射出光子。电子崩内部正、负电荷区域之间的电场大大削弱，这有助于发生复合过程，同样也将放射出光子。当外电场相对较弱时，这些过程不很强烈，不会引起什么新的现象。但当外电场甚强，达到击穿场强时，情况就起了质的变化，电子崩头部开始形成流注。

1.3.2 流注的形成

1.3.2.1 正流注的形成

图 1-10 所示为正流注的产生及发展，表示了外施电压等于击穿电压时电子崩转入流注，实现击穿的过程。由于外界电离因素而从阴极释放出的电子向阳极运动，形成电子崩，如图 1-10(a)所示。

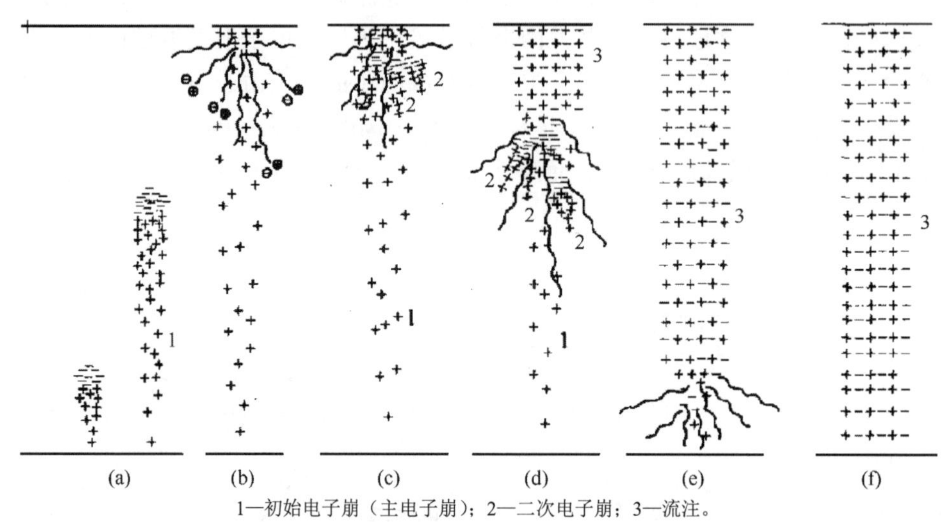

1—初始电子崩（主电子崩）；2—二次电子崩；3—流注。

图 1-10 正流注的产生及发展

随着电子崩向前发展，其头部的电离过程越来越强烈。当电子崩走完整个气隙后，头部空间电荷密度已非常大，以致大大加强了尾部的电场，并向周围放射出大量光子，如图 1-10(b)所示。

这些光子引起了空间光电离，新形成的光电子被主电子崩头部的正空间电荷所吸引，在受到畸变而加强了的电场中，又激烈地造成了新的电子崩，称为二次电子崩，如图 1-10(c)所示。

二次电子崩向主电子崩汇合，其头部的电子进入主电子崩头部的正空间电荷区（主电子崩的电子这时已大部分进入阳极），由于这里的电场强度较小，所以电子大多形成负离子。大量的正、负带电质点构成了等离子体，这就是所谓的正流注，如图 1-10(d)所示。

流注通道导电性良好，其头部又是由二次电子崩形成的正电荷，因此流注头部前方出现了很强的电场。同时，由于很多二次电子崩汇集的结果，流注头部电离过程蓬勃发展，向周围放射出大量光子，继续引起空间光电离。于是在流注前方出现了新的二次电子崩，它们被吸引着向流注头部移动，从而延长了流注通道，如图 1-10(e)所示。

这样，流注不断向阴极推进，且随着流注向阴极的接近，其头部电场越来越强，因而其发展也越来越快。当流注发展到阴极后，整个气隙就被电导很好的等离子体通道所贯通，于是气隙的击穿完成，如图 1-10(f)所示。

云室中测得的正流注的发展速度为$1\times10^{8}\sim2\times10^{8}$cm/s，比同样条件下的电子崩的发展速度（约$1.25\times10^{7}$cm/s）大一个数量级。

1.3.2.2 负流注的形成

以上介绍的是电压较低，电子崩需经过整个气隙方能形成流注的情况，这个电压就是击穿电压。如果外施电压比击穿电压还高，则电子崩不需要经过整个气隙，其头部电离程度已足以形成流注（见图 1-11）。因为形成后的流注，由阴极向阳极发展，所以称为负流注。在负流注的发展过程中，由于电子的运动受到电子崩留下的正电荷的牵制，所以其发展速度较正流注的要小。当流注贯通整个气隙后，击穿就完成了。

云室中测得的负流注的发展速度为$0.7\times10^8 \sim 0.8\times10^8\,\text{cm/s}$，比正流注的发展速度稍小，但也比电子崩的大得多。

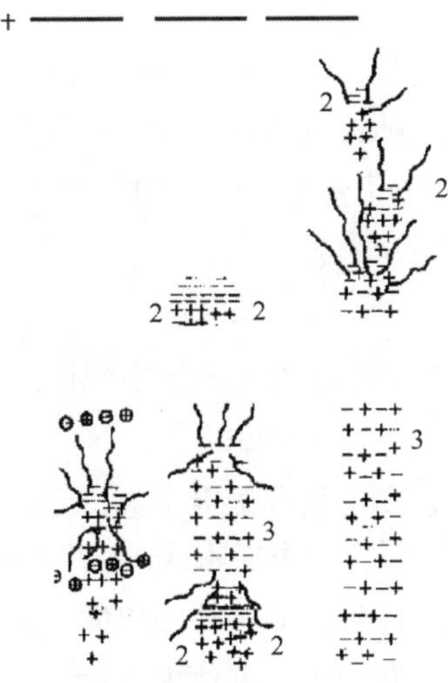

1—初始电子崩（主电子崩）；2—二次电子崩；3—流注。

图 1-11 负流注的产生及发展

1.3.2.3 流注自持放电条件

由上述可见，一旦出现流注，放电就可以由本身产生的空间光电离而自行维持，因此形成流注的条件就是自持放电的条件。由前述已知，初始电子崩头部电荷必须达到一定数量才能使原电场畸变和造成足够的空间光电离，因此对均匀电场可写出自持放电条件为

$$\mathrm{e}^{\alpha d} = 常数$$

也可按式$\alpha d \approx \ln\frac{1}{\gamma}$的形式改写为

$$\gamma \mathrm{e}^{\alpha d} = 1 或 \alpha d \approx \ln\frac{1}{\gamma} \tag{1-24}$$

因此，流注理论的自持放电条件和汤森放电理论的自持放电条件具有完全相同的形式，但必须注意，这只是形式上的相似，两者维持放电的过程是不同的。

根据实验结果可推算出空气中流注自持放电条件为

$$\alpha d = \ln\frac{1}{\gamma} \approx 20 \tag{1-25}$$

这说明，初始电子崩头部的电子数要达到 $e^{\alpha d}>10^8$ 时放电才转入自持。对于长度为厘米级的平板气隙，在标准大气条件下（$p_s=101.3\text{kPa}$，$T_s=20℃$）空气的击穿场强约为 30kV/cm（电压以峰值表示）。

流注理论可以解释汤森放电理论无法说明的 pd 值大时的放电现象，如放电为何不充满整个电极空间而是呈细通道形式，且有时火花通道呈曲折形；又如，放电时延为什么远小于离子穿越极间距离的时间；再如，为何击穿电压与阴极材料无关，等等。但必须指出，两种理论各适用于一定条件的放电过程，不能用一种理论取代另一种理论。

1.3.3 电负性气体的情况

以上分析未考虑电子的附着过程，这对 N_2 等非电负性气体是适用的，但对 SF_6 等强电负性气体则不适用。对于强电负性气体，除考虑 α 和 γ 过程外，还应考虑 η 过程（电子附着过程）。η 的定义与 α 相似，即一个电子沿电力线方向行经 1cm 时发生的平均电子附着次数。可见在电负性气体中有效的碰撞电离系数 $\bar{\alpha}$ 为

$$\bar{\alpha}=\alpha-\eta \tag{1-26}$$

参照式（1-13）之前的推导，可以写出在均匀电场中到达阳极的电子数为

$$n=n_0 e^{(\alpha-\eta)} \tag{1-27}$$

但必须注意，在非电负性气体中正离子数等于电子数，而在电负性气体中正离子数为电子数与负离子数之和，所以在汤森放电理论中不能将式（1-27）中的 α 用 $\alpha-\eta$ 代替来得出电负性气体的自持放电条件。由于强电负性气体的工程应用属于流注放电的范畴，所以本书中不讨论其汤森自持放电条件，而只讨论其流注自持放电条件。

研究表明，均匀电场中强电负性气体的流注自持放电条件与式（1-27）相似，即

$$(\alpha-\eta)d=K \tag{1-28}$$

对于不均匀电场则可写为

$$\int(\alpha-\eta)\mathrm{d}x=K \tag{1-29}$$

实验研究表明，SF_6 气体的 $K=10.5$，SF_6 的 K 值小于空气的相应值是可以理解的，因为 SF_6 的电子崩中除电子与正离子外还有负离子，所以满足自持条件时虽然崩头的电子数比空气中少得多，但整个电子崩内的带电质点数实际上是很大的。

由于强电负性气体中 $\bar{\alpha}<\alpha$，所以其自持放电场强比非电负性气体高得多。以 SF_6 气体为例，在 $p=101.3\text{kPa}$、$T=20℃$ 的条件下，均匀电场中的击穿场强为 $E_b\approx 89\text{kV/cm}$，约为同样条件的气隙的击穿场强的 3 倍。

1.4 不均匀电场中的放电过程

电气设备中很少有均匀电场的情况。但对高压电器绝缘结构中的不均匀电场还要区分两种不同的情况，即稍不均匀电场和极不均匀电场，因为这两种不均匀电场中的放电特性是不

同的。前者的放电特性与均匀电场相似，一旦出现自持放电，便立即导致整个气隙的击穿。全封闭组合电器（GIS）的母线筒和高压实验室中测量电压用的球气隙是典型的稍不均匀电场的例子；高压输电线之间的空气绝缘和实验室中高压发生器输出端对墙的空气绝缘则是极不均匀电场的例子。

1.4.1　稍不均匀电场和极不均匀电场的放电特性

电介质中导致击穿的第一个也是最重要的过程是电离。气态电介质中电离过程的发展本质上是非常完整的。它以一群被称为“电子雪崩”的带电粒子的形式生成。该过程直接受到电介质中电场强度大小的影响。根据外施电压的大小，最初会发生电流传导。当传导电流无限增大时，电介质的绝缘特性的击穿或完全破裂是高级阶段。这需要剧烈的电离过程。在稍不均匀电场中导致击穿的基本放电过程与均匀电场中的放电过程相似。

稍不均匀电场中放电的特性与均匀电场中的相似，在气隙击穿前看不到放电的迹象。极不均匀电场中的放电则不同，由于电场强度沿气隙的分布极不均匀，因而当外施电压达到某一临界值时，曲率半径较小的电极附近空间的电场强度首先达到了起始场强值 E_0，因而在这个局部区域先出现碰撞电离和电子崩，甚至出现流注，气隙击穿前在高场强区（曲率半径较小的电极表面附近）会出现蓝紫色的晕光，称为电晕放电。刚出现电晕时的电压称为电晕起始电压，随着外施电压的升高电晕层逐渐扩大，此时气隙中的放电电流也会从微安级增大到毫安级，但用工程观点看，气隙仍保持其绝缘性能。

必须注意，任何电极形状随着极间距离的增大都会从稍不均匀电场变为极不均匀电场。图 1-14 所示为半径为 r 的球气隙的放电特性与极间距离的关系。由图可见，当 $d \leqslant 4r$ 时，放电具有稍不均匀电场气隙的特点，即击穿电压与电晕起始电压是相同的；当 $d \geqslant 8r$ 时，放电具有极不均匀电场气隙的特点，此时电晕起始电压明显低于击穿电压。$4r < d < 8r$ 范围内的放电过程不稳定，击穿电压的分散性很大，这一范围属于由稍不均匀电场变为极不均匀电场的过渡区。

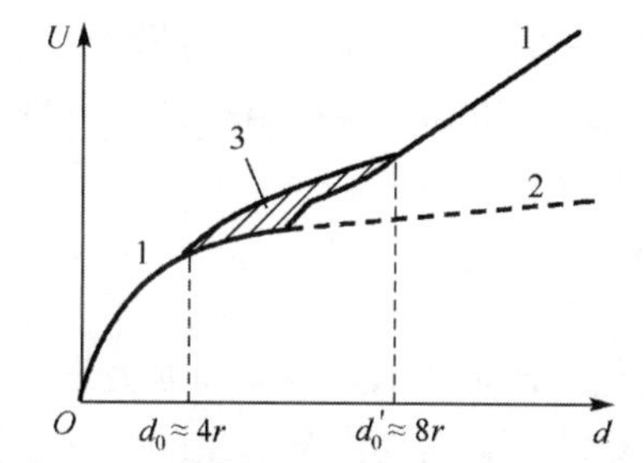

1—击穿电压；2—电晕起始电压；3—放电的不稳定区。

图 1-12　半径为 r 的球气隙的放电特性与极间距离的关系

要将稍不均匀电场与极不均匀电场明确地加以区分是比较困难的，但通常可用电场的不均匀系数来加以判断。电场不均匀系数 f 的定义为气隙中最大场强 E_{max} 与平均场强 E_{av} 的比值，即

$$f = \frac{E_{max}}{E_{av}} \tag{1-30}$$

其中，

$$E_{av} = \frac{U}{d}$$

式中 U——电极间的电压；

d——极间距离。

根据放电的特性（是否存在稳定的电晕放电），可将电场用 f 值做大致的划分：f=1，为均匀电场；f<2，为稍不均匀电场；f>4，就明显地属于极不均匀电场的范畴了（国外有的教科书中采用了电场利用系数的概念，电场利用系数是电场不均匀系数的倒数）。

例如，内、外电极半径分别为 r 及 R 的同轴圆柱电极，电极间半径为 x 的任一点场强的解析式为

$$E(x) = \frac{U}{x\ln(R/r)} \tag{1-31}$$

则

$$E_{max} = \frac{U}{r\ln(R/r)} \tag{1-32}$$

$$E_{av} = U/(R-r) \tag{1-33}$$

于是

$$f = \frac{R-r}{r\ln(R/r)} = \frac{\frac{R}{r}-1}{\ln(R/r)} \tag{1-34}$$

当 $R/r < 3.5$ 时，f<2，为稍不均匀电场；而当 $R/r > 3.5$ 时，f>4，为极不均匀电场。

对于其他结构，E_{av} 容易得到，然后可以用各种办法判断 E_{av}，从而判断 f。用电场不均匀系数 f<2 与 f>4 划分电场不均匀程度，原因在于 f<2 与 f>4 的放电现象与过程不同。

由上述可见，在稍不均匀电场中放电达到自持条件时发生击穿，但因为 f>1，气隙中的平均电场强度比均匀电场气隙的要小，因此在同样间隙距离时稍不均匀电场气隙的击穿电压比均匀电场气隙的要低。在极不均匀电场气隙中自持放电条件即电晕起始的条件。

1.4.2 极不均匀电场中的电晕放电

在 220kV 以上电压等级的超高压输电线路上，特别是在坏天气条件下，其导线表面会呈现一种淡紫色的辉光，并伴有咝咝作响的噪声和臭氧的气味，这种现象就是电晕放电（简称为电晕）。

电晕放电是局部放电的一种，其特点在于它一定触及一个电极或两个电极，而一般所称的局部放电可以发生在电极表面，也可以存在于两极之间的某一空间而不触及任一电极。

电晕放电可以是极不均匀电场气隙击穿过程的第一阶段，也可以是长期存在的稳定放电形式。存在稳定的电晕放电是极不均匀电场中气体放电的一大特点，因为在均匀或稍不均匀电场中，一旦某处出现电晕，它将迅速导致整个气隙的击穿，而不可能长期稳定地存在电晕

放电现象。

电晕放电现象是由电离区的放电造成的，电离区中的复合过程以及从激励态恢复到正常态等过程都可能产生大量的光辐射。因为在极不均匀电场中，只有大曲率电极附近很小的区域内的场强足够高，电子电离系数 α 达到相当大的数值，其余绝大部分电极空间场强太低，α 值太小，发展不起电离。因此，电晕层也就限于高场强电极附近的薄层内。

电晕放电的起始电压 U_c 在理论上可根据自持放电条件求取，但由于它的影响因素很多，这种计算很繁杂且不精确，所以通常都是由实验得出的经验公式来确定。然后根据电极表面电场强度 E 与外施电压 U 的关系，推导出相应的计算电晕起始场强 E_c 的经验公式。

1.4.3　电晕放电的起始场强

以输电线路的导线为例，在半径为 r 的单根导线离地高度为 h 的情况下，导线表面的电场强度 E 与对地电压 U 的关系为

$$E=\frac{U}{r\ln\frac{2h}{r}} \tag{1-35}$$

对于两根线间距离为 D、半径为 r 的平行导线来说，若线间电压为 U，则

$$E=\frac{U}{2r\ln\frac{D}{r}} \tag{1-36}$$

实际上导线表面并不是光滑的，所以对绞线要考虑导线表面粗糙系数 m_1。此外对于雨雪等使导线表面偏离理想状态的因素（雨水的水滴使导线表面形成凸起的导电物）可用系数 m_2 加以考虑，此时式（1-36）应改写为

$$E_c=30m_1m_2\delta\left(1+\frac{0.3}{\sqrt{r\delta}}\right)(\text{kV/cm}) \tag{1-37}$$

理想光滑导线 m_1=1，绞线 m_1=0.8～0.9；好天气时 m_2=1；天气较差时 m_2 可按 0.8 估算。

式中　δ——空气相对密度；

　　r——导线半径（cm）。

算得 E_c 后就不难根据电极布置求得电晕起始电压 U_c。例如，对于离地高度为 h 的单根导线可写为

$$U_c=E_c r\ln\frac{2h}{r} \tag{1-38}$$

对于距离为 d 的两根平行导线则可写为

$$U_c=2E_c r\ln\frac{d}{r} \tag{1-39}$$

在雨、雪、雾等坏天气时，导线表面会出现许多水滴，它们在强电场和重力的作用下，将克服本身的表面张力而被拉成锥形，从而使导线表面的电场发生变化，在较低的电压和表面电场强度下就会出现电晕放电。

根据电晕层中放电过程的特点，电晕可分为两种形式：电子崩形式和流注形式。当起晕电极的曲率很大时，电晕层很薄，且比较均匀，放电电流比较稳定，自持放电采取汤森放电

的形式，即出现电子崩式的电晕。随着电压升高，电晕层不断扩大，个别电子崩形成流注，出现放电的脉冲现象，开始转入流注形式的电晕放电。若电极曲率半径加大，则电晕一开始就很强烈，一出现就形成流注的形式。电压进一步升高，个别流注强烈发展，出现刷形放电的情况，放电的脉冲现象更加强烈，最后可贯通气隙，导致气隙完全被击穿。在冲击电压下，电压上升极快，来不及出现分散的大量电子崩，因此电晕从一开始就具有流注的形式。爆发电晕时能听到声音，看到光，嗅到臭氧味，能测到电流。

电晕放电会产生多种派生效应，包括电晕损耗、谐波电流和非正弦电压、无线电干扰、可闻噪声、空气的有机合成等。当然，探讨电晕放电及其派生效应问题的最有实用价值的场合应为超/特高压输电线路，因为只有在这种场合下，电能损耗才比较可观，环境影响也显得严重而且广泛。所以下面的探讨、分析均将以此作为典型对象。对于线路设计和环境评估而言，影响最大的派生效应是电晕损耗、无线电干扰和可闻噪声三项。

（1）电晕损耗（Corona Loss，CL）。电晕放电所引起的光、声、热等效应，以及使空气发生化学反应，都会消耗一些能量，电晕损耗当然会对线路的输电效率产生一定的影响。电晕损耗的大小会受到大气条件和线路结构参数两方面的影响。在雨、雪、雾等坏天气时，电晕起始电压 U_c 降低，电晕损耗大增。

最早出现和最常用的近似计算交流输电线路每相导线电晕功率损耗的经验公式为皮克公式，即

$$P_c = \frac{241}{\delta}(f+25)\sqrt{\frac{r}{D}}(U-U_0)^2 \times 10^{-5}\,(\text{kW/km}) \tag{1-40}$$

式中 f——电源频率（Hz）；

δ——空气的相对密度；

r——起晕导线的半径（cm）；

D——线间距离（cm）；

U——导线上所加相电压（kV）；

U_0——与电晕起始电压 U_c 相近的一个计算用临界电压（kV）。

皮克为获取这一经验公式而进行实验时所用的导线半径、输电电压等都没有达到现代超高压输电线路的参数范围，所以这一公式对于现代超高压大直径导线的情况不适用。其他研究者也曾提出过各种不同的计算公式，但现在已不再采用此类公式估算线路的电晕损耗，而是采用在实验线路上按实际的线路结构参数、实际的导线表面场强、实际的气象条件进行实测，并将得到的实测数据整理成一系列曲线图表，用来进行工程计算。线路运行时的损耗包括 I^2R 损耗和电晕损耗，如线路持续运行于满负荷状态，其年平均电晕损耗通常远小于 I^2R 损耗。

（2）无线电干扰（Radio Interference，RI）。输电线路产生的无线电干扰主要由导线、绝缘子和线路金具等的电晕放电所引起。在电晕放电过程中，电离、电子崩和流注不断产生、消失和重新出现所造成的放电脉冲所形成的高频电磁波会在无线电频率的宽广频段范围内造成干扰，包括无线电干扰（RI）和电视干扰（TI）；还有可能对频率范围为 30～500kHz 的载波通信和信号传输产生干扰。

由于电晕放电强度会因天气的不同而变化，在坏天气时，电晕放电明显变强，所以无线电干扰电平会随天气的变化而有很大的差异。此外，无线电干扰还与线路结构参数有关，包括导线的分裂数、子导线半径、相间距离、导线对地高度等。

超高压线路的无线电干扰问题在20世纪60年代末随着大批500kV线路投运而开始引起人们的注意。在出现无线电干扰与电视干扰的情况下，一个关键的问题是要使接收器与输电线路的横向距离保持多大，才能使产生的噪声水平足够低，以保证令人满意的接收质量。

表1-7所示为我国高压交流架空输电线路无线电干扰限值（GB/T 15707—2017）。

表1-7　我国高压交流架空输电线路无线电干扰限值（GB/T 15707—2017）（0.5MHz，20m）

线路电压等级/kV	110	220～330	500	750	1000
无线电干扰限值/dB	46	53	55	58	58
对于750kV和1000kV交流架空输电线路，好天气下的无线电干扰不应大于55dB(μV/m)					

（3）可闻噪声（Audible Noise，AN）。把Audible Noise译作“可听噪声”实在是一个很大的失误，因为它强调的不是“听”（Listen）的过程，而是“听到”（Hear）的结果，表示这是人耳所能听到的噪声，所以应该译作“可闻噪声”。

当导线上出现电晕时，超高压线路就会产生可闻噪声。当然，坏天气时的可闻噪声也会较大。

电晕放电所产生的正、负离子被周期性变化的交变电场所吸引或排斥，它们的运动使声压波的频率和幅值等于工频电压波的两倍。此外，可闻噪声相当宽的频谱是离子随机运动的结果，交、直流输电线路所产生的可闻噪声频谱如图1-13所示。

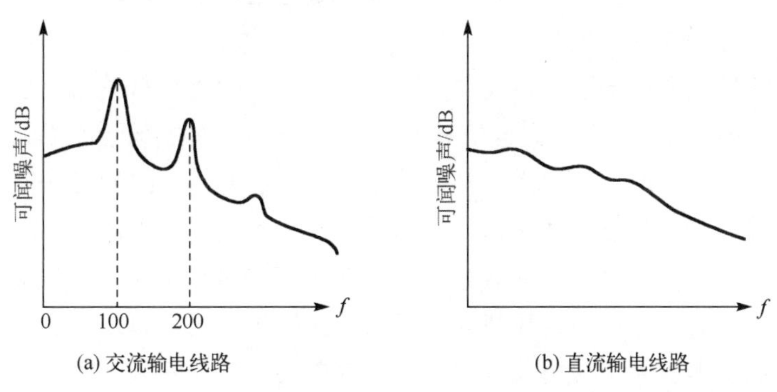

图1-13　交、直流输电线路所产生的可闻噪声频谱

从“心理声学”的观点看，可闻噪声是一个相当严重的问题，甚至是环境污染，它有可能导致居住在线路附近的人感到烦躁和不安，甚至引起失眠或精神疾患。这个问题也是随着20世纪60年代在美国投运500kV超高压线路才引起关注而成为一个社会问题，未来随着人民对美好生活的向往不断深化，在进行输变电工程设计和建设时，必须将可闻噪声控制在规定的范围内。

线路所产生的可闻噪声主要由下列因素决定：

（1）导线表面电场强度；

（2）导线分裂数；

（3）子导线的半径；

（4）大气条件；

（5）从导线到测量点之间的横向距离。

以后将会看到，可闻噪声将成为选择特高压交、直流输电线路导线和确定线路走廊宽度时的决定性因素。而对于超高压线路来说，起决定作用的往往还是无线电干扰。

各国对可闻噪声的限值规定有所不同，例如，美国的限值水平为55dB（A）；我国采用的水平与此相近［参阅《声环境质量标准》（GB3096—2008）］。

综上所述，对线路设计和电磁环境评估来说，一般认为：对超高压线路而言，控制因素通常为无线电干扰，而对特高压线路而言，控制因素变成可闻噪声。那么，为什么电晕损耗通常只作为校核因素，而不是控制因素呢？这是因为无线电干扰与可闻噪声都有自己的极限值，输电电压越高，干扰当然越严重，但它们的限值不能相应提高，所以一定要采取技术措施（如增大分裂导线的分裂数、增大子导线的直径、增大线路走廊宽度等）来保证上述限值不被突破。而电晕损耗不存在某种限值，当线路输送容量很大时，即使电晕损耗较大，只要所占百分比不大，仍是可以接受的。

要防止或减轻电晕放电的危害，最根本的途径显然是设法限制和降低导线的表面电场强度。通常在选择导线的结构和尺寸时，应使好天气时的电晕损耗相当小，甚至接近于零，对无线电干扰和电视干扰亦应限制到容许水平以下。对于超高压和特高压线路来说，为了满足上述要求，所需的导线直径往往大大超过按经济电流密度所选得的数值，虽然可以采用扩径导线或空芯导线来解决这个矛盾，但更加合适的措施是采用分裂导线，即每相都用若干根直径较小的平行子导线来替换大直径单导线。当分裂数超过两根时，这些子导线通常被布置在一个圆的内接正多边形的顶点上。

上述分裂导线的表面电场强度不仅与分裂数和子导线的直径有关，而且也与子导线之间的距离（分裂距）d 有关，在某一最佳值 d_0 时，导线表面最大电场强度 E_{max} 会出现极小值，如图 1-14 所示。$E_{max}=f(d)$，有这样的变化规律是不难理解的，因为当 d 值很小时，几乎并在一起的几根子导线与一根总截面积相同的单导线差别不大（如果 $d=0$，就完全变成一根单导线了）；反之，如果 d 值很大，那么各根导线相互之间的电场屏蔽作用很弱，每根子导线都接近于一根单导线，而子导线的直径却远小于总截面积相等的单导线的直径，所以子导线表面的电场强度反而变得更大了。由此可知，一定存在某一最佳的分裂距，使此时的导线表面最大电场强度最小。

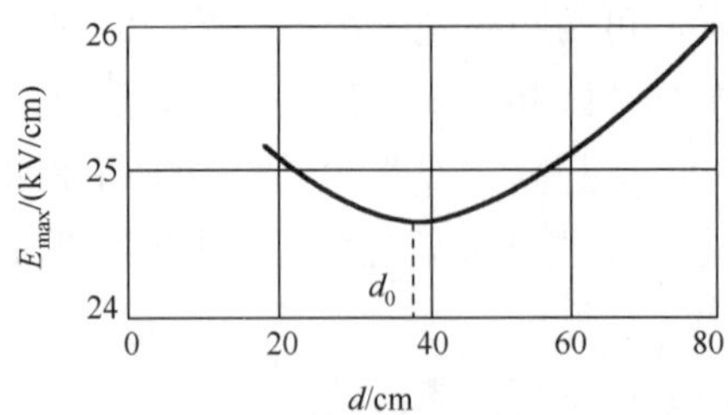

图 1-14　分裂导线表面最大电场强度与分裂距的关系曲线

应该指出，在实际确定 d 值时并不仅仅以 E_{max} 最小作为唯一的准则。由于增大 d 值有利于减小线路的电感、增大线路的电容，从而增加线路的输送功率，所以在实际工程中，往往把 d 值取得比 E_{max} 值最小时所对应的 d_0 值稍大一些，如 45cm 左右，从图 1-14 中的曲线可知，当 d 偏离 d_0 不多时，E_{max} 的变化不大。

对于 220kV 及以下电压等级的输电线路，由于电晕放电所引起的损耗和干扰都不严重，所以没有必要采用结构比较复杂的分裂导线来代替单导线。对 330～750kV 的超高压线路来说，按额定电压的不同，通常取分裂数为 2～6。但对 1000kV 及以上电压等级的特高压线路来说，就不可避免地要采用更多的分裂数了（如取分裂数为 8 或更大）。

最后，在列举了电晕放电所引起的种种危害之后，也应提及它有利的一面，例如，在输电线路上传播的过电压波将因电晕而衰减其幅值和降低其波前陡度；电晕放电还将在静电除尘器、静电喷涂装置、臭氧发生器等工业设备或医疗器材中得到广泛的应用。

1.4.4 极不均匀电场中的极性效应

在不均匀电场中，放电总是从曲率半径较小的电极表面，即气隙中场强最大的地方开始的，而与该电极的电位和电压的极性无关。这是因为放电只取决于电场强度的大小。但曲率半径较小的电极的电压极性不同，放电产生的空间电荷对原电场的畸变也不同，因此同一气隙在不同电压极性下的电晕起始电压不同，击穿电压也不同，这就是放电的极性效应。

判断极性要看表面电场较强的那个电极所具有的电位符号，所以在两个电极几何形状不同的场合，极性取决于曲率半径较小的那个电极的电位符号（如棒—板气隙的棒极电位），而在两个电极几何形状相同的场合（如棒—棒气隙），极性则取决于不接地的那个电极上的电位。

下面以电场最不均匀的棒—板气隙为例，从流注理论的概念出发，说明放电的发展过程和极性效应。

1.4.4.1 正极性

图 1-15 所示为棒—板气隙中自持放电前空间电荷对原电场的畸变。图 1-15(a)说明，此时棒电极附近已有发展得相当充分的电子崩。因棒电极为正极性，所以电子崩中的电子迅速进入棒电极（电子崩头部的电子到达棒电极后即被中和），而正离子则因其向板电极的运动速度很慢而暂留在棒电极附近，如图 1-15(c)所示。这些正空间电荷削弱了棒电极附近的电场强度，而加强了电荷前方空间的电场，如图 1-15(c)所示。因此空间电荷的作用遏制了棒电极附近的流注形成，从而使电晕起始电压有所提高。

1.4.4.2 负极性

在负极性的棒—板气隙中，空间电荷的作用与上述情况不同。图 1-15(b)所示为负极性棒—板气隙中空间电荷对原电场的畸变。棒电极带负电位时，这种情况下的电子崩也是首先出现在棒电极附近，如图 1-15(b)所示。电子崩中的电子迅速扩散并在向板电极运动的过程中形成负离子。负离子的扩散增加了棒电极的等效半径，因而降低了气隙的电场强度。崩头的电子在离开强场（电晕）区后，虽不能再引起新的碰撞电离，但仍继续向板电极运动，因而在棒电极附近空间正电荷的浓度很大，如图 1-15(b)所示。但这些空间正电荷对原电场的畸变与图 1-15(d)不同，它加强了棒电极表面附近的电场而削弱了空间电荷外围空间的电场，如图 1-15(d)所示。因此，这种情况下的空间电荷容易使棒电极附近形成流注，也就是自持放电的条件易于满足。当电压进一步提高时，电晕区不易向外扩展，整个气隙的击穿将是不顺利的，这时气隙的击穿电压要比正极性时高得多，完成击穿过程所需的时间也要比正极性时长得多。

上述分析也适用于稍不均匀电场气隙。例如，在高压实验室中测量电压用的球气隙通常是一极接地的，在这种情况下，高压球电极的电压极性为负时的击穿电压比正极性时的略低。

满足自持放电条件后的放电发展阶段指的是极不均匀电场中由电晕发展到击穿的阶段。由图 1-15(a)可见，正极性棒—板气隙中空间电荷使放电区外部空间的电场加强。因此，随着放电区的扩大，强电场区将逐渐向板电极方向推进。这说明，一旦满足自持放电条件，随着外施电压的增大，电晕层很容易扩展而导致气隙的最终击穿。负极性棒—板气隙的情况则不同。由图 1-15(b)可见，空间电荷使放电区外部空间的电场削弱，这样电晕层不容易扩展而导致整个气隙被击穿。因此，尽管负极性棒—板气隙的电晕起始电压比正极性时的略低，但其击穿电压却比正极性棒—板气隙的要高得多。

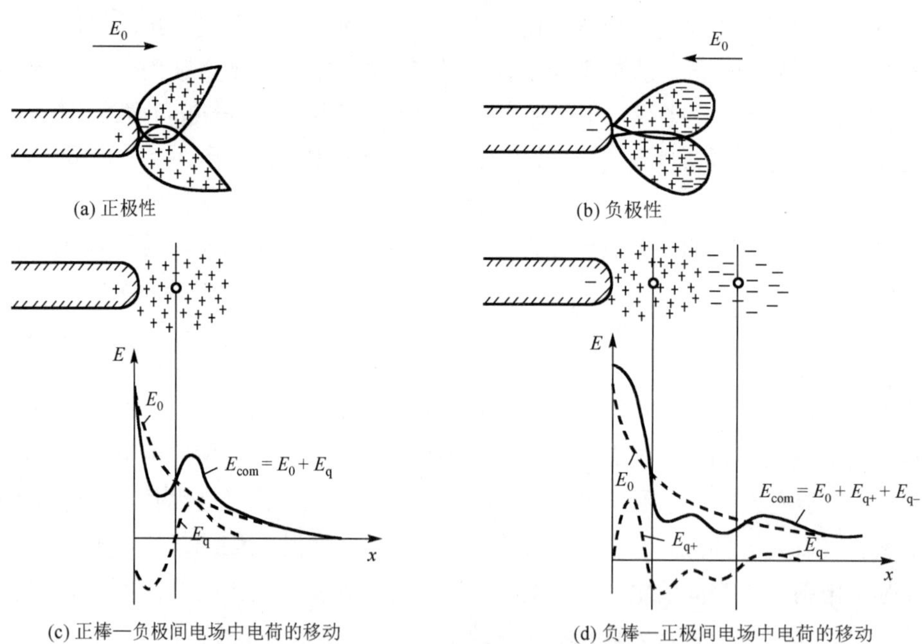

E_0—原电场；E_q—空间电荷附加电场；E_{com}—合成电场。

图 1-15 棒—板气隙中自持放电前空间电荷对原电场的畸变

由上述可见，对于极不均匀电场气隙来说，击穿的极性效应刚好与电晕起始放电的极性效应相反。就击穿而言，极不均匀电场气隙的极性效应与稍不均匀电场气隙的是相反的。

输电线路绝缘和高压电器的外绝缘都属于极不均匀电场气隙，因此交流电压下的击穿都发生在外施电压的正半周，考核绝缘冲击特性时应施加正极性的冲击电压。气体绝缘的金属封闭式组合电器的情况则不同，其 SF_6 气隙属稍不均匀电场，因此施加负极性电压时击穿电压比正极性时的略低，也就是说全封闭组合电器的极性效应刚好与空气绝缘相反。

当气隙较长（如极间距离大于 1m）时，在放电发展过程中，流注往往不能一次就贯通整个气隙，而出现逐级推进的先导放电现象。这时，在流注发展到足够长度后，会出现新的强电离过程，通道的电导增大，形成先导通道，从而加大了头部前沿区域的电场强度，引起新的流注，导致先导进一步伸展、逐级推进。当外施电压达到或超过该气隙的击穿电压时，先导将贯通整个气隙而导致主放电和最终的击穿，这时气隙接近于被短路，完全丧失了绝缘性能。在长气隙的流注通道中存在大量的电子和正离子，它们在电场中不断获得动能，但不一定都能在碰撞中性分子时引起电离，有很大一部分能量在碰撞中会转为中性分子的动能，所以此处气体的温度将大大升高而可能出现热电离。热电离在先导放电和主放电阶段均有重要的作用。

以上是气体放电发展的基本物理过程，可用来说明气体放电的一些实验现象和基本规律。

1.5　长气隙击穿过程

1.5.1　放电时间

完成气隙击穿的三个必备条件：①足够大的电场强度或足够高的电压；②在气隙中存在能引起电子崩并导致流注和主放电的有效电子；③需要一定的时间，让放电得以逐步发展并完成击穿。

完成击穿所需的放电时间是很短的（以微秒计），如果气隙上所加的是直流电压、工频交流电压等持续作用的电压，则上述第三个条件根本不成问题；但如果所加的是变化速度很快、作用时间很短的冲击电压（用来模拟电力系统中的过电压波），那么因其有效作用时间以微秒计，放电时间就变成了一个重要因素。

让我们来看一下，放电时间有哪些组成部分、受哪些因素影响、具有何种特性。

设在一气隙上施加如图 1-16 所示的电压，它从零迅速上升至峰值 U，然后保持不变。如果令该气隙在持续作用电压下的击穿电压为 U_s（称为静态击穿电压），那么当外施电压从零上升到 U_s 的时间 t_1 内，击穿过程尚未开始，因为这时电压还不够高。实际上，时间达到 t_1 后，击穿过程也不一定立即开始，因为这时气隙中可能尚未出现有效电子，从 t_1 开始到气隙中出现第一个有效电子所需的时间称为统计时延 t_s，这里所说的有效电子是指能引起电子崩并最终导致击穿的电子。由于有效电子的出现是一个随机事件，取决于许多偶然因素，因而等候有效电子出现所需的时间具有统计性。出现有效电子后，击穿过程才真正开始，这时该电子将引起碰撞电离，形成电子崩，发展到流注和主放电，最后完成气隙的击穿。这个过程当然也需要一定的时间，通常称为放电形成时延 t_f, 它也具有统计性。

由上述可知，总的放电时间 t_h 由三部分组成，即

$$t_h = t_1 + t_2 + t_f \tag{1-41}$$

后面两个分量之和称为放电时延 t_{lag}，即

$$t_{lag} = t_2 + t_f \tag{1-42}$$

显然，t_h 和 t_{lag} 也都具有统计性。

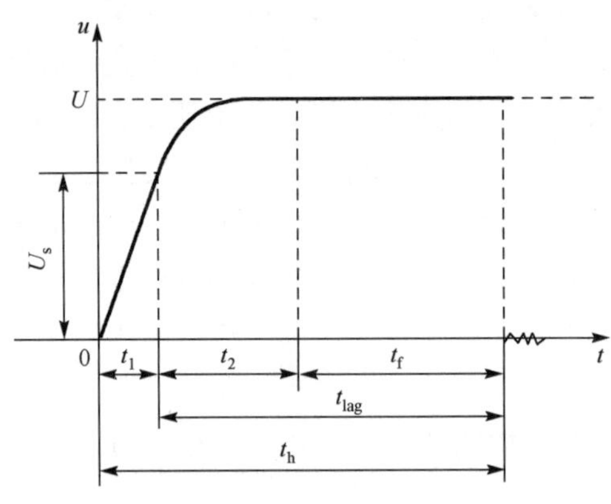

图 1-16　放电时间的组成

放电时间 t_h 和放电时延 t_{lag} 的长短都与外施电压的幅值 U 有关，总的趋势是 U 越高，放电过程发展得越快，t_h 和 t_{lag} 时间越短。

1.5.2　冲击电压波形的标准化

由于气隙在冲击电压下的击穿电压和放电时间都与冲击电压的波形有关，所以在求取气隙的冲击击穿特性时，必须首先将冲击电压的波形加以标准化，因为只有这样，才能使各种实验结果具有可比性和实用价值。

高压实验室中产生的冲击电压是用来模拟电力系统中的过电压波的，所以在制定冲击电压的标准波形时，应以电力系统绝缘在运行中所受到的过电压波形作为原始依据，并要求在实验室中产生这种冲击电压的技术难度不能太大，所以一般需要做一些简化和等效处理。

我国所规定的标准冲击电压波形主要有下列几种。

1．标准雷电冲击电压波

用来模拟电力系统中的雷电过电压波，采用的是非周期性双指数波，可用图 1-17 所示的视在波前时间 T_1 和视在半峰值时间 T_2 来表征（0 为视在原点）。

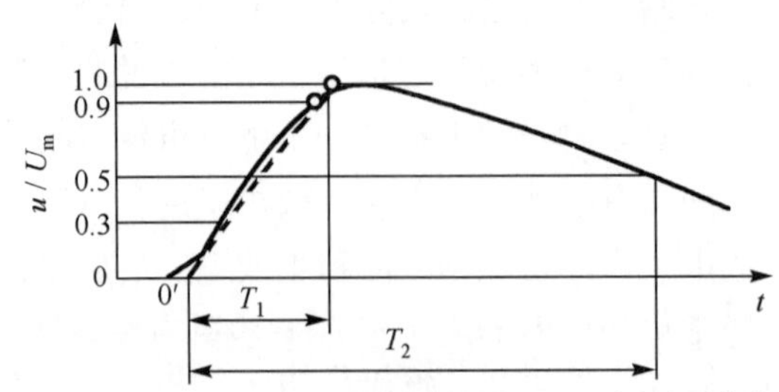

T_1—视在波前时间；T_2—视在半峰值时间；U_m—冲击电压峰值。

图 1-17　雷电冲击电压波

国际电工委员会（IEC）和我国国家标准的规定：$T_1 = 1.2\mu s$，容许偏差为±30%；$T_2 = 50\mu s$，容许偏差为±20%。通常写成 1.2/50 μs，并可在前面加上正、负号以标明其极性。有些国家采用 1.5/40 μs 的标准波，与上述 1.2/50 μs 标准波基本相同。

2. 标准雷电截波

雷电截波用来模拟雷电过电压引起气隙击穿或外绝缘闪络后所出现的截尾冲击波，如图 1-18 所示。对某些绝缘来说，它的作用要比前面所说的全波更大。

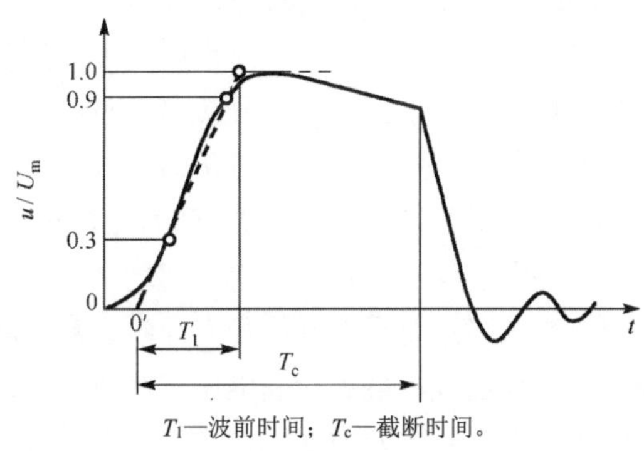

T_1—波前时间；T_c—截断时间。

图 1-18 雷电截波

IEC 标准和我国国家标准的规定：T_1=1.2 μs，容许偏差为±30%；T_c=2～5 μs。其可写成 1.2/2～5 μs。

3. 标准操作冲击电压波

操作冲击电压的波形是随着电压等级、系统参数、设备性能、操作性质、操作时机等因素而有很大变化的，用来等效模拟电力系统中的操作过电压波，一般也采用非周期性双指数波，但它的波前时间和半峰值时间都要比雷电冲击电压波长得多。

IEC 标准和我国国家标准的规定[见图 1-19(a)]：波前时间 T_{cr} = 250 μs，容许偏差为±20%；半峰值时间 T_2 = 2500 μs，容许偏差为±6%。其可写成 250/2500 μs 冲击波。当在实验中采用上述标准操作冲击电压波不能满足要求或不适用时，推荐采用 100/2500 μs 和 500/2500 μs 冲击波。此外，还建议采用一种衰减振荡波[见图 1-19(b)]，其第一个半波的持续时间在 2000～3000 μs，极性相反的第二个半波的峰值约为第一个半波峰值的 80%。

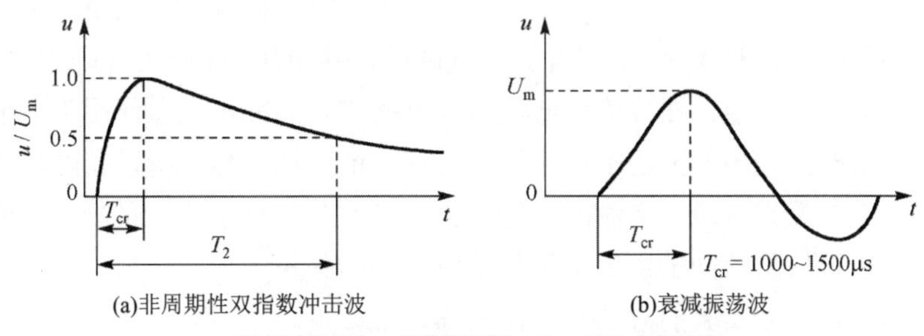

(a)非周期性双指数冲击波　(b)衰减振荡波

T_{cr}—波前时间；T_2—半峰值时间；U_m—冲击电压峰值。

图 1-19 操作冲击电压波

1.5.3 冲击电压下的气隙击穿特性

在持续作用电压下，每一气隙的击穿电压均为一确定的数值，因而通常都以这一击穿电压值来表征该气隙的击穿特性或电气强度。与此不同，气隙在冲击电压作用下的击穿就要复杂得多了，这时的击穿特性通常采用下面两种方法进行表征，它们分别应用于不同的场合。

1.5.3.1 50%冲击击穿电压（$U_{50\%}$）

如果保持波形不变，而逐渐提高冲击电压的峰值，并将每一档峰值的冲击电压重复作用于某一气隙，就会看到下述现象：当电压还不够高时，虽然多次重复施加冲击电压，该气隙均不会被击穿（击穿百分比为0）。这可能是由于电压太低，气隙中的电场还太弱，根本不能引起电离过程；也可能是电离过程虽已出现，但这时所需的放电时间还较长，超过了外施电压的有效作用时间，因而来不及完成击穿过程。不过，随着电压进一步提高，放电时延变短，因而已有可能出现击穿现象，但由于放电时延和放电时间均具有统计分散性，因而在多次重复施加电压时，有几次可能导致击穿，而另有几次没有导致击穿。随着电压（峰值）继续提高，其中发生击穿的百分比将愈来愈大。最后，当电压（峰值）超过某一数值后，气隙在每次施加电压时都将发生击穿（击穿百分比为100%）。那么，在这许多电压（峰值）中，究竟应该选用哪一个电压作为该气隙的冲击击穿电压呢？当然，最好是确定出能勉强引发一次击穿的最低电压值，但这个电压很难求得，因为它和重复施加的次数有关。正由于此，在工程实际中广泛采用击穿百分比为50%时的电压（$U_{50\%}$）表征气隙的冲击击穿特性。在以实验方法决定$U_{50\%}$时，施加电压的次数越多，结果越准确，但工作量太大。实际上，如果施加10次电压有4～6次击穿了，这一电压就可认为是气隙的50%冲击击穿电压。

在实用上，如果采用$U_{50\%}$来决定应有的气隙长度，必须考虑一定的裕度，因为当电压低于$U_{50\%}$时，气隙也不是一定不会发生击穿。应有的裕度大小取决于该气隙冲击击穿电压分散性的大小。在均匀和稍不均匀电场中，冲击击穿电压的分散性很小，其$U_{50\%}$与静态击穿电压U_s几乎相同。$U_{50\%}$与U_s之比称为冲击系数β，均匀和稍不均匀电场下的$\beta \approx 1$。在极不均匀电场中，由于放电时延较长，其冲击系数β均大于1，冲击击穿电压的分散性也较大，其标准偏差可取3%。

1.5.3.2 伏秒特性

气隙的击穿放电需要一定的时间才能完成，对于长时间持续作用的电压来说，气隙的击穿有一个确定的值；但对于脉冲性质的电压，气隙的击穿电压与该电压的波形（即作用时间）有很大的关系。同一个气隙，在峰值较低但延续时间较长的冲击电压作用下可能被击穿，而在峰值较高但延续时间较短的冲击电压作用下反而可能不被击穿。所以其冲击击穿特性最好用电压和时间两个参量来表示，这种在“电压-时间”坐标平面上形成的曲线，通常称为伏秒特性曲线，它表示该气隙的冲击击穿电压与放电时间的关系。

伏秒特性曲线通常用实验的方法得出，具体做法如下。

保持冲击电压的波形不变（如在1.2/50μs标准雷电冲击波下），逐渐提高冲击电压的峰值。当电压还不很高时，击穿一般发生在波尾部分；当电压很高时，击穿百分比达到100%，放电时间大大缩短，击穿可发生在波头部分。在波头被击穿时（如图 1-20 中的点 3 所示），无疑应取击穿瞬间的电压值作为该气隙的击穿电压；而在波尾被击穿时，仍取击穿瞬间的电压值作为该气隙的击穿电压显然是不合理的，因为这一电压值并无特殊意义，正确的做法应是取该冲击电压的峰值作为击穿电压，如图 1-20 中的点 1 和点 2 所示。假如在每档电压重复施加于气隙时其放电时间均相同（或以多个放电时间的平均值作为放电时间），那么就可以得出图 1-20 所示的伏秒特性曲线。

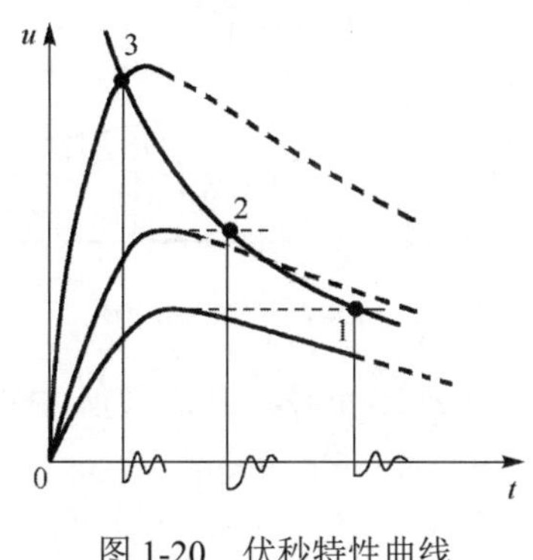

图 1-20 伏秒特性曲线

（虚线表示所加的原始冲击电压波）

实际上，放电时间均具有统计分散性，所以在每一档电压下可得出一系列放电时间，可见伏秒特性实际上是一个以上、下包线为界的带状区域，伏秒特性带与 50%伏秒特性如图 1-21 所示。显然，利用这样的伏秒特性带解决工程实际问题是不方便的，因而通常采用将平均放电时间各点相连所得出的平均伏秒特性或 50%伏秒特性来表征一个气隙的冲击击穿特性。

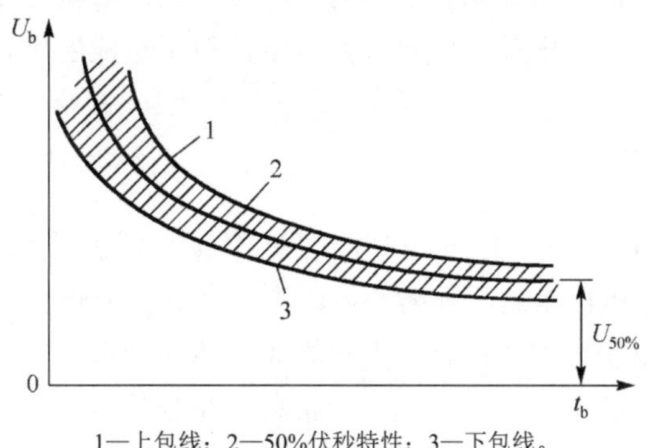

1—上包线；2—50%伏秒特性；3—下包线。

图 1-21 伏秒特性带与 50%伏秒特性

下面再探讨一下各种气隙的伏秒特性曲线形状：由于气隙的放电时间都不会太长（若干微秒），所以随着时间的延伸，一切气隙的伏秒特性曲线最后都将趋于平坦（这时击穿电压不再受放电时间的影响）。但是特性曲线变平的时间却与气隙的电场形式有很大的关系：均匀或稍不均匀电场的放电时延（间）短，因而其伏秒特性曲线很快就变平了（如在 1μs 处）；而极不均匀电场的放电时延（间）较长，因而其伏秒特性曲线变平的时间也就较长（见图 1-22）。

用伏秒特性来表征一个气隙的冲击击穿特性显然是比较全面和准确的，但要通过实验方法来求得伏秒特性是相当繁复的，工作量很大。此外，在不少情况下，不一定需用伏秒特性，而只要用某一特定的冲击击穿电压值（一般采用前面介绍的50%冲击击穿电压）就可以了。

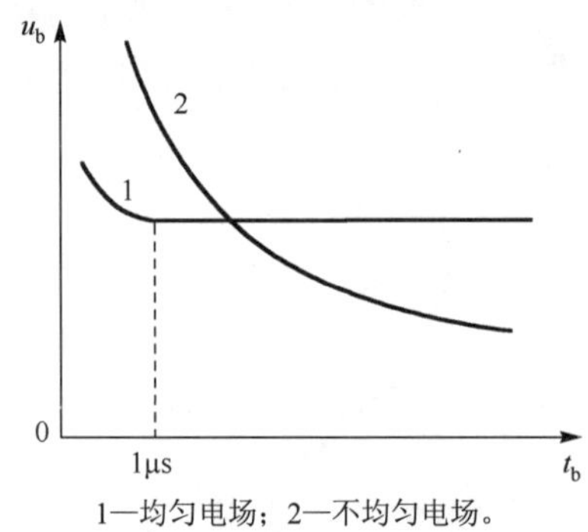

1—均匀电场；2—不均匀电场。

图 1-22　均匀电场和不均匀电场气隙的伏秒特性比较

（二者的极间距离和静态击穿电压均不同）

1.6　放电等离子体

等离子体是除固体、液体和气体外的物质第四态，广泛存在于宇宙和自然界中。在气体放电过程中，电子与气体分子碰撞发生电离，形成电子与正离子。当电子和正离子的密度增大到一定程度时，物质的性质与气体完全不同。这种由气体放电形成的等离子体被称为放电等离子体，是由带电粒子（正电荷与负电荷）与中性粒子组成的集合，整体呈现电中性。

1.6.1　等离子体基本参数

根据电子温度可以将等离子体分为高温等离子体与低温等离子体。一般将温度高于10000K（1eV）的等离子体称为高温等离子体，将温度低于10000K（1eV）的等离子体称为低温等离子体。低温等离子体则又可以分为热等离子体与冷等离子体。在热等离子体中，电子温度与离子温度基本一致，系统处于热平衡状态；在冷等离子体中，电子温度与离子温度差别较大（电子温度远高于离子温度），系统处于非热平衡状态。

在等离子体中，电子密度与正离子密度保持一致，因此从宏观上来看，等离子体呈现电中性。然而从微观上来看，由于带电粒子的随机热运动，等离子体局部会偏离电中性的状态。电子和正离子的移动，将会在局部形成一个电场。在等离子体中，这个由电荷所产生电场的最大作用距离称为德拜半径

$$\lambda_d = \sqrt{\frac{\varepsilon_0 k T_e}{n e^2}} \tag{1-43}$$

式中　ε_0——真空介电常数；

k——玻尔兹曼常数；

T_e——电子温度；

n——电子密度；

e——电子电量。

因此，当等离子体的特征尺度大于德拜半径时，等离子体满足电中性。

等离子体中的电子在空间电荷场和自身惯性的作用下发生简谐振荡，振荡的频率称为等离子体频率

$$\omega_e = \sqrt{\frac{ne^2}{m\varepsilon_0}} \tag{1-44}$$

$1/\omega_e$ 则为等离子体在外部电场下的振荡周期。

$$\lambda_d \omega_e = \sqrt{\frac{kT_e}{m}} \tag{1-45}$$

将一个球体放入等离子体中，材料表面会迅速带电。在表面电荷场的作用下，等离子体中电性相反的粒子相互吸引，而电性相同的粒子相互排斥。由于电性相反的带电粒子的包围，材料表面电荷的库仑作用被削弱。这种现象在物理学中被称为德拜屏蔽，库仑作用的有效尺度为德拜半径。等离子体中的原子和分子不会改变由带电粒子的库仑作用决定的等离子体的集体性质，因为中性粒子不会影响这种相互作用。

1.6.2　等离子体鞘层

在无限大的等离子体中，电子密度与正离子密度始终保持一致。当存在边界时，在电势的约束下，平衡态下到达器壁的正电荷流 Γ_i 与负电荷流 Γ_e 相等

$$\Gamma_e = -D_e \nabla n_e + \mu_e E n_e \tag{1-46}$$

$$\Gamma_i = -D_i \nabla n_i + \mu_i E n_i \tag{1-47}$$

式中　D——扩散系数；

μ——迁移率；

E——电场强度。

扩散系数 D 与迁移率 μ 满足爱因斯坦关系

$$\frac{D}{\mu} = \frac{kT}{e} \tag{1-48}$$

相比于正离子，电子的质量小，运动速度快。因此，在器壁附近会形成一个非电中性区域，这个区域称为等离子体鞘层，鞘层内的正离子密度高于电子密度。

等离子体鞘层如图 1-23 所示，在主等离子体与鞘层之间存在一个名为预鞘层的过渡区域。在预鞘层内，电子与正离子的密度一致，离子在预鞘层内被加速。假定在鞘层和预鞘层中无碰撞发生，且电子能量服从玻尔兹曼分布，可以得到空间电子密度分布

$$n_e = n_0 \exp\left[e\varphi / T_e\right] \tag{1-49}$$

式中　n_0——电子在主等离子体与预鞘层交界处的密度；

φ——电位。

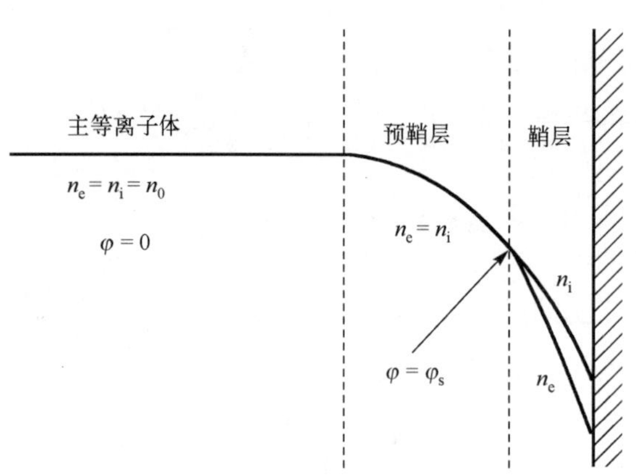

图 1-23　等离子体鞘层

假定在主等离子体和预鞘层边界处

$$n_e = n_i = n_0 \tag{1-50}$$

$$\varphi = 0 \tag{1-51}$$

式中　n_i——正离子密度；

φ——电位。

正离子在预鞘层内被加速至

$$u_s = \sqrt{-2e\varphi_s / m_i} \tag{1-52}$$

式中　m_i——正离子质量；

φ_s——预鞘层与鞘层交界处的电位。

由于正离子流通量连续，在鞘层内正离子流通量满足

$$n_i u_i = n_s u_s \tag{1-53}$$

$$n_s = n_0 \exp\left[e\varphi_s / T_e\right] \tag{1-54}$$

与此同时，鞘层内的正离子密度应当大于电子密度

$$n_i - n_e = n_s \left\{ \sqrt{\frac{\varphi_s}{\varphi}} - \exp\left[e\left(\varphi - \varphi_s\right) / kT_e\right] \right\} \geqslant 0 \tag{1-55}$$

由此可以得出，预鞘层与鞘层交界处的电位 φ_s 应当满足

$$e\varphi_s \geqslant kT_e / 2 \tag{1-56}$$

因此，正离子在鞘层与预鞘层交界处的速度 u_s 应当满足

$$u_s \geqslant u_B = \sqrt{kT_e / m_i} \tag{1-57}$$

式中　u_B——玻姆速度。

由上面可以看出，形成正离子鞘层的通量是由等离子体密度、电子温度和离子质量共同决定的。

半导体芯片与集成电路设计是国家近年来重点发展的产业，而半导体器件的制备则是整个行业的基石。在工业领域，通过等离子体溅射和沉积制备半导体器件的技术被广泛应用。在等离子体溅射和等离子体刻蚀中，为了控制工艺参数，通常给基底材料加一个偏压，调控

等离子体鞘层的特性。等离子体中的离子在工艺中起主导作用，可以通过调节鞘层的厚度和电场分布，来改变离子的能量分布。

1.6.3　等离子体的应用

针板放电产生的非平衡等离子体应用于许多场合。例如，在农业方面，利用产生的非平衡等离子体使雾滴充电，带电的雾滴在静电场的作用下，快速、均匀地飞向并吸附在作物之上，减少了雾滴漂移，并且提高了农作物茎叶正反面、隐蔽部位的沉积率，进而减少了对环境的污染。

在空气净化领域，利用高压电场使气体电离为正离子和电子，电子在奔向正极过程中遇到尘粒，使尘粒带负电被吸附到正极从而被收集，达到除尘的目的。

在工业的喷漆及敷粉方面，使涂料粒子带上静电荷，并在被涂工件上加上相反的电压，涂料粒子由于库仑力的作用就被涂到工件上，可以使涂料与工件表面结合得更牢固，而且工件表面凹陷部分也能均匀涂料。与传统技术相比，该技术可以节约原料，降低成本。

在医疗卫生和食物保鲜方面，放电产生的臭氧可以用于消灭病菌。

第 2 章

气体间隙的击穿特性

由于气体放电理论还不完善，迄今无法对气体间隙（简称气隙）的击穿电压进行精确计算。因此，工程应用中大多参照一些典型电极的击穿电压实验数据来选择绝缘距离，在要求较高的情况下则按实际电极布置，用实验方法来确定击穿电压。本章介绍了不同条件下气体击穿电压的一些实验数据和实验规律，重点讲解了气隙的击穿特性和SF_6等高电气强度气体的击穿特性。同时，简单介绍了环保气体的发展趋势。

在工程实践中，常常会遇到必须对气体介质（主要是空气和 SF_6 气体）的电气强度（通常以击穿场强或击穿电压来表示）做出定量估计的情况。例如，在选择架空输电线路和变电所的各种空气间距值时，在确定电力设备外绝缘的尺寸和安装条件时，在设计气体绝缘组合电器的内绝缘结构时，都需要掌握气体介质的电气强度及其各种影响因素，了解提高气体介质电气强度的途径和措施。

了解气体放电的基本物理过程有助于分析、说明各种气隙在各种高电压下的击穿规律和实验结果。由于气体放电的发展过程比较复杂、影响因素很多，因而要想用理论计算的方法来求取各种气隙的击穿电压是较为困难且不准确的。通常都采用实验的方法来求取某些典型电极所构成的气隙（如"棒—板"、"棒—棒"、"球—球"和同轴圆筒等）的击穿特性，以满足工程实际的需要。

影响气隙放电电压的因素主要有电场形式（均匀电场、稍不均匀电场、极不均匀电场）、电压类型（直流电压、工频交流电压、雷电冲击电压、操作冲击电压）和大气条件（气压、温度、湿度等）。

气隙的电气强度首先取决于电场形式。近似地说，在常态的空气中要引起碰撞电离、电晕放电等物理过程所需要的电场强度约为 30kV/cm。可见在均匀或稍不均匀电场中空气的击穿场强为 30kV/cm 左右；而在极不均匀电场的情况下，局部区域的电场强度达到 30kV/cm 左右时，会在该区域先出现局部的放电现象（电晕），这时其余空间的电场强度还远远小于 30kV/cm，如果外施电压再稍做提高，放电区域将随之扩大，甚至转入流注和导致整个气隙的击穿，这时气隙的平均场强仍远远小于 30kV/cm，可见气隙的电场形式对击穿特性有着决定性的影响。

气隙的击穿特性与外施电压的类型也有很大的关系。在电力系统中，有可能引起气隙击穿的作用电压波形及持续时间是多种多样的，但可归纳为四种主要类型，即直流电压、工频交流电压、雷电冲击电压和操作冲击电压。相对于气隙击穿所需时间（以微秒计），工频交流电压随时间的变化是很慢的，在这样短的时间段内，可以认为它没有什么变化，和直流电压相似，故二者可统称为稳态电压，以区别于存在时间很短、变化很快的冲击电压。气隙在稳态电压作用下的击穿电压即静态击穿电压 U_s。

此外，在大气中，气隙的击穿电压与大气条件（气温、气压、湿度等）有关。通常，气隙的击穿电压随着大气密度或者大气中湿度的增大而升高。一方面，随着大气密度的增大，空气中自由电子的平均自由程缩短，因此不易造成撞击电离；另一方面，水蒸气是电负性气体，易俘获自由电子而形成负离子，使最活跃的电离因素——自由电子的数量减少，阻碍了电离发展，二者都使得气隙的击穿电压进一步升高。

2.1　均匀和稍不均匀电场气隙的击穿特性

电离是电介质发生击穿现象必不可少的过程。气体介质中电离的发展本质上是非常系统化的，主要以电子崩（带电粒子群）的形式发展，电介质中电场强度的大小直接影响电子崩的发展程度。根据外施电压的大小，开始阶段会有电流传导的现象，而电介质绝缘的击穿则是导致传导电流无限增大的进阶状态，这一过程需要剧烈的电离过程作为前提条件。稍不均匀电场中导致击穿的基本放电过程与均匀电场中的相似。

均匀电场只有一种，那就是消除了电极边缘效应的平板电极之间的电场，均匀电场的击穿特点是击穿前无电晕，无极性效应，直流、交流、正负 50%冲击击穿电压均相同。在工程实践中很少遇到极间距离很大的均匀电场气隙，因为在这种情况下，为了消除电极边缘效应，必须将电极的尺寸选得很大，这是不现实的。在均匀电场中，通常只有气隙较小（如 1cm 以下）时的击穿电压实验数据。由于气隙较小且各处电场又大致相同，故从自持放电开始到气隙完全被击穿所需的时间极短，因此，均匀电场中的直流和工频击穿电压（峰值）及 50 %冲击击穿电压实际上都相同，而且分散性较小。均匀电场的两个电极形状完全相同且对称布置，因而电场对称分布，击穿电压与电压极性无关。此外，均匀电场中各处的电场强度均相等，击穿所需的时间极短，伏秒特性曲线很快就变平，冲击系数（冲击系数即冲击电流值对于交流电流幅值的倍数）$\beta=1$。

图 2-1 所示为均匀电场中气隙的击穿电压特性。它也可以用下面的经验公式来表示

$$U_b = 24.55\delta d + 6.66\sqrt{\delta d} \tag{2-1}$$

式中 U_b——击穿电压峰值（kV）;

d——极间距离（cm）;

δ——空气相对密度。

式（2-1）完全符合帕邢定律，因为它也可以改写成$U_b = f(\delta d)$。

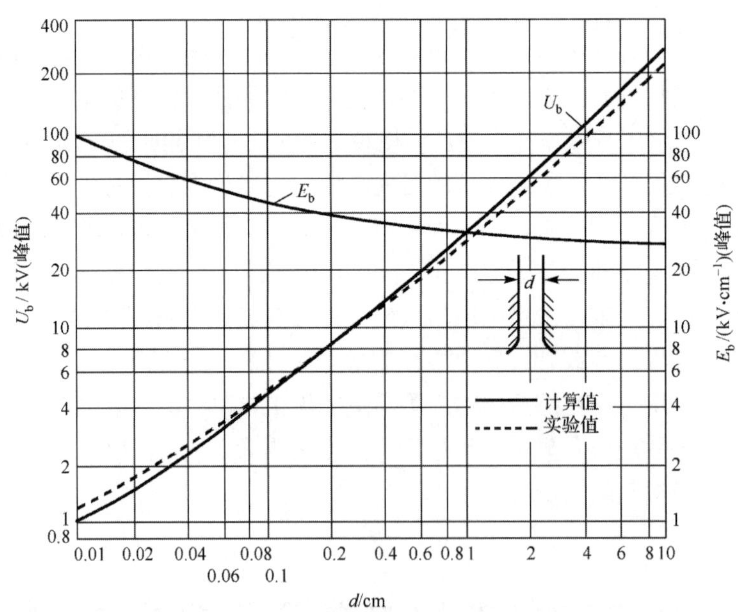

图 2-1 均匀电场中气隙的击穿电压特性

相应的平均击穿场强

$$E_b = \frac{U_b}{d} = 24.55\delta + 6.66\sqrt{\delta / d} \quad \text{(kV/cm)} \tag{2-2}$$

由图 2-1 或式（2-2）可知，随着极间距离 d 的增大，击穿场强 E_b 稍有下降，在 d =1～10cm 的范围内，击穿场强约为 30kV/cm。

在均匀电场中，电场对称，故击穿电压与电压极性无关。由于气隙各处的场强大致相等，不可能出现持续的局部放电，故气隙的击穿电压就等于起始放电电压。均匀电场的极间距离不可能很大，各处场强又大致相等，故从自持放电开始到气隙完全被击穿所需的时间极短，因此，在不同电压波形下，其击穿电压实际上都相同，且其分散性很小。

图 2-2 所示为均匀电场中击穿电压与 pd（气体压力和极间距离的乘积）的关系（帕邢曲线），击穿电压 U_b 在 pd 达到 pd_{min} 时获得最小值 U_{bmin}。为了解释这条曲线的形状，可以考虑一个极间距离固定（d 为常数）的气隙的情况，并让气压从曲线上最小值右边的点 p_{high} 开始降低，随着气压的降低，气体的密度减小，电子在每两次碰撞之间自由通过的距离即自由行程变大。因此，当电子向阳极移动时，与分子碰撞的概率降低。每次碰撞都会造成能量损失，较低的电场强度或较低的电压就足以为电子提供动能，使其通过碰撞电离以实现击穿。当击穿电压达到 U_{bmin} 时，压力仍然继续下降，气体的密度变得非常小，电子的自由行程变得很大，以至于相对较少的碰撞电离发生。在这样的条件下，即使电子的动能大于电离所需要的能量，电子在碰撞时也不一定会使分子发生电离。电子成功碰撞电离的可能性大大降低，也就是电子的碰撞电离大大受到了限制。只有当增加电场强度使电离的可能性更大时，才能发生击穿。这就解释了击穿电压增加到最小值左侧的变化趋势。

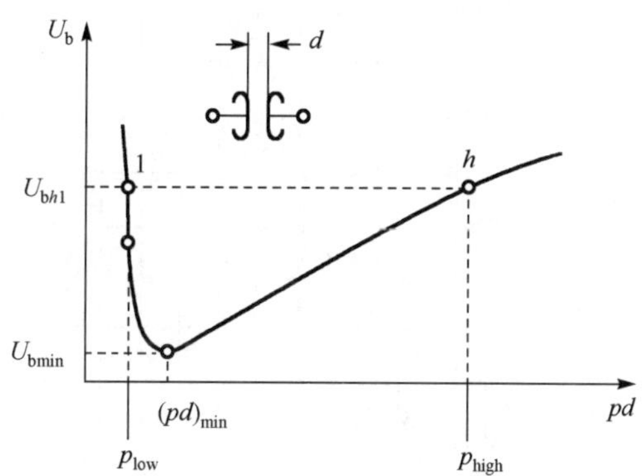

图 2-2　均匀电场中击穿电压与 pd 的关系（帕邢曲线）

图 2-3 所示为球隙击穿电压特性曲线的一例。在由两个直径相同的球电极构成的气隙中，电场不均匀度随着极间距离 d 与球极直径 D 之比 (d/D) 的增大而增加，如图 2-4 所示。当极间距离 $d < D/4$ 时，由于周围物体对球隙中的电场分布影响很小，且电场相当均匀，因而其击穿特性与上述均匀电场相似，直流、工频交流以及冲击电压下的击穿电压大致相同。但当 $d > D/4$ 时，电场不均匀度增大，大地对球隙中电场分布的影响加大，从而使不接地的球处电场增强，气隙中电场分布变得不对称，因而平均击穿场强变小，击穿电压的分散性增大。为了保证测量的精度，球隙测压器一般应在 $d \leqslant D/2$ 的范围内工作。不论是直流电压还是冲击电压，不接地的球为正极性时的击穿电压开始变得大于负极性下的数值。在工频电压下由于击穿发生在容易击穿的半周，所以其击穿电压和负极性下的相同。也就是说，稍不均匀电场中也有极性效应，而且和极不均匀电场中的极性效应相反，电场最强的电极为负极性时的击

穿电压反而略低于正极性时的。这种现象的产生也是由于空间电荷的影响。

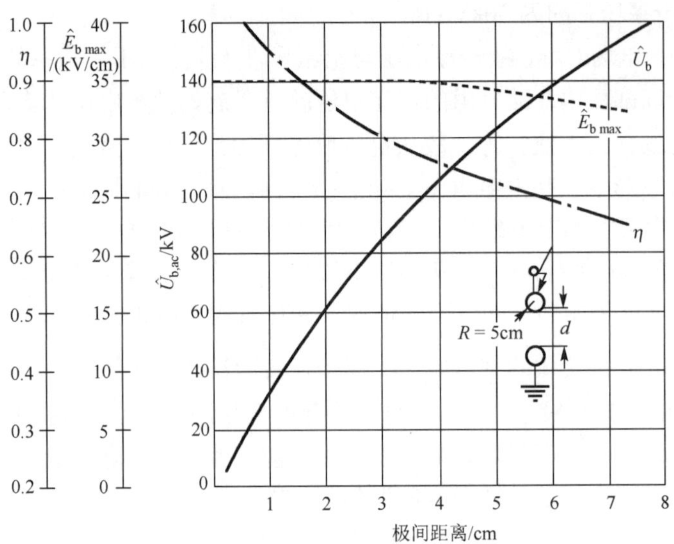

图 2-3 球隙击穿电压特性曲线的一例

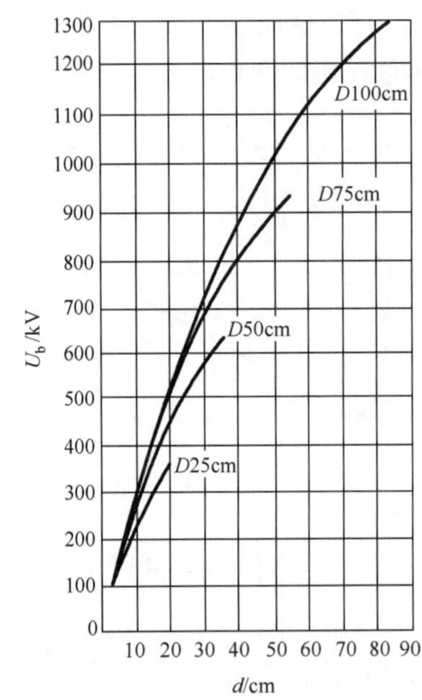

图 2-4 不同直径 D 的球隙击穿电压峰值 U_b 与极间距离 d 的关系

下面再看一下同轴圆筒的情况。

如果取同轴圆筒的外筒内半径 $R = 10\text{cm}$，而改变内筒外半径 r 的值，那么这一气隙的电晕起始电压 U_c 和击穿电压 U_b 随内筒外半径 r 而变化的规律如图 2-5 所示。当 r 很小 $\left(\frac{r}{R} < 0.1\right)$ 时，气隙属于不均匀电场，击穿前先出现电晕，且 U_c 值很小，而击穿电压 U_b 远大于 U_c。但当 $\frac{r}{R} > 0.1$ 时，气隙已逐渐转变为稍不均匀电场，$U_b \approx U_c$，击穿前不再有稳定的电晕放电，且击穿电压的极大值出现在 $\frac{r}{R}\approx 0.33$ 左右。通常在绝缘设计中将 $\frac{r}{R}$ 选在 0.25～0.4。

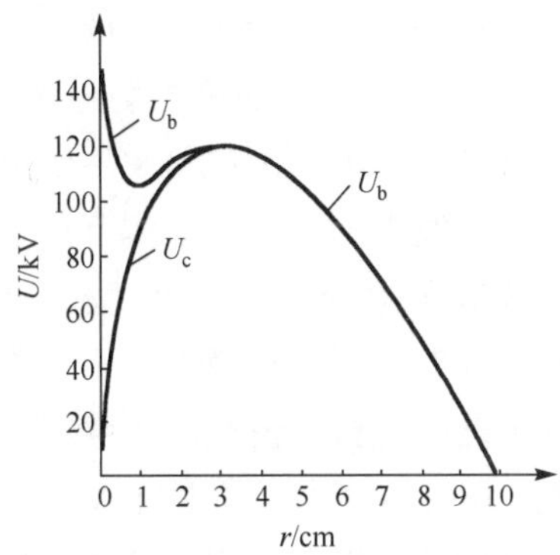

图 2-5　同轴圆筒气隙的电晕起始电压 U_c 和击穿电压 U_b（均指峰值）随内筒外半径 r 而变化的规律（当内筒为负极性时）

2.2　极不均匀电场气隙的击穿特性

在工程实践中，所遇到的电场绝大多数是不均匀电场。不均匀电场的特征是各处场强差别很大，在外施电压尚小于整个气隙的击穿电压时，可能已经出现局部的持续放电，由于局部持续放电的存在，空间电荷的积累对击穿电压影响很大，导致显著的极性效应。对于极不均匀电场，其特点：电场不均匀程度对击穿电压的影响减弱（由于电场已经极不均匀），而极间距离对击穿电压的影响增大。大气环境中具有极不均匀电场的电极结构比具有稍不均匀电场的电极结构更为常见，除非极大地增加电极的尺寸，否则稍不均匀电场的场景相对较难出现。固体和液体介质中外来杂质或电极的突起都会导致电场畸变，从而给电场引入极端的非均匀性（见图 2-6）。

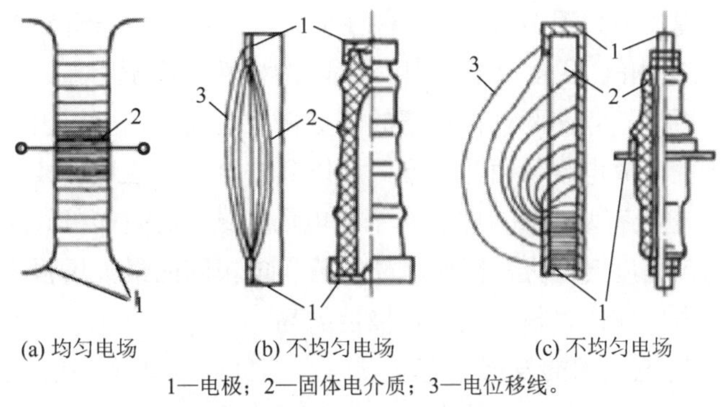

(a) 均匀电场　(b) 不均匀电场　(c) 不均匀电场

1—电极；2—固体电介质；3—电位移线。

图 2-6　固体电介质在电场中的几种典型布置方式

［图(a)中场强方向平行于固体电介质表面；图(b)中场强方向大体上与固体电介质表面平行；图(c)中场强方向与固体电介质表面的夹角较大］

对于高压装置的设计，一定程度范围内的电场畸变是合理的，因此它们不可避免地会存在相对较低的击穿电压。极不均匀电场的放电机制也可以用电子崩和流注过程的发展来描述。最适合模拟极不均匀电场的电极组合是“针—板”或“棒—板”电极组合。这些不对称电极结构在针/棒电极的尖端有一个高度局部化的极端场强区域。

在各种各样的极不均匀电场气隙中，由于击穿前发生了电晕，此后的放电都是在电晕空间电荷已强烈畸变了外电场的情况下发生的。这个事实有重要的实际意义。因为根据这个现象，可以选择极不均匀电场的极端情况：“棒—棒”和“棒—板”，作为典型电极。“棒—棒”气隙具有完全的对称性，而“棒—板”气隙具有最大的不对称性。实测表明，其他类型的极不均匀电场气隙的击穿特性均处于这两种极端情况的击穿特性之间，因而对于实际工程中遇到的各种极不均匀电场气隙来说，均可按其电极的对称程度分别选用“棒—棒”或“棒—板”这两种典型气隙的击穿特性曲线来估计其电气强度。例如，在估算“导线—导线”气隙的击穿电压时不妨沿用“棒—棒”气隙的击穿特性，而在估算“导线—大地”气隙的击穿电压时应采用“棒—板”气隙的实验数据。

实测还表明，当极间距离不大时，棒气隙（“棒—棒”和“棒—板”气隙的统称）的击穿电压与棒极端面的具体形状（如针尖、平面、半球形等）有一定的关系，特别是在“棒—板”气隙的棒极为正极性时。但当极间距离较大时，棒极端面的具体形状对气隙的击穿电压就没有明显的影响了，故可统称为棒极，而无须再细分了。与均匀及稍不均匀电场不同，极不均匀电场中的直流、工频及冲击击穿电压间的差别比较明显，分散性也较大，且极性效应显著。

下面就着重介绍一下“棒—棒”和“棒—板”这两种典型气隙的实验结果。

2.2.1 直流电压

不对称的极不均匀电场（如“棒—板”气隙）在直流电压下的击穿具有明显的极性效应，即棒电极具有正极性时，击穿电压比负极性时低得多。

图 2-7 所示为实验所得的“棒—板”和“棒—棒”气隙在极间距离还不大时的直流击穿电压特性曲线。可以看出：“棒—板”气隙在负极性时的击穿电压大大高于正极性时的击穿电压。在这一实测范围内（不大于 10cm），负极性下的直流击穿场强约为 20 kV/cm，而正极性下只有 7.5 kV/cm 左右，相差很大。“棒—棒”气隙的极性效应不明显，可忽略不计，其击穿特性介于上述“棒—板”气隙在两种极性下的击穿特性之间。主要原因：一方面，“棒－棒”电极中有一端为正极性，放电容易由此发展，所以其击穿电压应比“棒－板”负极性的低；另一方面，“棒－棒”电极有两个端，即有两个强电场区域，而同样极间距离下强电场区域增加后，通常其电场均匀程度会增大，因此“棒－棒”电极间的最大场强应比“棒－板”电极间的低，从而其击穿电压应比“棒－板”正极性的高。

随着超高压直流输电技术的发展，有必要掌握极间距离大得多的棒气隙的直流击穿特性。图 2-8 所示为“棒—板”长气隙的直流击穿电压的特性曲线，这时负极性下的平均击穿场强降至 10kV/cm 左右，而正极性下只有约 4.5kV/cm，都比均匀电场中的击穿场强（约 30kV/cm）小得多。

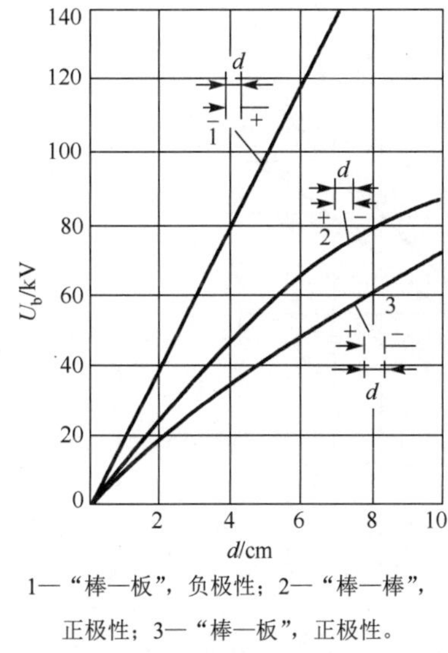

1—“棒—板”，负极性；2—“棒—棒”，正极性；3—“棒—板”，正极性。

图 2-7　实验所得的“棒—板”和“棒—棒”气隙在极间距离还不大时的直流击穿电压特性曲线

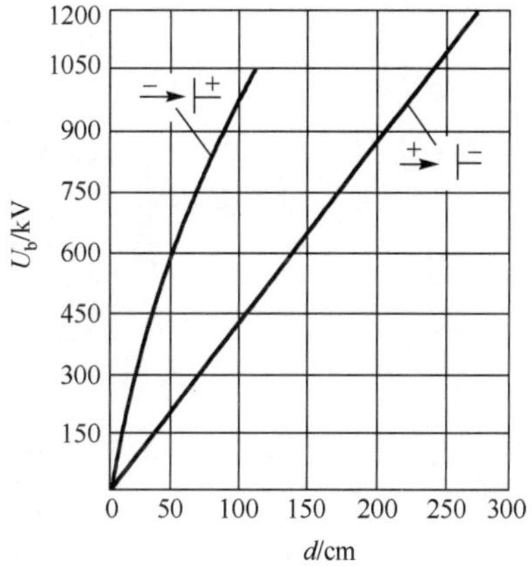

图 2-8　“棒—板”长气隙的直流击穿电压的特性曲线

2.2.2　工频交流电压

在工频交流电压下测量气隙的击穿电压时，通常将电压慢慢升高，直至发生击穿。升压的速率一般控制在每秒升高预期击穿电压值的 3%左右。在这样的情况下，无论是“棒—板”电极还是“棒—棒”电极，气隙的击穿总是发生在棒极为正极性的那半周的峰值附近（对于“棒—板”电极结构，击穿发生在棒电极处于正半周峰值附近），可见其工频击穿电压的峰值一定与正极性直流击穿电压相近，甚至稍小，这可以解释为，棒极附近的空间电场会因上一半波电压所遗留下来的电荷而加强。

“棒—棒”气隙的工频击穿电压要比“棒—板”气隙高一些，因为相对而言，“棒—棒”气隙的电场要比“棒—板”气隙稍为均匀一些（后者的最大场强区完全集中在棒极附近，而前者则由两个棒极来分担），因此，在电气设备上，希望尽量采用“棒—棒”类对称型的电极结构，而避免“棒—板”类不对称的电极结构。

气隙工频击穿电压的分散性不大，其相应的标准偏差 σ 值为 2%。

图 2-9 所示为棒气隙的工频击穿电压有效值与极间距离的关系曲线，可以看出，在中等距离范围内，击穿电压与极间距离的关系还是接近正比的（起始部分除外），在极间距离 d 不超过 1 m 时，“棒—棒”与“棒—板”气隙的工频击穿电压几乎一样，但在 d 进一步增大后，二者的差别就变得越来越大了。

图 2-10 所示为各种长气隙的工频击穿特性曲线，为了进行比较，图中同时绘有“导线—导线”和“导线—杆塔”气隙的实验结果。从图中可以看出，随着极间距离的增加，“棒—板”气隙的平均击穿场强明显降低，即存在“饱和”现象。显然，这时再增大“棒—板”气隙的长度，已不能有效地提高其工频击穿电压了。

各种气隙的工频击穿电压的分散性一般不大，其标准偏差 σ 值为 2%～3%。

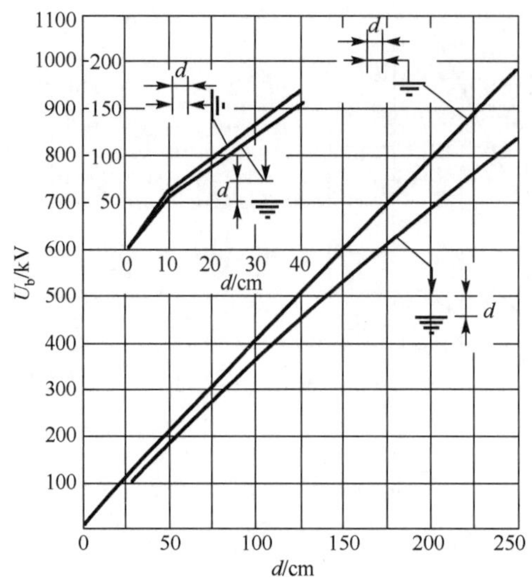

图 2-9　棒气隙的工频击穿电压有效值与极间距离的关系曲线

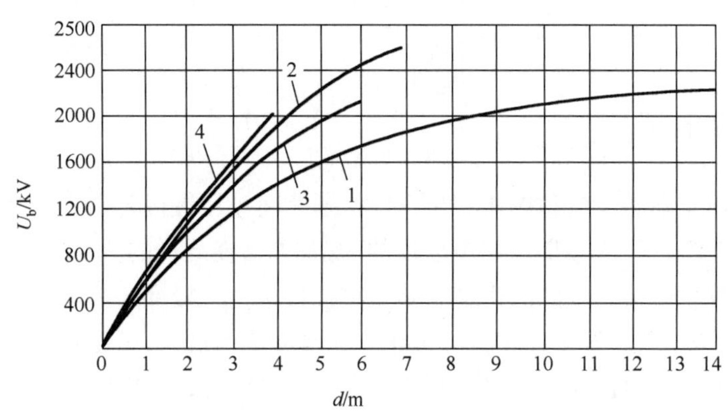

1—“棒—板”气隙；2—“棒—棒”气隙；3—“导线—杆塔”气隙；4—“导线—导线”气隙。

图 2-10　各种长气隙的工频击穿特性曲线

2.2.3　雷电冲击电压

由于极不均匀电场中的放电时延较长，其冲击系数通常均显著大于 1，冲击击穿电压的分散性也较大，其标准偏差σ值可取为 3%。在 50%冲击击穿电压下，击穿通常发生在冲击电压的波尾部分。

在1.5 / 40μs 的雷电冲击电压的作用下，棒气隙的雷电冲击 50%冲击击穿电压与极间距离的关系如图 2-11 所示。长气隙的雷电冲击击穿特性如图 2-12 所示。对于$(\pm 1.2/50)$μs 标准冲击电压来说，这两幅图中的曲线也是适用的。由图可见，“棒—板”气隙的冲击击穿电压具有明显的极性效应，棒为正极性时的击穿电压要比棒为负极性时的数值低得多。“棒—棒”气隙也有不大的极性效应，这是大地的影响使不接地的那支棒极附近的电场增强的缘故。同时还可以看到，“棒—棒”气隙的击穿特性亦介于“棒—板”气隙两种极性的击穿特性之间。

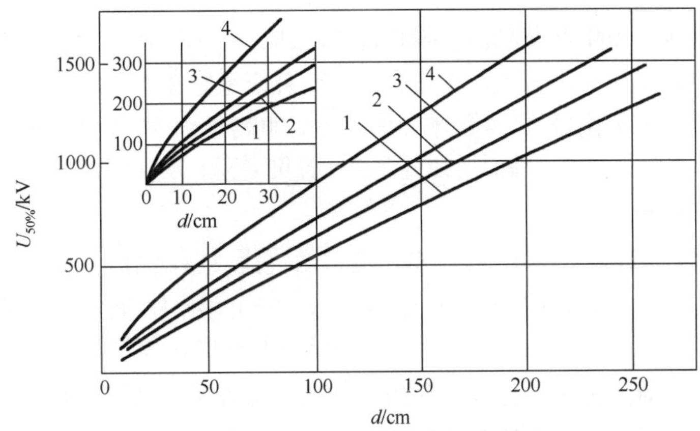

1—“棒—板”，正极性；2—“棒—棒”，正极性；3—“棒—棒”，负极性；4—“棒—板”，负极性。

图 2-11　棒气隙的雷电冲击 50%冲击击穿电压与极间距离的关系

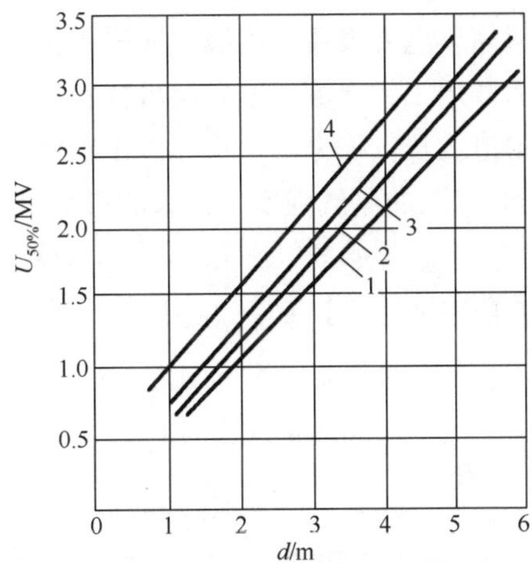

1—“棒—板”，正极性；2—“棒—棒”，正极性；3—“棒—棒”，负极性；4—“棒—板”，负极性。

图 2-12　长气隙的雷电冲击击穿特性

除了采用上述各图中的实验曲线，棒气隙的工频击穿电压和雷电冲击 50%冲击击穿电压也可利用表 2-1 中的经验公式求得。

表 2-1　棒气隙的工频击穿电压和雷电冲击 50%冲击击穿电压的近似计算公式

（标准大气条件，极间距离 d>40cm）

气隙	电压类型	近似计算公式 $(d/\text{cm};U_b/\text{kV})$	气隙	电压类型	近似计算公式 $(d/\text{cm};U_b/\text{kV})$
棒—棒	工频交流	$U_b=70+5.25d$	棒—板	工频交流	$U_b=40+5d$
	正极性雷电冲击	$U_{50\%}=75+5.6d$		正极性雷电冲击	$U_{50\%}=40+5d$
	负极性雷电冲击	$U_{50\%}=110+6d$		负极性雷电冲击	$U_{50\%}=215+6.7d$

2.2.4　操作冲击电压

电力系统中各种操作冲击电压的波形是多种多样的，为了模拟它们对电力设备绝缘的作用，就要在高电压实验室中产生相应的操作冲击电压。在选择标准操作冲击电压的波形时，不但要注意它与实际操作冲击电压波的等效性，而且应考虑在实验室内产生这种波形的操作冲击电压不会太复杂和太困难。在各种不同的不均匀电场结构中，正极性操作冲击电压的50%冲击击穿电压都比负极性的低。前面已经提到，目前我国和一些别的国家采用的是250/2500μs标准操作冲击电压波形。

在1960年以前，各国对于操作冲击电压波下的气体放电、沿面闪络和绝缘击穿均未给予足够的重视，人们长期认为它们与工频交流电压作用下的相同，其击穿电压应介于雷电冲击击穿电压和工频击穿电压之间，一般可引入一操作冲击系数β_s将操作冲击电压折算成等效的工频电压，然后只要对绝缘进行比较简便的工频高压实验就可以了。但是，随着电力系统输电电压的不断提高，操作冲击电压下的绝缘问题变得越来越突出，各国对绝缘在操作冲击电压下的电气特性进行了深入的研究，结果发现了一系列有别于施加工频交流电压和雷电冲击电压时的特点，并确认在额定电压大于220kV的超高压输电系统中，应按操作冲击电压下的电气特性进行绝缘设计，而超高压电力设备的绝缘也应采用操作冲击电压来进行高压实验，即不宜像一般高压电力设备那样用工频交流电压做等效性实验。

以本节所探讨的极不均匀电场长气隙来说，操作冲击电压下的击穿具有下列特点。

（1）操作冲击电压的波形对气隙的电气强度有很大的影响，图2-13所示的实验结果表明，气隙的50%操作冲击击穿电压$U_{50\%(s)}$与波前时间T_{cr}的关系曲线呈“U”形，在某一最不利的波前时间T_c（可称之为临界波前时间）下，$U_{50\%(s)}$出现极小值$U_{50\%min}$。上述T_c的值随极间距离d的增加而增大，在工程实际中所遇到的d值范围内，T_c值处于100～500μs，这也是把标准操作冲击电压波的波前时间T_{cr}选为250μs的主要原因之一。在图2-13中，一条虚线曲线表示不同长度气隙的$U_{50\%min}$与T_c的关系。

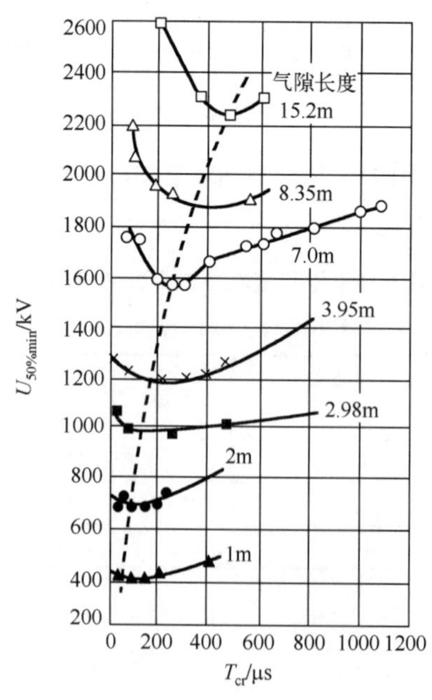

图2-13 “棒—板”气隙正极性50%操作冲击击穿电压与波前时间的关系

上述现象不难利用前面所介绍的气体放电理论加以解释：任何气隙击穿过程的完成都需要一定的时间，当冲击电压的波前上升得很快（即 T_{cr} 较小）时，击穿电压将超过静态击穿电压 U_s 较多，即击穿电压较高；当波前上升得很慢（即 T_{cr} 较大）时，极不均匀电场长气隙中的冲击电晕和空间电荷层都有足够的时间来形成和发展，从而使棒极附近的电场变得较小，整个气隙中的电场分布变得比较均匀一些，从而使击穿电压也稍有提高。当 T_{cr} 处于 100～500μs 这一时间段内时，气隙的击穿最易发生，因为对于完成击穿来说，作用时间已足够长了，而对于空间电荷层的形成和电场分布的调整来说，时间仍不够充分，所以此时的击穿电压最低。

（2）虽然操作冲击电压的变化速度和作用时间均介于工频交流电压和雷电冲击电压之间，但气隙的操作冲击击穿电压非但远低于雷电冲击击穿电压，在某些波前时间范围内，甚至比工频击穿电压还要低。换言之，在各种类型的作用电压中，以操作冲击电压下的电气强度为最小。在确定电力设施的空气间距时，必须考虑这一重要情况。

图 2-14 所示为“棒—板”气隙在正极性操作冲击电压波和雷电冲击电压波下的 50%冲击击穿电压和工频击穿电压的实验结果。应该注意，其中 50%操作冲击击穿电压极小值 $U_{50\%\min}$（曲线 1）是在不同的临界波前时间 T_c 下得出的，因而用虚线表示，并标出对应的 T_c 值。

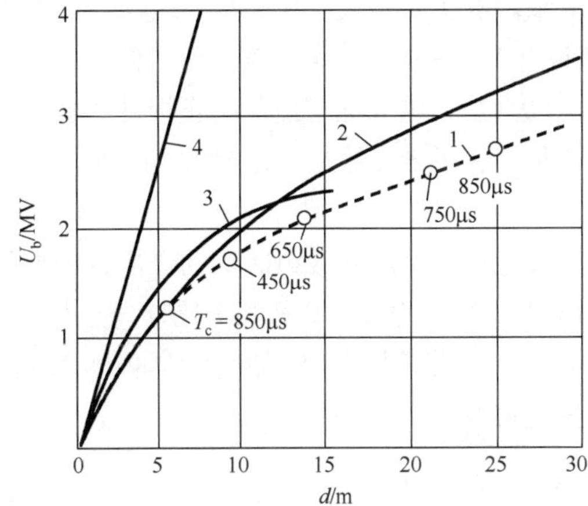

1—在不同 T_c 值下得出的 $U_{50\%\min}$；2— +250 / 2500μs 操作冲击电压波；3—工频交流电压；4— +1.2 / 50μs 雷电冲击电压波。

图 2-14　“棒—板”气隙在正极性操作冲击电压波和雷电冲击电压波下的 50%冲击击穿电压和工频击穿电压的实验结果

图 2-15 所示的曲线 1 所表示的 50%操作冲击击穿电压极小值 $U_{50\%\min}$ 可用下面的经验公式求得

$$U_{50\%\min}=\frac{3.4\times10^3}{1+\dfrac{8}{d}}\ (\text{kV}) \tag{2-3}$$

式中　d——极间距离（m）。

式（2-3）适用于 d =2～15m 的场合，当 d >15m 时，可改用式（2-4）进行计算：

$$U_{50\%\min}=\left(1.4+0.055d\right)\times10^3\ (\text{kV}) \tag{2-4}$$

式（2-4）在 d =15～27m 时能和实验结果很好地吻合。

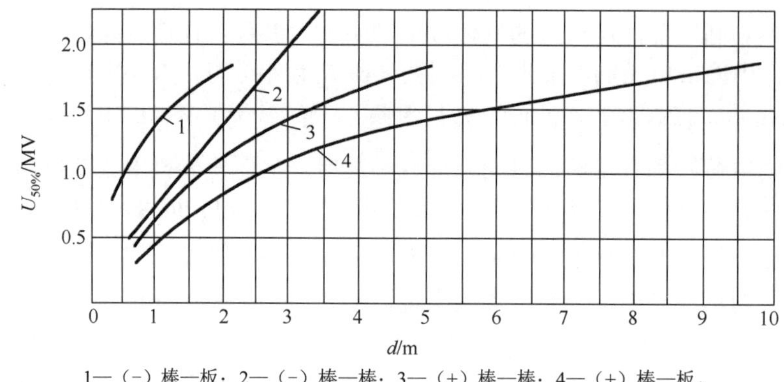

1—（-）棒—板；2—（-）棒—棒；3—（+）棒—棒；4—（+）棒—板。

图 2-15 棒气隙在操作冲击击穿电压（500 / 5000μs）下的击穿特性

利用上面的经验公式可求得 d =10m 时的气隙平均击穿场强已不到 2kV/cm，而当 d =20m 时，更降至 1.25kV/cm。这种平均击穿场强随气隙长度增大而降低的现象也就是下面将要介绍的击穿特性随气隙长度增大而出现的“饱和”现象。

（3）与工频击穿电压的规律类似，极不均匀电场长气隙的操作冲击击穿特性具有显著的“饱和”特征，如图 2-15 所示。除了负极性“棒—棒”气隙，其他棒气隙的操作冲击击穿特性的“饱和”特征都十分明显，“棒—板”气隙尤甚，而它们的雷电冲击击穿特性却基本上都是线性的（参阅图 2-11 和图 2-12）。电气强度最差的正极性“棒—板”气隙的“饱和”现象也最为严重，尤其是在气隙长度大于 5m 以后，这对发展特高压输电技术来说，是一个极其不利的制约因素。

（4）操作冲击电压下的气隙击穿电压和放电时间的分散性都要比雷电冲击电压下的大得多（即前者的伏秒特性带较宽）。集中电极（如棒极）比伸长电极（如导线）尤甚，波前长度较大时（如大于1000μs）比波前长度较小时（如100～300μs）尤甚。此时极不均匀电场气隙的相应标准偏差 σ 值可达 5%～8%。

2.3 大气条件对气隙击穿特性的影响及其校正

大气条件主要是指气压、温度、湿度等条件，这些条件会影响气隙的击穿电压，海拔高度也有类似的影响。前面介绍的不同气隙在各种电压下的击穿特性均对应于标准大气条件和正常海拔高度。由于大气的压力、温度、湿度等条件都会影响空气的密度、电子自由行程长度、碰撞电离及附着过程，所以也必然会影响气隙的击穿电压。在大气中，气隙的击穿电压与大气条件有关，通常，气隙的击穿电压随着大气密度或大气中湿度的增大而升高，大气条件对外绝缘（表面无凝露时）的沿面闪络电压也有类似的影响。海拔高度的影响亦与此类似，因为随着海拔高度的增加，空气的压力和密度均下降。正由于此，在不同大气条件和海拔高度下所得出的击穿电压实测数据都必须换算到某种标准条件下才能互相进行比较。

我国国家标准所规定的标准大气条件如下：

压力　　$p_0 = 101.3\text{kPa}(760\text{mmHg})$

温度　　$t_0 = 20℃$ 或 $T_0 = 293\text{K}$

绝对湿度　　$h_0 = 11\text{g}/\text{m}^3$

在实际实验条件下的气隙击穿电压 U 与标准大气条件下的击穿电压 U_0 之间可以通过相应的校正系数进行如下换算

$$U = K_1 K_2 U_0 \tag{2-5}$$

式中　K_1——空气密度校正系数；

K_2——湿度校正系数。

式（2-5）既适用于气隙的击穿电压，也适用于外绝缘的沿面闪络电压。当实际实验条件不同于标准大气条件时，应将实验标准中规定的标准大气条件下的实验电压值换算为实际的实验电压值。

2.3.1　对空气密度的校正

空气密度与压力和温度有关。空气的相对密度为

$$\delta = 2.9\frac{p}{T} \tag{2-6}$$

式中　p——气压（kPa）；

T——温度（K）。

在大气条件下，气隙的击穿电压随 δ 的增大而升高。实验表明，当 δ 处于 0.95～1.05 的范围内时，气隙的击穿电压几乎与 δ 成正比，即此时的空气密度校正系数 $K_1 \approx \delta$，因而

$$U \approx \delta U_0 \tag{2-7}$$

当气隙不很长（如不超过 1m）时，式（2-7）能足够准确地适用于各种电场形式和各种电压类型做近似的工程估算。

研究表明：对于更长的气隙来说，击穿电压与大气条件变化的关系，并不是一种简单的线性关系，而是随电极形状、电压类型和气隙长度而变化的复杂关系。除了在气隙长度不大、电场也比较均匀或长度虽大、但击穿电压仍随气隙长度呈线性增大（如雷电冲击电压）的情况下，式（2-7）仍可适用，其他情况下的空气密度校正系数应按式（2-8）求取

$$K_1 = \delta^m \tag{2-8}$$

$$\delta = \left(\frac{p}{p_0}\right)\left(\frac{273+\theta_0}{273+\theta}\right)$$

式中　p——实验时的大气压强；

θ——实验时的温度；

m——与电极形状、气隙长度、电压类型及其极性有关。

2.3.2　对湿度的校正

大气中所含的水汽分子能俘获自由电子而形成负离子，这对气体中的放电过程显然起着

抑制作用，可见大气的湿度越大，气隙的击穿电压也会升高。不过在均匀和稍不均匀电场中，放电开始时，整个气隙的电场强度都较大，电子的运动速度较快，不易被水汽分子俘获，因而湿度的影响不太明显，可以忽略不计。例如，用球隙测量高电压时，只需要按空气相对密度校正其击穿电压就可以了，而不必考虑湿度的影响。但在极不均匀电场中，湿度的影响就很明显了，这时可以用下面的湿度校正系数来加以修正

$$K_2 = K^w \tag{2-9}$$

式中的系数 K 取决于实验电压类型，并且是绝对湿度 h 与空气相对密度 δ 之比 (h/δ) 的函数。而指数 w 的值则取决于电极形状、气隙长度、电压类型及其极性。它们的具体取值均可参考有关的国家标准。

2.3.3 对海拔高度的校正

我国幅员辽阔，有不少电力设施（特别是输电线路）位于高海拔地区。随着海拔高度的增大，空气变得逐渐稀薄，在海拔 1000～4000m 的范围内，海拔每升高 100m，绝缘强度约降低 1%。

海拔高度对气隙的击穿电压和外绝缘的闪络电压的影响可利用一些经验公式求得。我国国家标准规定：对于安装在海拔高于 1000m、但不超过 4000m 处的电力设施外绝缘，如在平原地区进行耐压实验，其实验电压 U 应为平原地区外绝缘的实验电压 U_{p} 乘以海拔校正系数 K_{a}，即

$$U = K_{\mathrm{a}} U_{\mathrm{p}} \tag{2-10}$$

$$K_{\mathrm{a}} = \frac{1}{1.1 - H \times 10^{-4}} \tag{2-11}$$

式中　H——安装点的海拔高度（m）。

2.4 提高气体介质电气强度的方法

对于高压电气设备绝缘系统，就气隙来说，不仅必须确保整个气隙不被击穿，还要防止各种预放电的性能达到规定的要求。虽然空气是最便宜的介质，但它的绝缘性能较差。随着输电线路电压的升高，输电铁塔、线路和变电站的占用面积也在不断增大，以满足必要的绝缘气隙要求，这些方法因为浪费土地和物质而成为一种经济成本较大的措施。露天电气设备和装置的性能会受到大气条件和环境污染的强烈影响，因此，如何制造紧凑、环境友好、经济的高压电气设备十分重要。为了缩小电气设备的尺寸，总希望将气隙长度或绝缘距离尽可能取得小一些，为此需采取措施来提高气体介质的电气强度。从实用角度出发，要提高气隙的击穿电压可以采用两条途径：一是改善气隙中的电场分布，使之尽量均匀；二是设法削弱或抑制气体介质中的电离过程。具体的方法如下所述。

2.4.1　改进电极形状以改善电场分布

均匀电场和稍不均匀电场气隙的平均击穿场强比极不均匀电场气隙的要高得多。一般来说，电场分布越均匀，气隙的平均击穿场强也就越大。因此，可以通过改进电极形状（增大电极的曲率半径、消除电极表面的毛刺或尖角等）来减小气隙中的最大电场强度、改善电场分布、提高气隙的击穿电压，如果不可避免地出现了极不均匀电场，则尽可能采用对称电场。

利用屏蔽来增大电极的曲率半径是一种常用的方法。即使是极不均匀电场，在不少情况下，为了避免在工作电压下出现强烈的电晕放电，必须增大电极的曲率半径。以电气强度最差的“棒—板”气隙为例，如果在棒极的端部加装一个直径适当的金属球，就能有效地提高气隙的击穿电压。图 2-16 所示为“球—板”气隙的工频击穿电压有效值与极间距离的关系。例如，在极间距离为100cm 时，采用一直径为 75cm 的球形屏蔽极就可使气隙的击穿电压约提高 1 倍。

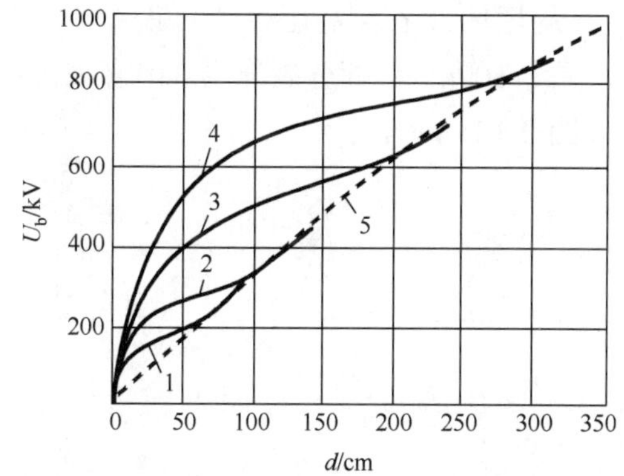

1—球极直径 $D=12.5$cm；2— $D=25$cm；3— $D=50$cm；4— $D=75$cm；5—“棒—板”气隙（虚线）。

图 2-16　“球—板”气隙的工频击穿电压有效值与极间距离的关系

许多高压电气装置的高压出线端（如电气设备高压套管导杆上端）具有尖锐的形状，往往需要加装屏蔽罩来降低出线端附近空间的最大场强，提高电晕起始电压。屏蔽罩的形状和尺寸应选得使其电晕起始电压 U_c 大于装置的最大对地工作电压 $U_{g\cdot max}$，即

$$U_c > U_{g\cdot max} \tag{2-12}$$

最简单的屏蔽罩当然是球形屏蔽罩，它的半径 R 可按式（2-13）进行选择，即

$$R = \frac{U_{g\cdot max}}{E_c} \tag{2-13}$$

式中　E_c——电晕放电起始场强。

增大电极的曲率半径，如变压器套管端部加球形屏蔽罩、采用扩径导线等，可以减小表面场强。改善电极边缘，如电极边缘做成弧形，或尽量使其与某等位面相近以消除边缘效应，从而改善电场分布。使电极具有最佳外形，如在穿墙高压引线上加金属扁球、墙洞边缘做成近似垂链线旋转体，以此来改善其电场分布。

此外还有在多个电器元件连接枢纽处另附加某种金具（在电气上当然与该连接枢纽相

通），可以简单而有效地调整该节点附近的电场，改善该节点附近气隙放电和沿面放电的性能。这种方法在原理上虽只是前述外屏蔽的扩展，但有它自己的诸多特点。由于它是作为一个独立元件附加到节点上去的，这就可以统一考虑和有效地顾及与该枢纽相连接的多个电气部分对电场调整的要求，减轻连接点多个电气部分各自对电场调整原有的负担，改善多方面的电性能；独立的附加金具本身的设计、制作、安装等也比较灵活和简便。例如，应用在高压架空线路绝缘子链端的附加金具（或称保护金具），悬式（或棒式）绝缘子链端保护金具的作用主要是改善沿链的电压分布和防止绝缘子链端保护金具上的电晕。保护金具的形式多种多样，主要装在高压端（线路端），有圆环形、椭圆环形、8 字环形、轮形、桶形等。有时在绝缘子链的接地端也装有保护金具，通常为十字形或 8 字形护角，主要起引离电弧的作用。

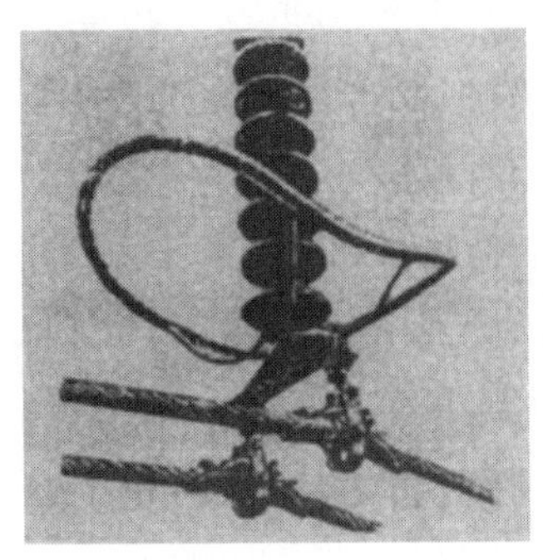

图 2-17　翘椭圆环形保护金具

在超高压输电线路上应用屏蔽原理来改善电场分布以提高电晕起始电压的实例：在超高压线路绝缘子串上安装保护金具（均压环）、在超高压线路上采用扩径导线等。翘椭圆环形保护金具和 500kV 、四分裂导线双串悬垂链端的附加金具如图 2-17 和图 2-18 所示。

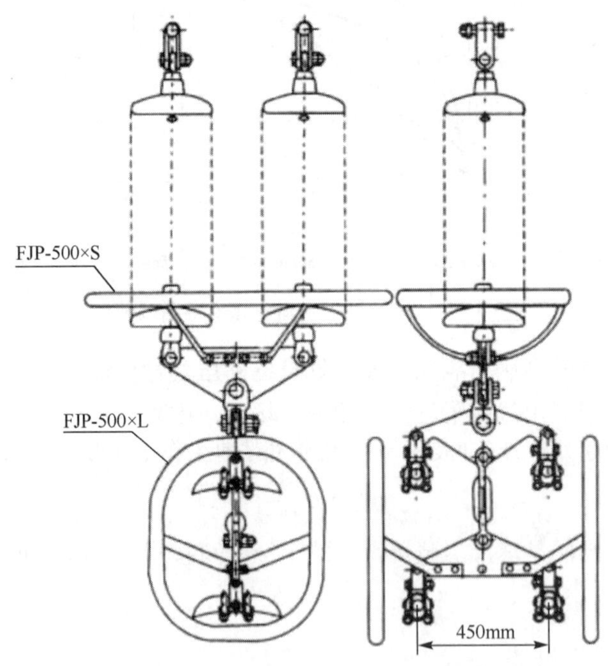

图 2-18　500kV 、四分裂导线双串悬垂链端的附加金具

2.4.2　利用空间电荷改善电场分布

由于极不均匀电场气隙被击穿前一定先出现电晕放电，所以在一定条件下，还可以利用放电本身所产生的空间电荷来调整和改善空间的电场分布，以提高气隙的击穿电压。以“导

线—平板”气隙为例，当导线直径减小到一定程度以后，气隙的工频击穿电压反而会随着导线直径的减小而升高，出现“细线”效应。其原因在于细线的电晕放电所形成的均匀空间电荷层，能改善气隙中的电场分布，导致击穿电压的升高。当导线直径很小时，导线周围容易形成比较均匀的电晕层，电压升高，电晕层也逐渐扩大，电晕放电所形成的空间电荷使电场分布改变。电晕层比较均匀，使电场分布得到改善，从而提高了击穿电压。而当导线直径较大时，由于导线表面不可能绝对光滑，所以在整个表面发生均匀的总体电晕之前就会在个别局部先出现电晕和刷形放电，因此其击穿电压就与“棒—板”或“棒—棒”气隙相近了。

应当指出，只有在一定极间距离范围内才存在上述“细线”效应。极间距离超过一定值时，细线也将产生刷形放电，从而破坏比较均匀的电晕层，此后击穿电压也就同“棒—板”气隙的击穿电压相近了。实验表明，在雷电冲击电压下没有细线效应，这是电压作用时间太短，来不及形成充分的空间电荷层的缘故。利用空间电荷（均匀的电晕层）提高气隙的击穿电压，仅在持续作用电压下才有效，而且此时在击穿前将出现持续的电晕现象，这在很多场合下也是不允许的。

2.4.3　采用屏障

由于气隙中的电场分布和气体放电的发展过程都与带电粒子在气隙空间的产生、运动和分布密切相关，所以在气隙中放置形状和位置合适、能阻碍带电粒子运动和调整空间电荷分布的屏障，也是提高气体介质电气强度的一种有效方法。

在电场极不均匀的气隙中，放入薄片固体绝缘材料（如纸或纸板），在一定条件下可以显著提高气隙的击穿电压，这就是屏障作用。屏障用绝缘材料制成，但它本身的绝缘性能无关紧要，重要的是它的密封性（拦住带电粒子的能力）。它一般安装在电晕气隙中，其表面与电力线垂直。

屏障的作用取决于它所拦住的与电晕电极同号的空间电荷，这样就能使电晕电极与屏障之间的空间电场强度减小，从而使整个气隙的电场分布均匀化。虽然这时屏障与另一电极之间的空间电场强度反而增大了，但其电场变得更像两块平板电极之间的均匀电场（见图 2-19），所以整个气隙的电气强度得到了提高。

屏障的效果显然和屏障的位置有很大的关系。当屏障靠近棒电极时，屏障和板电极之间较均匀的电场区扩大，气隙的击穿电压随之升高；但屏障离棒电极过近时，屏障上正电荷的分布将很不均匀，屏障前方又出现了极不均匀电场，这时屏障的作用又减弱了。以图 2-20 所示的“棒—板”气隙为例，最有利的屏障位置在 $x=\left(\frac{1}{6}\sim\frac{1}{5}\right)d$ 处，这时该气隙的电气强度在正极性直流电压下可增加 2～3 倍；但当棒为负极性时，即使屏障放在最有利的位置，也只能略微提高气隙的击穿电压（如 20%），而在大多数位置上，反而使击穿电压有不同程度的降低。不过在工频电压下，由于击穿一定发生在棒为正极性的那半周，所以设置屏障还是很有效的。如果是“棒—棒”气隙，两个电极都将发生电晕放电，所以应在两个电极附近都安装屏障，方能收效。在冲击电压下，屏障的作用要小一些，因为这时积聚在屏障上的空间电荷较少。显然，屏障在均匀或稍不均匀电场中难以发挥作用。

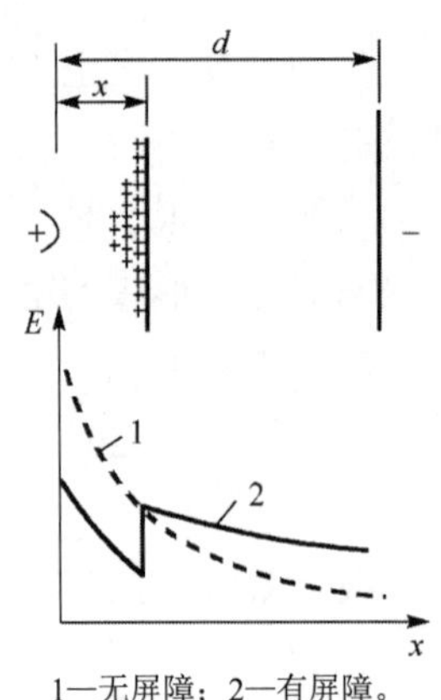

1—无屏障；2—有屏障。

图 2-19 在“正棒—负棒”气隙中设置屏障前后的电场分布

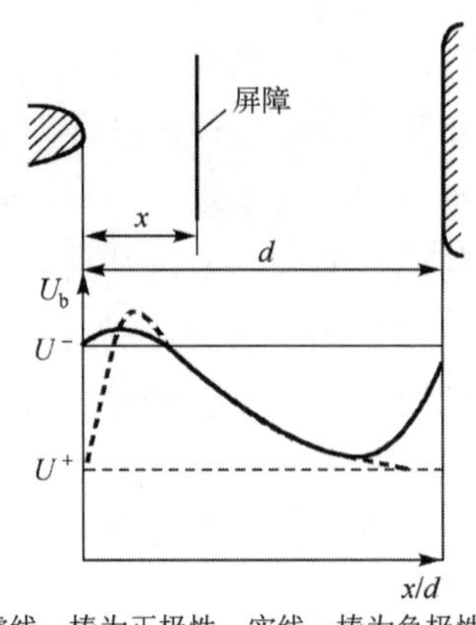

虚线—棒为正极性；实线—棒为负极性。

图 2-20 屏障的安装位置对“棒—板”气隙直流击穿电压的影响

（U^+ 和 U^- 为没有屏障时该气隙在正、负极性下的直流击穿电压）

图 2-21 所示为工频电压下“棒—板”气隙的击穿电压和屏障（以绘图纸制成）位置的关系。在工频电压下，在极不均匀电场中同样能形成大量空间电荷，故屏障同样具有积聚空间电荷、改善电场的作用。此外，在无屏障时，在“棒—板”气隙中，工频电压下的击穿都是在尖极为正极性的半周内发生的，所以在工频电压下，设置屏障可以显著提高气隙的击穿电压。

在雷电冲击电压下，“棒—板”气隙设置屏障后，击穿电压的变化如图 2-22 所示。棒电极为正极性时，屏障可显著提高气隙的击穿电压；棒电极为负极性时，设置屏障后，气隙的击穿电压和没有屏障时相差不多。雷电冲击电压的作用时间极短，故和持续作用电压下的情况不同，屏障上来不及积聚起显著的空间电荷，所以雷电冲击电压下的屏障效应应该另有原因。实验表明，屏障如果具有小孔，在雷电冲击电压下就不能提高气隙的击穿电压。而在持续作用电压下，只要屏障不是过分靠近棒电极，屏障具有小孔，对其积聚空间电荷的影响很小。

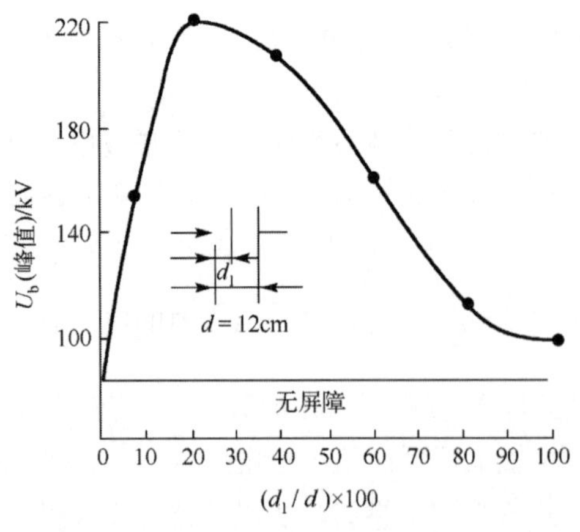

图 2-21 工频电压下“棒—板”气隙的击穿电压和屏障（以绘图纸制成）位置的关系

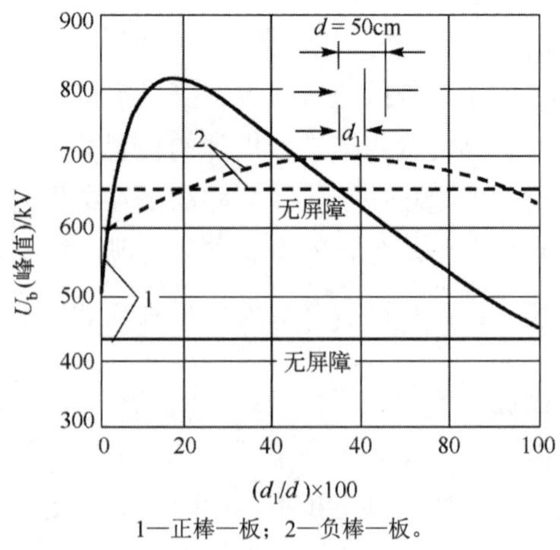

1—正棒—板；2—负棒—板。

图 2-22 雷电冲击电压下“棒—板”气隙的击穿电压和屏障位置的关系

2.4.4 采用高气压

SF_6气体是一种电负性气体，也是目前电力系统中除空气外最重要的气体介质。电负性离子就像正离子一样，质量太大且速度太慢，在碰撞时无法产生电离。电子在电负性气体中的附着特性代表了一种吸收电子的有效方式，阻止了更多电子崩的发展。

在常压下，空气的电气强度是比较低的，约为 30 kV/cm。即使采取上述各种措施来尽可能地改善电场，其平均击穿场强也不可能超越这一极限，可见常压下的空气的电气强度要比一般固体和液体介质的电气强度低得多。但是，如果把空气加以压缩，使气压大大超过 0.1MPa(1atm)，那么它的电气强度就能得到显著的提高。提高气隙击穿电压的另一个途径是削弱气体中的电离过程，如提高绝缘气隙的气体压力，从而提高击穿电压。这主要是因为，提高气体压力可以大大减小电子的自由行程长度，从而削弱和抑制了电离过程。如果能在采用高气压的同时，再用某些高电气强度气体（如后面要介绍的SF_6气体）来替代空气，那么就能获得更好的效果。

图 2-23 所示为某些电介质在均匀电场中的击穿电压与极间距离的关系。从图上可以看出：2.8MPa 的压缩空气具有很高的击穿电压，但采用这样高的气压会对电气设备外壳的密封性和机械强度提出很高的要求，往往难以实现。如果用SF_6气体来代替空气，为了达到同样的电气强度，只要采用 0.7MPa 左右的气压就够了。

在均匀电场中不同极间距离下气隙的击穿电压和 *pd* 的关系如图 2-24 所示。从图中可知，当极间距离不变时，击穿电压随压力的增大而很快升高；但当压力增大到一定程度后，击穿电压升高的幅度逐渐减小，说明此后继续增大压力的效果逐渐下降了。

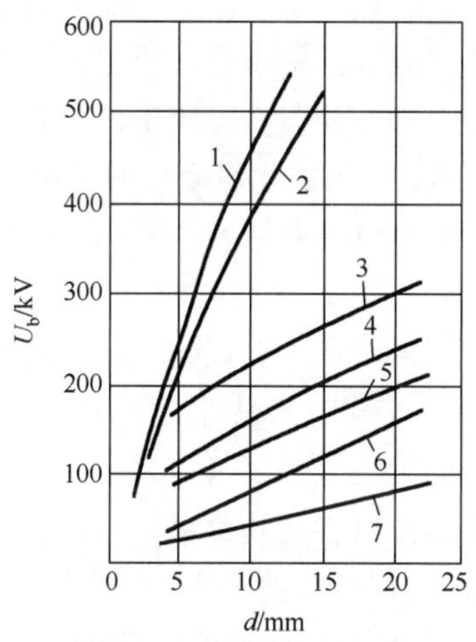

1—空气，2.8MPa；2—SF_6，0.7MPa；3—高真空；4—变压器油；5—电瓷；6—SF_6，0.1MPa；7—空气，0.1MPa。

图 2-23 某些电介质在均匀电场中的击穿电压与极间距离的关系

在高气压下，电场的均匀程度对击穿电压的影响比在大气压力下要显著得多，电场均匀程度下降，击穿电压将剧烈降低。因此，采用高气压的电气设备应使电场尽可能均匀。

上述提到的SF_6除了具有较高的耐电强度，SF_6还具有很强的灭弧性能，它是一种无色、无味、无毒、非燃性的惰性化合物，对金属和其他绝缘材料没有腐蚀作用。在中等压力下，

SF_6气体可以被液化，便于储藏和运输。所以，SF_6被广泛应用在大容量高压断路器、高压充气电缆、高压电容器、高压充气套管等电气设备中。

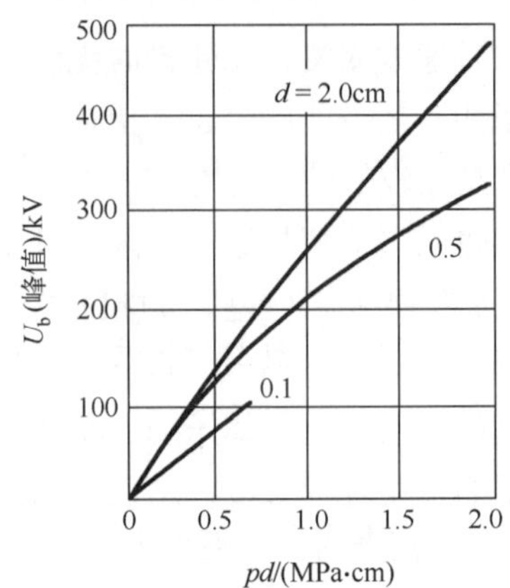

图 2-24　在均匀电场中不同极间距离下气隙的击穿电压和 pd 的关系

2.4.5　采用高电气强度气体

在稍不均匀电场中，气体介电特性可以得到更好的利用。因此，在给定的额定电压下，具有高电气强度的气体介质可以更有效地减小高压电力装置的几何尺寸。

在众多的气体中，有一些含卤族元素的强电负性气体[如六氟化硫（SF_6）、四氯化碳（CCl_4）、氟利昂（CCl_2F_2）等]的电气强度特别高（比空气高得多），因而可称之为高电气强度气体。采用这些气体来替代空气，可以大大提高气隙的击穿电压，甚至在空气中混入一部分这样的气体也能显著提高其电气强度，缩小设备尺寸，降低工作气压。

应该指出，这一类气体要在工程上获得实际应用，单靠其电气强度高是不够的，它们还必须满足某些其他方面的要求，诸如：①液化温度要低（这样才能同时采用高气压）；②良好的化学稳定性，在该气体中出现放电时不易分解、不燃烧或爆炸、不产生有毒物质；③生产不太困难，价格不过于昂贵。

能同时满足上述各种要求的气体是很少的，CCl_2F_2、CCl_4虽然相对电气强度高，但因液化温度高而难以采用。CCl_4在放电过程中如果有空气存在，还能形成剧毒物质碳酰二氯。因此目前工程上唯一获得广泛应用的高电气强度气体只有SF_6及其混合气体，SF_6是一种无色、无味、无毒、非燃性的惰性化合物，对金属和其他绝缘材料没有腐蚀作用，被加热到 500℃仍不会分解。在中等压力下，SF_6气体可以被液化，便于储藏和运输。SF_6气体除了具有很高的电气强度，还具备优异的灭弧能力，其他有关的技术性能也相当好。因此，近年来还发展了用SF_6绝缘的全封闭组合电器，把整个变电站的设备（除变压器外）全部封闭在一个接地的金属外壳内，壳内充以 3～4 个大气压的SF_6气体，以保证各相间和对地的绝缘。利用SF_6气体作为绝缘介质和灭弧介质制成的各种电气设备和封闭式组合电器具有一系列突出的优点，例如，大大节省占地面积和空间体积、运行安全可靠、安装维护简便等，因而它们的发展前景十分广阔，现已广泛用于大容量高压断路器、高压充气电缆、高压电容器、高压充气套管及全封闭组合电器中。

有鉴于 SF_6 气体和气体绝缘电气设备的特殊重要性，在 2.5 节将专门就此做更详细的介绍。

2.4.6　采用高真空

采用高真空也可以减弱气隙中的碰撞电离过程而显著提高气隙的击穿电压。如果完全以第 1 章中介绍的气体放电理论来解释高真空中的击穿过程，所得出的击穿电压将极高（这时电子穿越极间距离时很难碰撞到中性分子，难以引起足够多的碰撞电离）。但是实际情况并非如此，在极间距离较小时，高真空的电气强度的确很高，甚至可以超过压缩的 SF_6 气体；但在极间距离增大时，电压升高较慢，其电气强度明显低于压缩气体的击穿场强，这表明此时高真空的击穿机理已发生了变化，出现了新的物理过程，因而不能再简单地用前面的气体放电理论来说明了。

真空击穿研究表明：在极间距离较小时，高真空的击穿与阴极表面的强场发射有关，它所引起的电流会导致电极局部发热而释放出金属气体，使真空度下降而引起击穿；在极间距离较大时，击穿将由“全电压效应”引起，这时随着极间距离和击穿电压的增大，电子从阴极飞越真空抵达阳极时能积累到很大的动能，这些高能电子轰击阳极表面时会释放出正离子和光子，它们又将加强阴极上的表面电离。这样反复作用会产生出越来越多的电子流，使电极局部气化而导致气隙的击穿，这就是“全电压效应”。正由于此，随着极间距离的增大，平均击穿场强将变得越来越小。真空气隙的击穿电压与电极材料、表面光洁度和洁净度（包括所吸附气体的数量和种类）等多种因素有关，因而分散性很大。

实际电气设备采用高真空作为绝缘介质的情况还不多，主要是因为真空设备的造价非常高，且需要严格保持真空状态，维护成本较高。目前高真空仅在真空断路器中得到了实际应用，真空不但绝缘性能较好，而且还具有很强的灭弧能力，所以用于配电网中的真空断路器还是很合适的。

2.5　绝缘气体和气体绝缘电气设备

六氟化硫（SF_6）气体在 20 世纪 60 年代才开始作为绝缘介质和灭弧介质用于某些电气设备（首先是断路器）。时至今日，它已是除空气外应用得最广泛的气体介质了。

SF_6 气体是一种无色、无味、无嗅、无毒、不燃的气体。它的分子结构为六个氟原子围绕着一个中心硫原子，对称布置在八面体的各个顶端，互相以共价键结合，硫原子和氟原子的电负性都很强，故其键合的稳定性很强，在不太高的温度下，接近惰性气体的稳定性。

SF_6 气体的稳定性很高，分解温度高于 500℃，也不会与其他材料发生化学反应。而在电弧或局部放电的高温作用下，SF_6 气体会产生热离解，变成硫和氟原子，硫和氟原子也会重新合成 SF_6 分子。

SF_6 气体的电气强度约为空气的 2.5 倍，而其灭弧能力更高达空气的 100 倍以上，所以在超高压和特高压的范畴内，它已完全取代绝缘油和压缩空气而成为唯一的断路器灭弧介质了。

目前，SF_6 气体不仅应用于某些单一的电气设备（如 SF_6 断路器、气体绝缘变压器等），还被广泛用于将多种变电设备集于一体并密封在充 SF_6 气体的容器之内的封闭式气体绝缘组合电器和充气管道输电线等装置。在超高压和特高压输电领域中，气体绝缘组合电器更显示出常规开关设备无法与之相比的优势。

2.5.1 SF_6 气体的绝缘性能

包括 SF_6 气体在内的卤化物气体之所以具有特别高的电气强度，主要是因为这些气体都具有很强的电负性，容易俘获自由电子而形成负离子（电子附着过程），电子变成负离子后，其引起碰撞电离的能力就变得很弱，因而削弱了放电发展过程同时又加强了复合过程。

应该强调指出：电场的不均匀程度对 SF_6 气体的电气强度的影响远比对空气的要大。具体来说，与均匀电场中的击穿电压相比，SF_6 气体在极不均匀电场中击穿电压下降的程度比空气的要大得多。换言之，SF_6 气体优异的绝缘性能只有在电场比较均匀的场合才能得到充分的发挥，所以在设计以 SF_6 气体作为绝缘的各种电气设备时，应尽可能使气隙中的电场均匀化，采用屏蔽等措施以消除一切尖角处的极不均匀电场，使 SF_6 气体优异的绝缘性能得到充分的利用。

2.5.1.1 均匀和稍不均匀电场中 SF_6 气体的击穿

在分析电负性气体中的碰撞电离和放电过程时，除了考虑第 1 章中的 α 过程，还应计及电子附着过程，它可用一个与电子碰撞电离系数 α 的定义相似的电子附着系数 η 来表示。η 的定义是，一个电子在沿电场方向运动1cm 的行程中所发生的电子附着次数的平均值。在电负性气体中，有效碰撞电离系数 $\overline{\alpha}$ 应为

$$\overline{\alpha}=\alpha-\eta \tag{2-14}$$

参照式（1-9），可写出均匀电场中的电子崩增长规律

$$n_{\mathrm{a}}=n_0\mathrm{e}^{(\alpha-\eta)} \tag{2-15}$$

式中 n_0 ——阴极表面处的初始电子数；

n_{a} ——到达阳极时的电子数。

不过这时应该注意：在一般气体中，正离子数等于新增的电子数；而在电负性气体中，正离子数等于新增的电子数与负离子数之和。所以在汤森放电理论中不能将式（2-15）中的 α 简单地用 $\alpha-\eta$ 代替来得出电负性气体的自持放电条件。由于强电负性气体在实用中所处的条件均属于流注放电的范畴，所以这里不再讨论其汤森自持放电条件，而直接探讨其流注自持放电条件。为此，可参照式（1-28）写出均匀电场中电负性气体的流注自持放电条件为

$$(\alpha-\eta)d=K \tag{2-16}$$

实验研究表明，对于 SF_6 气体，常数 K=10.5，相应的击穿电压为

$$U_{\mathrm{b}}=88.5pd+0.38\ （\mathrm{kV}） \tag{2-17}$$

式中 p ——气压（MPa）；

d ——极间距离（mm）。

在工程应用中，通常 $pd > 1\mathrm{MPa\cdot mm}$，所以式（2-17）可近似地写成

$$U_{\mathrm{b}} \approx 88.5pd \ (\mathrm{kV}) \tag{2-18}$$

式（2-16）和式（2-17）均表明，在均匀电场中，SF_6 气体的击穿也遵循帕邢定律。它在 0.1Mpa(1atm) 下的击穿场强 $E_{\mathrm{b}} = \dfrac{U_{\mathrm{b}}}{d} \approx 88.5\mathrm{kV/cm}$，几乎是空气的 3 倍。

在稍不均匀电场中，极性对气隙击穿电压的影响与极不均匀电场中的情况是相反的，此时负极性下的击穿电压反而比正极性下的低 10%左右。冲击系数很小，雷电冲击时约为 1.25，操作冲击时更小，只有 1.05～1.1。

2.5.1.2　极不均匀电场中 SF_6 气体的击穿

在极不均匀电场中，SF_6 气体的击穿有异常现象，主要表现在两个方面：首先是工频击穿电压随气压的变化曲线存在“驼峰”；其次是驼峰区段内的雷电冲击击穿电压明显低于静态击穿电压，其冲击系数可低至 0.6 左右，如图 2-25 所示。虽然驼峰曲线在压缩空气中也存在，但一般要在气体高达 1MPa 左右才开始出现。而在 SF_6 气体中，驼峰常出现在 0.1～0.2MPa 的气压下，即在工作气压以下。因此，在进行绝缘设计时应尽可能设法避免极不均匀电场的情况。

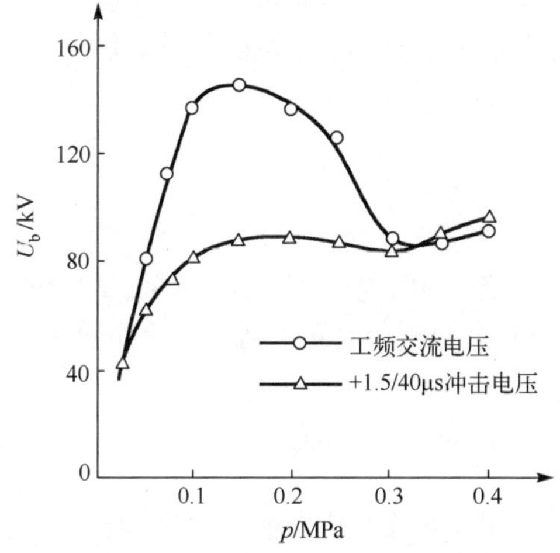

图 2-25　SF_6 气体的工频击穿电压（峰值）与正极性冲击击穿电压的比较

在极不均匀电场中，SF_6 气体击穿的异常现象与空间电荷的运动有关。我们知道，空间电荷对棒极的屏蔽作用会使击穿电压升高，但在雷电冲击电压的作用下，空间电荷来不及移动到有利的位置，故其击穿电压低于静态击穿电压；又由于气压升高时空间电荷扩散得较慢，因此在气压超过 0.1MPa 时，屏蔽作用减弱，工频击穿电压会下降。

2.5.1.3　影响击穿场强的其他因素

气体绝缘电气设备的设计场强值远低于理论击穿场强，这是因为有许多影响因素会使它的击穿场强下降。此处仅介绍其中两种主要的影响因素，即电极表面缺陷和导电微粒。

1. 电极表面缺陷

图 2-26 所示为电极表面粗糙度 R_a 对 SF_6 气体电气强度 E_b 的影响。可以看出：工作气压越高，R_a 对 E_b 的影响越大，因而对电极表面加工的技术要求也越高。

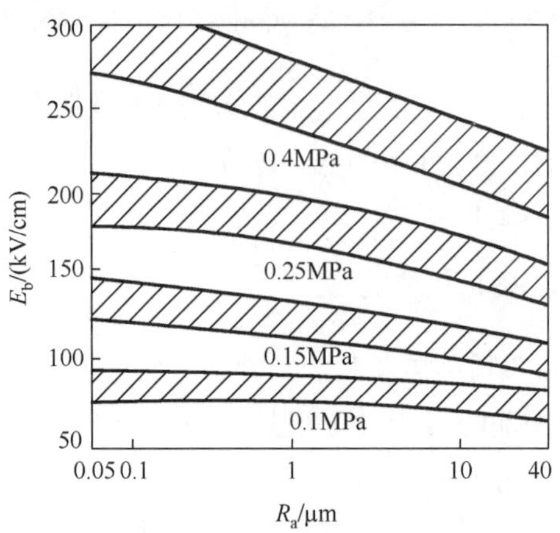

图 2-26 电极表面粗糙度 R_a 对 SF_6 气体电气强度 E_b 的影响

电极表面粗糙度大时，表面突起处的局部电场强度要比气隙的平均电场强度大得多，因而可在宏观上的平均场强尚未达到临界值时就诱发放电和击穿。

除了表面粗糙度，电极表面还会有其他零星的随机缺陷，电极表面积越大，这类缺陷出现的概率越大。所以，电极表面积越大，SF_6 气体的击穿场强越低，这一现象被称为“面积效应”。

2. 导电微粒

设备中的导电微粒有两大类，即固定微粒和自由微粒，前者的作用与电极表面缺陷相似；而后者因会在极间跳动，所以会对 SF_6 气体的绝缘性能产生更大的不利影响。

2.5.2 SF_6 气体理化特性方面的若干问题

气体要作为绝缘介质应用于工程实际，不但应具有高电气强度，而且还要具备良好的理化特性。SF_6 气体是唯一获得广泛应用的强电负性气体的原因即在于此。

下面就 SF_6 气体实际应用中与理化特性有关的几个主要问题，做简要介绍。

1. 液化问题

现代 SF_6 高压断路器的气压通常在 0.7MPa 左右，而在气体绝缘组合电器中除断路器外，其余部分的充气压力一般不超过 0.45MPa 。如果 20℃时的充气压力为 0.75MPa（相当于断路器中常用的工作气压），则对应的液化温度约为-25℃。如果 20℃时的充气压力为 0.45MPa ，则对应的液化温度为-40℃，可见一般不存在液化问题，只有在高寒地区才需要对断路器采取加热措施，或采用 SF_6-N_2 混合气体来降低液化温度。

2. 毒性分解物

纯净的 SF_6 气体是无毒惰性气体，180℃以下时它与电气设备中材料的相容性与 N_2 相似。但 SF_6 气体的分解物有毒，并对材料有腐蚀作用，因此必须采取措施以保证人身和设备的安全。

使 SF_6 气体分解的原因有三，即电子碰撞、热和光辐射。在电气设备中引起分解的原因主要是前两种，它们均因放电而出现。大功率电弧（断路器触头间的电弧或气体绝缘组合电器等设备内部的故障电弧）的高温会引起 SF_6 气体的迅速分解，而火花放电、电晕或局部放电也会引起 SF_6 气体的分解。

为了消除气体绝缘电气设备中的毒性气体生成物，通常会采用吸附剂，它有两方面的作用，即吸附分解物和吸收水分。常用的吸附剂有活性氧化铝和分子筛，通常吸附剂的放置量不小于 SF_6 气体质量的 10%。

3. 含水量

在 SF_6 气体内所含的各种杂质或杂质组合中，危害性最大的是水分，因为它的存在会影响气体分解物，且会与 HF 形成氢氟酸，引起材料的腐蚀和导致机械故障，还会在低温时引起固体介质表面凝露，使闪络电压急剧降低。因此，无论是在验收新气体时还是对运行中的气体绝缘设备进行监督时，都要对含水量的测量和控制给予很大的重视。表 2-2 所示为国家标准对设备中 SF_6 气体的含水量容许值的规定。为了控制运行设备内 SF_6 气体中的含水量，应避免在高湿度气候条件下进行装配工作，安装前所有部件都要经过干燥处理，必须保证良好的密封，否则会使设备内的 SF_6 气体泄漏到大气中，而大气中的水汽也会渗入设备内（大气中水汽的分压远高于设备内部水汽的分压）。

表 2-2　国家标准对设备中 SF_6 气体的含水量容许值的规定

隔　室	有电弧分解物的隔室 ML/L	无电弧分解物的隔室μL/L
交接验收值	$\leqslant 150\times10^{-6}$	$\leqslant 500\times10^{-6}$
运行容许值	$\leqslant 300\times10^{-6}$	$\leqslant 1000\times10^{-6}$

2.5.3　SF_6 混合气体

虽然 SF_6 气体有良好的电气特性和化学稳定性，但其价格较高，液化温度还不够低，且对电场不均匀度太敏感。对于需气量较大的情况，如全封闭组合电器、充气电缆、充气输电管道等，SF_6 气体的费用就是必须考虑的问题，所以目前国内外都在研究 SF_6 混合气体，以期在某些场合用 SF_6 混合气体来代替纯 SF_6 气体。

在一定条件下，SF_6 气体能与氧气、水蒸气等发生反应，生成某些有害化合物，因此不宜将 SF_6 气体简单地与空气混合，而应将其与惰性气体混合。研究表明：以常见的廉价气体如 N_2、CO_2 与 SF_6 气体组成混合气体时，即使 N_2 中加入少量的 SF_6 气体就能使这些常见气体的电气强度有很大的提高，但继续增加 SF_6 气体的含量，上述电气强度的提高会出现饱和趋势。这是因为少量的 SF_6 分子已能起到俘获电子而形成负离子的作用。

目前已获工业应用的是 SF_6-N_2 混合气体，主要用作高寒地区断路器的绝缘介质和灭弧介质，采用的混合比通常为 50%∶50%或 60%∶40%。混合比是指两种气体成分的体积比，也就是两种气体的分压比。图 2-27 所示为SF_6-N_2 混合气体中的$\overline{\alpha}/p=f(E/p)$关系 曲线。可以看出，在$SF_6$含量减小时，在同一$E/p$值下的$\overline{\alpha}/p$值变大，但这时$\overline{\alpha}/p=f(E/p)$曲线的斜率在减小，这表明混合气体的电气强度对电场的敏感度降低了，亦说明混合气体对电极表面缺陷和导电微粒等因素不会像纯SF_6气体那样敏感。

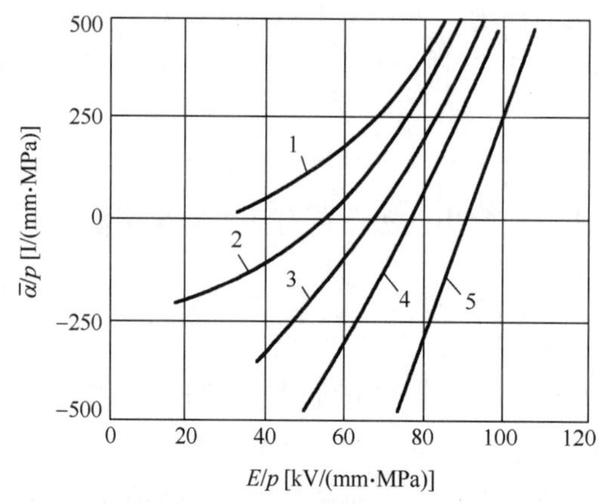

1—纯 N_2；2—SF_6含量为 10%；3—SF_6含量为 25%；4—SF_6含量为 50%；5—纯 SF_6。

图 2-27　SF_6-N_2混合气体中的$\overline{\alpha}/p=f(E/p)$关系曲线

与纯SF_6气相比，SF_6-N_2混合气体的绝缘能力对电场不均匀性的敏感度较小，无论是电极表面的粗糙度还是自由导电微粒的存在，使混合气体系统绝缘强度的损失，均比纯SF_6气体系统的损失少，因而使用SF_6-N_2混合气体，不仅可以降低成本，还可以相对提高绝缘的可靠性。

图 2-28 所示为SF_6-N_2混合气体的 RES 与SF_6含量x的关系。SF_6含量不同时，SF_6-N_2混合气体的击穿场强与纯SF_6气体的击穿场强之比，以 RES 来表示。当SF_6含量x超过 0.1 时，SF_6-N_2混合气体的 RES 可近似地表示为

$$\text{RES}=x^{0.18} \tag{2-19}$$

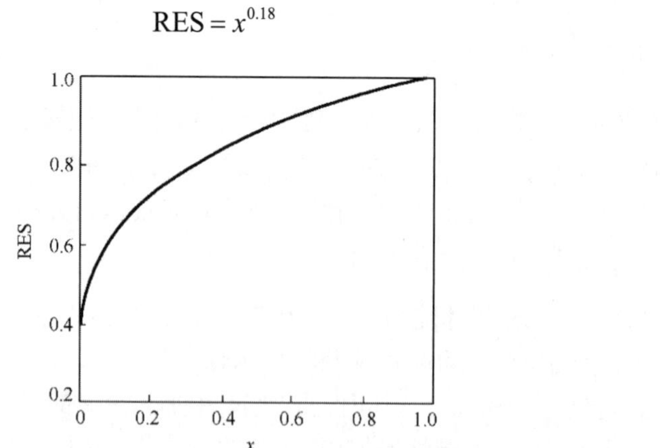

图 2-28　SF_6-N_2混合气体的 RES 与SF_6含量x的关系

由于混合气体的绝缘性能和灭弧能力均稍逊于纯SF_6气体，所以充混合气体的设备的工

作气压常需再提高 0.1MPa，但因此时的 SF_6 气体分压要比充纯 SF_6 气体时的工作气压低得多，所以不会出现液化问题，即采用混合气体可使液化温度明显降低。

在用气量很大的长管道输电线中，如用 SF_6-N_2 混合气体代替纯 SF_6 气体，可取得很大的经济效益。因为即使需将工作气压提高 0.1MPa，在 50%的混合比下，仍可使气体的费用减少约 40%。

除此之外，近年来，一些电力公司逐渐尝试不再使用 SF_6 气体，而是采用来源于自然的 N_2+O_2 的混合物作为绝缘介质，为解决温室效应提供了新的思路。

2.5.4 气体绝缘电气设备

2.5.4.1 封闭式气体绝缘组合电器

封闭式气体绝缘组合电器由断路器、隔离开关、接地刀闸、互感器、避雷器、母线、连线和出线终端等部件组合而成，全部封闭在充 SF_6 气体的金属外壳中。

与传统的敞开式配电装置相比，封闭式气体绝缘组合电器具有下列突出优点。

（1）大大节省占地面积和空间体积：额定电压越高，节省得越多。以占地面积为例，额定电压为 U_n(kV) 的封闭式气体绝缘组合电器与敞开式配电装置占地面积之比 k 可用式（2-20）做粗略的估计

$$k=\frac{10}{U_n} \tag{2-20}$$

两者所占空间体积之比，要比式（2-20）中的 k 值更小。可见，封闭式气体绝缘组合电器特别适用于深山峡谷中水电站的升压变电所、城区高压配电网的地面或地下变电所等场合，因为在这些情况下，高昂的征地费用和土建费用将使封闭式气体绝缘组合电器的综合经济指标反而较常规的敞开式配电装置更好。

（2）运行安全可靠：封闭式气体绝缘组合电器的金属外壳是接地的，既可防止运行人员触及带电导体，又可使设备的运行不受污秽、雨雪、雾露等不利的环境条件的影响。

（3）有利于环境保护，使运行人员不受电场和磁场的影响。

（4）安装工作量小、检修周期长。

2.5.4.2 气体绝缘管道输电线

气体绝缘管道输电线亦可称为气体绝缘电缆，它与充油电缆相比具有下列优点。

（1）电容量小：气体绝缘管道输电线的电容量大约只有充油电缆的 1/4 左右，因此其充电电流小、临界传输距离长。

（2）损耗小：常规充油电缆常因介质损耗较大而难以用于特高压，而气体绝缘管道输电线的绝缘主要是气体介质，其介质损耗可忽略不计，已研制出特高压等级的产品。

（3）传输容量大：常规电缆由于制造工艺等方面的原因，其缆芯截面一般不超过 2000mm^2，而气体绝缘管道输电线则无此限制，所以气体绝缘管道输电线的传输容量要比充油电缆大，而且电压等级越高这一优点越明显。

（4）能用于大落差场合。

2.5.4.3 气体绝缘变压器

气体绝缘变压器（Gas Insulated Transformer，GIT）与传统的油浸变压器相比，有以下主要优点。

（1）GIT 是防火防爆型变压器，特别适用于城市高层建筑的供电和地下矿井等有防火、防爆要求的场合。

（2）气体传递振动的能力比液体小，所以 GIT 的噪声小于油浸变压器。

（3）气体介质不会老化，简化了维护工作。

除了以上所介绍的气体绝缘电气设备，SF_6 气体还日益广泛地应用到一些其他电气设备中，如气体绝缘开关柜、环网供电单元、中性点接地电阻器、中性点接地电抗器、移相电容器、标准电容器等。

此外，值得注意的是，前述电气设备中广泛使用的 SF_6 气体是一种温室效应较强的气体，为了助推“碳达峰”“碳中和”目标的实现，大幅降低温室气体排放，国内外的电力生产部门和研究机构在不断寻找环境友好的 SF_6 替代气体，采用环保气体作为绝缘介质的电气设备逐渐成为未来发展的趋势。比如，在 GIS 设备全寿命周期内，用全氟异丁腈（简称 C4）环保气体代替传统的 SF_6 气体，可满足电网设备安全运行的需求。同时，在相同压力下，全氟异丁腈的绝缘性能约为 SF_6 气体的两倍，且能够减少碳排放。此外，针对已广泛应用的 SF_6 气体环网柜，某电力公司已采用全氟异丁腈环保气体替代 SF_6 气体，产品结构和性能与 SF_6 环网柜保持一致，温室效应可降至 SF_6 气体的 3%以下，环保效益显著。

第 3 章

液体电介质的电气性能

电介质按物质形态可分为气体电介质、液体电介质和固体电介质。除了气体电介质材料，还有一大类电介质材料以液体的方式存在，我们将常温下为液体的电介质称为液体电介质，又叫绝缘油。绝缘油广泛地应用于电缆、变压器、电抗器，除了绝缘作用，还可起到散热和填充孔隙的作用，甚至在早期的断路器中使用绝缘油作为灭弧介质。液体电介质在使用过程中存在渗漏和易燃的问题，随着 SF_6 气体、真空绝缘介质和固体电介质的不断发展，绝缘油逐渐被取代，然而在特高压电缆、电力变压器中却无法被完全取代。现在应用的液体电介质主要为矿物质油和合成绝缘油，主要从石油中提炼得到，具有不可再生性，因此，近年来植物油受到越来越多的关注。本章从液体电介质的基本介电参数出发，对液体电介质的普遍规律进行描述，随后针对液体电介质中使用量最大的变压器油及其发展趋势进行详细描述。

3.1 液体电介质的极化和损耗

液体电介质的极化行为决定了其在不同频率下的介电常数和损耗，其按照固有偶极矩的数量分为非极性液体电介质和极性液体电介质，极性的大小对其性能存在显著的影响。非极性电介质指无外加电场时，分子的正电荷和负电荷中心重合，电偶极矩等于零，非极性分子一般具有对称的化学结构。极性电介质指无外加电场时，分子的正电荷和负电荷中心不重合，分子存在固有偶极矩 μ_0，称为偶极分子或极性分子。μ_0<0.5 德拜（1.67×10^{-30}C·m），为弱极性电介质；0.5 德拜<μ_0<1.5 德拜，为中极性电介质；μ_0>1.5 德拜，为强极性电介质。液体电介质的极化和损耗特性也将从这两方面分别进行介绍。

3.1.1 液体电介质的介电常数

电介质中某一点的宏观电场强度 E，是指极板上的自由电荷以及电介质中所有极化形成的偶极矩共同在该点产生的场强。对于充以电介质的平板电容器，如果介质是连续均匀线性的，则可运用电场叠加原理。电介质中所有极化分子形成的偶极矩的作用，可以通过电介质表面束缚电荷的作用来表达。这样，电介质在一点的电场强度，便等于极板上自由电荷面密度在该点产生的场强 σ/ε_0 与束缚电荷面密度 σ' 在该点产生的场强 $-\sigma'/\varepsilon_0$ 之和，即

$$E=\frac{\sigma-\sigma'}{\varepsilon_0} \tag{3-1}$$

因此该点场强的大小与液体电介质中的极化强度密切相关，直接决定了材料的相对介电常数。

3.1.1.1 非极性和弱极性液体电介质的介电常数

在非极性和弱极性液体电介质极化中起主要作用的是电子位移极化，其极化率为 α_e，相对介电常数与折射率 n 近似保持麦克斯韦关系，即

$$\varepsilon_r=\varepsilon_\infty\approx n^2 \tag{3-2}$$

这类液体电介质的相对介电常数一般在 2.5 左右，有四氧化碳、苯、二甲苯、变压器油等。此类材料一般具有较好的透光性，可通过测量其折射率得到相对介电常数的近似值。

液体的压力和温度对原子极化影响甚微，这就导致非极性和弱极性液体电介质的相对介电常数对压力和温度不敏感。当液体压力改变时，液体的体积几乎无变化，因此可以认为液体电介质的介电常数与压力无关。当温度改变时，液体体积膨胀，每单位体积分子数减少，故非极性液体电介质的介电常数随温度上升而下降，但这种变化也不明显。

3.1.1.2 极性液体电介质的介电常数

极性液体电介质包括中极性液体电介质和强极性液体电介质。这类电介质在电场作用下，除了电子位移极化，还有偶极子转向极化。对于强极性液体电介质，偶极子的转向极化

往往起主要作用，相对介电常数 ε_r 远大于折射率的平方 n^2，即工频下的相对介电常数远大于光频（频率趋近于无穷）下的相对介电常数。

偶极子转向极化所需的时间较长，在工频下不可忽略，因此极性液体电介质的 ε_r 与电源频率有较大的关系。频率太高时，偶极子来不及转动，因而 ε_r 值变小。极性液体电介质的 ε_r 与电源频率的关系如图 3-1 所示。其中 ε_{r0} 相当于直流电场下的相对介电常数，$f > f_1$ 以后，偶极子越来越跟不上电场的交变，ε_r 值不断下降；当频率 $f = f_2$ 时，偶极子已经完全跟不上电场转动了，这时只存在电子式极化，ε_r 减小到 $\varepsilon_{r\infty}$，常温下，极性液体电介质的 ε_r≈3～6。

温度对极性液体电介质的 ε_r 值也有很大的影响。极性液体电介质的 ε_r 与温度的关系如图 3-2 所示。当温度很低时，由于分子间联系紧密，液体电介质黏度很大，偶极子转动困难，所以 ε_r 很小；随着温度的升高，液体电介质黏度减小，偶极子转动幅度变大，ε_r 随之变大；温度继续升高，分子热运动加剧，阻碍了极性分子沿电场取向排列，使极化强度减弱，ε_r 又开始减小。

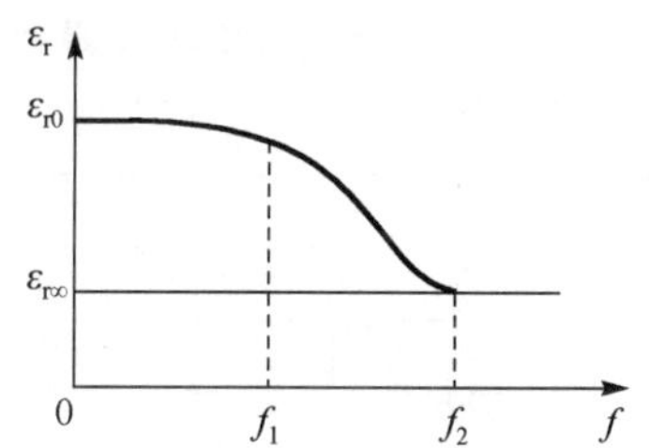

图 3-1　极性液体电介质的 ε_r 与电源频率的关系

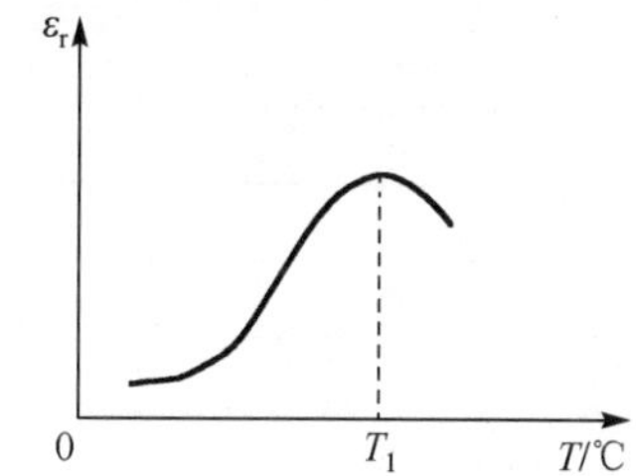

图 3-2　极性液体电介质的 ε_r 与温度的关系

3.1.2　液体电介质的损耗

3.1.2.1　非极性和弱极性液体电介质的损耗

非极性和弱极性液体电介质的极化主要是电子位移极化，而偶极子转向极化对极化的贡献甚微。在工频等较低频率下，两种极化均能及时建立，相对介电常数与频率无关（$\varepsilon_r = \varepsilon_s$），由于电子位移极化为无损极化，介质损耗主要来源于电导损耗，所以介质损耗角正切为

$$\tan\delta = \frac{\gamma}{\omega\varepsilon_0\varepsilon_r} = 1.8\times10^{10}\frac{\gamma}{f\varepsilon_r} \tag{3-3}$$

一般非极性和弱极性液体电介质的电导率 γ 很小，在室温下 $\gamma = 10^{-12}\mathrm{S/m}$，如取 ε_r=2，$f = 50\mathrm{Hz}$，则 $\tan\delta = 1.8\times10^{-4}$，与实验结果相符。

低频下这类液体电介质的 ε、P（极化强度）、$\tan\delta$ 与角频率 ω 的关系如图 3-3 所示。在高频下，受液体电介质中的一些杂质影响，$\tan\delta$ 可能显著增大。

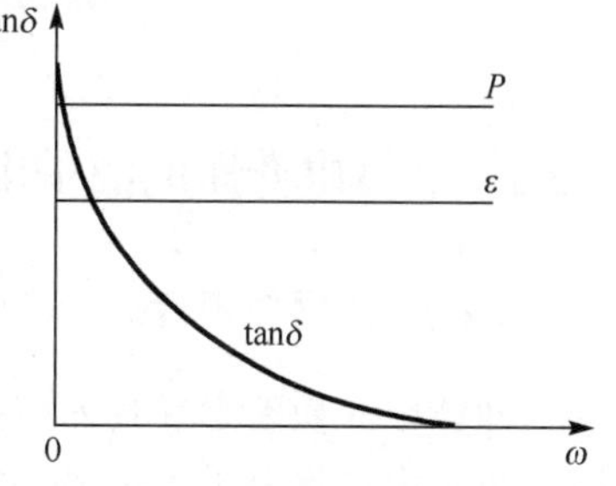

图 3-3　ε、P、$\tan\delta$ 与角频率 ω 的关系

3.1.2.2　极性液体电介质的损耗

极性液体电介质的介质损耗与黏度有关。极性分

子在黏性媒质中做热运动，在交变电场作用下，电场力矩将使极性分子做趋向于外场方向的转动。在定向转动过程中，由于分子间的互相作用力，使得分子在转向过程中产生类似摩擦的作用，从而引起能量的损耗。如果黏度相当大，那么分子极化跟不上电场的变化；如果黏度很小，那么分子定向转动时无摩擦。在这两种情况下，偶极子转向极化引起的损耗都很小。但是，在中等黏度下，该损耗显著，在某一黏度下出现极大值。

油纸电力电缆所用的由矿物油和松香组成的黏性复合浸渍剂，是一种极性液体电介质。其中矿物油是稀释剂，故油的成分增加时复合剂的黏度减小，对应于一定频率下出现 $\tan\delta$ 最大值的温度就向低温变化，而对应于恒定温度下出现 $\tan\delta$ 最大值的频率就向高频变化。在配制由松香和矿物油组成的电缆胶的组分时，这些规律可以指导设计配方体系，避免在工作区域出现损耗峰值，造成发热量的激增。表 3-1 所示为工频下松香和矿物油复合剂在不同配方时出现 $\tan\delta$ 最大值的温度，相应的 $\tan\delta$ 温度曲线如图 3-4 所示。

表 3-1 工频下松香和矿物油复合剂在不同配方时出现 $\tan\delta$ 最大值的温度

序号	复合剂的组分		对应于 f=50Hz 时 $\tan\delta$ 的温度/℃
	松香/%	矿物油/%	
1	100	0	50
2	95	5	40
3	90	10	32
4	85	15	21
5	75	25	12

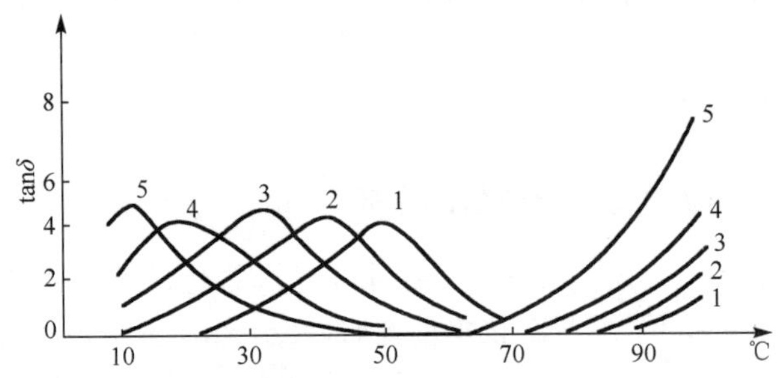

图 3-4 工频下松香和矿物油复合剂的相应的 $\tan\delta$ 温度曲线

3.2 液体电介质的电导

3.2.1 液体电介质的离子电导

3.2.1.1 液体电介质中离子的来源

液体电介质的电导行为主要受内部离子的迁移影响，而根据液体电介质中离子来源的不同，离子电导可分为本征离子电导和杂质离子电导两种。

本征离子是指由组成液体本身的基本分子热解离而产生的离子。在强极性液体电介质中

（如有机酸、醇、酯类等）才明显地存在这种离子。

杂质离子是指由外来杂质分子（如水、酸、碱、有机盐等）或液体的基本分子老化的产物（如有机酸、醇、酚、酯等）解离而生成的离子，是工程液体电介质中离子的主要来源。极性液体分子和杂质分子在液体中仅有极少的一部分解离成离子并参与导电。

3.2.1.2　液体电介质中离子的迁移率

液体是介于气体和固体之间的一种物质状态，分子之间的距离远小于气体，而与固体相接近，其微观结构与非晶态固体类似，通过 X 射线研究发现，液体分子的结构具有短程有序性。另外，液体分子之间的束缚作用比固体分子间的弱，分子的迁移特性类似于气体，具有流动性。因此，液体电介质兼具气体电介质和固体电介质的一些特性。

可以认为液体中的分子在一段时间内是与几个邻近分子束缚在一起的，在某一平衡位置附近做振动；而在另一段时间内，分子因碰撞得到较大的动能，使它与相邻分子分开，迁移与分子尺寸可相比较的一段路径后，再次被束缚。液体中的离子所处的状态与分子相似，一般可用图 3-5 所示的势能图来描述液体中离子的运动状态。

设离子为正离子，它们处于 A、B、C 等势能最低的位置上做振动，其振动频率为 v。当离子的热振动能超过邻近分子对它的束缚势垒 u_0 时，离子即能离开其稳定位置而迁移，这种由于热振动而引起的离子迁移，在无外电场作用时也是存在的。

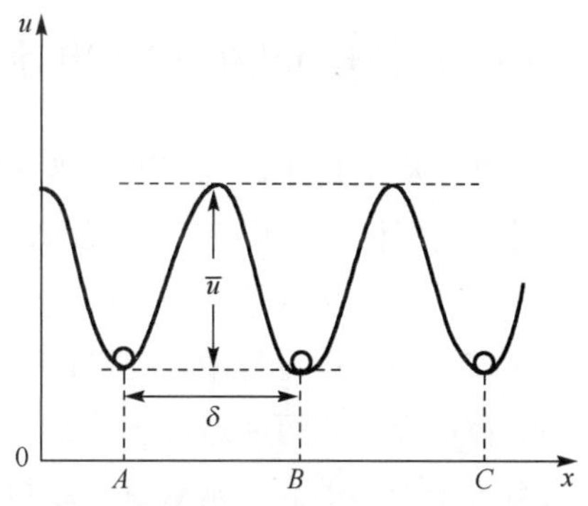

图 3-5　液体电介质中的离子势能图

设离子带正电荷 q，电场强度沿 x 正方向。由于电场的作用，离子由 A 向 B 迁移所需克服的势垒将降低 Δu，而由 B 向 A 迁移所需克服的势垒相反将上升 Δu。液体电介质中离子跃迁时所需克服的势垒模型如图 3-6 所示，即

$$\Delta u = \frac{1}{2}\delta qE \tag{3-4}$$

式中　δ——离子每次跃迁的平均距离。

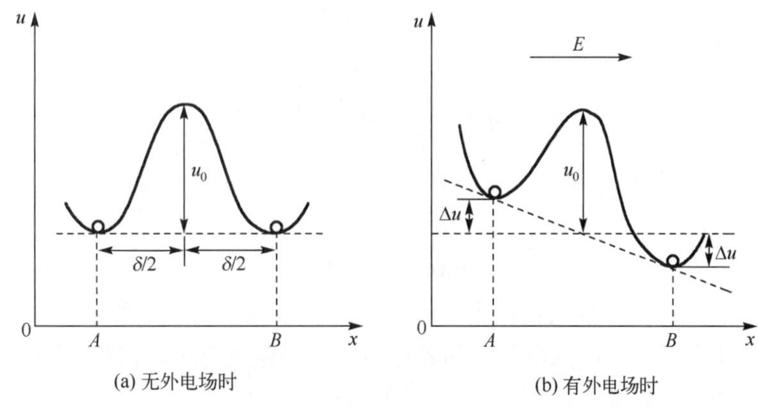

图 3-6　液体电介质中离子跃迁时所需克服的势垒模型

3.2.1.3 液体电介质电导率与温度的关系

一般工程上的纯液体电介质在常温下主要是杂质离子电导，此时

$$\gamma = \frac{q^2 \delta v}{6kT}\sqrt{\frac{Nv_0}{\xi}}\mathrm{e}^{-\frac{(2u_0+u_a)}{2kT}} \tag{3-5}$$

式中 ξ——离子的复合系数。

从式（3-5）可以看出，在通常条件下，当外加电场强度远小于击穿场强时，液体电介质的离子电导率是与电场强度无关的常数，其导电规律遵从欧姆定律。而电导率γ随温度的增加如式（3-6）所示。考虑到在温度变化时，指数项的改变远比$1/T$项的变化大，因此在讨论离子电导率随温度的变化时，可忽略系数项随温度的变化，近似地写成

$$\gamma = A\mathrm{e}^{-\frac{B}{T}} \tag{3-6}$$

$$\ln\gamma = \ln A - \frac{B}{T} \tag{3-7}$$

即$\ln\gamma$与$1/T$具有线性关系，可根据实验测量数据进行线性拟合得到各参数。

3.2.2 液体电介质的电泳电导与华尔顿定律

在工程应用中，为了改善液体电介质的某些物理、化学性能（如提高黏度和抗氧化稳定性等），往往在液体电介质中加入一定量的树脂（如在矿物油中混入松香），这些树脂在液体电介质中部分呈溶解状态，部分可能呈胶粒状悬浮在液体电介质中，形成胶体溶液。液体电介质在长期使用过程中，也可能由于老化或绝缘质分解而形成胶体溶液。此外，水分进入某些液体电介质也可能造成乳化状态的胶体溶液。这些胶粒均带有一定的电荷。当胶粒的介电常数大于液体的介电常数时，胶粒带正电；反之，胶粒带负电。胶粒相对于液体的电位U，一般是恒定的（为0.05～0.07V），在电场作用下定向地迁移构成“电泳电导”，胶粒为液体电介质中导电的载流子之一。

设胶粒呈球形，球体的半径为r，液体的相对介电常数为ε，胶粒的带电量$q = 4\pi\varepsilon_r\varepsilon_0 rU_0$，它在电场$E$的作用下，受到的电场力为

$$F = qE = 4\pi\varepsilon_r\varepsilon_0 rU_0E \tag{3-8}$$

由此可得电泳电导率

$$\gamma = n_0 q\mu = \frac{n_0 q^2}{6\pi r\eta} = \frac{8\pi r n_0 \varepsilon_r^2 U_0}{3\eta} \tag{3-9}$$

式中 η——液体电介质的黏度。

$$\gamma\eta = \frac{n_0 q^2}{6\pi r} = \frac{8\pi r n_0 \varepsilon_r^2 U_0^2}{3} \tag{3-10}$$

在n_0、ε_r、U_0、r保持不变的情况下，γ、η将为一常数，这一关系称为华尔顿定律。此定律表明，某些液体电介质的电泳电导率和黏度虽然都与温度有关，但电泳电导率与黏度的乘积则可能是与温度无关的常数。

3.2.3　液体电介质在强电场下的电导

在弱电场区，液体电介质的电流正比于电场强度，即遵循欧姆定律；而在 $E \geqslant 10^7$V/m 的强电场区，电流随电场强度呈指数关系增大，除极纯净的液体电介质外，一般不存在明显的饱和电流区（见图 3-7）。

实验结果表明，液体电介质在强电场区（$E \geqslant E_2$ 区）的电流密度按指数规律随电场强度增大而增大，即

$$j = j_0 e^{C(E-E_2)} \tag{3-11}$$

式中　j_0——液体介质在场强 $E=E_2$ 时的电流密度；

C——常数。

许多实验表明，液体电介质在强电场下的电导具有电子碰撞电离的特点。图 3-8 所示为净化过的环己烷在强电场下的电流与电场强度的关系，与极间距离有关。随着极间距离的增加，电流增大，曲线上移。这表明液体电介质在强电场下的电导可能是电子电导所引起的。

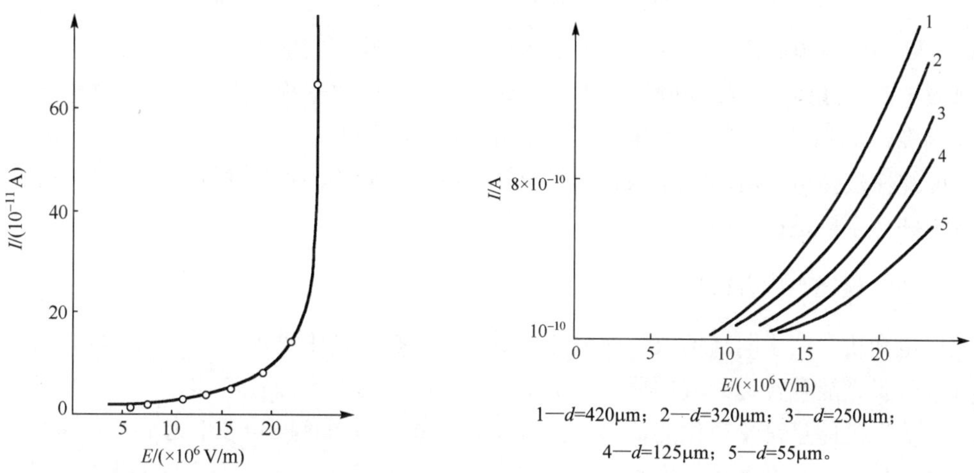

图 3-7　纯净二甲苯的电流与电场强度关系　　图 3-8　净化过的环己烷在强电场下的电流与电场强度的关系

实验还表明，在纯净的环己烷中加入 5%的乙醇，结果在弱电场下的电导增加，但在强电场下的电导反比纯环己烷低（见图 3-9）。这说明强极性乙醇的加入使弱电场下的离子电导增加，而在强电场下可能主要是电子电导，由于乙醇对电子有强烈的吸附作用，因而加入乙醇使电子电导减少。

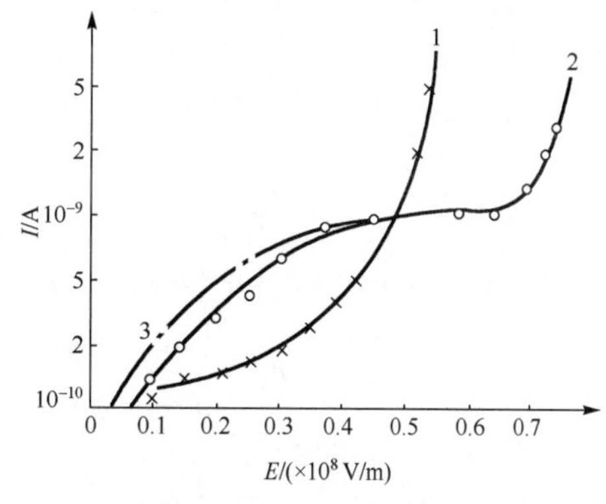

图 3-9　纯环己烷（曲线 1）及混入 5%乙醇的环己烷（曲线 2）的电场强度-电流特性

（曲线 3 为符合欧姆定律的特性）

3.3 液体电介质的击穿

目前对液体电介质的研究一般都基于气体电介质的击穿理论开展，两者都具有击穿后的绝缘自恢复性，但是液体电介质的击穿过程更加复杂，导致其击穿理论还不够完备，仅能进行一些定性分析以及一些特定条件下的定量计算。另外，液体电介质无法完全净化，尽管净化技术已经足够完备，但是其中还可能会吸附少量气体、水分和杂质，同时在长期运行过程中也不可避免地会引入这些物质。根据液体的纯净程度不同，其击穿机理也有所不同，因此对于液体电介质的击穿会分别从不同纯净程度展开论述。

3.3.1 高度纯净去气液体电介质的电击穿理论

高度纯净液体电介质的电击穿理论是指把气体碰撞电离击穿机理扩展用于液体，并进一步把碰撞电离与液体分子振动联系起来。液体分子之间的致密程度及分子间力相较于气体电介质大得多，因此碰撞电离发展得更加困难，所需的能量更大。这些能量需要外加电场提供，因此高度纯净液体电介质的击穿场强要高得多，在小间隙均匀电场中可达 100kV/mm。其击穿的判定条件主要是以下两个观点。

3.3.1.1 碰撞电离开始作为击穿条件

液体电介质中由于阴极场致发射或热发射的电子在电场中被加速而获得动能，在它碰撞液体分子时又把能量传递给液体分子，电子损失的能量都用于激发液体分子的热振动。假设液体分子热振动能量是量子化的，那么当液体分子基团的固有振动频率为 v 时（原有振动频率可以用红外吸收光谱法测量出来），在与电子的一次碰撞中，液体分子平均吸收的能量仅为一个振动能量子 hv（h 是普朗克常数）。当电子在相邻两次碰撞间从电场中得到的能量大于 hv 时，电子就能在运动过程中逐渐积累能量，直到电子能量大到定值时，电子与液体相互作用便导致碰撞电离。

设电子电荷为 e，电子平均自由行程为 λ，电场强度为 E，则碰撞电离的临界条件为

$$eE\lambda = Chv \tag{3-12}$$

式中 C——大于 1 的整数。

若把这个条件作为击穿条件，则击穿场强可写为

$$E_b = \frac{Ch\overline{v_i}}{e\lambda} = \frac{Ch\overline{v_i}}{e} S_0\left(m-1\right)\frac{\rho}{M}N_0 = A(m-1)\frac{\rho}{M} \tag{3-13}$$

式中 S_0——分子常数；

m——组成分子的原子个数；

ρ——液体的密度；

M——液体的分子量；

N_0——阿伏伽德罗常数；

$\overline{v_i}$——各基团固有振动频率的平均值；

$A = \dfrac{ChN_0\overline{v_i}}{e}$。

直链型碳氢化合物液体的击穿场强与$(m-1)\cdot\rho/M$成正比，与图 3-10 所示的实验结果是一致的。

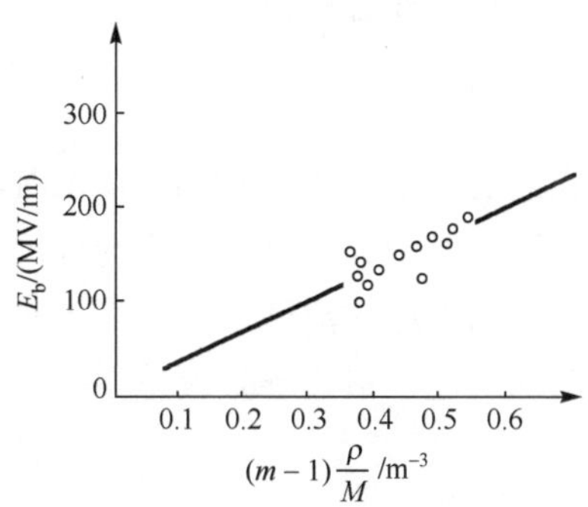

图 3-10 直链型碳氢化合物液体 E_b 与$(m-1)\cdot\rho/M$的关系

3.3.1.2 电子崩发展至一定大小为击穿条件

类似气体放电条件，定义α为液体电介质上一个电子沿电场方向行进单位距离平均发生的碰撞电离次数，则α正比于碰撞总数 $1/\lambda$ 乘以电离概率 $\mathrm{e}^{-Chv/eE\lambda}$，即

$$\alpha = \frac{1}{\lambda}\mathrm{e}^{-Chv/eE\lambda} \tag{3-14}$$

设击穿条件为

$$\alpha d = A \tag{3-15}$$

式中 d——极间距离；

A——常数。

联立式（3-14）和式（3-15），发生击穿时

$$\alpha = A = \frac{d}{\lambda}\mathrm{e}^{-Chv/eE_b\lambda} \tag{3-16}$$

所以

$$E_b = \frac{Chv}{e\lambda\ln（d/A\lambda）} \tag{3-17}$$

式（3-17）说明，在其他参数一定时，$E_b \propto 1/\ln d$，即液体电介质层的厚度减小时，击穿场强应增大，这与实验结果相符合。

3.3.2 含气纯净液体电介质的气泡击穿理论

含气纯净液体电介质的气泡击穿理论是基于液体中所含气体引发的击穿现象而提出的，其中气体的来源主要是溶解在液体中的气体和从液体中产生的气体。

气泡击穿理论认为，无论由于何种原因使液体中存在气泡，由于在交变电压下两串联电介质中的电场强度分布与介质的介电常数成反比，气体的相对介电常数接近于真空相对介电常数 1，因此气泡中的电场强度比液体电介质的高，而一般气体的击穿场强又比液体介质的低得多，所以总是气泡先发生电离，这又使气泡温度升高，体积膨胀，电离将进一步发展。而气泡电离产生的高能电子又碰撞液体分子，使液体分子电离生成更多的气体，扩大气体通道。当气泡在两极间形成“气桥”时，液体电介质将在此通道中发生击穿。

气泡击穿理论目前也主要用于定性地分析击穿过程，还无法进行定量的理论分析。根据气体的产生过程，气泡击穿理论主要有两种解释。

1. 热化气击穿

当电场强度足够大，阴极表面的场强达到 10^8V/m 以上时，由于场致发射效应导致大量自由电子注入液体，致使局部电流密度增大，这些电流导致局部发热量增大。当液体得到的能量（转化为热量）等于或大于电极附近的液体气化所需的热量时，便产生气泡。气泡进一步在电场作用下运动，并产生新的气泡，最终导致液体电介质击穿。

2. 电离化气击穿

在研究气体放电对绝缘油的影响时发现，局部放电可造成绝缘油的分解，其分解产物包括氢气、甲烷、乙烷和乙炔等。这种分解作用是由电离产生的高能电子或光子使液体分子中的 C—H 键或 C—C 键断裂所致。

当液体电介质中的电场很强，致使有高能电子出现时，也会发生上述类似的过程。电离化气的观点已得到实验证明。用分光光度计观察水中的放电现象发现，放电时产生的气体并不是蒸气，而是氢气，对绝缘油击穿时的气体进行光谱分析，证明了不存在残留的空气及油的蒸气，主要存在的是氢气。

3.3.3 工程用液体电介质的杂质击穿

工程用液体电介质与纯净液体电介质不同，或多或少含有一些杂质，因此其击穿过程也展现出不同的机理，而由于工程用液体电介质广泛存在于电力设备中，因此对于液体电介质击穿机理的研究更多地着重于此。绝缘油中的杂质主要因为受潮而含有水分，或者是含有纸或布脱落的纤维等固体微粒，对于工程用液体电介质的击穿，这些杂质起着决定性的作用。

对于工程用液体电介质的工频击穿场强，常采用图 3-11 所示的标准试油杯进行测量，变压器油的击穿场强一般在 20～80kV/mm。标准试油杯由两个金属平板电极组成，电极直径为 25mm，电极间距为 2.5mm，电极边沿进行倒角以避免边沿放电。

工程用液体电介质的击穿过程主要是指气泡或杂质在电场作用下在电极间排成“小桥”而引起击穿，即“小桥理论”。根据“小桥”的形成机理，对影响其击穿电压的主要因素进行分析，这些讨论主要是根据标准试油杯中的实验得到的。

3.3.3.1 杂质的影响

液体电介质中含有水分时，如果水分溶解于液体电介质中，则对击穿电压影响不大；如果水分呈悬浮状态，则将使击穿电压明显下降。水与纤维杂质共存时，水分的影响更大。

当水分在液体中呈悬浮状态存在时，水的介电常数是一般液体电介质的几十倍，由于表面张力的作用，它容易在电场方向被拉长变为椭圆形，水桥击穿模型如图 3-12 所示。

在含水量较多的情况下，定向排列的椭圆水球贯穿于电极间形成连续水桥，则液体电介质在较低的电压下发生击穿，实验结果也很好地验证了这种理论。

针对不同含水量下液体电介质的击穿电压已有大量的研究，变压器油的工频击穿电压 U_b 和含水量 W 的关系如图 3-13 所示。极微量的水分可溶于油中，对油的击穿电压没有多大影响。随着含水量的增大，油中溶解的水分逐渐饱和，逐渐出现悬浮状态的水分。当含水量 W 为 1×10^{-4} 时已使油的击穿电压降得很低。而当 W 进一步增大时，击穿电压的下降幅度减小并出现饱和趋势。

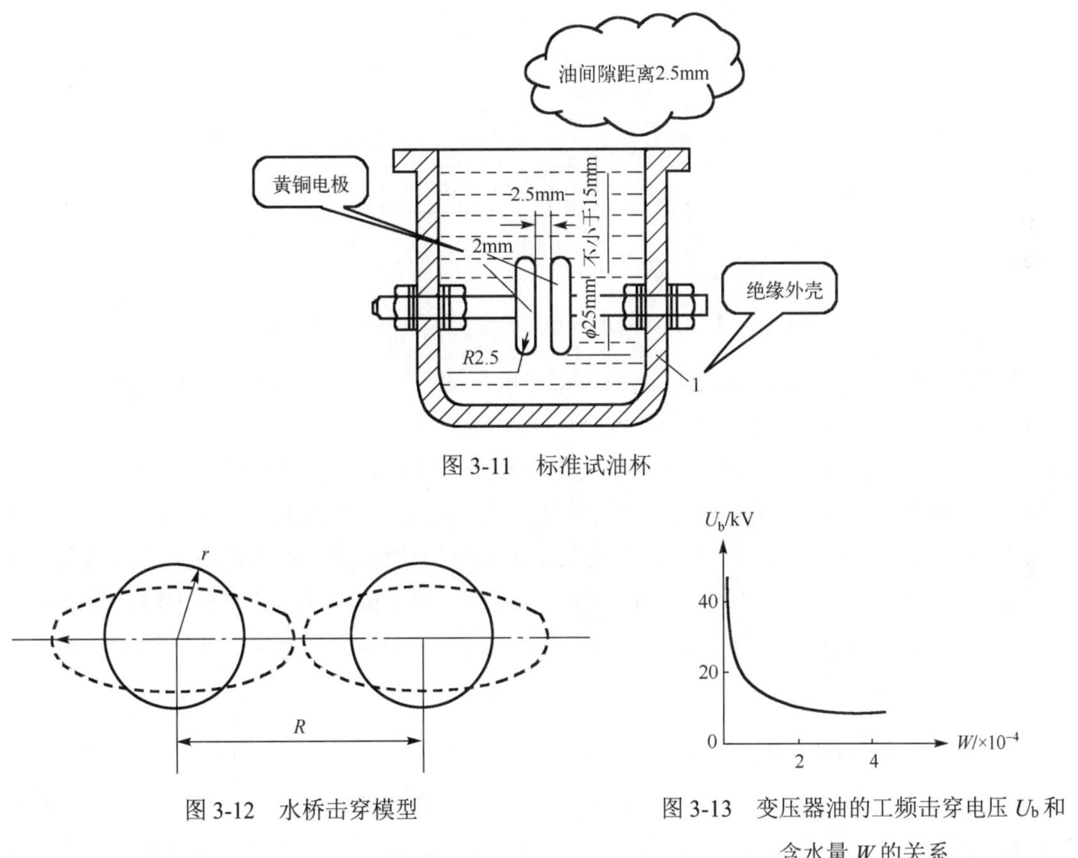

图 3-11　标准试油杯

图 3-12　水桥击穿模型

图 3-13　变压器油的工频击穿电压 U_b 和含水量 W 的关系

当液体电介质中有悬浮固体杂质微粒时，实验证明，它们也会使液体电介质的击穿电压降低。这一现象可以解释如下：一般固体悬浮粒子的介电常数比液体的大，在电场力作用下，这些粒子向电场强度最大的区域运动，在电极表面电场集中处逐渐积聚起来。“小桥理论”最初就是从这种现象中提出的。大量的实验结果表明，悬浮粒子的半径小，击穿电压增大。因此，工程应用上经常对液体电介质进行过滤、吸附等处理，除去粗大的杂质粒子，以提高液体电介质的击穿电压。

实验表明，电场越均匀，杂质对击穿电压的影响越大，击穿电压的分散性也越大；而在不均匀电场中，杂质对击穿电压的影响较小。这一现象可以这样来解释：当液体电介质含有杂质时，杂质粒子的移动能使液体内的电场发生畸变，均匀电场实际上已被畸变为不均匀电场，所以杂质对击穿电压的影响较大。相反，在极不均匀电场的情况下，杂质粒子移动到电场强度最大处，出现了较多的空间电荷，从而削弱了强电场，致使杂质对击穿电压的影响变弱。

3.3.3.2 温度的影响

温度的变化会影响液体电介质对水分的溶解能力，从而影响液体电介质的击穿电压。干燥的油的击穿电压与温度没有多大关系。工程用绝缘油含水时，其击穿电压与温度的关系如图 3-14 所示。

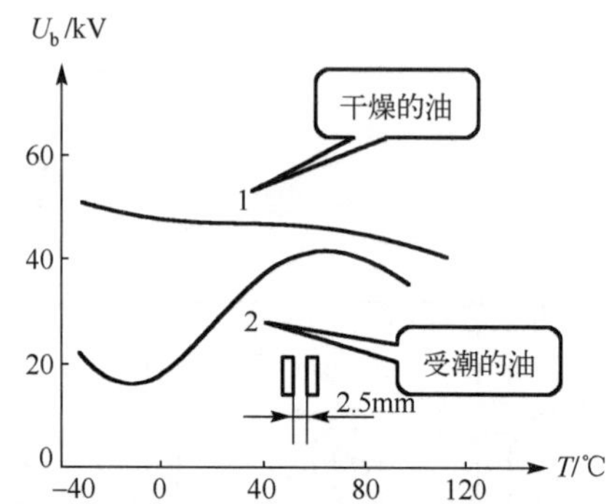

图 3-14 工程用绝缘油含水时的击穿电压与温度的关系

在温度低于 0℃时，随着温度的降低，击穿电压随之升高，这主要是因为悬浮状态的水分冻结成冰粒，从而难以形成“水桥”。在 0～60℃范围内，随着温度的升高，水在油中的溶解度增大，一部分悬浮状态的水变成溶解状态，相当于胶粒水球的体积浓度下降，故击穿电压随温度升高而明显升高，在 60～80℃范围内出现最大值。温度更高时，油中所含的水分汽化增多，又使击穿电压下降。在稍不均匀电场中，100℃下所测变压器油的击穿电压仍高于室温 20℃下的击穿电压。虽然 100℃时油中的水分升华，使油的击穿电压有所下降，但此时油中所含悬浮状态的水分还少于室温下的情况。另外，纯净干燥变压器油在 0～80℃范围内，击穿电压几乎与温度无关。

3.3.3.3 油体积的影响

图 3-15 表明，随着极间距离 d 的增加，油的击穿场强下降。进一步的研究表明，油的击穿电压随间隙中油体积的增加而明显下降，这是间隙中杂质出现的概率随着油体积的增大而增大的缘故。这种现象就是在电力设备绝缘设计中需要考虑的一种典型效应，即随着绝缘材料体积的增大，内部出现缺陷的概率随之上升，导致绝缘的强度降级，将这种效应称之为体积效应。

变压器油中对于极不均匀电场的体积效应弱于稍不均匀电场。电场越均匀，杂质对击穿电压的影响越大，击穿电压的分散性也越大；而在不均匀电场中，杂质对击穿电压的影响较小。这一现象可做如下解释：液体电介质中包含杂质后，杂质粒子运动可引起液体中的电场产生畸变，而均匀电场事实上已经畸变到了不均匀电场的程度，因此杂质对于击穿电压有很大影响；反之，当电场极不均匀时，杂质粒子向电场强度最大的地方运动，产生更多的空间电荷从而减弱电场，使杂质对击穿电压的影响减弱。

对于绝缘油的击穿电压，一般都是通过实验室标准试油杯测量得到的，其体积有限。而绝缘油在工程应用中的体积一般都比较大。由于击穿电压随油体积的增大而减小，因此不能将实验室中对小体积油的测量结果，直接用于高压电气设备绝缘的设计，应该留有足够的裕度，或者直接进行现场实验来确认绝缘距离。

3.3.3.4　电压形式的影响

杂质形成“小桥”需要一定的时间，其时间长于气体放电所需的时间，因此油间隙的冲击击穿电压比工频击穿电压要大得多。极不均匀电场中的冲击系数为 1.4～1.5，均匀电场中可达 2 或更高。图 3-16 所示为稍不均匀电场中变压器油的击穿电压与极间距离的关系。可以看出，绝缘油的冲击系数比空气中的大得多，即冲击击穿电压比工频静态击穿电压大得多。这是因为杂质形成“小桥”需要时间，标准雷电冲击波作用时间很短，杂质来不及形成“小桥”。同时，在极间距离较大时，冲击电压表现出一定的极性，即负极性冲击击穿电压更大。由于杂质在绝缘油中形成“小桥”时，首先畸变原有电场使其变为极不均匀电场，因此冲击击穿过程在液体电介质中表现出的极性与气体在极不均匀电场下的极性相同。

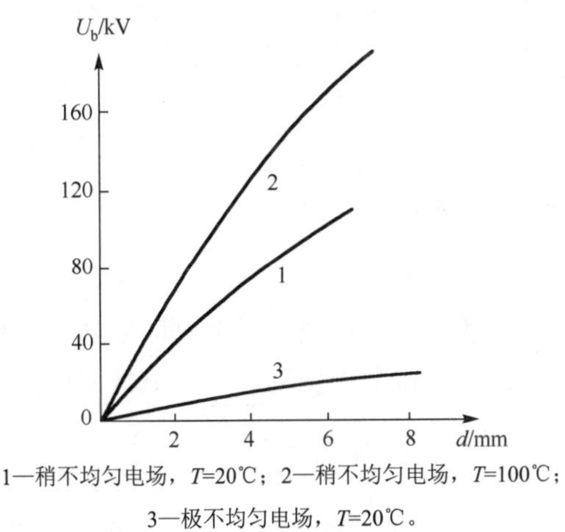

1—稍不均匀电场，T=20℃；2—稍不均匀电场，T=100℃；3—极不均匀电场，T=20℃。

图 3-15　变压器油中水分含量为 3.1×10^{-5} 时的 U_b 与 d 的关系

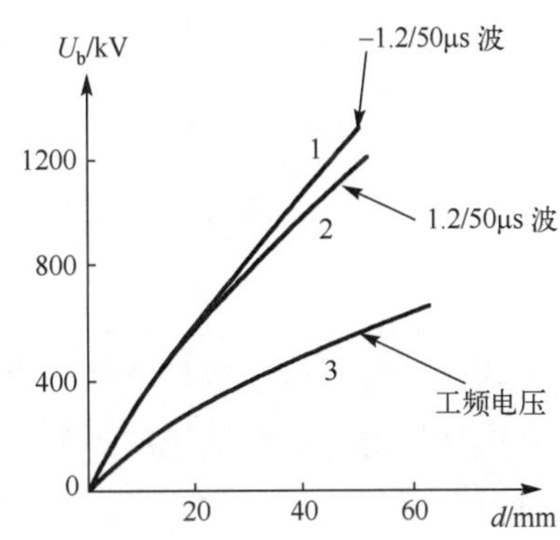

图 3-16　稍不均匀电场中变压器油的击穿电压与极间距离的关系

3.3.4　减小杂质影响的措施

由于油中的杂质会对击穿电压产生较大影响，所以一方面应努力改善油的质量，也就是除去油中的固态杂质、水分及气泡；另一方面在绝缘设计上也应采取措施来降低杂质的影响，如使用覆盖层、绝缘层或者屏障等，具体措施如下。

（1）过滤。使油以一定的压力从滤油机内的滤纸上流过，从而把纤维、炭粒及其他固态杂质去除，同时油中的绝大部分水分及有机酸等被吸附到滤纸上。油中预先加入一些白土、硅胶之类的吸附剂再进行过滤，除杂效果会更加好。运行变压器通常采用这种方法使变压器油的绝缘性能得到恢复。

（2）防潮。绝缘件必须干燥后才能浸油，有条件的可采用真空干燥法除去水分。一些电气设备（如变压器）不能全密封，可将干燥剂置于呼吸器空气入口处以防潮气进入。

（3）去气。对油进行加热、喷为雾状、抽真空可脱除油品中的水分、气体。对于电压等级高的电气设备，往往需要在真空中灌油，这也是为了充分地去除气体。

（4）固体绝缘介质阻挡。通常采取的措施有覆盖层、绝缘层、屏障等。覆盖层多用于均匀或者稍不均匀电场的电极上，材质可为电缆纸、黄蜡布或者漆膜等。覆盖层的主要功能是限制泄漏电流和阻碍杂质“小桥”发展，从而可以显著增大工频击穿电压，如在均匀电场中可提高 70%～100%。因此，充油电气设备中很少采用裸导体，而更多地采用绝缘油和绝缘纸的复合绝缘结构。

覆盖层在厚度增大而自身又承受一定电压的情况下变为绝缘层。如果在不均匀电场作用下，给曲率半径很小的电极包上一层厚厚的电缆纸（或皱纹纸、黄蜡布）之类的固体绝缘材料，则其不仅可以像覆盖层一样减少油中杂质对本体的危害，而且这种几毫米厚度的绝缘层还能承受一定的电压，使油的最大场强下降，从而使工频及冲击击穿电压都有很大的升高。

屏障是指将尺寸较大的隔板放置在油间隙中，它不仅能阻止杂质“小桥”的形成，还能如气隙中的屏障一样改善间隙中的电场均匀度。因此，屏障在极不均匀电场下的油隙中的效果非常显著，屏障在最佳位置时（离尖电极的距离为整个极间距离的 0.2 左右），工频击穿电压可提高一倍以上。所以在变压器等充油电气设备中广泛采用油-屏障绝缘结构。

3.4 变压器油及其特性

电气绝缘油的种类包括变压器油、电容器油、电缆油等，这类油通常也称为电气用油或绝缘油。其中变压器用绝缘油统称为变压器油，除了在变压器中使用，在电抗器、互感器和油开关中也有使用。

19 世纪 80 年代制造的变压器是不加绝缘液体的，1887 年第一次将矿物油用于变压器的冷却。美国通用电气公司在 1892 年正式使用石蜡基油作为变压器的原料，它是世界首创的变压器油。石蜡基变压器油凝固点相对较高（>−10℃），但是低温环境会使变压器与油枕连接管结冰。耐低温环烷基变压器油出现于 1925 年。与石蜡基油相比，环烷基油溶解性能较合适，低温性能较好，抗氧化和抗热老化安定性较好，而且生产变压器油的基础油不需脱蜡处理，其操作过程简单且节省成本，所以一直是国内外提炼变压器油的首选。不同容量和电压等级的变压器对于变压器油的绝缘性能要求也有所不同，这也就造成现在市面上众多型号和不同品牌的产品。在很长一段时间内，我国高电压、大容量的变压器中所用变压器油均依赖于进口，而从 21 世纪开始逐渐全面实现了国产化。

变压器油根据基础油的种类划分，包括矿物油、硅油、合成酯和天然酯（俗称植物油）四大类。

矿物油工艺成熟，在油浸式变压器中得到了广泛的应用。石蜡基矿物油在高温氧化后容易产生油泥，油品黏度增大的同时散热下降、低温流动性变差。为了突破这一瓶颈，环烷基矿物油被研制出来，其高温氧化产物易溶且芳香族化合物组分又有优良的低温流动性。当前变压器行业中普遍使用的矿物油按最低冷态投运温度（倾点）划分为 10 号、25 号、45 号油。

硅油具有优良的热稳定性和氧化安定性，较早地就被用于具有宽温域需求的变压器中以代替有毒多氯联苯。硅油黏度系数大、价格贵、对环境不友好，所以一直未被广泛推广。

合成酯的基本组成为季戊四醇酯，季戊四醇酯类绝缘油具有燃点大、易降解、耐湿性强、抗氧化和低温性能优良等优点，在小配电变压器和海上风电中，已具备商业化推广基础，但是在装油量大的电力变压器中，与矿物油相比，它的高昂价格仍是一道难以跨越的关口。

天然酯作为可再生资源具有生物降解性，它为甘油三酯化学结构。甘油的三个羟基分别由不同脂肪酸酯化而成，属于 K 类变压器，其作为主要成分的绝缘油，燃点高达 360℃，可燃性较小且有一定自熄功能。从电气性能上看，天然酯在热老化过程中的击穿电压的强度比矿物油的好。其最大优势是环境友好性和可再生性，因此一直被作为矿物油的替代产品被广泛关注。

3.4.1　变压器油的主要作用

变压器油在众多设备中使用，同时包含多种类型和型号。变压器油作为重要的绝缘介质，在油浸电力设备运行时主要起绝缘、灭弧、散热冷却等防护功能，也可以成为反映设备工作状态的一种信息载体。

（1）绝缘作用。变压器油具有比空气高得多的绝缘强度。在电力设备中通常和绝缘纸配合使用，形成油纸绝缘系统。采用这种组合绝缘形式不仅可提高绝缘强度，而且还可免受潮气的侵蚀。

（2）散热作用。变压器在工作时，会产生“铜耗”和“铁耗”，这些损耗均转化为热的形式，因此变压器内部会产生大量热量。如果不能将这些热量及时扩散出去，会加速变压器绝缘的老化，甚至直接过热出现严重事故。变压器油的比热较大，具有良好的导热性和流动性，常用作冷却剂。变压器运行时产生的热量使靠近铁芯和绕组的油受热膨胀上升，通过油的上下对流和合理的油路设计，热量通过散热器散出，从而避免设备局部过热，确保其正常运行。

（3）灭弧作用。油断路器及变压器有载调压开关上的触头切换时可能会产生电弧。在初始开断电力负荷时产生高温电弧，利用绝缘油受热分解所产生的氢气将其放出的绝大部分热量吸收并快速传递给油，使触头及时降温，避免了持续电弧，从而达到灭弧效果。

（4）信息载体。变压器的内部故障难以通过直接的监测设备得到，然而变压器中的大多数故障都伴随着变压器油的过热分解，区别在于不同的故障类型所产生的分解产物有所不同，因此可以通过监测变压器油的相关性能指标的变化，对设备的运行状态做出判断。例如，变压器内部材料的老化程度可以通过变压器油的酸值、水分含量等指标进行判断。因此，变压器油可作为信息载体。

3.4.2　变压器油的性能要求

变压器油具备多种功能，因此变压器油应具有相应的性能。

（1）良好的绝缘性能。变压器油的绝缘性能一般用击穿电压（或介电强度）、介质损耗因数等来评定。变压器油的击穿电压越高，表明油的绝缘性能越好，装置运行越安全。但变压器油的介质损耗因数应尽量小，因为损耗将引起能量损失和发热。

（2）适中的黏度。黏度直接影响变压器油的流动性，流动性会影响变压器的散热。黏度越小流动性越好，而黏度小往往意味着分子链更短，其闪点一般更低。变压器油闪点过低易造成其燃烧等事故，不利于安全稳定运行，因此在考虑变压器油黏度时不能忽略闪点的影响。

（3）凝固点应尽量低。凝固点主要影响变压器油的许用温度，凝固点越低，变压器工作温度的下限越低，可以在寒冷地区使用。变压器油的凝固点和其成分有一定关系，因此应针对不同的使用温度选择不同类型的变压器油。

（4）酸、碱、硫、灰分等杂质含量越低越好。这些杂质的存在一方面会造成对设备内其他材料的腐蚀，另一方面会以杂质的方式降低变压器油的击穿电压。

（5）安定度不应太低。安定度一般以酸价实验中的沉淀物来表示，它代表油脂抗老化性能。较好的氧化安定性能极大地延缓变压器油运行时的劣化速度并有效地降低其老化产物的产生量，确保油品某一时刻的性能指标达到要求，以确保变压器的正常工作年限。同时，氧化安定性好还能延长油品使用寿命和减少设备维护成本。

3.4.3 矿物油和植物油的对比

目前，在电力输变电系统中，各种形式的油浸变压器及大型变压器，充的最多的油是矿物变压器油。

矿物变压器油是源于天然石油的矿物绝缘油，其电气绝缘和冷却效果好、适应性强，而且价格便宜、损耗低；另外，在低噪声、高可靠性方面也取得了较好的成果。矿物油是由不同烃类组成的混合物，主要包括烷烃、环烷烃、芳烃和某些含有杂原子（硫、氮等）的烃。整体上，矿物油的电气性能和理化性能好，并且价格不高。然而矿物油也存在一些缺点，如绝缘油的闪点较低导致防火性能差，不能满足电气设备的防火安全要求；生物降解性能很差，一旦发生泄漏事故，将会严重污染环境；其原料为石油，属不可再生资源。所以，人们一直以来都在致力于寻找矿物油的合适替代品。

20 世纪 60 年代，人们开始采用植物油来代替矿物油进行电绝缘及相关研究。到 20 世纪 90 年代，出现了采用植物油绝缘的变压器，1999 年出现了以葵花籽油或菜籽油为原料，通过对植物油进行纯化而开发出的一种油酸含量在 80%以上的植物油绝缘介质。2000 年出现了以大豆油为原料开发出的植物油绝缘产品。植物绝缘油的主要成分是单不饱和、双不饱和及多不饱和脂肪酸的三脂肪酸甘油酯，简称甘三酯。

由于化学组成的不同，植物油和矿物油在若干方面的性能上有着显著的差异，植物油和矿物油性能比较如表 3-2 所示。

表 3-2 植物油和矿物油性能比较

性能	植物油	矿物油
击穿电压/kV	60～90	30～80
相对介电常数（25℃）	2.8～3.2	2～2.3
黏度（40℃）/（mm^2/s）	16～37	3～16
黏度（100℃）/（mm^2/s）	4～8	2～2.5

续表

性能	植物油	矿物油
倾点/℃	−20～−4	−60～−25
开口闪点/℃	315～328	100～170
燃点/℃	350～360	100～185
密度（20℃）/（g/cm³）	0.87～0.92	0.83～0.89
比热/[J/（g·K）]	1.6～2.1	1.6～2.0
导热系数/[W/（m·K）]	0.16～0.17	0.11～0.16

其中，主要的差异在于电气性能、抗燃性能、降解性能和原料来源方面。

1. 电气性能

植物油采用特殊精炼工艺，其电气性能可得到进一步提高，绝缘强度比普通矿物油稍好。虽然在标准中均未规定绝缘油的相对介电常数，但是相对介电常数这一性能参数却和电介质的束缚电荷性质息息相关。在同一测试温度下，植物油的相对介电常数较大，矿物油的则较小。

油浸式电气设备的相对介电常数越大越有利于改善油纸复合绝缘结构的电场分布，使绝缘纸的使用周期增长。

2. 抗燃性能

植物油变压器具有比矿物油变压器更好的防火安全特性，主要是由于植物油具有燃点更高、防火性能更好等特点，是目前国内安全环保型变压器发展的方向。矿物油闭口闪点约在150℃，燃点在200℃以下。而植物油闭口闪点多在280℃以上，燃点可达350℃以上，很明显植物油的抗燃性能比矿物油要好。植物油高的抗燃性能使充油电气设备安全性能得到了很大提高，最大限度地降低了变压器的火灾事故率。

3. 降解性能

有研究结果表明，植物油几乎可以完全生物降解，降解率大于97%，而矿物油的生物降解率一般不超过30%，有机硅油的生物降解率低于10%。由此可以看出，植物油的生物降解率高，对环境的影响小，且为可再生资源，符合当前社会发展的环保要求。

4. 原料来源

植物油所选用的主要原料有葵花籽、大豆、油菜籽、棉籽、山茶籽及其他油料作物等。我国是一个农业大国，农产品种类与资源十分丰富，油料类农产品作为一种重要的经济作物，在我国栽培广泛，总产量也较高。与世界各国相比，在我国用植物油作为绝缘油具有更大的优点。并且，农作物可再生，不必担心资源枯竭，满足可持续发展战略。

但植物油比矿物油酸值更高、黏度和倾点更大。此外，植物油还富含油酸和亚油酸及亚麻酸类不饱和脂肪酸，这些不饱和脂肪酸易丢失氢原子生成自由基，使得其氧化安定性差，所有这些特性均需在植物油处理及植物油变压器设计中予以特殊考虑，才能达到植物油变压器安全运行的要求。以上这些缺点限制了植物油的大规模推广应用，目前在高电压等级的电力变压器中，植物油变压器仅有少量挂网试运行产品，更大规模的推广应用还有待技术的进一步发展和完善。

第4章

固体电介质的电气性能

固体电介质是电力设备中不可或缺的一部分，广泛应用于电力设备外绝缘和内绝缘中。不同于气体绝缘介质和液体绝缘介质，固体绝缘介质还具备机械支撑方面的功能，比如输电线路中的线路绝缘子、变压器中的绝缘纸板、电缆中的交联聚乙烯等。固体电介质是解决设备小型化的主要途径，因为在相同体积下，固体绝缘介质具有更高的电气强度。然而固体绝缘介质被电弧烧蚀破坏之后具有不可恢复性，导致固体绝缘介质一旦开始出现绝缘缺陷，往往是不可逆的，这无疑限制了固体绝缘介质的大范围应用。

固体电介质的种种性能都源于其基本的电气特性（介电常数、损耗、电导率和击穿强度），主要是在电场作用下的介电性能、电导特性和电气强度，本章将从这几方面展开，进行一一介绍。

4.1　固体电介质的极化和损耗

固体电介质与气体电介质和液体电介质不同，具有更加致密的结构，其内的分子、离子和原子被束缚在一定的位置，仅能小幅度振动，同时固体电介质具有不可流动的特性，因此其电学特性在某些方面也表现出不同的特点。

4.1.1　固体电介质的介电常数

极化是指电介质在电场作用下，其束缚电荷相应于电场方向产生弹性位移的现象和偶极子的取向现象。这时电荷的偏移主要是在原子或分子的尺度内做微观移动，并产生电偶极矩。

电介质的介电常数也称为电容率，是描述电介质极化的宏观参数。电介质极化的强弱可用介电常数的大小来表示，它与该介质分子的极性强弱有关，还受到温度、外加电场频率等因素的影响。在静电场中，根据麦克斯韦方程组附加方程 $D = \varepsilon_0 \varepsilon_r E$ 得到电介质的相对介电常数为

$$\varepsilon_r = \frac{D}{\varepsilon_0 E} \tag{4-1}$$

式中　D——电介质中电通量密度；

E——电介质中宏观电场强度；

ε_0——真空介电常数。

介电常数之所以也称为电容率，主要是由于此参数本身直接影响电容的大小。以平板电容器为例来说明介电常数对电容值的影响。假设一个平板电极，极板间加载的直流电压为 U，其面积为 S，极板之间的间距为 d，当极板面积足够大时，可忽略极板的边缘效应，因此认为极板间的电场为均匀场，其场强 E 可由公式 $E = U/d$ 得到，平板电容器中的电荷和电场分布如图 4-1 所示。极板间为真空介质时，电容器布置图如图 4-1(a)所示。

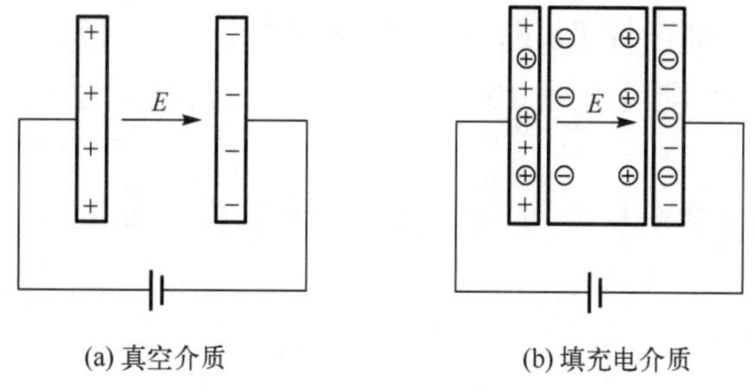

(a) 真空介质　　(b) 填充电介质

图 4-1　平板电容器中的电荷和电场分布

在外施恒定电压作用下，极板上聚集的自由电荷面密度记为 σ_0，根据式（4-1），极板间真空中的电场强度为

$$E = \frac{\sigma_0}{\varepsilon_0} \tag{4-2}$$

根据电容器的计算公式$Q = CU$，可以得到此时电容器的电容量C_0为

$$C_0 = \frac{\sigma_0 S}{U} \tag{4-3}$$

当极板间充以均匀各向同性的电介质时[见图 4-1(b)]，在电场作用下电介质产生极化，由于极板和电介质材料之间界面势垒的作用，电介质中的电荷难以越过势垒迁移到极板中，因此介质表面出现与极板自由电荷极性相反的束缚电荷，抵消了极板自由电荷产生的部分电场。由于外施电压保持不变，极板间距亦不变，所以极板间介质中的电场强度E（$E = U/d$）维持不变。这时只有用电源再补充些电荷到极板，才能补偿介质表面束缚电荷的作用。设介质表面束缚电荷的面密度为σ'，则极板上的电容应增加为

$$C = \frac{\sigma S}{U} = \frac{(\sigma_0 + \sigma')\ S}{U} \tag{4-4}$$

显然，极板间充以电介质后，由于电介质的极化使电容器的电容量比真空时增大，且电容增加量与束缚电荷面密度成正比。电介质的极化愈强，表面束缚电荷面密度愈大，用这种电介质填充极板后的电容量也越大，因此描述电介质极化的介电常数也称为电容率。

真空电介质的绝对介电常数为 $8.854187817\times10^{-12}$F/m，由上面的介绍知道填充电介质之后的介电常数大于真空时的介电常数。为了更加方便地对电介质的极化性能进行描述，引入相对介电常数的概念，其定义为电容器填充某电介质时的电容量C与真空时的电容量C_0的比值，即

$$\varepsilon_r = \frac{C}{C_0} \tag{4-5}$$

将式（4-3）和式（4-4）代入式（4-5），得

$$\varepsilon_r = \frac{C}{C_0} = \frac{\sigma}{\sigma_0} \tag{4-6}$$

式（4-6）表明，ε_r在数值上也等于充以介质后极板上的自由电荷面密度与真空时极板上自由电荷面密度的比值。ε_r是一个相对的量，由填充电介质前后介电常数的大小可知，相对介电常数是大于 1 的常数。在一般的研究和工程应用中，通常更多地使用相对介电常数ε_r作为材料性能指标之一，而为了便于叙述，在不引起混淆的情况下，“相对”两字有时省略，简称为介电常数。由于绝对介电常数总包含 10 的负幂次方，而相对介电常数为大于 1 的常数，故一般不会引起混淆。

固体电介质中一般包含多种极化方式，根据固有偶极矩的数量可将固体电介质分为以下几种类型。

1. 非极性固体电介质

与非极性液体电介质类似，非极性固体电介质中仅有少量的固有偶极矩。这类介质在外电场作用下，其物质结构决定了其同样主要发生电子位移极化。它包括原子晶体（如金刚石）、不含极性基团的分子晶体（如晶体萘、硫等）和非极性高分子聚合物（如聚乙烯、交联聚乙烯、聚四氟乙烯、聚苯乙烯等）。其中交联聚乙烯大量应用于电缆，已经成为电缆中不可或缺

的材料，现有的交联聚乙烯电缆已经可以达到交流 550kV 的电压等级。

2. 极性固体电介质

极性固体电介质在外电场中，除发生电子位移极化以外，按固体材料种类不同，还存在离子位移极化、极性分子转向极化等现象。这些极化使介电常数变大，并与温度和频率显著相关。

一些低分子极性化合物（HCI、HBr、H_2S 等）在低温下形成极性晶体，在这些晶体中，除了电子位移极化，还可能观察到离子位移极化或转向极化。当极性液体凝固时，由于分子失去转动定向能力而往往观察到介电常数在熔点温度下急剧地下降。

极性高分子聚合物，如聚氯乙烯、纤维、树脂等，由于它们含有极性基团，结构不对称而具有极性。极性高分子聚合物的极性基团在电场作用下能够在一定范围内旋转，因此极性高分子聚合物的介电常数主要是由偶极子转向极化贡献的。但在固体电介质中，由于分子链之间的相互作用力会阻碍转向极化的发生过程，转向极化需要更长的时间或者更高的温度才能发生。在温度达到一定程度时，温度所导致的无规则布朗运动会加剧，使电偶极矩趋于无序化排布，也会影响介电常数的大小。部分极性高分子聚合物会在一定温度范围内发生状态转变，比如环氧树脂的玻璃化转变，也会造成介电常数的变化。这些因素综合起来使极性高分子聚合物的介电常数与频率、温度存在密切关系，在一定程度上也影响了材料的使用频率和温度范围。

4.1.2　固体电介质的损耗

在电场作用下没有能量损耗的理想介质是不存在的，实际电介质中总有一定的能量损耗，包括由电导引起的损耗和某些有损极化引起的损耗，总称为介质损耗。

绝缘材料的介质损耗角正切就是损耗角 δ 的正切值，可直接用 $\tan\delta$ 表示。绝缘材料的损耗角 δ 是指在其上的外施电压与由此产生的电流之间的相位差的余角。电导所产生的电流与电压同相位，而极化过程具有一定的滞后效应，它所引起的电流滞后于电压 90° 的相位，因此损耗角正切值的大小取决于电导电流与容性电流的比值，电导电流越大，损耗角的正切值越大。由于常作为绝缘材料来使用的固体电介质材料，其电导电流极小，因此也就导致大部分电介质材料的 $\tan\delta$ 较小。电介质产生的介电损耗最终主要转化为热量的形式，导致设备内部的局部温升。在选择电气设备的绝缘时，要充分考虑损耗引起的温升对设备运行的影响。

4.1.2.1　固体无机电介质

1. 无机晶体

普通的无机晶体介质，如氯化钠（NaCl）、石英和云母等，它们只有电子位移极化和离子位移极化，因此极化所导致的损耗较小。其介质损耗主要来源于杂质或缺陷导致的电导损耗，$\tan\delta$ 与温度的关系也主要受电导随温度变化的影响。

2. 无机玻璃

无机玻璃是由 SiO_2 或 B_2O_3 形成的具有近似规则的空间网状结构的固体电介质。在纯净玻璃的组成中没有弱联系的离子，在交变电场作用下只存在很小的电导损耗，如石英玻璃在室温下的 $\tan\delta \approx 1\times10^{-4}$，并且 $\tan\delta$ 几乎与温度无关。但由于制造工艺和使用性能的要求，工程上的玻璃常掺杂一定量的碱金属元素，它们在玻璃中形成一些弱联系的离子，使玻璃结构变松并在其中局部范围内运动，这不仅增加了贯穿性的电导，并且可引起热离子极化和偶极矩的转向松弛损耗。

玻璃的介质损耗可以认为主要由三部分组成：电导损耗、松弛损耗和结构损耗。它们与温度的关系如图 4-2 所示。结构损耗与玻璃结构的紧密程度有关，结构愈松，结构损耗一般愈大。显然，工程用玻璃的介质损耗主要是由附加的碱金属离子引起的。

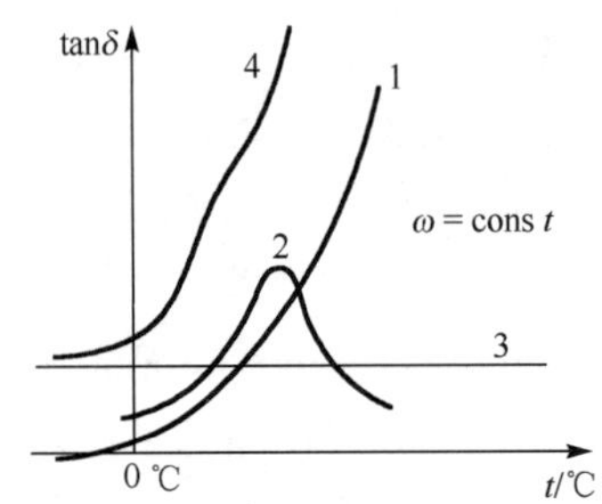

1—电导损耗；2—松弛损耗；3—结构损耗；4—介质损耗。

图 4-2　介质损耗与温度的关系

3. 电工陶瓷

电工陶瓷被广泛应用于电力工程、无线电工程等领域，例如，线路中使用时间最长的瓷质绝缘子等。电工陶瓷一般都有不均匀结构，包括结晶相、玻璃相、气隙等。可将电工陶瓷分为含玻璃相与几乎不含玻璃相两大类：第一类陶瓷含大量玻璃相与少量微晶，如普通绝缘瓷（低频瓷），它们的介质损耗包括玻璃相中的离子电导损耗、结构较疏松的多晶点阵结构造成的松弛损耗及气隙中水的存在造成的界面附加损耗三个方面，$\tan\delta$ 相当大；第二类陶瓷的微晶晶粒数量较多，只有极少量甚至没有玻璃相存在，如氧化铝高频瓷（Al_2O_3 加极少量助熔剂在很高温度下煅烧而成）、以硅酸镁为基础的块滑石陶瓷和以金红石及碱土金属钛酸盐为基础的特种陶瓷，通常其结晶相致密，$\tan\delta$ 比第一类陶瓷小得多。

4.1.2.2　固体有机电介质

固体有机电介质的介电损耗也受到介质本身极性的影响。固体非极性有机电介质包括聚乙烯、聚苯乙烯、聚四氟乙烯及天然石蜡等。这类固体电介质内部既无弱联系离子又无极性基团，故在外电场作用下主要发生电子位移极化现象，介质损耗多为杂质电导所致。这类电介质的电导率一般很小，所以相应的 $\tan\delta$ 也很小，被广泛用于工频和高频绝缘材料中。

固体极性有机电介质，如含有极性基的有机电介质（聚氯乙烯、酚醛树脂和环氧树脂等）及天然纤维等，它们的分子量一般较大，分子间相互联系的阻碍作用较强，因此除非在高温之下，整个极性分子的转向极化难以建立，转向极化只可能由极性基团和链段的定向所引起。对能够生成结晶的固体极性有机电介质来说，极性电介质在结晶状态时的 ε 较大，而在无定形状态时的 ε 反而较小，这说明极性基团在分子组成晶体点阵时受到的阻碍作用较小，转向极化在结晶相中得以充分建立。当处于无定形态，分子间联系减弱且相互排列不太规则时，极性基团受到的阻碍作用增强而难以转动，所以 ε 减小，故这些介质在软化范围内 ε 不随温度的升高而增大，反而是减小，同时出现 $\tan\delta$ 最大值。对于不可结晶的固体极性有机电介质，如通过交联反应形成三维网状结构的环氧树脂，当温度达到玻璃化转变温度（此时材料由玻璃态转变为橡胶态）以上时，除了极性基团，链段也可发生转向极化，从而使 ε 增大，同时损耗增大，故这类电介质在使用时应充分考虑工作温度范围带来的材料参数变化的影响。

这类固体极性有机电介质的损耗，主要决定于极性基团的松弛损耗，因而在高频下的损耗很大，不能作为高频电介质应用。

4.2　固体电介质的电导

任何电介质都不可能是理想的绝缘体，在这些绝缘体内总是或多或少地存在着某些带电粒子（载流子），如可运移的正离子、负离子及电子、空穴和带电分子团等。受外电场的影响，一些连接很弱的载流子发生定向漂移，从而形成传导电流（电导或泄漏电流）。任何电介质都不同程度地具有一定的导电性能，只不过其电导率很小而已，而表征电介质导电性能的主要物理量为电导率 γ 或其倒数电阻率 ρ。

固体电介质中的电导根据导电载流子的类型可以分为离子电导与电子电导，前者是离子作为主要载流子，后者是自由电子作为主要载流子。在弱电场下，以离子电导为主。

4.2.1　固体电介质的离子电导

固体电介质根据结构的不同可以分为晶体与非晶体两类。对于晶体尤其是离子晶体中的离子电导机理已有较多研究，目前已较为明确。但在绝缘技术上，对应用极为普遍的高分子非晶体材料的电导机理还没有完全研究清楚。

4.2.1.1　晶体无机电介质的离子电导

晶体无机电介质的离子来源有两种：本征离子和弱束缚离子。

（1）本征离子电导：离子晶体点阵上的基本质点（离子），在热振动下离开点阵形成载流子，构成离子电导。这种电导在高温下才比较显著，因此有时亦称为“高温离子电导”。

（2）弱束缚离子电导：与晶体点阵联系较弱的离子活化而形成载流子，这是杂质离子和晶体位错与宏观缺陷处的离子引起的电导，它往往决定了晶体的低温和室温下的电导。

晶体无机电介质中的离子电导机理与液体中的离子电导机理相似，具有热离子跃迁电导的特性，而且参与电导的也只是晶体的部分活化离子（或空位）。

4.2.1.2　非晶体无机电介质的离子电导

无机玻璃是一种典型的非晶体无机电介质，它的微观结构是由通过共价键相结合的 SiO_2 或 B_2O_3 组成的网状主结构，其中含有部分离子键结合的金属离子。

玻璃结构中的金属离子一般是一价碱金属离子（如 Na^{+}、K^{+}等）和二价碱土金属离子（如 Ca^{2+}、Ba^{2+}、Pb^{2+}等）。这些金属离子是玻璃导电载流子的主要来源，因此玻璃的电导率与其组成成分及含量密切相关。纯净的石英玻璃（非晶态 SiO_2）和硼玻璃（B_2O_3）具有很低的电导率（$\gamma \approx 10^{-15}$S/m）。同时，它们的电导率随温度的变化与离子跃迁电导机理相符，即 $\gamma = Ae^{-B/T}$，对于石英玻璃，B=22000K，对于硼玻璃，B=25500K，它们的 B 值都较高。这类纯净玻璃的导电载流子是由其中所含的少量碱金属离子活化而形成的。

4.2.1.3 有机电介质中的离子电导

非极性有机电介质中不存在本征离子，导电载流子来源于杂质。通常纯净的非极性有机电介质的电导率极低，如聚苯乙烯在室温下 $\gamma = 10^{-17} \sim 10^{-16}$S/m。在工程上，为了改善这类有机电介质材料的力学、物理和老化性能，往往要引入极性的增塑剂、填料、抗氧化剂等添加物，这类添加物的引入将造成有机材料电导率的增大。一般工程用塑料（包括极性有机介质的虫胶、松香等）的电导率为 $\gamma = 10^{-18} \sim 10^{-11}$S/m。

4.2.2 固体电介质的电子电导

在强电场作用下，固体电介质的电导模式以电子电导为主，这在禁带宽度较小的介质及薄层介质上表现得较为明显。电介质的导电电子主要来源于电极与介质体内部的热电子发射、场致冷发射及碰撞电离过程，导电模型主要是自由电子气模型、能带模型及电子跳跃模型。因为对固体电介质中电导行为的微观机理研究得还不够深刻，所以目前仍是研究的热点，特别是对微纳米填料掺杂之后聚合物表现的各种导电行为的研究，尚无统一的定量化计算方法。

4.2.3 固体电介质的表面电导

前面所讨论的电介质电导，都是指电介质的体积电导，这是电介质的一个本征物理特性参数，它主要取决于电介质本身的组成、结构、含杂质情况及电介质所处的工作条件（如温度、气压、辐射等），这种体积电导电流贯穿整个电介质。与气体电介质和液体电介质不同，在固体电介质使用过程中，除体积内部的传导电流外，往往还存在通过其表面（即固体与气体或者液体之间的界面）的泄漏电流并可能导致闪络，如线路绝缘子的沿面闪络等。此时仅仅采用体积电导率进行分析已经不足，需要引入另外一个物理特征参数，即表面电导电流。此电流与固体电介质上所加的电压 U 成正比，即

$$I_s = G_s U \tag{4-7}$$

式中　G_s——固体电介质的表面电导（S）。

若在固体电介质表面上加两个平行的平板电极，极间距离为 d，电极长度为 l（表面电导计算图如图 4-3 所示），则 G_s 与 l 成正比，与 d 成反比，可以写成

$$G_s = \gamma_s \frac{l}{d} \tag{4-8}$$

式中　γ_s——介质的表面电导率（S）。

此时亦可写成表面电流密度形式

$$j_s = \frac{I_S}{l} = \gamma_s \frac{U}{l} = \gamma_s E \tag{4-9}$$

式中　j_s——表面电流密度（A/m）。

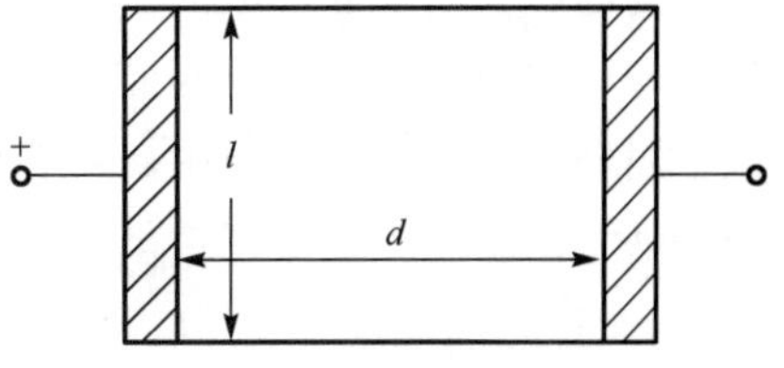

图 4-3　表面电导计算图

表面电导亦可用表面电阻 R_s 和表面电阻率 ρ_s 来表示，它们与 G_s 和 γ_s 有以下关系，即

$$R_s = \frac{1}{G_s} \tag{4-10}$$

$$\rho_s = \frac{1}{\gamma_s} \tag{4-11}$$

介质的表面电导率 γ_s（或表面电阻率 ρ_s）的数值不仅与介质的性质有关，而且强烈地受周围环境的湿度、温度、表面结构和形状，以及表面污染情况的影响。因此它们不能作为物质的固有物理特性参数看待，但可将表面泄漏电流作为监测量，对污秽等表面状态进行在线监测，这也是讨论和分析表面电导率的意义。

4.2.3.1　电介质表面吸附的水膜对表面电导率的影响

电介质的表面电导率受环境湿度的影响极大。任何处于干燥情况下的绝缘电介质，表面电导率 γ_s 都很小，但一些处于潮湿环境中的电介质受潮以后，其 γ_s 往往有明显的上升。这主要是因为潮湿空气可能导致电介质表面吸附一定量的水分，形成一层很薄的水膜，而水膜的导电性能更好，引起电介质表面更大的表面电流，从而使表面电导率增大。显然电介质电导率的大小与电介质表面上连续水膜的形成及水膜的电阻率有关。

4.2.3.2　电介质的分子结构对表面电导率的影响

按照电介质表面对水分吸附能力的不同，电介质可分为亲水电介质和疏水电介质两大类。水滴在这两类固体电介质表面上的分布状态，如图 4-4 所示。

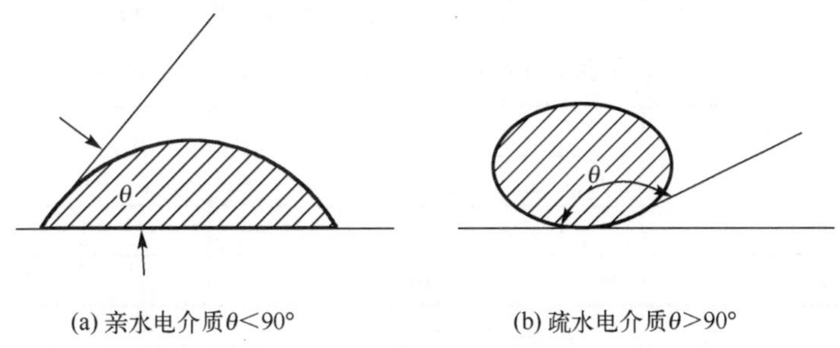

(a) 亲水电介质 $\theta<90°$　　(b) 疏水电介质 $\theta>90°$

图 4-4　水滴在这两类固体电介质表面上的分布状态

1. 亲水电介质

亲水电介质是由离子晶体、含碱金属玻璃和极性分子组成的，具有很强的吸引水分子的能力。由于这种电介质的分子极性较强，其与水分子间的吸引力大于水分子间的内聚力，所

以水滴与电介质表面形成的接触角往往小于 90° [如图 4-4(a)]。吸附在该电介质表面上的水易形成一层连续的水膜，因而表面电导率较大，尤其在某些含碱金属离子（如碱卤晶体、含碱金属玻璃等）的电介质中，碱金属离子会进入水膜，使水的电阻率减小，表面电导率会进一步增大，甚至失去绝缘性能。

2. 疏水电介质

一般非极性电介质，如石蜡、聚苯乙烯、聚四氟乙烯和石英等属于疏水电介质。这些电介质分子由非极性分子组成，它们对水的吸引力小于水分子的内聚力，所以吸附在这类电介质表面的水分往往成为孤立的水滴，其接触角 θ>90°，不能形成连续的水膜[见图 4-4(b)]，故表面电导率很小，且受大气湿度的影响较小。不同材料的接触角 θ 及大气湿度 φ 对其表面电阻率的影响如表 4-1 所示。

表 4-1　不同材料的接触角 θ 及大气湿度 φ 对其表面电阻率的影响

材料	接触角	ρ_S/Ω	
		$\varphi=0\%$	$\varphi=98\%$
聚四氟乙烯	113°	5×10^{17}	5×10^{17}
聚苯乙烯	98°	5×10^{17}	3×10^{15}
有机玻璃	73°	5×10^{15}	1.5×10^{15}
氨基薄片	65°	6×10^{14}	3×10^{13}
高频瓷	50°	1×10^{16}	1×10^{13}
熔融石英	27°	1×10^{17}	6.5×10^{19}

一些多孔电介质（如大理石、层压板）在吸湿后不仅表面电导率会增大，而且体积电导亦会增加，这是由水分子进入电介质内部形成复合结构造成的。

4.2.3.3　电介质表面清洁度对表面电导率的影响

电介质表面电导率 γ_s 除受电介质结构、环境湿度的强烈影响外，电介质表面的清洁度亦对 γ_s 影响很大。表 4-2 所示为电介质表面清洁度对 γ_S 的影响（湿度φ=70%）。表面污染特别是含有电解质的污秽，将会引起固体电介质表面导电水膜的电阻率减小，从而使 γ_s 增大。

表 4-2　电介质表面清洁度对 γ_S 的影响（湿度φ=70%）

介质	表面不净时 γ_s / S	表面清洁时 γ_s / S
硅玻璃	2×10^{-8}	3×10^{-11}
熔融石英	2×10^{-8}	1×10^{-3}
云母模制品	2×10^{-9}	1×10^{-13}

显然，在一些场合需要减小电介质的表面电导率，以便提升沿面闪络电压，此时应该采用疏水电介质，并使电介质表面保持干净，如户外线路绝缘子采用硅橡胶复合绝缘子就是利用硅橡胶本身的疏水性能。有时为了减小亲水电介质的表面电导率可在电介质表面涂疏水电介质（如有机硅树脂、石蜡等），使固体电介质表面形不成连续的水膜，以保证有较小的表面电导率。

4.3　固体电介质的击穿

当施加于电介质的电场增大到相当强时，电介质在强电场下的电流密度按指数规律随电场强度的增大而增大，外电场进一步增大到某个临界值时，电介质的电导突然剧增，电介质便由绝缘状态变为导电状态，这一跃变现象称为电介质的击穿。电介质发生击穿时，通过电介质的电流剧烈地增大，通常以电介质伏安特性曲线的斜率趋向于∞（即 $\mathrm{d}I/\mathrm{d}U=\infty$）作为击穿发生的标志。发生击穿时的临界电压称为电介质的击穿电压，相应的电场强度称为电介质的击穿场强。击穿电压和击穿场强是经常用来衡量绝缘介电强度的重要物理量。

电介质的击穿场强作为电介质最基本的电性能，决定着电介质维持电场中绝缘性能的极限容量。电力系统中常因电气设备绝缘损坏导致事故发生，所以许多时候电力系统及电气设备的可靠性主要依赖于其绝缘介质是否正常运行。随着电力系统额定电压的不断升高，对系统供电的可靠性要求越来越高，系统绝缘介质是否能在高场强时正常运行就显得尤为重要。近年来，高电压技术已不再限于电力工业领域，还扩展应用到许多科技领域中，特别是在电力电子器件中，虽然施加的电压并不高，但是由于绝缘距离较小，导致高场强下的绝缘问题依然突出。由于这些情况的存在，研究电介质的击穿机理、影响因素、不同介质的耐电强度等是十分必要的。

与气体、液体电介质相比，固体电介质的击穿场强较高，但固体电介质击穿后的材料中留下了不可恢复的痕迹，如烧焦或熔化的通道、裂缝等，即使去掉外施电压，也不会像气体、液体电介质那样能自行恢复绝缘性能。这种绝缘不可恢复性在一定程度上限制了固体电介质的使用。

在固体电介质的击穿中，常见的有热击穿、电击穿和电化学击穿等形式。固体电介质击穿场强与电压作用时间的关系及不同击穿形式的范围如图 4-5 所示。

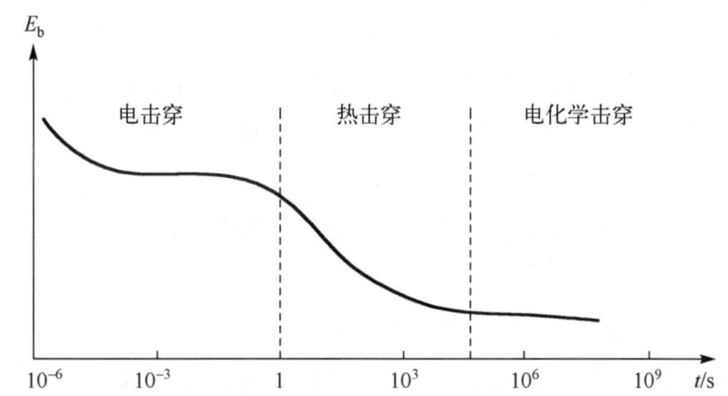

图 4-5　固体电介质击穿场强与电压作用时间的关系及不同击穿形式的范围

1. 电击穿

电击穿是指在较低温度下，在采用消除边缘效应的电极装置等严格控制的条件下，进行击穿实验时所观察到的一种击穿现象，通常要求试样厚度尽量小。电击穿的主要特征是击穿场强大，实际绝缘系统很难达到这么高的强度；在一定温度范围内，击穿场强随温度的升高而增大，或变化不大。均匀电场中的击穿场强反映了固体电介质耐受电场作用能力的最大限度，它仅与材料的化学组成及性质有关，是材料的特性参数之一，所以通常称之为耐电强度或电气强度。

2. 热击穿

热击穿是由电介质内部热的不稳定过程造成的。当固体电介质加上电场时，电介质中发生的损耗将引起发热，使电介质温度升高。电介质的热击穿不仅与材料的电学和热学性能有关，还在很大程度上与绝缘结构、电压种类及环境温度等有关，因此热击穿强度不能看成电介质材料的本征特性参数。

3. 电化学击穿

电化学击穿是一种通常发生在不均匀电介质中的击穿，主要是指包括固体、液体或气体组合构成的绝缘结构中的一种击穿形式。与单一均匀材料的击穿不同，击穿首先从耐电强度低的气体开始，表现为局部放电；然后随时间或快或慢地发展至固体电介质劣化损伤并逐步扩大的状态，最终致使电介质击穿。由于其具有一定的潜伏期，因此不均匀电介质击穿是设备长期运行过程中绝缘失效的主要原因。

由于实际固体电介质击穿还伴随有机械、热、化学等的复杂过程，电介质本身也不可能是完全均匀完美的结构，这就导致击穿结果具有一定的波动性和难预测性。因而至今还没有建立起可以足够解释所有击穿现象的理论，但是已经有了一些能够较好地说明部分现象的理论，以下将分别加以介绍。

4.3.1 电击穿的基本理论

希佩尔（Hippel）与弗勒赫利希（Frohlich）以固体物理为基础，以量子力学为工具，逐渐发展并确立了固体电介质电击穿碰撞的电离理论。该理论提出：由于场致发射或热发射，强电场中的固体导带内可能会有部分导电电子在外电场中加速得到动能，与此同时它们在运动过程中会和晶格振动发生相互作用，激发晶格振动并将电场能量转移到晶格上。当两种过程达到某一温度及场强平衡时，固体电介质具有稳定电导。当电子从电场获得的能量超过晶格振动所损耗的能量时，电子动能不断增大，至电子能量达到某一数值后，电子和晶格振动的相互作用使电离生成新的电子，自由电子数急剧增多，电导逐渐进入失稳阶段并开始击穿。

按击穿发生的判定条件的不同，电击穿理论可分为两大类。

（1）以碰撞电离开始作为击穿判据。这类理论称为碰撞电离理论，或称为本征电击穿理论。

（2）以碰撞电离开始后，电子数倍增到一定数值，足以破坏电介质结构作为击穿判据。这类理论称为雪崩击穿理论。

以下简要介绍这两类击穿理论。

1. 本征电击穿理论

在电场 E 的作用下，电子被加速，因此电子在单位时间内从电场获得的能量可表示为

$$A = A(E,u) \tag{4-12}$$

式中 u——电子能量。

以 B 表示电子与晶格振动相互作用单位时间内能量的损失。电子在其运动中与晶格振动相互作用而发生能量交换，由于晶格振动与温度有关，所以 B 可写为

$$B = B(T_0,u) \tag{4-13}$$

式中 T_0——晶格温度。

平衡时

$$A(E,u) = B(T_0,u)$$

当电场的强度增大到使平衡被打破的程度时，碰撞电离的过程随即产生。平衡时的最大场强为碰撞电离的起始场强，以该场强作为电介质的临界击穿场强。

2. 雪崩击穿理论

和气体击穿的过程相似，电子在外施电场的作用下加速至有足够的动能时，就会产生碰撞电离现象，这个过程会在电场的作用下从阴极持续发展至阳极，从而产生电子雪崩现象。与气体中电子崩现象不同的是，固体电介质的结构更加致密，因此电子的自由行程更小，也就意味着要发生电子崩需要更大的场强，这也解释了相同体积下固体电介质击穿场强更大的原因。另外当电子雪崩区域到达一定边界后，将导致晶格结构不可逆转地被破坏并最终发生固体电介质的击穿。

4.3.2 热击穿的基本理论

对于固体电介质的热击穿，很多学者都做过实验和理论研究，然而要定量地进行讨论却十分复杂。下面主要介绍最简单的瓦格纳热击穿理论。

瓦格纳的热击穿模型如图 4-6 所示。假设固体电介质置于平板电极 a、b 之间，电介质不可能是完全均匀的，必然存在一处或几处的电阻比其周围小得多，构成电介质中的低阻导电通道。通道的横截面积为 S，长度为 d，电导率为 γ，当加上直流电压 U 后，电流便主要集中在这个导电通道内，则每秒钟内导电通道由于电流通过而产生的热量为

$$Q_1 = 0.24\frac{U^2}{R} = 0.24U^2\gamma\frac{S}{d} \tag{4-14}$$

每秒钟内由导电通道向周围电介质散出的热量与通道长度 d、通道平均温度 T 与周围电介质温度 T_0 的温度差（$T-T_0$）成正比，即散热量为

$$Q_2 = \beta(T - T_0)d \tag{4-15}$$

式中 β——散热系数。

电介质导电通道的电导率 γ 与温度的关系为

$$\gamma = \gamma_{T_0}\mathrm{e}^{\alpha(T-T_0)} \tag{4-16}$$

式中 γ_{T_0}——导电通道在温度 T_0 时的电导率；

α——温度系数。

由上可知，γ 是温度的函数，所以发热量 Q 也是温度的函数，因此对于不同的电压 U 值，Q 与 t 的关系是一簇指数曲线（热击穿过程中的发热量曲线和散热量曲线如图 4-7 所示），曲线 1、2、3 分别为在电压 U_1、U_2、U_3（$U_1>U_2>U_3$）作用下，电介质发热量与电介质导电通道温度的关系。而散热量 Q_2 与温度差（$T-T_0$）成正比，如图 4-7 中曲线 4 所示。

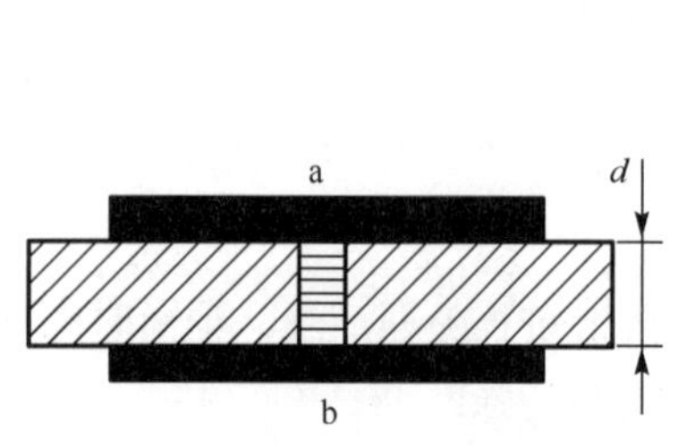

图 4-6　瓦格纳的热击穿模型

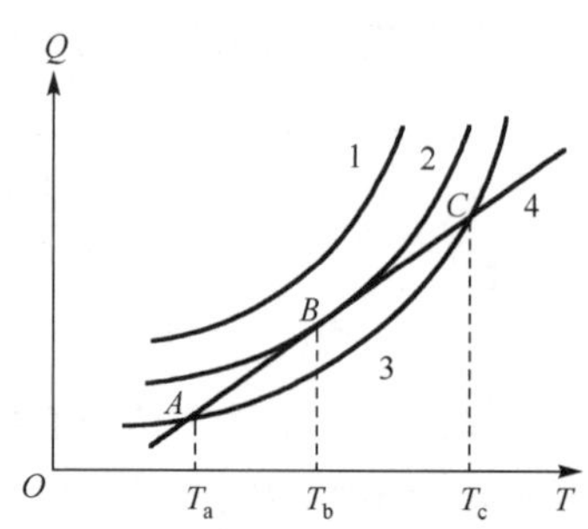

图 4-7　热击穿过程中的发热量曲线和散热量曲线

（曲线 1、2、3 为发热量随温度变化的曲线，曲线 4 为散热量随温度变化的曲线）

从图 4-7 可看出：曲线 1（电压为 U_1 时）高于曲线 4，固体电介质内的发热量 Q_1 总是大于散热量 Q_2，在任何情况下都不会达到热平衡，电介质的温度将不断地升高，过高的温度将导致电介质热击穿；曲线 3（电压为 U_3 时）与曲线 4 有两个交点，在交点处 $Q_1=Q_2$。由于发热量等于散热量，则两个交点称为热平衡点，A 点是稳定的热平衡点，C 点是不稳定的热平衡点。针对热平衡点 A，当通道温度处于 T_a 之下时，发热量 Q_1 大于散热量 Q_2，温度将上升并接近 T_a；当通道温度处于 T_a 之下时，发热量 Q_1 小于散热量 Q_2，温度将下降并接近 T_a，因而电介质被加热到通道温度 T_a 就停留在热稳定状态。而针对热平衡点 C，当通道温度处于 T_c 之下时，发热量 Q_1 小于散热量 Q_2，温度将下降并偏离 T_c，最终回到热稳定点 A；当通道温度处于 T_c 之上时，发热量 Q_1 大于散热量 Q_2，温度将继续上升并偏离 T_c，最终导致热击穿的发生，因而 T_c 为不稳定的热平衡点。曲线 2（电压为 U_2 时）与曲线 4 相切，切点 B 是一个不稳定的热平衡点。因为当导电通道温度 $T<T_b$ 时，电介质的发热量 Q_1 大于散热量 Q_2，温度将上升到 T_b；而当 $T>T_b$ 时，发热量依然大于散热量 Q_2，导电通道的温度将不断上升，导致热击穿。可见，曲线 2 是介质热稳定状态和不稳定状态的分界线，所以电压 U_2 被确定为热击穿的临界电压，T_b 为热击穿的临界温度。

4.3.3　电化学击穿的基本理论

上述固体电介质击穿理论对宏观均匀、单一电介质具有适用性，其击穿现象较少，而实际工作中常碰到宏观非均匀、复合电介质。从凝聚状态分析，通常总是气-液或固-液-固及固-固结合在一起，甚至在均匀、单一电介质绝缘结构中，因材料不均匀，含杂质或者气隙，都不能被视为均匀、单一电介质结构，所以对不均匀电介质的击穿问题进行研究有重要意义，如局部放电、树枝化击穿问题。

4.3.3.1　复合电介质的击穿

在非均匀电介质中，由于电介质中不同部位的电导率和介电常数不同，因此会引起电场在这些部位的不同分布。当电压增大到一定程度时，在不均匀电介质中某一点会因为场强过高而开始发生放电并局部发生击穿。随着电压的进一步增大，放电进一步扩大，最终导致全部电介质击穿。

应该注意到，当复合电介质电场分布不均匀，并且没有采取任何措施来改善电极边缘的电场分布时，通常会使电场集中的电极边缘产生放电现象，因为周围媒质的击穿场强往往小于固体电介质，放电火花可以看成电极像针状一样扩展，所以电极边缘电场分布首先会产生剧烈的畸变，然后才会出现固体电介质击穿。如果在放电初期外施电压大于固体电介质某一厚度（极不均匀电场中电介质的击穿电压）的最低击穿电压，那么媒质放电瞬间会导致固体电介质击穿。这种由于电极边缘媒质的放电，使固体电介质被电极边缘较低的电压击穿的现象，被称为边缘效应。

4.3.3.2　局部放电

在包含气体（如气隙或气泡）或者液体（如油膜）的固体电介质内部，击穿场强小的气体或者液体内部局部电场强度达到其击穿场强后，该部分气体或者液体就会启动放电，从而导致电介质局部击穿而不会穿透电极，即产生局部放电现象。这类放电虽不能在瞬间形成贯穿性的通道，但是长时间的局部放电会使电介质（尤其是有机电介质）劣化损伤范围逐渐扩大，从而造成电介质整体击穿。

局部放电引起电介质劣化损伤的机理是多方面的，但主要有如下 3 个方面。

（1）电的作用。带电粒子对电介质表面的直接轰击作用，使有机电介质的分子主链断裂。

（2）热的作用。带电粒子的轰击作用引起电介质局部的温度上升，发生热熔解或热降解。

（3）化学作用。局部放电产生的受激分子或二次生成物，使电介质受到的侵蚀可能比电、热作用的危害更大。

局部放电是电介质应用中的一种强场效应，针对局部放电的监测和研究在电介质介电现象和电气绝缘领域均具有重要意义。

4.3.3.3　聚合物电介质的树枝化击穿

树枝化击穿是指聚合物电介质在长时间强电场作用下发生的一种老化破坏形式，在电介质中形成具有气化了的俨如树枝状的痕迹，树枝是充满气体的、直径为皮米（$1pm=10^{-12}m$）以下的细微“管子”组成的通道。电极尖端有、无气隙时的电树枝如图 4-8 所示。导致聚合物电介质树枝化现象的因素有很多，生成的树枝也各不相同。树枝会因为间歇性局部放电慢慢展开，更会在脉冲电压下快速展开，还会因为电介质内局部电场的集中而出现，同时没有任何局部放电。上述原因造成的树枝称为电树枝（如图 4-8 所示的有、无气隙时的电树枝，以及图 4-9 所示的 35kV 聚乙烯电缆中的杂质电树枝等）。树枝也会因为有水分存在而慢慢出现，例如，水下运行或是电缆沟中积水环境下的电缆中也发现有树枝，一般称这种树枝为水树枝。在直流低压电缆中也观察到了这种水树枝的存在，说明直流电压也能促进树枝化。此外，还有由于环境污染或者绝缘电介质含有杂质产生的电化学树枝（如电缆中因腐蚀性气体向线芯扩散会和铜反应生成电化学树枝）。

树枝化位置具有随机性，它是指树枝化能出现在电介质内各高场强点（如粗糙或者不规则电极表面或者电介质内的缝隙），聚合物电介质树枝化时，其断面上可出现也可不出现完全击穿现象，而固体聚合物电介质树枝化击穿却是击穿的重要因素。

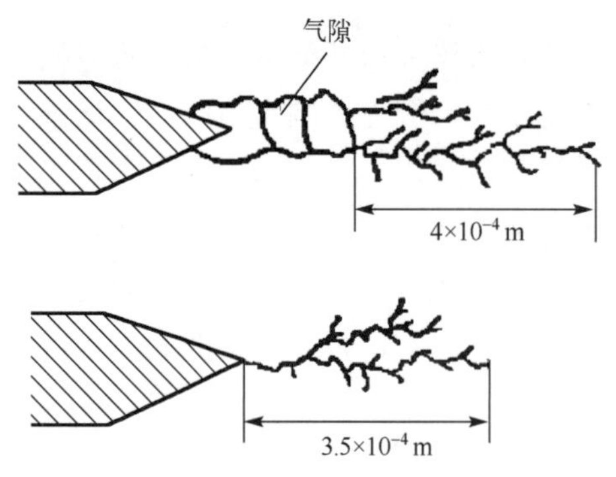

图 4-8　电极尖端有、无气隙时的电树枝

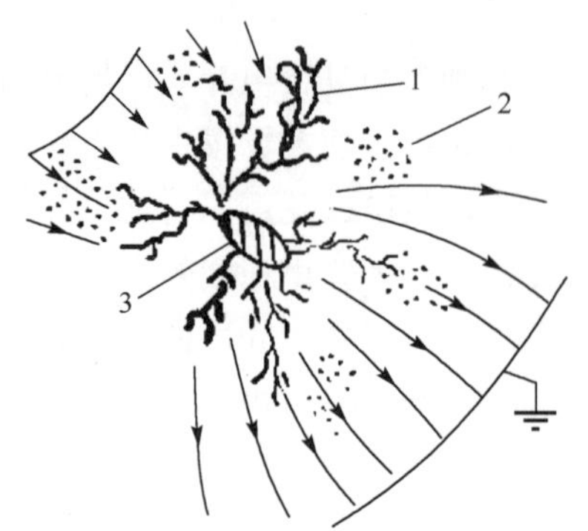

图 4-9　35kV 聚乙烯电缆中的杂质电树枝

4.4　固体电介质的老化

电气设备正常工作时，绝缘材料将长期受多种因素的影响而产生一系列不可逆转的改变，使物理、化学、电及机械性能恶化，这类不可逆转的改变通常称为老化。驱动绝缘材料发生老化的原因有很多种，物理因素有电压大、温度高、光线强、机械力大、高能辐射大；化学因素有氧气、臭氧、盐雾、酸碱性、湿度等；生物因素有微生物、霉菌等。这些因素中又以电老化、热老化及环境老化最为重要。

4.4.1　固体电介质的环境老化

环境老化包括光氧老化、臭氧老化、盐雾酸碱等污染性化学老化，其中最主要的是光氧老化。对于有机绝缘电介质，环境老化尤为显著。户外运行的各种绝缘子的老化就是其中的典型代表，特别是近年来国内应用量不断增加的有机复合绝缘子，其老化性能和环境密切相关。

光氧老化主要是太阳中的紫外光辐射导致固体绝缘材料中的化学键被破坏，最终导致固体绝缘材料劣化，绝缘最终失效。设备电晕放电或局部放电产生的臭氧具有一定的腐蚀性，也会造成附近的固体绝缘材料老化。含有酸、碱、盐类成分的污秽尘埃，与雨、露、霜、雪相结合后形成腐蚀物质，其对绝缘电介质（特别是有机绝缘体）的长期作用显然会造成腐蚀。另外，沿海地区因气候原因导致绝缘体表面出现藻类，并且在一定条件下，藻类会侵蚀绝缘体表面，同时形成贯通高压和低压之间的导电通道。

延缓环境老化的方法主要是改善绝缘材料本身的性能，例如，在材料中添加光稳定剂（反射或吸收紫外光）、抗氧化剂、抗臭氧剂及使用防护蜡等。此外，也应注意加强高压电气装置的防电晕、防局部放电措施。

4.4.2　固体电介质的电老化

固体电介质在电场的长时间作用下，会逐渐发生某些物理、化学变化，形成与电介质本身不同的新物质，使电介质的物理、化学性能发生劣化，最终导致电介质被击穿，这个过程称为电老化。电老化主要分为交流电压和直流电压下的老化。

在交变电压作用时，当场强很大时，电极边缘、电介质表面、电介质夹层或者电介质内部往往会出现一些电离、电晕、局部放电和沿面放电的情况，而造成这些情况的原因多为气隙或气泡。气隙或气泡产生的原因主要有因浸渍工艺不够完善而在电介质层之间、电介质和电极间或电介质内留下小气隙；或因浸渍剂遇冷收缩或操作时热胀冷缩而产生小空隙；或因操作时电介质逐步分解气体而产生小气泡；或因大气中水的入侵而被电场电离分解。气体电介质的相对介电常数趋近于 1 且远小于固体电介质的相对介电常数，交变电场作用时，气隙内的场强远大于相邻固体电介质，起始电离场强（常压）一般也远小于固体电介质的，因此在这些气隙内电离最易进行，甚至会出现稳定局部放电现象。气隙发生电离会产生以下结果。

（1）局部电场畸变。气隙的电离将造成附近局部电场的畸变，使局部电介质承受过大的场强。

（2）带电质点撞击气泡壁，使绝缘电介质分解。气隙中电离出来的带电质点在电场的作用下，撞击气泡壁的绝缘电介质，使绝缘电介质疲劳损坏。对于多数有机绝缘电介质，它们还会被分解，一般会分解出一些气体（如氢、氮、氧和烃类气体等）并留下一些固态的聚合物。这些新分解出的气体又加入电离过程中，使电离进一步发展。

（3）化学腐蚀。气隙电离会产生腐蚀性气体，这些气体能够腐蚀固体表面，破坏固体绝缘电介质的表面状态。

（4）局部温度升高。电离过程中的能耗必然导致电离区附近的局部温度升高，这将使气泡体积膨胀，使绝缘电介质开裂、分层、脱壳，并使该部分绝缘的电导和电介质损耗增大。

通过上述多种效应的综合，气泡的电离将使近旁的绝缘电介质被破坏、分解（变酥、炭化等），并沿电场逐渐向绝缘层深处发展形成电树枝，最终导致绝缘电介质被贯通击穿。

正是由于上述因素，许多高压电气设备都将其局部放电水平作为检验其绝缘质量的最重要的指标之一。

在直流电压长期作用下，即使所加电压远低于局部放电的起始电压，由于电介质内部进行着电化学过程，电介质也会逐渐老化，最终导致击穿。

电介质的电导主要是由电介质及其中所含杂质分子离解后沿电场方向迁移引起的，因此具有电解的性质。电介质中往往存在某些金属离子和非金属离子，在直流电场的作用下，带正电的金属离子到达阴极，被中和电量后，在阴极上还原，淀积成金属物质，逐渐形成从阴极延伸到电介质深处的金属性导电“骨刺”，这个过程对于电介质层很薄的电容器绝缘危害尤其大。

4.4.3　固体电介质的热老化

在较高温度下，固体电介质会逐渐热老化。热老化的主要过程为热裂解、氧化裂解、交联，以及低分子挥发物的逸出。热老化的象征大多为电介质失去弹性、变脆，发生龟裂，机械强度降低，也有些电介质表现为变软、发黏、失去定形，与此同时，电介质的电性能变坏。

各种有机绝缘材料热老化实验研究的结果表明：这些材料热老化的程度主要取决于温度及热作用时间。此外，诸如空气中的湿度、压强、氧的含量、空气的流通程度等对热老化的速度也有一定影响。

绝缘材料存在一个短时上限工作温度，超过此温度，绝缘材料将发生急剧的热损坏，因而在任何情况下都不允许超过此温度。即使稍低于此温度，绝缘材料的热损坏也已相当强烈，以至于只有在某些特殊情况下，才允许在此温度下作为应急措施短时（如不超过几十分钟）工作。

为了使绝缘材料能有一定的、经济合理的工作寿命，还应探求出与之相应的最高持续工作温度，其意义为绝缘材料即使持续地在此温度下工作，尚能确保其一定的、经济合理的工作寿命。显然，各种绝缘材料的最高持续工作温度不是一个简单、明显的临界值，而是与其合理的工作寿命相联系的、需经综合技术经济比较后才能大致确定的值。根据这个概念，国际电工委员会将各种电工绝缘材料按其耐热程度划分等级，并确定了各等级绝缘材料的最高持续工作温度，如表 4-3 所示。

表 4-3　电工绝缘材料的耐热等级及最高持续工作温度

级别	最高持续工作温度/°C	材料举例
Y	90	未浸渍过的木材、棉纱、天然丝和纸等或其组合物；聚乙烯、聚氯乙烯、天然橡胶
A	105	矿物油及浸入其中的 Y 级材料；油性漆、油性树脂漆及其漆包线
E	120	由酚醛树脂、糠醛树脂、三聚氰胺甲醛树脂制成的塑料、胶纸板、胶布板；聚酯薄膜及聚酯纤维；环氧树脂；聚氨酯及其漆包线；使用无机填充料的塑料
B	130	以合适的树脂或沥青浸渍、黏合或涂覆过的或用有机补强材料加工过的云母、玻璃纤维、石棉等的制品；聚酯漆及其漆包线；使用无机填充料的塑料
F	155	用耐热有机树脂或漆所黏合或浸渍过的无机物（云母、石棉、玻璃纤维及其制品）
H	180	硅有机树脂、硅有机漆或用它们黏合或浸渍过的无机材料、硅有机橡胶
C	220	不采用任何有机黏合剂或浸渍剂的无机物，如云母、石英、石板、陶瓷、玻璃或玻璃纤维、石棉水泥制品、玻璃云母模压品等；聚四氟乙烯塑料

实际上，电气设备的绝缘材料通常都不可能在恒温下工作，其工作温度是随着昼夜、季节等环境温度改变的，更主要的是随着电流和电压波动等因素有强烈的变化。在这种情况下，绝缘材料的工作寿命可采用下述的热损坏累积计算法求得。

研究指出，在温度低于上限工作温度范围时，变压器绕组通用的油纸绝缘由热老化所决定的绝缘工作寿命可以按式（4-17）近似估计。

$$T = A\mathrm{e}^{-\alpha(\theta-\theta_0)} = A\mathrm{e}^{-\alpha\Delta\theta} \tag{4-17}$$

式中　T——实际工作温度下绝缘的工作寿命（年）；

A——基准工作温度下绝缘的工作寿命（年）；

θ——绝缘电介质的实际工作温度（℃）；

θ_0——绝缘电介质的基准工作温度（℃）；

α——热老化系数，由绝缘的性质、结构等因素决定，对于 A 级绝缘，此系数为 0.065～0.12。

可以利用式（4-17）的关系来进行提高温度下的加速老化工作寿命实验，这里应该注意，不能简单地仅由静止和恒温条件下实验得到的结果来推断，因为在实际运行中还存在着温度的变化，各种机械应力、电动力、振动、潮气和其他气体等的作用，所以这些绝缘电介质在使用中的真正寿命，还应根据实际运行条件做适当的修正。

对于各种类型的电气设备，在按照其实际运行条件做修正后获得的该类电气设备的绝缘工作寿命与其工作温度之间的关系，有时应用“10 度规则”“8 度规则”“6 度规则”等名词来简明地表达，意思是说，该类电气设备的绝缘工作温度如提高 10℃、8℃或 6℃，绝缘工作寿命便缩短到原有的一半。这实质上相当于式(4-17)中的α值分别为 0.0693、0.0866 或 0.1155。

很多电气设备（如旋转电机、变压器、电缆、电容器等）的工作寿命主要是由其最薄弱环节即绝缘电介质的寿命来决定的。对正常合理的电气设备来说，造成严重电老化的因素（如电晕放电、局部放电、沿面放电等）是不允许存在的，环境老化通常也是很缓慢的，因此电气设备的绝缘工作寿命主要由热老化来决定。

对于绝缘工作寿命主要由热老化来决定的电气设备，设备的工作寿命与其负荷情况有极密切的关系。同一电气设备，如果允许负荷大，则运行期投资效益高，但必然使该电气设备温升高，绝缘热老化快，工作寿命短；反之，如果欲使电气设备工作寿命长，则必须将使用温度限制得较低，也即允许负荷较小，则运行期投资效益就会降低。

综合考虑以上因素，为了获得最佳的综合经济效益，每台电气设备都将有一个经济、合理的正常使用期限。在当前，对大多数常用的电气设备（如发电机、变压器、电动机等）来说，正常使用期限一般定为 20～30 年，即该电气设备的设计寿命不应小于这个期限，但也不必超过太多。根据这个预期的工作寿命，就可以定出该电气设备绝缘中最热点的基准工作温度，在此温度下，该电气设备的绝缘材料能保证在上述正常使用期限内安全工作。

4.5　常见固体电介质

固体电介质作为设备中绝缘和机械支撑的部件，在电气设备中不可或缺，而根据实际使用场合的相关要求，又衍生出不同种类的固体电介质材料，主要分为无机固体电介质材料和有机固体电介质材料。在这两大类的基础上又细分出多种小的分支，本节对常用的固体电介质材料进行介绍。

4.5.1　电工陶瓷

电工陶瓷是电力系统中应用最广泛的一种固体无机电介质材料，分为瓷质绝缘子和电器用瓷套两大类。用于交流 350V 以下者为低压电瓷，用于交流 350V 以上者为高压电瓷。常用的普通电瓷为长石质瓷，由黏土、长石、石英配制烧成，在高低电压电瓷产品中普遍使用。

电工陶瓷是输电线路上最早出现的固体绝缘材料之一，其坚固耐磨、机械强度高、耐高温、绝缘性能良好，同时具有较强的耐电弧烧蚀能力。

电工陶瓷主要由瓷土高温煅烧而成，比较常见的电工陶瓷的主要成分为 SiO_2 和 Al_2O_3，其抗折强度为 70～90MPa。机械强度要求更高的电瓷可选用高铝质电瓷，高铝质电瓷是 Al_2O_3 含量在 40%以上的高强度电瓷。

此外，电力系统也用到某些特种陶瓷，如以钛酸盐类高介瓷制成的陶瓷电容器；以氧化铝瓷制成的开关灭弧罩；以氧化铝、黏土加炭粉制成的陶瓷线性电阻；用 SiC 加黏土等制成的非线性电阻；还有以 ZnO 为基体，添加少量 B_2O_3、MnO_2、Sb_2O_3、Co_2O_3、Cr_2O_3 等制成的 ZnO 非线性电阻等。在电子封装领域，电工陶瓷以其优良的性能同样有着广泛的应用，但由于使用场合不同，对其主要成分和工艺过程有相应的特殊要求。

4.5.2 硅橡胶

近些年，硅橡胶以其优良的绝缘性能和耐污性能逐渐在户外绝缘子中应用得越来越广泛。硅橡胶是一种主链为硅、与氧原子相间组成的橡胶，硅原子表面一般连接着两个有机基团，图 4-10 所示为硅橡胶分子结构图。一般硅橡胶以含有甲基及少量乙烯基硅氧链节为主。引入苯基可以改善硅橡胶的耐高、低温性能，而引入三氟丙基和氰基能改善硅橡胶的耐温和耐油性。硅橡胶具有很好的耐低温性能，通常在-55℃时仍然能够发挥作用。硅橡胶的耐热性也非常出众，在 180℃时就可以长时间运行，略高于 200℃时还可以运行几周甚至更长一段时间，且仍然具有弹性，瞬间可以耐受 300℃以上的高温。

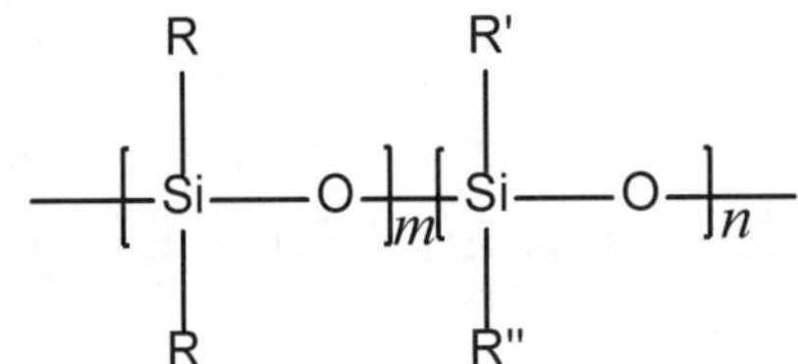

图 4-10 硅橡胶分子结构图

（R、R'、R"为甲基、苯基、乙烯基或三氟丙基等有机基团）

硅橡胶分为热硫化型硅橡胶[高温硫化（HTV）硅橡胶]、室温硫化（RTV）型硅橡胶，其中室温硫化型硅橡胶又分为缩聚反应型硅橡胶和加成反应型硅橡胶。高温硫化硅橡胶主要用于制造各种硅橡胶制品，而室温硫化型硅橡胶则主要作为黏结剂、灌封材料或模具使用。

高温硫化硅橡胶就是将聚硅氧烷转变为弹性体，并在高温（110～170℃）下硫化成型的。其主要用高分子量聚甲基乙烯基硅氧烷作生胶并掺入补强填料和硫化剂，经加热和加压硫化而制成弹性体。硅橡胶补强以各种白炭黑为主，能将硫化硅橡胶的强度提高几十倍。有时为了降低成本或提高胶料性能，以及使硫化硅橡胶具有多种特殊性质，还添加了与之相适应的多种添加剂。

21 世纪初，由于硅橡胶绝缘子技术的逐渐成熟，同时其本身具有诸多优点，因此逐渐在输电线路中越来越多得出现，并部分取代了瓷质绝缘子。然而硅橡胶绝缘子在长期运行过程中，其表面刮伤或者老化可能引起表面憎水性能丧失，这些问题也一直受到研究人员的关注。

4.5.3　交联聚乙烯

交联聚乙烯（XLPE）作为绝缘材料广泛应用于电力电缆中，部分取代了原来的充油电力电缆。交联聚乙烯材料的聚乙烯在高能辐照（如 γ 辐照、α辐照、电子辐照等）或交联剂的作用下，使其大分子之间生成交联，可提高其耐热等性能。采用交联聚乙烯作绝缘的电缆，长期工作温度可提高到 90℃，能承受的瞬时短路温度可达 170～250℃。图 4-11 所示为聚乙烯的交联过程。

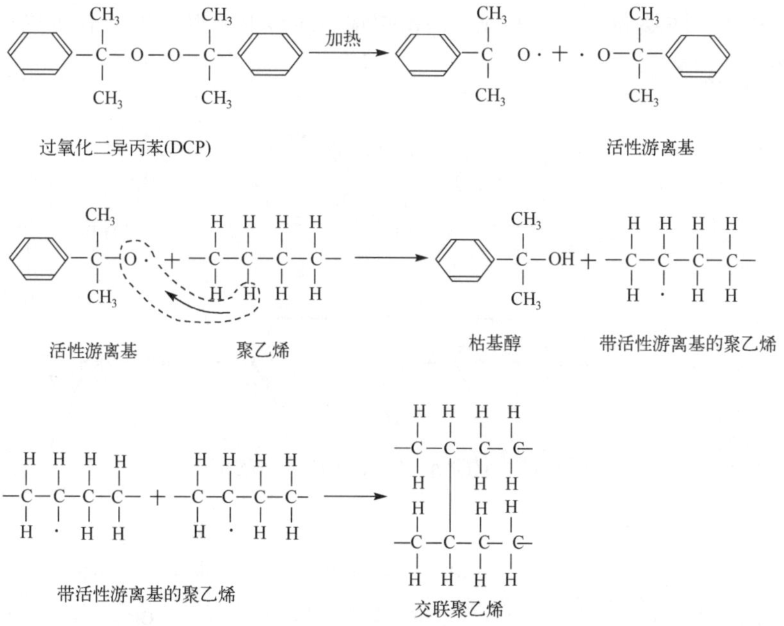

图 4-11　聚乙烯的交联过程

交联聚乙烯具有以下优点。

（1）耐热性能：网状立体结构的交联聚乙烯耐热性非常突出。低于 200℃时不分解、不碳化，长期运行温度高达 90℃、热寿命可以达到 40 年。

（2）绝缘性能：交联聚乙烯的绝缘电阻相较于聚乙烯得到进一步提高，同时仍保留了聚乙烯原来优良的绝缘特性。它的介质损耗角的正切值较小，受温度的影响较小。

（3）机械特性：由于大分子之间新型化学键的建立，交联聚乙烯具有硬度高、刚度大、耐磨性好、抗冲击性好等特点，可以弥补聚乙烯易受环境应力影响而龟裂等不足。

（4）耐化学特性：交联聚乙烯耐酸碱、耐油性强，燃烧产物以水、二氧化碳为主，几乎不污染环境，符合当代消防安全的要求。

交联聚乙烯因其优良的特性还可以作为火箭、导弹、电机、变压器等的耐高压、高周波、耐热绝缘材料及电线电缆包覆物。我国电力电缆行业在近几十年蓬勃发展，交联聚乙烯电缆的生产能力也在不断提高，目前已经可以生产 500kV 交联聚乙烯超高压电缆。

4.5.4　环氧树脂

环氧树脂是电气设备绝缘中广泛使用的一种有机固体绝缘材料。未固化的环氧树脂是两端含有环氧基的一类聚合物，在固化前基本没有应用价值，而添加固化剂进行固化之后，将形成不溶、不熔三维网状结构的聚合物。固化后的环氧树脂具有优良的力学性能和绝缘性能，同时从固化前的液态到固化后的固态又使得其具有不同于其他绝缘材料的可塑性，可以根据需要制成不同形状的绝缘件，这种浇注成型的特性使得其目前在电气设备中具有不可替代的地位。

目前使用最广泛的品种是双酚 A 型环氧树脂，其次是溴化双酚 A 型和酚醛型环氧树脂，其他品种的生产量、使用量很小。图 4-12 所示为双酚 A 型环氧树脂典型的结构。环氧树脂和固化剂进行反应，两端的环氧基开环，最终形成三维网状结构。图 4-13 所示为环氧树脂与胺类固化剂的反应过程。

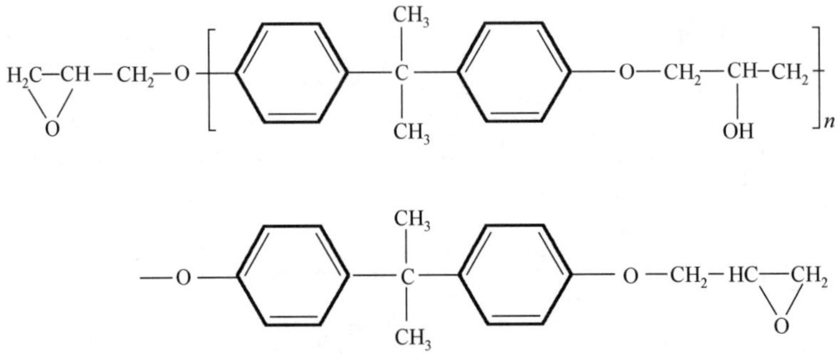

图 4-12　双酚 A 型环氧树脂典型的结构

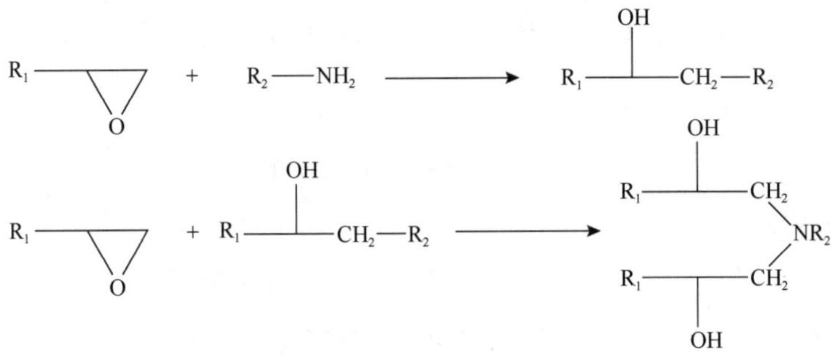

图 4-13　环氧树脂与胺类固化剂的反应过程

在环氧树脂使用过程中，在未加填料的情况下环氧树脂表现出一定的脆性，容易造成开裂，因此一般需要在其中添加微纳米颗粒、纤维材料对其进行增强，从而形成环氧复合材料。特别是纤维增强类的环氧树脂复合材料，同样在航空航天和军工领域有着广泛的应用。

环氧树脂目前在电气设备中主要应用于干式变压器、干式套管，取代了原有的油浸式设备。但由于浇注工艺等多方面原因，干式变压器仅能实现 110kV 设备的量产，更高电压等级的设备还在进一步研发之中。环氧树脂也作为一些绝缘支撑件存在，如气体组合开关中盆式绝缘子的主体就是环氧树脂和氧化铝形成的复合材料，户外复合绝缘子内部的芯棒就由环氧树脂浸渍玻璃纤维布而制成。

另外，环氧树脂在电子封装领域也有一定的应用，作为封装材料或者胶黏剂的基体，有着不可替代的作用。

4.5.5　纤维材料

纤维材料在电力系统中很少单独应用，一般都是和其他材料配合起来共同组成复合绝缘结构，如绝缘纸和变压器油组成油纸复合绝缘结构，玻璃纤维和环氧树脂组成胶浸式复合绝缘结构等。电工领域所用的纤维材料主要分为三大类：天然纤维，包括植物纤维制成的绝缘纸；无机纤维，如石棉、玻璃纤维；合成纤维，如聚酯纤维、聚芳酰胺纤维。纤维材料和其他材料组成复合材料时，其一般作为增强材料或者制成材料存在，因为纤维材料在径向具有优良的拉拔机械强度，在使用过程中更多的是被编制为绝缘布或者制成绝缘纸。

天然纤维或合成纤维既可做成纤维纸，又可直接作为绝缘材料应用于各类纺织品；也可将纸浸入液体电介质中变成浸渍纸，作为电容器的电介质与电缆绝缘；还可浸入（涂敷）绝缘树脂（胶），经热压、卷制成绝缘层压制品，卷制产品作为绝缘材料；并可浸渍绝缘漆做成绝缘漆布（条）、漆绸等供电绝缘之用。天然无机纤维既可单独应用，又可与植物纤维或者合成纤维复合应用，起到耐高温、绝缘的作用。

第5章

沿面放电和组合绝缘

电气设备中大量使用的各类绝缘材料，包括气体、液体和固体三大类。这些材料在使用的过程中，往往同时存在、组合使用。气体和液体绝缘材料具有一定的流动性，除具有绝缘功能外，还可作为散热介质使用，同时它们的流动性也决定了其具有一定的绝缘自恢复性。固体绝缘材料除具有绝缘功能外，还可作为机械支撑。如何高效地将不同种类的绝缘材料有机地结合起来使用，需要对组合绝缘的基本原理进行讨论。

高压导体总是需要用固体绝缘材料来支撑或悬挂的，这种固体绝缘称为绝缘子，在气体绝缘设备中也常称为绝缘支撑。此外，高压导体穿过接地隔板、电器外壳或墙壁时，也需要用固体绝缘加以固定，这类固体绝缘称为套管。因此，固体绝缘材料和气体绝缘材料（包括真空）形成的组合绝缘成为最常见的一种。在这种组合绝缘中，放电一般发生在固体与气体之间的界面上，也就是固体表面，因此也将这种放电形式称为沿面放电。

本章首先针对固体绝缘介质表面的绝缘放电展开深入分析，之后进一步对组合绝缘的基本原理展开介绍。

5.1　不同电场均匀度下的沿面放电

沿着气体与固体（或液体）介质的分界面上发展的放电现象称为气隙的沿面放电。沿面放电发展到贯穿高电压电极，使整个气隙沿面击穿，称为闪络。在实际的绝缘结构中，气隙沿固体介质表面放电的情况占绝大多数，并且大量的实验和工程应用表明，在放电距离相同时，沿面闪络电压低于纯气隙的击穿电压，同时也显著低于固体绝缘本身的击穿电压。在工程中，很多情况下的事故往往是由沿面闪络造成的，因此对沿面放电特性的认识是十分重要的。为了叙述方便，下面就以沿固体介质表面的放电为代表来进行讨论。沿面放电与前面所讲的电晕放电有一些相似之处，两者均是发生在固体表面的气体中的一种放电现象。不同之处在于，电晕放电多发生在金属电极表面，而沿面放电发生在固体绝缘材料表面的气体中，两者是两种不同的放电类型。

沿面放电的实质依然是气体中的放电，因此其放电机理与气隙中的放电机理基本相同，但是还存在一些显著的特点。表面两侧分别为气体介质和固体介质，通常固体介质的介电常数和电导率均大于气体介质的，电场在界面处的分布更加复杂。同时，固体介质表面轮廓多样、表面状态多变，也会加剧表面电场的畸变。固体介质的存在还会影响电子崩过程的发展，因为固体介质对带电质点的运动有一定的阻碍作用。因此，需要对沿面放电的特征进行分析，了解其规律。

5.1.1　界面电场分布的典型情况

气体介质与固体介质的交界面称为界面。界面电场分布的情况对沿面放电的特性有很大的影响。界面电场分布有以下三种典型的情况，如图 5-1 所示。

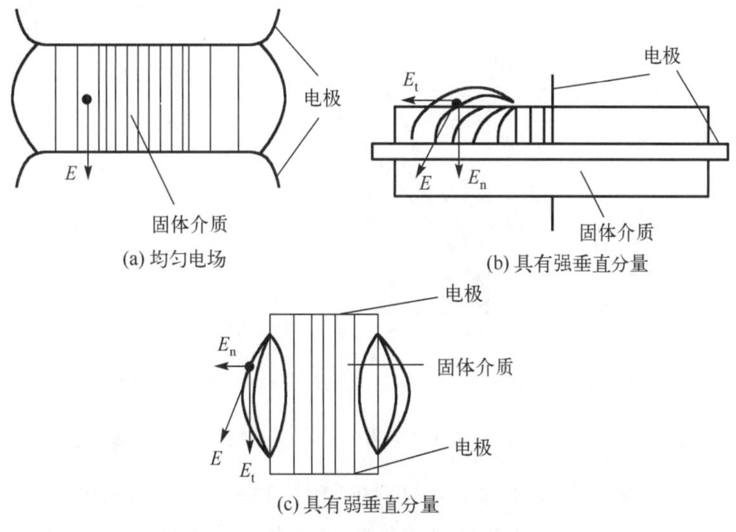

图 5-1　三种典型的界面电场分布情况

均匀电场：固体介质处于均匀电场中，且界面与电力线平行，如图 5-1(a)所示。在实际电气设备中，完全均匀的电场很少出现，但会出现稍不均匀电场，如气体绝缘封闭式组合开关中的盆式绝缘子附件的电场。均匀电场与稍不均匀电场下的沿面放电有很多相似之处。

具有强垂直分量：固体介质处于不均匀电场中，电力线连接在不同电位电极之间，将电力线分解为垂直于界面的分量（垂直分量）和平行于界面的分量。当垂直分量比平行分量大得多时，称这种情况为具有强垂直分量，如图 5-1(b)所示。套管是高压引入变压器或者室内时均会采用的一种电气设备，它就属于具有强垂直分量的情况，因此对于强垂直分量下的沿面放电的研究具有非常重要的意义。

具有弱垂直分量：固体介质处于不均匀电场中，同样将不同电极之间的电力线进行垂直分量和水平分量的分解，界面大部分区域的水平分量大于垂直分量，称这种情况为具有弱垂直分量，如图 5-1(c)所示。变电站中常见的支柱绝缘子、线路上的绝缘子串均属于这种情况。

在三种典型情况下，沿面放电表现出不同的特性，因此下面从这三个方面对沿面放电分别加以讨论。

5.1.2 均匀电场中的沿面放电

在均匀电场中，界面与电力线平行，因此不存在电场的垂直分量。但是根据大量的实验和工程应用发现，放电均发生在界面，且闪络电压比空气间隙的击穿电压要低得多。由于固体绝缘介质的表面情况复杂，固体介质材质、表面处理工艺等使得表面状况难以量化，所以对于沿面放电的机理与量化分析依然存在一些争议，但部分因素对沿面放电的影响已经被实验验证。

5.1.2.1 固体介质表面吸水性的影响

固体绝缘介质表面不可避免地会吸附水分，而材质的不同会影响表面水分吸附的能力及水分的状态。几种不同材质在均匀电场中的沿面闪络电压如图 5-2 所示。

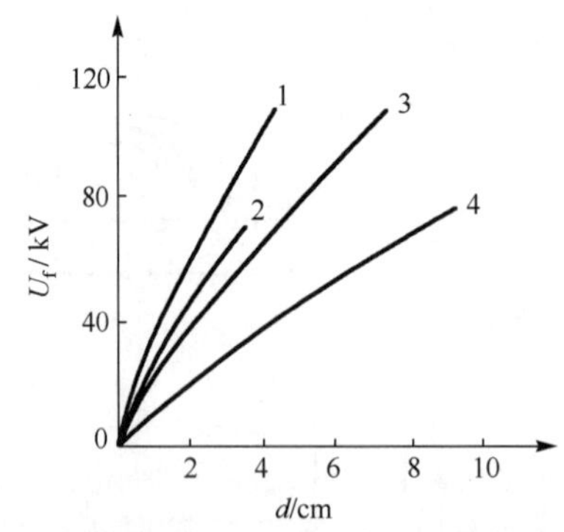

1—作为比较的空气隙击穿；2—石蜡；3—瓷；4—与电极接触不紧密的瓷。

图 5-2 几种不同材质在均匀电场中的沿面闪络电压（工频峰值）

由图可见，沿面闪络电压与固体绝缘材料的特性有关，如石蜡的闪络电压比瓷高。这是因为石蜡表面不易吸附水分，而瓷和玻璃表面吸附水分的能力较大。固体介质表面吸附水分形成水膜时，水膜中的离子在电场作用下向电极移动，会使沿面电压分布不均匀，因而使闪络电压低于纯空气间隙的击穿电压。

5.1.2.2　固体介质表面粗糙度的影响

固体介质表面不可能完全光滑，表面的粗糙程度会使微观局部电场畸变，从而使闪络电压降低。在表面粗糙的情况下，气体和固体之间的界面在微观上会变得更加复杂，而由于两者的介电常数和电阻率差异较大，因此局部电位不均匀，场强集中在表面的气体中。气体中的场强集中，使得放电更容易发生和发展。表面越粗糙，这种影响就越大，因此沿面闪络电压随着粗糙度的增大整体呈现下降的趋势。

5.1.2.3　电极与固体介质接触的影响

除固体材料的影响外，固体介质是否与电极紧密接触对闪络电压也有很大影响。当固体介质与电极通过接触连接在一起时，两者之间不可避免地存在气隙。气体的介电常数比固体介质的低，同时其电导率也比固体介质的低，由交流和直流下的分压关系可知，气隙中的场强将比平均场强高得多，因此气隙中将率先发生放电。气隙放电产生的带电质点到达固体介质与气体的交界面时，畸变原有电场，使沿面闪络电压明显降低，如图 5-2 中的曲线 4 所示。

这一现象也在气体绝缘设备、绝缘支撑的沿面放电中存在。图 5-3 所示为充 SF_6 气体的同轴圆柱电极中绝缘支撑与电极接触的好坏对沿面闪络电压的影响。由图可见，固体介质与电极接触的好坏对沿面闪络电压的影响很大。

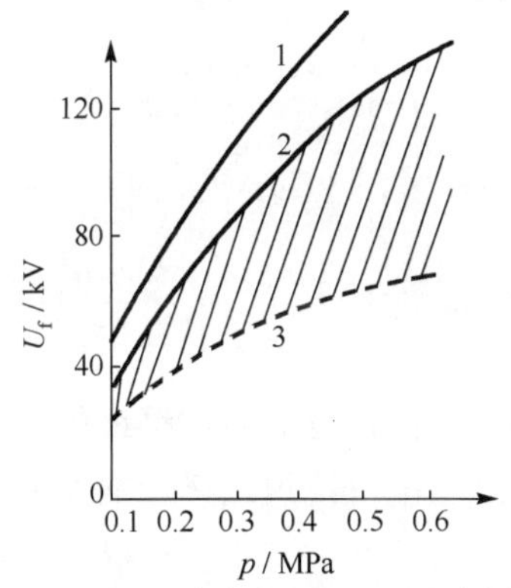

1—纯 SF_6 气体；2—绝缘支撑与电极接触良好；3—绝缘支撑与电极接触不良。

图 5-3　充 SF_6 气体的同轴圆柱电极中绝缘支撑与电极接触的好坏对沿面闪络电压的影响

5.1.2.4　提升均匀电场中的沿面闪络电压的措施

均匀电场中的沿面闪络电压的提升措施主要针对三个方面进行，提高固体介质表面的憎水性、降低固体介质表面的粗糙度、避免电极和固体介质之间出现气隙。提高憎水性和降低表面粗糙度主要通过表面处理来实现，其过程涉及较多的物理和化学方法。本书主要讨论消除气隙及其影响的方法。

为消除气隙中的放电，可以在固体介质与电极的接触面上制作一层导电覆盖层使气隙短路。在固体介质与电极接触的表面上喷涂一层导电覆盖层，喷涂工艺可使导电层和固体介质之间无气隙地紧密贴合。当导电层与电极接触时，即使仅有有限个接触点，导电层也将与电极同电位，可以屏蔽气隙，使气隙中的场强为零，抑制放电的发生。

另一种减小界面处气隙内场强的方法是采用内屏蔽电极。图 5-4 所示为支柱绝缘子的内屏蔽电极深度 *h* 对雷电冲击闪络电压的影响，电极为金属材料，整体同电位，因此在电极凸出部分和平面之间的拐角处形成低电场区域，从而抑制此处放电的发生。图 5-4 说明，内屏蔽电极对提升沿面闪络电压有很大作用。由图可见，内屏蔽电极深度 *h* 越大，正极性雷电冲击闪络电压越高，但 *h* 太大会使负极性的雷电冲击闪络电压有所下降，因为 *h* 增大将使两电极之间的距离变短，从而导致接地电极处的界面上的场强增大。所以图 5-4 所示的内屏蔽电极有一最佳深度，约为 10cm 左右。但是这种抑制放电的方式仅适用于电压不是特别高的情况，因为随着电压逐渐升高，凸出的电极部分成为高场强区，容易诱发局部放电，从而导致固体绝缘材料的绝缘失效。

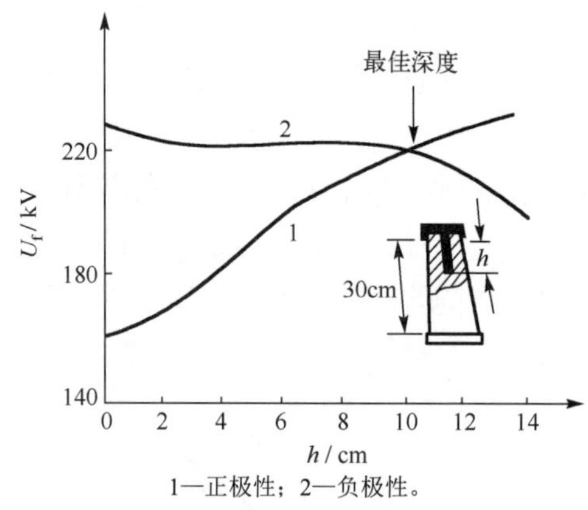

1—正极性；2—负极性。

图 5-4　支柱绝缘子的内屏蔽电极深度 *h* 对雷电冲击闪络电压的影响

5.1.3　具有强垂直分量时的沿面放电

具有强垂直分量时，闪络电压较低，且放电对绝缘的危害也大，因此本节将对此类沿面放电做较为详细的讨论。套管和高压电机绕组出槽口的结构都属于具有强垂直分量的情况，现以最简单的套管为例进行讨论。

图 5-5 所示为在交流电压下套管沿面放电发展的过程和套管表面电容的示意图。随着外施电压升高，首先在接地法兰处出现电晕放电形成光环[见图 5-5(a)]，这是因为该处接地法兰的零电位和高压导体的高电位距离最近，从而此处的电场强度最高。随着电压的升高，放电区逐渐形成由许多平行的火花细线组成的光带，如图 5-5(b)所示。放电细线的长度随外施电压的升高而增大，但此时放电通道中的电流密度较小，压降较大，伏-安特性仍具有上升的特点，属于辉光放电的范畴。当外施电压超过某一临界后，放电性质发生变化，个别细线开始迅速增长，转变为树枝状有分叉的明亮的火花通道，如图 5-5(c)所示。这种树枝状放电并不固定在一个位置上，而是在不同的位置交替出现，所以称为滑闪放电。滑闪放电通道中的电流密度较大，压降较小，其伏-安特性具有下降特点。在放电发生的过程中，带电粒子沿着固

体绝缘介质表面由接地法兰处向高压导体端移动，在移动的过程中，由于强垂直分量的作用，带电粒子受到垂直于固体绝缘介质表面的力，因此在移动的过程中，不断地摩擦固体绝缘介质表面，不断地产生热量，使得热成为二次电子产生的主要能量来源，因此有理由认为滑闪放电是以介质表面放电通道中发生了热电离为特征的。滑闪放电的火花随外施电压迅速增大，通常沿面闪络电压比滑闪放电电压高得不多。

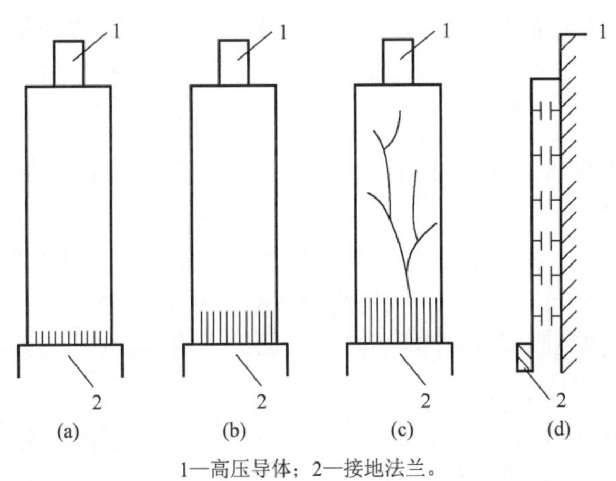

1—高压导体；2—接地法兰。

图 5-5　在交流电压下套管沿面放电发展的过程和套管表面电容的示意图

以下进一步分析固体绝缘的介电性能和几何尺寸对沿面放电的影响。可将介质用电容和电阻表示，将套管型沿面放电问题简化为链形等效回路，如图 5-6 所示。因为放电只与电场分布有关而与电极的电位无关，所以在图 5-6 中按通常分析的习惯，认为接地法兰上加有高压（HV）而导杆处于低电位。图中 R_s 表示固体介质表面单位面积的电阻，而 C_0（F/cm^2）则表示固体介质表面单位面积（$1cm^2$）对导杆的电容（比电容）

$$C_0 = \frac{\varepsilon_r}{4\pi \times 9 \times 10^{11} R \ln \dfrac{R}{r}} \tag{5-1}$$

式中　ε_r——固体绝缘介质的相对介电常数；

r、R——圆柱形固体绝缘介质的内、外半径（cm）。

在图 5-6 所示的等效电路中未画出与 C_0 并联的介质体积电阻，因为即使在工频电压下，绝缘体积电阻也远比 C_0 的容抗要大，因此在分析时可以忽略。这一等效电路也适用于雷电冲击电压的情况，但不适用于直流电压的情况，因为在直流情况下主要考虑电导率不同带来的影响。

图 5-7 所示为按图 5-6 所示的等效电路计算得出的介质表面的电压。图 5-7 中所示的电压分布不均匀是容易理解的，因为电流的汇流作用，靠近接地法兰处的 R_s 中流过的电流大于远离接地法兰处的 R_s 中流过的电流，所以接地法兰附近相同距离下压降更大，也就造成此处场强最大。由图 5-6 可见，R_s 和 C_0 的值越小，沿面电压分布越均匀。

特别要注意的是滑闪放电发生在交流电压下，而非直流电压下。这主要是因为直流情况下不用考虑容性电流的影响，整体电压分布更加均匀，同时也不同于交流情况下带电粒子反复摩擦固体绝缘表面的情况。

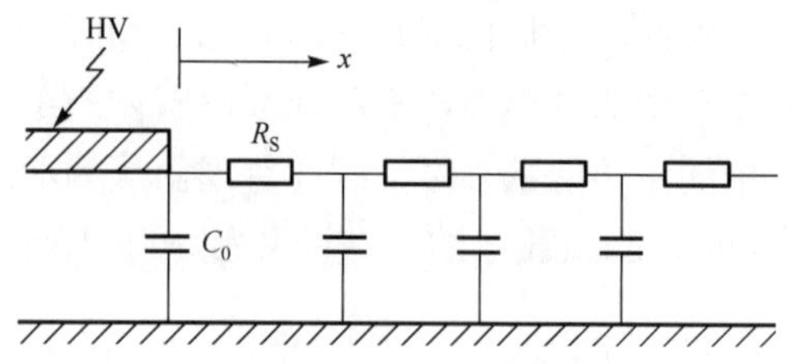

图 5-6　分析套管型沿面放电的等效电路图

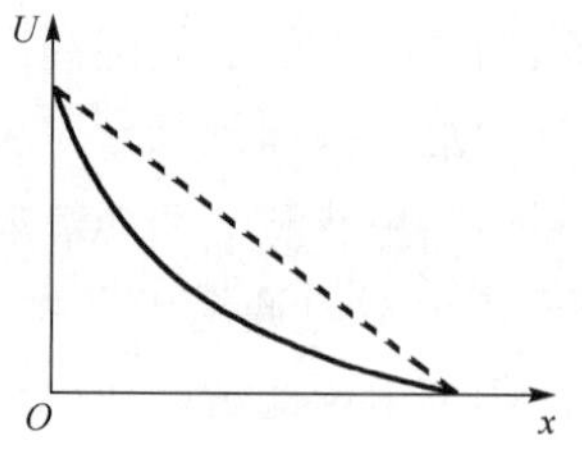

图 5-7　按图 5-6 所示的等效电路计算得出的介质表面的电压

（虚线为 R_S→0 或 C_0→0 时的电压）

根据上述分析，避免接地法兰处的汇流作用是提高套管电晕起始电压和滑闪放电电压的方法，可以采取以下措施：

（1）减小比电容 C_0，如增大固体介质的厚度，特别是加大接地法兰处套管的外径，也可采用介电常数较小的介质，如用瓷-油组合绝缘代替纯瓷介质。

（2）减小绝缘表面电阻 R_s，即减小介质表面的电阻率，如在套管靠近接地法兰处涂半导体釉，在电机绝缘的出槽口部分涂半导体漆等。

对图 5-6 所示的等效电路进行定量分析后，可以得出在工频电压下各种形式的沿面放电的起始点电压 U_0 与比电容 C_0 的关系

$$U_0 = \frac{E_0}{\sqrt{\omega C_0 \rho_s}} \tag{5-2}$$

式中　ω——角频率；

ρ_s——介质表面电阻率（Ω·mm）；

E_0——法兰处的电场强度（V/mm）。

由此公式可以得出：电压变化快，ω 大，放电电压低；介质厚度 d 小，相对介电常数 ε_r 大，即比电容 C_0 大，放电电压低；介质表面电阻率 ρ_s 大，表面电压分布不均匀，放电电压低，这些结论与实验结果一致。

由实验得出的工频电压下的滑闪放电起始电压 U_0（有效值，单位为 kV）与比电容的关系，可用经验公式表达为

$$U_0 = \frac{1.36\times10^{-4}}{C_0^{0.44}} \tag{5-3}$$

式中，C_0 的算式见式（5-1）（F/cm²）。

必须指出，滑闪放电现象只出现在工频交流电压和冲击电压下，直流电压下没有明显的滑闪放电现象，而且直流电压下的介质厚度对闪络电压的影响也很小。对直流电压下的沿面放电的这一特点可做这样的理解：直流下 C_0 不起作用，因此影响沿面电压的只是绝缘体积电导电流。绝缘体积电导电流很小，因此直流下的沿面电压分布比交流下的均匀，放电通道中的电流也比交流下的小，不易引起热电离，所以无明显滑闪放电现象，因而其沿面闪络电压比交流下的要高。

5.1.4　具有弱垂直分量时的沿面放电

在电场具有弱垂直分量的情况下，电极形状和布置已经使电场很不均匀，因而介质表面

积聚电荷使电压重新分布所造成的电场畸变，不会显著降低沿面放电电压。另外，在这种情况下的电场垂直分量较小，沿固体绝缘介质表面也没有较大的电容电流流过，放电过程中不会出现电热离现象，没有明显的滑闪放电现象，因而垂直于放电发展方向的介质厚度对放电电压实际上没有影响。图 5-8 所示为圆管形固体介质上套有两个环状电极时，沿面工频闪络电压峰值与极间距离的关系。

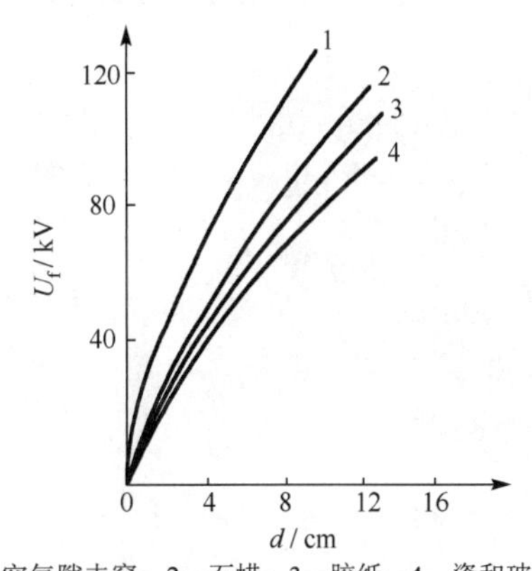

1—空气隙击穿；2—石蜡；3—胶纸；4—瓷和玻璃。

图 5-8 圆管形固体介质上套有两个环状电极时，沿面工频闪络电压峰值与极间距离的关系

由图 5-8 所示的曲线可知，沿面工频闪络电压与空气隙击穿电压的差别比前述两种电场情况下的要小得多。

提高沿面放电电压，主要从改进电极形状以改善电极附近的电场着手。图 5-9 所示为 330kV 支柱绝缘子采用均压环改善电压和电场分布的例子。图 5-10 所示为高压出线侧添加均压环前后的绝缘子柱的电压分布。

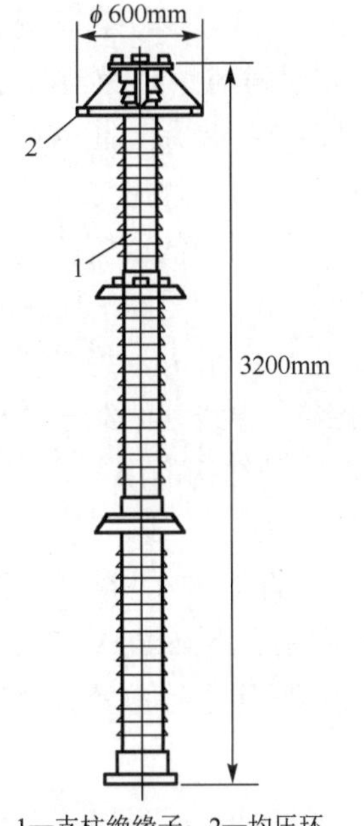

1—支柱绝缘子；2—均压环。

图 5-9 330kV 支柱绝缘子采用均压环改善电压和电场分布的例子

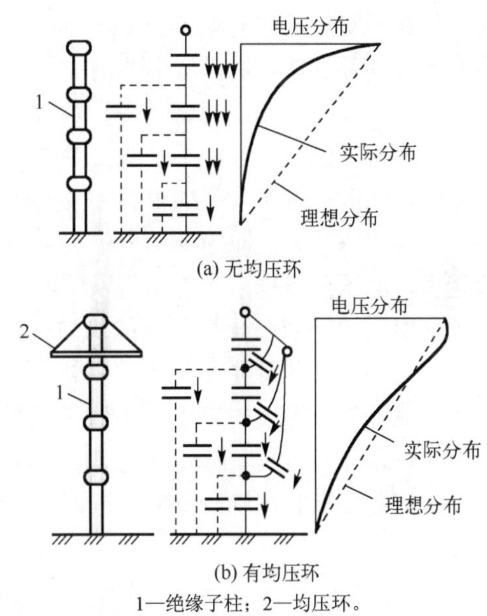

1—绝缘子柱；2—均压环。

图 5-10 高压出线侧添加均压环前后的绝缘子柱的电压分布

采用均压环不但减弱了电极边缘的场强，而且流经均压环与介质表面间的分布电容电流部分地补偿了介质的对地电容电流，改善了电压分布。在没有均压环的情况下，由于杂散电容的影响，顶部高压侧单位距离压降大得多，也就是相同长度下高压侧承受更大的电压，也就导致高压侧场强集中，已出现电晕放电，从而诱发闪络。加入均压环之后，电容分布发生了变化，电压分布得到了大幅度的改善，也使得电晕起始电压提高，从而提高闪络电压，整

体过程如图 5-10 所示。一般高度在 2m 以上的支柱绝缘子和套管采用均压装置后有良好的效果。例如，3.3m 高的支柱绝缘子的闪络电压为 588kV，装上直径为 1.5m 的圆形均压环后，闪络电压可以提高到 834kV，即增加约 42%。

图 5-11　一片悬式玻璃绝缘子的照片

330kV 及更高电压的悬式绝缘子串（图 5-11 所示为一片悬式玻璃绝缘子的照片）一般也装有均压环，以改善沿绝缘子串的电压分布。悬式绝缘子串的一个突出优点是可将多个绝缘子用简单的机械方法组成绝缘子串，串中绝缘子的数量决定于线路所要求的绝缘水平，例如，35kV 线路一般用 3 片，110kV 线路一般用 7 片，220kV 线路一般用 13 片，330kV 线路一般用 19 片，500kV 线路一般用 28 片；用于特殊的耐张杆塔时考虑到绝缘子承受张力可能老化较快，通常增加 1、2 片。在机械负荷很大的场合，或者一些靠近居住区的场合，可以用几串同样的绝缘子串进行并联使用，防止绝缘子破裂出现掉线事故。

长绝缘子串的电压分布很不均匀，这是由于绝缘子的金属部分（图 5-11 所示的镀锌的银色部分）与接地的铁塔和高电压导线间有杂散电容。图 5-12 所示为绝缘子串的等效回路及各绝缘子承受的电压。这种等效回路的方法在分析绝缘结构中的其他问题时也很有用，例如，第 8 章中分析变压器绕组中的波过程时也采用了这种电容链等效回路。在图 5-12(a)中，只考虑了绝缘子对杆塔的对地电容 C_E。而在图 5-12(b)中，则只考虑了绝缘子对导线的电容 C_L。实际上二者都存在，所以串中各绝缘子承受的电压如图 5-12(c)所示。也就是说，实际情况下绝缘子串的高压侧和低压侧均由于杂散电容的影响，使得其上单片绝缘子承担的电压大于中部绝缘子承担的电压，如不采取必要的措施，可能导致高压侧和低压侧的几片绝缘子老化速率加快。一般绝缘子本身的电容 C 为 30～50pF，C_E 为 4～5pF，而 C_L 仅为 0.5～1pF，因此 C_E 的影响比 C_L 大，即绝缘子串中靠近导线的绝缘子的电压降最大。绝缘子串中的绝缘子片数越多，电压分布越不均匀，所以用增加绝缘子数量来减小导线处绝缘子的电压降并不是很有效。增大 C 可以使电压分布的均匀性改善，但这受绝缘子结构的限制，常常无法再增大。在导线处装均压环可使 C 增大，以补偿 C_E 的影响。例如，330kV 线路的绝缘子串由 19 片绝缘子组成，靠近导线的第 1 片绝缘子承受的电压为总电压的 11.5%，装了椭圆形的均压环后降至 7.1%，可见均压环的效果是很明显的。当电压等级更高，达到 500kV、750kV 或者 1000kV 时，根据需要有时在绝缘子串靠近杆塔的低压侧也安装均压环进行电容补偿。

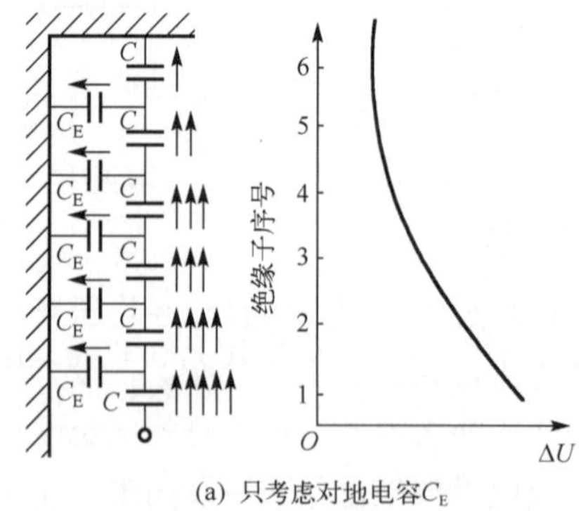

(a) 只考虑对地电容C_E

图 5-12　绝缘子串的等效回路及各绝缘子承受的电压

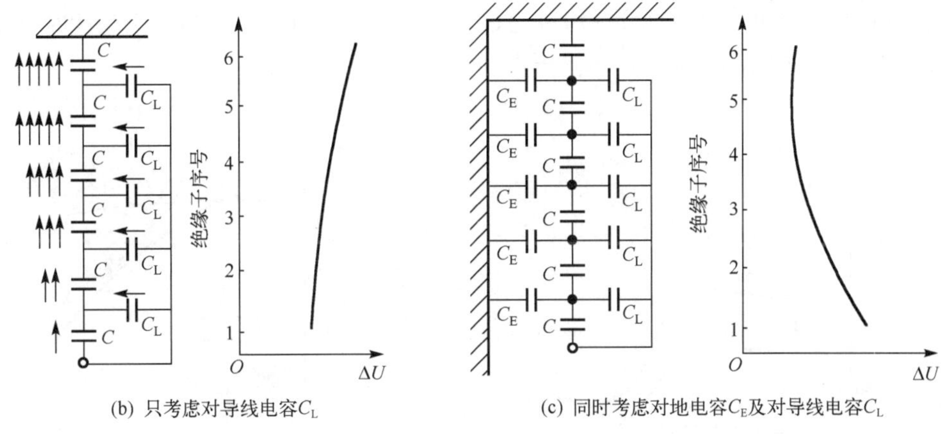

(b) 只考虑对导线电容C_L

(c) 同时考虑对地电容C_E及对导线电容C_L

图 5-12 绝缘子串的等效回路及各绝缘子承受的电压（续）

5.2 不同电场均匀度下的沿面放电

绝缘材料在运行过程中，由于运行条件的限制，表面很可能受潮或沾染脏污，甚至被藻类生物侵蚀。因此，本节对表面各种状态下的放电进行介绍，并主要围绕绝缘子进行阐述。

5.2.1 受潮表面的沿面放电

户内绝缘子和套管在环境相对湿度很大时，介质表面上会发生凝露。户外绝缘子和套管在受雨淋时，部分介质表面会完全被水膜覆盖，这种情况下的闪络电压比介质表面受潮时的下降得更为厉害，所以在绝缘设计时必须予以考虑。

5.2.1.1 表面凝露对沿面放电的影响

在介质表面未发生凝露时，空气中的绝对湿度增大，绝缘子沿面闪络电压会略有提高。但当介质表面发生凝露时，沿面闪络电压将明显下降，主要是因为凝露以水滴形态存在于固体绝缘介质表面，使得有效绝缘距离变短。因为是否发生凝露与大气的相对湿度有关，所以它不仅取决于相对湿度的大小，还与介质表面的温度有很大关系。

图 5-13 所示为清洁环氧树脂支柱绝缘子的交流闪络电压与空气相对湿度的关系（p=0.35MPa）。由图可见，当相对湿度（RH）在 60%以下时，闪络电压 U_f随 RH 的增大略有提高，这在沿面放电距离为 60mm 时尤为明显。这是因为在环境温度恒定的情况下，相对湿度的提高即意味着绝对湿度的提高。但当 RH 超过 60%后，闪络电压明显下降，其原因在于介质表面发生了凝露。

SF_6 气体中的绝缘子表面发生凝露会使闪络电压大大下降。图 5-14 所示为 SF_6 气体中绝缘支撑的工频沿面闪络电压与气体相对湿度的关系。图中的曲线 1 说明，在一般环境温度下（−2～+40℃），当 RH 为 50%时，闪络电压 U_f可下降 5%～17%，湿度更大时，U_f可下降 50%。但曲线 2 表明，在低温（-29～-2℃）下，U_f 的下降并不明显，因为此时气体中的水分将在固体介质表面凝聚成霜而不是液态的露。

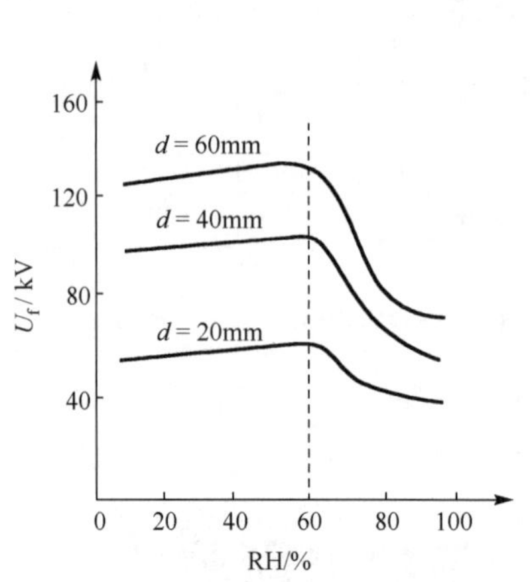

图 5-13　清洁环氧树脂支柱绝缘子的交流闪络电压与空气相对湿度的关系

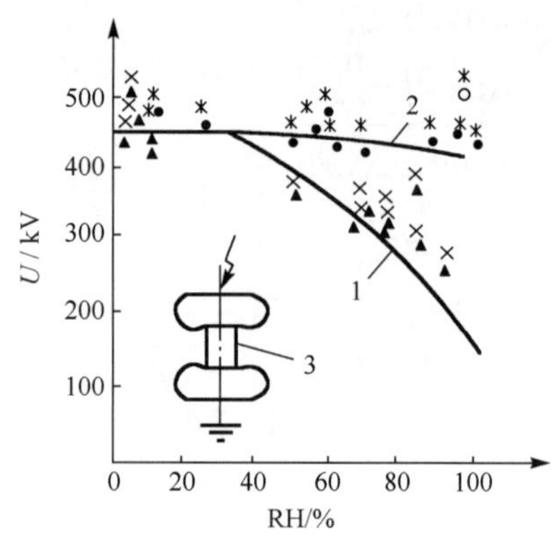

1—气温为-2～+40℃，×闪络电压，▲耐受电压；
2—气温为-29～-2℃，*闪络电压，●耐受电压；
3—环氧树脂绝缘子。

图 5-14　SF_6 气体中绝缘支撑的工频沿面闪络电压与气体相对湿度的关系

（气压 p=0.35MPa）（环境温度为 30℃）

5.2.1.2　表面淋雨对沿面放电的影响

淋雨状态下的闪络电压，即湿闪络电压是户外绝缘子的一项重要性能指标，也是决定户外绝缘子外形的重要因素。

介质表面完全淋湿时，雨水形成连续的导电层，因此泄漏电流增大，闪络电压大大降低。图 5-15 说明，被标准的人工雨淋湿的光滑瓷柱的湿闪络电压仅为干闪络电压的 40%～50%。如果雨水的电导率增加，泄漏电流将进一步增大，则闪络电压还要降低。雨水的电导率对湿闪络电压的影响如图 5-16 所示。

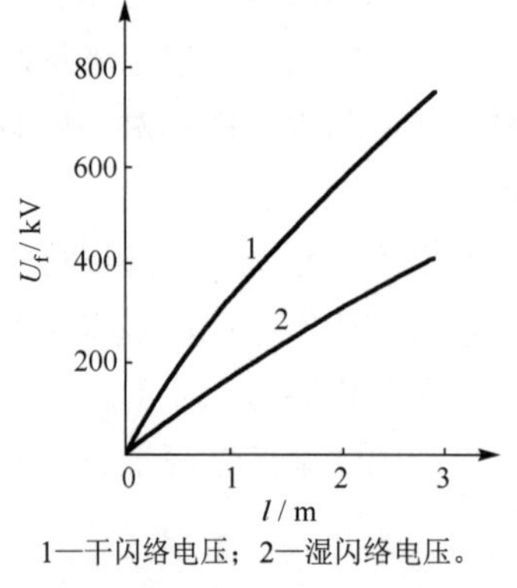

1—干闪络电压；2—湿闪络电压。

图 5-15　光滑瓷柱的干闪络电压和湿闪络电压

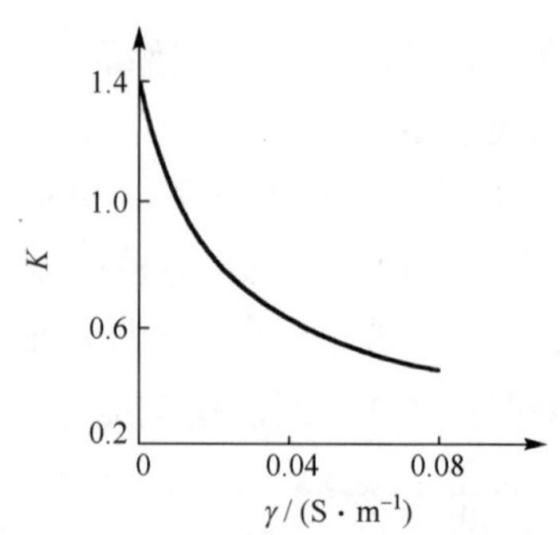

图 5-16　雨水的电导率对湿闪络电压的影响

（取雨水电导率为 0.1S/m 的闪络电压为 1）

表面完全淋湿的沿面放电过程与介质表面有脏污时的沿面放电过程有些类似。它们的差别在于，淋雨时雨水能更快地将表面局部烘干的间隙重新湿润，恢复连续的导电层，所以泄漏电流两次跃变的时间间隔很短，甚至完全连续，没有跃变的现象。

要提高绝缘子的湿闪络电压，必须在绝缘子外形设计时使淋雨状态（实验室在进行湿闪络实验时取淋雨角为 45°，以模拟较严重的自然降雨情况）下的介质表面有一部分不直接被雨淋，因此户外绝缘子都有伞裙。

绝缘子伞裙突出于主干直径的宽度与伞间距离之比，通常取为 1∶2。伞裙宽度进一步增大不能使湿闪络电压再升高。因为这种情况下的放电已离开瓷表面而发生在伞边缘的空气间，但如果绝缘子运行地区受到一定的污染，则为了适当增大泄漏距离，可将伞宽与伞距之比加大，即在 1/2～1 的范围内选取。

在降雨量特别大时，伞裙的伞外沿之间有可能被雨水直接短接而构成电弧通道，此时绝缘子也将发生完全的闪络。为了避免此种情况的发生，有效的措施是增大相邻两个伞裙之间的间距，然而这必然导致电弧的爬电距离变短，从而降低沿面闪络电压。为了解决这一问题，在部分电压等级较高的绝缘子中采用大伞裙、小伞裙交叠出现的结构，这样一方面降低了雨量特别大时伞裙之间被雨水直接短接的概率；另一方面，大小伞裙的结构对于整体爬电距离的减小也有限。

5.2.2 脏污表面的沿面放电

户外绝缘子常会受到工业污秽或自然界盐碱、飞尘等污染。在干燥情况下，绝缘子表面污层的电阻很大，对闪络电压没有多大影响。但当大气湿度很大或在毛毛雨、雾、露、雪等不利气象条件下时，绝缘子表面污层被湿润，其表面电导剧增使绝缘子泄漏电流急剧增大。其结果是绝缘子的闪络电压（污闪电压）大大降低，甚至有可能在工作电压下发生闪络，绝缘子闪络电压与污染程度（以单位面积的污量表示）的关系如图 5-17 所示。

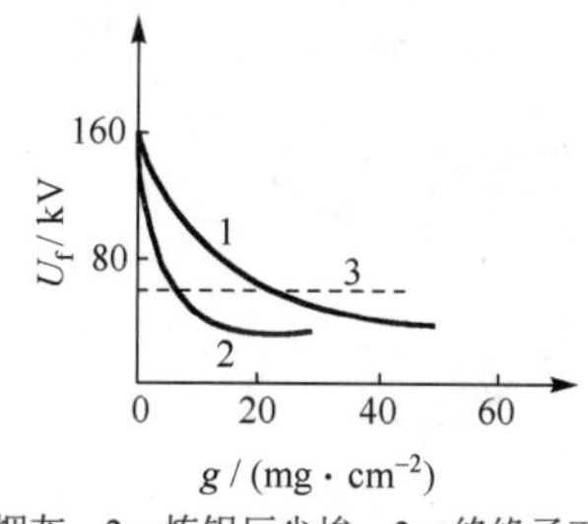

1—电站烟灰；2—炼铝厂尘埃；3—绝缘子工作电压。

图 5-17 绝缘子闪络电压与污染程度（以单位面积的污量表示）的关系

因为污闪事故一般是在工作电压下发生的，常常会造成长时间、大面积的停电，要待不利的气象条件消失后才能恢复供电，因此污闪事故对电力系统的危害特别大。介质表面脏污时的沿面放电过程与清洁表面完全不同，因此研究脏污表面的沿面放电，对污秽地区的绝缘设计和安全运行有重要意义。

5.2.2.1 污闪的发展过程

图 5-18 所示为涂有污层的玻璃板的污秽放电过程示意图。实验中施加恒定的工频电压，

同时使污层受潮。污层刚受潮时，介质表面有明显的泄漏电流流过，此时表面电场是比较均匀的，如图 5-18(a)所示。污层不可能十分均匀，且各处受潮情况也会有差别，使污层表面电阻出现不均匀的情况。电阻大的地方发热多，污层干得快些，因而使该处电阻变得更大，如此在污层表面逐渐形成一个或几个高电阻的“干燥带”。干燥带的出现，使污层的泄漏电流减小，并在干燥带中形成很大的电压降，如图 5-18(b)所示。当干燥带的电位梯度超过沿面闪络场强时，干燥带发生放电，放电的热量使干燥带扩大，同时由于湿润区的不断缩小，也即回路中与放电间隙串联的电阻减小，使电流迅速增大以致引起热电离，所以干燥带的放电具有电弧特性，这就是出现局部电弧的阶段，如图 5-18(c)所示。局部电弧是否能发展成闪络，决定于外施电压的大小和剩余湿污层的电阻。由图 5-19 所示的模型电路可以看出，外施电压越高或剩余电阻 R 的阻值越小，则越容易发展成闪络。由此可见，污闪是一个局部电弧伸展的过程，也是一个湿污秽层烘干的过程，因此其发展需要较长的时间。这点是与前述的沿面闪络过程完全不同的。

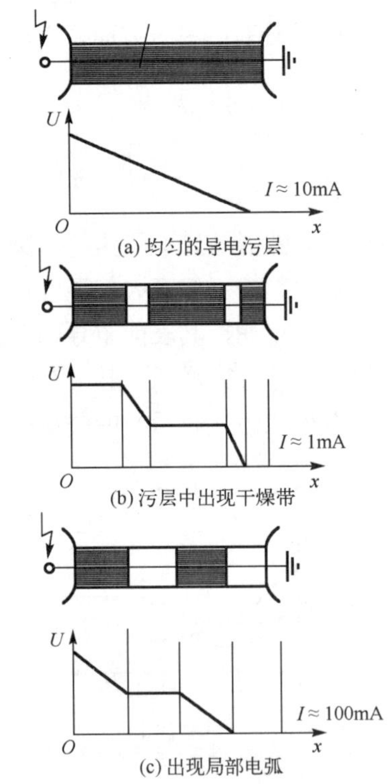

图 5-18　涂有污层的玻璃板的污秽放电过程示意图

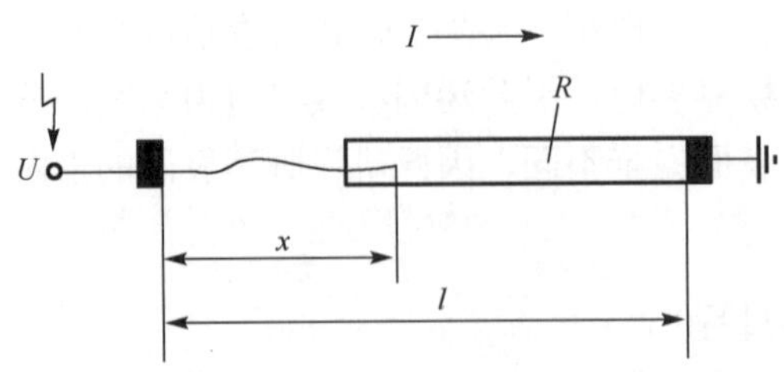

图 5-19　确定干燥带的局部电弧是否会发展成闪络的模型电路

5.2.2.2　影响污闪电压的因素

对污闪过程的分析说明，表面泄漏电流的大小对污闪过程起着十分重要的作用。泄漏电流的大小与污层性质、污秽量，以及湿润的方式和外施电压形式都有关系，以下对主要影响因素做一一介绍。

（1）污秽的性质和污染程度。图 5-17 表明，污闪电压与污秽的性质和污染程度都有关系，污秽的电导率越高、介质表面沉积的污秽量越多，闪络电压越低。这实际上说明，表面泄漏电流越大，闪络电压越低。对于一定形状的绝缘子，其表面泄漏电流正比于表面电导率 γ_s（注意表面电导率 γ_s 的单位是 1/Ω 或 S），因此可以推论，污闪电压将随表面电导率的增大而减小，图 5-20 所示的实验结果证明了这一点。所以在工程中常将污层表面电导率作为监测绝缘子脏污严重程度的一个特征参数。

（2）湿润的方式。实践证明，在暴雨中，绝缘子表面堆积的污秽尤其是水溶性导电物质极易被雨水冲刷掉从而不易产生污闪。污闪最易出现的气象条件有雾、露、融雪及毛毛雨，由于污层在这几种气象条件下极易达到饱和湿润状态而未被洗去。

（3）泄漏距离。在污层表面电导率一定的情况下，泄漏距离越长，则剩余电阻的阻值越大，因此绝缘子的泄漏距离是影响污闪电压的重要因素。图 5-21 所示为绝缘子污闪电压与泄漏距离的关系。由图可见，泄漏距离增大时，污闪电压差不多成正比地增大。所以设计污秽地区的绝缘子时，泄漏距离是一个十分重要的参数。

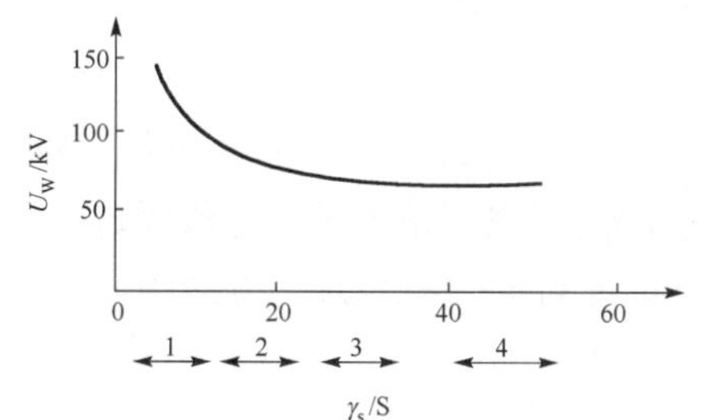

污秽等级：1—轻度；2—中等；3—严重；4—特别严重。

图 5-20　110kV 长棒绝缘子在不同污层表面电导率时的交流耐受电压

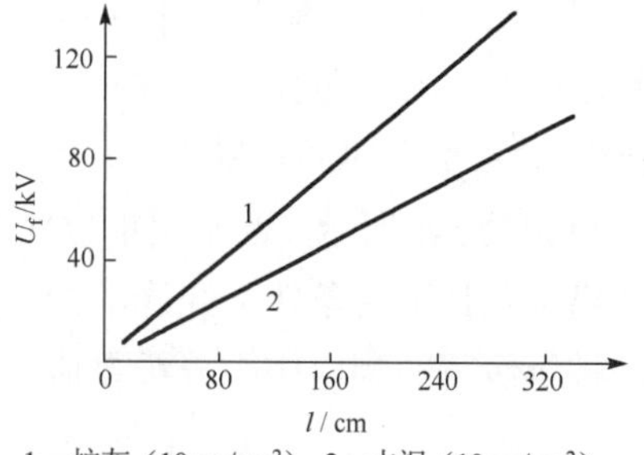

1—炉灰（10mg/cm²）；2—水泥（10mg/cm²）。

图 5-21　绝缘子污闪电压与泄漏距离的关系

（4）外施电压的形式。污闪的发生是一个局部电弧持续伸长的过程，电压作用时间愈短，愈不易引起闪络。当存在严重湿污秽时，可以根据以下值估算出不同电压下的绝缘子污闪电压和干燥状态闪络电压之比：雷电冲击电压下为 0.9、运行冲击电压下为 0.5、工频电压下为 0.2、直流电压下为 0.15。直流电压下的污闪电压最小，这是由于直流电弧不像交流电弧那样每隔半个周期就会有一次电流过零点，所以局部电弧熄灭难度较交流时更大。

由于污闪作为热过程要经过很长时间才会发展为闪络，所以实验室中的人工污秽实验无法通过常规高压实验的升压法测量污闪电压和污秽耐受电压，而必须通过恒定加压法测量。恒定加压法就是指将一定数值的电压作用于绝缘子上，加压时绝缘子被润湿，电压保持恒定直到闪络。如果一段时间后没有闪络发生，则逐级增加电压，反复进行以上实验，直到测量到临界闪络或耐受电压。另外污闪实验用电源内阻抗一定要非常小，不然会影响实验结果。

5.2.2.3 污秽等级的划分

由图 5-21 可见，等量的不同污秽对闪络的影响是不同的。为了用一个参数同时表征污秽性质及污秽量，以简化对污秽严重程度的描述，采用污层等值附盐密度这一概念。污秽等值附盐密度是指与绝缘子表面单位面积上的污秽物导电性相当的等值盐（NaCl）量（以 mg/cm^2 表示）。

图 5-22 所示为 500kV 套管及支柱绝缘子的污秽耐受电压与泄漏距离的关系。用等值附盐密度表征污秽严重程度，这给工程应用带来很大的方便。

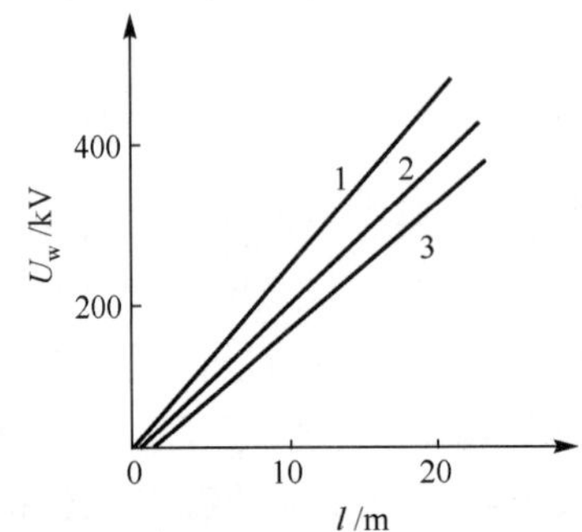

附盐密度：1—0.03mg/cm^2；2—0.05mg/cm^2；3—0.1mg/cm^2。

图 5-22　500kV 套管及支柱绝缘子的污秽耐受电压与泄漏距离的关系

在我国国家标准《污秽条件下使用的高压绝缘子的选择和尺寸确定 第 1 部分：定义、信息和一般原则》（GB/T 26218.1—2010）中，按照污秽性质、污源距离、气象情况及等值附盐密度（盐密），将架空线图和变电所、发电厂划分为不同的污秽等级，线路和发电厂、变电所的污秽等级如表 5-1 所示。通常用单位爬电距离（爬电比距），也即绝缘子每千伏额定线电压的爬电距离来估计脏污条件下绝缘子的污闪性能。国家标准 GB/T 26218.1—2010 中同时规定了不同污秽等级下的爬电比距分级数值，如表 5-2 所示。

表 5-1　线路和发电厂、变电所的污秽等级

污秽等级	污湿特征	等值附盐密度/（mg/cm^2）	
		线路	发电厂、变电所
0	大气清洁地区及离海岸盐场 50km 以上无明显污染地区	≤0.03	—
1	大气轻度污染地区、工业区和人口低密集区，离海岸盐场 10～50km 地区，在污闪季节干燥少雾（含毛毛雨）但雨量较少时	>0.03～0.06	≤0.06
2	大气中等污染地区，轻盐碱和炉烟污秽地区，离海岸盐场 3～10km 地区，在污闪季节潮湿多雾（含毛毛雨）但雨量较少时	>0.06～0.10	>0.06～0.10
3	大气污染较严重地区，重雾和重盐碱地区，近海岸盐场 1～3km 地区，工业与人口密度较大地区，离化学污源和炉烟污秽 300～1500m 的较严重污秽地区	>0.10～0.25	>0.10～0.25
4	大气特别严重污染地区，离海岸盐场 1km 以内，离化学污源和炉烟污秽 300m 以内的地区	>0.25～0.35	>0.25～0.35

表 5-2 不同污秽等级下的爬电比距分级数值

污秽等级	爬电比距/（cm/kV）			
	线路		发电厂、变电所	
	220kV 及以下电压等级	330kV 及以上电压等级	220kV 及以下电压等级	330kV 及以上电压等级
0	1.39 （1.60）	1.45 （1.60）	—	—
1	1.39～1.74 （1.60～2.00）	1.45～1.82 （1.60～2.00）	1.60 （1.84）	1.60 （1.76）
2	1.74～2.17 （2.00～2.50）	1.82～2.27 （2.00～2.50）	2.00 （2.30）	2.00 （2.20）
3	2.17～2.78 （2.50～3.20）	2.27～2.91 （2.50～3.20）	2.50 （2.88）	2.50 （2.75）
4	2.78～3.30 （3.20～3.80）	2.91～3.45 （3.20～3.80）	3.10 （3.57）	3.10 （3.41）

5.2.2.4 防止污闪的措施

绝缘子污闪影响电力系统的安全运行，为提高线路和变电所的运行可靠性可采取以下方法。

（1）定期或者不定期清扫。针对大气污秽程度、污秽性质等特点，在易产生污闪的季节进行定期清扫可有效降低或者预防污闪事故的发生。清扫绝缘子工作量大，劳动强度高，通常使用带电水冲洗法进行冲洗，冲洗效果比较理想，但是要注意在水冲洗过程中不要造成相间闪络。对变电所的设备可安装泄漏电流监测装置，依据泄漏电流幅值及脉冲数监管污秽绝缘子运行状态，并发出预警信号供运行人员适时清扫绝缘。而在绝缘设计中，污秽地区绝缘子的表面要便于风雨冲刷脏污，也就是要具有良好的自清扫性能。

（2）采用防污闪涂料或者经过表面处理。在绝缘子表面涂上一层憎水涂层，使其表面受潮湿气候影响时产生水滴，而不容易产生一层持续水膜，这样绝缘子的泄漏电流变得很小，污闪电压相较于正常状态也就不会降低很多。常用涂料有有机硅油、有机硅脂和地蜡，这些涂料寿命较短，操作和维护工作量较大，所以仅适用于污闪特别严重的地区。近年来以室温硫化硅橡胶为代表的防污涂料快速发展，其长效、免维护等突出特点作为一种新技术、新材料在国内得到广泛应用。研究表明：对涂覆憎水性覆盖层后的瓷面采用等离子体放电处理，则能在瓷面形成憎水性化学附着层，防污闪性能明显好于常用涂料。

（3）强化绝缘和使用耐污绝缘子。强化线路绝缘最简便的办法就是增加绝缘子串内悬式绝缘子片数（如 110kV 线路由 7 片增至 8～10 片），即提高单位泄漏距离。但是此法仅对污区范围较小的场合有效，否则是极不经济的，这是因为在增加串中绝缘子片数以后，杆塔高度须随之增加。采用特制的耐污绝缘子可以避免以上不足，耐污绝缘子的结构高度没有提高而泄漏距离显著延长。

（4）采用其他材料绝缘子。半导体釉绝缘子的釉层中直接有电导电流通过，使得绝缘子表面的温度略高于环境温度，所以污层不容易吸湿。污层潮湿时，半导体釉产生的热量还能起到干燥污层的作用，从而降低污层内的泄漏电流，所以它的污闪电压高于普通绝缘子。半导体釉绝缘子还具有串接在一起时每个绝缘子的电压分布更均匀等优点，半导体釉绝缘子表面的电导电流比普通绝缘子表面的泄漏电流更大，杂散电容电流对其影响也相对降低。但是半导体釉容易老化，一直没有得到普及和应用。

近几年迅速发展起来的复合绝缘子的防污性能远远优于一般瓷质绝缘子。复合绝缘子是一种复合结构，它包括承受外力负荷作用的芯棒（内绝缘），以及保护芯棒不受大气环境影响的伞套（外绝缘），两者通过黏接层组合在一起。玻璃钢芯棒由玻璃纤维束浸渍环氧树脂后通过引拔模加热固化而成，具有极高的抗张强度。制作伞套的最佳原料为硅橡胶，硅橡胶具有极好的耐气候性、较强的憎水性能及高低温稳定性，填料改性后，硅橡胶也可以承受局部电弧高温。因硅橡胶为憎水性材料，故运行中不需要清扫，且污闪电压大于瓷质绝缘子。复合绝缘子除了具有优异的防污闪性能，还具有质量小、尺寸小、抗拉强度大、制造工艺较瓷质绝缘子更为简便等突出优点。复合绝缘子已经在一些发达国家获得了广泛的应用，国内也有了一些操作经验，并作为防污闪的有效措施在大力推广。

5.3 绝缘子结构及其关键技术

各类线路绝缘子是涉及沿面放电最多的一类绝缘子，根据应用和材质有不同的分类，在其设计和制造过程中要充分考虑其应用场合和沿面放电的特性，本节根据材质对几种绝缘子进行介绍。

线路绝缘子按其结构形式来划分，有悬式和棒式两大类；按其制作材料来划分，又分为瓷质绝缘子、玻璃绝缘子及复合绝缘子三大类。瓷质绝缘子历史最悠久，达 100 余年，玻璃绝缘子也有 70 余年的历史，复合绝缘子应用较迟，迄今亦有二三十年的运行记录。虽然三种绝缘子服役时间差别较大，但是在高压电网中已形成了三足鼎立之势。日本、韩国几乎都采用瓷质绝缘子，西欧等国中的玻璃绝缘子市场占有率达到 90%甚至更高，北美地区复合绝缘子的用量占据了当地绝缘子市场总份额的 25%～30%。目前国内三种绝缘子使用量的大小顺序是瓷质绝缘子、玻璃绝缘子、复合绝缘子。随着电网的不断发展，玻璃绝缘子和复合绝缘子的用量在不断地提升。

5.3.1 瓷质绝缘子

瓷质绝缘子伴随着电力工业的崛起最早得到发展，其优良的机、电、热及耐气候等特性使其在各电压等级线路中得到广泛使用，促进了电力工业发展。近年来，由于电压等级不断地向超高压、特高压迈进，瓷质绝缘子从材质上看，采用了精制超微工业氧化铝及其他微细粒度为原料，使瓷件机械强度及电气强度得到有效改善。在设计上，采用瓷质圆柱形上砂头部结构与金属的铁帽和钢脚配合，最大限度地发挥了瓷件性能，缓和了瓷件上的应力集中问题，提高了瓷件的机械强度和长期可靠性。在结构上，针对我国部分地区风尘大、污染严重的运行环境特点，设计制造出外伞形结构的绝缘子，这种绝缘子伞平滑无棱、积污率低、自洁性好，有利于风雨清洗，有效地提高了防污能力。另外，因玻璃绝缘子在制造工艺上无法做成这种外伞形结构，所以外伞形也就成了瓷质绝缘子的一大特色。在生产设备、检验手段等方面，我国不断地引进、消化、改造、完善相关技术，现在我国的瓷质绝缘子制造水平已达到了世界先进水平，劣化率接近万分之一。

随着电力工业的快速发展，瓷质绝缘子的用量迅速增加，同时瓷质绝缘子在运行中也逐渐暴露出一些缺点，最棘手的是低值、零值绝缘子的检出问题。线路上主要采用的瓷质绝缘子为盘形悬式瓷质绝缘子，它属于可击穿型绝缘子，随着运行时间的延长，其绝缘性能会逐渐降低，即通常所说的绝缘子“老化”现象。这种可击穿结构的瓷质绝缘子一旦劣化为低值或零值，应及时检出更换，否则对电网的运行可靠性威胁很大。为排除这些劣化绝缘子的影响，线路运行部门需要每年耗费大量人力、物力来进行瓷质绝缘子的检测工作，因为绝缘子所处的位置是不利于进行检测的，同时受测试仪器、测试人员技术水平及责任心的影响，错检或者漏检情况经常发生，所以在线路绝缘设计中，通常会考虑一些安全系数和裕度问题，即便是单个劣化绝缘子也不会给线路安全运行带来较大的损失。但是如果一串绝缘子中混入多个劣化绝缘子，则会给绝缘子串的运行可靠性带来潜在的危险，尤其是当受到雷击后，由于冲击电流大，后续工频续流（即短路电流）大，有可能导致这种劣化绝缘子头瞬间突然发热引起爆炸，从而导致绝缘子串破裂，扩大事故。

针对瓷质绝缘子的零值检出问题，一方面采用其他类型的绝缘子进行替代；另一方面，随着现在的发展，无人机巡检也成为了解决此问题的一种方法。

5.3.2 玻璃绝缘子

玻璃绝缘子的绝缘件为玻璃，它是由高温熔融体经冷凝而形成的一种均质非晶体，经钢化处理后，表层获得均匀分布的压应力，同时具有高的机械强度和热稳定性。玻璃绝缘子具有优良的机电性能、抗拉强度，耐振动疲劳、耐电弧烧伤、耐冷热冲击和耐电击穿。

玻璃绝缘子具有零值自破的自我淘汰能力，这是它区别于瓷质绝缘子和复合绝缘子最显著的特点。玻璃绝缘子自破后失去伞裙，外形缺陷明显，巡检时无须登上杆塔，仅用目力和望远镜或用直升机就可以完成巡检，大大地减少了线路运行部门每年检劣所花费的人力和财力，同时也消除了因检劣失误所造成的潜在隐患。另外，由于玻璃绝缘子自破后的残锤强度较高，因此不致引起掉线事故。

玻璃绝缘子具有长期稳定的机电性能，即具有较长的使用寿命。使用较早的法国、意大利等欧洲国，认为玻璃绝缘子不老化，它的使用寿命取决于绝缘子中金属附件的寿命。

玻璃绝缘子的上述优良性能，受到电力部门的欢迎，并已在我国输电线路中逐步大量使用。但玻璃绝缘子因其制造工艺所限，一般只能做成钟罩形。若要提高防污性能，就必须增加棱的数量和高度。而这样做又会导致棱槽深、易积污、难清扫、自洁性能差等缺点，使用范围受到一定限制。玻璃绝缘子零值自破具有许多优点，但自破率高又会严重影响电网的安全运行，因此，玻璃绝缘子应有效地控制年自破率，并使自破率水平达到世界先进水平，同时应对其伞形结构进一步研究改进，使其适应范围更宽，以便更广泛地推广应用。

5.3.3 复合绝缘子

国内复合绝缘子的研制始于20世纪80年代末，近些年来因其诸多优点深受用户喜爱而得到迅速发展。复合绝缘子属于棒形绝缘子，它是采用玻璃纤维增强树脂引拔棒为芯棒来承受机械负荷和起到内绝缘作用的，芯棒外有硅橡胶做成的伞裙起到外绝缘作用。就绝缘子端帽连接的构造与技术而言，已由内楔式、外楔式、内外楔式、胶装式等演变为高级的压接式构造；就伞裙护套构造与技术而言，又由伞裙套装、分段模压、整体模压演变为高级的整体注射成型。生产技术日趋成熟，某些关键技术已达到国际先进水平。

复合绝缘子充分利用了环氧树脂黏合的玻璃纤维引拔棒的高机械强度和硅橡胶优良的耐候、憎水及绝缘特性，使其具有强度高、质量小、无零值、耐污闪、不破碎等诸多优点。复合绝缘子的质量只及同等电压等级瓷质绝缘子的1/10～1/7，因此运输、安装、维护更加方便经济。复合绝缘子伞裙有弹性、杆径细长、污秽分布均匀，污闪电压比相同等级的瓷质绝缘子高，易制作较大爬电比距的绝缘子。复合绝缘子属不可击穿型结构，不存在零值击穿，无须对其进行绝缘检测。复合绝缘子由于硅橡胶表面的憎水性，使污闪不易发生，这不但提高了复合绝缘子的抗污能力，而且不用人工清扫绝缘子，从而大大节省了线路维护费用。

复合绝缘子经过二十余年的挂网运行，也出现了一些问题，如伞裙老化、端部断裂、憎水性下降和不明原因的闪络。特别是在风沙大、紫外线强、干旱少雨的气候恶劣地区，伞裙弹性下降，变硬、变脆，严重的开裂掉块；风尘大时，造成风偏和伞裙表面积污严重，会使憎水性丧失，发生污闪；连接结构及工艺也存在一定的问题，曾发生断裂和掉线事故。因此，对复合绝缘子应针对运行中发现的问题，开展材料老化机理和连接结构及工艺等关键技术的研究，进一步提高其可靠性和运行寿命。

5.4 组合绝缘

高压电气设备的绝缘，绝大多数都不由单一介质构成，而是多种介质的组合。例如，在一般的电缆、电容器中，是纸或有机薄膜的叠层与某种液体浸渍剂的组合；在套管中是瓷、油隙、胶纸层或油纸层等的组合；在变压器中是油纸绝缘层、油间隙、油浸纸板、极间屏障等的组合；在旋转电机中则是云母（片或粉）、胶黏剂（虫胶、环氧树脂、聚酯树脂等）、补强材料（纸、绸、玻璃纤维织品等）和浸渍剂（沥青胶、环氧胶等）的组合。

组合绝缘的结构形式多种多样，本章开始介绍的沿固体绝缘表面的沿面放电，其实也是一种典型的气、固组合绝缘界面上发生的放电现象，本节拟对组合绝缘中常遇到的某些共性的、原则性的问题，尽量结合具体事例进行扼要的讨论，以便大家理解不同组合绝缘的绝缘结构设计方法和原理。

除了外绝缘场采用的固体绝缘介质与气体绝缘介质组合的方式，电气设备内绝缘结构中也有常用液体绝缘介质与固体绝缘介质构成的组合绝缘，这种情况下的设备绝缘强度不仅取决于所用介质的绝缘强度，还与介质的互相配合有关。

5.4.1　各组分间的相互渗透

5.4.1.1　介质之间的相互渗透

大多数固体介质并不是十分致密的，而是存在许多空隙的。当这类固体介质与某些液体介质或气体介质组合使用时，这些液体介质或气体介质就必然会渗透到固体介质中去，于是，外观上像单一的固体介质，实质上已是固体-液体或固体-气体介质的组合了。此时，该固体介质的特性必然与渗入介质的特性有关，也与渗入的程度有关。

例如，电缆纸或电容器纸都是由木质纤维组成的，具有毛细管结构，其密度随纸型的不同而有较大差异。这类纸被液体介质充分浸渍后，纸中原有的空隙均被浸渍剂填充而成为浸渍纸。浸渍纸的各种性能（电、热、机械、物理、化学等性能）都与原本干纸的性能大不相同，它与浸渍剂的特性和浸渍的程度有密切关系。类似的情况也存在于某些复合介质中，如由胶黏复合的云母制品包缠、再经整体浸胶、热压烘干最终成型的电机绕组绝缘等。

在绝缘设计中，为了方便，一般可从宏观的角度将浸渍复合体当作单一介质来处理，并取其相应的特性。

5.4.1.2　介质之间的相容性

组合绝缘既然是由多种介质组合而成的，那么各介质之间的相容性就是必须注意的问题。相容性，就是互不腐蚀、互不污染、互不影响。

在用液体介质浸渍和充填的电气设备中，该液体介质可能与容器内的各种物体相接触，所以必须确保该液体介质与容器内的各种物体都有好的相容性方可。应特别注意液体介质与各种有机合成材料，如薄膜或其他成型制品、各种漆膜、复合绝缘材料中的胶黏剂、热固化胶、橡胶制品以及各种金属件之间的相容性。若相容性不好，则会使有机合成材料溶胀、增厚、电性能和机械性能劣化，使漆膜软化、脱壳，使胶黏剂溶软、疏松，使橡胶制品溶胀、发黏、失去弹性，或者使金属件或镀层腐蚀。与此同时，液体介质自身也受到被溶物质的污染，表现在颜色和透明度的改变、酸值增高、电导率和损耗因数（$\tan\delta$）增大等方面。

实验相容性的方法一般是在提高温度下（一般根据设备的工作温度而定）浸泡一定的时间（一般需要几百小时），取出后检验各自的主要性能。

某些有机合成材料（如电容器中的聚丙烯膜），目前尚不能完全避免受浸渍剂的影响，总还存在某种程度的吸油、润胀增厚等，以及由此而产生的对各方面性能的影响。某种程度的吸油率和增厚率有时是允许的，有时甚至是有益的。薄膜某种程度的吸油性，可以填补薄膜中原有的气隙和微小缺陷，使薄膜均匀化，并使膜内电场分布有所改善，从而提高膜的抗张强度和击穿场强，也能提高整个电容器的局部放电性能。但过高的吸油性会使膜过量地膨胀、增厚，使膜的性能恶化，这当然是不允许的。

研究指出，温度对膜的吸油率和增厚率有很大影响，例如，聚丙烯膜对烷基苯、PXE 油和 IPB 油的吸油率，在室温下约为 3%，而在 100℃下，则约为 5%；温度对增厚率的影响尤甚，室温下增厚率仅为 1%左右，而在 100℃时可高达 8%。为此，应严格控制制造时的浸渍温度和使用时的工作温度，不超过某一允许值。与此同时，在组装工艺中，应将膜层的压紧系数适当降低，留出较多的自由空间，供薄膜吸油溶胀。

5.4.1.3 水分在组合绝缘中的分布

一般的有机介质，不论是固体还是液体，都会不同程度地含有一些水分，即使在制造时将所含水分接近于完全排除，且绝缘系统工作在完全密封的容器内，运行中的绝缘系统仍可能受到水分的污染，因为有机绝缘体在运行中的逐渐老化会分解出水分。如前所述，绝缘体中的含水量对其绝缘性能和老化过程的影响都是很强烈的。

组合绝缘系统中各组分的初始含水量具有各自的初值，而在运行中，所含的水分会按一定的规律逐渐自然调节，经过较长时间（几百小时以上）的稳定运行后，最后会在一定的相互比例关系上达到平衡稳定。以高压电力变压器中的油-纸组合绝缘系统为例，实验测得的达到稳定时的含水量（体积比）平衡曲线如图 5-23 所示。由图可见，在 20℃时，纸中含水量（比例）是油中含水量（比例）的几千倍，即使在 100℃时，两者的比例仍高达 150 以上。这是因为纸中的纤维素对水具有很大的亲合性，易产生氢键形成较为紧密的结合，纸的组织又是不很紧密的多毛细管结构，有很强的吸附水分的能力。这就是说，油-纸绝缘系统中任一组分中的含水量若因一定原因有所增减，过一定时间后，这一增减量会按一定比例自然调节到其他组分中去。水分子具有很强的固有极性，悬浮在油中的水分会向高场强区域移动，也很容易被吸附到绕组绝缘中去，并在新的平衡点上稳定下来。

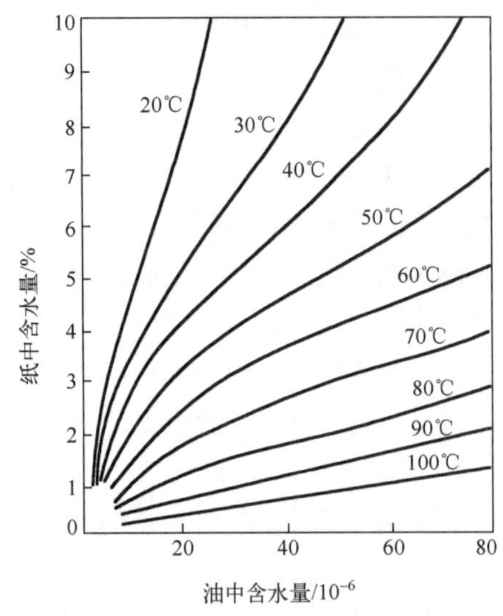

图 5-23 高压电力变压器中的油-纸组合绝缘系统中的水分含量（体积比）平衡曲线

上述规律对应于长时间相对稳定运行下的情况，若运行情况有突变，如停机、开机等，则应另做考虑。下面以采用强迫油冷的大型电气设备（如变压器、电抗器等）为例，进行讨论。

前已述及，当温度较高时，水分在绝缘油中的饱和溶解量较大，反之则较小。在运行过程中，设备中的固体绝缘体和绝缘油自身都会逐渐老化，分解出一些水分溶解在运行温度较高的油中。若该设备因故停运，且环境温度又较低，则原来在热油中的较多的溶解水分在冷却后的油中可能呈现过饱和，析出沉底。当设备下次投运时，潜油泵将底部油液（连带凝结水）按原油流方向泵入绕组绝缘结构中去，水分子具有很强的固有极性，悬浮在油中的水分会向高场强区域移动，也很容易被吸附到绕组绝缘中去，这就可能造成绝缘事故。为此，采用强迫油冷的高压电气设备应定期检测其运行中的油质，保证油中的含水量不超过允许值。

5.4.1.4　油流起电

采用强迫油冷的电气设备，当油以相当的速度从绝缘件表面流过时，会因摩擦而起电。在一般情况下，油带正电荷，而纤维素绝缘件带负电荷。线匝绝缘上产生的静电，由于靠近线匝导电体，容易泄漏入导体，故不大可能累积到很高的静电电位；而油隙中的围屏隔板，由于离各种导电体都较远，其间的绝缘电阻很大，静电电荷不易泄漏掉，加上此处油流速度较大，故静电电荷容易积聚到足够高的电位，会导致对邻近物体的击穿或沿围屏表面闪络放电。

研究指出，影响静电产生的主要因素是油流速度，静电发生量与油流速度的 3 次方成正比；如能将纸板围屏处油的流速限制在 0.3m/s 以下，即能保证安全。但油流速度是由散热的要求决定的，不能随意更改。简易而有效的改进办法是适当布置油流导向管，一方面保持总的油流量不变；另一方面又能适当降低敏感区域的油流速度。

5.4.2　油纸绝缘结构

油-屏障绝缘是以油为主要绝缘介质辅以绝缘纸屏障的复合绝缘结构，因为其有很好的冷却作用和绝缘性能，因此广泛用于变压器中。屏障的作用是改善油间隙中的电场分布和阻止杂质小桥的形成。由于油间隙的击穿场强随极间距离的减小而升高，所以也常用多个屏障将油间隙分隔成多个较短的油隙，但细而长的油间隙中的油的对流较困难，因而对散热不利，所以在整体绝缘结构设计时要综合考虑这两方面的因素。

在油-屏障绝缘中，屏障的总厚度不宜取得过大。因为固体介质的介电常数比油高，所以固体介质的总厚度增加会引起液体介质中场强的升高。油纸绝缘或以液体介质浸渍的塑料薄膜，则是以固体介质为主体的组合绝缘，液体介质只是用作填充空气隙的浸渍剂，因此这种组合绝缘的击穿强度很高，但散热比较困难。油纸绝缘的直流击穿场强比交流击穿场强高得多。图 5-24 所示为油纸电缆的直流电压与工频电压下击穿场强与电压作用时间的关系。由图可见，直流电压下短时击穿场强约为工频电压下的两倍以上，其长时间击穿场强则为工频电压下的三倍以上。

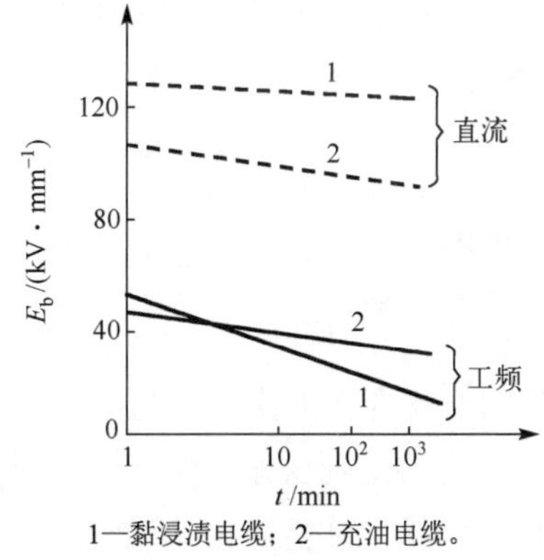

图 5-24　油纸电缆的直流电压与工频电压下击穿场强与电压作用时间的关系

油纸绝缘在直流电压下的短时击穿场强高于工频电压下的值，主要是因为在直流电压和交流电压下电场分布情况不同，而在直流电压作用下油与纸中的场强分配比工频电压下合理。在工频电压下，油与纸中的场强与它们的介电常数成反比。因为油的介电常数比纸小，所以油中的场强比纸中的高。由于油的击穿场强比纸的低，因此这样的场强分配是不合理的。在直流电压下，两种介质中的场强分配与它们的体积电阻率成正比，即与体积电导率成反比。油的体积电阻率比纸的小，因此油中的场强比纸中的低，即此时的场强分配是合理的。在电压长时间作用下，油纸绝缘在直流电压下的运行更有利可靠，因为一般不会有热击穿问题，且在有局部放电的情况下危害性比交流时小。这就是说，为直流电压而设计的油纸绝缘（如电缆或电容器）不一定能用于工频电压，即使能用，也要大幅度降低工作电压；但为工频电压设计的油纸绝缘则一定能用于直流电压，且可大幅度提高其工作电压。

5.4.3 组合绝缘的优化方式

5.4.3.1 多介质系统中的电场分布

组合绝缘属于多介质的情况，多数是两种介质的组合。这里只分析最简单的情况，即平板电极中双层介质的交界面与电压等位面重合以及与电压等位面斜交两种情况。

（1）双层介质的交界面与电压等位面重合的情况。图 5-25 所示为均匀电场的双层介质的情况，双层介质中的电场强度 E_1 和 E_2 分别为

$$E_1=\frac{U}{\varepsilon_1\left(\dfrac{d_1}{\varepsilon_1}+\dfrac{d_2}{\varepsilon_2}\right)} \tag{5-4}$$

$$E_2=\frac{U}{\varepsilon_2\left(\dfrac{d_1}{\varepsilon_1}+\dfrac{d_2}{\varepsilon_2}\right)} \tag{5-5}$$

式（5-4）与式（5-5）表明，在极间距离 $d=d_1+d_2$ 不变的情况下，增大 ε_2 时使 E_2 减小，但却使 E_1 增大。因此在电场比较均匀的油间隙中放置多个屏障，会使油中的场强明显增大，反而对绝缘不利。

（2）双层介质交界面与电压等位面斜交的情况。在这种情况下，电位移矢量与交界面之间的角度不是 90°，因此会在第二种介质中发生折射，如图 5-26 所示。电力线入射角和折射角的关系如下：

$$\frac{\tan\alpha_1}{\tan\alpha_2}=\frac{E_{t1}/E_{n1}}{E_{t2}/E_{n2}}\overset{E_{t1}=E_{t2}}{\Rightarrow}\frac{E_{n2}}{E_{n1}}=\frac{\varepsilon_1}{\varepsilon_2}$$

图 5-27 所示为平行板电极间双层介质的交界面与电压等位面斜交时电力线与等位面的分布情况。由图可见，P 点处的等位面受到压缩，使这点的场强大大增加。因此，在绝缘设计时必须注意这一现象，但也可以利用上述折射定律对绝缘结构的电场做调整。

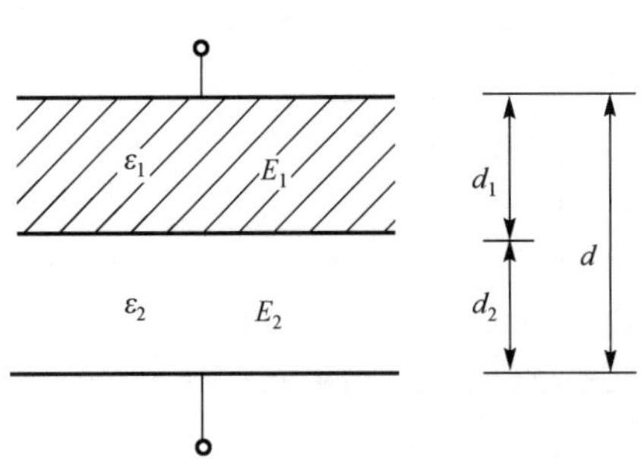

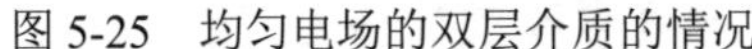

图 5-25　均匀电场的双层介质的情况

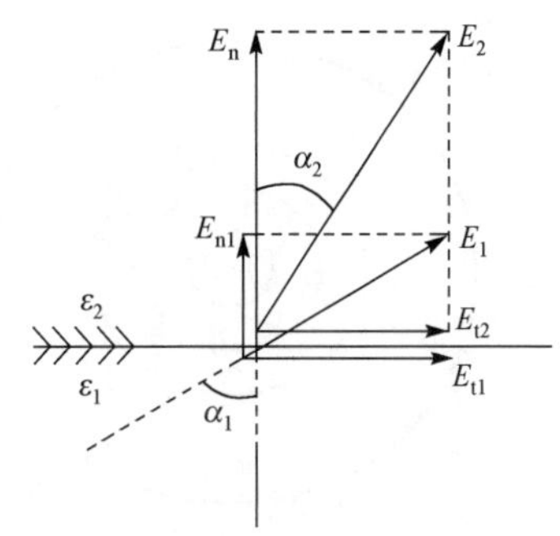

图 5-26　电力线在双层介质中折射的情况

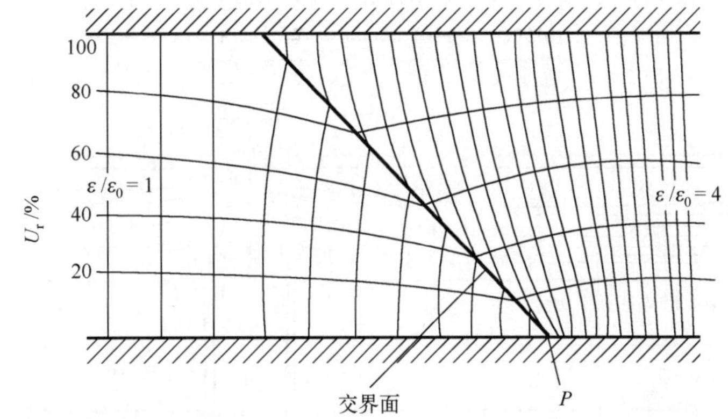

图 5-27　平行板电极间双层介质的交界面与电压等位面斜交时电力线与等位面的分布情况

5.4.3.2　电场调整的方法

上述多介质系统中介电常数和电阻率对电场分布的影响规律可用于绝缘结构的电场调整。例如，电力电缆在绝缘层较厚时，可以用分阶绝缘的方法来降低缆芯附近的场强。图 5-28 所示为采用分阶绝缘的电力电缆，图中 $\varepsilon_1>\varepsilon_2>\cdots>\varepsilon_n$，且满足 $\varepsilon_1 r_1=\varepsilon_2 r_2=\cdots=\varepsilon_n r_n$=常数的条件。在这种情况下，电缆中的电场分布如图 5-28(b)所示，即离缆芯较远的介质层也能得到充分的利用，因此可使电缆尺寸缩小。要使各层中的最大场强 E_{max} 完全相同实际上是难以做到的，但在工程中只要采用适当的措施使最大电场有所降低就已经可以减小设备的尺寸或者提高其可靠性了。对于电缆结构，可以在缆芯附近使用高密度纤维纸，使其介电常数比直径较大处的低密度纸要高一点，使缆芯处的场强得以降低。

关于不同介质中电力线的折射，在工程中也可以加以利用。图 5-29 所示为 GIS 中的环氧盘形支撑绝缘子沿面电位分布。采用等厚度的盘形支撑绝缘子时，沿面电位分布是不均匀的[见图 5-29(a)]；但改变支撑绝缘子的形状使电力线发生折射，可以使固体电介质与气体电介质界面上的电位分布得较均匀[见图 5-29(b)]，因此使沿面放电电压升高。

对于多层介质，还可以在不同绝缘厚度处夹入不同长度的导电箔作为电容极板，以起到调整电场的作用。这种调整电场的方法，在电容套管和油纸绝缘的高压电流互感器中得到了应用。

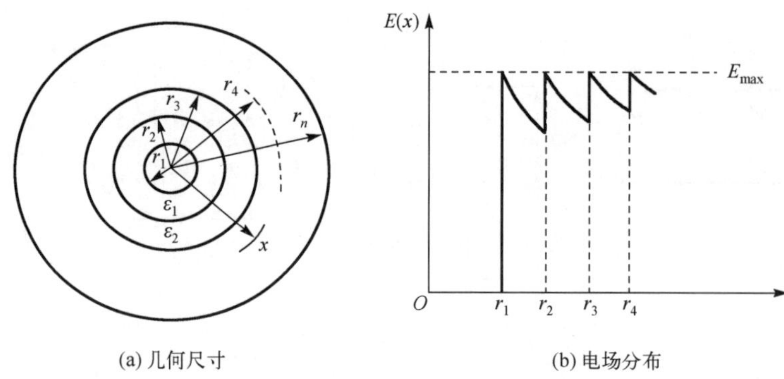

(a) 几何尺寸　　(b) 电场分布

图 5-28　采用分阶绝缘的电力电缆

（$\varepsilon_1 r_1 = \varepsilon_2 r_2 = \cdots = \varepsilon_n r_n$）

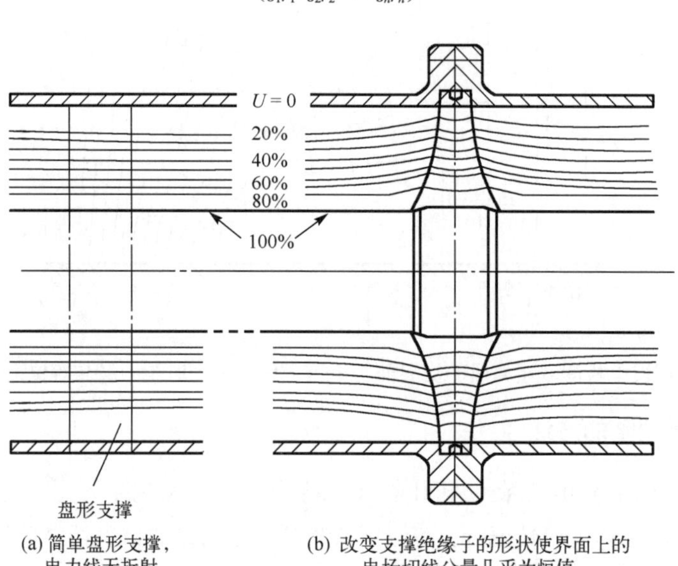

(a) 简单盘形支撑，电力线无折射　　(b) 改变支撑绝缘子的形状使界面上的电场切线分量几乎为恒值

图 5-29　GIS 中的环氧盘形支撑绝缘子沿面电位分布

第 6 章

绝缘预防性试验

电气设备试验是高电压技术中的重要一环，在设备的设计阶段、调试阶段和运维阶段均离不开高电压试验技术。另外，在与电气设备相关的材料领域，高电压试验技术也是不可或缺的。高电压试验技术包括试验装置、试验方法和结果评价三个部分。高电压试验的分类有很多种，比较常见的是预防性试验和耐压试验。本书也将从这两个方面对高电压试验技术进行介绍。除了这种分类方式，还可以将高电压试验分为型式试验、出厂试验和现场试验等。常规电气设备的高电压试验技术已经发展得比较成熟，相关的要求标准里均有明确的介绍。本章主要从基础方面进行介绍。

（1）预防性试验。测定绝缘某些方面的特性，并据此间接地判断绝缘的状况。这类试验一般是在较低的电压下进行的，通常不会导致绝缘的击穿损坏，故也称非破坏性试验。

（2）耐压试验。模仿设备绝缘在运行中可能受到的各种电压（包括电压波形、幅值、持续时间等），对绝缘施加与之等价的或更高的电压，从而考验绝缘耐受这类电压的能力。这类试验显然是有效和可信的。由于电压较高，这类试验有可能导致绝缘的损坏，故也称破坏性试验。

材料在不同场强下表现出的电学特性存在差异，这就造成尚未找到预防性试验和耐压试验之间确切的函数关系，因而耐压试验仍然是决定性的和不可替代的。两类试验互为补充，一般先进行预防性试验，当绝缘合格之后，才能进行耐压试验。

预防性试验虽然试验电压较低，但其却能在一定程度上以非破坏的形式揭示绝缘缺陷的不同性质及其发展程度。预防性试验的方法有多种，各种方法反映绝缘缺陷的性质是不同的，对于不同的绝缘材料和绝缘结构，往往需要采用多种不同的方法来试验，对试验结果进行综合分析比较后，才能做出正确的判断。

6.1 绝缘电阻、吸收比和泄漏电流的测量

6.1.1 绝缘电阻和吸收比的测量

绝缘电阻是指绝缘体在规定条件下的直流电阻，是反映电气设备和绝缘材料最基本的绝缘的指标。绝缘电阻通常用绝缘电阻表（又叫高阻计）来测量，根据绝缘电阻表的工作方式可分为手摇式绝缘电阻表（又叫摇表）和数字式绝缘电阻表。

图 6-1 所示为绝缘电阻表的原理电路图，图 6-2 所示为用绝缘电阻表测套管绝缘电阻的具体接线图，下面即以此为例对绝缘电阻测量原理进行说明。绝缘电阻表是利用流比计的原理构成的。电压线圈 LV 和电流线圈 LA 相互垂直地固定在同一转轴上，并处在同一个由磁铁构成的永磁场中。仪表的指针也固定在此转轴上，转轴上未装弹簧游丝，所以当线圈中没有电流时，指针可停在任一偏转角α的位置。

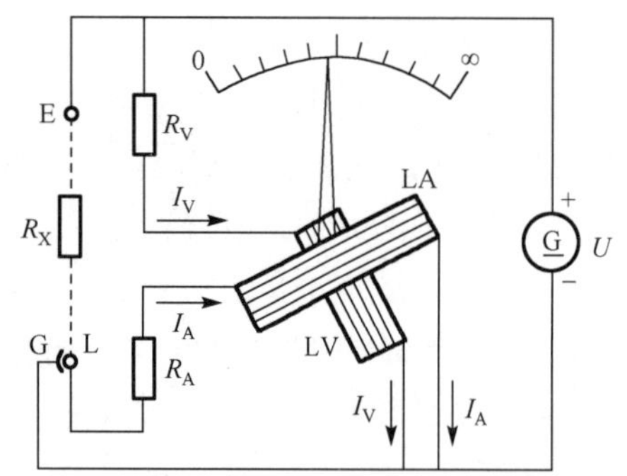

图 6-1 绝缘电阻表的原理电路图

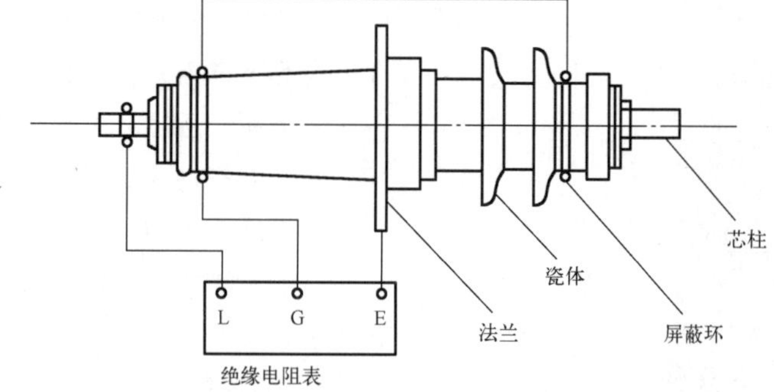

图 6-2 用绝缘电阻表测套管绝缘电阻的具体接线图

R_V 为分压电阻；R_{V0} 为电压线圈固有电阻；R_A 为限流（保护）电阻；R_{A0} 为电流线圈固有电阻；R_X 为被试品的绝缘电阻，一般 $R_X >> R_A >> R_{A0}$。当测量某一被试品的 R_X 时，线圈 LV 和 LA 中分别流过电流 I_V 和 I_A，产生两个相反方向的转动力矩，分别为 $M_V = I_V f_V(\alpha)$；$M_A = I_A f_A(\alpha)$。在两转矩差值的作用下，线圈带动指针旋转，直到两个转矩相互平衡时为止。此时，$M_V = M_A$，即

$$I_V f_V(\alpha) = I_A f_A(\alpha) \Rightarrow \left(\frac{I_A}{I_V} = \frac{f_V(\alpha)}{f_A(\alpha)}\right) = f(\alpha) \text{或者} \alpha = f\left(\frac{I_A}{I_V}\right) \tag{6-1}$$

式（6-1）表明，偏转角 α 只与两电流的比值（I_A/I_V）有关，而与电源电压的大小无关。而电压大小受手摇的速度影响，这种方法就排除了手摇速度不均匀造成的电压波动对测量结果的影响，提升了结果的准确性。

而电流线圈的电流和电压线圈的电流分别为

$$I_A = \frac{U}{R_X + R_A + R_{A0}} \tag{6-2}$$

$$I_V = \frac{U}{R_V + R_{V0}} \tag{6-3}$$

因此得到

$$\frac{I_A}{I_V} = \frac{R_V + R_{V0}}{R_X + R_A + R_{A0}} \Rightarrow \alpha = f\left(\frac{R_V + R_{V0}}{R_X + R_A + R_{A0}}\right) \tag{6-4}$$

由于 R_V、R_{V0}、R_A、R_{A0} 均为常数，所以

$$\alpha = f\left(R_X\right) \tag{6-5}$$

即绝缘电阻表的指针偏转角 α 是被试品绝缘电阻 R_X 的函数，这就可以把偏转角 α 的读数直接标定为被试品绝缘电阻 R_X 的值。不受电源电压波动的影响，这是绝缘电阻表的重要优点。

绝缘电阻表对外有三个接线端子，如图 6-1 和图 6-2 所示，测量时，线路端子（L）接在被试品的高压导体上；接地端子（E）接被试品的外壳或地；屏蔽端子（G）接被试品的屏蔽环极或别的屏蔽电极。

如果没有屏蔽端子 G，则通过法兰沿套管表面泄漏的电流也将流过电流线圈 LA，此时，绝缘电阻表的指针就将反映套管总的绝缘电阻（包括体积绝缘电阻和表面绝缘电阻）。而表面绝缘电阻易受环境的影响（如潮气、尘埃、积污等）而出现变化，不能代表绝缘体的内在质量，只有体积绝缘电阻才能反映绝缘体的内在质量和状态。所以，通常在测量时，希望单独测量体积绝缘电阻从而准确地对设备的状态进行评估。此时，就应按图 6-2 所示的方法，在芯柱附近的套管表面圈一个金属屏蔽环极，并将此环极连接绝缘电阻表的屏蔽端子 G。这样，由法兰经套管表面泄漏的电流流到了屏蔽环极，经由屏蔽端子 G 直接流回发电机负极。只有通过体积绝缘电阻的电流才流经电流测量线圈，从而反映到指针的偏转角（屏蔽环极的位置应靠近接线路端子 L 的电极，这个位置使被试绝缘体中的电场分布畸变最小，测量误差也就最小）。

手摇式绝缘电阻表的电源依靠手摇式发电机提供，数字式绝缘电阻表的电源从蓄电池获得。两者的测量原理不同，随着自动化和智能化程度的不断提高，手摇式绝缘电阻表逐渐被替代，然而在很多现场仍采用这种老式的测量表。

常用的绝缘电阻表的额定电压有 500V、1000V、2500V、5000V、10000V 等多个等级，额定电压较高的，其绝缘电阻的可分辨量程也较高。对于额定电压较高的电气设备，一般要求用相应的较高电压等级的绝缘电阻表。

一般电介质都可以用图 6-3 所示的等效电路图来代表。图中，串联支路 R_p-C_p 代表电介质的吸收特性。

若绝缘良好，则 R_{lk} 和 R_p 的值都比较大，这不仅使最后稳定的绝缘电阻值（R_{lk} 的值）较高，而且要经过较长的时间才能达到此稳定值（因中间支路的时间常数较大）。反之，若绝缘受潮或存在某些穿透性的导电通道，则不仅最后稳定的绝缘电阻值很低，而且还会很快达到稳定值。因此，还可以用绝缘电阻随时间变化的关系来反映绝缘的状况。通常用来反映绝缘状况的参数为时间 60s 与 15s 时所测得的绝缘电阻值之比，称为吸收比 K，即

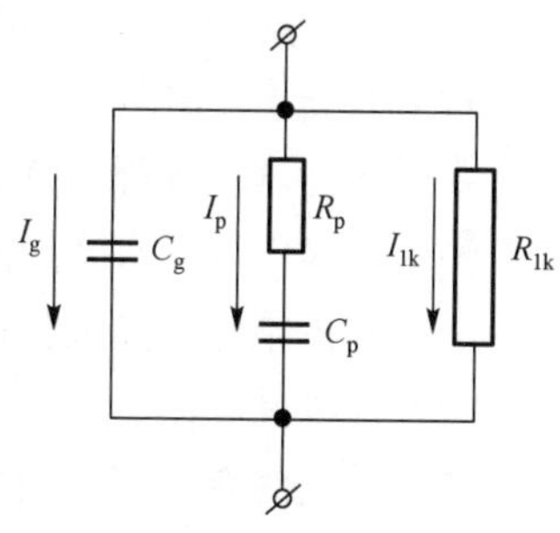

图 6-3　一般电介质的等效电路图

$$K = \frac{R_{60s}}{R_{15s}} \tag{6-6}$$

若绝缘良好，则此比值应大于某一定值（一般为 1.3～1.5）。当 K 值约等于 1 时，表明绝缘受潮。K 值可以与 60s 时的绝缘电阻值互相参考，共同作为绝缘状态分析的标准。

某些容量较大的电气设备，其绝缘的极化和吸收过程很长，上述的吸收比 K 还不能充分反映绝缘吸收过程，而且随着电气设备绝缘结构和规模的不同，这最初 60s 内吸收过程的发展趋向与其后整体过程的发展趋向也不一定十分一致。为此，对这类大中型电气设备的绝缘，还制定了另一个指标，即绝缘体在加压后 10min 和 1min 所测得的绝缘电阻值 R_{10min} 与 R_{1min} 的比值，称为极化指数 P，即

$$P = R_{10min} / R_{1min} \tag{6-7}$$

若绝缘良好，则此比值应不小于某一定值（一般为 1.5～2.0）。

作为实例，图 6-4 所示为某发电机在不同状态时用绝缘电阻表测得的绝缘电阻 R 值与时间 t 的关系。

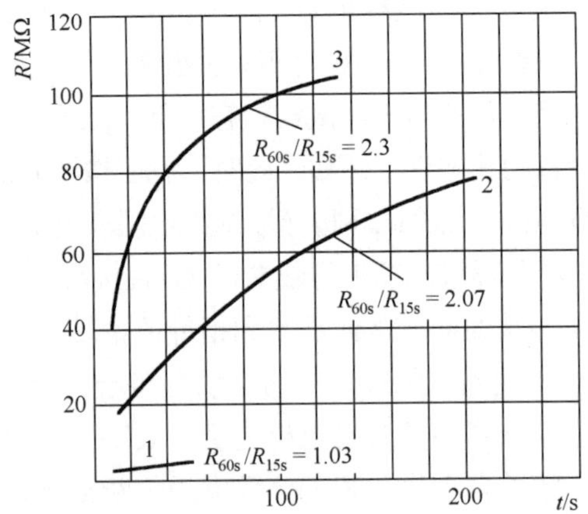

1—干燥前 15℃；2—干燥结束时 73.5℃；3—运行 72h 后，并冷却至 27℃。

图 6-4 某发电机在不同状态时用绝缘电阻表测得的绝缘电阻 R 值与时间 t 的关系

干燥前的电阻值较低并且吸收比接近于 1，表明其绝缘受潮，绝缘性能下降。当干燥后，绝缘电阻值上升且吸收比明显上升，表明受潮状态得到了改善，绝缘得到恢复。而当温度降低之后，电阻值增大同时吸收比还在 2 以上，电阻值变为曲线 3，表明绝缘状态良好，同时电阻上升主要是由于绝大多数绝缘材料的导电机理决定了其电阻率随温度降低而增大。

对于各类高压电气设备绝缘所要求的绝缘电阻值、吸收比 K 和极化指数 P 的值，在《电力设备预防性试验规程》（DL/T 596—2021）（以下简称《试验规程》）中都有明确的规定。

测量绝缘电阻能有效地发现下列缺陷：

（1）总体绝缘质量欠佳；

（2）绝缘受潮；

（3）两极间有贯穿性的导电通道；

（4）绝缘表面情况不良（比较有屏蔽极时与无屏蔽极时所测得的值可知）。

测量绝缘电阻不能发现下列缺陷：

（1）绝缘中的局部缺陷（如非贯穿性的局部损伤、含有气泡、分层脱开等）；

（2）绝缘的老化（因为老化后的绝缘，其绝缘电阻也可能是相当高的，绝缘电阻的大小无法准确反映老化的程度）。

应注意，无论是绝缘电阻值还是吸收比、极化指数等数值，仅具有参考性。如果未达到最低合格值，绝缘必然有一定缺陷；但如果已经达到最低合格值，绝缘仍不能确定为良好的。一些油浸式绝缘或者电压等级很高的绝缘结构，甚至当存在着严重缺陷时，使用绝缘电阻表所测的绝缘电阻值、吸收比或极化指数等，也可能符合规定，造成这类问题的主要原因是绝缘电阻表的测量电压偏低。因此，在依据绝缘电阻值或吸收比等数值判断绝缘状况时，既要对照规定的标准，又要对照该绝缘以往测试的历史资料、同类型装置的资料，与同装置不同部位（如不同相之间）的数据相比较（用不平衡系数 k=最大值/最小值表示），通常，如果 $k>2$ 就说明存在一定的绝缘缺陷，当然也要和本绝缘的其他试验结果进行对比。

测量绝缘电阻时应注意下列几点：

（1）试验前应将被试品接地，放电一定时间（对电容量较大的被试品，一般要求达 5～10min），这是为了避免被试品上可能存留残余电荷从而造成测量误差。试验后也应进行接地放电，以避免其上的残余电荷对人员造成安全事故。

（2）高压测试连接线应尽量保持架空，确实需要使用支撑时，要确认支撑物的绝缘电阻大小对被试品的绝缘测量结果的影响极小。

（3）测量吸收比和极化指数时，应待电源电压达到稳定后再接入被试品，并同时开始计时。

（4）每次测试结束时，应在保持绝缘电阻表的电源电压维持条件下，先断开线路端子 L 与被试品的连线，否则被试品的电容在测量时所充的电荷可能向绝缘电阻表反向放电，造成仪表的损坏。

（5）对带有绕组的被试品，应先将被测绕组首尾短接，再接到线路端子 L 上；其他非被测绕组也应先首尾短接后再接到相应端子上。

（6）绝缘电阻值随温度变化非常显著。当被试品温度上升后，绝缘电阻值近似以指数率下降，吸收比与极化指数的数值随之变化。因此，测量绝缘电阻值时应精确地记录下当时被试品所处的温度，同时在比较时还要根据对应温度下的数值进行比对。

6.1.2 泄漏电流的测量

本试验将直流高压加到被试品上，测量流经被试绝缘体的泄漏电流。虽然实际上也就是测量绝缘电阻，但它另有特点。

（1）输出电压。为了弥补绝缘电阻表电压太低导致反映的绝缘缺陷有限，泄漏电流测量试验所需的直流电压较高，但也不可以太高，因为直流电压与工频电压在绝缘结构内的分布是有很大不同的。以电力变压器为例：《试验规程》规定，电力变压器绕组泄漏电流试验所加电压值如表 6-1 所示。对于工作在中性点有效接地系统中的绝缘体，其测试电压相对较低，这是因为直流试验电压必须与中性点绝缘水平相适应。

表 6-1　电力变压器绕组泄漏电流试验所加电压值

绕组额定电压/kV	3	6～20	20～35	66～330	500
直流试验电压/kV	5	10	20	40	60

输出电压的极性应符合所需（一般为负极性，与绝缘电阻表的线路端子 L 的极性相同）；输出电压值应为连续可调的；其脉动系数（第 7 章详细讲解）应符合国家标准规定，不大于 3%；有相应的测压系统。

（2）输出电流。正常绝缘体在常温（环境温度）下，其相应试验电压下的泄漏电流值是很小的，一般不超过 100 μA，即使在接近运行温度下，泄漏电流值一般也不超过 1mA。电源应在供给上述泄漏电流时，保持稳定的输出电压。

（3）在测量过程中，应持续记录泄漏电流，而不是记录某一时刻的结果。

本试验的测试电路本身是比较简单的，若被试品的低压电极不直接接地，则可采用图 6-5 所示的电路。此时测量系统处在低电位，比较安全和方便。

微安表是很灵敏而脆弱的仪表，必须对超量程电流（特别是当被试品被击穿时）有可靠的保护。保护电阻 R 的值应这样选取：微安表满量程电流在保护电阻上的压降应稍大于放电管的起始放电电压（一般为 50～100V）。

并联缓冲电容 C 的作用不仅可滤掉泄漏电流中的脉动分量，使微安表的读数稳定，而且当被试品被击穿时，作用在放电管 F 上的冲击电压陡波波前能有足够的平缓，使放电管 F 来得及动作，故其电容量应较大（>0.5 μF）。微安表平时被旁路接触器 K 短接，只有在需要读数时才将 K 打开。

本试验由于所用电压较高，高压电源、高压引线和被试品高压电极附近的空气可能部分被电离，在电场力的驱使下，部分离子（包括电子）会流向被试品低压电极和微安表测量系统的上半部，再经微安表入地，这就会造成测量误差。为此，宜将测量系统和被试品低压电极用屏蔽系统 S 全部屏蔽起来并接地（注意：屏蔽系统 S 切不可与被试品低压电极相接触），如图 6-5 所示。

若被试品的一极已固定接地且不能分开时（现场常会遇到，如变压器外壳接地等），那就必须将图 6-5 中的测量系统连同屏蔽系统改接到高压电路中，并将屏蔽系统与高压引入线在 A 点相接，如图 6-6 所示。此时，处在高电位的屏蔽系统，使其附近空间气体电离造成的对地漏导电流，并不流经测量系统，也就不会产生测量误差了。由于测量仪表处在高压侧，观察时应特别注意安全。

此外，《试验规程》中对最终电压保持时间规定为 1min，并在此时间终了时读取泄漏电流值。这是考虑到需待电容电流和吸收电流充分衰减后才能精确测定泄漏电流，同时也应观察此时泄漏电流是否已达稳定。

综上所述，与绝缘电阻表相比，本试验具有下列特点：

（1）所加直流电压较高，能揭示绝缘电阻表不能发现的某些绝缘缺陷。

（2）所加直流电压是逐渐升高的，在升压过程中，从所测电流与电压关系的线性度，即可了解绝缘情况。

（3）绝缘电阻表刻度的非线性度很强，尤其在接近高量程段，刻度甚密，难以精确读取。

微安表的刻度则基本上是线性的，能精确读取。

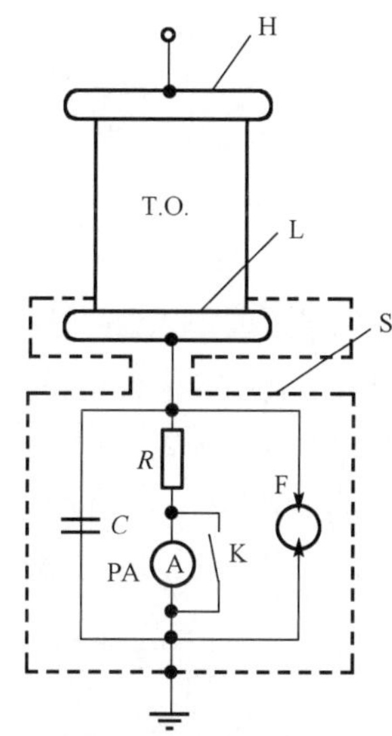

T.O.—被试品；H—高压电极；L—低压电极；
PA—直流微安表；R—保护电阻；F—放电管；
S—屏蔽系统；C—缓冲电容；K—旁路接触器。

图 6-5　测试泄漏电流的电路图

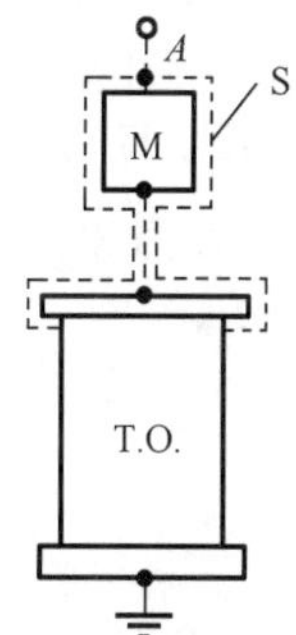

S—屏蔽系统；T.O.—被试品；M—测量系统。

图 6-6　被试品一极已固定接地时的测试电路

虽然如此，但是绝缘电阻表小巧轻便，可随身携带，对已固定接地的被试品，也同样方便。而本试验需高压电源、电压和电流测量系统、屏蔽系统等，装备的布置较复杂，所以迄今作为对绝缘状况的初诊，绝缘电阻表还是广为应用的，且已开发出全自动的绝缘电阻表（包括对绝缘电阻值、吸收比、极化指数等项目的采样、计时、数显等）。

6.2　介质损耗角正切值测量

介质损耗因数（$\tan\delta$）是表征绝缘体在交变电压作用下损耗大小的特征参数，它与绝缘体的形状和尺寸无关，它是绝缘性能的基本指标之一。

6.2.1　谢林电桥测量原理

测量 $\tan\delta$ 的方法有多种，如瓦特表法、电桥法、不平衡电桥法等。其中以电桥法的准确度为最高，通用的是谢林电桥。

通用电桥原理图如图 6-7 所示。电桥平衡时，检流计中无电流流过，A、B 两点间无电位差。则 $\dot{U}_{FA}=\dot{U}_{FB}$，$\dot{U}_{AD}=\dot{U}_{BD}$，即

$$\frac{\dot{U}_{FA}}{\dot{U}_{AD}}=\frac{\dot{U}_{FB}}{\dot{U}_{BD}} \tag{6-8}$$

流经阻抗 Z_1、Z_3 的电流相同，均为 $\dot{I}_1$；流经阻抗 Z_2、Z_4 的电流相同，均为 $\dot{I}_2$，则有

$$\frac{\dot{I}_1 Z_1}{\dot{I}_1 Z_3}=\frac{\dot{I}_2 Z_2}{\dot{I}_2 Z_4}=Z_1 Z_4=Z_2 Z_3 \tag{6-9}$$

考虑到复阻抗时，则有

$$\begin{cases}|Z_1||Z_4|=|Z_2||Z_3| \\ \varphi_1+\varphi_4=\varphi_2+\varphi_3\end{cases} \tag{6-10}$$

为测量方便，令 $\varphi_2+\varphi_3=-\pi/2$。若令 Z_3 为纯电阻元件，则 Z_2 应为纯电容元件，可用 SF_6 压缩气体或真空绝缘的标准电容器来充当，在工作条件范围内，其电容值为恒量，不随环境温度、湿度及所加电压的幅值或频率等因素而变。Z_1 代表被测绝缘的等效阻抗，被测绝缘的等效阻抗 Z_1 可由等效电导 G_X 与等效电容 C_X 的并联电路来代表。由此可见，Z_1 的阻抗角 φ_1 是不足 $-\pi/2$ 的，所以 Z_4 就不应为纯电阻，而应为阻容并联。因此实际使用时的谢林电桥原理电路图如图 6-8 所示。

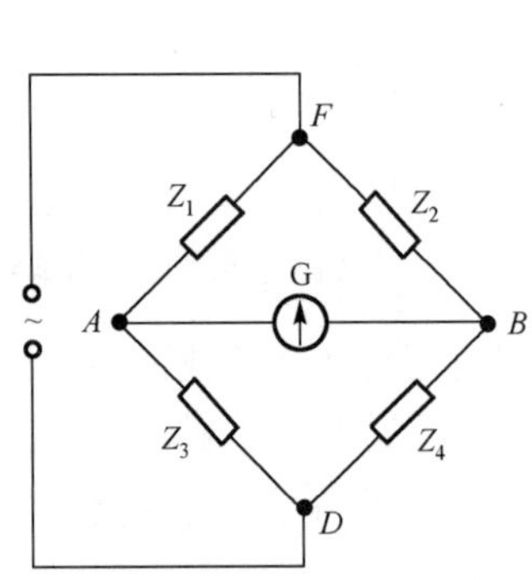

图 6-7　通用电桥原理图

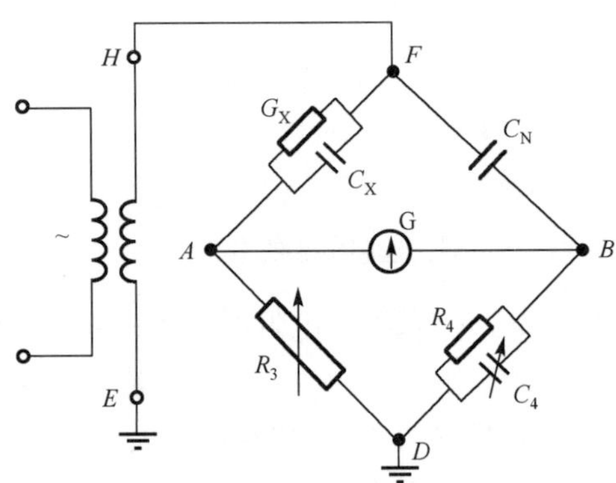

图 6-8　实际使用时的谢林电桥原理电路图

四个桥臂阻抗分别为

$$\begin{cases}Z_1=\dfrac{1}{G_X+j\omega C_X} \\ Z_2=\dfrac{1}{j\omega C_N} \\ Z_3=R_3=\dfrac{1}{G_3} \\ Z_4=\dfrac{1}{\dfrac{1}{R_4}+j\omega C_4}=\dfrac{1}{G_4+j\omega C_4}\end{cases} \tag{6-11}$$

将式（6-11）代入式（6-9）中，得

$$\frac{1}{G_X+j\omega C_X}\frac{1}{G_4+j\omega C_4}=\frac{1}{j\omega C_N}\frac{1}{G_3} \tag{6-12}$$

实部和虚部分别相等，则有

$$\tan\delta_X = \frac{G_X}{\omega C_X} \tag{6-13}$$

$$C_X = \frac{C_N R_4}{R_3} \cdot \frac{1}{\left(1+\tan^2\delta_X\right)} \tag{6-14}$$

对于绝缘电介质材料，$\tan\delta$ 的值都很小，因此 C_X 可简化为

$$C_X \approx \frac{C_N R_4}{R_3} \tag{6-15}$$

为了计算方便，通常取 $R_4 = \left(10^4/\pi\right)\Omega$，同时电源为工频时，$\omega = 100\pi$。则此时 $\tan\delta$ 可表示为

$$\tan\delta_X = 100\pi \times \frac{10^4}{\pi} C_4 = 10^6 C_4 \tag{6-16}$$

若电容单位以 μF 计，则在数值上，$\tan\delta_X = C_4$。

一般 Z_1、Z_2 比 Z_3、Z_4 大得多，故外加电压的绝大部分都降落在高压臂 Z_1、Z_2 上，低压臂 Z_3、Z_4 上的电压通常只有几伏。在测量过程中，通过调节 R_3 和 C_4 的值使电桥平衡，即检流计中的值为零，此时通过 R_3 和 C_4 的值就可以得到被试品的电容值和损耗值。而 Z_3、Z_4 上较低的电压使得调节 R_3 和 C_4 时更加安全。

图 6-9 所示为谢林电桥误差因素示意图。影响电桥准确度的因素有以下几点。

（1）本试验高压电源对桥体杂散电容的影响。由图 6-9 可见，高压引线 HF 段对被试品低压电极、A 处线段和 Z_3 臂元件等的杂散电容 C_1' 等于并接在被试品的两端；高压引线 HF 段对标准电容低压电极、B 处线段和 Z_4 臂元件等的杂散电容 C_2' 等于并接在标准电容器 C_N 的两端。由于标准电容器的电容值一般为 50～100 pF，被试品电容值一般也仅几十到几千皮法，这两者都很小，故这些杂散电容的存在就可能使测量结果有较大的误差。

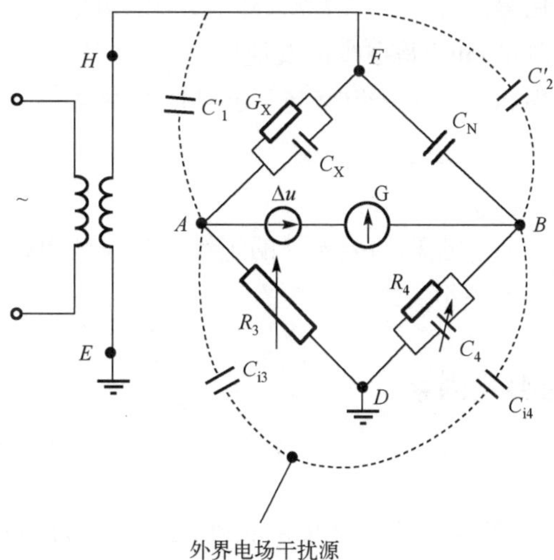

图 6-9 谢林电桥误差因素示意图

若高压引线上出现电晕，则还有电晕漏导与上述杂散电容 C_1' 或 C_2' 相并联。

至于桥体部分（AB 线段）对地杂散电容的影响，则是很小的，可以忽略不计。因为这些

杂散电容是等值地并联在桥臂 Z_3 和 Z_4 上的，而 Z_3 或 Z_4 的值是远小于杂散电容的阻抗值的。

（2）外界电场干扰。外界高压带电体（这在现场是常有的，而且其相位可能与本试验电源的相位相差很大）通过杂散电容（图 6-9 中以 C_{i3} 和 C_{i4} 代表）耦合到桥体，带来干扰电流流入桥臂，造成测量误差。

（3）外界磁场干扰。当电桥处在交变磁场中（这在现场也是常遇的）时，桥路内将感应出一干扰电动势（图 6-9 中以 Δu 表示），显然也会造成测量误差。

为了消除误差，最为简便有效的方法就是在电桥低压部分（最好包括被试品及标准电容器低压电极）完全采用接地金属网加以屏蔽，从而可基本消除以上三个误差。

由图 6-9 可见，该测试电路需要被试品的两端都不接地，这在很多情况下无法实现。这时，可以把电桥倒置，使被试品一端 F 点接地，D 点及屏蔽网与高压电源连接。这种接法就叫颠倒电桥接线或反接线。此时，调整阻抗 Z_3、Z_4，检流计 G 及屏蔽网均在高电位状态下工作，因此必须要有可靠措施才能确保使用人员安全。

近期，多种智能化自动平衡的数字化测量仪被开发出来，大多由采样系统和数据处理系统两部分组成，由计算机控制测量、分析、计算、处理、显示和记录，这里就不详述了。

6.2.2 可发现的缺陷及其局限性

测量 $\tan\delta$ 能有效地发现绝缘的下列缺陷：

（1）受潮；

（2）穿透性导电通道；

（3）绝缘内含气泡的电离，绝缘分层、脱壳；

（4）绝缘老化、劣化，绕组上附积油泥；

（5）绝缘油脏污、劣化等。

但是对于下列缺陷，测量 $\tan\delta$ 是很少能发现的：

（1）非穿透性的局部损坏（其损坏程度尚不足以使在测量 $\tan\delta$ 时造成击穿）；

（2）很小部分绝缘的老化、劣化；

（3）个别的绝缘弱点。

总而言之，测量 $\tan\delta$ 对较大面积的分布性的绝缘缺陷是较灵敏和有效的，而对个别局部的非贯穿性的绝缘缺陷，则不是很灵敏和有效的。

6.2.3 谢林电桥测量的影响因素

1. 尽可能分部测试

一般测得的 $\tan\delta$ 是被测绝缘体各部分 $\tan\delta$ 的平均值。全部被测绝缘体可看成各部分绝缘体的并联。由此可见，在大的绝缘体中存在局部缺陷时，测量总体的 $\tan\delta$ 是不易反映出这些局部缺陷的；而对于较小的绝缘体，测量 $\tan\delta$ 就容易发现局部缺陷。为此，若能对被试绝缘体进行分部测试，则最好分部测试。例如，将末屏有小套管引出的电容型套管与变压器本体分开来测试。有些电气设备可以有多种组合的试验接线，则可按不同组合的接线分别进行测试。例如，三绕组变压器本体就有下列七种组合的试验接线（以 L、M、H 分别代表低压、中压、高压绕组；以 E 代表地，即铁芯和铁壳）：L/（M+H+E）、M/（L+H+E）、H/（L+M+E)、(L+M)/(H+E)、(L+H)/(M+E)、(M+H)/(L+E)、(L+M+H)/E。常规测试一般只做前三项，但若测试结果有明显异常，则可对全部项目进行测试，通过计算，可分辨出缺陷的确切部位。

2. $\tan\delta$ 与温度的关系

一般绝缘的 $\tan\delta$ 均随温度的上升而增大（少数极性绝缘材料例外），在 20～80℃范围内，大多数绝缘的 $\tan\delta$ 与温度的关系近似按指数规律变化，可以表示为

$$\tan\delta_2 = \tan\delta_1 \exp\left[\beta\left(\theta_2 - \theta_1\right)\right] \tag{6-17}$$

式中，$\tan\delta_1$ 和 $\tan\delta_2$ 分别表示温度为 θ_1 和 θ_2 时的 $\tan\delta$ 值；β 为系数，与绝缘体的性质、结构和所处状态等因素有关。

一般说来，对各种被试品，其不同温度下的 $\tan\delta$ 是不可能通过通用的换算式进行准确的换算的，故应尽量争取在差不多的温度条件下测出 $\tan\delta$，并以此来相互做比较。通常以 20℃时的 $\tan\delta$ 作为参考标准（绝缘油例外）。因此，测量 $\tan\delta$ 时的温度也应尽量接近 20℃，一般要求在 10～30℃范围内进行测量。

3. $\tan\delta$ 与试验电压的关系

一般说来，在其额定电压范围内，良好的绝缘体其 $\tan\delta$ 是几乎不变的（仅在接近其额定电压时 $\tan\delta$ 可能略有增加），且当电压上升或下降时测得的 $\tan\delta$ 是接近一致的，不会出现回环。若绝缘体中存在气泡、分层、脱壳等，情况就不同了。当所加试验电压足以使绝缘体中的气隙电离或产生局部放电等情况时，$\tan\delta$ 将随试验电压 u 的升高而迅速增大，且当试验电压下降时，$\tan\delta - u$ 曲线会出现回环。

由此可见，测量 $\tan\delta$ 所用的电压，原则上最好接近被试品的正常工作电压。但实际上，除少数研究性单位和规模较大的公司，一般难以达到，测试多用 10kV 电压等级。

4. 护环和屏蔽的影响

护环和屏蔽的布置是否正确对测试结果有很大的影响。图 6-10 所示为测定一段单相电缆（尚未敷设的）的 $\tan\delta$ 时被试品部分的接线图。安装屏蔽环是为了消除表面泄漏的影响；安装屏蔽罩是为了消除试验电源和外界干扰源对被试品外壳的杂散电容和电晕漏导的影响。

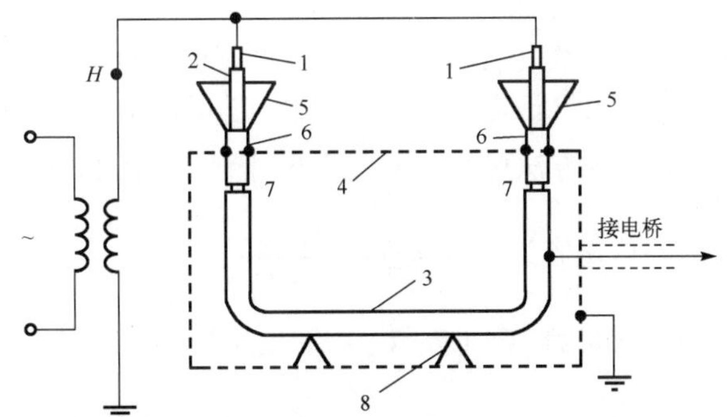

1—电缆芯线；2—电缆绝缘层；3—电缆护套；4—接地的屏蔽罩；5—接地的喇叭口（改善电场用）；6—接地的屏蔽环；7—护套的割除段；8—绝缘垫块。

图 6-10　测定一段单相电缆的 $\tan\delta$ 时被试品部分的接线图

5. 测试绕组时的注意事项

在测试绕组的 $\tan\delta$ 和电容时，必须将每个绕组（包括被测绕组和非被测绕组）的首尾都短接，否则，就可能产生很大的误差。造成这种误差的原因主要是测试电流流经绕组时会产生励磁功耗。

6.3 局部放电的测量

通常使用的固体绝缘体总是不能做到很纯净致密的，难免会不同程度地含有一些分散性异物，如各种杂质、水和小气泡。有的是在制造时没有去除干净，有的是在工作时绝缘体老化、分解等。因为这类异物与绝缘体有不同的电导和介电常数，所以当外施电压时，这类异物附近会有高于其周围的场强。当外施电压增加到某一程度，上述位置的场强大于该位置材料的电离场强时，该位置材料会出现电离放电现象，因放电只发生于局部，所以称其为局部放电。

气泡的介电常数远小于其周围绝缘体的介电常数，根据电场在交流作用下的分布情况，气泡内部场强更大。气泡电离场强远小于周围绝缘体的击穿场强，因此散布于绝缘体上的气泡往往是局部放电产生的场所。若外施电压是交变电压，局部放电有出现和熄灭相间反复出现的特点。由于局部放电在极细微空间中弥散进行，因此在短期内对当时绝缘体的整体击穿电压基本没有影响。然而在局部放电过程中所产生的电子、离子对绝缘体的往复撞击会导致绝缘体的逐步分解、损伤，并分解出具有导电性及化学活性的材料，从而导致电介质材料发生氧化、腐蚀等。这些效应将使局部电场畸变进一步增强，从而进一步增强局部放电的强度。当电压一直高于局部放电起始电压时，局部放电区域会持续发展扩大，并最终导致固体电介质的击穿，使绝缘失效。局部放电是影响固体绝缘材料寿命的关键因素，因此对局部放电的监测，对于很多电力设备的寿命评估至关重要。

6.3.1 局部放电测量基础

分析含气泡的介质中局部放电的过程时，可以将固体绝缘介质中含气泡的模型等效为图 6-11 中的电路。图中 C_g 代表气泡电容，C_b 代表与 C_g 串联部分介质的电容，C_m 代表其余部分介质的电容。由电容的计算方法可知，气泡很小，因此 C_g 比 C_b 大很多，C_m 比 C_g 大很多，即 $C_m \gg C_g \gg C_b$。电极间的总电容为 $C_X = C_m + \dfrac{C_g C_b}{C_g + C_b}$。

电极间加上瞬时值为 u 的交流电压时，C_g 上的电压瞬时值 u_g 为

$$u_g = u\frac{C_b}{C_g + C_b} \tag{6-18}$$

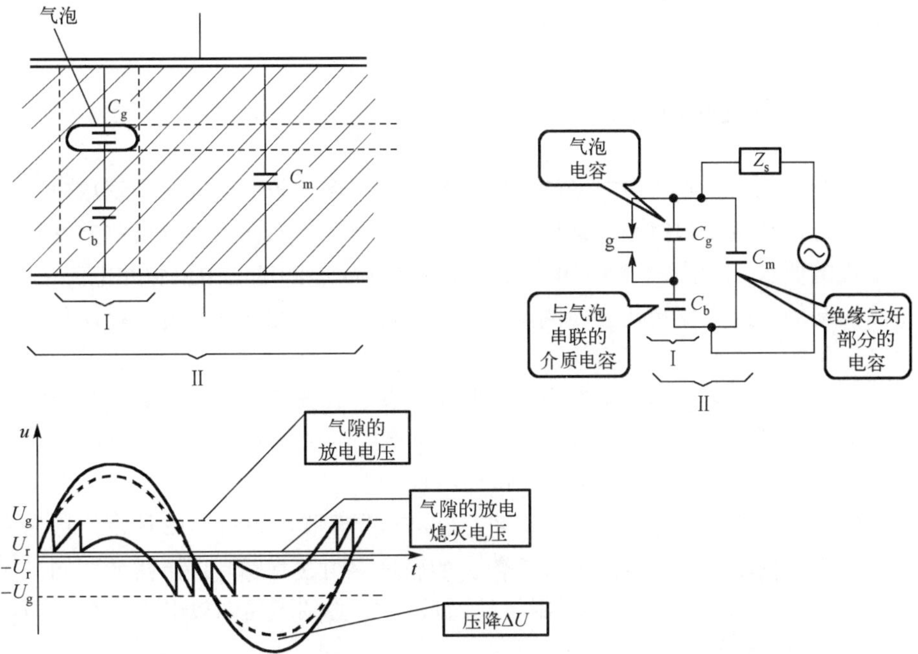

图 6-11　局部放电过程中固体绝缘介质中含气泡的等效模型

当气泡上的电压 u_g 逐渐增大至气隙的放电电压 U_g 时，气隙内产生局部放电，相当于气泡被短路，气泡上的电压瞬间降低。当电压降低至气隙的放电熄灭电压 U_r 时，放电过程结束。每当气泡上的电压 u_g 达到气隙的放电电压时，就会出现一个放电过程。由于外施电压为交流电压，其电压的相位是不断变化的，这就导致气泡上的电压也是不断变化的，在外部监测时放电过程表现为一个个脉冲信号。根据气泡中的放电过程，可以计算得到气隙中的真实放电量为

$$\Delta q_r = \left(C_g + \frac{C_m C_b}{C_m + C_b}\right)\left(U_g - U_r\right) \approx \left(U_g + U_b\right)\left(U_g - U_r\right) \tag{6-19}$$

然而上述公式中的很多物理量是无法测量的，也就是说，真实放电量是无法直接测量得到的。针对局部放电，其放电量是表征其强度的重要指标，因此需要寻求其他方式来表征放电量。在发生局部放电时，外部电极间电压有一个明显的电压降 ΔU，因此我们可以用下面的公式表征这个很难直接测量得到的放电量，即

$$\Delta q = \Delta U\left(C_m + \frac{C_b C_g}{C_b + C_g}\right) \tag{6-20}$$

在式（6-20）中，我们称 Δq 为视在放电量。视在放电量和真实放电量之间的关系可由电容和电压的分配关系计算得到

$$\Delta q = \frac{C_b}{C_b + C_g}\Delta q_r \tag{6-21}$$

由于 $C_g \gg C_b$，因此 Δq_r 远大于 Δq，通常单位为 pC。

测量局部放电强弱的参数还包括单次放电能量、放电数量频度、平均放电电流和平均放

电功率，但以基于电荷量的参量使用最普遍。

6.3.2 局部放电电气测量方法

局部放电会产生声、光、电等多种效应，可以利用这些效应来检测局部放电的发生和强度，这也是目前在线监测和检测局部放电发展的主要方向。然而大部分检测方法的可靠性还无法满足工程的要求，特别是一些非电检测误报率较高。电测试法中以脉冲电流法应用最广，它将被试品两端的电压突变转化为检测回路中的脉冲电流。此法又分为直接法与平衡法，为了对原理有所了解，本书主要对直接法的电路进行介绍。

图 6-12 和图 6-13 所示为直接法的两种基本电路，其目的都是要使被试品局部放电时产生的脉冲电流作用到检测用的阻抗 Z_m 上，在 Z_m 上产生一个脉冲电压 u_m，并将其送到测量仪器 M 中。根据 u_m 可推算出局部放电的视在放电量。

为了达到这个目的，首先想到的是将 Z_m 直接与 C_X 串联，如图 6-12 所示，称为串联法测试电路。由于变压器绕组对高频脉冲具有很大的感抗，阻塞高频脉冲电流的流通，所以必须另加耦合电容 C_K，给脉冲电流提供低阻抗的通道。C_K 必须无局部放电。当 C_X 值不很大时，最好还应使 C_K 值不小于 C_X。

为避免电源噪声进入测量回路或被试品局部放电的电流脉冲向电源分流，可以在电源回路中串联一个低通滤波器 Z，该滤波器 Z 仅让工频电流流过并阻塞高频电流。

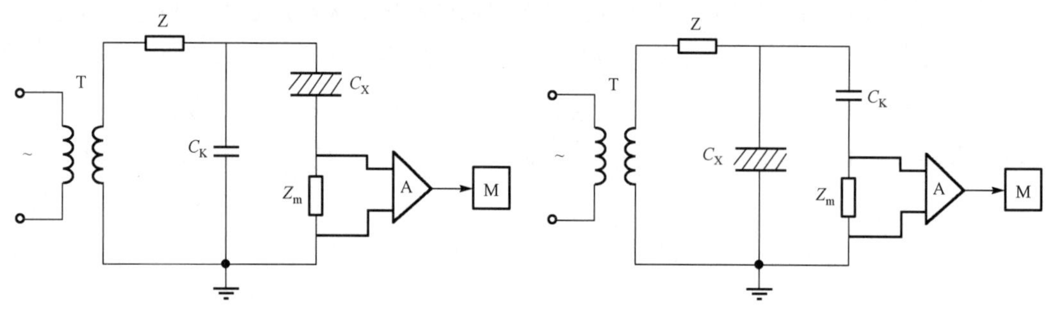

图 6-12 串联法测试电路　　图 6-13 并联法测试电路

另一种电路为并联法测试电路，如图 6-13 所示，将测量阻抗 Z_m 与耦合电容 C_K 串联后，并联到被试品两端。不难看出，串联法测试电路与并联法测试电路对高频脉冲电流的回路是相同的，都是串联地流经 C_X、C_K 和 Z_m 三个元件。在理论上，两者的灵敏度也是相等的；但在实际应用中，后者的优点为以下几点：

（1）允许被试品一端接地。

（2）对于 C_X 值较大的被试品，可以避免较大的工频电容电流流过 Z_m。

（3）当被试品被击穿时，不会危及人身和测试系统。由于局部放电测试时所加电压一般均高于绝缘的正常工作电压，所以，在测试时被试品被击穿的可能性是存在的。

直接法的缺点是抗干扰性能较差。为了提高抗干扰能力，在滤波器 Z 输出电路中不采用宽频带放大，而采用窄带选频放大，以避开干扰较强的频率区域。与此同时，在高压电源电路中的滤波器 Z 采用窄带选频阻波器，其阻频带正好与选频放大器的通频带相对应，这样可取得较好的抗干扰效果。环境噪声的干扰是影响此法效果的重要因素，特别是在现场测试时，尤其必须认真对待。

绝缘体中某些内在的局部缺陷（特别是在程度上较轻时），用别的方法往往很难发现，而通过测量和分析局部放电特征量却能以非破坏的方式很灵敏地指示出来。经多年的研究改进，此项试验方法已渐趋成熟。对于某些高压电气设备（如变压器、互感器、套管等），国家标准已将本试验列入出厂试验和预防性试验项目，并取得了显著成效。其具体试验要求、方法、程序、合格标准等，可参看有关标准。

6.4　绝缘油性能测量

由前述液体电介质的相关性能我们知道，影响绝缘油电气强度的主要因素是水分和油中溶解的气体。因此对绝缘油中溶解气体的检测至关重要，检测结果也已成为评估含绝缘油设备状态的重要指标。

绝缘油中溶解的气体以空气为主，即 N_2（约占 78%）和 O_2（约占 21%）。浸绝缘油的电气设备（如油浸式变压器和油浸式电缆）出厂高压试验及在正常工作时，绝缘油及有机绝缘材料将逐步老化，绝缘油内还可能溶入微量或较少的 H_2、CO、CO_2 或烷烃类气体（因设备而异），但其含量通常不高于一些经验参考值。而当电力设备内出现局部过热、局部放电或者一些内部故障时，会使绝缘油或固体绝缘材料发生裂解，从而生成大量多种烷烃类气体及 H_2、CO、CO_2 等，所以称此类气体为故障特征气体，绝缘油内还会溶解较多此类气体，监测其含量及变化过程，能够反映出装置内绝缘状态及故障类型。

不同绝缘物质和特性故障，引起分解生成的气体成分也不相同。所以，通过对油中溶解气体的组成、含量及随时间变化的规律进行分析，可识别出故障的本质、程度和发展过程。这对确定发展缓慢的潜伏性故障效果较好，且能不停电进行，因此已被纳入绝缘试验标准。同时国家已制定出相应标准《变压器油中溶解气体分析和判断导则》（DL/T 722—2014）（以下简称《分析和判断导则》），该导则可应用于变压器、电抗器、电流互感器、电压互感器、充油套管、充油电缆等充油设备。

检测油中溶解气体的具体步骤：首先脱出溶解在油中的气体，然后送至气相色谱仪分离和定量不同气体组分。据此，即可按下述三步来初探设备中有无故障。

1. 特征气体的组分和主次

绝缘油和固体绝缘材料在电或热的作用下分解产生各种气体，其中对判断故障有价值的气体有甲烷（CH_4）、乙烷（C_2H_6）、乙烯（C_2H_4）、乙炔（C_2H_2）、氢气（H_2）、一氧化碳（CO）、二氧化碳（CO_2）。绝缘油和固体绝缘材料的分解过程需要一定的能量，因此产生何种故障气体与故障所能提供的能量息息相关，能量越高则绝缘油和绝缘纸裂解得越严重。正常运行老化过程产生的气体主要是 CO 和 CO_2。油纸复合绝缘中存在局部放电时，油裂解产生的气体主要是 H_2 和 CH_4，在故障温度高于正常运行温度不多时，产生的气体主要是 CH_4；随着故障温度的升高，C_2H_4 和 C_2H_6 逐渐成为主要特征气体；当温度高于 1000℃时，如在电弧放电的作用下，油裂解产生的气体中则含有较多的 C_2H_2；当故障涉及固体绝缘材料时，会产生较多的 CO 和 CO_2。不同故障类型产生的特征气体组分如表 6-2 所示。

表 6-2　不同故障类型产生的特征气体组分

故障类型	主要气体组分	次要气体组分
油过热	CH_4，C_2H_4	H_2，C_2H_6
油和纸过热	CH_4，C_2H_4，CO，CO_2	H_2，C_2H_6
油纸绝缘中局部放电	H_2，CH_4，CO	C_2H_2，C_2H_6，CO_2
油中火花放电	H_2，C_2H_2	
油中电弧放电	H_2，C_2H_2	CH_4，C_2H_4，C_2H_6
油和纸中电弧放电	H_2，C_2H_2，CO，CO_2	CH_4，C_2H_4，C_2H_6

注：①进水受潮或油中有气泡可能使油中的 H_2 含量升高；

②出厂和新投运的设备，油中不应含有 C_2H_2，其他各气体组分也应该很低。

有时装置内部没有发生故障，但因其他原因，油中还会有以上气体产生，应重视这些情况，因为有可能错误判断气体的来源。比如，有载调压变压器内部切换开关故障，油室的油会泄漏到变压器主油箱内；油冷却系统附属设备如潜油泵等发生故障时生成的气体也可能会进入电器本体内部的油中；设备曾发生过故障，故障消除后绝缘油没有完全脱气，一些剩余气体还残留在油内部等。

2. 特征气体的含量

《分析和判断导则》（DL/T 722—2014）规定：运行中的设备内部，油中溶解气体含量超过表 6-3 所列数值时，应引起注意。

表 6-3　油中溶解气体含量的注意值　　单位：μL / L

设备	气体组分	含量	
		330kV 及以上电压等级	220kV 及以下电压等级
变压器和电抗器	氢气	150	150
	乙炔	1	5
	总烃	150	150
电流互感器	氢气	150	300
	乙炔	1	2
	总烃	500	100
电压互感器	氢气	150	150
	乙炔	2	3
	总烃	100	100
套管	总烃	500	500
	乙炔	1	2
	氢	150	150

注：(1) 注意值并不是判断设备是否发生故障的唯一标准。气体浓度达表格所给注意值后，要跟踪分析，找出原因。

(2) 影响电流互感器及电容式套管油含氢量的因素很多，有些含氢量虽然比表中的值低，但是如果上升得很快，也应该加以重视；有些只是含氢量高于表上含氢量，但如果没有明显上升的趋势，亦可判定正常。

当故障涉及固体绝缘材料时，会引起 CO 和 CO_2 含量的明显增长。但在考查这两种气体含量时更应注意结合具体电器的结构特点（如油保护方式）、运行温度、负荷情况、运行历史等情况综合分析。突发绝缘击穿事故时，油中溶解气体中的 CO、CO_2 含量不一定高，应结合气体继电器（油浸式变压器上的重要安全保护装置，它安装在变压器箱盖与储油柜的联管上，在变压器内部故障产生的气体或油流作用下接通信号或跳闸回路，使有关装置发出警报信号或使变压器从电网中切除，达到保护变压器的作用）中的气体分析进行判断。

3. 特征气体含量随时间的增长率

仅根据油中特征气体含量的绝对值是很难对故障的严重性做出正确判断的，还必须考察故障的发展趋势，也就是故障点的产气速率。产气速率是与故障消耗能量大小、故障部位、故障点的温度等情况有关的。产气速率有以下两种表达方式。

（1）绝对产气速率：每运行一日产生某种气体的平均值，按式（6-22）进行计算

$$\gamma_{\mathrm{a}}=\frac{C_{i2}-C_{i1}}{\Delta t}\frac{G}{\rho} \tag{6-22}$$

式中 γ_{a}——绝对产气速率（mL/d）；

C_{i2}——第二次取样测得油中某气体浓度（μL/L）；

C_{i1}——第一次取样测得油中某气体浓度（μL/L）；

Δt——两次取样时间间隔中的实际运行时间（d）；

G——本设备总油量（t）；

ρ——油的密度（t/m^3）。

变压器和电抗器绝对产气速率的注意值如表 6-4 所示。

表 6-4 变压器和电抗器绝对产气速率的注意值 单位：mL/d

气体组分	开放式	密封式	气体组分	开放式	密封式
总烃	6	12	一氧化碳	50	100
乙炔	0.1	0.2	二氧化碳	100	200
氢气	5	10			

注：当绝对产气速率达到注意值时，应缩短检测周期，进行追踪分析。

（2）相对产气速率：每运行一个月（或折算到月），某种气体含量增加原有值的百分数的平均值，按式（6-23）进行计算

$$\gamma_{\mathrm{r}}(\%)=\frac{C_{i2}-C_{i1}}{C_{il}}\frac{1}{\Delta t}\times 100\% \tag{6-23}$$

式中 γ_{r}——相对产气速率（%/月）；

C_{i2}——第二次取样测得油中某气体浓度（μL/L）；

C_{i1}——第一次取样测得油中某气体浓度（μL/L）；

Δt——两次取样时间间隔中的实际运行时间（月）。

相对产气速率也可以用来判断充油电气设备的内部状况。总烃的相对产气速率大于 10% 时，应引起注意，但对总烃起始含量很低的设备不宜采用此判据。

需要指出，有的设备其油中某些特征气体的含量若在短期内就有较大的增量，则即使尚未达到表 6-3 所列数值，也可判为内部有异常状况；有的设备因某种原因使气体含量基值较高，超过表 6-3 所列的注意值，但增长速率低于表 6-4 中产气速率的注意值，则仍可认为是

正常的。

通过上述三步，可以说对设备中是否存在故障做了初探。若初探结果认定设备中存在故障，则下一步就要设法对故障的性质（类型）进行判断。

《分析和判断导则》（DL/T 722—2014）推荐采用三比值法（五种特征气体含量的三对比值）作为判断变压器或电抗器等充油电气设备故障性质的主要方法。取 H_2、CH_4、C_2H_2、C_2H_4 及 C_2H_6 这五种气体含量，分别计算出 C_2H_2/C_2H_4、CH_4/H_2、C_2H_4/C_2H_6 三对比值，再将这三对比值按表 6-5 所列规则进行编码，最后按表 6-6 所列规则来判断故障的性质。

表 6-5　三比值法的编码规则

气体比值范围	比值范围的编码		
	$\frac{C_2H_2}{C_2H_4}$	$\frac{CH_4}{H_2}$	$\frac{C_2H_4}{C_2H_6}$
<0.1	0	1	0
≥0.1 且<1	1	0	0
≥1 且<3	1	2	1
≥3	2	2	2

表 6-6　用三比值法判断故障类型的规则

编码组合			故障类型判断	典型故障(参考)
$\frac{C_2H_2}{C_2H_4}$	$\frac{CH_4}{H_2}$	$\frac{C_2H_4}{C_2H_6}$		
0	0	0	低温过热（低于 150℃）	纸包绝缘导线过热，注意 CO 和 CO_2 的增量和 CO_2/CO 值
	2	0	低温过热（150～300℃）	分接开关接触不良；引线连接不良；导线接头焊接不良；股间短路引起过热；铁芯多点接地，矽钢片间局部短路等
	2	1	中温过热（300～700℃）	
	0, 1, 2	2	高温过热（高于 700℃）	
	1	0	局部放电	高湿、气隙、毛刺、漆瘤、杂质等所引起的低能量密度的放电
2	0, 1	0, 1, 2	低能放电	不同电位之间的火花放电，引线与穿缆套管(或引线屏蔽管)之间的环流
	2	0, 1, 2	低能放电兼过热	
1	0, 1	0, 1, 2	电弧放电	线圈匝间、层间放电，相间闪络；分接引线间油隙闪络，选择开关拉弧；引线对箱壳或其他接地体放电
	2	0, 1, 2	电弧放电兼过热	

实践表明，采用油中溶解气体色谱法检测充油电气设备内故障是行之有效且可带电进行的手段。但因设备结构、绝缘材料、绝缘油保护方式及操作条件不同，至今未能建立起一个统一而严格的规范，在发现问题时，通常还要缩短测量时间间隔、追踪时间，同时还要进行多次测试，然后对照以往气体分析历史数据、运行记录、制造厂所提供的信息及其他电气测试结果进行对比，进行综合分析，从而得出正确判断。油浸式变压器的故障检测和分析一直是目前关注的热点，结合油中溶解气体和其他方法得到的特征量进行综合分析，成为未来实现油浸式变压器状态评估的有效途径。

第 7 章

电气设备绝缘的高电压试验

电力系统中的电气设备，其绝缘不仅经常受到工作电压的影响，还会受到诸如大气过电压和内部过电压的侵袭。为了考验其在长时间的工作电压及瞬时的过电压下是否能可靠工作，电气设备在出厂、安装调试或者大修后需要进行各种高电压试验。

本章主要介绍工频高电压试验、直流高电压试验、冲击电压试验、高电压的光电与数字化测量技术及电气设备在线监测和故障诊断。

7.1 工频高电压试验

我国交流输电设备的额定工作频率（简称工频）为 50Hz，因而规定交流绝缘试验采用 45～65Hz 的交流电压。交流电压的特性主要以峰值、有效值、波形畸变率、波顶系数等参数来描述。交流试验应尽可能降低电压波形的畸变。交流高电压的产生通常采用工频试验变压器，但对于一些特殊被试品试验，如变压器的感应试验，采用频率不超过 500Hz 的交流电压；对于大容量高电压设备的试验，采用串联谐振方法产生的 30～300Hz 的交流电压；固体绝缘的加速老化试验则采用几千赫兹的高频交流电压等。

7.1.1 工频高电压的产生

工频高电压的产生一般采用工频高电压试验变压器，它是高电压实验室最基本的、不可缺少的设备之一。它除了用于工频高电压试验，也是试验研究气体绝缘间隙、电晕损耗、静电感应、长串绝缘子的闪络电压以及带电作业等必需的高电压电源设备。

7.1.1.1 工频高电压试验对试验设备的要求

图 7-1 所示为进行工频高电压试验的一般线路图。其中调压器 B、试验变压器 T 可产生不同幅值的工频高电压以满足试验的需要；球间隙 Q 和电压表 V 用以测量电压；R_1、R_2 是保护电阻，R_1 用来限制过电流和过电压，从而保护试验变压器，R_2 用于保护球电极；被试品 T.O. 接在高电压引线与接地线之间。

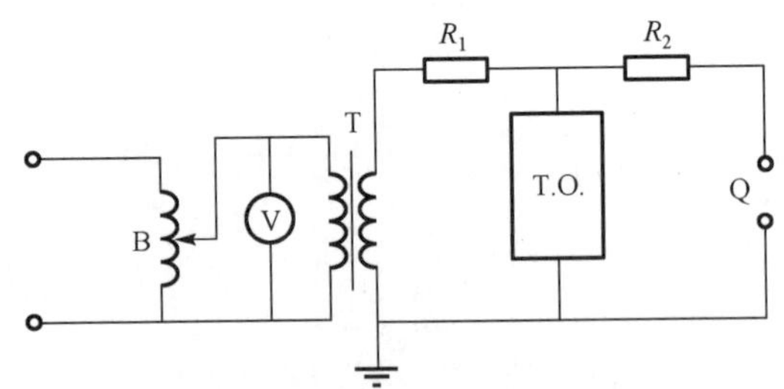

图 7-1 进行工频高电压试验的一般线路图

工频试验变压器和与之配套的调压器与变压器和普通调压器在结构、性能上都有不同的地方，这是由工频高电压试验的特点及其对设备的要求所决定的。这些要求主要体现在电压、调压与波形、容量三个方面。

1. 电压

通常采用工频高电压试验来考核电气产品的绝缘性能，而这些试验电压要比设备的额定工作电压高得多。例如，对于 110kV 等级的电力变压器，工频试验电压则要求为 230kV。此外，为了进一步研究绝缘性能，了解其击穿强度，还需要进行绝缘击穿试验。电气产品的击穿电压一般比试验电压高得多。目前，我国和世界上多数工业国家都已有 2250kV 的试验变压器，个别国家试验变压器的电压已经达到了 3000kV。

2. 调压与波形

绝缘介质在不同的升压情况及不同波形的电压作用下的击穿特性是不同的，为了使试验研究结果能够相互比较和参考，对调压与波形做了统一的规定。电压波形应该是正负半波对称的正弦波，频率在 45～65Hz，电压的有效值等于幅值除以 $\sqrt{2}$，即波顶系数。标准规定，波顶系数应在 $\sqrt{2}\pm0.07$ 范围内。对于调压装置，应能够按所要求的速度连续、平稳地调节电压。

3. 容量

对于试验变压器，除了输出电压应满足要求，其容量主要是由工作时间的长短以及负载所需电流的大小来决定的。

在工频击穿试验中，虽然被试品被击穿后电源会立刻切断，但变压器还是会受到短时的冲击电流，因此容量的选择还需要考虑短时冲击电流的影响；在工频耐压试验中，根据被试品的不同，当电压升至规定值后，有的被试品的电压会迅速降低（如对外绝缘进行试验时），有的被试品的电压会维持 1～5min 再迅速降低（如对有机绝缘材料构成的内绝缘进行试验时）。只是在个别试验里（如试验线路的电晕试验），以及在个别电气产品的耐压试验（如高压电力电缆型式试验）里才有较长的运行时间。因此，在大部分高电压试验里，试验变压器的连续工作时间不长，而在额定电压下满载运行的时间更短，这比长期处于满载工作的电力变压器的运行情况要好得多。

对于大多数情况，工频电压下的电气设备可以看作容性被试品，即流过被试品的是电容电流 I_C（A），可表示为

$$I_{\mathrm{C}} = \omega CU \times 10^{-9} \tag{7-1}$$

式中 ω——角频率，$\omega = 2\pi f\,(f = 50\mathrm{Hz})$；

C——被试品的电容量（pF）；

U——所加的试验电压（kV）（有效值）。

大多数被试品的电容不超过 5000pF。设 C=5000pF，试验电压 U=500kV，根据式（7-1）可得 I_C≈0.785A，可见一般流过被试品的电流是不大的。额定电压在 250kV 以上的试验变压器常采用 1A 制，即高压额定输出电流为 1A，通常这已能满足一般的试验要求。考虑到人工污秽等特殊情况，要求试验设备的短路电流为 4～10A。

选择试验变压器的额定容量（kVA）按式（7-2）考虑：

$$P = I_{\mathrm{C}}U = \omega CU^2 \times 10^{-9} \tag{7-2}$$

式中各量的单位同式（7-1）。

由式（7-2）可见，试验变压器的容量一般不大，而且运行的条件比电力变压器有利，所以设计时采用较小的安全系数，在额定电压下只能做短时运行。特高压的试验变压器，只有在 2/3 的额定电压下才能长期运行。

7.1.1.2 串级试验变压器

当单个变压器的电压超过 500kV 时，变压器的质量、体积均要随电压的升高而迅速增加，

这在机械、绝缘结构设计上都有相当大的困难，所以目前单个变压器的额定电压很少超过750kV。当需要更高电压等级的试验变压器时，常用几个变压器串接的方法，构成串级试验变压器，串级试验变压器就是使几台变压器二次绕组的电压相叠加，从而使单台变压器的绝缘结构大大简化。

图 7-2 所示的串级方式称为自耦式串级变压器，这是目前最常用的串级方式。这里后级变压器的励磁电流由前级变压器供给。

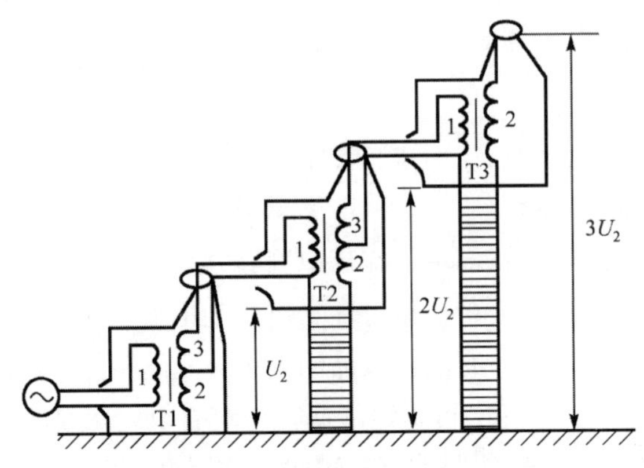

图 7-2 自耦式串级变压器

设该装置输出的额定电流为 I_2（A），每一级变压器高压侧绕组的额定电压为 U_2（kV），则该装置输出的额定电压为 $3U_2$（kV），总的额定输出容量为 $3U_2I_2$（kVA）。最高一级变压器 T3 的额定容量为 U_2I_2（kVA），中间一台变压器 T2 的额定容量为 $2U_2I_2$（kVA），这是因为该变压器除了要直接供应负荷所需的 U_2I_2（kVA）容量，还得供给 T3 的励磁容量 U_2I_2（kVA）。同理，变压器 T1 应具有的额定容量为 $3U_2I_2$（kVA）。所以当串级级数为 3 时，串级变压器的额定输出容量 $W_{\mathrm{T}}=3U_2I_2=3\mathrm{W}$，而整套装置的总容量应为各变压器容量之和，即 $W_{\Sigma}=U_2I_2+2U_2I_2+3U_2I_2=(1+2+3)W=6\mathrm{W}$。所以，装置的利用系数

$$\eta=\frac{W_{\mathrm{T}}}{W_{\Sigma}}=\frac{3\mathrm{W}}{6\mathrm{W}}=50\% \tag{7-3}$$

7.1.2 工频高电压的测量

7.1.2.1 概述

电力运行部门通过电压互感器和电压表测量交流高电压。把电压互感器的高压边连接被测电压，低压边跨接一块电压表，把电压表读数乘上电压互感器的变比，就可得到被测电压值。但这种方法在高电压实验室中用得不多，因为高电压实验室中所要测的电压值常常比现有电压互感器的额定电压高许多，特制一个超高压的电压互感器是比较昂贵的，而且高电压的互感器也比较笨重，所以一般采用其他方法来测量交流高电压。在高电压实验室中用来测量交流高电压的方法很多，目前最常用的有下列几种：

（1）以高压静电电压表测量电压有效值。

（2）以电阻、电容分压器作为转换装置所组成的测量系统测量交流高电压。

（3）以整流电容电流测量交流高电压的峰值。

（4）以整流充电电压测量交流高电压的峰值。

（5）以光电系统测量交流高电压。

国家标准规定，交流、直流及冲击认可的高压电气设备都要进行三种类型的试验：验收试验、性能试验、性能校核。

（1）验收试验，装置在投入使用前进行的试验，包括样机上进行的型式试验和每台装置上进行的例行试验。

（2）性能试验，对整套测量系统在工作条件下检测其性能的试验。对交流和直流高电压测量系统，需进行确定系统的标定刻度因数的试验。对冲击测量系统，还规定了其他试验。

（3）性能校核，为验证最近一次性能试验所确定的结果是否仍然有效所进行的简化试验。对于交流和直流高电压测量系统，需校核元件及系统的刻度因数。

7.1.2.2　常用工频高电压测量方法及设备

1. 静电电压表

分别带正、负电荷的导体间存在着静电吸引力，吸引力的大小与两导体间的电位差的二次方成正比，静电电压表就是利用这个原理做成的。测量静电力的大小或由静电力产生的某一极板的位移（或偏转）来反映所加电压大小的表计称为静电电压表。

如图7-3所示，有一对平板电极，极间距离为l，电容为C，所加电压瞬时值为u。对于平行极板，由于极板间为均匀电场，则面积为S的电极所受的静电力f为

$$|f|=\frac{1}{2}u^2\frac{S\varepsilon_0\varepsilon_r}{l^2} \tag{7-4}$$

式中　ε_0、ε_r——真空介电常数和相对介电常数；

u、l、S——单位分别为kV、cm、cm^2。

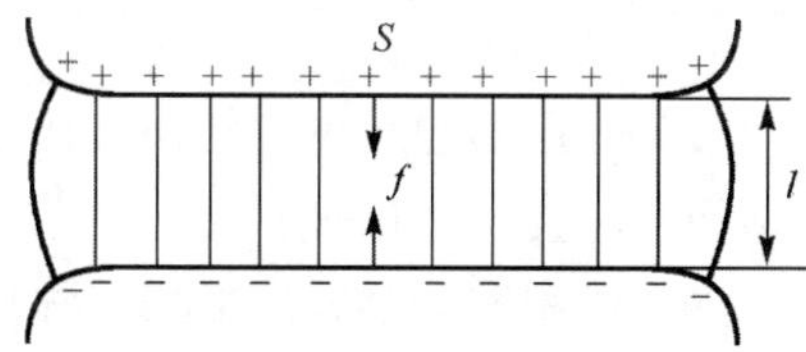

图7-3　静电电压表用平板电极

静电力与电压的二次方成正比，与电压的极性无关，总是正的。若电压不是恒定的，静电力也与时间有关。于是用静电力的平均值（单位为J/m）来测量电压，有

$$F=\frac{1}{T}\int_0^T f(t)\mathrm{d}t=\frac{\varepsilon_0\varepsilon_r S}{2l^2}\frac{1}{T}\int_0^T u^2\mathrm{d}t=\frac{\varepsilon_0\varepsilon_r S}{2l^2}U^2 \tag{7-5}$$

式中　U——电压的有效值。

$$U=l\sqrt{\frac{F}{4.52}\frac{10^4}{\varepsilon_r S}} \tag{7-6}$$

通过测量静电力的大小，就可以判断电压的高低。静电电压表测量交流电压时，所测结果为交流电压的有效值。

从式（7-6）可知，只要已知l、ε_r、S，并测出所受的力F，即可求出电压U，工程上常用的静电电压表是利用可动电极（图 7-3 中的S）在电场力的作用下产生位移（或偏转）的程度来反映被测电压高低的，它需要用别的测量仪表来校正和标定它的电压刻度。

静电电压表的内阻很高，因此在测量时几乎不会改变被试品上的电压，这是它的突出优点。当电压不太高时，它能方便地在高压端直接测出电压值。

2. 高压交流分压器

分压器是一种将高电压波形转换成低电压波形的转换装置，它由高压臂和低压臂组成。输入电压加到整个装置上，而输出电压则取自低压臂。通过分压器可解决以低压仪表及仪器测试高压峰值及波形的问题。交流分压器可用来测量几千伏到几百万伏的交流电压，交流分压器的原理如图 7-4 所示，图中Z_1为高压臂的高阻抗，Z_2为低压臂的低阻抗。测电压时，大部分电压降落在Z_1上，Z_2仅分到一小部分电压，该低压值乘上一个系数（刻度因数）即可求得被测的高压值。此系数常称为分压比。在图 7-4 中，

$$\dot{U}_2 / Z_2 = \dot{U}_1 / (Z_1 + Z_2) \tag{7-7}$$

分压比

$$k = \dot{U}_1 / \dot{U}_2 = (Z_1 + Z_2) / Z_2 \tag{7-8}$$

准确测量要求电压仅在幅值上差k倍，两者的相位差几乎为零。

对于纯电阻分压器，分压比

$$k = (R_1 + R_2)/R_2 \tag{7-9}$$

对于纯电容分压器，分压比

$$k = (C_1 + C_2)/C_1 \tag{7-10}$$

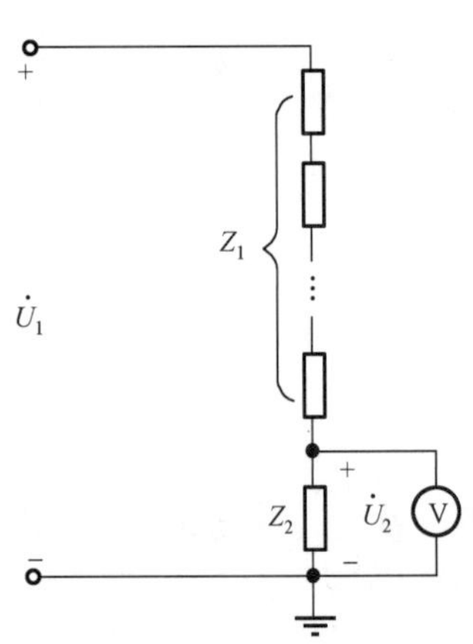

图 7-4 交流分压器的原理

对分压器提出如下的基本要求：

（1）分压器接入被测电路应基本不影响被测电压的幅值和波形。

（2）分压器消耗电能较小，且分压器消耗电能所形成的温升不应引起分压比的改变。

（3）低压臂两端电压波形应与被测电压波形相同，分压比在一定频带范围内应与被测电压的频率和幅值无关。

（4）分压比基本不受大气条件（气压、气温、湿度）影响。

（5）分压器中应无电晕及泄漏电流，或者说即使有极微量的电晕和泄漏电流，它们应对分压比的影响很小。

（6）分压器应采取适当的屏蔽措施，使它的测量结果基本或完全不受周围环境的影响。

从原理上来说，图 7-4 中的Z_1及Z_2可由电容元件或电阻元件，甚至是阻容元件构成。高压电阻分压器的内部电阻为纯电阻，虽然结构简单、使用方便、测量精度高、稳定性好，但电阻分压器不适宜测量较高的交流电压，因为这和误差有关，即对地对高压侧杂散电容等影响，经分析，其误差与ωRC有关，幅值越大，用于分压的R越大，ωRC越大，误差越大。

且频率越高误差也会越大，所以电阻分压器不适用于交流高电压测量。只有在电压不很高，频率不过高时才采用电阻分压器。在工频电压下，电阻分压器可使用在低于 100kV 电压的情况下。无论是电阻分压器还是电容分压器，其高、低压臂都应尽可能做成无感的，这是因为很难配置高、低压元件的电感值，使之满足一定的分压比要求。

3. 交流电容分压器

电容分压器因其相对普通电阻分压器耐压强度大，不易击穿，一般用来测量交流高电压。但由于其频响效应的响应时间值比电阻分压器的大，所以在冲击电压的测量中多用电阻分压器，在特高冲击电压的测量中经常用阻容分压器。

当被测电压较高时，采用直接指示仪表测量比较困难，通常采用电容分压器配用低压仪表来测量交流高电压，其原理图如图 7-5(a)所示，C_1 为分压器的高压臂，C_2 为低压臂。如果采用高阻抗电压表测得低压侧电容电压 $\dot{U}_2$，则高压侧电压 $\dot{U}_1$ 为

$$\dot{U}_1 = \left(\frac{C_1 + C_2}{C_1}\right)\dot{U}_2 = k\dot{U}_2 \tag{7-11}$$

式中　k——分压比，$k = \dfrac{C_1 + C_2}{C_1}$。

显然，只要 $C_1 \ll C_2$，则 $\dot{U}_1 \gg \dot{U}_2$，大部分电压降在 C_1 上，从而实现用低压仪表测量高电压的目的。根据电压侧接入的电压表特性的不同，可以测量交流电压的有效值或峰值。接入示波器，还可测量电压的波形。对于分压器，要求它的分压比 k 是常数，即不应随被测电压的波形、频率、幅值、周围大气条件、安装地点的变化而改变。此外，分压器的接入应不影响电压波形和幅值。

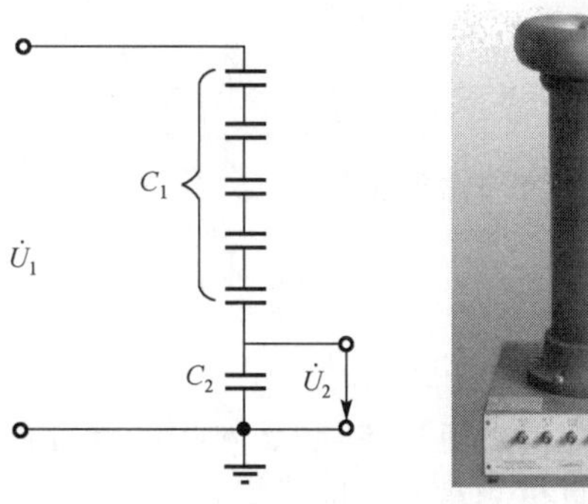

(a) 交流电容分压器原理图　　(b) 交流电容分压器实物图

图 7-5　交流电容分压器

在电容分压器中，要求 C_1 很小，但又能承受很高的电压，因此 C_1 往往成为分压器中的主要元件。实际的电容分压器有两种主要形式：一种称为分布式电容分压器，它的高压臂由多个电容器元件串联组装而成，要求每个元件尽可能为纯电容，介质损耗和电感尽可能小；另一种称为集中式电容分压器，它的高压臂使用一个气体介质的高压标准电容器，气体介质常采用 N_2、CO_2、SF_6 及其混合气体。目前我国已经能生产 1200kV 高压标准电容器。

对于电容分压器低压臂电容 C_2，要求电容量较大而承受的电压较低，因此 C_2 应采用高稳定度、低损耗、低电感量的云母、聚苯乙烯等介质的电容器。电容量根据分压比和低压仪

表的量程确定。

通常被试品和分压器在试区内，测量仪表在控制室内，两者相隔较远，一般用屏蔽电缆将低压引出送至控制室以防止外界的电磁干扰。

使用电容分压器的另一个问题是高压臂对地杂散电容引起的分压比的变化。对于分布式电容分压器，为了减小对地杂散电容的影响，通常取 C_1 在 300 pF 左右。集中式电容分压器，由于其良好的屏蔽而不会引起高压臂等效电容的明显变化。

常在分压器的低压臂并联电阻 R，用于防止电晕等因素在低压臂上出现直流分量，一般选取 $R \gg \frac{1}{\omega}C_2$。

4. 峰值电压表

广义来讲，峰值电压表是指测量周期性波形及一次过程波形峰值的电压表。国内外早已有兼能测量上述两大类波形峰值的 1.6kV 峰值电压表。其标准要求峰值电压表对低压臂的测量不确定度不大于 1%。本节叙述几种用于交流高电压测量的峰值电压表的基本原理。其中一种利用整流电容电流来测量电压峰值；另一种利用电容器上的整流充电电压来测量电压峰值。在此基础上，还发展出了有源数字式峰值电压表。

1）电容器电流整流法测量交流峰值

在电容器上施加交流电压，通过测量充电电流来确定电压值。通过半波整流或全波整流，利用直流电流计测量整流电流可求得电压的峰值，而采用有效值指示的交流电流计则可求得电压的有效值。图 7-6 所示为半波整流时的测量回路，R 为整流器的保护电阻，其阻值比电流计、整流器的内阻要大得多。i_C 为电流的平均值，电压的峰值 U_1 表示如下：

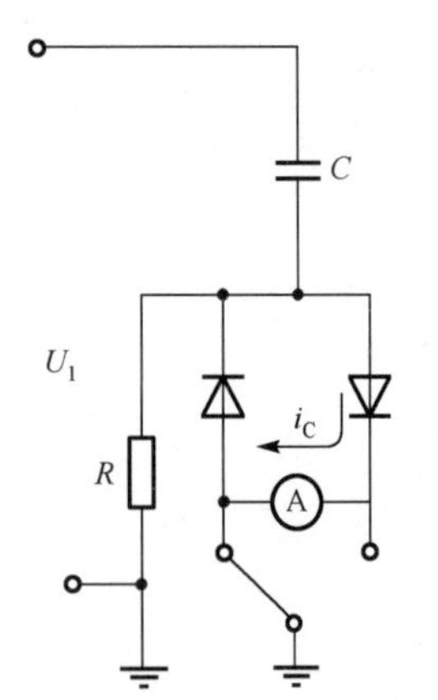

图 7-6 半波整流时的测量回路

半波整流的情况

$$U_1 = \frac{i_C}{2fC} \tag{7-12}$$

全波整流的情况

$$U_1 = \frac{i_C}{4fC} \tag{7-13}$$

式中 f——电压的频率。

与耦合电容器类似，利用静电容量大的电容器，可用交流电流计直接测量充电电流的有效值 I，如果电压的有效值为 U_C，则 U_C 可由式（7-14）求得

$$U_C = \frac{1}{2\pi fC} \tag{7-14}$$

由于高频谐波电流的容抗比基波电流要小，如果所测电压存在波形畸变，这种方法很容易带来较大的测量不确定度。

2）电容器充电电压整流法测量交流峰值

在图 7-7 中，被测交流电压经高压硅堆 VD 使电容充电至交流电压的幅值，电容电压由静电电压表或微安表串联电阻来测量。如果静电电压表或微安表串联电阻测得的电压为 U_d，则电压峰值

$$U_m = \frac{U_d}{1-\frac{T}{2RC}} \tag{7-15}$$

式中　T——交流电压的周期（s）；

C——电容器的电容量；

R——测量电阻。

一般情况下，当 $RC<20T$ 时，式（7-15）的误差不大于2.5%。

3）有源数字式峰值电压表

以上所介绍的是采用无源整流回路法测量峰值。这类方法实施起来比较简单，价格便宜，设计合适时，可达到一定的准确度。此外，相对有源电子线路的测量仪器，它具有另一优点，即电磁兼容性（EMC）优良，也就是说它对电磁脉冲的干扰不敏感，因此工作可靠性强。

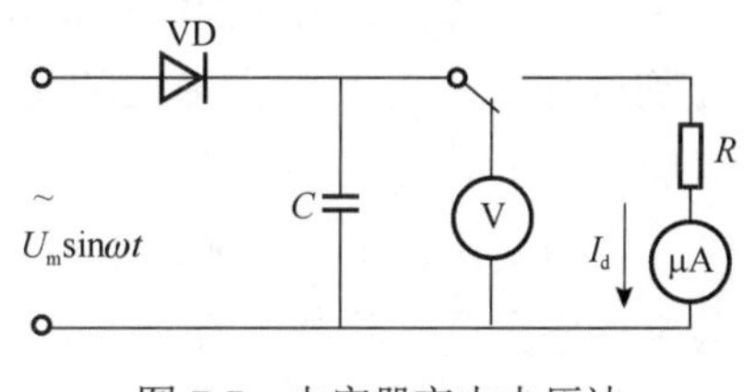

图7-7　电容器充电电压法

随着多种高性能运算放大器的发展，我们能应用它们对峰值电压进行采样保持，最后通过A/D（模数）转换器及其后接的数字表头，把峰值电压显示出来。这种有源的数字式峰值表，连接到电容分压器的低压臂，使用起来更为方便，测量也更准确，已逐步取代了早期发展的无源峰值电压表。在高电压下，当绝缘可能会被击穿时，这种峰值表需做好防止“干扰”或防止“反击”的措施，以免仪表测量不准确甚至受击损坏。

最简单的一种有源数字式峰值表的原理如图7-8所示。图中运算放大器 A_1 是一个电压比较器；A_2 是电压跟随器；ADC为A/D转换器。当交流电压处在正半周逐渐上升时，因为 $u_i>u_C$，而 $u_C \approx u_o$，所以 A_1 将输出正的信号电压，VD正向导通，电容 C 上就较快充电。到达峰值后，A_1 不再输出电压而且VD也截止。u_i 的峰值就被电容 C 所保持，并通过电压跟随器 A_2 输出，经过A/D转换器转换后，该电压值就被数字电压表头显示出来了。由于希望整个电路有较快的响应，需要有较大的对电容 C 的充电电流，故 A_1 应有较大的电流输出能力。在实际应用时，A_1 内的输出级，有一个三极管的电流放大回路，上述VD的单向导电作用，也由该三极管完成。因此可省略掉图7-7中的高压硅堆VD。对 A_1 的技术要求是较高的输入阻抗及较快的响应速度。电容 C 的容值选小些有利于减小响应时间，但会增大纹波，所以应选一容值适中的电容。

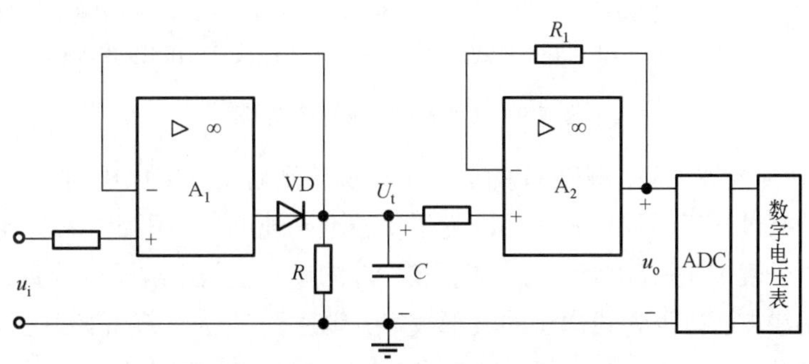

图7-8　最简单的一种有源数字式峰值表的原理

7.1.3 绝缘的工频耐压试验

工频耐压试验能有效发现较危险的集中式缺陷。但工频耐压试验也可能使固体有机绝缘中的一些弱点更加发展。因此，恰当地选择合适的试验电压是一个重要的问题。一般考虑到运行中绝缘的变化，预防性试验的工频耐压试验电压均取得比出厂试验电压低些，而且对不同情况的设备区别对待，主要由运行经验来决定。例如，在大修以前发电机定子绕组的工频试验电压取 1.5 倍额定电压；对于运行 20 年以上的发电机，由于绝缘较老，可取 1.3～1.5 倍额定电压或者更低些来做耐压试验。但对于与架空线路直接连接运行 20 年以上的发电机，考虑到运行中雷电过电压侵袭的可能性较大，为了安全，仍要求用 1.5 倍额定电压来做耐压试验。

电力变压器全部更换绕组后，按出厂试验电压进行试验。在其他情况下，它们的耐压试验电压取出厂试验电压的 85%。气体绝缘金属封闭开关设备按出厂试验电压的 80%做耐压试验，其他高压电气设备按出厂试验电压的 85%和 90%做耐压试验。对于纯瓷及充油的套管、支柱绝缘子和隔离开关，因其几乎没有累积效应，所以直接用出厂试验电压进行耐压试验。

在交流耐压试验中，加至试验标准的电压后，要求持续一分钟的耐压时间。规定一分钟是为了便于观察被试品的情况，同时也是为了使已经开始击穿的缺陷暴露出来。耐压时间不应太长，以免引起不应有的绝缘损伤，甚至使本来合格的绝缘发生热击穿。

试验电压的波形应接近正弦。一般用高电压试验变压器及调压器产生可调电压。调压器应尽量采用自耦式，它不仅体积小，漏抗也小，因而试验变压器励磁电流中的谐波分量在调压器上产生的压降也小，故试验变压器的原边电压波形畸变较小，二次电压的波形也就接近正弦。如果自耦调压器的容量不够，则可以采用移圈式调压器，不过后者的漏抗较大，会使电压波形发生畸变，为改善波形可在试验变压器原边并联由电感、电容串联组成的滤波器，把谐波滤掉。

下面介绍耐压试验的一般线路。其中，工频高电压试验线路图如图 7-9 所示。

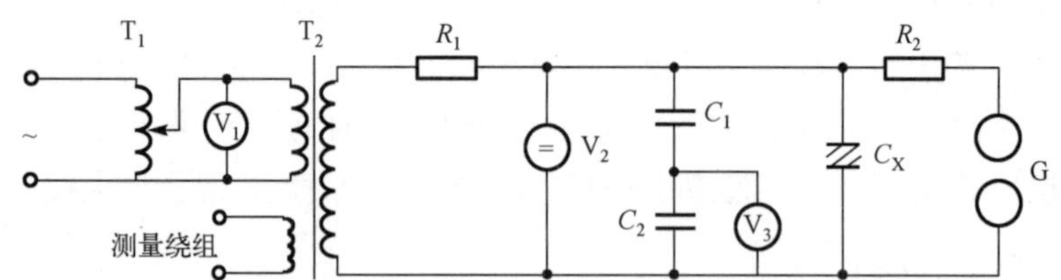

T_1—调压器；T_2—高电压试验变压器；V_1—交流电压表；V_2—静电电压表；V_3—交流电压表或示波器；R_1—变压器保护电阻；R_2—球隙保护电阻；C_X—被试品；G—过压保护用球隙。

图 7-9 工频高电压试验线路图

图 7-9 中的 C_X 为被试品，球隙 G 的放电电压调整到耐压试验电压的 1.1 倍，这是为了防止因误操作或谐振过电压而损坏被试品。为了比较准确地测量高压侧电压，通常用电容分压器或高压静电电压表 V_2 进行测量，原边电压表 V_1 的读数及测量线圈的读数只起参考作用。电源电压最好用线电压，因为线电压的波形较好。调压器 T_1 应从零开始升压。在 0.5 试验电压以下可以迅速升压，这以后要逐渐地均匀升压，一般在 20s 以内升到试验电压，这样才便

于准确地读数。

试验变压器主要的选择参数为额定电压、额定电流和额定容量。

1. 额定电压

试验变压器高压侧额定输出电压应满足被试品试验电压的要求，其低压侧额定输入电压应与调压器输出电压相匹配。

2. 额定电流

试验变压器的额定电流，应能满足被试品的试验电流并略有裕度。因为被试品多为容性，因此试验电流按式（7-16）进行估算。

$$I_C = \omega C_X U_S \tag{7-16}$$

式中 I_C——试验时被试品的电容电流（mA）；

ω——电源角频率；

C_X——被试品的等效电容（μF）；

U_S——试验电压（kV）。

3. 额定容量

额定容量应不小于

$$P = \omega C_X U_S^2 \times 10^{-3}(\text{kVA}) \tag{7-17}$$

注意： 在任何情况下试验电流均要小于试验变压器的额定电流。

在对电压等级不高的设备进行工频耐压试验时，一般选择单级试验变压器即可。如做更高电压等级的工频耐压试验则常采用串级或多级试验变压器。当被试品容量较大，一般的工频试验变压器的容量满足不了要求时，通常采用串联谐振试验或超低频耐压试验。

工频耐压检测技术的预防性较强，是特高压电气设备绝缘性能试验中的一种重要技术，使用该技术可以确保特高压电气设备具有良好的安全性能，在试验过程中，主要的工作原理是在试验回路中对特高压电气设备进行接入，之后需要将电压进行持续升高，当电压与额定电压相符时，停留一分钟，再将其迅速降为 0，观察特高压电气设备的绝缘层是否被击穿，表面是否有闪络现象发生，以此来判断特高压电气设备的绝缘性能是否良好。在使用该试验方法时，需要以仪表的变化情况为基础，检查特高压电气设备中是否存在响动，仪表显示是否正常，如果有响动、闪络、击穿等情况发生，试验人员需要进行二次试验，并找出问题出现的原因，对其进行合理的解决。

7.2　直流高电压试验

电气设备常需进行直流电压下的绝缘试验，如测量泄漏电流。一些大容量的交流设备，如油纸绝缘电力电缆，也常用直流耐压试验来代替交流耐压试验。至于高电压直流输电所用的电气设备更需进行直流高电压试验。此外，一些高电压试验设备，如冲击电压发生器和冲击电流发生器，需用直流高电压作为电源。

7.2.1 直流高电压的产生

直流高电压的特性用极性、平均值、脉动等来表示。高电压试验的直流电源在提供负载电流时，脉动电压要非常小，即直流电源必须具有一定的负载能力。产生直流高电压最常用的是变压器和整流回路的组合，另外还可通过静电方式。

7.2.1.1 半波整流回路和直流高电压设备的基本参数

应用最广泛的产生直流高电压的方法是将交流电压通过整流元件整流而获得。常用的整流设备为图 7-10(a)所示的半波整流电路，它与电子技术中常用的低电压半波整流电路基本相同，只是增加了一个保护电阻 R。这是为了限制被试品放电时通过高压硅堆和变压器的过电流，以免其损坏高压硅堆和变压器。

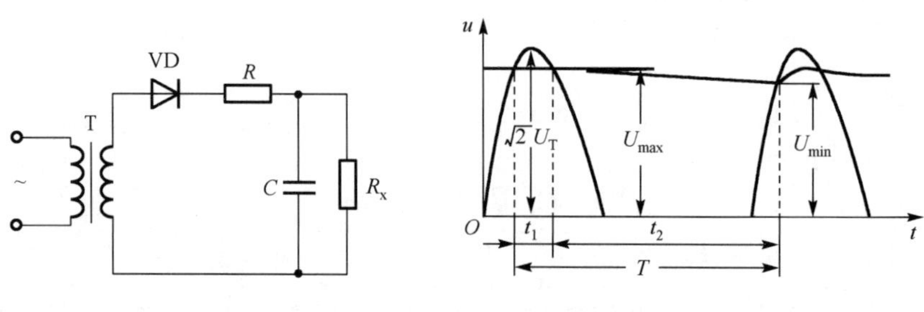

(a) 半波整流电路　　(b) 输出电压波形

T—工频试验变压器；C—滤波电容器；VD—整流元件（高压硅堆）；R—保护电阻；

U_{max}、U_{min}—被试品输出直流电压的最大值、最小值；U_T—试验变压器 T 的输出电压（有效值）。

图 7-10　半波整流电路及输出电压波形

直流高电压试验设备有三个基本技术参数，即输出的额定直流电压（算术平均值）U_d、相应的额定直流电流（平均值）I_d 以及电压脉动系数 S。

$$S = \frac{\delta u}{U_d} \tag{7-18}$$

式中，$\delta u \approx \frac{U_{max} - U_{min}}{2}$；$U_d \approx \frac{U_{max} + U_{min}}{2}$。

δu 表示输出电压的脉动幅值或纹波。根据国际电工委员会和我国国家标准规定，直流高电压试验设备在额定电压和额定电流下的脉动系数（也称纹波系数）S 应不大于 3%。

对于上述半波整流回路，若被试品为 R_x，则电压脉动幅值为

$$\delta u = \frac{I_d T}{2C} = \frac{I_d}{2fC} \tag{7-19}$$

而脉动系数

$$S = \frac{\delta u}{U_d} = \frac{I_d}{2fCU_d} = \frac{1}{2fCR_X} \tag{7-20}$$

保护电阻 R 的选择，可按式（7-21）进行确定：

$$R = \frac{\sqrt{2}U_T}{I_{sm}} \tag{7-21}$$

式中　U_T——工频试验变压器 T 的输出电压（有效值）；

I_{sm}——根据高压硅堆的过载特性曲线所确定的短时允许的过电流峰值。

如果选定的高压硅堆额定整流电流为 I_f，过载时间为 0.5s，则通常取 $I_{sm}=10I_f$；若过载时间更长时，则 R 应取得更大些。

7.2.1.2　倍压整流回路

如果要产生更高的电压可采用倍压电路，如图 7-11 所示。这种电路实际上可看成两个半波电路的叠加，因而它的参数计算可参照半波电路的计算原则进行。这种电路对变压器 T 有些特殊要求，T 的二次电压仍为 U_T，但其两个输出端对地绝缘不同，A 点对地绝缘为 $2U_T$，而 A'点的为 U_T。输出电压为变压器二次电压的两倍。最常用的倍压电路如图 7-12 所示，变压器一端接地，另一端电压为 U_T，对绝缘无特殊要求，高压硅堆的反向峰值电压为 $2\sqrt{2}U_T$，电容 C_1 的工作电压为 $\sqrt{2}U_T$、C_2 的为 $2\sqrt{2}U_T$、输出电压为 $2\sqrt{2}U_T$。

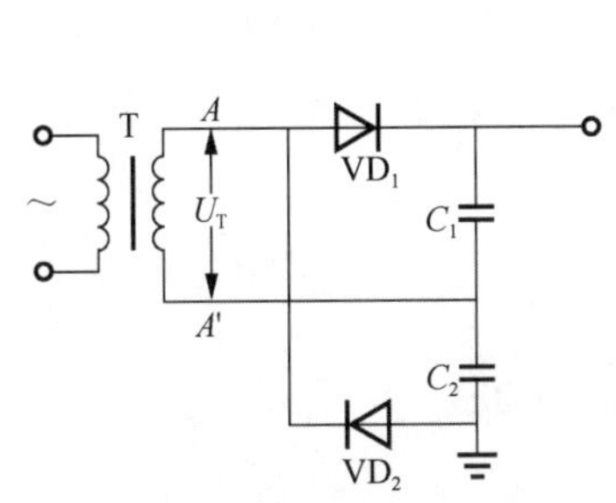

图 7-11　倍压电路

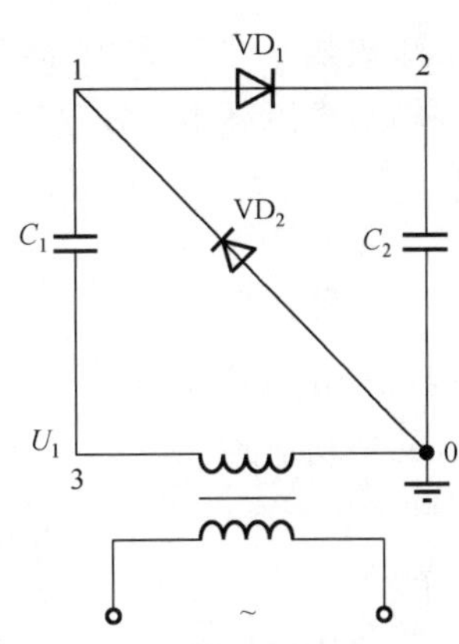

图 7-12　最常用的倍压电路

这种电路的工作原理简述如下。

假定电源电动势从负半波开始，当电源为负时，VD_1 截止，VD_2 导通，电源经 VD_2、保护电阻对电容 C_1 充电，1 点电位为正，3 点电位为负，电容 C_1 上的最高充电电压可达 $\sqrt{2}U_T$，此时 1 点的电位接近于地电位。当电源电压由 $-\sqrt{2}U_T$ 逐渐升高时，1 点电位也随之升高，此时 VD_2 截止；当 1 点电位高于 2 点电位时，VD_1 导通，电源经保护电阻以及 C_1、VD_1 向 C_2 充电，2 点电位逐渐升高。当电源电压从 $+\sqrt{2}U_T$ 逐渐下降时，1 点电位随之降落，当 1 点电位低于 2 点电位时，VD_1 截止。当 1 点电位继续下降到低于地电位时，VD_2 又导通，电源再经 VD_2 对 C_1 充电。重复上述过程，当设备空载时，最后使 1 点电位在 $0\sim2\sqrt{2}U_T$ 范围内变化，2 点对地电压为 $2\sqrt{2}U_T$。

7.2.1.3　串级直流发生器

以图 7-12 所示的倍压电路为基本单元，多级串联起来，可组成串级直流高电压发生器，其原理图如图 7-13 所示。

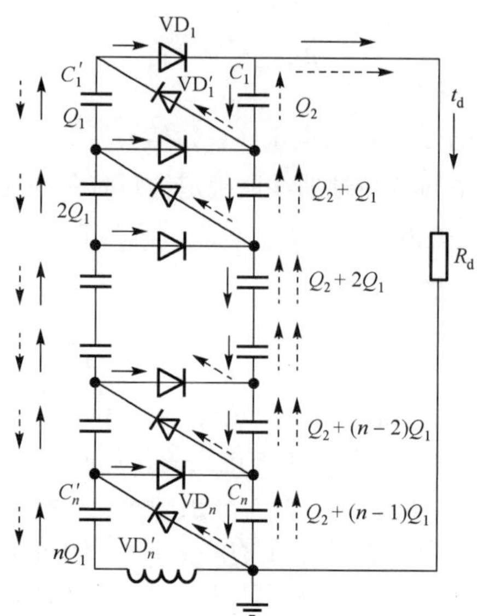

图 7-13 串级直流高电压发生器原理图

假设串接级数为 n，电源变压器的输出电压最大值为 U_m，并且设左柱、右柱电容器的电容量相等，则串级直流高电压发生器的脉动电压

$$\delta u = \frac{n(n+1)I_\mathrm{d}}{4fC} \tag{7-22}$$

式中 I_d——平均输出电流（A）；

f——电源频率（Hz）。

输出电压的平均值为

$$U_\mathrm{d} = 2nU_\mathrm{m} - \frac{I_\mathrm{d}}{6fC}(4n^3 + 3n^2 + 2n) \tag{7-23}$$

式中 ΔU_a——平均电压降落，$\Delta U_\mathrm{a} = \dfrac{I_\mathrm{d}}{6fC}(4n^3 + 3n^2 + 2n)$。

串级直流高电压发生器的脉动系数

$$S = \frac{\delta u}{U_\mathrm{d}} = \frac{n(n+1)I_\mathrm{d}}{4fCU_\mathrm{d}} \tag{7-24}$$

从式（7-22）～式（7-24）可知，脉动电压和脉动系数近似地与级数的二次方成正比，电压降落近似地与级数的三次方成正比。对于一定的输出电流，确定的电容量 C 和电源频率 f，并不是串接级数越多平均输出电压越高，而是电压脉动系数随串接级数的增多而迅速增大。因此，取合适的串接级数，才能得到所期望的直流高电压。

从上述公式还可知，减小电压脉动系数可用下述方法：提高每级电容器的工作电压以减小串接级数 n，增大每级电容器的电容量 C，或提高供电电源频率 f。目前电力系统中对电气设备进行直流耐压和泄漏电流等现场试验的直流高电压设备，通常采用提高电源频率的方法，常选用频率为数百至数万赫兹的电力电子器件组成的逆变器（直流-交流换流器）作为交流电源，使整套设备小型化，便于携带，以满足现场试验的需要。

7.2.2　直流高电压的测量

7.2.2.1　电阻分压器

不论是用高欧姆电阻构成电阻分压器还是用串联毫安表来测量直流高电压，其关键都是要设计一个能在高电压下稳定工作的高欧姆电阻器，当构成电阻分压器时，它就是分压器的高压臂。这个高欧姆的电阻 R_1 通常由许多个电阻元件 R 串联而成（因为一个电阻的额定工作电压最大约 1kV），电阻元件通常固定在绝缘支架上而外面再套以绝缘件。例如，一个 100kV、100MΩ 的高欧姆电阻器可由 100 个 1MΩ、2W 的金属膜电阻组成。用作电阻分压器时其刻度因数即其分压比为 $k=(1+R_1/R_2)$，待测电压 $U_1=kU_2$，U_2、R_2 分别为低压臂电压和电阻。当串联毫安表使用时，其刻度因数为 R_1，$U_1=R_1I_1$。该高欧姆电阻器经比对后的总不确定度约为 2%。为防止低压部分出现过电压或仪表超量程，常在低压部分并联快速动作的二极管。使用毫安表时，为防止引线和毫安表（一般放在控制台上）发生开路而在控制台上出现高电压，R_1 应通过一合适的电阻接地。

R_1 阻值的选择不能太小，否则会要求直流高电压设备供给较大的电流 I_1，且 R_1 本身的热损耗也会太大，以致 R_1 阻值不稳定而出现测量误差。另外，也不能选得太大，否则由于 I_1 过小而使电晕放电和绝缘支架漏电都会造成误差。故国家标准规定 I_1 不低于 0.5mA。一般 I_1 选择在 0.5～1mA，对于额定工作电压高的分压器，I_1 可选大些，因为电晕和泄漏也更严重些，对于额定工作电压低的分压器，I_1 可选小些。

造成电阻分压器测量误差的主要原因是电阻值不稳定。虽然就整个测量系统的误差来讲，除了 R_1、R_2 引起的误差，还应包括串联的毫安表或并联的电压表的误差，但电表的误差比较容易控制，必要时可选用准确度更高的表计。现将造成 R_1、R_2 实际阻值变化的原因及改进措施分述如下。

1. 电阻本身发热（或环境温度变化）造成阻值变化

这个变化的大小取决于所选电阻的温度系数。可用于电阻分压器的国产电阻有金属膜电阻和线绕电阻。由 Ni、Cr、Mn、Si、Al 合金丝或卡玛丝组成的精密线绕电阻的温度系数一般为 $\pm1\times10^{-6}/℃\sim\pm5\times10^{-6}/℃$。精密金属膜电阻的温度系数则为 $\pm10\times10^{-6}/℃\sim\pm100\times10^{-6}/℃$。为减少发热造成的阻值变化，除了根据分压器不确定度的要求选用温度系数小的电阻元件，常分别或同时采取以下措施：

（1）选择元件的容量大于分压器所需的额定功率，以减小温升。

（2）金属膜电阻和线绕电阻的温度系数在不同温度下常常有正有负，在串联使用时可适当地加以搭配，使 R_1 整体的温度系数最小。

（3）分压器内充变压器油以增强散热或通以循环的绝缘气体控制分压器的温度。

2. 电晕放电造成测量误差

电阻元件处于高电位就可能发生电晕放电，电晕放电不仅会损坏电阻元件（特别是薄膜电阻的膜层）使之变质，而且对地的电晕电流将改变上述 U_1 与 I_1 或 U_1 与 U_2 的关系式而造成测量误差，为此除将 I_1 适当选大些之外，还应根据 R_1 工作电压的高低和对测量系统准确度的要求分别或同时采取以下措施来消除电晕：

（1）R_1的高压端应装上可使整个结构的电场比较均匀的金属屏蔽罩。

（2）分压器内充以高气压的气体或高绝缘气体（如 SF_6）或变压器油。

（3）等电位屏蔽。将电阻元件用金属外壳屏蔽起来，屏蔽的电位可由电阻分压器本身来供给，亦可由辅助分压器供给。图 7-14 所示为一台总不确定度为±0.01%的 100kV、100MΩ 螺旋式精密电阻分压器，电阻元件是由低温度系数的卡玛丝绕成的线绕电阻，每个电阻是1MΩ，每两个电阻装在一个屏蔽单元内。屏蔽的电位由电阻供给，再将屏蔽单元螺旋地（螺旋直径为 24cm）安装在有机玻璃架上，由于屏蔽有较大的曲率半径，高压端又有大尺寸的屏蔽罩（直径为 56cm，有机玻璃架子高度为 42cm）使高压端和大地之间的电场比较均匀，因此屏蔽本身不会发生电晕。电阻和屏蔽之间的最大电位差为半个电阻上的压降，即 500V，所以电阻和屏蔽之间的电位梯度不大，电阻上不会发生电晕。这种等电位屏蔽的缺点是，如果屏蔽本身发生电晕或屏蔽单元之间有漏电则仍将造成上述测量误差，为此可使用辅助分压器来供给屏蔽电位。图 7-15 所示为精密电阻分压器接线原理，精密电阻分压器由 200 个 1MΩ 线绕电阻组成，每两个电阻放在作为屏蔽单元的金属圆柱筒内，屏蔽电位由碳膜电阻组成的辅助分压器供给，屏蔽与电阻之间的最大电位差也仅为 500V，屏蔽单元安装在有机玻璃板上，整个分压器装在有机玻璃箱内（尺寸为 41cm×16cm×78cm）。按这种做法，若屏蔽上发生电晕和漏电，屏蔽电位均可由辅助分压器提供而和分压器本体基本无关，但电阻元件和屏蔽之间的绝缘应选用较好的材料以防止电阻和屏蔽间漏电，否则就会失去上述优点。该分压器的低压臂用差动电压表（分压比为 104）或电位差计（分压比为 105）进行测量。分别测量分压器的入口和接地处的电流，这样可以鉴别有无电晕放电。

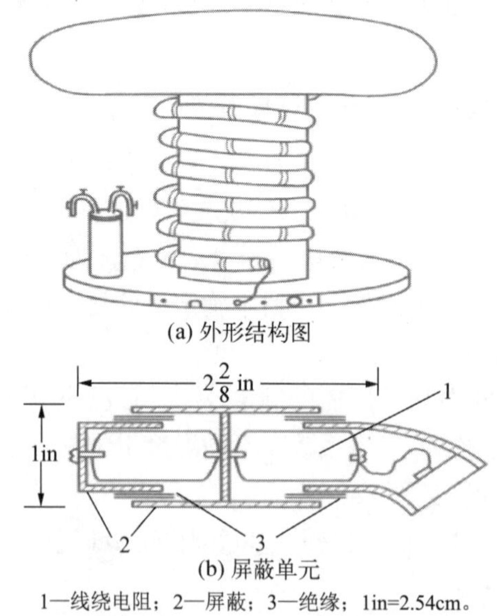

(a) 外形结构图

(b) 屏蔽单元

1—线绕电阻；2—屏蔽；3—绝缘；1in=2.54cm。

图 7-14　一台总不确定度为±0.01%的 100kV、100MΩ 螺旋式精密电阻分压器

3. 绝缘支架的漏电造成测量误差

安装电阻 R 的绝缘支架若有泄漏电流则等于和电阻 R（或 R_1）并联了一个电阻 R'（或

R_1'），从而使实际的阻值发生变化。由绝缘电阻 R'（或 R_1'）引起的电阻 R（或 R_1）和分压比 k 的相对误差可认为等于 R 和 R'（或 R_1 和 R_1'）的阻值之比。因此，为减小泄漏引起的测量误差应选用绝缘电阻大的结构材料，使 R'比 R（或 R_1'比 R_1）大好几个数量级。将 I_1 选大些（即 R 选小些）亦可减小误差，此外亦可采取充绝缘油和等电位屏蔽等措施来进一步减小和消除泄漏引起的测量误差。

综合以上技术措施，德国联邦物理技术研究院（PTB）研制了一台 300kV，分压比为 300∶1 的高准确度分压器。分压器由 300 个经加温老化处理、阻值为 2MΩ 的线绕电阻串联而成，其中一个作为低压臂，它们构成 50 圈不等距的螺旋并安装在充满绝缘油的外壳中，螺距的变化使电阻柱的电位分布大致等于静电场的分布。其顶部装有屏蔽罩和屏蔽环，底部装有屏蔽环。该分压器在 300kV 时总不确定度低于 0.001%。北京机电研究院高电压技术研究所的李汉民教授级高工于 2001 年主持研制了一台 150kV 精密直流高压电阻分压器。高压臂为 150MΩ，由 300 个阻值为 500kΩ 的线绕电阻组成，它的温度系数低于 5×10^{-6} 。分压比为 103、104、105 三挡。经与美国国家标准与技术研究院（National Institute of Standards and Technology，NIST）的不确定度为 0.006%的分压器进行比对，其差别的最大不确定度为 0.003%。根据未定系统误差的绝对和法合成原理，该 150kV 精密直流高压电阻分压器的不确定度应低于 0.01%。

近年来，国内外都趋向于将电阻分压器做成阻容分压器，即在电阻元件上并联相应的电容元件，使之在同一分压比下既可测量直流高电压，也可测量交流高电压，一机两用达到节约资金的目的。以一台典型的 BGV-200kV 交、直流两用分压器（北京机电研究院高电压技术研究所研制）为例，k=1000，R_1=667MΩ，由 20 个 10kV、33.35MΩ，温度系数为 100×10^{-6} 的电阻 R 组成。C_1=100pF，由 20 个 10kV、2000pF，温度系数为 20×10^{-6} 的电容 C 组成。每个电阻 R 和电容 C 并联，测量直流时的总不确定度为±0.5%，测量交流时为±1.0%。分压器尺寸为 ϕ70mm×930mm，屏蔽罩直径为 ϕ300mm，重 8kg。其外形如图 7-16 所示。

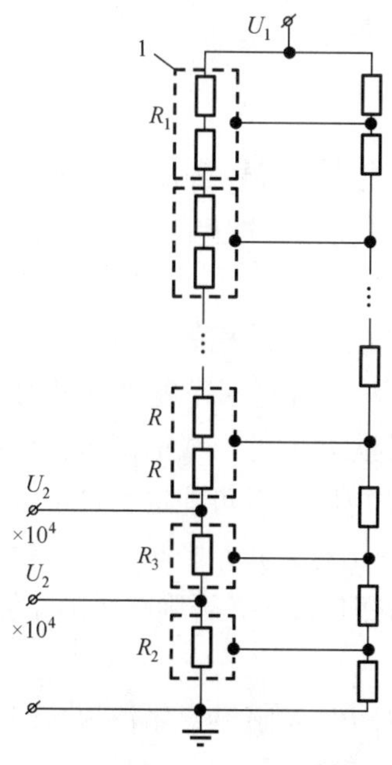

图 7-15　精密电阻分压器接线原理

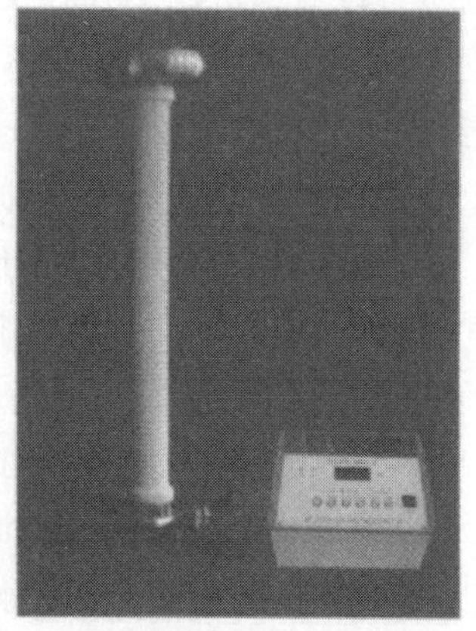

图 7-16　BGV-200kV 交、直流两用分压器外形

7.2.2.2 桥式电阻分压器

分压器的测量误差主要是由于 R_1 阻值不稳定会造成分压比变化，因此，如果能在工作条件下随时测量分压比，那么可大大提高分压器的准确度，桥式线路的电阻分压器即可解决在高电压下直接测量分压比的问题，它的工作原理如图 7-17 所示。这是一个桥式线路，A、A' 是分压器的高压臂，X、D 是可调电阻箱，B、B'是低压臂电阻，G 是指零用高灵敏度检流计，测量时要进行两次平衡。

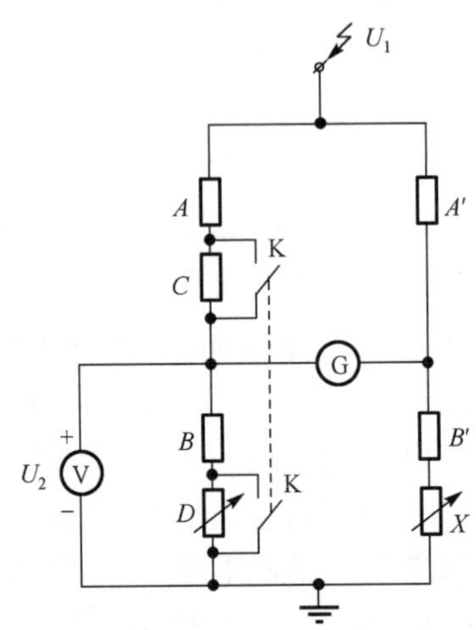

图 7-17 桥式电阻分压器工作原理

第一次平衡，K 合上，C，D 短接，调节 X 使 G 指零，桥路平衡，得

$$A/B=A'/(B'+X)$$

第二次平衡，K 打开，调节 D 使 G 指零，桥路又平衡，得

$$(A+C)/(B+D)=A'/(B'+X)$$

故 $A/B=(A+C)/(B+D)$，$AD=BC$。由此得分压比

$$k=U_1/U_2=(A+B)/B=(C+D)/D \tag{7-25}$$

D 可选用一精密电阻箱，C 选用已知的精密电阻（工作电压较高），这样通过二次平衡由 C 和 D 的读数可以立即测出分压比 k，只要 C 和 D 有足够的准确度，则 k 的准确度即能保证。

桥式线路的主要特点是分压器高压臂 A、A'（二者阻值接近相等）阻值的变化并不影响分压比的测量准确度，因为分压比在分压器运行条件下即在高电压下随时可以测得。同样 B、B'、X 的阻值变化也不影响分压比的准确度，因此对由大量元件组成的高压臂所选用的电阻的要求可大大降低。例如，不一定选用昂贵的精密线绕电阻而有可能选用价格低数十倍的金属膜电阻。虽然 A、A' 等电阻的阻值在较长时间内的变化对 k 并无影响，但在桥路二次平衡所需的短时间内（约 2min），则要求阻值是稳定的或者变化很小，否则将增加 k 的测量误差，即对电阻有一个“短时”稳定性的要求，现分析如下。

设桥路从第一次平衡到第二次平衡期间，A、A'、B、$B'+X$ 阻值变化各为 ΔA 、$\Delta A'$ 、ΔB 、ΔX ，相对变化为 δA 、$\delta A'$ 、δB 、δX ，则第二次平衡时可得

$$A(1+\delta A+C/A)/\left[B(1+\delta B+D/B)\right]=A'(1+\delta A')/\left[(B'+X)(1+\delta X)\right]$$

则

$$(1+\delta A+C/A)(1+\delta B+D/B)=(1+\delta A')/(1+\delta X)$$

式中，C/A、D/B、δA、$\delta A'$、δB、δX 均是小数，展开并略去两个小数的乘积可得

$$\delta A+C/A+\delta X\approx\delta B+D/B+\delta A'$$

整理得

$$(A+B)/B=(C+D)/D+A\left[(\delta A-\delta A')+(\delta X-\delta B)\right]/D$$

令分压比

$$k'=(A+B)/B,\quad k=(C+D)/D$$

由此可得二次平衡期间由于阻值变化引起分压比变化的相对误差为

$$\delta k=(k'-k)/k=A\left[(\delta A-\delta A')+(\delta X-\delta B)\right]/(C+D)$$

一般 $C\gg D$，并令 $C/A=P$，分压器的总不确定度为 e，则 $\delta k=e$，可得

$$(\delta A-\delta A')+(\delta X-\delta B)\leqslant Pe \tag{7-26}$$

即 A、A'、B、$B'+X$ 阻值的短时稳定性应满足式（7-26）的要求。例如，P=1/50，分压器的总不确定度 e=0.1%，则 Pe=2×10^{-5}。这样，只要在选择桥路上的电阻元件时分别使 A 和 A'，B 和 $B'+X$ 的温度系数完全一样或很接近即可。并且在操作上可通过多次重复调平衡来检查电阻的短时稳定性和减少由此引起的测量误差。若考虑 $(\delta A-\delta A')$ 和 $(\delta X-\delta B)$ 均为 $Pe/2$ 并考虑最恶劣情况，即 $\delta A=-\delta A'$，$\delta X=-\delta B$，那么 A、A'、B、$B'+X$ 的短时稳定性分别小于或等于 $\dfrac{Pe}{4}$。按上例情况即有 $\dfrac{Pe}{4}$=5×10^{-6}，这个要求还是较高的。

为保证电阻的短时稳定性，在设计高压臂 A、A' 时，宜选择比较精密的电阻元件（因其温度系数也往往较小），容量上也要有较大裕度。同时要经过严格的抗老化、筛选，以免由于电阻元件的工艺质量、固有噪声等因素影响其短时稳定性。另外，由于电晕放电和绝缘漏电的电流均不稳定，因此它们也会影响分压比的短时稳定性，而且不能用多次重复调平衡的办法来减小其影响，因此在桥式分压器中仍应选用好的绝缘材料和采用等电位屏蔽以消除和减小电晕放电和绝缘漏电所引起的误差。

A、A' 的阻值取决于分压器的额定工作电压，构成 A、A' 的电阻元件可选用性能稳定而温度系数不大的精密金属膜电阻，也可选用线绕电阻。

分压比 k 由 C、D 算得，因而 C 和 D 的准确度也直接影响 k 的准确度，即

$$k=(C+D)/D=1+C/D$$

根据误差传递原理，k 的相对误差 δK 和 C、D 的相对误差的关系为

$$\delta K=\delta C+\delta D$$

为保证 k 的准确度为 e，那么 δC 和 δD 最大不能超过 $e/2$，而且应该比 $e/2$ 小得多。如上所述，构成 δK 的除了 C、D 的准确度引起的误差，还有其他电阻元件的短时稳定性引起的误差。

因为

$$C/A=D/B=P$$

其中，C 和 D 的值取决于 P，P 选得太大则 C 的值大而工作电压过高，不易保证远小于 $e/2$ 的准确度；P 选得太小则对 A、A' 等的短时稳定性及检流计的要求过高，因此 P 一般在 10^{-2}～10^{-1}，还是工作在较高电压下，因此其结构也要考虑用等电位屏蔽等措施，和 A 一样。

为使分压比 k 的测量误差 $\delta k \leqslant e$，还要求 D 和 $B'+X$ 在桥路二次平衡时的可调节阻值（即 D 和 X 可调节的最小步进阻值）分别为$\pm eD$ 和$\pm e(B'+X)$。并且要求检流计 G 有足够的灵敏度，当 D 调节阻值为$\pm eD$ 时，所引起的不平衡电流 ΔI_y 在检流计中能够反映出来，即要求检流计的灵敏度优于 ΔI_y，按照电桥理论进行计算（计算中做一些必要的简化）可得

$$\Delta I_y = \pm I_1 eD/(2B) = \pm PeI_1/2 \tag{7-27}$$

式中　I_1——流经分压器 A 或 A' 的电流。

7.2.3　绝缘的直流耐压试验

直流耐压试验与工频耐压试验相比主要有以下特点。

7.2.3.1　试验设备轻便

直流耐压试验的设备比较轻便，有些场合，对容量很大的设备（如油纸绝缘电缆、电力电容器等）进行工频耐压试验需要大容量的试验变压器和调压器。而改为直流耐压试验，试验设备则轻便得多，便于现场使用。

7.2.3.2　可同时测量泄漏电流

可以在进行直流耐压试验的同时，通过测量泄漏电流，更有效地反映绝缘内部的集中性缺陷。直流耐压试验比工频耐压试验更能发现发电机端部的绝缘缺陷。其原因是，直流时没有电容电流从线棒流出，因而没有电容电流在半导体防晕层上造成的压降，故端部绝缘上的电压较高，有利于发现绝缘缺陷。

7.2.3.3　对绝缘损伤较小

当直流电压较高以至于在间隙中发生局部放电时，放电所产生的电荷使间隙里的场强减弱，从而抑制了间隙内的局部放电过程。如果是工频耐压试验，由于电压极性是交变的，因而每个半波都可能发生放电，甚至发生多次放电。这种放电往往会促使有机绝缘材料分解、劣化、变质，降低其绝缘性能，使局部缺陷逐渐扩大。因此，直流耐压试验在一定程度上还带有非破坏性试验的性质。但对于已运行的交联聚乙烯（XLPE）电力电缆，则不主张进行直流耐压试验，因为直流耐压试验会将电荷注入 XLPE 绝缘中，由于 XLPE 绝缘电阻率很高，试验后的短路放电很难将其放逸，以致再次投入运行时，空间电荷会引起电场严重畸变，使 XLPE 分子降解，造成 XLPE 绝缘的劣化，从而引起不必要的事故。

与工频耐压试验相比，直流耐压试验的主要缺点：由于交、直流下绝缘内部的电压分布不同，直流耐压试验对绝缘的考验不如工频下接近运行实际。

直流耐压试验电压值的选择也是一个重要的问题，一般参考绝缘的工频耐压试验电压和交、直流下的击穿强度之比，并主要根据运行经验来确定。例如，发电机定子绕组取 2～2.5

倍额定电压；电力电缆，如 3kV、6kV、10kV 的电缆，取 5～6 倍额定电压；20kV、35kV 的电缆取 4～5 倍额定电压；35kV 以上的电缆取 3 倍额定电压。直流耐压试验的时间可以比工频耐压试验长一些，所以发电机试验时以每级 0.5 的额定电压分阶段升高，每阶段停留 1min，以观察并读取泄漏电流值。电缆试验时，常在试验电压下持续 5min，以观察并读取泄漏电流值。

直流耐压试验装置一般采用半波整流装置和倍压串级直流高电压装置。图 7-18 和图 7-19 所示为半波整流回路的电路及半波整流回路有负载时输出电压的波形。

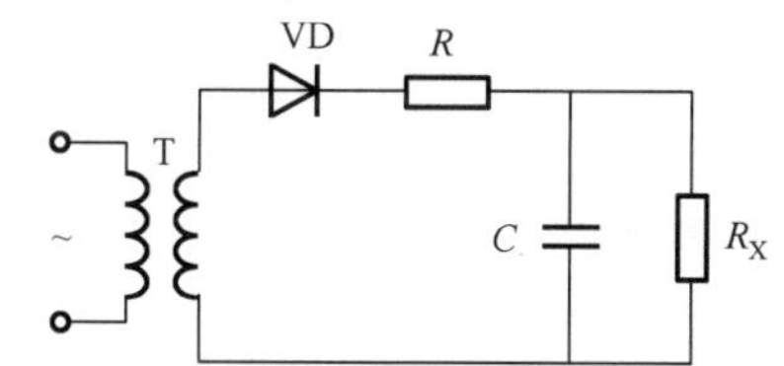

T—高电压试验变压器；VD—高压硅堆；C—滤波电容；R—保护电阻；R_X—负载电阻。

图 7-18　半波整流回路的电路

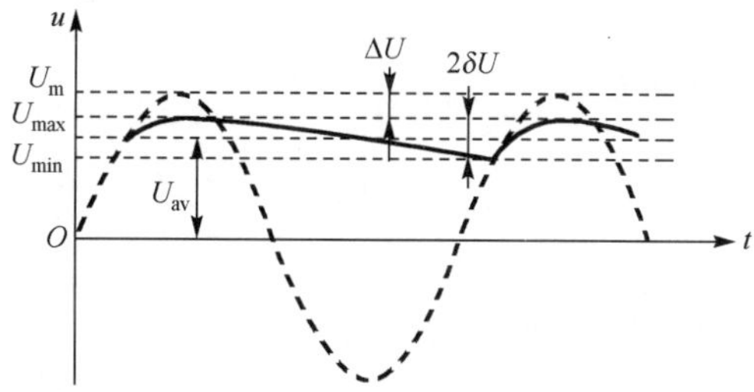

图 7-19　半波整流回路有负载时输出电压的波形

负载的平均电流

$$I_p = \frac{U_p}{R_X}$$

负载的平均电压

$$U_p \approx \frac{U_{max} + U_{min}}{2}$$

输出电压具有脉动性质，其电压脉动 $2\delta U$ 是由电容在 t_1～t_2 期间向负载放掉的电荷 Q 引起的，即

$$2\delta U = \frac{Q}{C} = \frac{I_p(t_1 - t_2)}{C} \tag{7-28}$$

式中，$\delta U = \dfrac{U_{max} - U_{min}}{2}$。

由于 $t_1 - t_2 \approx T = 1/f$，故

$$2\delta U = \frac{I_p}{fC} = \frac{U_p}{fCR_X} \tag{7-29}$$

则脉动系数

$$S = \frac{\delta U}{U_p} = \frac{1}{2fCR_X} \tag{7-30}$$

保护电阻 R 的选择，可按式（7-31）进行确定

$$R = \frac{\sqrt{2}U_T}{I_m} \tag{7-31}$$

负载电阻越小（负荷电流越大），输出电压的脉动系数越大。而增大电容或提高电源频率，均可减小电压的脉动系数。我国国家标准 GB/T 16927.1—2011 规定直流高电压试验设备的脉

动系数 S 不大于 3%，试验电压（算术平均值）U_p 在 60s 内应保持在规定值的±1%以内。

倍压串级直流高电压装置如图 7-20 所示。

其中，脉动电压

$$2\delta U = \pm \frac{\left(n^2 + n\right) I_p}{2 fC} \tag{7-32}$$

最大输出电压平均值

$$U_p = 2nU_m - \frac{I_p (4n^3 + 3n^2 + 2n)}{6 fC} \tag{7-33}$$

脉动系数

$$S = \frac{\delta U}{U_p} = \frac{I_p (n^2 + n)}{2 fCU_p} \tag{7-34}$$

最佳级数

$$n_{\text{最佳}} = \sqrt{\frac{fC}{I_p} U_m} \tag{7-35}$$

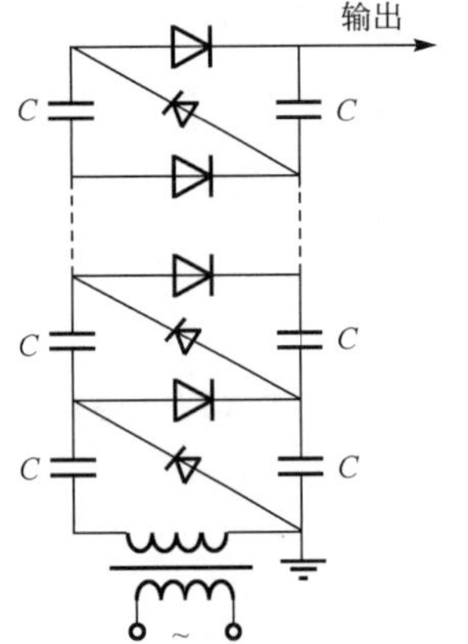

图 7-20　倍压串级直流高电压装置

串联级数 n 增加时，电压脉动、脉动系数及电压降都大大增大；提高每级电容工作电压以减小级数，提高电源频率、增大电容量可有效地减小电压脉动。

在对特高压电气设备的绝缘性能进行检测时，除了采用工频耐压试验检测技术，也可以对直流耐压试验检测法进行合理的应用，直流耐压试验检测法与工频耐压试验检测法的原理基本相同，主要区别在试验电源上，工频耐压试验使用的是交流电源，而直流耐压试验使用的却是直流电源。在开展直流耐压试验时，可以在高压设备中对高压整流装置进行安装；当发生电流泄漏时，可以应用微安表进行测量工作，通常情况下，为了保障试验效果，施加的试验电压要高于高压电气设备的额定电压，具体约为其 1.2 倍。在持续升压的过程中，需要利用微安表对各个电压阶段泄漏的电流值进行测量，并且要绘制其与直流电压的情况，如果绘制结果为一条直线，则代表特高压电气设备具有良好的绝缘效果；如果绘制的是一条曲线，则代表其绝缘性能受到了损害。在采用直流耐压试验检测方法时，需要注意以下工作要点，首先在使用该方法时，需要使用微安表、高低电压表、高阻器等多个装置，所以在检测之前，需要对各个装置的完好度进行检查，之后再采取串联的方式对其进行安装。在具体检测的过程中，存在导线粒子流、电阻元件与直流高电压过近等问题，这些问题都会使测量结果出现误差，为了将误差降到最低，需要将电阻元件设置在绝缘套管中，并且在分离电压表与电子分压器时，尽量远离高压导体，从而将误差彻底地消除。

7.3　冲击电压试验

冲击电压，是指持续时间短、电压上升速度快、达到幅值后又缓慢下降的一种暂态电压。冲击电压用波头时间、波尾时间、峰值和极性来表示。冲击电压又分为持续时间较短的雷电冲击电压和持续时间较长的操作冲击电压。

7.3.1　冲击电压的产生

冲击电压发生器原理电路图如图 7-21 所示。主电容 C_0 在被间隙隔离的状态下由整流电源充电到稳态电压 U_0。间隙 G 被点火击穿后，电容 C_0 上的电荷经电阻 R_t 放电，同时也经 R_f 对 C_f 充电，在被试品上形成上升的电压波前。C_f 上的电压被充到最大值后，反过来经 R_f 与 C_0 一起对 R_t 放电，在被试品上形成下降的电压波尾。被试品的电容可以等值地并入电容 C_0 中。为了得到较高的效率，主电容 C_0 应比 C_f 大得多（通常超过 6 倍）。R_t 选得大些，以便形成快速上升的波前和缓慢下降的波尾。

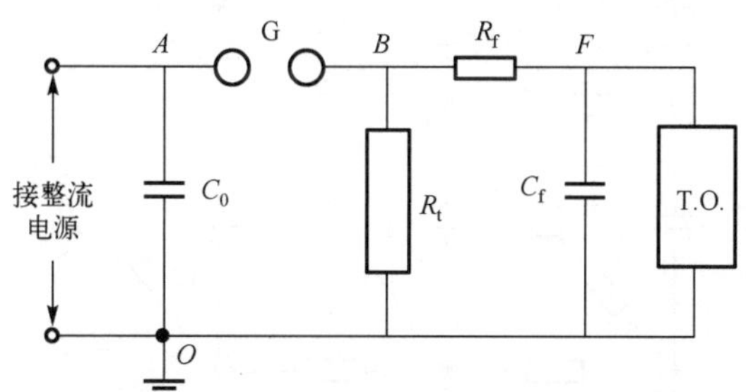

C_0—主电容；R_f—波前电阻；G—隔离间隙；R_t—波尾电阻；C_f—波前电容；T.O.—被试品。

图 7-21　冲击电压发生器原理电路图

波前阶段是 C_0 经 R_f 对 C_f 充电。因 $R_t \gg R_f$，故此时经 R_t 的放电过程对波前影响很小，可以略去不计。由于通常 $C_0 \gg C_f$，波前时间 $T \ll$ 半峰值时间 T_a，所以，在波前阶段，可近似地认为 C_0 上的电压 U_0 是保持恒定的，输出电压可近似地看成恒压源 U_0 对 C_f 的充电过程，于是有输出电压

$$u_F = U_0(1 - e^{-t/\tau_1}) \tag{7-36}$$

式中　τ_1——时间常数，$\tau_1 = R_f C_f$。

根据标准冲击波形的定义有

$$0.3U_0 = U_0(1 - e^{-t_1/\tau_1}) \tag{7-37}$$

$$0.9U_0 = U_0(1 - e^{-t_2/\tau_1}) \tag{7-38}$$

联立式（7-37）和式（7-38）得

$$t_2 - t_1 = \tau_1 \ln 7 \tag{7-39}$$

于是，波前时间 T_1 为

$$T_1 = 1.67(t_2 - t_1) = 1.67\tau_1 \ln 7 \approx 3.24\tau_1 = 3.24R_f C_f \tag{7-40}$$

由于对 R_t 放电的存在，实际的波前时间将比式（7-40）中所示的稍小一些。

当波前电容 C_f 上的电压被充到峰值后，波前阶段结束，接着是 C_0 和 C_f 共同对 R_t 放电，开始波尾阶段。由于 $C_0 \gg C_f$，故对 R_t 放电电流中的主要分量是由 C_0 提供的。对于图 7-21 所示的等效电路，C_f 上的电压随时间的变化可用式（7-41）近似表达：

$$u_F \approx U_0 e^{-t/\tau_2} \approx U_m e^{-t/\tau_2} \tag{7-41}$$

式中　$\tau_2 = R_t(C_0 + C_f)$；

U_m——冲击电压峰值。

根据标准冲击波形的定义，有

$$0.5U_m \approx U_m e^{-T_2/\tau_2} \tag{7-42}$$

式中　T_2——半峰值时间。

由此可得半峰值时间

$$T_2 \approx \tau_2 \ln 2 \approx 0.69\tau_2 = 0.69R_t(C_0 + C_f) \approx 0.69R_t C_0 \tag{7-43}$$

多级（三级）冲击电压发生器的基本电路如图 7-22 所示。

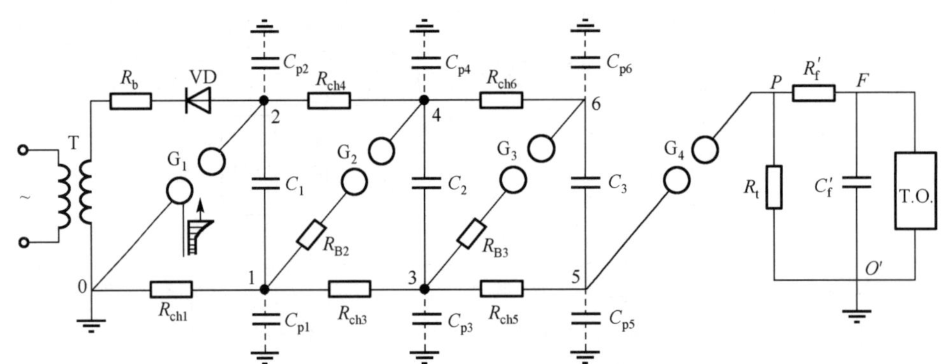

T—变压器；C_{p1}～C_{p6}—各级对地杂散电容；R_b—保护电阻；C'_f—另加的波前电容；VD—整流元件；R_{ch}—充电电阻；
G_1—点火球隙；R_{B2}、R_{B3}—阻尼电阻；G_4 输出球隙；R_t—波尾电阻；G_2、G_3—中间球隙；
R'_f—集中的波前电阻；C_1～C_3—各级的主电容；T.O.—被试品。

图 7-22　多级（三级）冲击电压发生器的基本电路

先由变压器 T 经整流元件 VD 和充电电阻 R_{ch} 使并联的各级主电容 C_1～C_3 充电，达稳态时，点 1、3、5 的对地电位为零；点 2、4、6 的对地电位为 U。各级球隙 G_1～G_4 的击穿电压调整到略大于 U。当充电完成后，设法使球隙 G_1 点火击穿，此时点 2 的电位由 U 突然降到零；主电容 C_1 经 G_1 和 R_{ch1} 放电，由于 R_{ch1} 的值很大，故放电进行得很慢，且几乎全部电压都降落在 R_{ch1} 上，使点 1 的对地电位升到 $+U$。当点 2 的电位突然降到零时，经 R_{ch4} 也会对 C_{p4} 充电，但因 R_{ch4} 的值很大，在极短时间内，经 R_{ch4} 对 C_{p4} 的充电效应是很小的，点 4 的电位仍接近 U，于是球隙 G_2 上的电位差就接近 $2U$，促使 G_2 被击穿。接着，主电容 C 通过 C_1 串联电路 G_1—C_1—R_{B2}—G_2 对 C_{p4} 充电；同时，又串联 C_2 后对 C_{p3} 充电；由于 C_{p4}、C_{p3} 的值很小，R_{g2}的值也很小，故可以认为，G_2击穿后，对C_{p4}、C_{p3}的充电几乎是立即完成的，点4的电位立即升到$+U$，而点3的电位立即升到$+2U$；与此同时，点6的电位却由于R_{ch6}和R_{ch5}的阻隔，仍接近维持在原电位U；于是，球隙G_3上的电位差就接近$3U$，促使G_3被击穿。接着，主电容C_1、C_2串联后，经G_1、G_2、G_3电路对C_{p6}充电；再串联C_3后，对C_{p5}充电；由于C_{p5}、C_{p6}的值极小，R_{g2}、R_{g3}的值也很小，故可以认为C_{p5}和C_{p6}的充电几乎是立即完成的；也即可以认为G_3被击穿后，点6的电位立即升到$+2U$，点5的电位立即升到$+3U$。点P的电位显然未变，仍为零。于是球隙G_4上的电位差接近$+3U$，促使G_4被击穿。这样，各级主电容C_1～C_3就被串联起来经各级阻尼电阻R_g向波尾电阻R_t放电，形成主放电回路；在被试品上发生冲击电压波前和波尾的过程。

与此同时，也存在各级主电容经充电电阻R_{cb}、阻尼电阻R_g和中间球隙G的放电。但由于R_{cb}的值足够大，这种局部放电的速度远远慢于主放电的速度，因而可以认为对主放电没有明显的影响。

中间球隙被击穿后，在主电容对相应齐点杂散电容C_p充电的回路中总存在某些寄生电感，这些杂散电容的值又极小，这就可能引起一些局部振荡，会叠加到总的输出电压波形上。欲消除这些局部振荡，就应在各级放电回路中串入一阻尼电阻R_g，这些阻尼电阻同时也能使主放电回路不产生振荡。

多级冲击电压发生器主放电回路的等效电路如图7-23所示。由图可见，阻尼电阻ΣR_g是串联在主放电回路中的。主放电电流在ΣR_g上的压降使输出端电压降低，从而降低了发生器的效率。

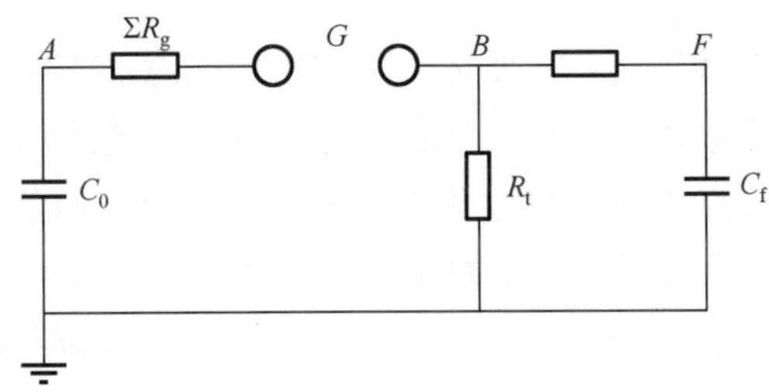

图7-23　多级冲击电压发生器主放电回路的等效电路

上述多级冲击电压发生器的效率η定义为

$$\eta=\frac{U_m}{U_0}\approx\frac{R_t}{\Sigma R_g+R_t}\times\frac{C_0}{C_0+C_f} \tag{7-44}$$

采用图7-24所示的高效率冲击电压发生器电路可以避免这个缺点。在此电路中，波头、波尾电阻分插到各级放电回路中。其放电回路的等效电路如图7-25所示。这种电路的效率较高，称为高效率电路。

高效率电路的效率

$$\eta=\frac{U_m}{U_0}\approx\frac{C_0}{C_0+C_f} \tag{7-45}$$

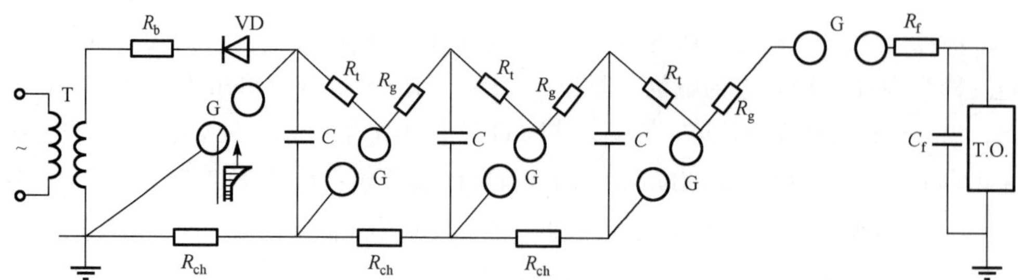

图 7-24　高效率冲击电压发生器电路

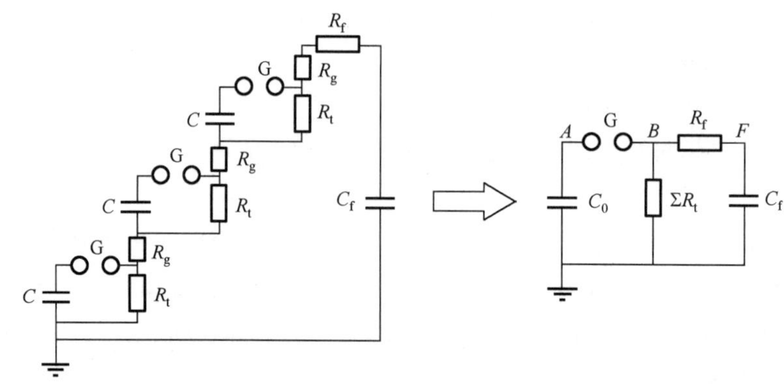

图 7-25　高效率冲击电压发生器放电回路的等效电路

由图 7-25 可见，波尾电阻 R_t 是兼作一侧充电电阻的。R_t 的值通常比 R_{ch} 的值小得多，这会使得串级放电时，作用在各中间间隙上的过电压值较小，作用时间也较短，可能导致中间间隙动作的不稳定。

虽然有上述缺点，但实践证明，只要适当整定各级间隙的击穿电压，这种电路是能够可靠工作的，它的优点仍是主要的。所以，这种电路得到了广泛应用。

应用最广的点火间隙如图 7-26 所示。调节间隙无点火触发时的击穿电压，使之略大于上球的充电电压 U，在针极 2 上施加一点火脉冲，其极性与上球充电电压极性相反。此脉冲不仅增强了主间隙的场强，而且首先使针极 2 与接地球极 1 之间击穿燃弧，有效地触发主间隙击穿。

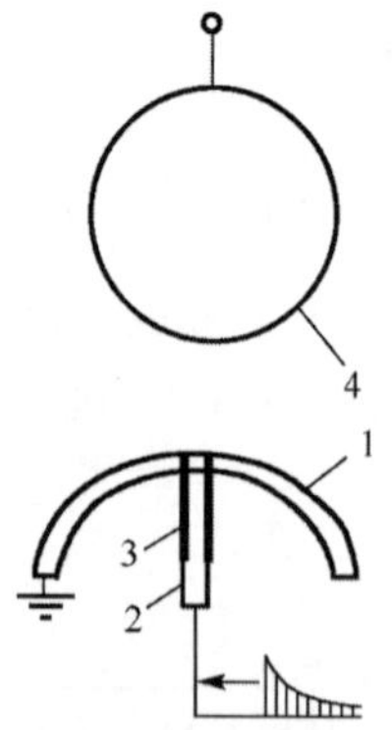

1—接地球极；2—针极；3—绝缘体；4—高压球极。

图 7-26　应用最广的点火间隙

7.3.2　冲击电压的测量

无论是雷电冲击波还是操作冲击波，冲击电压都是一种持续时间较短的暂态电压，因此要求冲击电压的测量系统必须具有良好的瞬态响应特性。一些测量方法适用于稳态过程（如直流和交流电压）的测量，而不一定适用于冲击电压的测量。冲击电压的测量，包括幅值测量和波形记录两个方面。标准规定，标准全波、波尾截断波及 1/5 μs 短波，幅值的测量不确定度不超过±3%；1 μs 以内的波头截断波，其幅值的测量不确定度不超过±5%；波头及波长时间的测量不确定度不超过 10%。

目前最常用的冲击电压的测量方法：①测量球隙；②分压器-示波器。球隙和峰值电压表只能测量幅值，示波器能记录波形，当然也就指示了任一时刻的瞬时值。

7.3.2.1　冲击电压分压器

在冲击电压测量中，常采用数字存储示波器、数字记录仪等来观测冲击电压的幅值和波形，但数字存储示波器等记录仪器的输入电压一般只有几百伏，这就需要电压分压器将几百千伏甚至上兆伏的高电压不失真地降到示波器所能承受的电压，通过同轴电缆送至示波器。考虑到电缆传输环节会带来干扰，输入电缆的电压也不宜过低，以便获得较高的信噪比。

为了能测得真实的波形和准确的峰值，要求分压比准确，而且不随电压、等效频率（波形）等因素变化。国家标准规定，分压比应稳定，其允许的不确定度为±1%。一个冲击电压测量系统不仅包括分压器本体，还包括分压器和冲击电压发生器间的高压引线、分压器和示波器间的测量电缆，每个组成部分都可能引起误差。国家标准对整个冲击电压测量系统的不确定度及其检验方法都做了具体规定。

冲击分压器基本上分为电阻分压器和电容分压器两种。为改善分压器的性能，在这两种基本形式的基础上又发展出阻容混合分压器，它可以是阻容并联，也可以是阻容串联。冲击电压分压器的种类如图 7-27 所示。

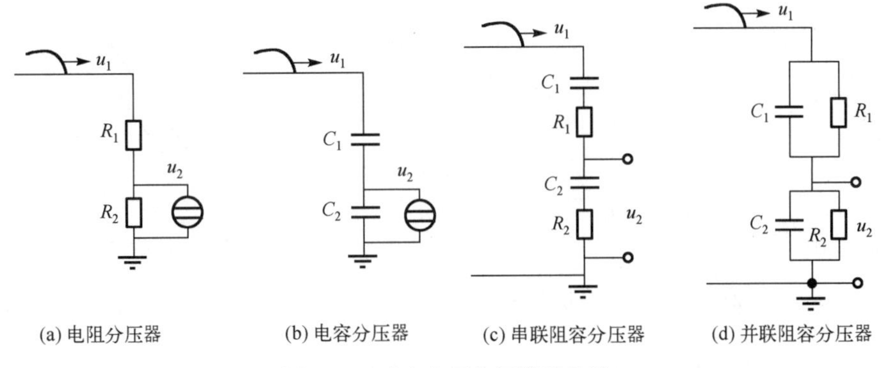

图 7-27　冲击电压分压器的种类

对于雷电冲击电压的测量，这些分压器一般都可采用；但对于操作冲击电压的测量，主要采用电容分压器。阻容分压器是指多个电容串联、每一段分别串接阻尼电阻而构成的一种分压器，可有效抑制高压端的局部振荡，具有良好的特性。除了可测量雷电冲击电压和操作冲击电压，也可用于交流电压的测量，使用范围较广。另外，阻容分压器中并联大电阻时，可构成一种通用型分压器，可用于测量从直流电压至冲击电压的所有电压波形。

分压器构成的测量系统的特性由分压比和响应来表示。分压比等于分压器输入端所加电压的峰值除以测量系统输出端出现的电压峰值。响应的快慢反映分压回路能否将波形无畸变地传送到测量仪表，它的定义：分压器的输入端施加某一波形电压 $A(t)$，与之相对应，在测量系统的输出端会有电压 $U(t)$，$U(t)$为对 $A(t)$的响应。通常采用 $A(t)$为直角波时的响应来反映分压器的特性。

响应的好坏常用响应时间来定量表示。若在分压器高压侧施加一单位阶跃波，分压器低压侧输出的波形可能有阻尼型和振荡型两种类型，如图 7-28 所示。归一化的波形曲线与单位阶跃之间形成的面积称为方波响应时间 T，如图 7-28(a)所示。$u(t)$的幅值都规一化为 1，响应时间则由图中斜线部分的面积 T 来表示

$$T=\int_0^{\infty}[1-u(t)]\mathrm{d}t \tag{7-46}$$

假定某分压器的响应为 $(1-\mathrm{e}^{\frac{-t}{T}})$，则该分压器的响应时间与按式（7-46）计算的响应时间相同，因此，响应时间为 T 的分压器特性可等价地由 $(1-\mathrm{e}^{\frac{-t}{T}})$ 来表示。T 越小，分压器的特性就越好。

如果用响应时间为 T 的分压回路来测量图 7-29 所示的波头截断波 $u_1(t)$，则会出现如下测量不确定度：$u_1(t)$ 可由按直线上升到幅值 1、然后被截断、又瞬时降为 0 的三角波来近似表示，即

$$\begin{cases} u_1(t)=\dfrac{t}{t_\mathrm{d}}, & 0\leqslant t\leqslant t_\mathrm{d} \\ u_1(t)=0, & t>t_\mathrm{d} \end{cases} \tag{7-47}$$

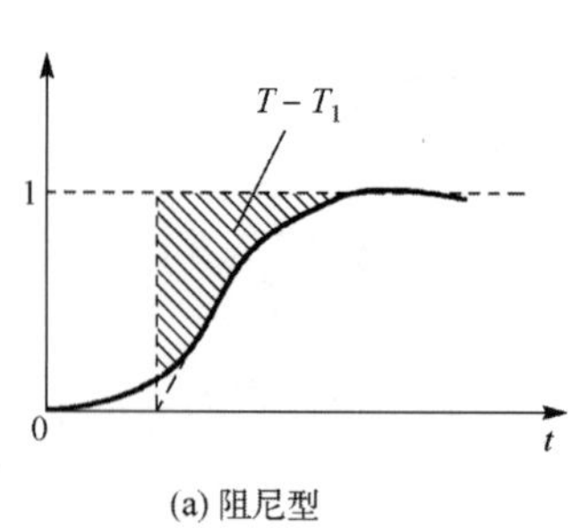

(a) 阻尼型

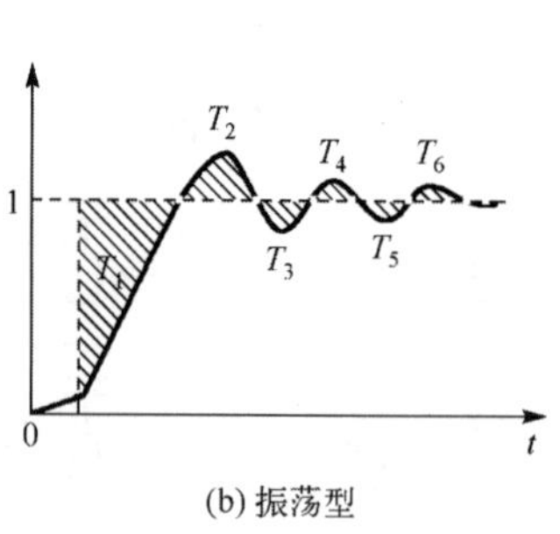

(b) 振荡型

图 7-28 分压器的响应特性

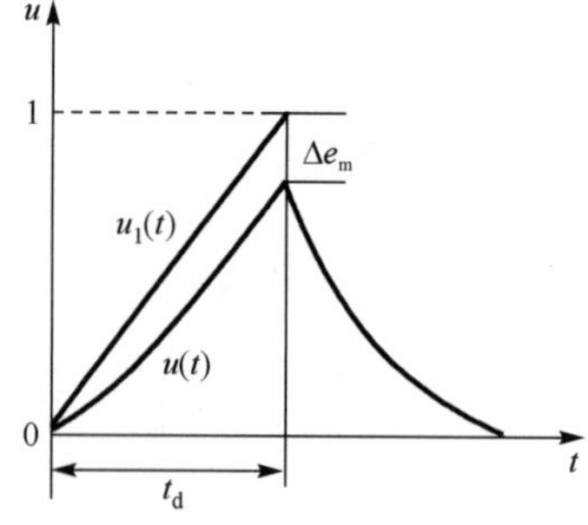

图 7-29 波头截断波的测量

当采用响应特性为 $(1-\mathrm{e}^{\frac{-t}{T}})$ 的分压回路进行测量时，响应波形为

$$u(t)=\frac{t}{t_\mathrm{d}}\left[1-\frac{T}{t}(1-\mathrm{e}^{\frac{-t}{T}})\right] \tag{7-48}$$

T=t_d 时。出现 Δe_m 的幅值不确定度，可表示为

$$\Delta e_{\mathrm{m}}=\frac{T}{t_{\mathrm{d}}}(1-\mathrm{e}^{-t/T}) \tag{7-49}$$

由于 $\mathrm{e}^{-t_{\mathrm{d}}/T}\approx 0$，故 $\Delta e_{\mathrm{m}}\approx\frac{T}{t_{\mathrm{d}}}$，幅值不确定度随响应时间的增加而增大。方波响应时间越长，表示分压器失真度越大。对于振荡型响应特征，实际上按部分响应时间 T_1 及过冲 δ 两个参数来衡量其性能更为恰当。

1. 电阻分压器

测量冲击电压的电阻分压器，其接线原理同测量直流和交流的电阻分压器。电阻元件一般都用金属电阻线按无感法绕制，要求残余电感尽可能小。

电阻分压器的各部分对地都有杂散电容，对于冲击电压，$\frac{\mathrm{d}u}{\mathrm{d}t}$ 很大，流经杂散电容的电流不容忽视，使得流过分压器各部分的电流不相等，这不仅会造成波形测量的不确定度，还会造成幅值测量的不确定度。

电阻分压器的等效电路如图 7-30 所示，R、C_{e} 分别是分压器的总电阻和总对地电容。如果将响应的最终值规一化为 1，则其直角波响应为

$$U(t)=1+2\sum_{k=1}^{\infty}(-1)^k\mathrm{e}^{-\frac{k^2\pi^2}{RC_{\mathrm{e}}}t} \tag{7-50}$$

响应时间为

$$T=-2\sum_{k=1}^{\infty}(-1)^k\int_0^{\infty}\mathrm{e}^{-\frac{k^2\pi^2}{RC_{\mathrm{e}}}t}\mathrm{d}t=\frac{1}{6}RC_{\mathrm{e}} \tag{7-51}$$

分压器的电阻值越大或对地电容越大，响应时间会越长，因而特性就越差。

由此可见，欲减小方波响应时间，必须减小 RC_{e} 的值，这就要求分压器的尺寸应尽可能小，以减小 C_{e} 的值，同时 R 的值也不宜过大。考虑到 R 值太小时，会影响冲击电压发生器的回路参数，一般取几千欧到 20kΩ。

为进一步改善分压器的方波响应特性，常常在高压端装配合适的屏蔽环来补偿对地杂散电容，同时起到防止电晕的作用。

图 7-31 所示为电阻分压器的测量回路，图中 R_1、R_2 是高压臂和低压臂电阻，R_3、R_4 是匹配电阻，Z 为电缆的波阻抗。其中 $R_2+R_3=R_4=Z$，电缆两端都经波阻抗接地，两端都无反射波。这时出现在示波器上的电压为

$$U_2=U_1\frac{R_2//(R_3+Z)}{R_1+R_2//(R_3+Z)}\frac{Z}{R_3+Z}=U_1\frac{R_2Z}{(R_1+R_2)(R_3+Z)+R_1R_2} \tag{7-52}$$

所以，分压比

$$k=\frac{U_1}{U_2}=\frac{(R_1+R_2)(R_3+Z)+R_1R_2}{R_2Z} \tag{7-53}$$

2. 电容分压器

测量冲击电压的电容分压器，高压臂电容 C_1 一般由多个电容器串联而成。

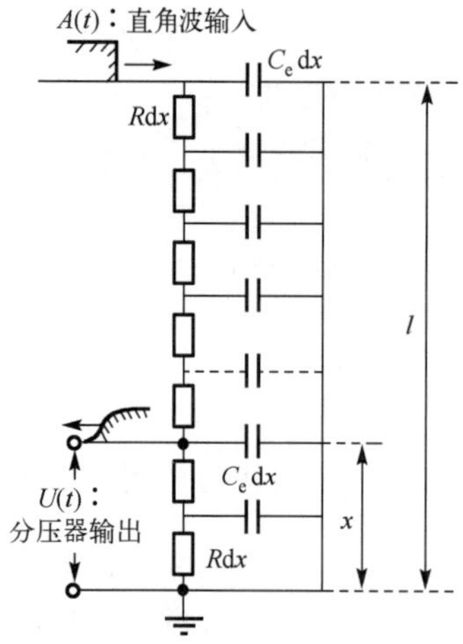

图 7-30　电阻分压器的等效电路

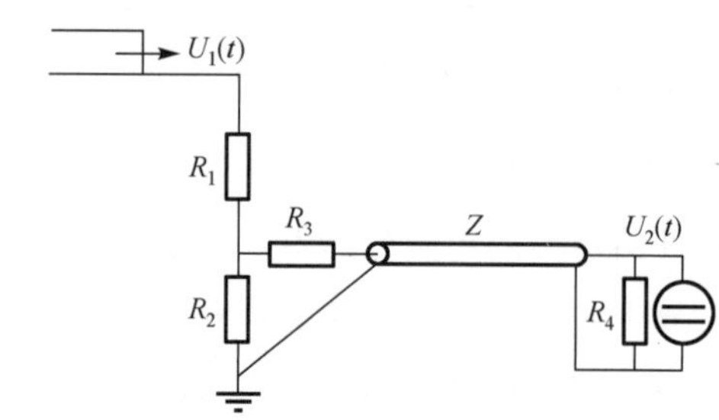

图 7-31　电阻分压器的测量回路

电容分压器的各部分对地也有杂散电容，会在一定程度上影响其分压比，但因分压器本体也是容性的，所以只要周围环境不变，这种影响将是恒定的。仅从分压器本体来看，电容分压器的对地杂散电容不会引起波形的畸变。但是，如果考虑分压器本体的固有电感以及高压引线的电感等引起的波形振荡，此时电容分压器的特性就不如电阻分压器了。为了防止振荡，需在高压端串联阻尼电阻，阻尼电阻的引入大大增加了分压器的方波响应时间，从而使测量波形发生畸变。下面简要讨论电容分压器的测量回路。

电容分压器和示波器的连接不能像电阻分压器那样采用电缆末端并联电阻的办法。电容分压器的一种错误的测量回路如图 7-32 所示，虽然这种连接方式在电缆末端不会引起折、反射，但传入电缆的电压波 U_{a0} 却会发生畸变。在暂态时，电缆可看成波阻抗 Z，低压臂是电容 C_2 与波阻抗 Z 并联，而在稳态时，电缆可看成集中电容 C_C，低压臂是 C_2、C_C 和 R 并联，显然分压比不是一个常数，它是随所加电压波形而变化的。在冲击电压的波头部分，电压变化快，分压比主要由 C_1、C_2 决定，但波尾部分的电压变化较慢时，C_2 容抗大大增加，并联的 R 使分压器低压臂阻抗发生很大变化，从而使所测波形失真，造成测量的不确定度和波形畸变。

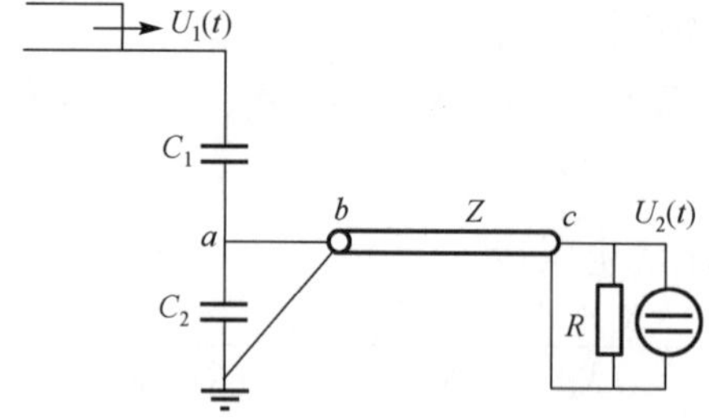

图 7-32　电容分压器的一种错误的测量回路

解决的方法是采用图 7-33(a)所示的电路。在电缆首端串联一个电阻，且 R_1=Z，电缆末端开路，这时在电缆末端将发生全发射。但由于首端串联 R_1=Z，因而进入电缆的电压只是 $\frac{1}{2}U_{a0}$，全反射后正好等于 U_{a0}。

在电压的起始瞬间，分压比主要由电容决定

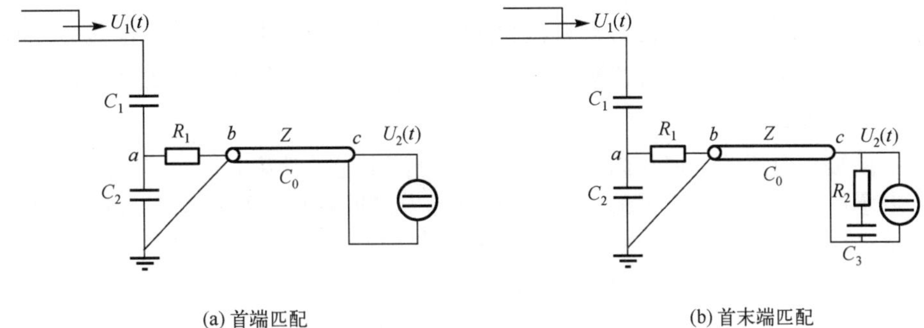

(a) 首端匹配　　(b) 首末端匹配

图 7-33　电容分压器的测量回路

$$U_{a0}=U_1\frac{C_1}{C_1+C_2} \tag{7-54}$$

$$k=\frac{C_1+C_2}{C_1} \tag{7-55}$$

电缆末端的反射波到达首端后，又将引起新的反射，但只要 RC_2 足够大，这一反射对波头的影响就很小。在稳态情况下，分压比

$$k=\frac{C_1+C_2+C_3}{C_1} \tag{7-56}$$

当 $C_2 \gg C_C$ 时，电缆对分压比 k 的影响很小。

图 7-31(b)是图 7-31(a)的改进回路，电缆波阻抗为 Z，电容为 C_C，除在电缆首端有匹配电阻 $R_1=Z$ 外，在电缆末端还匹配有 R_2 和 C_3，使 $C_1+C_2=C_3+C_C$，在这种情况下，稳态的分压比与起始时的分压比相同

$$k=\frac{C_1+C_2+C_3+C_C}{C_1} \tag{7-57}$$

因为

$$C_1+C_2=C_3+C_C$$

所以

$$k=2\frac{C_1+C_2}{C_1} \tag{7-58}$$

串联阻容分压器是电容分压器的一种改进，目前最常用的是低阻尼串联阻容分压器，它将阻尼电阻分散在各电容元件中，得到比较好的方波响应特性。串联阻容分压器的测量回路与电容分压器的测量回路相同。

并联阻容分压器要求高压臂的电容和电阻的乘积 C_1R_1 与低压臂的电容和电阻的乘积 C_2R_2 相等，即 $C_1R_1=C_2R_2$。

7.3.2.2　纳秒脉冲测量技术

1. 纳秒脉冲电流的测量

1）分流器

简单讲，分流器就是一个电阻值很小的电阻，当用于测量脉冲电流时，将其接入被测电路，通过测量其两端的电压，根据欧姆定律就可推测得出被测电流值。由于分流器是串联在放电回路中的，其的接入不应该影响放电回路电流波形，因此，分流器的电阻应远小于放电

回路的总电阻值。同时，分流器必须有很大的通流容量，而大电流会产生电磁力，所以，它还必须具有很好的机械强度。分流器的电阻材料可采用锰铜、镍铜等非磁性材料电阻膜。对分流器的设计要求如下：

（1）根据被测电流的幅值和脉宽，选取各个分流电阻的功率。

（2）电感尽量小。若分流器的电阻 R_S 和电感 L 之间满足关系式 $R_S >> \omega L$，则分流器两端电压会出现较高的感性分量，其电压降可表示为

$$U(t) = R_S i(t) + L\frac{\mathrm{d}i}{\mathrm{d}t} \tag{7-59}$$

分流器的结构一般有同轴式、对折式和盘式三种类型，如图 7-34 所示。同轴式分流器由电阻膜内筒、金属屏蔽外筒和测量引线构成，测量引线及两筒同轴配置，因此两筒上电流流向相反，磁通相互抵消，电感非常小。

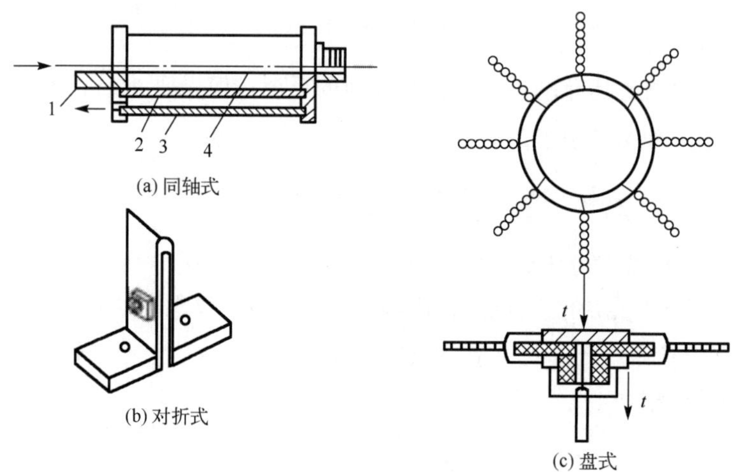

(a) 同轴式 (b) 对折式 (c) 盘式

1—电流端子；2—电阻膜内筒；3—金属屏蔽外筒；4—测量引线。

图 7-34 分流器的结构形式

分流器构成的冲击电流测量系统如图 7-35 所示。由于是大电流，因此必须注意接地点的电位升高和对测量信号的影响。测量系统的特性由电流比和响应来表示，电流比可按式（7-60）进行计算：

$$m_i = \frac{R_S + R_1 + R_k + R_2}{R_S R_2} \approx \frac{2}{R_S} \tag{7-60}$$

式中 $R_S + R_1 \approx R_2 \approx Z$，$R_S + R_k << R_1 + R_2$，$R_1 \approx R_2$；

R_k——测量电缆的电阻。

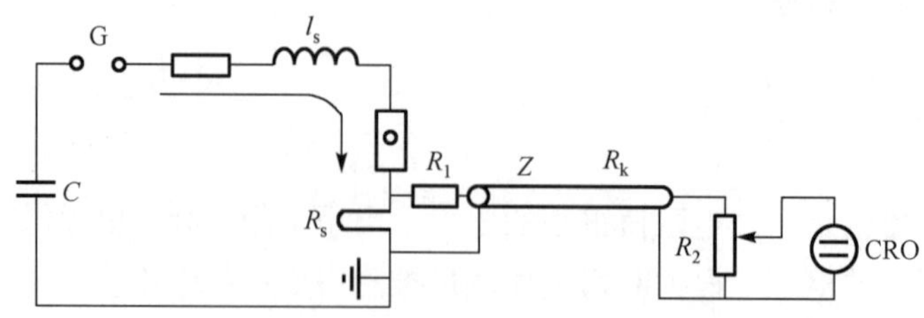

图 7-35 分流器构成的冲击电流测量系统

测得的电压乘以 m_i，可求得冲击电流。测量系统的响应主要决定于分流器，分流器的响应时间近似为

$$T \approx \frac{\mu_0}{6}\frac{d^2}{\rho}\times 10^6 \tag{7-61}$$

式中　μ_0——真空磁导率，$\mu_0 = 4\pi\times 10^{-7}$ H/m；

d——圆筒形电阻体的厚度（m）；

ρ——电阻率（$\Omega\cdot$m）。

对于同轴式分流器，由于金属屏蔽外筒的存在，使得杂散电容增大，增加了分流器的响应时间，因此，同轴式分流器呈现出正的响应特性。而对折式分流器的残余电感大、杂散电容小，呈现出负的响应特性。

2）罗哥夫斯基线圈

测量几百千安以上的冲击电流的分流器的制造非常困难，另外，还会出现类似等离子体那样，电流流过很大的截面，或电流回路不能串接测量器件等情况，这时常采用图 7-36 所示的罗哥夫斯基线圈来测量。

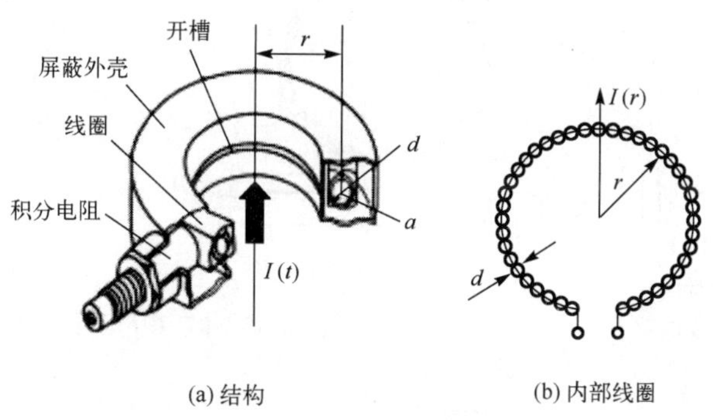

图 7-36　罗哥夫斯基线圈

假设线圈沿闭合路径均匀绕制，截面 S 上的磁场处处相等，线圈匝数为 N_0，线圈端部感应的电压为

$$e(t) = -\frac{\mathrm{d}}{\mathrm{d}t}\oint \mu HS\left(\frac{N}{l}\right)\mathrm{d}l = -\frac{\mu SN}{2\pi r}\frac{\mathrm{d}I}{\mathrm{d}t} = -M\frac{\mathrm{d}I}{\mathrm{d}t} \tag{7-62}$$

式中　$M = \dfrac{SN\mu}{2\pi r}$；

μ——磁导率；

r——中心的半径。

显然，由于线圈中的感应电压与线圈截面穿过的磁通变化率成正比，因此对感应电压进行积分，可得到被测电流。实际的积分方法有两种：一是采用 RL 积分器，也即常说的自积分罗哥夫斯基线圈；二是采用 RC 积分器或数字积分，也就是外积分罗哥夫斯基线圈。

3）RL 积分器

线圈两端并联一测量电阻 R，如图 7-37 所示。此时可测得电阻两端电压为 $u_{\mathrm{R}}(t)$，流过的电流 $i_2(t)$ 为 $\dfrac{u_{\mathrm{R}}(t)}{R}$，则有

$$e(t)=L\frac{\mathrm{d}i_2(t)}{\mathrm{d}t}+(R_\mathrm{L}+R)i_2(t) \tag{7-63}$$

若 $R_\mathrm{L}+R$ 很小，且 $(R_\mathrm{L}+R)<<\omega L$，则有

$$-M\frac{\mathrm{d}I(t)}{\mathrm{d}t}=L\frac{\mathrm{d}i_2(t)}{\mathrm{d}t} \tag{7-64}$$

两边积分，可得

$$I(t)=-Ni(t)=-N\frac{u_\mathrm{R}(t)}{R} \tag{7-65}$$

RL 积分器，当满足 $(R_\mathrm{L}+R)\ll\omega L$ 时，通过测量线圈两端并联电阻上的电压，即可得到被测电流的大小，而且被测信号越快，即 ω 越大，越能满足 $(R_\mathrm{L}+R)\ll\omega L$ 的要求。ω 是被测脉冲电流的频率下限。

4）RC 积分器

图 7-38(a)所示为 RC 积分器结构，等效电路如图 7-38(b)所示，它主要包括线圈主体和获取信号的 RC 积分器两部分。

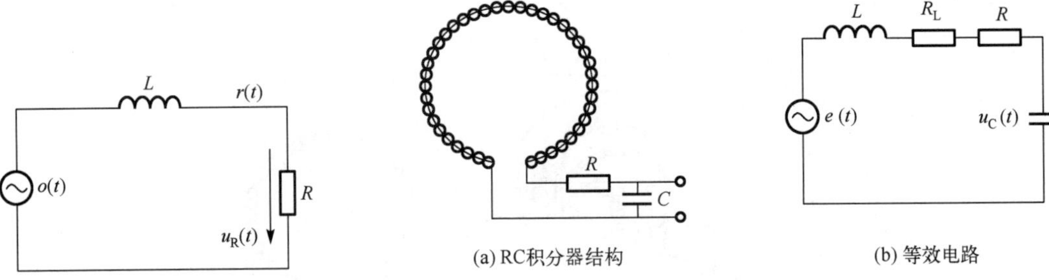

图 7-37　RL 积分器等效电路

图 7-38　RC 积分器结构与等效电路

根据等效电路可得

$$e(t)=L\frac{\mathrm{d}I_\mathrm{R}}{\mathrm{d}t}+I_\mathrm{R}(R+R_\mathrm{L})+\frac{1}{C}\int\mathrm{d}I_\mathrm{R}\mathrm{d}t \tag{7-66}$$

当满足 $\omega L\ll(R_\mathrm{L}+R)$，$(R_\mathrm{L}+R)\gg\dfrac{1}{\omega L}$，以及 $R_\mathrm{L}\ll R$ 时，电容两端电压 $u_\mathrm{C}(t)$ 与被测电流之间有如下关系：

$$I(t)=-\frac{1}{M}\int_0^t e(t)\mathrm{d}t=-\frac{RC}{M}u_\mathrm{C}(t) \tag{7-67}$$

式中　M——电流回路与罗哥夫斯基线圈之间的互感。

2. 纳秒脉冲电压的测量

1）电容分压器

测量纳秒脉冲电压的电容分压器，其原理电路同图 7-38(b)。由于高压臂电容 C_1 是由多个电容器串联组成的，残余电感较大，而且分压器与被测信号间存在一根引线，也增加了测量回路的电感，因此必须增加阻尼电阻，使分压器的响应时间增加。所以，传统的电容分压器不适合纳秒脉冲电压的测量。由于纳秒脉冲电压一般采用同轴或平板传输线传输，因此可采用分布式电容来构成电容分压器进行测量，其结构如图 7-39 所示。当脉冲电压沿传输线传播时，不同的横截面处在同一时刻感应到的电位是不相等的，要测量出准确的电压波形，就

要求感应电极板的尺寸远远小于被测脉冲的波长。沿脉冲传播方向的电极尺寸可按式（7-68）进行计算

$$d=\left(\frac{2c_0}{f_{\max}}\right)\left[\frac{\pi}{2}-\frac{1}{\sin(1-2\Delta U/U)}\right]\Big/2\pi \tag{7-68}$$

式中　d——允许的电极直径；

c_0——光速；

$f_{\max}$——被测脉冲的最高频率；

$\Delta U/U$——电极表面允许的相对电位差。

分布式电容分压器的上限截止频率很高，而下限截止频率主要决定于分布式电容分压器的低压侧电容大小 C_2，即

$$f_{\mathrm{L}}=\frac{1}{2\pi R(C_1+C_2)} \tag{7-69}$$

式中　R——低压测量回路的对地阻抗；

C_1、C_2——分压器的高压臂电容和低压臂电容。

可以看出，要降低分压器的下限频率，应尽可能增大低压臂的电容。另外，也可采用阻抗变换方法，增大低压测量回路的对地阻抗，降低分压器的下限频率。

2）电阻分压器

测量纳秒脉冲电压的电阻分压器，由于分压器电阻体存在残余电感，因此会造成被测波形发生畸变。电阻分压器存在残存电感时的等效电路如图 7-40 所示。根据电路可以得到

$$U_2=\frac{U_1R_2}{R_1+R_2}(1-\mathrm{e}^{-\frac{t}{\tau_{\mathrm{L}}}}) \tag{7-70}$$

式中　τ_{L}——电感时间常数，$\tau_{\mathrm{L}}=\frac{L}{R_1}+R_2$。

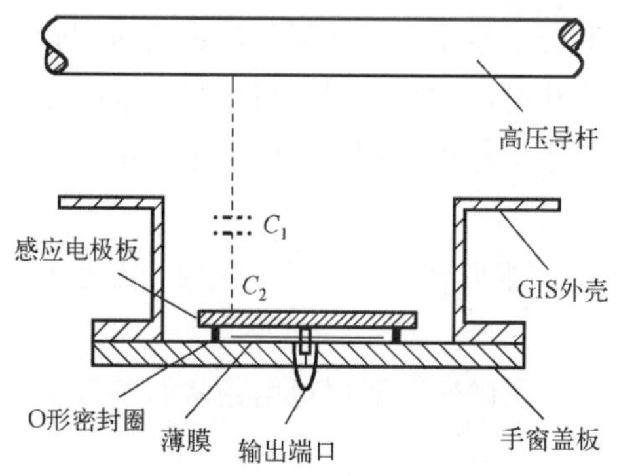

图 7-39　分布式电容分压器结构

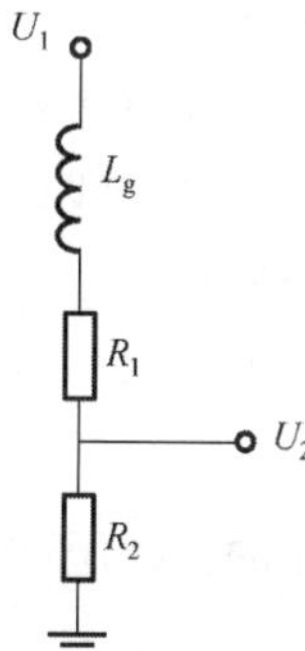

图 7-40　电阻分压器存在残存电感时的等效电路

对于一个纳秒脉冲信号，电感的存在阻碍了回路电压变化，使得波形产生过冲或振荡。为了减小过冲和振荡，经常通过增加电阻来进行阻尼，这使得分压器的响应时间变慢，被测波形前沿变缓。因而在设计分压器时，必须根据被测信号的特性对分压器的等效电感加以限定，一般认为当 $L_{\mathrm{g}}/R<0.05T_{\mathrm{r}}$ 时，等效电感的影响可以忽略。式中，L_{g} 为分压器残余电感；

R 为分压器的总电阻；T_r 为被测信号波形的上升时间。

在纳秒脉冲电压下，电阻分压器对地杂散电容的影响会更显著：一方面会导致分压器在不同等效频率下的分压比存在很大差异；另一方面在进行纳秒脉冲测量时，会形成很长的由暂态到稳态的过渡过程。同时，随着杂散电容的增大，分压器的响应特性变差，增大了分压器测量的不确定度。对于对地电容，一般要求 $0.23C_eR < T_r$。式中，C_e 为分压器对地分布电容，R 和 T_r 的意义与上述相同。可以看出，对于纳秒脉冲电压的测量，在降低分压器对地杂散电容和残余电感的同时，可采用低阻值电阻来作为分压器的高压臂电阻，并采用两级分压测量等方法，以满足纳秒脉冲测量的要求。

7.3.3 绝缘的冲击耐压试验

雷电冲击耐压试验可考验电气设备承受雷电过电压的能力。对于电力变压器类被试品，雷电冲击耐压试验不仅考验了主绝缘，也是考验纵绝缘的主要方法。国家标准规定额定电压≥220kV、容量≥120MVA 的变压器，出厂时应进行本项试验，对小变压器只作为型式试验进行。因为本项试验会造成绝缘的积累效应，所以在规定的试验电压下只施加 3 次冲击。电力系统中的绝缘预防性试验，不进行本项试验，对主绝缘的耐受雷电过电压的能力，由工频耐压试验等值地承担。

对于操作冲击耐压试验，国家标准规定额定电压≥330kV 的电气设备的出厂试验应进行本项试验，且大多采用在高压绕组上直接加压法。对在电力系统现场的各个电压等级的变压器进行耐压试验时，很少用直接加压法，而大多采用感应法，即采用操作冲击感应耐压方式来取代工频耐压试验。由于是利用被试变压器自身的电磁感应作用来升高电压的，所以冲击电源装置电压较低，整个装备比较简单。操作冲击耐压试验在很多方面与倍频感应耐压试验是相似的，两者都要求对纵绝缘和各部位的主绝缘做出试验，两者基本上都能按变比感应出所需的试验电压。所以，倍频感应耐压试验的原则和方法也都适用于操作冲击耐压试验。

除了耐压试验，还有对自恢复绝缘的 X%冲击击穿电压试验、对非自恢复绝缘的冲击击穿电压试验及伏秒特性曲线试验等。在高电压实验室中，也可以利用工频高电压试验变压器来产生操作冲击电压。

操作冲击电压发生器的原理电路如图 7-41 所示。在求取计算用等效电路时，需考虑以下几点：

（1）由于操作冲击耐压试验电压的等值频率不高，所以变压器仍可用通常的 T 型电路来等效。

（2）变压器绕组的对地分布电容可用一相应的集中电容来等效。由于高压绕组的对地等效电容归算到低压侧后，远大于低压侧的对地等效电容，故后者可以略去不计。

（3）由于所需励磁冲击电压幅值不高，冲击电压发生器通常只需 1～2 级，充电电阻可以取得较大，故在放电过程中充电电阻的影响可以略去不计。

这样，就可以得到如图 7-42 所示的计算用等效电路。图中 L_1 和 L_2 分别代表变压器低压绕组和高压绕组的漏感；L_m 代表变压器的励磁电感；C_0 代表变压器高压侧对地等效电容。以上各量均归算到低压侧。

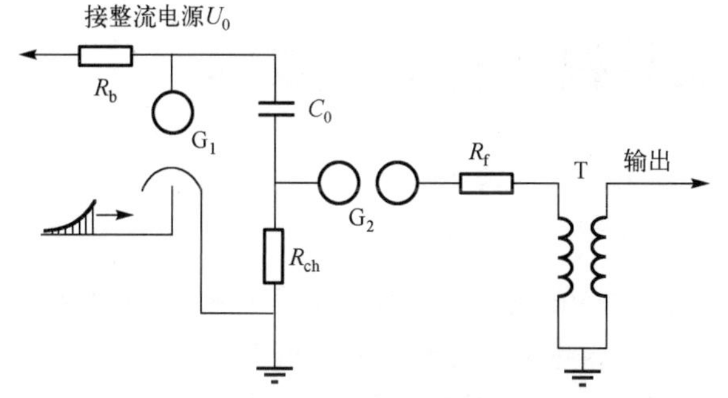

图 7-41　操作冲击电压发生器的原理电路

（各符号意义同前）

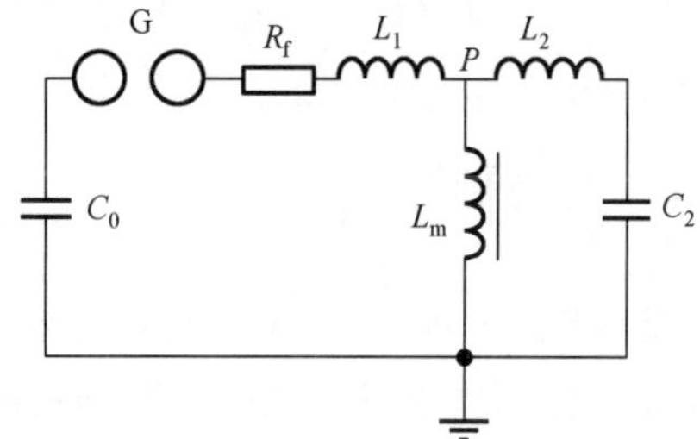

图 7-42　操作冲击电压发生器计算用等效电路

由图 7-42 可见，当球隙 G 被击穿后，已充满电的主电容 C_0 通过 R_f 和 L_1、L_2 向 C_2 充电，形成 C_2 上的电压波前；当 C_2 上的电压充到峰值后，C_2 就与 C_0 共同经 L_m 缓慢放电，C_2 上的电压缓慢下降。绕组中的感应电压 u 与铁芯中的磁通 Φ 的关系为

$$u = N\frac{\mathrm{d}\Phi}{\mathrm{d}t} \tag{7-71}$$

式中　N——绕组匝数。

由此可得

$$\int_0^t u\mathrm{d}t = (\Phi_t - \Phi_0)N \tag{7-72}$$

式中　Φ_t、Φ_0——t=t 和 t=0 时的磁通量。

在变压器端点电压尚未改变符号以前，随着时间的增长，铁芯中的磁通量一直在增加，到某一时刻，磁通达到饱和，L_m 变得很小，电流急剧增大。很快将 C_0 和 C_2 上的电荷泄放完，C_2 上的电压也急速降落到零，形成操作冲击电压波尾。此时，铁芯中的磁通量达最大值。在此以后，I_m 中的磁能对 C_0 和 C_2 反向充电，形成振荡，铁芯中的磁通量也随之减少。由于电阻和铁芯中的损耗，振荡电流和电压逐渐衰减到零，操作冲击电压波形如图 7-43 所示。

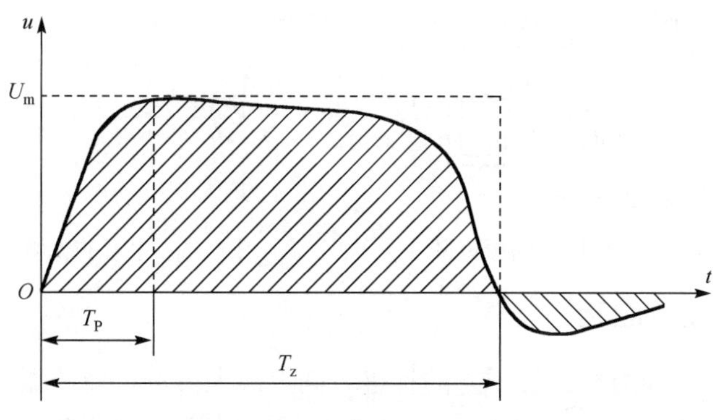

图 7-43　操作冲击电压波形

7.4 高电压的光电与数字化测量技术

7.4.1 光电测量技术

随着电/光变换（E/O 变换）技术和光/电变换（O/E 变换）技术的发展，利用光纤传输技术和光学传感器测量高电压，特别是测量冲击高电压越来越受到人们的重视。由于光波的频率很高，而且光纤本身就是绝缘体，因此在响应、绝缘和干扰等方面具有非常优越的性质。目前光纤传输系统的测量频带已经可以做得很宽，能够满足测量准确度的要求。

7.4.1.1 电/光变换的应用

测量时，利用发光二极管将电流变换成光信号，通过光纤传送，再由光电二极管或光电倍增管变换成电信号进行测量。

图 7-44 所示为光电式冲击电压分压器的原理图。在屏蔽电阻分压器的输入端设置补偿回路，补偿回路的电流（与输入电压波形成正比）经电/光变换后，信号被送至接地侧，再经光/电变换，转换为电信号进行测量。采用这种方法，即使是大型分压器，其响应特性也会很好，如制成的 2000kV 分压器，响应时间只有 10ns。

图 7-45 所示为电流的光测量系统的原理图。该系统利用光纤绝缘，可以很容易地测量高电位的电流（直流、交流和冲击电流）。电/光变换和光/电变换部分可数字化或进行频率调制，具有很高的测量精度。

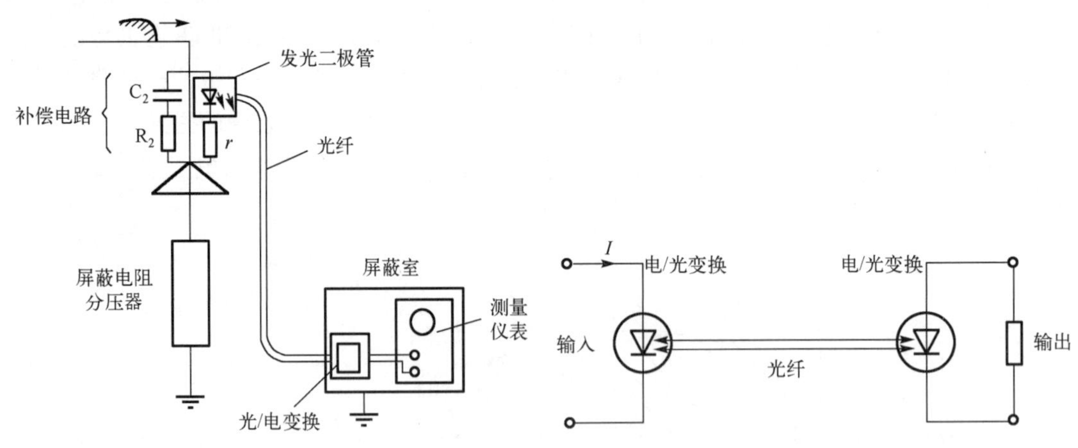

图 7-44 光电式冲击电压分压器的原理图

图 7-45 电流的光测量系统的原理图

7.4.1.2 磁光效应的应用

光通过铅玻璃时，如果在平行于光的行进方向上加上磁场，光的振动面会发生旋转，这种现象称为法拉第效应（Faraday Effect）。图 7-46 所示为磁光效应激光器的原理图。由激光器发出的光经过偏振器后，偏振面变为一定的方向。偏振光通过铅玻璃后，它的偏振面会转动一个角度θ，角度θ与磁场成正比，而磁场又正比于电流i。检测转动角θ，并将信号变换成电量，就可测定电流的大小。与电磁式变流器相比，磁光效应激光器由于光路采用光纤，因此容易实现绝缘，并且可以测量直流及冲击电流。

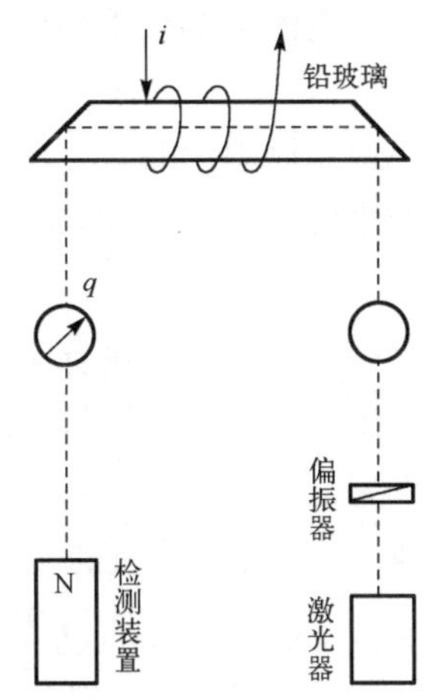

图 7-46　磁光效应激光器的原理图

7.4.1.3　电光效应的应用

BSO($Bi_{12}SiO_{20}$)、ADP($NH_4H_2PO_4$)、KDP(K_2HPO_4)、$LiNbO_3$、ZnS 等晶体上被施加电压时，会出现泡克尔斯效应（Pockels Effect）。光的振动面使得只有一定方向的直线偏振光能穿过晶体。如果在光轴方向施加电压，则x与y方向振动分量的光折射率会发生变化，形成相位差，输出光变为椭圆偏振光。形成的相位差决定于施加电压的大小，因此检测相位差的大小，可测得所加电压值。

光学式电压测量器的构成如图 7-47 所示，激光经过偏振器后变为直线偏振光，再穿过泡克耳斯晶体和 1/4 波长板。光通过 1/4 波长板后，x和y方向的光分量间会出现 1/4 波长的相位差（90°），穿过的光变为圆偏振光。如果在泡克耳斯晶体上施加被测电压，相位差会发生变化，输出光则为椭圆偏振光。与偏振器相对应，在光的主轴方向放置检光器，通过改变光的强弱，利用受光器来测定经过检光器后的光的相位变化。

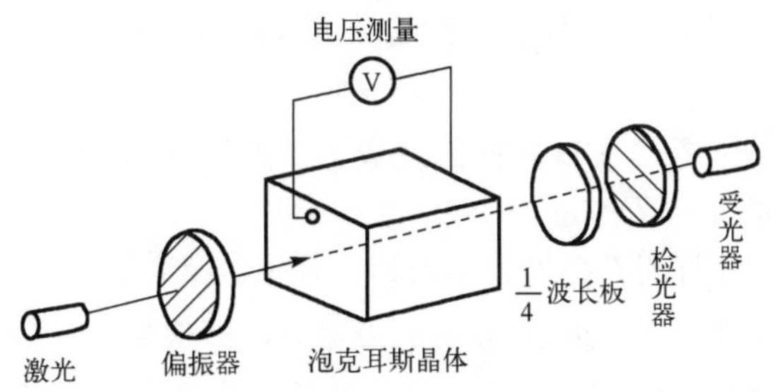

图 7-47　光学式电压测量器的构成

7.4.2　数字化测量技术

数字示波器等数字化记录系统的引入对高电压测量技术产生了很大的影响。在高电压测量领域，它不仅可用于稳态电压的测量和谐波分析，更重要的是，它还可以应用于快速瞬态过程的测量，如冲击电压（电流）的测量、电气设备局部放电波形的测量等。它的应用不仅便于人们观测、存储和分析被测波形，而且可以通过 USB 等接口电路或网线与计算机相连，分析计算、打印和存储信息。数字化测量的主要技术指标如下。

（1）采样率 f_s。

采样率为每秒采集样本的次数，现在通用的非正规单位是 Sa/s，如采样率为 100MSa/s，即代表每秒采样 10^8 次。采样率 f_s 的倒数为采样周期 T_s，T_s 是相邻两个采样点之间的时间间隔。

数字示波器只能在离散的时间序列上对输入量进行采样，所以它在 y 及 x 方向，也就是在电压和时间参数上都会存在测量不确定度，这些测量不确定度都和采样率的大小有关。以测量正弦波的峰值为例，若其角频率为 ω，设采样点对称地落在波峰的两侧，则此时峰值测量的不确定度较大。设峰值为单位值 1，则峰值测量的相对不确定度为

$$E_{sm}=1-\cos\frac{\omega T_S}{2}=1-\cos\frac{\pi f}{f_s} \tag{7-73}$$

若 f_s/f 为 4，则 E_{sm} 约为 30%，相当于−3dB；若 f_s/f 为 20～30，则 E_{sm} 为 0.5%～1%。当测量雷电波的波前截断波或陡波的峰值时，信号上升陡度大，峰值采样不确定度的矛盾更大，因此要求有很高的采样率。

IEC1083-1 规定了高电压测量中数字示波器的技术要求，提出了测量冲击电压的采样率

$$f_s \geqslant \frac{30}{T_X} \tag{7-74}$$

式中　T_X——被测时间间隔。

对于 1.2/50 μs 的标准雷电冲击电压，T_X 为 30%～90%峰值间的时间间隔，即 $0.6T_f$。标准雷电波的最短波头时间 T_f=0.84 μs，则 T_X 约为 500ns，数字示波器的采样率

$$f_s \geqslant \frac{30}{500\times10^{-9}}\mathrm{s}^{-1}=6\times10^{7}\mathrm{s}^{-1} \tag{7-75}$$

（2）位数 N 及垂直分辨率 γ。

数字示波器的幅值分辨率取决于垂直分辨率，反映了数字示波器所能检测到的输入电压的最小增量。垂直分辨率取决于 A/D 转换的位数 N（bit），即

$$\gamma=2^N-1 \tag{7-76}$$

对于认可的测量系统，要求 A/D 转换的位数至少为 8bit；对于需要进行信号处理的试验，要求数字测量系统的位数至少为 9bit。

（3）模拟带宽 f 和上升时间 T_r 像模拟示波器一样，示波器的带宽是一个重要的技术指标，反映了波形再现的逼真程度。在选择示波器的带宽时，一般采用 5 倍定律，即示波器的带宽至少是被测信号的最高频率分量的 5 倍。在测量高电压单次瞬态过程时，需讲究的是实时带宽。

上升时间决定于示波器的带宽，$T_r=K/f$，K 为常数，一般取 0.35～0.45。要求上升时间应小于被测时间间隔的 3%。对于标准雷电波，要求示波器的上升时间应小于 15 ns。

（4）记录长度及内存容量。记录长度是指数字记录仪及数字示波器每一通道一次记录的

总字数，也即采样的点数。采样率越高，记录的时间越长，要求示波器的内存容量越大。以往产品的内存容量只有几百字节，现今的产品可达几兆字节。数字示波器记录长度的增大，使能观测的时间间隔增加了，这也是它优于模拟存储示波器的地方。后者受示波器显示屏的限制，能观测的时间间隔很有限。

7.5　电气设备的在线检测和故障诊断

7.5.1　传统的在线检测和故障诊断技术

科学技术的发展，强有力地推动着电气设备在线监测和故障诊断技术的发展，一些成熟的技术已经在电气设备的检测中得到应用，使电气设备的检测水平明显提高。

7.5.1.1　现代传感技术在电气设备检测中的应用

光纤传感技术、红外传感技术等的应用，拓宽了传统电气设备的测量范围，提高了测量的准确性，使电气设备检测与诊断技术得到了重要发展。

1. 光纤传感器在电力系统中的典型应用

光纤传感器由于灵敏度较高、几何形状具有多方面的适应性（可以制成任意形状）、可以用于各种恶劣环境、具有与光纤遥测技术的内在相容性等优点被用于电力系统电气设备的各种测量，其中比较典型的是采用光纤传感器监测变压器绕组的温度。

光纤光栅属于无源器件，因其具有耐腐蚀、抗电磁干扰、尺寸小、易于埋入、便于利用波分复用和时分复用实现组网测量等优点，在变压器内部温度测量中具有很好的应用前景。

光纤光栅利用光纤材料的光敏性，采用紫外曝光等措施在光纤纤芯形成空间相位光栅。光纤光栅传感器的作用实质是在纤芯内形成一个窄带的透射（或反射）滤波或反射镜，特定波长的光经光栅反射后返回光入射的方向，作用在光栅处的温度变化使得光栅的周期和折射率发生变化，进而导致反射光波长发生变化，因此通过检测反射光波长变化即可测得温度变化。

根据光纤光栅的耦合模理论，光纤光栅的中心波长λ与有效折射率 n 和光栅周期Λ满足以下关系：

$$\lambda = 2n\Lambda \tag{7-77}$$

对于光纤光栅的温度传感，忽略波导效应，式（7-77）对温度取导数得到温度变化与光纤光栅波长变化的关系：

$$\frac{\Delta\lambda}{\lambda} = \left(\alpha + \xi\right)\Delta T \tag{7-78}$$

式中　α ——光纤的热膨胀系数，主要引起光栅栅格周期的变化；

ξ ——光纤的热光系数，主要引起光纤折射率的变化；

$\Delta\lambda$ ——波长变化量；

ΔT——温度变化量。

令 $\alpha_T = \lambda(\xi+\alpha)$，$\alpha_T$ 为光纤光栅的温度灵敏度系数，则有

$$\Delta\lambda = \Delta T\alpha_T \tag{7-79}$$

式（7-79）为光纤光栅仅受温度作用时光栅波长与温度的关系式。对于石英光纤，α=0.55×10^{-6}℃$^{-1}$、ξ=6.67×10^{-6}℃$^{-1}$，取中心波长为 1300 nm，可得相应的温度灵敏度系数 α_T 为 9.386pm/℃。由于采用的光纤材料不同及写入光栅工艺的差异，不同光纤光栅的温度灵敏度系数会有所不同，因此光纤光栅传感器需要经过温度标定试验后才能精确测温。

变压器光纤光栅测温系统结构如图 7-48 所示，该系统由终端 PC、波长解调仪和布置在变压器内部的若干光纤光栅传感器阵列组成，其中波长解调仪包含宽带光源、3dB 耦合器、光开关、F-P 滤波器等。光纤光栅传感器阵列通过在单根光纤上串联多个不同中心波长的光纤光栅组成，不同中心波长（$\lambda_1,\lambda_2,\cdots,\lambda_n$）的光纤光栅与待测结构沿光纤上的各测量点（1,2,…,n）相对应，分别感受待测结构沿线分布各点的温度变化。通过合适的设计，在测温范围内各光纤光栅的波长移动不会相互重叠，携带温度信息的反射光经传输光纤从测量场返回，波长解调仪将波长编码的温度传感信号转换为数字信号，并通过数据采集卡与终端 PC 联机，由采集软件自动记录波长的变化，通过试验获取各光纤光栅传感器的温度灵敏度系数，即可获得对应的温度变化。

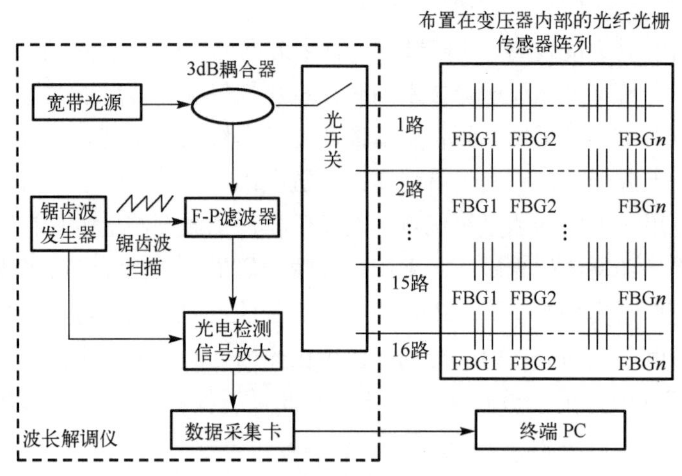

图 7-48 变压器光纤光栅测温系统结构

2. 红外传感技术

正常运行的电气设备，由于电流效应和电压效应的作用，会引起电气设备发热。当电气设备发生缺陷或故障时，缺陷部位的温升将发生明显的变化，尤其是由电流效应引起的发热可能急剧增加。利用红外传感技术，可以测量这些设备表面温度的变化。近年来，红外检测技术在电气设备检测中得到了广泛的应用，如用红外热像仪检测导线接头、套管接头、CT 接头、PT 接头、电缆终端、零值绝缘子、断路器内部缺陷、电容发热、避雷器温度分布、变压器过热、发电机过热等。

7.5.1.2　信号分析与处理技术在电气设备检测中的应用

信号分析与处理技术在电气设备的现代测量技术中的地位越来越重要，几乎所有的电气设备测量技术的最新发展，都离不开信号分析与处理技术。

1. 数字滤波技术

在电气设备测量中，经常采用时域平均响应滤波法和自适应滤波法。

时域平均响应滤波法是一种时域分析方法，其基本原理图如图 7-49 所示。在时域平均响应分析中，需要测取两个信号，一个是被测信号，一个是时标信号，它的响应方程为

$$y(n)=\frac{1}{M}\sum_{k=0}^{M-1}x(n-N\bullet k) \tag{7-80}$$

这是一个特殊的 FIR 滤波器差分方程。

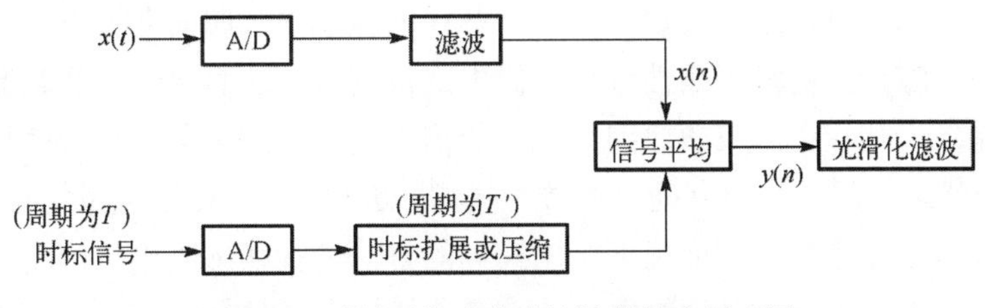

图 7-49　时域平均响应滤波法的基本原理图

实质上，时域平均响应滤波法是在所测取的原始信号中消除其他噪声干扰，提取有效信号的过程。如果对经时域平均响应滤波法处理的时域信号进一步做频谱分析，则可同时发挥频谱分析和平均响应分析的优点。

自适应滤波法现在普遍用于电气设备检测强背景噪声中提取有用信号，自适应滤波（ANC）技术的基本原理图如图 7-50 所示。图 7-50 中用两个传感器提取信号作为自适应滤波系统的输入，其中一路信号作为主输入，另一路信号作为参考输入。在主输入中包含被主噪声 n_0 淹没的信号 s，因此主输入等于 $s+n_0$；而在参考输入中，有效信号很微弱，其中主要包含与主噪声 n_0 有关的噪声 x，为保证这一点，应适当地选择参考传感器的位置。参考输入 x 通过自适应滤波器后的输出 y，和主输入 $s+n_0$ 相减，得到系统的输出 $c=s+n_0-y$，显然，如果 n_0 与 y 完全相等，则自适应滤波系统输出的就是有用信号 s；而当 n_0 与 y 十分接近时，系统的输出等于有用信号与残余干扰量 n_0-y 之和。为了使这个残余干扰量达到最小，将系统的输出反馈到自适应滤波器，用最小二乘法随时调整滤波器中的权值，使系统的总输出功率达到最小。由于噪声是时间的函数，因此采用自适应滤波法可以实时调节滤波器的传递函数，以保证 n_0 与 y 尽可能接近。

2. 模糊诊断技术

模糊数学方法是用数学方法来描述和研究具有“模糊性”事物的方法，用于研究本身概念（内涵和外延）尚不分明的事物，并定量地研究这些客观存在的模糊现象。正是这种更加合理的事物间关系的刻画，使得该理论不断发展，已形成了许多有关纯数学和应用数学的分支，并渗透到了绝大多数理论与技术中，如拓扑学、图论、自动控制和模式识别等，并已取

得了很多有实际意义的成果。

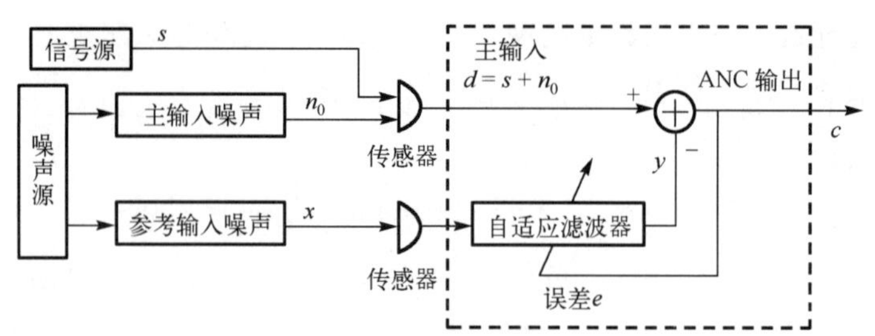

图 7-50　自适应滤波技术的基本原理图

状态监控与故障诊断中经常用模糊的自然语言来说明状态的特征。为了更准确、有效地判断具有模糊征兆的状态，必须用模糊集合的概念对其是否属于某个状态的原因进行描述。这种描述不是简单地加以肯定或否定，而是用归属的程度“隶属度”加以描述，或者通过识别与分类、预报、综合评判和可靠性分析等做出定量判断，从而诊断出状态原因。特别是一些复杂的机械系统，其状态形成的原因与征兆的因果关系错综复杂，状态信息用测试手段不易分离，征兆与状态之间无法建立确定的数学模型。这时，可以在获取系统状态的综合效应、积累维修经验和集中专家意见的前提下，用模糊的方法进行状态监控与诊断。

模糊性概念的外延对应的是模糊集合。确定了某一研究对象，也就是给定了论域 U 上的一个模糊子集，这样的模糊子集完全由其隶属函数所描述。在进行模糊识别时，先要获取识别信息，识别信息可借助模糊集合论中最基本和最重要的隶属函数来获得。在进行机器状态识别时，也应先研究如何确定隶属函数。确定隶属函数远没有达到像确定概率分布那样成熟的阶段，目前还停留在靠经验水平、从实践效果中进行反馈、不断校正自己的认识以达到预定目标这样的阶段。总的说来，隶属函数的确定，一要符合客观规律，二要借助专家和操作人员的丰富经验。到目前为止，确定隶属函数常用的方法大致有以下几种：①通过模糊统计来确定；②采用二元对比排序法来确定；③借用常见的模糊分布来确定；④利用动态信号处理的结果，经过适当转换得到隶属函数；⑤通过神经网络模型来学习和获取；⑥其他方法，如主观认识、个人经验、人为评分等。

7.5.2　典型电气设备的在线检测和故障诊断

7.5.2.1　电力电容器在线检测和故障诊断技术

电力电容器的在线检测方法主要有 $\tan\delta$ 值和 C 值的在线检测、三相不平衡信号的在线检测等。

图 7-51 所示为自动平衡检测 $\tan\delta$ 值的原理图，它主要由传感器、移相器及自动平衡装置组成，由被试品 C_X 接地侧处的电流互感器获得 $\dot{U}_i$，它反映了流经被试品的电流 $\dot{I}_X$；而由分压器或电压互感器获得 $\dot{U}_u$，它反映了加在被试品上的电压 $\dot{U}_X$。如果先忽略传感器及分压器的角度差，则 $\dot{U}_u$ 应滞后 $\dot{U}_i$ 一个角度（90° $-\delta$）；再将 $\dot{U}_u$ 经移相器移 90° 成 $\dot{U}_u'$，则 $\dot{U}_u'$ 与 $\dot{U}_i$ 间的角度差为介质损耗角。由于 δ 角很小，要准确读出它十分困难。现在常采用单片机或计算机时钟脉冲来计数，在图 7-51 中从传感器获取的信号 $\dot{U}_i$ 及 $\dot{U}_u$ 分别经过过零转换变成相

同幅值的方波 I 和 U ，再将移相 90° 后的电压信号反相成 U'， I 和 U' 相与后所得的方波宽度即可反映此 δ 角的大小。

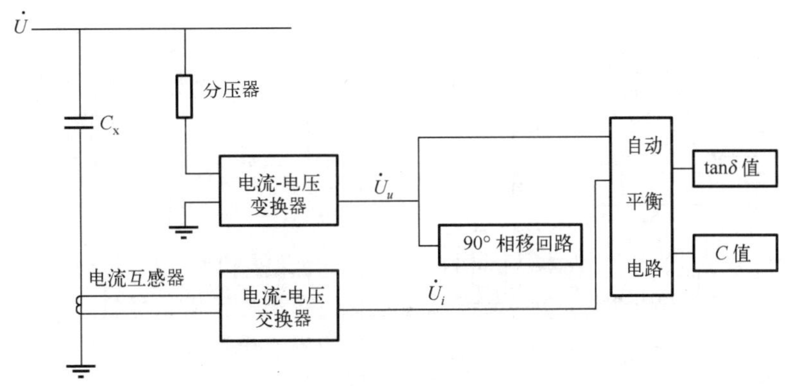

图 7-51　自动平衡检测 tan δ 值的原理图

7.5.2.2　绝缘子和套管在线检测和故障诊断技术

1. 自爬式不良绝缘子检测器

自爬式不良绝缘子检测器的测量系统主要由自爬驱动机构和绝缘电阻测量装置组成。它在测量时用电容器将被测绝缘子的交流电压分路，并在带电状态下测量绝缘子的绝缘电阻，根据直流绝缘电阻的大小判断绝缘子是否良好。当绝缘子的绝缘电阻值低于规定的电阻值时，即可通过监听扩音器确定出不良绝缘子，还可以从盒式自动记录装置再现的波形图中明显地看出不良绝缘子部位。当检测 V 形串和悬垂串时，可借助于自重沿绝缘子下移，不需特殊的驱动机构。图 7-52 所示为国外研制的用于 500kV 超高压线路的自爬式不良绝缘子检测器的检测系统原理图。

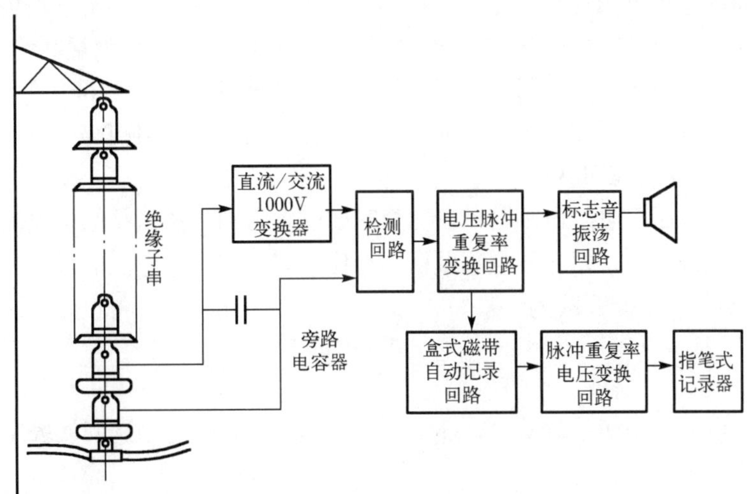

图 7-52　国外研制的用于 500kV 超高压线路的自爬式不良绝缘子检测器的检测系统原理图

2. 电容式套管介质损耗角正切在线检测

图 7-53(a)所示为测量有电压抽取装置的电容式套管的主电容 C_1 与抽压电容 C_2 串联的等

值电容 C_X 和介质损耗角正切 $\tan\delta_X$ 的接线图。图 7-53(b)所示为测量抽压电容 C_2 和介质损耗角正切 $\tan\delta_2$ 的接线图。

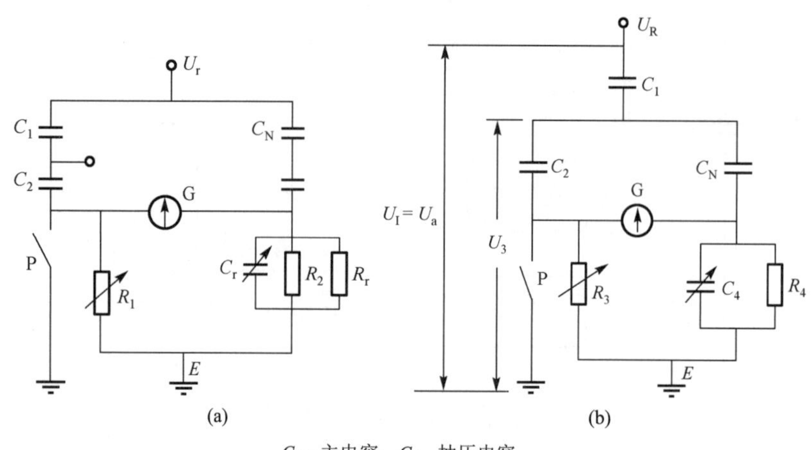

C_1—主电容；C_2—抽压电容。

图 7-53　测量 C_X 和 $\tan\delta_X$ 及抽压电容 C_2 和 $\tan\delta_2$ 的接线图

按图 7-53(a)所示接线图可测得 C_X 和 $\tan\delta_X$，按图 7-53(b)所示接线图可测得 C_2 和 $\tan\delta_2$，则可计算出主电容 C_1 和介质损耗角正切 $\tan\delta_1$，即

$$C_1 = \frac{C_X C_2}{C_2 - C_X} \tag{7-81}$$

$$\tan\delta_1 = \tan\delta_X + \frac{C_X(\tan\delta_X - \tan\delta_2)}{C_2 - C_X} \tag{7-82}$$

7.5.2.3　避雷器的在线检测

有并联电阻的避雷器的在线检测主要检测电导电流。因 FZ 型避雷器在瓷套内的每组间隙上并联有均压电阻以改善电压分布及放电特性，故对 FZ 型避雷器测量其绝缘电阻及电流，实质上是测量此均压电阻串的电阻及电导电流。图 7-54 所示为 35～220kV 的 FZ 型避雷器进行电导电流在线检测的原理图。在图 7-54 中，非线性电阻固定在绝缘管内，其阻值用 2.5kV 兆欧表测量，为 1200～1800MΩ。

因各厂所用的均压电阻阻值不同，在测量时要注意将同一被试品的历次测量值做纵向对比，并将同一类被试品的三相电导电流做横向对比，若三相电导电流的最大值和最小值分别为 I_{max} 和 I_{min}，则其不平衡系数为

$$v_i = \frac{I_{max} - I_{min}}{I_{min}} \tag{7-83}$$

当三相电导电流不平衡系数 v_i>25%时，该避雷器宜退出运行，送回实验室进行进一步的试验。

FCZ 磁吹避雷器的在线检测常利用已固定安装在此避雷器下端的放电记录器进行。例如，将 10Ω左右的电阻并联到放电记录器的两端，由于一般放电记录器的内阻为 1～2 kΩ，因而在运行电压下流经 FCZ 磁吹避雷器下端的电流将几乎全部通过此并联小电阻，再用高内阻的晶体管电压表来测量此电阻上的压降，即可算出电导电流。也可用 MF-20 型万用表的交流

1.5mA 挡直接并联在放电记录器的两端进行测量，因为该挡的内阻为 10Ω，所以也能很好地实现在线检测。

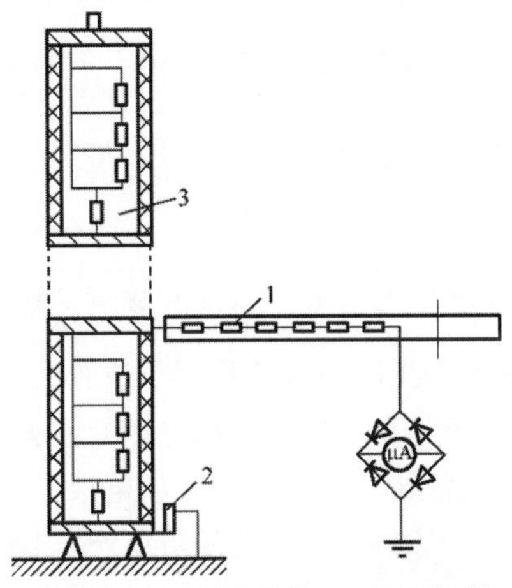

1—电阻杆；2—放电记录器；3—被试避雷器。

图 7-54　35～220kV 的 FZ 型避雷器进行电导电流在线检测的原理图

国产磁吹避雷器的电导电流的范围：FCZ1 磁吹避雷器为 250～650μA，FCZ3 磁吹避雷器为 80～300μA。各制造厂生产的 FCZ 磁吹避雷器，由于并联均压电阻的取值不同，因此交流电导电流的试验结果更应与该避雷器的历史数据做纵向对比，或者相间地做横向对比，若有较大的变化，则再做进一步检查。

用 MF-20 型万用表与放电记录器并联来读取电导电流，有时会因放电记录器本身的电阻受潮，而使读出的并联电流很小，因此当交流电导电流过小时，应考虑放电记录器有无受潮损坏，这时可将 MF-20 型万用表的 1.5mA 交流挡直接串入避雷器接地回路来测量验证。

在进行电导电流现场测试时应注意消除外界电场干扰，选取好测量位置，保证测量导线接触良好，否则将会产生较大的测量误差。

7.5.2.4　高压断路器在线检测和故障诊断技术

断路器在线检测主要是测量交流电压下的泄漏电流和介质损耗角正切 $\tan\delta$。交流泄漏电流在线检测：将测量引线接于测量小套管上，引线经桥式整流电路接地，用直流微安表进行测量，检测线路如图 7-55 所示。测量时，断开测量小套管接地引线，由直流微安表读出运行电压下的泄漏电流（直流微安表接于桥式整流电路另两个端点）；测量完毕后，测量小套管恢复接地，使高压少油断路器恢复正常运行。

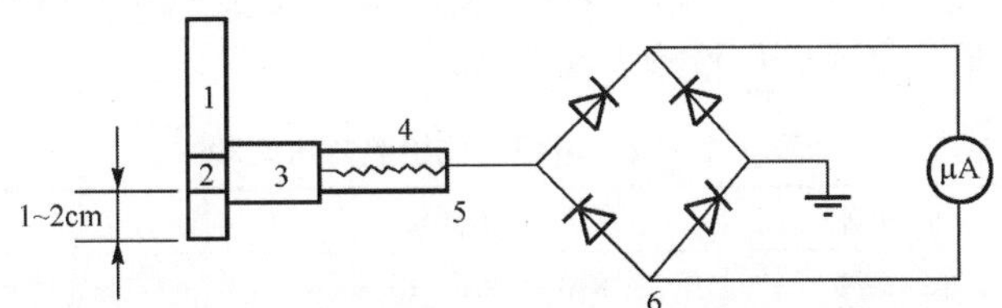

1—绝缘拉杆；2—金属圆环；3—测量电极；4—绝缘引线；5—测量小套管；6—桥式整流。

图 7-55　高压少油断路器交流泄漏电流在线检测线路

在线检测得到的断路器交流泄漏电流小于《试验规程》中规定的 10μA，与直流 40kV 电压下泄漏电流试验的结果基本一致。但当断路器进水受潮后，一般交流泄漏电流值小于直流泄漏电流值。检测交流泄漏电流基本能反映绝缘缺陷，考虑到在线检测交流泄漏电流的偏差，通常将交流泄漏电流的判断标准规定为不大于 5～8μA。当大于 5μA 时应引起注意，而当大于 8μA 时应停电检查。

高压少油断路器改造成经测量小套管将绝缘拉杆引出，接入谢林电桥就可以用于在线检测介质损耗角正切。

7.5.2.5 气体绝缘金属封闭开关设备在线检测和故障诊断技术

气体绝缘金属封闭开关设备在线检测和故障诊断最有效的方法实际上就是局部放电检测。可采用电量检测法和非电量检测法。以下介绍电量测量法中的外部电极法。

在气体绝缘金属封闭开关设备外壳上放置一外加电极，外加电极与外壳之间用薄膜绝缘，形成一耦合电容。使用绝缘薄膜的主要目的是防止外壳电流流入检测装置。外加电极法检测局部放电的原理如图 7-56 所示。

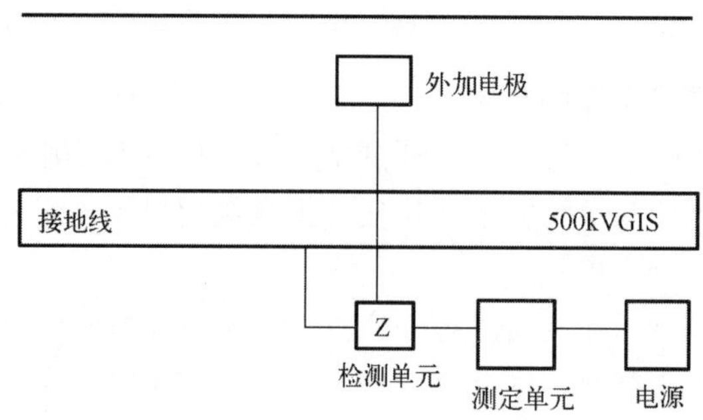

图 7-56 外加电极法检测局部放电的原理

考虑到气体绝缘金属封闭开关设备各室之间有绝缘垫，因而对于局部放电的高频电流而言，它将在同一绝缘垫两侧的两个外加电极间形成电位差，将 20～40MHz 的衰减波进行放大、滤波、A/D 转换后，即可得到测量结果。该系统可采用脉冲鉴别法以区分外来干扰及内部局部放电。由于采用了两个外加电极，因此可以将脉冲的相位关系等信息显示出来，在此基础上有可能分析出哪个气室发生了局部放电。

7.5.2.6 电力电缆在线检测和故障诊断技术

目前预防性试验中规定的电力电缆试验项目不多，主要是绝缘电阻测量和直流耐压试验，在实际检测中，根据需要又开发出多种判定或鉴别电缆性能的试验方法，它们各有优缺点。表 7-1 所示为常见电缆老化检测方法比较。

表 7-1 常见电缆老化检测方法比较

方法	试验电源	检测效果	存在的问题
绝缘电阻测量	低压直流	可测绝缘电阻、终端受潮	终端表面泄漏的影响
直流耐压试验	高压直流	可测出施工缺陷及绝缘劣化	可能引起交联聚乙烯绝缘损伤
直流泄漏测量	高压直流	可测出吸潮、树枝劣化	电晕、电源波动的影响

续表

方法	试验电源	检测效果	存在的问题
局部放电测量	交流工频	可检测内部气隙、外伤	要消除干扰、提高灵敏度
	超低频、三角波		专用电源设计、制造
tan δ 测量	交流工频	对检测受潮、水树枝有效	需要大容量电源
	超低频		要消除干扰
反向吸收电流	高压直流	对检测水树枝等有效	要消除局部电流或终端脏污
残余电压法	高压直流	对检测水树枝等有效	要消除表面泄漏

7.5.2.7　电力变压器在线检测和故障诊断技术

变压器可以通过在线检测多种气体，用色谱柱进行气体分离后测量出变压器油中的色谱图。得到气体的含量，就可根据比值准则，利用计算机进行故障分析，可以诊断变压器中局部放电、局部过热、绝缘纸过热等故障。

目前变压器局部放电在线检测方法主要采用脉冲电流法和超声检测法。脉冲电流法理论上能测量小至几皮库的局部放电，但易受外界电磁干扰。超声检测法通过安装在变压器油箱上的超声波传感器检测局部放电形成的超声压力波，其抗电磁干扰性能好，采用几个超声波传感器后还能对放电定位。但由于声波在设备内部绝缘中的吸收和散射，灵敏度不如脉冲电流法高，并且机构振动（如风沙、雨滴敲击变压器外壳，铁芯电磁振动等）也会造成干扰。

7.5.3　新技术在电气设备在线检测和故障诊断中的应用

为了保障电气设备的安全可靠运行，降低设备运行和维修成本，对电气设备在线检测和故障诊断技术的研究具有十分重要的意义。随着科技的进步和人们思想意识的不断提高，一些新的技术逐步被应用到电气设备在线检测和故障诊断中且日渐成熟。

7.5.3.1　配电变压器运行状态评估的大数据分析方法

配电变压器作为一个主体系统，系统安全运行受相关属性影响，准确辨识出所有相关属性的相关关系及对主体的影响，就可以实现对系统运行状态的分析评估。

由于电压、电流、温度等数据都按一定时间段采集，数据处于短时存储状态，所以本书采用的是滑动窗口模型，即当累积采集一段时间后利用存储的 n 个最新的数据进行分析。所有待处理的数据以矩阵的形式表示，即

$$\boldsymbol{D}=[A_1A_2A_3\cdots A_m]=\begin{bmatrix} a_{11} & \cdots & a_{1m} \\ \vdots & \ddots & \vdots \\ a_{n1} & \cdots & a_{nm} \end{bmatrix} \tag{7-84}$$

式中　$A_1 \sim A_m$——数据属性类型，如系统不同的传感器所测量的压力、温度值等；

$a_{11} \sim a_{nm}$——对应其属性的具体数值，为连续数据。

各属性间的相关性可通过构建二维关系图来实现。选取一个属性作为 X 轴（基准属性），另一个属性作为 Y 轴（参考属性），建立二维散点图。X 轴与 Y 轴的边界分别为其所包含数据的极值，即得到一个覆盖所有数据点的矩形区域（默认时间轴是固定的）。

挖掘关联规则是指发现设定的最小支持度和最小置信度的关联关系。当配电变压器某个或多个属性受到外部扰动或自身发生突变时，可能引起多个属性发生变化；当单个或多个属性越限运行时，可能导致配电变压器无法安全稳定运行，因此可以通过分析属性之间的相关性，得到设备对于各种属性变化的承受能力。以某配电变压器视在功率和环境温度为例，X 轴表示环境温度，Y 轴表示视在功率，具体如图 7-57 所示。对单元格施加扰动形成的关联规则必须有一定的代表性，因此需要制定一定的规则优先条件，即要求达到一定的置信度和支持度：$X \Rightarrow Y \Leftrightarrow (S_{(X\Rightarrow Y)} \geqslant \min\_S_{\text{support}}) \wedge (C_{(X\Rightarrow Y)} \geqslant \min\_C_{\text{confidence}})$。

以表格中（L_2,L_2）为例，若从 X 轴施加一个正向或负向的扰动，即环境温度上升 5℃以上，二者的趋势变化如图 7-57 所示。

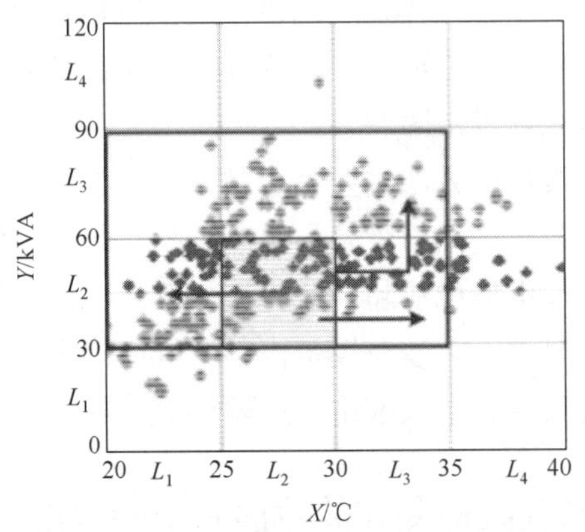

图 7-57 不同因素之间的关联规则

若最小置信度和最小支持度设置为 $\min\_C_{\text{confidence}}$=40%，$\min\_S_{\text{support}}$=45%，则单元格（2,2）挖掘出的有效相关规则如下。

（1）规则 1：$x+\Delta x \Rightarrow \Delta y(\Delta x=+L)$，最小支持度为 54.93%，最小置信度为 57.1%。相关规则是，当温度出现上升时，视在功率保持不变，即温度上升对配电变压器视在功率影响不大。

（2）规则 2：$x+\Delta x \Rightarrow \Delta y+L(\Delta x=+L)$，最小支持度为 45.07%，最小置信度为 57.1%。相关规则是，当温度出现上升时，视在功率随之增加，即温度上升与配电变压器视在功率呈正相关关系。

（3）规则 3：$x+\Delta x \Rightarrow \Delta y(\Delta x=-L)$，最小支持度为 70%，最小置信度为 57.1%。相关规则是，当温度出现下降时，视在功率保持不变，即温度下降对配电变压器视在功率影响不大。

综上所述，通过数据挖掘得出的规则不尽相同，规则 1、规则 3 与规则 2 的结论正好相反，可见不同的支持度得到的结论不同，甚至相反。由于温度和视在功率取值范围没有限制，所以得出的规则精度较差，指导性不明确。

通过数据挖掘处理，得出不同属性间的相关关系和关联规则，形成多种属性关联规则库；设定相应的优先规则（置信度和支持度），确定各相关规则的优先次序；最终，基于两种或多种属性数据变化，调用相关规则分析预测另一属性或配电变压器的变化趋势。

7.5.3.2 基于 5G 技术的电气设备在线监测评估

5G 技术作为新兴技术，具有速率快、容量大、可靠性高的特点，是解决当前电气设备状态监测数据采集传输过程中所存在相关问题的有效方法之一，并且能有效应对配网侧终端量多面广、检定校核工作量大及终端装置本身的误报警问题，为配网设备在线监测数据的整合汇总及在线监测设备本身的性能评估提供了新的思路。

1. 基于5G技术实现状态监测数据采集与传输

基于5G技术的配电网监控系统网络示意图，如图7-58所示。其中，以部分监测主体为例，展示了如何利用监测终端实现信息收集、如何利用5G基站实现区域内信息传递及如何利用中心基站实现区域间信息汇总等步骤。值得注意的是，图中的5G基站与中心基站的具体数量与安装位置应结合现场情况决定。

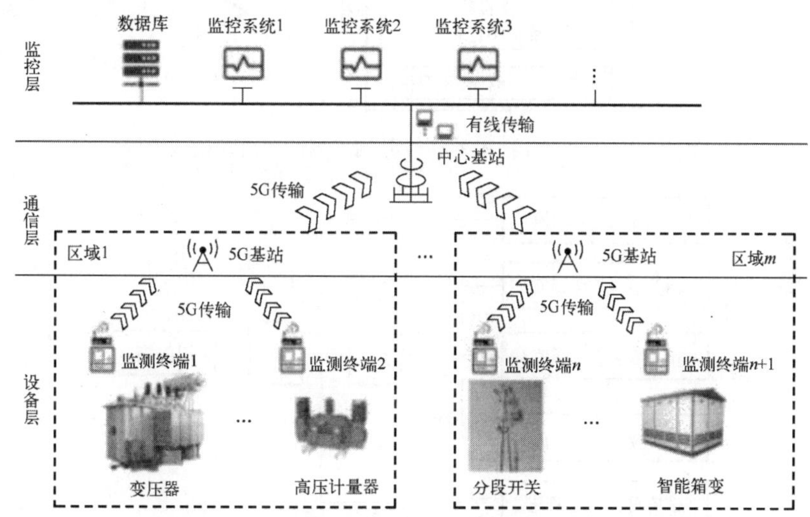

图7-58　基于5G技术的配电网监控系统网络示意图

2. 电气设备在线监测终端性能自动校核的步骤如下。

（1）收集5G技术所传输的在线监测终端数据并进行整合，记录数据所对应的时间标签。

（2）根据在线监测数据的时间标签，读取离线试验数据库中对应时间标签的数据，并根据所构造的性能标定指标，分别计算在线实时数据和离线试验数据的期望偏离度、在线实时数据与离线试验数据之间的方差及方差变化率。

（3）将三个指标的数值与预先设定的门槛值进行比较（门槛值可以根据有限的离线人工校核结果进行整定），并以图表的形式将三个指标的数值直观地展现，以便于运维人员进行决策。

基于5G技术的在线监测终端性能自动校核流程如图7-59所示。

3. 在线监测系统误报警事件辨识

为了减少由于误报警事件所带来的不良影响，提出了一种实用化的在线监测装置误报警事件甄别方法，误报警事件甄别逻辑图如图7-60所示。其原理为，异常状态或故障带来的影响不会仅体现在单一变量上，与其附从的有关变量也会受到影响，通过判断相关变量的整体变化情况，可以合理推断出是否发生误报警事件。

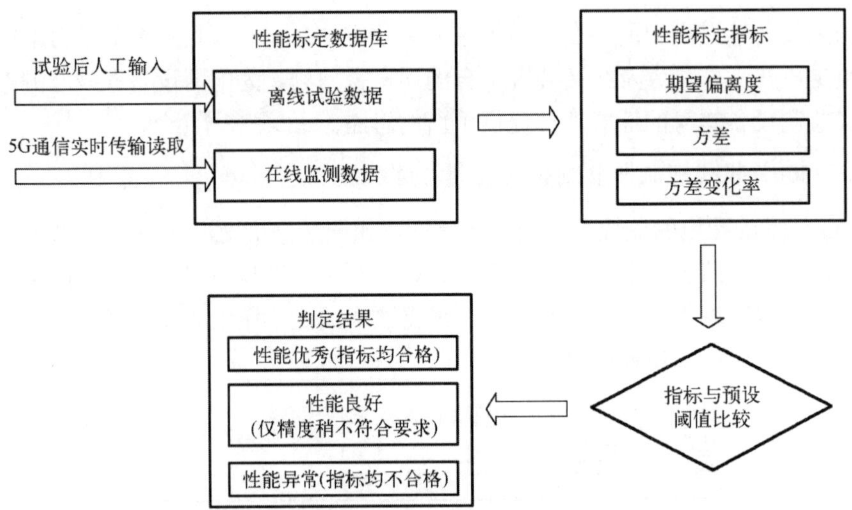

图 7-59　基于 5G 技术的在线监测终端性能自动校核流程

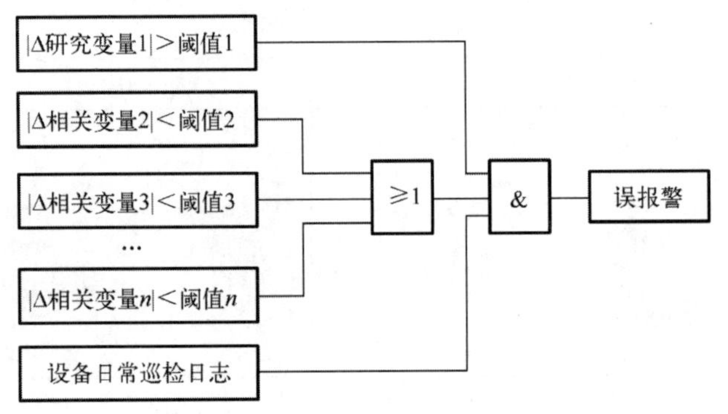

图 7-60　误报警事件甄别逻辑图

7.5.3.3　数字化技术在输配电设备状态评估中的应用

1. 设备状态精细化评估数字孪生模型

输变电设备部件众多，仅仅明确其整体运行状态无法满足现场的实际要求，因此需要对各个部位的性能进行更加细化的评估，构建精细化的评估模型。下面以变压器为例说明输变电设备精细化评估模型的建立方法。变压器由本体、套管、分接开关、冷却系统、非电量保护系统 5 个主要部件组成，其中本体和套管部件长期处于磁场、电场和热力场作用中，因此又可以从热性能、绝缘性能和机械性能 3 个方面综合评估其运行状态，进一步梳理变压器状态量与上述 5 个主要部件以及本体和套管的 3 个性能对应的情况，构建变压器状态精细化评估数字孪生模型，如图 7-61 所示。

对于某一个部位或性能下的状态量，基于现有评价导则中专家给出的权重情况计算基本权重，根据状态量的实际监测值偏离出厂值或状态阈值的程度获得劣化程度，综合考虑基本权重和劣化程度获得状态量的劣化权重。利用 D-S（Dempster-Shafer）理论对多个状态量的隶属度和劣化权重进行融合，实现对某个部件或性能的综合评估。基于最严重原则，分别获取本体和套管的状态及变压器总体的状态。

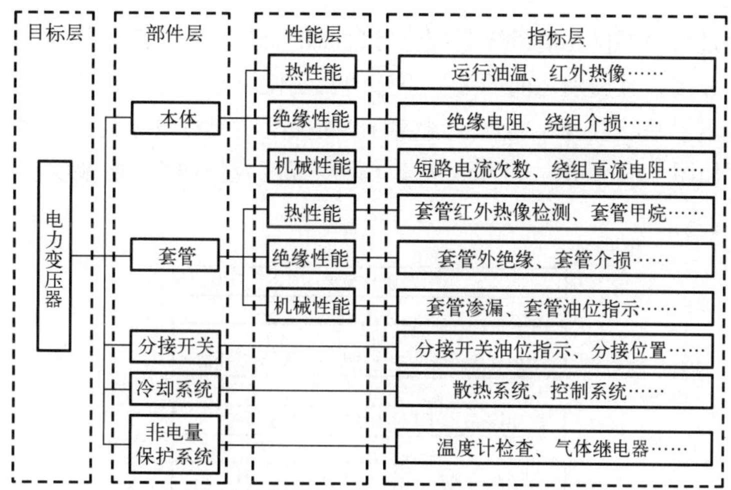

图 7-61　变压器状态精细化评估数字孪生模型

设备状态精细化评估数字孪生模型考虑了设备的部件、性能及对应的状态量，获取状态量的实时数据来建立分层的精细化评估数字孪生模型。在该数字孪生模型中，基于设备状态差异化评估数字孪生模型获得差异化评价阈值，并建立模糊隶属函数，基于实体设备各个状态量的实时数据获取劣化程度，并基于 D-S 理论对模糊隶属度和劣化权重进行融合分析，以表达状态量之间的关联或冲突。其数字孪生体不仅实现了对设备部件和性能的精细化表达，并且可以根据实体设备的实时数据对状态量之间的关系进行修正，以获得更加精确的数字孪生体，从而实现精细化评估。

2. 设备故障诊断数字孪生模型

在获得输变电设备的运行状态之后，需要进一步对其故障情况进行诊断，确定具体的故障类型，以便指导现场运维人员进行有针对性的检修。在变压器故障诊断数字孪生模型中，采用基于深度置信网络的自决策主动纠偏诊断方法来诊断变压器故障，流程图如图 7-62 所示。利用稀疏自编码器（Sparse Autoencoder，SAE）将故障案例映射到高维空间中，以凸显故障类型之间的差异性，并将故障类型之间的稀疏自编码差异度作为深度置信网络的误差对训练过程进行调整，根据训练过程中短期和长期的损失函数变化率及训练次数等情况制定引入误差修正决策单元的策略，实现自决策主动纠偏诊断。

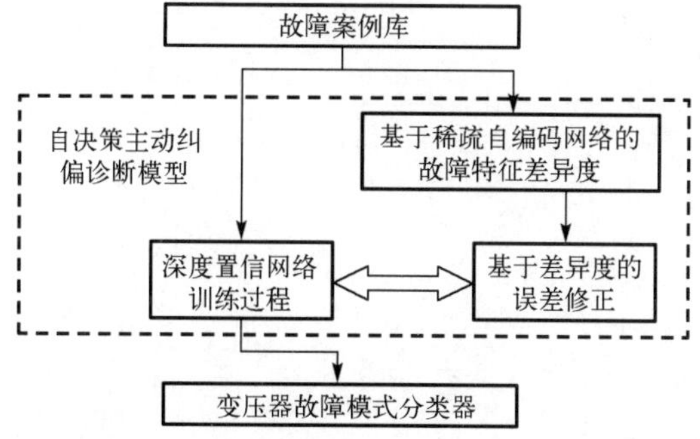

图 7-62　基于深度置信网络的自决策主动纠偏诊断方法的变压器故障诊断流程图

在故障诊断过程中不仅要对故障类型进行判断，而且要对故障的严重程度进行判断，因此待区分的类别较多，且类别之间的边界不够明显，使用单一深度置信网络无法实现准确区分。基于此，提出了基于组合深度置信网络的诊断模型实现对故障类型和严重程度的分层诊断，诊断流程图如图 7-63 所示。该方法构建了两层深度置信网络，分步实现了对故障类型和严重程度的诊断。

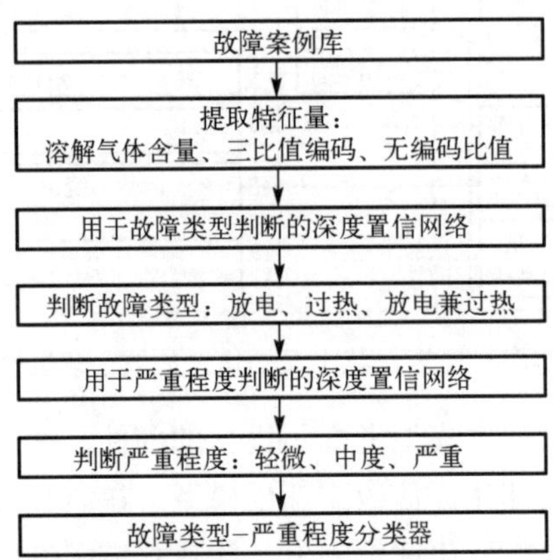

图 7-63　基于组合深度置信网络的变压器故障诊断流程图

设备故障诊断数字孪生模型同样通过数据实体设备的实时数据建立数字孪生体，该数字孪生体不仅与设备实时数据进行交互，而且记录了该设备的所有历史故障案例数据。此外，基于面向群体设备的数字孪生体可以获得更多的故障案例数据。根据这些案例数据，结合深度置信网络及稀疏自编码器可以构建故障模式分类器，并通过分层诊断的模式实现对设备故障的精确诊断。在该设备故障诊断数字孪生模型中，实体设备的历史案例数据用来构建状态量与故障模式之间的映射关系，用实时数据驱动诊断模型获取诊断结果，并将诊断结果作为设备数字孪生体的特征，对诊断模型进行优化迭代。

第 8 章

输电线路和绕组中的波过程

电力系统的运行是否安全与经济，在很大程度上取决于设备的绝缘强度，而在决定绝缘强度时，不仅要考虑工作电压，还要考虑过电压的作用。过电压是指超过最高工作电压时，对绝缘有危险的电压，它有两大类，即因雷击引起的雷电过电压，以及因断路器操作、系统故障或者发生谐振引起的内部过电压。电力系统中的过电压绝大多数来源于输电线路，在发生雷击或进行操作时，输电线路上都可能产生以行波形式出现的过电压波。因此，对过电压必须加以限制，否则对绝缘的要求太高，不仅不经济，而且还会使设备的体积和质量都太大，不便运输。借助保护装置将过电压限制到预期值，就可在满足安全运行的条件下降低对设备绝缘的要求。

在本章的最后，还将探讨变压器、发电机等设备绕组中的波过程，这对于了解线路上的过电压波侵入变电所或发电厂时，变压器、发电机等设备的绝缘所受到的过电压和需要采取的内、外保护措施,是完全必要的。

8.1 波沿均匀无损耗单导线的传播

电磁波的传播过程叫作波过程。为什么要研究波过程呢？这是因为在冲击波的作用下，输电线路、电缆、变压器绕组、电机绕组等元件的等效电路都要用分布参数电路来表示。例如，雷电冲击的频率很高，波头很短（一般为 780m），因此，在研究雷电冲击波对导线的作用时，导线一般按分布参数考虑。高压远距离交流输电线虽然工作频率低，波长很长（6000km），但在输电线长度很大，如数百公里以上时，不论稳态或暂态也都宜用分布参数来研究。

8.1.1 线路方程及解

单根导线和大地构成的回路如图 8-1(a)所示。为了简化分析，也为了便于掌握线路波过程的物理概念和基本规律，常忽略线路的电阻和对地电导的损耗，并假设线路参数为常数，这种电路被称为均匀无损耗单导线线路的等值电路，如图 8-1(b)所示。

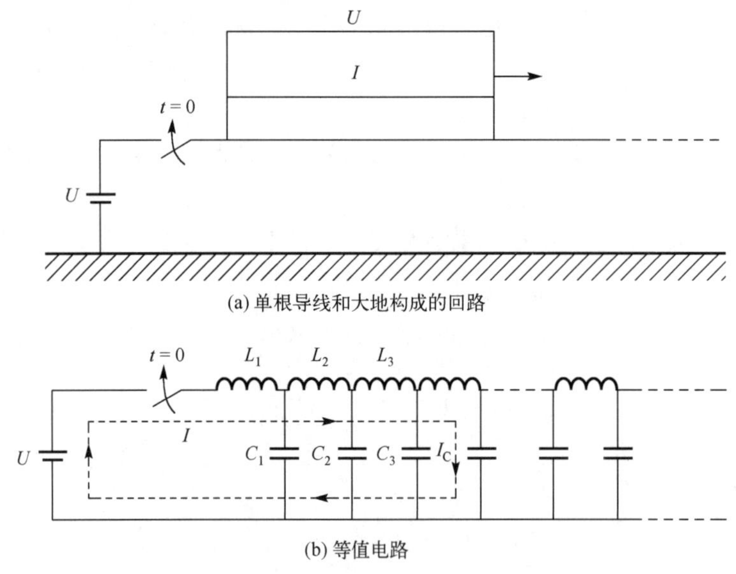

图 8-1 波沿均匀无损耗单导线的传播

实际上，沿导线传播的波，不仅只有单方向的（如前面所分析的自左至右运动的波），还会同时出现方向相反的波。下面用数学方法来分析波过程的一般情况。

图 8-2 所示为无损耗单导线等值电路的某个单元，据此可写出方程

$$u-\left(u+\frac{\partial u}{\partial x}\mathrm{d}x\right)=-\frac{\partial u}{\partial x}\mathrm{d}x=L_0\mathrm{d}x\frac{\partial i}{\partial t} \tag{8-1}$$

$$i-\left(i+\frac{\partial i}{\partial x}\mathrm{d}x\right)=-\frac{\partial i}{\partial x}\mathrm{d}x=C_0\mathrm{d}x\frac{\partial\left(u+\dfrac{\partial u}{\partial x}\mathrm{d}x\right)}{\partial t} \tag{8-2}$$

略去式（8-1）和式（8-2）中的二阶无限小项 $\mathrm{d}x$，整理后得

$$\begin{cases}\dfrac{\partial u}{\partial x}=-L_0\dfrac{\partial i}{\partial t}\\[2mm] \dfrac{\partial i}{\partial x}=-C_0\dfrac{\partial u}{\partial t}\end{cases} \tag{8-3}$$

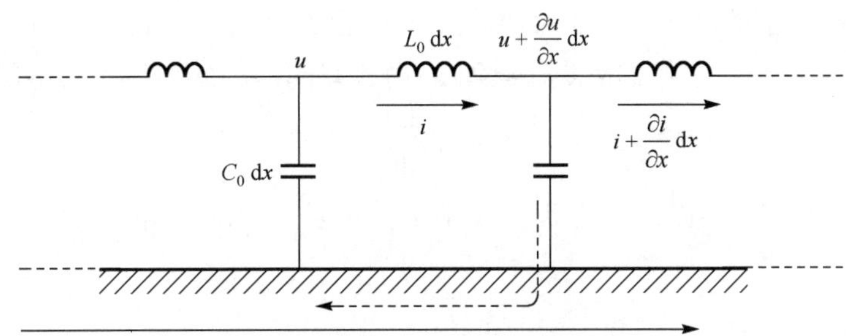

图 8-2　无损耗单导线等值电路的某个单元

对式（8-3）求偏导，经整理可得下列电压波与电流波的偏微分方程：

$$\frac{\partial^2 u}{\partial x^2}=C_0L_0\frac{\partial^2 u}{\partial t^2} \tag{8-4}$$

$$\frac{\partial^2 i}{\partial x^2}=C_0L_0\frac{\partial^2 i}{\partial t^2} \tag{8-5}$$

式（8-4）和式（8-5）为二阶波动方程，从两个式中看出其形式完全一样，可见 u 和 i 有形式相同的解。

先来求 u 和 i 的关系，因此令

$$u=Zi \tag{8-6}$$

式中　Z——待定系数。

将式（8-6）代入式（8-3）得

$$Z\frac{\partial i}{\partial x}=-L_0\frac{\partial i}{\partial t} \tag{8-7}$$

$$\frac{\partial i}{\partial x}=-C_0Z\frac{\partial i}{\partial t} \tag{8-8}$$

式（8-7）、式（8-8）互除，得到前面所述的波阻抗，即

$$Z=\pm\sqrt{\frac{L_0}{C_0}} \tag{8-9}$$

再来求解式（8-4）和式（8-5）的波动方程。应用拉氏变换和延迟定理，不难求得它们的解为

$$u=u_1\left(x-vt\right)+u_2(x+vt) \tag{8-10}$$

$$i=i_1\left(x-vt\right)+i_2(x+vt) \tag{8-11}$$

式中，$v=\dfrac{1}{\sqrt{L_0C_0}}$，代回波动方程时显然都能满足要求。

8.1.2 波速和波阻抗

假设在时间 dt 内，波前进了 dx，在这段时间内，长度为 dx 的导线的电容 C_0dx 充电到 u，获得的电荷为 C_0dxu，这些电荷在时间 dt 内通过电流波 i 送过来，因此

$$C_0\mathrm{d}xu=i\mathrm{d}t \tag{8-12}$$

另外，在同样的时间 dt 内，长度为 dx 的导线上已建立起电流 i，这段导线的电感为 L_0dt，则所产生的磁链为 L_0dti。这些磁链是在时间 dt 内建立的，因此导线上的电压为

$$u=L_0\frac{\mathrm{d}xi}{\mathrm{d}t} \tag{8-13}$$

将式（8-12）和式（8-13）中的 dt、dx 消去，可以得到反映电压波与电流波关系的波阻抗为

$$u=\pm\sqrt{\frac{L_0}{C_0}}i=\pm Zi \tag{8-14}$$

$$Z=\sqrt{\frac{L_0}{C_0}} \tag{8-15}$$

由式（8-14）和式（8-15）可知，dx/dt 为波在导线上的传播速度 v，故可改写为

$$i=uC_0v \tag{8-16}$$

$$u=iL_0v \tag{8-17}$$

将式（8-16）与式（8-17）相乘可得

$$ui=iL_0v^2uC_0 \tag{8-18}$$

从而导出行波的传播速度为

$$v=\pm\frac{1}{\sqrt{L_0C_0}} \tag{8-19}$$

Z 与 v 的正、负号表示行波传播的正、反方向。由式（8-14）可知，在无损耗均匀导线中，某点的正、反方向电压波与电流波的比值是一个常数 Z，该常数具有电阻的量纲——Ω，称为导线的波阻抗，它是一个非常重要的参数。波阻抗虽然与电阻具有相同的量纲，而且从形式上也表示导线上电压波与电流波的比值，但两者的物理含义是不同的。波阻抗表示只有一个方向的电压波和电流波的比值，其大小只取决于导线单位长度的电感和电容，与线路的长度无关，而导线的电阻与长度成正比；波阻抗能够说明导线周围电介质所获得的电磁能的大小，以电磁能的形式储存在周围的电介质中，并不能被消耗，而电阻则吸取电源能量并转变为热能被消耗掉；波阻抗有正、负号，表示不同方向的流动波，而电阻没有正、负号。

下面计算波阻抗，对于架空线（u_r=1，ε_r=1）：

$$Z=60\ln\frac{2h_c}{r}=138\lg\frac{2h_2}{r}(\Omega) \tag{8-20}$$

式中 h_c——导线的平均对地高度（m）。

架空线的波阻抗一般在 300（分裂导线）～500Ω（单导线）。

对于电缆线路，其波阻抗变化范围较大，在 10～100Ω。

行波的传播速度为

$$v=\pm\frac{1}{\sqrt{L_0C_0}}=\pm\frac{1}{\sqrt{\mu_r\mu_0\varepsilon_r\varepsilon_0}}=\pm\frac{3\times10^8}{\sqrt{\mu_r\varepsilon_r}} \tag{8-21}$$

v 的正、负号表示波传播的正、反方向。可见，波速与导线周围的介质有关，与导线的几何尺寸及悬挂高度无关。对于架空线，$v=3\times10^8$m/s，接近光速；对于电缆，$v=1.5\times10^8$m/s，约为光速的一半。

将式（8-10）和式（8-11）进行反变换，便得

$$u=u_q\left(t-\frac{x}{v}\right)+u_f\left(t+\frac{x}{v}\right) \tag{8-22}$$

$$i=i_q\left(t-\frac{x}{v}\right)+i_f\left(t+\frac{x}{v}\right) \tag{8-23}$$

式(8-22)中的 $u_q\left(t-\frac{x}{v}\right)$ 表示 u_q 是变量 $t-\frac{x}{v}$ 的函数，其定义是，当 $t<\frac{x}{v}$ 时，$u_q\left(t-\frac{x}{v}\right)=0$；当 $t\geqslant\frac{x}{v}$ 时，$u_q\left(t-\frac{x}{v}\right)$ 有值。假定 $t=t_1$ 时，线路上 x_1 这一点的电压值为 u_a（见图 8-3），则当时间由 t_1 变到 t_2 时，具有相同电压值 u_a 的点 x_2 必须满足

$$t_1-\frac{x_1}{v}=t_2-\frac{x_2}{v} \tag{8-24}$$

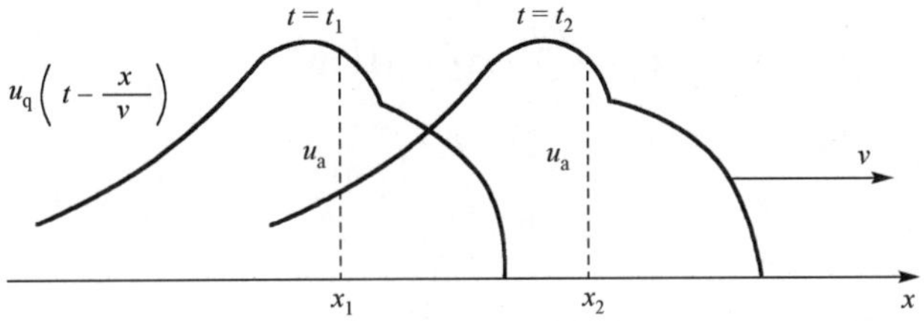

图 8-3　前行电压波 $u_q\left(t-\frac{x}{v}\right)$ 的传播

因 $t_2>t_1$，故有 $x_2>x_1$，这说明电压值为 u_a 的点是以速度 v 向 x 正方向进行的，即 $u_q\left(t-\frac{x}{v}\right)$ 代表以速度 v 向 x 正方向传播的电压波，通常称为前行电压波。据此可知，$u_f\left(t+\frac{x}{v}\right)$ 是以速度 v 朝 x 负方向传播的电压波，称为反行电压波。同理，$i_q\left(t-\frac{x}{v}\right)$ 和 $i_f\left(t+\frac{x}{v}\right)$ 分别为前行电流波和反行电流波。

实际电力系统的交直流输电线路都属于多导线线路，而且沿线的电磁场及损耗情况也不可能完全相同。但为了更清晰地分析波过程的物理本质和基本规律，一般都暂时忽略线路的电阻和电导损耗，假设沿线的各处参数相同，即从均匀、单根、无穷长、无损耗导线开始分析。

设在 dt 时间段内波传播的距离为 dx，该元段充得的电量为 dq=UC_0dx，充电电流的幅值可用式（8-25）表示

$$I_{\mathrm{C}}=\frac{\mathrm{d}q}{\mathrm{d}t}=UC_0v \tag{8-25}$$

式中 v——波的传播速度，v=dx/dt。

在波前处的 dx 元段内，电流从零升到 I，相应的磁通量增量为 $\mathrm{d}\Phi=IL_0\mathrm{d}x$，产生的电感压降为

$$\frac{\mathrm{d}\Phi}{\mathrm{d}t}=IL_0\frac{\mathrm{d}x}{\mathrm{d}t}=IL_0v \tag{8-26}$$

因为在波前已过的各点，导线上的电流恒为 I，所建立的磁通不产生电感压降，又因是无损耗单导线，所以该电感压降就等于电源电压 U，即

$$\frac{\mathrm{d}\Phi}{\mathrm{d}t}=IL_0v=U \tag{8-27}$$

因 I=I_{C}，将式（8-25）代入式（8-27），消去式中的 U 和 I，得

$$v=\frac{\mathrm{d}x}{\mathrm{d}t}=\frac{1}{\sqrt{L_0C_0}} \tag{8-28}$$

前面已经得出，行波在均匀无损耗单导线上的传播速度

$$v=\frac{1}{\sqrt{L_0C_0}} \tag{8-29}$$

由电磁场理论可知，架空单导线的 L_0 和 C_0 可由式（8-30）和式（8-31）求得

$$L_0=\frac{\mu_0\mu_{\mathrm{r}}}{2\pi}\ln\frac{2h_{\mathrm{c}}}{r}\,(\mathrm{H/m}) \tag{8-30}$$

$$C_0=\frac{2\pi\varepsilon_0\varepsilon_{\mathrm{r}}}{\ln\frac{2h_{\mathrm{c}}}{r}}\,(\mathrm{F/m}) \tag{8-31}$$

式中 h_{c}——导线的平均对地高度（m）；

r——导体的半径（m）；

ε_0——真空或气体的介电常数，$\frac{1}{36\pi\times10^9}$（F/m）；

ε_{r}——相对介电常数，如周围煤质为空气，$\varepsilon_{\mathrm{r}}\approx1$；

μ_0——真空磁导率，$4\pi\times10^{-7}$（H/m）；

μ_{r}——相对磁导率，对于架空线可取其等于 1。

将式（8-30）、式（8-31）代入式（8-29），可得

$$v=\frac{1}{\sqrt{\mu_{\mathrm{r}}\mu_0\varepsilon_{\mathrm{r}}\varepsilon_0}}=\frac{3\times10^8}{\sqrt{\mu_{\mathrm{r}}\varepsilon_{\mathrm{r}}}}\ (\mathrm{m/s}) \tag{8-32}$$

对于架空线：$v\approx3\times10^8\,\mathrm{m/s}\approx c$（光速）。

与之相似，单芯同轴电缆的

$$L_0=\frac{\mu_0\mu_r}{2\pi}\ln\frac{R}{r}\ (\text{H/m}) \tag{8-33}$$

$$C_0=\frac{2\pi\varepsilon_0\varepsilon_r}{\ln\dfrac{R}{r}}\ (\text{F/m}) \tag{8-34}$$

式中 R——接地铅包的内半径（m）；

r——缆芯的半径（m）；

$\varepsilon_r=4\sim5$（油纸绝缘）；

$\mu_r\approx1$。

对于电缆，$\mu_r\approx1$，ε_r通常为3～5，所以电缆中的波速只有光速的一半左右。

可见式（8-32）也适用于电缆的计算，但此时的$v=\dfrac{3\times10^8}{\sqrt{1\times4}}$（m/s）$\approx\dfrac{c}{2}$；$\varepsilon_r\approx4\sim5$。

由上述可知：波速与导线周围媒质的性质有关，而与导线半径、对地高度、铅包半径等几何尺寸无关。波在油纸绝缘电缆中传播的速度几乎只有架空线中波速的一半。因此，减小绝缘介质的介电常数可以提高电缆中电磁波的传播速度。

对波的传播也可以从电磁能量的角度来分析。在单位时间内，波走过的长度为 v，在这段导线的电感中流过的电流为 i，在导线周围建立起磁场，相应的能量为$\dfrac{1}{2}(vL_0)i^2$。由于电流对线路电容充电，使导线获得电位，故其能量为$\dfrac{1}{2}(vC_0)u^2$。根据公式

$$Z=\frac{u}{i}=\sqrt{\frac{L_0}{C_0}} \tag{8-35}$$

有 $u=iZ$，则不难证明出

$$\frac{1}{2}(vL_0)i^2=\frac{1}{2}vL_0\left(\frac{U}{Z}\right)^2=\frac{1}{2}vL_0\frac{C_0}{L_0}u^2=\frac{1}{2}(vC_0)u^2 \tag{8-36}$$

这就是说，电压、电流沿导线传播的过程，就是电磁场能量沿导线传播的过程，而且导线在单位时间内获得的电场能量和磁场能量相等。

应该注意，当导线上有前行波、又有反行波时，导线上的总电压与总电流的比值不再等于波阻抗，即

$$\frac{u}{i}=\frac{u'+u''}{i'+i''}=\frac{u'+u''}{u'-u''}\neq Z \tag{8-37}$$

如果要在各种电路参数（R、L、C、G、X_L、X_C和阻抗 Z_Σ等）中找出一个特性与波阻抗最相近的参数，那就非电阻 R 莫属了，因为两者在某些重要的特性方面有相似之处。

（1）在众多电路参数中，量纲与波阻抗相同的只有 R、X_L、X_C和 Z_Σ，四者之中只有 R 是与电源频率 ω 或波形无关的，而波阻抗 Z 的大小也与 ω 或波形完全没有关系，可见它是阻性的。又由于 Z 的存在，使得 u' 和 i' 或 u'' 和 i'' 永远是同相的，不会出现相位差，这也是阻性的表现。

（2）从功率的表达式来看，行波所给出的功率 $P_z=u'i'=\dfrac{u'^2}{Z}=i'^2Z$；如用一阻值 $R=Z$ 的

电阻来替换这条波阻抗为 Z 的长线，则 $P_z = u'i' = \dfrac{u'^2}{R} = i'^2 R$。可见一条波阻抗为 Z 的线路从电源吸收的功率 P_z 与一阻值 $R = Z$ 的电阻从电源吸收的功率完全相同。从电源的角度来看，后面接一条波阻抗为 Z 的长线与接一个电阻 $R = Z$ 是一样的。如果只需要计算线路上的电压波与电流波之间的关系、行波的输出功率、线路从电源吸收的能量等数据，那么可以用一只阻值 $R = Z$ 的集中参数电路的电阻来替换一条波阻抗为 Z 的分布参数长线。这一概念在后面的行波计算中得到了广泛的应用。

不过，波阻抗 Z 与电阻 R 在物理本质上有很大的不同。

（1）波阻抗只是一个比例常数，其大小取决于导线单位长度的电感和电容，完全没有长度的概念，线路长度的大小并不影响波阻抗 Z 的数值；而一条长线的电阻是与线路长度成正比的。所以当将一根电缆截为两段时，长度减少一半的新电缆，波阻抗并不减小；当将两根波阻抗相同的电缆串接成一根新电缆时，波阻抗也并不会增加。

（2）为了区别不同方向的行波，波阻抗有正负号，而电阻没有。

（3）波阻抗从电源吸收的功率和能量是以电磁能的形式储存在导线周围的媒质中的，并未消耗掉；而电阻从电源吸收的功率和能量均转化为热能散失掉了。

（4）如果线路上既有前行波，又有反行波，那么导线上的总电压和总电流的比值不再等于波阻抗。

8.1.3 均匀无损耗单导线波过程的基本概念

波沿均匀无损耗单导线的传播如图 8-1 所示。为了简化分析，也为了便于掌握线路波过程的物理概念和基本规律，忽略掉线路的电阻和对地电导的损耗，并假设线路参数为常数。图中 $L_1=L_2=L_3=\cdots=L_0\mathrm{d}x$，$C_1=C_2=C_3=\cdots=C_0\mathrm{d}x$，$L_0$ 和 C_0 分别为单位长度导线的电感和对地电容。设一条单位长度导线的电感和对地电容分别为 L_0 和 C_0 的均匀无损耗单导线，在 $t=0$ 时将直流电压源 U 突加于线路首端，即有电流经电感 L_1 先对电容 C_1 充电，所充上的电压经电感 L_2 再对 C_2 充电，再到其余各电容，以此类推。这样，由于线路电感的作用，某个电容距离电源愈远，充电时间就愈晚。同理，由于各电容的充电有先后，某一段导线出现电流的时间也就有先后，距离电源愈远，出现电流的时间愈滞后。

上述分析表明，在具有分布参数的单导线首端突加电压，导线上的暂态电压、电流都是以行波的形式出现的，它们沿着导线同时、同速、同方向向远离电源的方向传播，在波前未到的各处不受电源电压的影响，电压、电流仍为零。由于是直流电源，因此电压波、电流波就成了无限长直角波或矩形波。

当一根导线上除了向 x 正方向传播的电压前行波 u' 和电流前行波 i'，还同时存在向负方向传播的电压反行波 u'' 和电流反行波 i'' 时，线路上的总电压 u 和电流 i 将分别由它们的两个分量叠加而成，这时的行波计算可以从下列四个基本方程出发

$$u = u' + u'', \quad i = i' + i'' \tag{8-38}$$

$$\frac{u'}{i'} = Z, \quad \frac{u''}{i''} = -Z \tag{8-39}$$

再加上初始条件和边界条件，就可以求出该导线上任一点的电压和电流了。

8.2　行波的折射和反射

前面讨论了行波在均匀无损耗单导线上传播的基本规律。但在实际工程中分析过电压保护问题时，经常会遇到一条分布参数的长线与波阻抗不同的另一条分布参数的长线或与集中元件的集中阻抗（如接地电阻 R）相连接的情况。不同波阻抗的连接点称为节点，当有一行波来到节点时，必然要发生能量的重新分配过程，即会在节点上发生行波的折射与反射。

在介绍线路波过程的基本概念时，通常采用最简单的无限长直角波，初看起来，似乎这种计算用波形的代表性不太广泛，只有在线路被合闸到一直流电压源上时，才属于这种情况；其实不然，即使在工频电源的情况下，只要线路不太长（如数十或一百多千米），行波从首端传播到终端所需时间不到 1ms，在这样短的时间内，电源电压变化不多，因而也可以看成与直流电压源相似。

下面举两个最简单的例子。

（1）有限长直角波（幅值为 U_0，波长为 l_t）：可以用两个幅值相同（均为 U_0）、极性相反、在时间上相差 T_t 或在空间上相距 l_t（$l_t = vT_t$）、并以同样的波速 v 朝同一方向推进的无限长直角波叠加而成，如图 8-4 所示。

（2）平顶斜角波（幅值为 U_0，波前时间为 T_f）：其组成方式如图 8-5 所示，若单元无限长直角波的数量为 n，则单元波的电压级差 $\Delta U = U_0 / n$，时间级差 $\Delta T = T_f / n$。n 越大，越接近于实际波形。

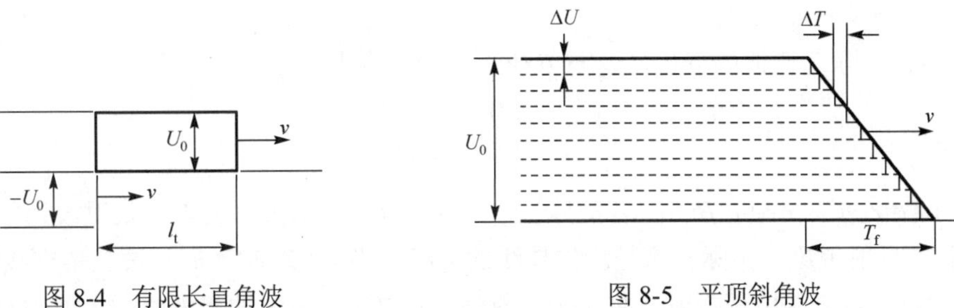

图 8-4　有限长直角波　　　　图 8-5　平顶斜角波

8.2.1　折射系数和反射系数

图 8-6 所示为 $Z_1 < Z_2$ 时波的折、反射，设有幅值为 U_0 的电压波沿导线 1 入射，在其未到达节点 A 时，导线 1 上将只有前行电压波 $u_{q1} = U_0$ 及相应的前行电流波 i_{q1}。这些前行波到达 A 点后将折射为沿导线 2 前行的电压波 u_{q2} 和电流波 i_{q2}，称为折射波，同时出现沿导线 1 反

行的电压波 u_{f1} 和电流波 i_{f1}，称为反射波。简明起见，通常分析第二条线路中不存在反行波或反行波尚未抵达节点 A 的情况。由于在节点 A 处只能有一个电压值和电流值，即 A 点左侧及右侧的电压值和电流值在 A 点必须相等，因此必然有

$$\begin{cases} u_{q2} = u_{f1} + u_{q1} \\ i_{q2} = i_{f1} + i_{q1} \end{cases} \tag{8-40}$$

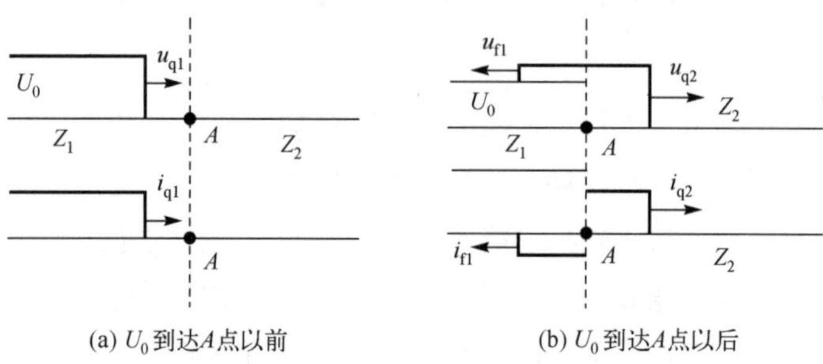

(a) U_0 到达 A 点以前　　(b) U_0 到达 A 点以后

图 8-6　$Z_1 < Z_2$ 时波的折、反射

考虑到 $i_{q1} = u_{q1} / Z_1$，$i_{q2} = u_{q2} / Z_2$，$i_{f1} = -u_{f1} / Z_1$，$u_{q1} = U_0$，将其代入式（8-40）即可求得 A 点的折、反射电压的关系，为

$$\begin{cases} u_{q2} = \dfrac{2Z_2}{Z_1 + Z_2} U_0 = \alpha U_0 \\ u_{f1} = \dfrac{Z_2 - Z_1}{Z_1 + Z_2} U_0 = \beta U_0 \end{cases} \tag{8-41}$$

式中　α——电压波折射系数，$\alpha = \dfrac{2Z_2}{Z_1 + Z_2}$；

β——电压波反射系数，$\beta = \dfrac{Z_2 - Z_1}{Z_1 + Z_2}$。

由于 A 点左侧及右侧的电压在 A 点处必须连续，根据式（8-40），折、反射系数间必然满足关系：$1 + \beta = \alpha$。

随着 Z_1 与 Z_2 比值的变化，α 与 β 在下面的范围内变化

$$\begin{cases} 0 \leqslant \alpha \leqslant 2 \\ -1 \leqslant \beta \leqslant 1 \end{cases} \tag{8-42}$$

当 Z_1=Z_2 时，α=1，β=0；这表明电压折射波等于入射波，而电压反射波为零，即不发生任何折、反射现象，实际上这是均匀导线的情况；当 Z_1>Z_2 时（如行波从架空线进入电缆），α<1，β>0，这表明电压折射波将小于入射波，而电压反射波的极性将与入射波相反，叠加后使线路 1 上的总电压小于电压入射波；当 Z_1<Z_2 时（如行波从电缆进入架空线），α>1，β>0，此时电压折射波将大于入射波，而电压反射波与入射波同号，叠加后使线路 1 上的总电压升高，如图 8-6 所示。在图中，还同时画出了相应的电流折射波和电流反射波。

以上波的折射、反射系数虽然是从两段波阻抗不同的线路上推导得出的，但是它们也适用于线路末端接有不同集中负载的情况。下面结合一些典型情况来计算折、反射波，并分析其物理概念。

8.2.2　几种特殊端接情况下的波过程

下面以线路末端开路、末端短路和末端对地跨接一阻值 $R=Z_1$ 的电阻这三种情况来对波的折、反射做进一步讨论。

8.2.2.1　线路末端开路

当线路末端开路时，相当于在末端接一条波阻抗为∞的导线。根据式（8-41）可以算出 $\alpha=2$，因而 $u_{f1}=U_0$，$u_{q2}=2U_0$。这一结果表明，电压反射波与入射波叠加，使末端电压上升一倍，电流为零。即波到达开路的末端时，全部磁场能量变为电场能量，使电压上升一倍。线路末端开路时波的折射及反射如图 8-7 所示。

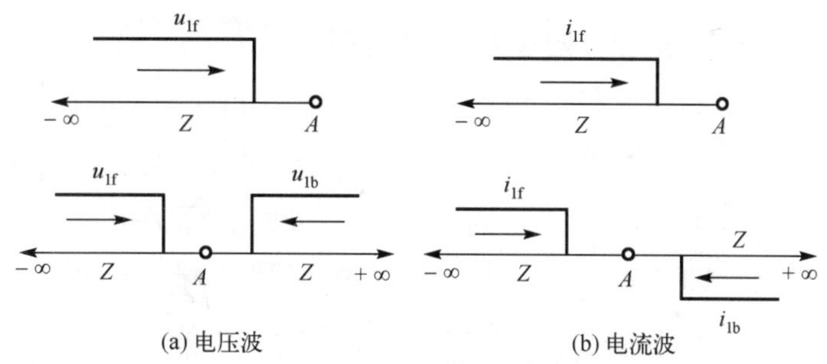

图 8-7　线路末端开路时波的折射及反射

从能量的角度看，末端开路处的电流永远为零，电流在此处发生负的全反射，使电流反射波所流过的线段上的总电流变为零，储存的磁场能量变为零，全部转为电场能量。在反射波已到达的一段线路上，单位长度线路所吸收的总能量等于入射波能量的两倍，而入射波能量储存在单位长度线路周围空间的磁场能量恒等于电场能量，因而可得实际上的电能是原来的四倍，则 $4\times0.5C_0U_0^2=0.5C_0(2U_0)^2$，这就说明全反射的结果会使导线上的总电压升高一倍。

过电压波在末端开路的加倍升高对绝缘是很危险的，在考虑过电压防护措施时对此应给予充分的重视。

8.2.2.2　线路末端短路

线路末端短路（接地）相当于 $Z_2=0$ 的情况，线路末端短路时波的折射及反射如图 8-8 所示。此时的 $\alpha=0$，$\beta=-1$；因而 $u_{q2}=0$，$u_{f1}=-U_0$。这一结果表明，电压入射波 U_0 到达接地的末端后将发生负的全反射，结果使线路末端电压下降为零，而且逐步向着线路首端逆向发展，这也是由线路末端短路（接地）的边界条件决定的。同样由 $i_{f1}=-u_{f1}/Z_1=i_{q1}$ 的关系式可以看出，在电压负的全反射的同时，电流将发生正的全反射。电流正的全反射的结果是使线路末端的电流上升为入射波电流的两倍，而且逐点向首端发展。

线路末端短路时电流的增大也可以从能量的角度加以解释。显然这是电磁能从末端返回而且全部转化为磁能的结果。

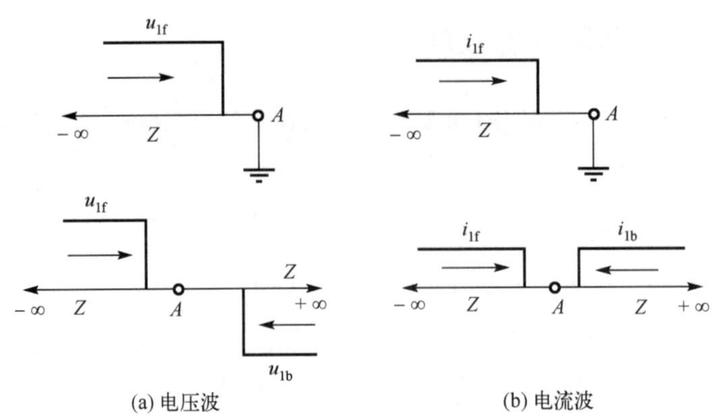

图 8-8　线路末端短路时波的折射及反射

8.2.2.3　线路末端对地跨接一阻值 $R=Z_1$ 的电阻

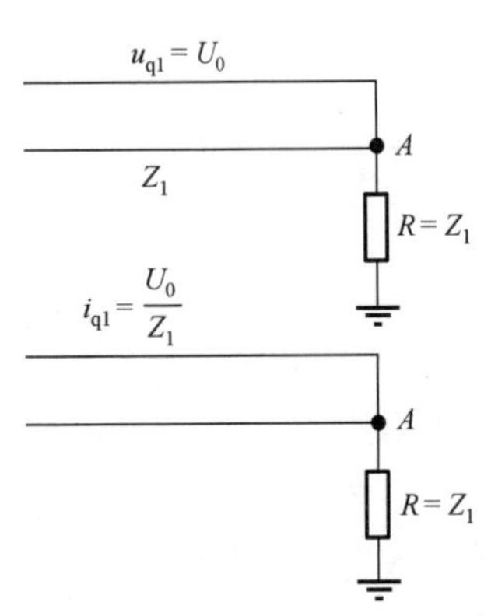

图 8-9　线路末端接有 $Z_1=R$ 时波的折、反射

从波的折、反射的观点出发，$R=Z_1$ 的情况也就是 $Z_2=Z_1$ 的情况，线路末端接有 $Z_1=R$ 时波的折、反射如图 8-9 所示。此时$\alpha=1$，$\beta=0$，$u_{q2}=U_0$，$u_{f1}=0$。在这种情况下，波到线路末端点时并不反射，和均匀导线的情况完全相同。因此在高压测量中，人们常在电缆末端连接和电缆波阻抗相匹配的电阻来消除波在电缆末端折、反射所引起的测量误差。但是也应看到，从能量的观点出发，R 和 Z_2 是有所不同的。显然，当 A 点接电阻 R 时，由电磁波传输到 A 点的全部能量将消耗在 R 中，而如果 A 点接波阻抗 $Z_2=R$ 的无穷长导线，则经由 A 点传输的全部能量将储存在导线周围的介质中。

8.2.3　集中参数等值电路（彼得逊法则）

在实际工程中，一个节点上往往接有多条分布参数长线（它们的波阻抗可能不同）和若干集中参数元件。最典型的例子就是变电所的母线，它上面可能接有多条架空线和电缆，还可能接有一系列变电设备（诸如电压互感器、电容器、电抗器、避雷器等），它们都是集中参数元件。为了简化计算，最好能利用一个统一的集中参数等值电路来解决行波的折、反射问题。

如图 8-10(a)所示，任意波形的电压前行波沿无限长线路到达节点 A 时产生折反射，Z_2 可以是任意的集中参数阻抗，也可以是另一条无穷长线路的波阻抗，将 $u_{f1}=-i_{f1}Z_1$ 和 $u_{q1}=i_{q1}Z_1$ 代入式（8-40）得出另一个表示入射电压与折射电压和电流的关系式：

$$2u_{q1}=u_{q2}+i_{q2}Z_1 \tag{8-43}$$

式（8-43）是图 8-10(b)所示的集中参数电路的方程。

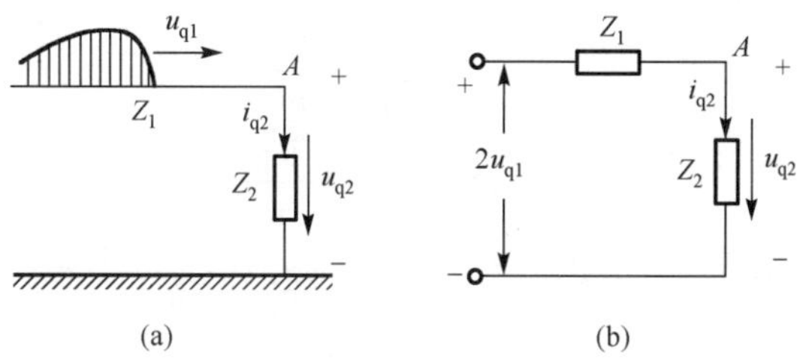

图 8-10　电压源的等值集中参数定理

由此得到一条重要的计算行波的定理——等值集中参数定理（或称彼得逊法则）：在有行波时，可以用集中参数的等值电路来计算节点上的电压和电流，此时等值电路中的电源电动势应取来波电压的两倍，等值电路中的内阻应等于来波所流过的通道的波阻抗。等值集中参数定理实际上就是行波计算时的等值电源定理。在这个定理中，电源电动势为 $2u_{q1}$，这是因为入射波不仅输入电能，同时也输入磁能，遇到节点时就会出现电磁能的相互转换。电压波可以是任意波形，节点上的阻抗也可以是任意阻抗（由电阻、电感、电容等组成的复合阻抗）。考虑到在实际计算中常常遇到电流源（如雷电流）的情况，这时采用电流源的等值集中参数定理更为方便。把式（8-43）中的 u_{q1} 用 $i_{q1}Z_1$ 代替后得

$$2i_{q1}Z_1 = u_{q2} + i_{q2}Z_1 \tag{8-44}$$

由式（8-44）可知，电流波沿导线传到节点时的电路如图 8-11(a)所示，节点得到的电压和电流可用图 8-11(b)所示的等值电路进行计算。

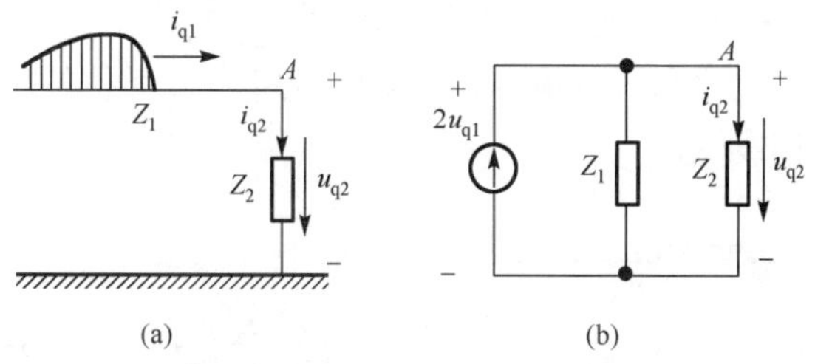

图 8-11　电流源的等值集中参数定理

应该强调指出：以上介绍的等值集中参数定理只适用于一定的条件，首先入射波必须是沿一条分布参数线路传播过来的；其次，它只适用于节点 A 之后的任何一条线路末端产生的反射波尚未回到 A 点之前的情况。如果需要计算线路末端产生的反射波回到节点 A 以后的过程，就要采用后面将要介绍的行波多次折、反射计算法。

下面先以求取变电所的母线电压为例，具体说明等值集中参数定理的应用。

【例 8-1】 设某变电所的母线上共接有 n 条架空线路，当其中某一条线路遭受雷击时，即有一过电压波 U_0 沿着该线路进入变电所，试求此时的母线电压 U_{bb}。

解 由于架空线路的波阻抗均大致相等，所以可得出图 8-12 所示的接线示意图和等值电路图。

不难求得

$$I = \frac{2U_0}{Z + \dfrac{Z}{n-1}} = \frac{2(n-1)U_0}{nZ} \tag{8-45}$$

所以
$$U_{bb} = I\frac{Z}{n-1} = \frac{2U_0}{n} \tag{8-46}$$

或者
$$U_{bb} = 2U_0 - IZ = \frac{2U_0}{n} \tag{8-47}$$

电压波折射系数 $\alpha = \dfrac{2}{n}$。

由此可知，变电所母线上接的线路数越多，母线上的过电压越低，在设计变电所的过电压防护时应对此有所考虑。

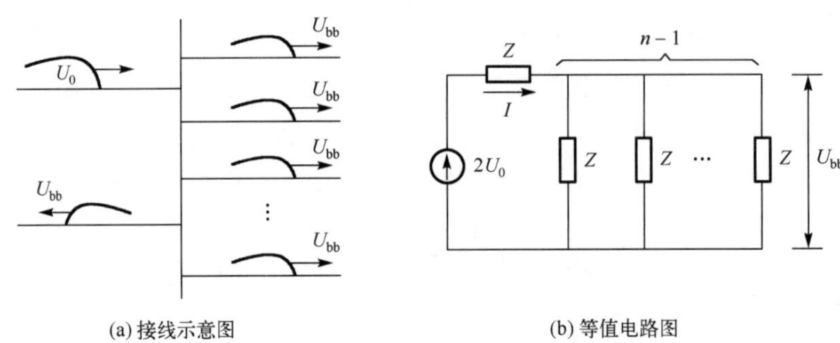

(a) 接线示意图　(b) 等值电路图

图 8-12　有多条出线的变电所母线电压计算

在实际系统中，常会遇到电磁波传播时经过与导线相串联的电感器（如限制短路电流用的电抗线圈或者载波通信用的高频扼流线圈）或者连接在导线和大地之间的电容器（如载波通信用的耦合电容器）的情况。行波通过串联电感如图 8-13 所示，行波通过并联电容如图 8-14 所示。图中给出了波穿过电感和旁过电容时的实际线路，以及根据等值集中参数定理所画出的这两种情况下的等值接线图。

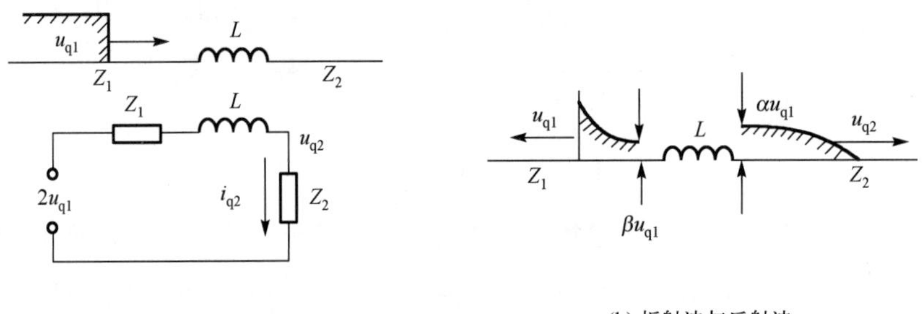

(a) 线路示意图及等值电路　(b) 折射波与反射波

图 8-13　行波通过串联电感

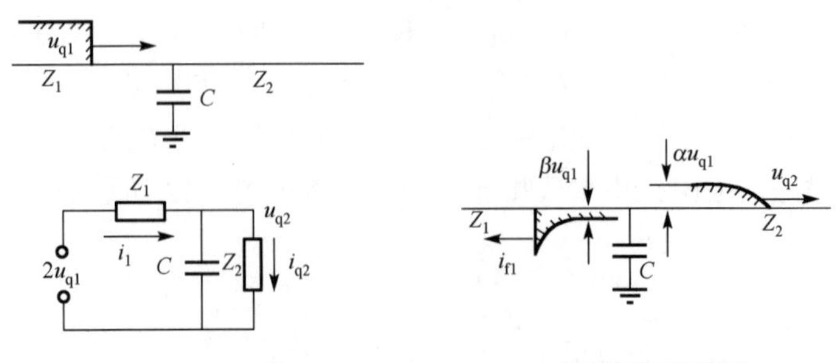

(a) 线路示意图及等值电路　(b) 折射波与反射波

图 8-14　行波通过并联电容

8.2.3.1 波穿过电感

由图 8-13 可知，Z_2上的反射波尚未回到 A 点，其等值电路如图 8-13(a)所示，由此可得

$$2u_{q1}=i_{q2}(Z_1+Z_2)+L\frac{di_{q2}}{dt} \tag{8-48}$$

解式（8-48）可得波穿过电感 L 时 A 点的电流与电压分别为

$$i_{q2}=\frac{2u_{q1}}{Z_1+Z_2}\left(1-e^{-\frac{t}{\tau_L}}\right) \tag{8-49}$$

$$u_{q2}=i_{q2}Z_2=\frac{2Z_2}{Z_1+Z_2}u_{q1}\left(1-e^{-\frac{t}{\tau_L}}\right)=\alpha u_{q1}\left(1-e^{-\frac{t}{\tau_L}}\right) \tag{8-50}$$

式中 τ_L——回路的时间常数，$\tau_L=\dfrac{L}{Z_1+Z_2}$；

α——没有电感时的电压波折射系数，$\alpha=\dfrac{2Z_2}{Z_1+Z_2}$。

从式（8-50）可知，u_{q2}由强制分量αu_{q1}和自由分量$-\alpha u_{q1}e^{-\frac{t}{\tau_L}}$组成，自由分量的衰减速度由电路时间常数$\tau_L$决定。

根据电流连续性，应有

$$i_1=\frac{u_{q1}}{Z_1}-\frac{u_{f1}}{Z_1}=i_{q2}=\frac{u_{q2}}{Z_2} \tag{8-51}$$

由此可解得线路Z_1上的反射电压波

$$u_{f1}=\frac{Z_2-Z_1}{Z_1+Z_2}u_{q1}+\frac{2Z_2}{Z_1+Z_2}u_{q1}e^{-\frac{t}{\tau_L}} \tag{8-52}$$

从式（8-52）可知，当 t=0 时，$u_{f1}=u_{q1}$，这是由于电感中的电流不能突变，初始瞬间电感相当于开路，全部磁场能转变为电场能，使电压升高一倍，随后根据时间常数按指数规律变化，如图 8-13（b）所示。当$t\to\infty$时，$u_{f1}\to\beta u_{q1}\left(\beta=\dfrac{Z_2-Z_1}{Z_2+Z_1}\right)$。

从式（8-50）可求得折射电压波u_{q2}的波前陡度为

$$\frac{du_{q2}}{dt}=\frac{2u_{q1}Z_2}{L}e^{-\frac{t}{\tau_L}} \tag{8-53}$$

当 t=0 时，陡度最大，即

$$\left(\frac{du_{q2}}{dt}\right)_{max}=\left.\frac{du_{q2}}{dt}\right|_{t=0}=\frac{2u_{q1}Z_2}{L} \tag{8-54}$$

式（8-54）表明，最大陡度与 Z_1 无关，而仅由 Z_2 和 L 决定，L 越大，陡度降低得越多。这是因为电感中的电流是不能突变的，当波到达电感瞬间，电感相当于开路，全部磁场能量转变为电场能量，使电压升高一倍，然后按指数规律变化。

8.2.3.2 波旁过电容

根据图 8-14，可得出波旁过电容时回路的方程

$$2u_{q1} = i_1 Z_1 + i_{q2} Z_2 \tag{8-55}$$

$$i_1 = i_{q2} + C\frac{du_{q2}}{dt} = i_{q2} + CZ_2\frac{di_{q2}}{dt} \tag{8-56}$$

联立式（8-55）和式（8-56）可得

$$i_{q2} = \frac{2u_{q1}}{Z_1 + Z_2}\left(1 - e^{-\frac{t}{\tau_C}}\right) \tag{8-57}$$

$$u_{q2} = i_{q2} Z_2 = \frac{2Z_2}{Z_1 + Z_2}u_{q1}\left(1 - e^{-\frac{t}{\tau_C}}\right) = \alpha u_{q1}\left(1 - e^{-\frac{t}{\tau_C}}\right) \tag{8-58}$$

式中　τ_C——回路的时间常数，$\tau_C = \frac{Z_1 Z_2}{Z_1 + Z_2}C$；

α——电压波折射系数，$\alpha = \frac{2Z_2}{Z_1 + Z_2}$。

解得折射电压后，便可写出

$$u_{f1} = u_{q2} - u_{q1} \tag{8-59}$$

当 t=0 时，$u_{f1} = -u_{q1}$，这是由于电容上的电压不能突变，初始瞬间全部电场能转变为磁场能，相当于电容短路，随后根据时间常数按指数规律变化，如图 8-14（b）所示。当 $t \to \infty$ 时，$u_{f1} \to \beta u_{q1}$ $(\beta = \frac{Z_2 - Z_1}{Z_2 + Z_1})$。

折射电压波 u_{q2} 前陡度可按式（8-60）求得

$$\frac{du_{q2}}{dt} = \frac{2u_{q1}}{Z_1 C}e^{-\frac{t}{\tau_C}} \tag{8-60}$$

当 t=0 时，陡度最大，即

$$\left(\frac{du_{q2}}{dt}\right)_{max} = \left.\frac{du_{q2}}{dt}\right|_{t=0} = \frac{2u_{q1}}{Z_1 C} \tag{8-61}$$

这表明最大陡度取决于电容 C 和 Z_1，而与 Z_2 无关，因为在 t=0 时，电容 C 为短路状态，其充电回路中无 Z_2。

【例 8-2】一幅值为 100kV 的直角波沿波阻抗为 50Ω 的电缆进入发电机绕组，绕组每匝长度为 3m，匝间绝缘能耐受的电压为 600V，波在绕组中的传播速度为60m / μs 。为了保护发电机的匝间绝缘，选用了并联电容方案，如图 8-15 所示，试求所需的电容值。

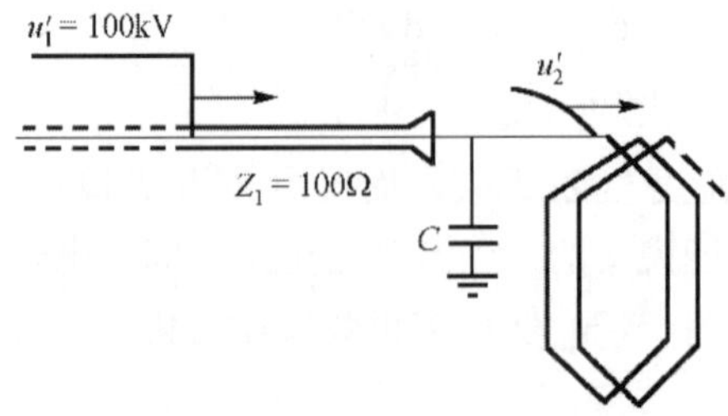

图 8-15　波沿电缆侵入发电机绕组

解　发电机匝间绝缘所容许的侵入波最大陡度为

$$a_{\max} = \left(\frac{\mathrm{d}u_2'}{\mathrm{d}l}\right)_{\max} = \left(\frac{\mathrm{d}u_2'}{\mathrm{d}l}\right)_{\max} \frac{\mathrm{d}l}{\mathrm{d}t}$$
$$= \frac{0.6}{3} \times 60 = 12\mathrm{kV}/\mu\mathrm{s}$$

按式（8-61），所需的电容值为

$$C = \frac{2u_1'}{Z_1 a_{\max}} = \frac{2\times 100}{50\times 12} \approx 0.33\mu\mathrm{F}$$

8.3　行波的多次折射、反射

前面讨论的无限长线路，在分析波的折射、反射时不考虑从线路另一端传来的反射波影响。若在两条无限长线路中间接入一条有限长的线路，将出现波的多次折射、反射现象。这种情况在电力系统中是经常遇到的，如发电机或变压器经电缆与架空线连接，当雷电波侵入时，行波将在电缆段两端点间发生多次折射、反射；再如，雷击避雷针或避雷线时，行波在接地电阻和接地引线间也会发生多次折射、反射。这些情况可归结为两条无限长导线间接入一条有限长线段，接线图如图 8-16(a)所示。

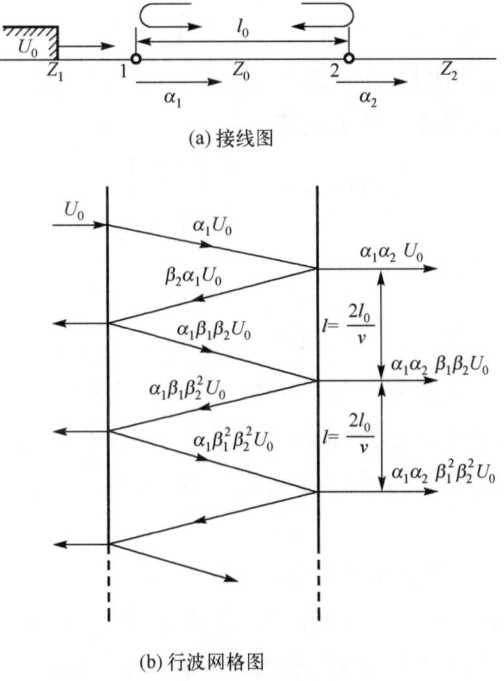

图 8-16　行波的多次折射、反射

用网格法计算波的多次折射、反射的特点是，利用折射、反射系数计算每一次折射、反射电压，然后将节点不同时刻出现的折射、反射波叠加起来，求出该点不同时刻的对地电压值。下面以计算三段波阻抗各不相同的导线互相串联时节点上的电压为例，来介绍网格法的具体应用。

设无限长直角波 U_0 自线路 1 侵入线路 2，则波将在线路 0 的两个端点 1、2 之间发生多次折射、反射。当波由左向右传播时，在节点 1、2 处的折射系数分别为 α_1 和 α_2，在节点 2 处的反射系数为 β_2；当波自右向左传播时，在节点 1 处的反射系数为 β_1。其值分别为

$$\begin{cases} \alpha_1 = \dfrac{2Z_0}{Z_1+Z_0}, & \alpha_2 = \dfrac{2Z_2}{Z_2+Z_0} \\ \beta_1 = \dfrac{Z_1-Z_0}{Z_1+Z_0}, & \beta_2 = \dfrac{Z_2-Z_0}{Z_2+Z_0} \end{cases} \tag{8-62}$$

直角波 U_0 沿线路 1 传播，到达节点 1 时将发生折射、反射，折射波 $\alpha_1 U_0$ 沿线路 0 继续向节点 2 传播，经过 l_0/v 时间后（v 为波速）到达节点 2，在节点 2 又发生折射、反射；反射波 $\alpha_1\beta_2U_0$ 自节点 2 向节点 1 传播，经 l_0/v 时间后又到达节点 1，在节点 1 上又将发生折射、反射；反射波 $\alpha_1\beta_1\beta_2U_0$ 经 l_0/v 时间后又到达节点 2，如此来回继续下去。上述过程可以用图 8-16(b)所示的行波网格图表示。

在线路 2 上的前行波为节点 2 上所有折射波之和，但在求取波形时，需要注意各个折射波到达时间的先后，每个折射波出现的时间相差 $2l_0/v$。若以波到达节点 1 的时间为计算起点，则在线路 2 上的前行波，即节点 2 电压 $u_2(t)$ 的表达式为

$$\begin{aligned} u_2(t) = {} & \alpha_1\alpha_2U_0(t-\tau) + \alpha_1\alpha_2\beta_1\beta_2U_0(t-3\tau) + \alpha_1\alpha_2(\beta_1\beta_2)^2U_0(t-5\tau) \\ & + \cdots + \alpha_1\alpha_2(\beta_1\beta_2)^{n-1}[t-(2n-1)\tau] \end{aligned} \tag{8-63}$$

式中　n——折射电压出现的次数，n=1,2,…。

若把不同时刻出现的折射电压叠加起来，则

$$u_2(t) = \alpha_1\alpha_2U_0\frac{1-(\beta_1\beta_2)^n}{1-\beta_1\beta_2} \tag{8-64}$$

当 $n\to\infty$ 时，$(\beta_1\beta_2)^n \to 0$

$$U_2\big|_{n\to\infty} = \alpha_1\alpha_2U_0\frac{1}{1-\beta_1\beta_2}\frac{2Z_2}{Z_1+Z_2}U_0 = \alpha U_0 \tag{8-65}$$

式中　α——波从线路 1 直接传入线路 2 时的电压波折射系数。

这意味着进入线路 2 的电压的最终幅值只由 Z_1 和 Z_2 来决定，而与中间线段的存在与否无关。但是中间线段的存在及其波阻抗 Z_0 的大小决定着 u_{q2} 的波形，特别是它的波前。现分别讨论如下：

（1）如果 $Z_0 < Z_1$ 和 Z_2（如在两条架空线之间插接一段电缆），那么由式（8-62）可知，β_1 和 β_2 均为正值，因而各次折射波都是正的，总的电压 U_B 逐次叠加增大，如图 8-17 所示。若 $Z_0 \ll Z_1$ 和 Z_2，则略去中间线段电感，相当于并联一个电容，这样就使波的陡度降低了。

（2）如果 $Z_0 > Z_1$ 和 Z_2（如在两条电缆线路中间插接一段架空线），则 β_1 和 β_2 皆为负值，但其乘积（$\beta_1\beta_2$）仍为正值，所以折射电压也逐次叠加增大，其波形亦如图 8-17 所示。若

$Z_0 \gg Z_1$ 和 Z_2，表示中间线段的电感较大，对地电容较小，因而可以忽略电容而用一只串联电感来代替中间线段，同样可使波前陡度降低。

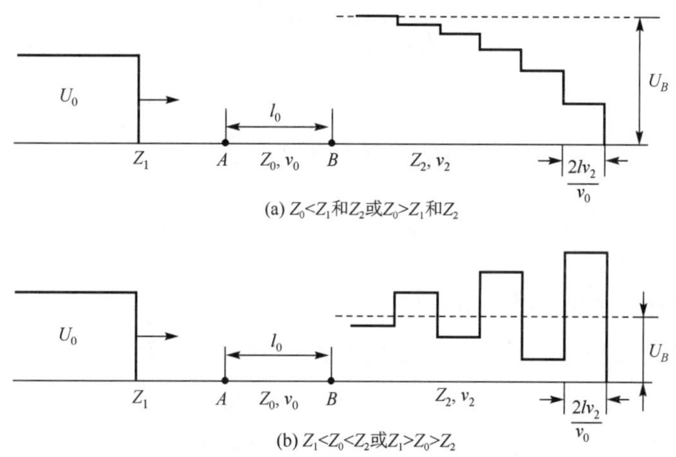

图 8-17　线段 0 对线路 2 上折射波 u_{q2} 的影响

（3）如果 $Z_0 < Z_1 < Z_2$，此时的 $\beta_1 < 0$，$\beta_2 > 0$，乘积（$\beta_1\beta_2$）为负值，这时 $u_2(t)$ 的波形将是振荡的，如图 8-18 所示。

（4）如果 $Z_0 > Z_1 > Z_2$，此时的 $\beta_1 > 0$，$\beta_2 < 0$，乘积 $(\beta_1\beta_2)$ 亦为负值，故 $u_2(t)$ 的波形如图 8-18 所示。

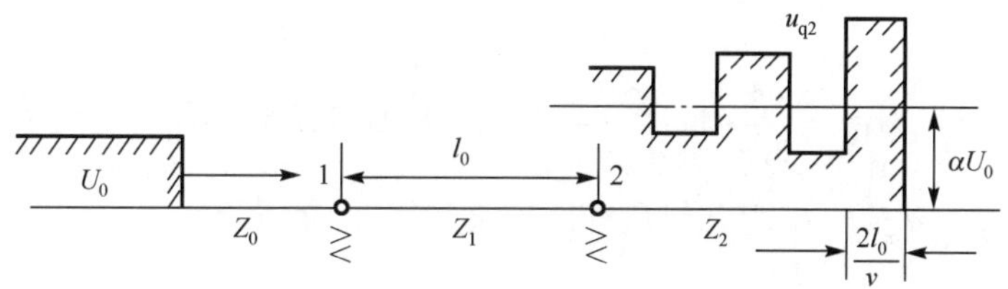

图 8-18　线段 0 对线路 2 上折射波 u_{q2} 的影响

综上所述，网格法是应用行波图案对波的多次折射、反射过程进行分析的一种有效方法。它以波动方程的解为基础，把导线上各点的电压和电流分成前行波和反行波分别加以计算，再把所得结果进行叠加。

8.4　波在多导线系统中的传播

前面分析的都是单导线的波过程，实际上输电线路都是由多根平行导线组成的。如装有避雷线的三相输电线路有 4 根或 5 根平行多导线，这时波在平行多导线系统中传播，将产生电磁耦合作用。

由于假设线路是无损耗的，因而导线中波的运动可以看成平面电磁波的传播，这样，只需要引入波速的概念就可以将静电场系统的麦克斯韦方程运用于平行多导线的波过程。

根据静电场的概念，当单位长度导线上有电荷 q_0 时，其对地电压 $u=\dfrac{q_0}{C_0}$（C_0 为单位长度导线的对地电容）。若 q_0 以速度 $v=\left(\dfrac{1}{\sqrt{L_0C_0}}\right)$ 沿着导线运动，则在导线上将有一个以速度 v 传播的电压波 u 和电流波 i

$$i=qv=uC_0\frac{1}{\sqrt{L_0C_0}}=\frac{u}{Z} \tag{8-66}$$

因此，导线上的波过程可以看成电荷 q 运动的结果。根据上述概念，便可以来讨论无损耗平行多导线系统中的波过程。

n 根平行导线系统及其镜像如图 8-19 所示。它们单位长度上的电荷分别为 $q_1,q_2,\cdots,q_n$；各线的对地电压为 $u_1,u_2,\cdots,u_n$，可用静电场中的麦克斯韦方程组表示如下：

$$\begin{cases}u_1=\alpha_{11}q_1+\alpha_{12}q_2+\cdots+\alpha_{1n}q_n\\u_2=\alpha_{21}q_1+\alpha_{22}q_2+\cdots+\alpha_{2n}q_n\\\quad\cdots\cdots\\u_n=\alpha_{n1}q_1+\alpha_{n2}q_2+\cdots+\alpha_{nn}q_n\end{cases} \tag{8-67}$$

式中 α_{kk}——导线 k 的自电位系数；

α_{kn}——导线 k 与导线 n 之间的互电位系数。

它们的值可按下列两式求得

$$\alpha_{kk}=\frac{1}{2\pi\varepsilon_0}\ln\frac{2h_k}{r_k}\left(\frac{m}{F}\right)=2\times9\times10^9\ln\frac{2h_k}{r_k}\left(\frac{m}{F}\right) \tag{8-68}$$

$$\alpha_{kn}=\frac{1}{2\pi\varepsilon_0}\ln\frac{d_{kn'}}{d_{kn}}\left(\frac{m}{F}\right)=2\times9\times10^9\ln\frac{d_{kn'}}{d_{kn}}\left(\frac{m}{F}\right) \tag{8-69}$$

其中，h_k、r_k、$d_{kn'}$、d_{kn} 等几何尺寸的定义如图 8-19 所示。

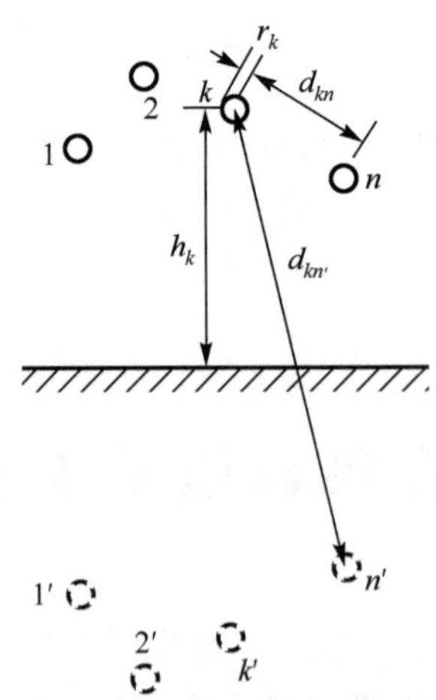

图 8-19 n 根平行导线系统及其镜像

若将式（8-67）等号右侧各项均乘以 $\dfrac{v}{v}$，并将 $i_k=q_kv$，$Z_{kn}=\dfrac{\alpha_{kn}}{v}$ 代入，即可得

$$\begin{cases} u_1 = Z_{11}i_1 + Z_{12}i_2 + \cdots + Z_{1n}i_n \\ u_2 = Z_{21}i_1 + Z_{22}i_2 + \cdots + Z_{2n}i_n \\ \cdots\cdots \\ u_n = Z_{n1}i_1 + Z_{n2}i_2 + \cdots + Z_{nn}i_n \end{cases} \tag{8-70}$$

式中　Z_{kk}——导线 k 的自波阻抗；

Z_{kn}——导线 k 与导线 n 间的互波阻抗。

对架空线路来说

$$Z_{kk} = \frac{\alpha_{kk}}{v} = 60\ln\frac{2h_k}{r_k}（\Omega） \tag{8-71}$$

$$Z_{kn} = \frac{\alpha_{kn}}{v} = 60\ln\frac{d_{kn'}}{d_{kn}}（\Omega） \tag{8-72}$$

导线 k 与导线 n 靠得越近，则 Z_{kn} 越大，其极限等于导线 k 与 n 重合时的自波阻抗 Z_{kk}（或 Z_{nn}），所以 Z_{kn} 总是小于 Z_{kk} 的（或 Z_{nn}）。此外，由于完全的对称性，$Z_{kn} = Z_{nk}$。

当导线上同时存在前行波和反行波时，对 n 根导线中的每一根（如第 k 根），都可以写出下面的关系式：

$$\begin{cases} u_k = u'_k + u''_k,\ i_k = i'_k + i''_k \\ u'_k = Z_{k1}i'_1 + Z_{k2}i'_2 + \cdots + Z_{kn}i'_n \\ u''_k = -(Z_{k1}i''_1 + Z_{k2}i''_2 + \cdots + Z_{kn}i''_n) \end{cases} \tag{8-73}$$

式中　u'_k 和 u''_k——导线 k 上的电压前行波和电压反行波；

i'_k 和 i''_k——导线 k 上的电流前行波和电流反行波。

针对 n 根导线可列出 n 个方程式，再加上边界条件就可以分析无损耗平行多导线系统中的波过程了。

下面我们将通过分析几个典型的例子来加深理解以上概念和掌握其应用方法。

【例 8-3】 两平行导线系统的耦合关系如图 8-20 所示，雷击加于导线 1，导线对地绝缘，雷击时相当于有很大的电流注入导线 1，此电流引起的电压波 u_1 自雷击点沿导线向两侧运动，试求导线 2 上的电压 u_2。

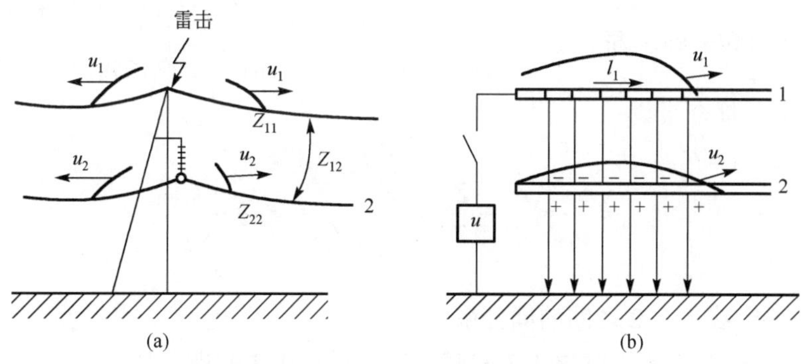

图 8-20　两平行导线系统的耦合关系

解　这是一个两平行导线系统，可写出

$$u_1 = Z_{11}i_1 + Z_{12}i_2$$

$$u_2 = Z_{21}i_1 + Z_{22}i_2$$

因为导线 2 是对地绝缘的，它处于导线 1 的电场中，电场的方向与导线 2 轴线相垂直，故 $i_2 = 0$。这样就可得出

$$u_2 = \frac{Z_{21}}{Z_{11}}u_1 = k_0 u_1 \tag{8-74}$$

$k_0 = \frac{Z_{21}}{Z_{11}}$，称为导线 1 与导线 2 之间的几何耦合系数，因 $Z_{21} < Z_{11}$，所以 $k_0 < 1$，一般架空线路的 k_0 值为 0.2～0.3。

式（8-74）表明，导线 1 上有电压波 u_1 传播时，在导线 2 上将被感应出一个极性和波形都与 u_1 相同的电压波 u_2，耦合系数 k 表示导线 2 上的被感应电压 u_2 与导线 1 上的电压 u_1 的比值。

导线、地线之间的绝缘所受到的过电压为

$$u_{12} = u_1 - u_2 = (1 - k_0)u_1 \tag{8-75}$$

可见耦合系数 k_0 越大，线间绝缘所受到的电压越小，它是输电线路防雷计算中的一个重要参数。

【例 8-4】求雷击塔顶时双避雷线线路上两条避雷线与各相导线间的耦合系数。

解 雷击有两条避雷线的线路如图 8-21 所示，两条避雷线 1、2 是通过铁塔连在一起并一同接地的，雷击塔顶时，两条避雷线上将出现同样的电流波和电压波，即 $u_1 = u_2$，$i_1 = i_2$；它们的自波阻抗及它们各自对导线 4 的互波阻抗亦相同，即 $Z_{11} = Z_{22}$，$Z_{14} = Z_{24}$。

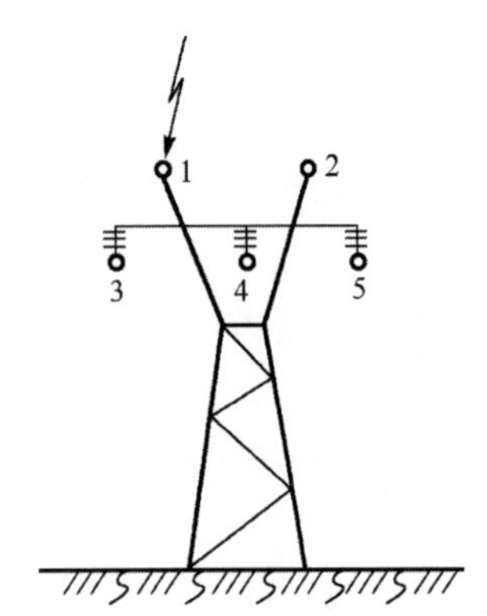

图 8-21 雷击有两条避雷线的线路

导线 3、4、5 对地绝缘，所以雷击电流不可能分流到这些导线上，即 $i_3 = i_4 = i_5 = 0$。这样一来，式（8-70）可简化为

$$u_1 = Z_{11}i_1 + Z_{12}i_2$$
$$u_2 = Z_{21}i_1 + Z_{22}i_2$$
$$u_3 = Z_{31}i_1 + Z_{32}i_2$$
$$u_4 = Z_{41}i_1 + Z_{42}i_2$$
$$u_5 = Z_{51}i_1 + Z_{52}i_2$$

将前述各种关系代入前 3 个方程式，即可求得两条避雷线与导线 3 之间的耦合系数

$$k_{1,2\text{-}3} = \frac{u_3}{u_1} = \frac{Z_{13} + Z_{23}}{Z_{11} + Z_{12}} = \frac{\frac{Z_{13}}{Z_{11}} + \frac{Z_{23}}{Z_{11}}}{1 + \frac{Z_{12}}{Z_{11}}} = \frac{k_{13} + k_{23}}{1 + k_{12}}$$

式中 k_{12}——避雷线 1 与 2 之间的耦合系数；

k_{13} 和 k_{23}——避雷线 1 对导线 3 和避雷线 2 对导线 3 的耦合系数。

由式（8-75）可知，$k_{1,2\text{-}3} \neq k_{13} + k_{23}$。

同理可求得

$$k_{1,2\text{-}4}=\frac{u_4}{u_1}=\frac{k_{14}+k_{24}}{1+k_{12}}=\frac{2k_{14}}{1+k_{12}}$$

显然，$k_{1,2\text{-}5}=k_{1,2\text{-}3}$

8.5　波在有损耗线路上的传播

上面我们讨论波沿导线传播时，没有考虑线路的损耗。考虑线路损耗的分布参数等值电路如图 8-22 所示，图中 r_0 和 g_0 分别为单位长度导线的电阻和对地电导，大地电阻可合并到 r_0 中。当导线上的过电压超过导线的起晕电压时，就发生具有耗能效应的电晕现象，这些耗能的元件和现象将消耗波的部分能量，从而使波幅降低和波形畸变，这对过电压防护是非常有利的。

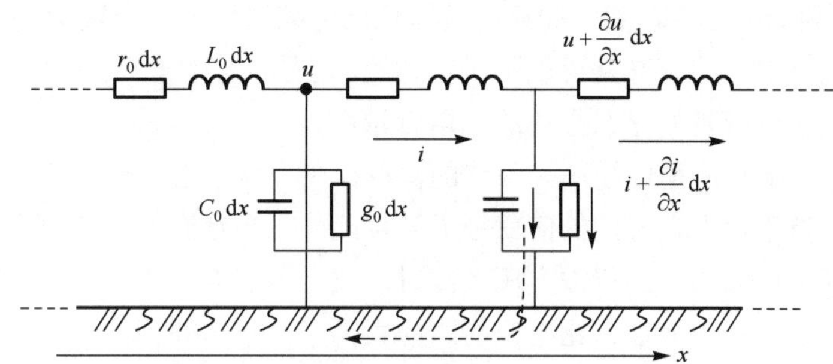

图 8-22　考虑线路损耗的分布参数等值电路

行波在理想的无损耗线路上传播时，能量不会散失（储存于电磁场中），波也不会衰减和变形。但实际上，任何一条线路都是有损耗的，引起能量损耗的因素如下。

（1）导线电阻（包括集肤效应和邻近效应的影响）；

（2）大地电阻（包括波形对地中电流分布的影响）；

（3）绝缘的泄漏电导与介质损耗（后者只存在于电缆线路中）；

（4）极高频或陡波下的辐射损耗；

（5）冲击电晕。

上述损耗因素将使行波发生如下变化。

（1）波幅降低——波的衰减；

（2）波前陡度减小（波前被拉平）；

（3）波长增大（波被拉长）；

（4）波形凹凸不平处变得比较圆滑；

（5）电压波与电流波的波形不再相同。

以上现象对于电力系统过电压防护有重要意义，并在变电所与发电厂的防雷措施中获得了实际应用。

8.5.1 线路电阻和绝缘电导的影响

当架空导线上不存在电晕时，只考虑导线的电阻和对地电导的耗能作用，波幅的降低可表示为

$$u(x)=u_0\mathrm{e}^{-\eta x}=u_0\mathrm{e}^{-\frac{1}{2}\left(\frac{r_0}{Z}+Zg_0\right)x} \tag{8-76}$$

$$\eta=\frac{1}{2}\left(\frac{r_0}{Z}+Zg_0\right) \tag{8-77}$$

式中 η——衰减系数，这里只计及衰减因素而未计及变形因素。

实际上，在非雨雾天气，未发生电晕的架空线路的损耗主要是由电阻造成的，而电导的影响则要小很多，可以忽略，因此可将式（8-76）简化为近似式

$$u(x)=u_0\mathrm{e}^{-\frac{r_0}{2Z}x} \tag{8-78}$$

即波幅原为 u_0 的行波，传播 x 距离后将衰减到 $u(x)$。这说明，传播的距离越长，以及 r_0/Z 的比值越大，则波幅降低得越多。架空线路的波阻抗比电缆线路大一个数量级，若传播距离近，则无电晕的架空线路中波的衰减是可以不予考虑的。但是，当行波等值频率相当高时应除外，因为频率越高，集肤效应越显著，导线的电阻就越大。

在电缆线路中，电流波是以缆皮为回路的，不存在大地电阻的影响，其等值电阻 r_0 将较小，但电缆的波阻抗小得多，r_0/Z 的值就很大了。此外，当行波的等值频率相当高时，电缆绝缘中的介质损耗是可观的。当行波电压较高时，还会引起介质内部气隙电离，使其损耗值更加增大，故电缆线路的 β 值通常比架空线路的大得多，且与波形的等值频率有关，因为介质损耗和电阻均与频率有关。当行波电压超过一定幅值时，β 还与行波电压幅值有关。

8.5.2 冲击电晕的影响

在高压输电线路上，雷电或操作冲击电压波的幅值很高，往往引发电晕，通常称为冲击电晕。实验研究指出，形成冲击电晕所需的时间极短，因此，可以认为它的发生只与电压的瞬时值有关，其形成时延，以及电压随时间变化的情况均可忽略不计。

研究表明，波沿导线传播过程中发生衰减和变形的决定因素是冲击电晕，所以本节只讨论冲击电晕对线路上波过程的影响。

当导线或避雷线受到雷击或线路操作时，将产生幅值较高的冲击电压。当它超过导线的起始电晕电压时，导线周围会产生强烈的冲击电晕。冲击电晕是局部自持放电的，它由一系列导电的流注构成。在导线周围沿导线径向形成导电性能较好的电晕套，使得冲击电晕在电离区具有径向电位梯度低、电导高的特点，相当于增大了导线的有效半径，从而增大了导线的对地电容。导线发生电晕时，轴向电流仍几乎全部集中在导线中，这样，冲击电晕的出现并不影响与空气中的那部分磁通相对应的导线电感。

由上述可知，冲击电晕出现后，使导线的有效半径增大，其自波阻抗相应地减小，而互波阻抗并不改变，所以线间的耦合系数增大。考虑冲击电晕影响时，输电线路中导线与避雷线间的耦合系数为

$$K_c = K_{c1}K_{c0} \tag{8-79}$$

式中 K_{c0}——几何耦合系数；

K_{c1}——电晕校正系数。

耦合系数的电晕校正系数 K_{c1} 如表 8-1 所示。

表 8-1 耦合系数的电晕校正系数 K_{c1}

线路电压等级/kV	20～35	60～110	154～330	500
2 条避雷线	1.10	1.20	1.25	1.28
1 条避雷线	1.15	1.25	1.30	—

导线出现冲击电晕后，其对地电容增大，电感基本不变，不但使得导线的波阻抗下降，而且波的传播速度也变小，很显然，它们的变化程度与行波电压瞬时值有关。在一般情况下，由于冲击电晕，波阻抗降低 20%～30%，传播速度为光速的 0.75 左右。

引起波的衰减与变形：随着波前电压的上升，从 $u=U_c$ 开始，波的传播速度开始变小，此后变得越来越小，其具体数值与电压瞬时值有关。波前各点电压所对应的波速变得不一样，电压越高时的波速越小，造成了波前的严重变形。在图 8-23 中，$u_0(t)$ 为原始波形，传播距离 l 后的波形为 $u_1(t)$，在 $u=U_c$ 处出现一明显的台阶，在 $u>U_c$ 后，当 $u=u_1$ 时，$\Delta t=\Delta t_1$；当 $u=u_2$ 时，$\Delta t=\Delta t_2$；若 $u_2>u_1$，则 Δt_2 一定大于 Δt_1。Δt 的大小一方面取决于 u 的高低，另一方面也取决于波所传播的距离，可用式（8-80）求得。

$$\Delta t = t_1 - t_0 = \left(0.5 + \frac{0.008u}{h_c}\right) l(\mu s) \tag{8-80}$$

式中 t_0、t_1——电压从零上升到 u 所需的时间和波流过距离 l（km）后所需的时间（μs）；

h_c——该导线的平均对地高度（m）。

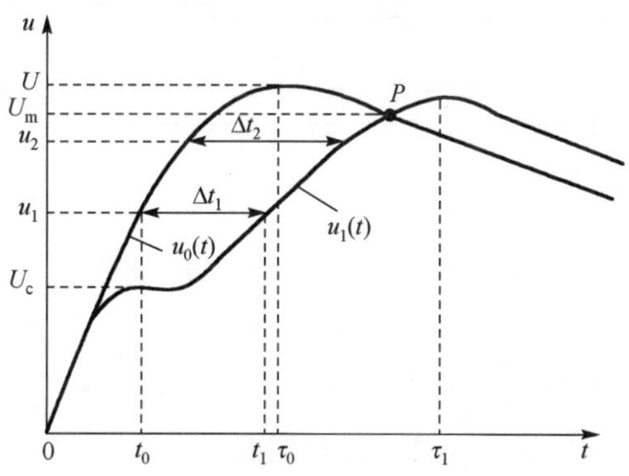

图 8-23 行波的衰减与变形

若令 $u=U$（电压波的峰值，kV），则 t_0 变成 τ_0（波前时间），t_1 即波流过距离 l 后的波前时间 τ_1，因此

$$\tau_1 = \tau_0 + \left(0.5 + \frac{0.008u}{h_c}\right) l(\mu s) \tag{8-81}$$

实际试验表明：如果将原始波 $u_0(t)$ 和变形后的电压波 $u_1(t)$ 画在一起，可以近似地认为两条曲线的交点 P 的纵坐标就是变形后电压波的峰值 U_m。

综上所述，冲击电晕可使行波的陡度降低，幅值降低，导线间的耦合系数增大。这些效应都是防雷保护设计中的有利因素。因此，在进行防雷设计时，必须考虑冲击电晕的影响。

8.6 变压器绕组中的波过程

雷电波沿输电线路侵入变电所，使得变压器的绕组受到冲击电压的作用。由于变压器绕组本身是一个复杂的电感电容网络，所以在冲击波作用下会引起强烈的电磁振荡过程。同时，在绕组匝间、线盘间及绕组对地部件间引起过电压及很高的电位梯度，会危及绕组的主绝缘和纵绝缘，因此在确定变压器绝缘结构和变电所防雷保护接线时，有必要研究在冲击波作用下，变压器绕组中波过程的基本规律。

8.6.1 单相绕组中的波过程

在冲击电压作用下，除绕组的电感外，必须计及绕组对地电容和纵向电容的影响，把它看成具有分布参数的电路。单相变压器绕组等效电路如图 8-24 所示。图中 L_0 为沿绕组高度方向单位长度的电感，C_0、K_0 分别为沿绕组高度方向单位长度的对地电容与匝间（或线盘间）电容。

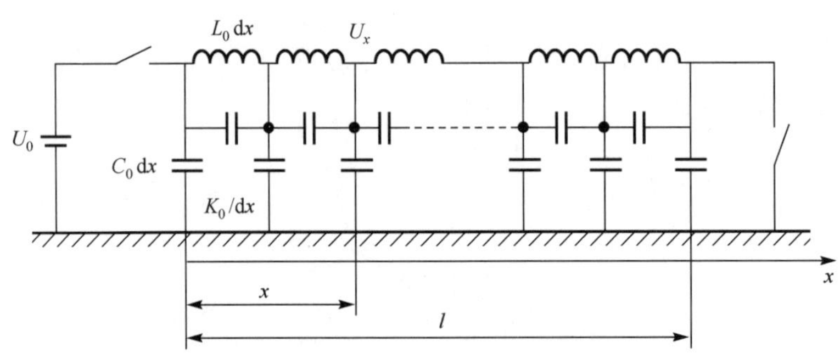

图 8-24 单相变压器绕组等效电路

由于冲击波作用于绕组波首、波尾时的等效电路的变化，与其相对应的波过程的变化规律不同，所以可将绕组的电位分布按时间区分为 3 个不同阶段：直角波开始作用瞬间，由 C_0、K_0 决定电位的起始分布；无穷长直角波长期作用时 $(t\to\infty)$，仅由绕组直流电阻决定的稳态电压分布；由起始阶段向稳态过渡时，即 t=0 到时间趋向无穷大阶段。

现研究振荡过程中绕组各点、各个时刻的电压分布。

（1）起始电压分布与入口电容。由前面的分析可知，决定起始电压分布的一个绕组的等效电路如图 8-25(a)所示。沿绕组高度方向取一段 dx 来讨论，如图 8-25(b)所示。该段的对地电容为 $C_0\mathrm{d}x$，其匝间电容由于沿绕组的高度方向是串联的，故应为 $K_0/\mathrm{d}x$。

假设 $\dfrac{K_0}{\mathrm{d}x}$ 上有一电荷为 Q，即 $Q=\dfrac{K_0}{\mathrm{d}x}\mathrm{d}u$，前一个 $\dfrac{K_0}{\mathrm{d}x}$ 上的电荷应为 $Q+\mathrm{d}Q$，而

$\mathrm{d}Q = C_0\mathrm{d}xu$，即

$$Q = \frac{K_0}{\mathrm{d}x}\mathrm{d}u \tag{8-82}$$

$$\frac{\mathrm{d}Q}{\mathrm{d}x} = C_0 u \tag{8-83}$$

合并化简式（8-82）和式（8-83）得

$$\frac{\mathrm{d}^2u}{\mathrm{d}x^2} - \frac{C_0}{K_0}u = \frac{\mathrm{d}^2u}{\mathrm{d}x^2} - \alpha^2 u = 0 \tag{8-84}$$

式中　$\alpha = \sqrt{C_0 / K_0}$。

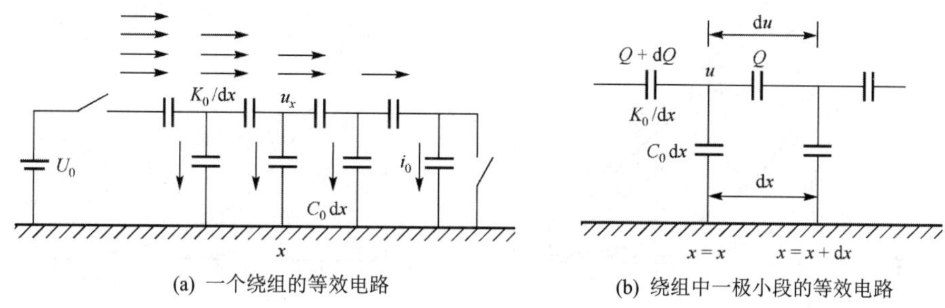

(a) 一个绕组的等效电路　　(b) 绕组中一极小段的等效电路

图 8-25　决定起始电压分布的等效电路图

根据绕组接地与不接地的边界条件，当变压器绕组末端接地时，

$$u(x) = U_0\frac{\sinh[\alpha(l-x)]}{\sinh(\alpha l)} \tag{8-85}$$

当变压器绕组末端不接地时，

$$u(x) = U_0\frac{\cosh[\alpha(l-x)]}{\cosh(\alpha l)} \tag{8-86}$$

式（8-85）和式（8-86）是绕组合闸于直流电压 U_0 的初瞬（t=0）时，绕组各点对地电位的分布规律，称为初始电位分布。

对于普通连续式绕组，αl 为5～15，平均约为10。当 αl >5 时，$\sinh(\alpha l) \approx \cosh(\alpha l)$，式（8-85）和式（8-86）可近似用同一个式子表示为

$$u = U_0\mathrm{e}^{-\alpha x} \tag{8-87}$$

在图 8-26 中画出了在绕组末端接地及开路的情况下，当 αl 不同时绕组起始电压的分布曲线。由图可知，电压分布的不均匀程度将随 αl 的增大而增大，αl 越大，大部分压降在绕组首端附近，且绕组首端的电位梯度 $|\mathrm{d}u/\mathrm{d}x|$ 最大，其值为

$$\left.\frac{\mathrm{d}u}{\mathrm{d}x}\right|_{x=0} = \alpha U_0 = \frac{U_0}{l}\alpha l \tag{8-88}$$

式（8-88）表明，在 $t = 0^+$ 时，绕组首端（x =0）的电位梯度比平均值 U_0 / l 大 αl 倍，因此，对绕组首端的绝缘应采取保护措施。

当分析变电所防雷保护时，因雷电冲击波作用时间很短，由试验可知，流过变压器电感中的电流很小，可忽略其影响，则变压器可用折算至首端的对地电容来代替，通常叫作入口电容。它的数值为

$$
\begin{aligned}
C_{\mathrm{T}} &= \frac{Q_{x=0}}{U_0} = \frac{1}{U_0} K_0 \left(\frac{\mathrm{d}u}{\mathrm{d}x}\right)_{x=0} = \frac{1}{U_0} K_0 \alpha U_0 \\
&= K_0 \alpha = \sqrt{C_0 K_0} = \sqrt{C_0 l \frac{K_0}{l}} = \sqrt{CK}
\end{aligned} \tag{8-89}
$$

式中 C——变压器绕组总的对地电容（F）；

K——变压器绕组总的匝间电容（F）。

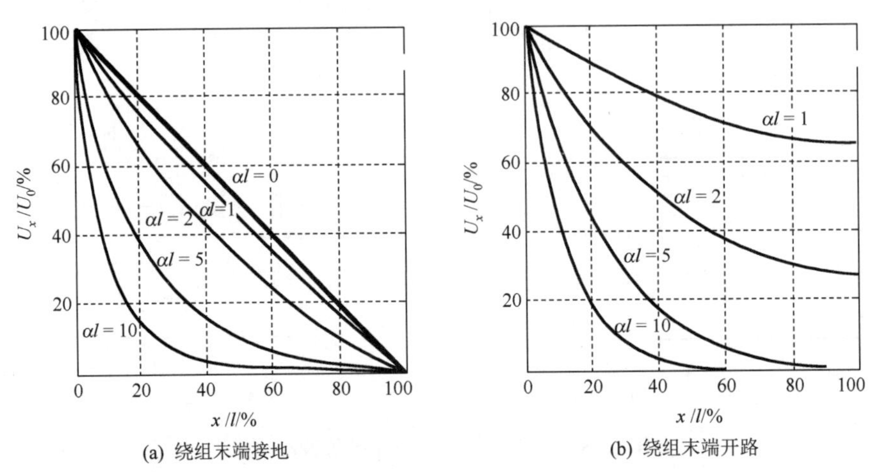

图 8-26 当 αl 不同时绕组起始电压的分布曲线

可见，变压器的入口电容是绕组单位长度的或全部的对地电容与纵向电容的几何平均值，它与变压器的额定电压、容量及绕组结构有关。对于连续式绕组，若缺乏确切数据，则变压器高压绕组的入口电容 C_{T} 值可参考表 8-2；对于纠结式绕组，其入口电容要比表 8-2 中所列数值大得多，比表 8-2 中数值增大 2～4 倍。此外，还应注意同一变压器不同电压等级的绕组，其入口电容是不同的。

表 8-2 变压器高压绕组的入口电容

高压绕组的额定电压/kV	35	110	220	330	500
高压绕组的入口电容/pF	500～1000	1000～2000	1500～3000	2000～5000	4000～6000

（2）稳态电压分布。由前面的分析可知，确定绕组稳态电压分布时，C_0、K_0 均开路，电感相当于短路，故只决定于绕组的电阻。当绕组中性点接地时，电压自首端（x=0）至中性点（$x=l$）均匀下降；当中性点绝缘时，绕组上各点的对地电位均与首端对地电位相同，如图 8-27 所示。

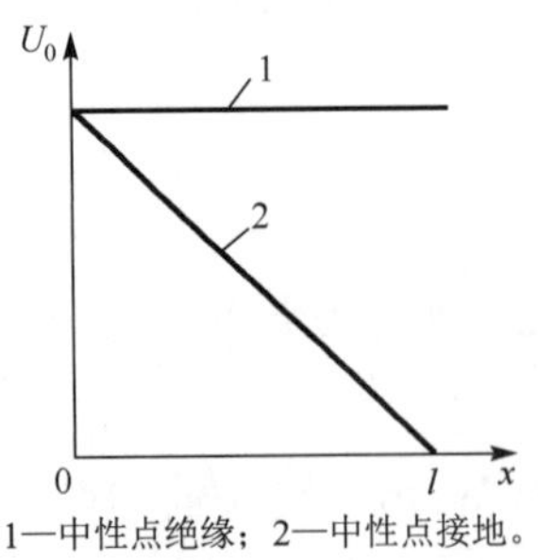

1—中性点绝缘；2—中性点接地。

图 8-27 中性点绝缘与中性点接地时的稳态电压分布

（3）过渡过程中绕组各点的最大对地电位包络线。由于电压沿绕组的起始分布与稳态分布不同，加之绕组是分布参数的振荡回路，故由初始状态到达稳态分布必有一个振荡过程。如果绕组电压分布的起始状态接近稳态分布，也就是说，作用在绕组上的冲击电压波首比较长，绕组内的振荡发展较平缓，其各点的对地最大电位和最大梯度也将有所降低；反之，波首越短，绕组电压的起始分布与稳态分布差值越大，其振荡过程越激烈。在振荡过程中，绕组各点出现最大电位的时间不同，各个时刻的电压分布如图 8-28 所示。把 t_1、t_2 直至 $t=\infty$ 时各个时刻振荡过程中绕组各点出现的最大电位记录下来，并连成了最大对地电位包络线。若不计损耗，做定性分析，可将图 8-29 中的稳态电压分布曲线与初始电压分布曲线 1 的差值曲线 4 叠加到稳态电压分布曲线 2 上，如图 8-29 中的曲线 3，则可近似地描述绕组中各点的最大对地电位包络线。

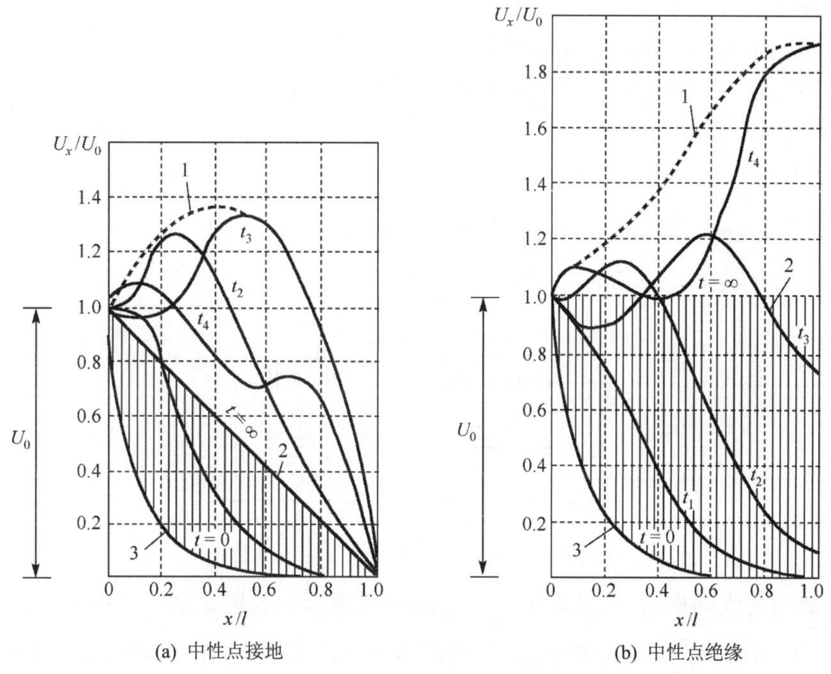

图 8-28　各个时刻的电压分布

（$t_1 < t_2 < t_3 < t_4$）

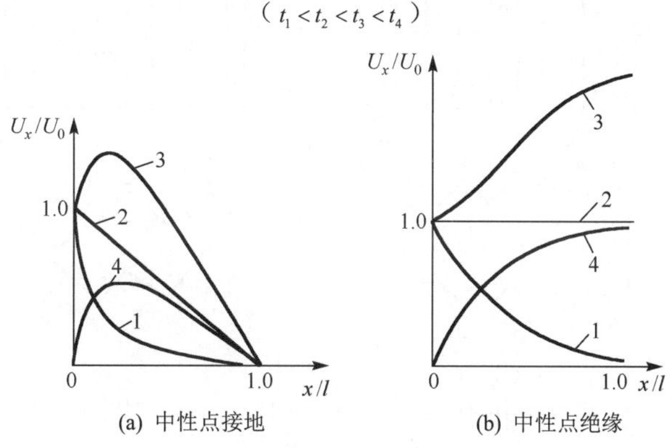

图 8-29　最大对地电位包络线

由图 8-28 可知，中性点接地的绕组中，最大对地电位将出现在绕组首端附近，其值可达 $1.4U_0$ 左右；中性点绝缘的绕组中，最大对地电位将出现在中性点附近，其值可达 $1.9U_0$ 左右。实际的绕组内总是有损耗的，因此最大值将低于上述值。此外，在振荡过程中绕组各点的电位梯度也有变化，绕组各点将在不同时刻出现最大电位梯度，这对于绕组的设计与纵绝缘保护是非常重要的参数。

8.6.2 变压器对过电压的内部保护

由前面分析可知，起始电压分布与稳态电压分布的不同，是绕组内产生振荡的根本原因，改变起始电压分布使之接近稳态电压分布，可以降低绕组各点在振荡过程中的最大对地电位和最大电位梯度。

改变起始电压分布，从原理上讲有以下两种方法。

（1）使用与线端相连的附加电容，即在绕组首端加电容环或采用屏蔽线匝，向对地电容 C_0 提供电荷，以使所有纵向电容 K_0 上的电荷都相等或接近相等，即横补偿。电容环补偿对地电容电流示意图如图 8-30 所示。

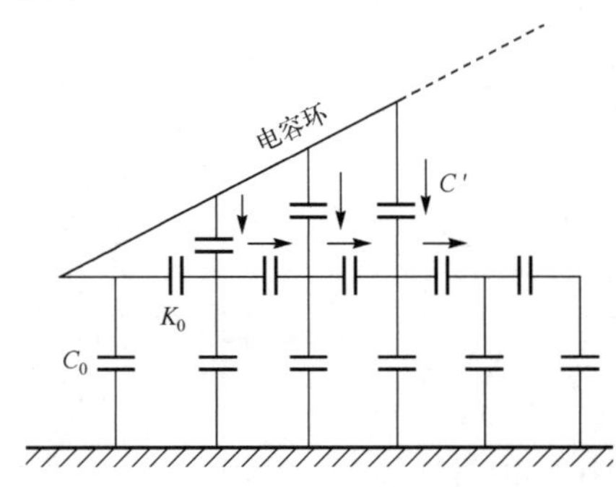

图 8-30 电容环补偿对地电容电流示意图

（2）尽量加大纵向电容 K_0 的数值，以削弱对地电容电流的影响，即纵补偿。工程上常采用的措施是纠结式绕组，连续式和纠结式绕组的电气接线及等效匝间电容结构图如图 8-31 所示。

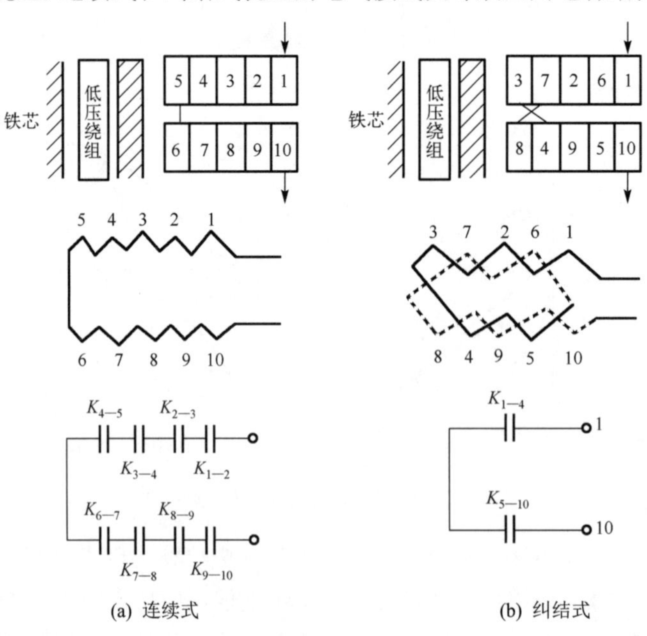

图 8-31 连续式和纠结式绕组的电气接线及等效匝间电容结构图

8.6.3　三相绕组中的波过程

当绕组接成三相运行时，其中的波过程机理与上述单相绕组的基本相同。但随着三相绕组的接法、中性点接地方式和进波情况的不同，振荡的结果也不尽相同。

8.6.3.1　星形接法中性点接地（Y0）

这时三相之间相互影响很小，可以看成三个独立的末端接地绕组。无论进波情况如何，都可按前面分析过的末端接地单相绕组中的波过程来处理。

8.6.3.2　星形接法中性点不接地（Y）

中性点不接地时，绕组电压的分布和进波方式有关。由于绕组对冲击波的阻抗远大于线路波阻抗，故当一相进波时其他两相绕组首端可视为与接地相当，其初始分布和稳态分布如图 8-32 中的曲线 1 和曲线 2 所示。图 8-32 中的曲线 3 为绕组各点对地的最大电位包络线，中性点的稳态电压为$\frac{U_0}{3}$，因此在过渡过程中中性点最大对地电位将不超过$\frac{2U_0}{3}$。

两相同时进波时，可用叠加法来估计绕组各点的最大对地电位，中性点的稳态电位将为$\frac{U_0}{3}+\frac{U_0}{3}=\frac{2U_0}{3}$，在过渡过程中中性点最大对地电位将不超过$\frac{4U_0}{3}$。

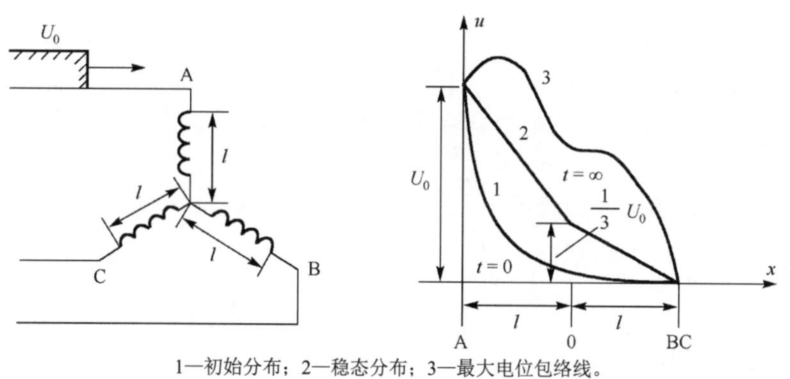

1—初始分布；2—稳态分布；3—最大电位包络线。

图 8-32　星形接线单相进波时的电压分布

三相同时进波时，其规律与单相绕组末端不接地时的基本相同，中性点的最高电位可达首端电压的两倍。

8.6.3.3　三角形接法（Δ）

三相变压器高压绕组为三角形接线，当一相进波时，因绕组对冲击波的阻抗远大于线路波阻抗，故变压器其他两个端点可视为接地，如图 8-33(a)所示，因此其情况与末端接地的单相绕组相同。两相或三相进波时，可用叠加法进行分析。图 8-33(b)所示为三相进波时的电压分布，曲线 3 为绕组各点的最大对地电位包络线，绕组中部对地最高电位可接近 $2U_0$。

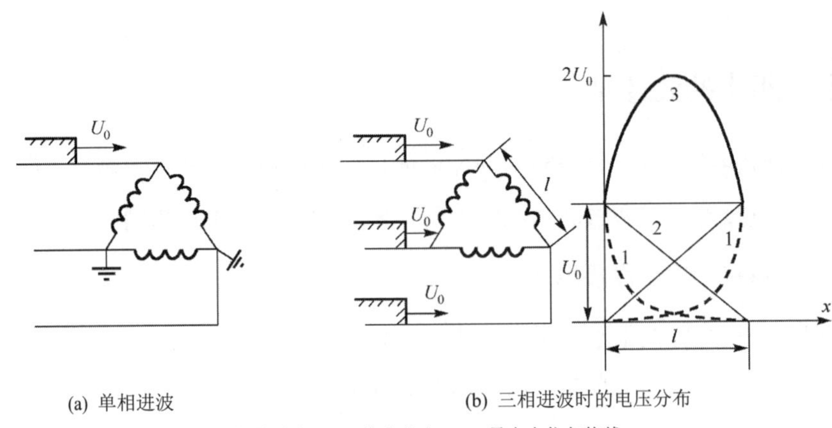

(a) 单相进波　　(b) 三相进波时的电压分布

1—初始分布；2—稳态分布；3—最大电位包络线。

图 8-33　三角形接线单相和三相进波时的电压分布

8.6.4　波在变压器绕组间的传递

变压器绕组之间具有电容和互感，当冲击电压波侵入某一绕组时，就会通过电磁耦合在该变压器的其他绕组上产生感应过电压，它包括两个分量，即静电分量和电磁分量。通常将这两个分量相叠加，来估计感应过电压。

传递电压的电磁分量与电压比有关。在三相绕组中，电磁分量的数值还与绕组的接线方式、来波相数等有关。由于低压绕组其相对的冲击强度（冲击试验电压与额定相电压之比）较高压绕组大得多，因此凡高压绕组可以耐受的电压（加避雷器保护）按电压比传递至低压侧时，对低压绕组无危害。

静电分量是通过绕组之间的电容耦合而传递过来的，因而其大小与变压器的变比没有关系。

设过电压波侵入绕组 1，而绕组 1、2 之间的总电容为 C_{12}，绕组 2 的对地总电容为 C_{20}，即可得出图 8-34(b)所示的简化等值电路。

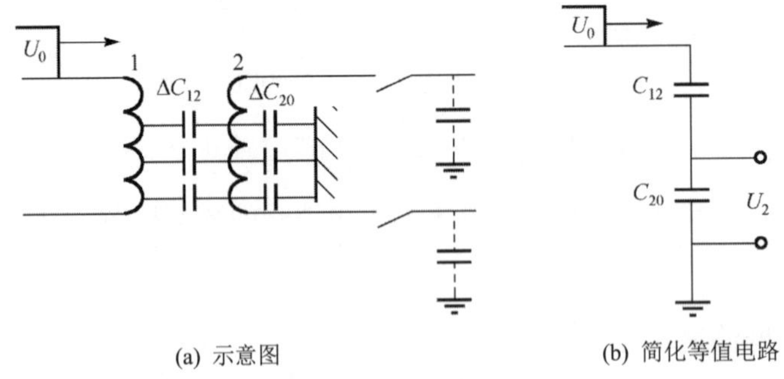

(a) 示意图　　(b) 简化等值电路

图 8-34　波在绕组间引起的静电感应

由等值电路可得

$$U_2 = \frac{C_{12}}{C_{12} + C_{20}} U_0 \tag{8-90}$$

由于U_2一定小于U_0，所以这个电压分量只有在波投射到高压绕组时，才有可能对低压绕组造成危险，如引起低压侧套管的闪络或低压绕组绝缘的损坏。如果低压绕组上接有输电线路或其他电气设备，C_{20}将增大、U_2将显著减小，不足为害。所以只有在低压绕组 2 空载开路时，才需要对这种过电压进行防护。由于这一电压分量使绕组 2 中的导体带上了同一电位，所以只要用一只阀式避雷器 FV 接在任一相出线端上，就能为整个三相绕组提供保护。静电感应过电压的防护如图 8-35 所示。

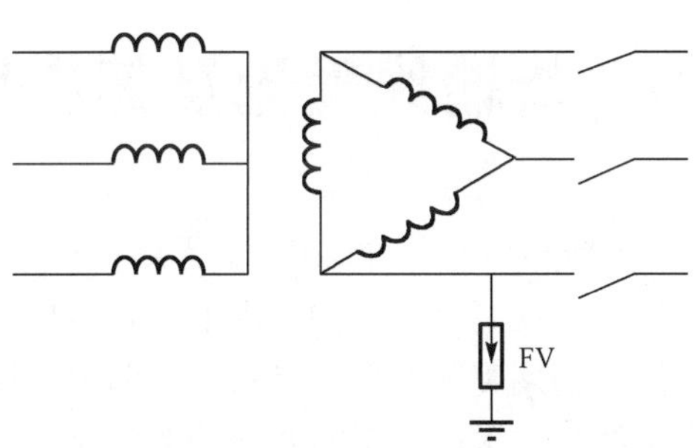

图 8-35　静电感应过电压的防护

8.7　旋转电机绕组中的波过程

旋转电机包括发电机、同步调相机和大型电动机等，它们与电网的连接方式有通过变压器与电网相连和直接与电网相连两种。在前一种连接方式下，雷击电网时冲击电压波将通过变压器绕组间的传递再传到旋转电机，实践证明对旋转电机的危害性不大。在直接与电网相连的方式下，雷电冲击电压将直接自线路传至旋转电机，对旋转电机的危害性很大，需要采取相应的保护措施。为了能够正确地制定旋转电机的防雷保护措施，需要掌握旋转电机绕组在冲击电压作用下的波过程的基本规律。

电机绕组的波阻抗与其匝数、电压等级及额定容量有关，一般随容量增大而减小，随额定电压升高而增大；同时，电机绕组的波速也随容量的增大而下降。通常电机绕组的波阻抗Z在 200～1000Ω 范围内变化。电机绕组的槽内部分波速只有 10～23m/μs。

若在直角波作用下，中性点不接地的发电机，在中性点处的最大对地电位可达首端电压的两倍。也就是说，中性点附近的主绝缘所承受的电压将达到来波电压的两倍，随着反射波向首端推进，这个两倍电压将逐渐作用在主绝缘上。若降低来波陡度，使之在波头部分在绕组中产生很多次折、反射，将会有效降低末端开路电压；加之损耗的存在，会使波的幅值下降。根据对大量发电机的计算结果表明，如果将来波陡度限制在 2kV/μs 以下，电机绕组中性点附近的电压几乎与首端电压相等。估算绕组中的最大纵向电位梯度时，可以近似地仅考虑侵入绕组的前行电压波。

设绕组端部侵入的过电压具有陡度为a(kV/μs) 的斜角波头，可以求得作用在匝间绝缘上的电压（kV）为

$$U = al/v \tag{8-91}$$

式中 l——匝长（m）；

v——波速（m/μs）。

由式（8-91）可知，波的陡度 a 越大，匝长越长，或波速越小，作用在匝间的电压 U 越大。为了降低匝间电压，保护绕组的匝间绝缘，必须采取可靠措施限制侵入波的陡度。研究结果表明，为使一般电机的匝间绝缘不致损坏，应将侵入波的陡度限制在 5 kV/μs 以下。

8.8 传输线理论及其应用

利用传输线技术来形成、变换和传输脉冲，在一般无线电和通信技术中早已广泛应用了，并有许多详尽的数学分析。但是，在高电压脉冲技术中，利用高压传输线（达数兆伏）获得纳秒高压脉冲是20世纪60年代初期英国的研究员的一个创举。他成功地将用在雷达脉冲调制器上的双传输线（又称人工线）技术应用于了脉冲功率研究。在脉冲功率中，传输线主要有两个功能：

（1）用传输线可以高保真，可以固定延时地传输电脉冲。

（2）用适当开关和负载，或者用传输线也可以形成纳秒量级脉宽的电脉冲。在这种情况下，又常常称之为脉冲形成线（Pulse Forming Line，PFL）。

在高功率脉冲技术中，通常主要使用两种形式的传输线：平行板传输线和同轴线传输线（见图 8-36）。

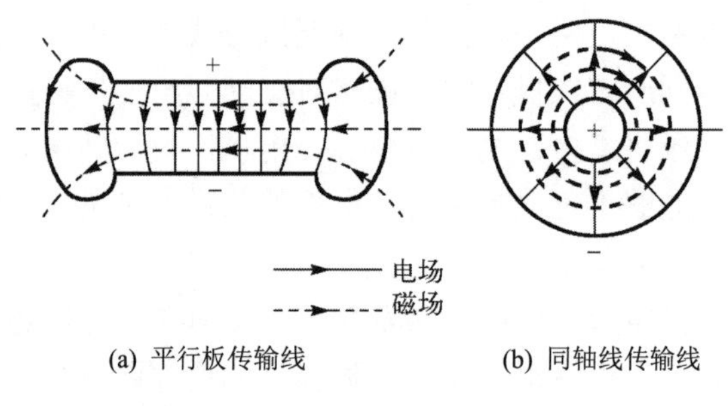

(a) 平行板传输线　　(b) 同轴线传输线

图 8-36

如果脉冲宽度超过几百纳秒，用分布参数元件的传输线是很不现实的。必须采用集中参数元件的传输线，又称脉冲形成网络，可做到微秒量级脉宽。

在传输线中传播的电磁波，完全可以用麦克斯韦方程来描述。需要特别指出的是，在脉冲功率技术中讨论的传输线，仅仅传播横向电磁波即 TEM 模式，亦即电场和磁场都垂直于传播方向 z 轴，坡印亭矢量（$E\times H$）沿着传输线的轴向传输能量，有几个重要的结果。

（1）TEM 波的传播速度为

$$v=\frac{1}{\sqrt{\mu\varepsilon}}=\frac{c}{\sqrt{\mu_r\varepsilon_r}} \tag{8-92}$$

式中 c——光速；

μ_r、ε_r——传输线介质的相对磁导率和相对介质常数。

> 注意，电磁波在自由空间的传播速度与传输线的结构尺寸无关。若不考虑介质的色散，且认为 μ_r 、ε_r 与频率无关，则传播速度与脉冲频率无关。传输延时仅仅与线长度和介质材料有关。

（2）我们已假设了 TEM 波，因此其他波导模（如 TE、TM 模）不可能存在。这意味着，分析仅对高频符合很好，如果传输波长与传输线的横截面尺寸可以比拟的话，传输线中将产生 TE、TM 高次模式，以电报方程为基础的传输线理论就有问题了。脉冲功率中由于高压运行，传输线的横截面尺寸一般较大，高频电磁波传播一般无问题，可传播任何频率的波，没有频率的限制。

（3）脉冲沿传输线传播，不依赖于传输线的外形结构。对于脉冲功率运行的频率范围，由于趋肤效应，电流仅在传输线的导体表面流动。在传输线模式中，两导体表面的电流大小相等，方向相反。电路参数完全可以由导体的几何尺寸及充填的介质性质确定。通常，我们把传输线当作无损耗线来处理。脉冲沿传输线传播时，引起波形发生畸变的主要原因是在金属和绝缘介质中产生的损耗，因此必须用有损传输线来分析。对于脉冲功率中应用的传输线，电阻 R 和电导 G 通常可以忽略，当作无损耗线来处理，不会引入较大的波形失真。

在沿传输线内的脉冲高压作用下，可能发生电晕和电击穿，致使传输线的正常工作状态被破坏。传输线的绝缘强度设计是脉冲功率中的一个主要问题。

利用传输线形成脉冲电路的主要优点是能够比较方便地获得具有纳秒宽度的高压脉冲。主要缺点是脉冲宽度和负载阻抗的调节都比较困难。当要求改变脉宽时，必须改变传输线长度，这总是不方便的。当改变负载阻抗时，将引起脉冲电压和电流的变化，并且出现附加反射脉冲。

传输线技术在脉冲功率的成功应用，给原来由马克斯发生器直接对二极管放电的闪光 X 射线机带来了新的生机，树立了脉冲功率技术的第一个里程碑。本节我们将在通常的传输线理论的基础上，分析传输线的工作原理及设计依据。

8.8.1 传输线的基本类型和参数

脉冲功率中常用的传输线按几何结构形状来分类，主要类型如下。

8.8.1.1 同轴传输线

同轴传输线（Coaxial Transmission Line）通常由两个半径分别为 a 和 b 的圆筒形内、外导体同轴配置而成。同轴传输线如图 8-37 所示，它的单位长度电感为

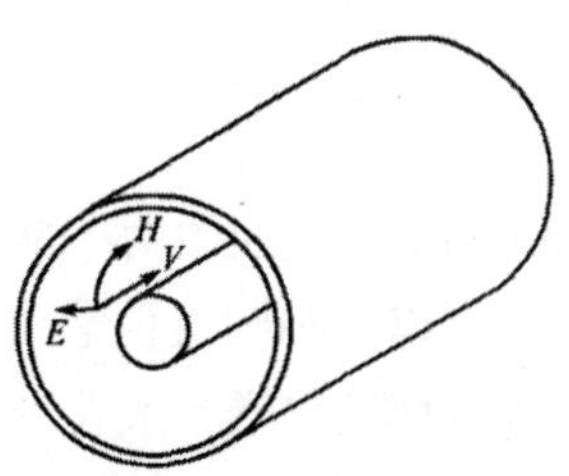

图 8-37 同轴传输线

$$L_0 = \frac{\mu_r \mu_0}{2\pi} \ln \frac{b}{a} \tag{8-93}$$

单位长度电容为

$$C_0 = \frac{2\pi \varepsilon_r \varepsilon_0}{\ln \frac{b}{a}} \tag{8-94}$$

特性阻抗为

$$Z_0 = \frac{1}{2\pi} \sqrt{\frac{\mu_1 \mu_0}{\varepsilon_r \varepsilon_0}} \ln \frac{b}{a} = \frac{60}{\sqrt{\varepsilon_r}} \ln \frac{b}{a} (\Omega) \tag{8-95}$$

同轴传输线除两端以外，内导体包围在外导体之中，屏蔽效果较好。因此，它对周围的寄生耦合也比较小。这是用得最广泛的一种传输线。

8.8.1.2 平板传输线或带状传输线

平板传输线（Parallel Plate Transmission Line）或带状传输线（Strip Transmission Line）由两块平行平板构成，如图 8-38 所示，在低阻抗传输线中常常应用。

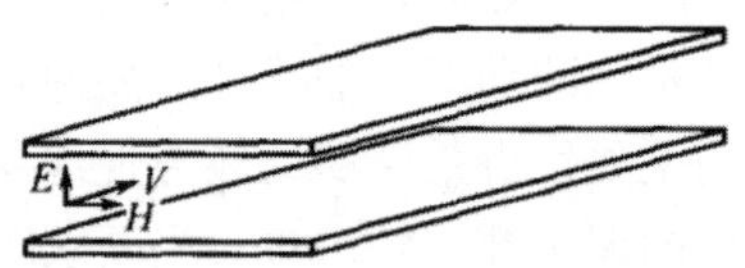

图 8-38 平板传输线

单位长度电感为

$$L_0 = \mu_r \mu_0 \frac{d}{W} \tag{8-96}$$

单位长度电容为

$$C_0 = \frac{\varepsilon_r \varepsilon_0 W}{d} \tag{8-97}$$

特性阻抗为

$$Z_0 = \sqrt{\frac{\mu_1 \mu_0}{\varepsilon_r \varepsilon_0}} \frac{d}{W} = \frac{377}{\sqrt{\varepsilon_r}} \frac{d}{W} (\Omega) \tag{8-98}$$

例如，1MV、1MA 的 SNARK 脉冲加速器就使用了平板传输线。

由于平板传输线存在边界，因此它们会与周围产生寄生耦合，此外也需要考虑边缘电场效应。

8.8.1.3 径向传输线

径向传输线（Radial Transmission line）一般由两个具有中心开孔的平行圆板或双锥筒构成，如图 8-39 所示。因为呈圆盘形，所以又称圆盘传输线。径向传输线大多用于将脉冲功率沿圆盘外围四周向中心部位呈辐射状对称地输送，或者沿径向形成方波脉冲给轴向加速间隙提供高梯度的加速电场。

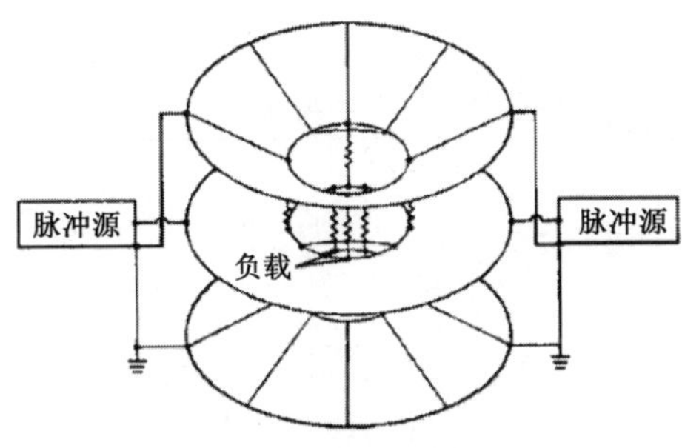

图 8-39　径向传输线

分析径向传输线时，可将它划分为若干条高度阶梯增加的带状线考虑。设第 k 级平板带状线，线宽为 $2\pi r_k$，高为 h_k，则其特性阻抗为

$$Z_0 = \frac{377}{\sqrt{\varepsilon_r}} \cdot \frac{h_k}{2\pi r_k}(\Omega) \tag{8-99}$$

为了使径向传输线的特性阻抗与半径无关，必须令 $\frac{h_k}{2\pi r_k} =$ 常数，必须形成一个锥角，对于半锥角为 a 的径向线，有

$$L_0 = \frac{\mu}{2\pi}\frac{h}{R}$$

$$C_0 = 2\pi\varepsilon\frac{R}{h}$$

$$Z_0 = \frac{1}{2\pi}\sqrt{\frac{\mu}{\varepsilon}}\frac{h}{R} = \frac{1}{2\pi}\sqrt{\frac{\mu}{\varepsilon}}\tan\alpha$$

平板之间的电场近似写成

$$E_D = \frac{V}{h_k} = \frac{377V}{2\pi\sqrt{\varepsilon_r}r_k Z_0} \tag{8-100}$$

式中　V——平板间的充电电压。

电场 E_D 与半径有关，越趋向圆心，介质的电场越高。对于给定的允许场强 $E_{\max}$ 和相对介质常数 ε_r，可传输的最大功率为

$$p_{\max} = \frac{2\pi\sqrt{\varepsilon_r}}{377}E_{\max}^2 r_k h_k \tag{8-101}$$

由式（8-101）可见，存在一个临界半径，如果小于这个半径，就会达不到传输最大功率的水平。

8.8.1.4　螺旋传输线

螺旋传输线（Helical Transmission Line）是一种圆筒形传输线，其中间加了一个绕成螺旋线管形式的中间导体，如图 8-40 所示。若无内筒，则 $a_1 \to 0$；若无外筒，则 $a_3 \to \infty$。

假设螺旋线管的螺距小于内、外导体间距，匝数为 N，内导体半径为 a_1，外导体半径为 a_3，线圈半径为 a_2，单位长度电感为

$$L_0 = \mu \left[\pi N^2 \frac{\left(a_3^2 - a_2^2\right)\left(a_2^2 - a_1^2\right)}{a_3^2 - a_1^2} + \frac{\ln\left(\frac{a_3}{a_2}\right)\ln\left(\frac{a_2}{a_1}\right)}{2\ln\frac{a_3}{a_1}} \right] \tag{8-102}$$

单位长度电容为

$$C_0 = 2\pi\varepsilon \left(\frac{1}{\ln\frac{a_3}{a_2}} + \frac{1}{\ln\frac{a_2}{a_1}} \right) \tag{8-103}$$

特性阻抗为

$$Z_0 = \sqrt{\frac{L_0}{C_0}} \tag{8-104}$$

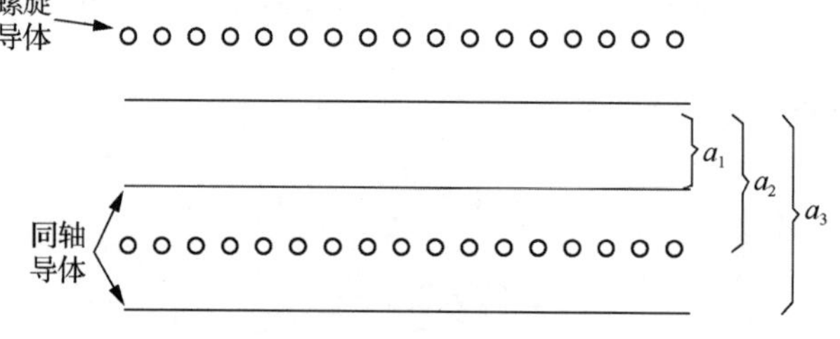

图 8-40 螺旋传输线

相对于同样形状的同轴传输线，螺旋传输线具有较高的特性阻抗和较长的传播延时，它比常规传输线有更多的色散，脉冲沿螺旋路径传播可能引起匝间击穿。早期，螺旋传输线有些应用，但一般用得较少，采用脉冲形成网络可能更好一些。

8.8.1.5 锥形（变阻抗）传输线

在脉冲功率中，常常用锥形（变阻抗）传输线（Taper Transmission Line）的方法来升高脉冲电压或者降低阻抗与负载匹配，如图 8-41 所示。变阻抗传输线的实质就是一段内导体尺寸渐变的同轴线，也有改变外导体尺寸的，或内、外导体尺寸同时都变化。如果从 Z_0 线的形状逐渐变化到 Z_L 线的形状，那么可忽略功率的反射与波形畸变。

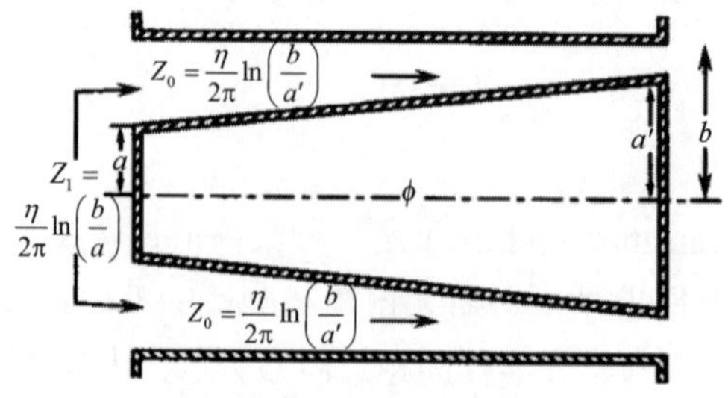

图 8-41 锥形传输线

8.8.2　传输线组合

从传输线与负载连接的方式来分，传输线主要有以下两种分类。

8.8.2.1　单传输线

利用已充电的传输线在负载上产生方波输出脉冲的方法，可以得到多种与负载连接的方式。图 8-42 所示为单传输线工作原理，用单传输线通过串接主开关与负载电阻（阻值为 R_L）连接，当匹配放电 $(R_L = Z_0)$ 时，可以在负载上得到 1/2 的充电电压，它形成的脉冲宽度为

$$t_p = 2\tau = \frac{2l}{v}$$

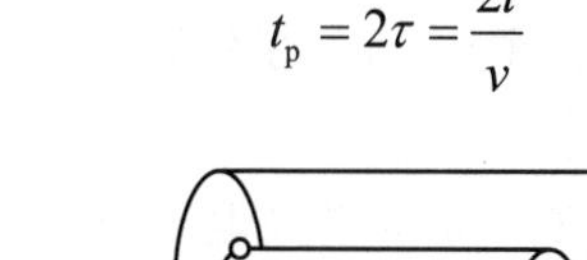

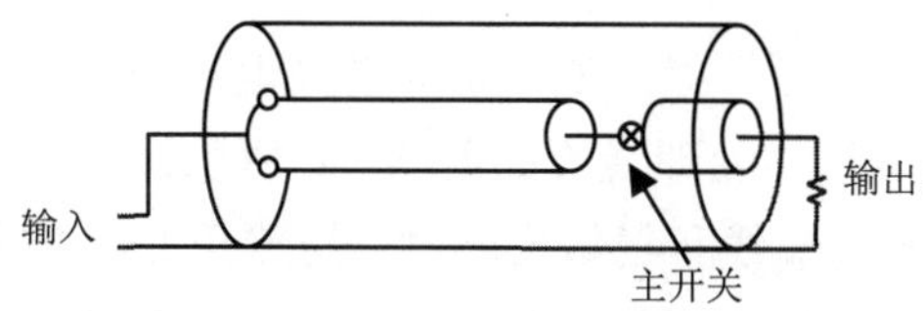

图 8-42　单传输线工作原理

单传输线的优点：结构简单，预脉冲较小。低阻二极管中大多采用单传输线。

8.8.2.2　Blumlein 传输线

Blumlein 传输线又称为双传输线。它的实质是，两根单传输线串联对负载放电，其工作原理如图 8-43 所示。Blumlein 传输线结构的巧妙构思是，将两根长度相等、阻抗可以不相等的单传输线的公共电极部分折叠起来。这样做的结果是，可以省去一只圆筒导体，同时几何长度也减少了一半。

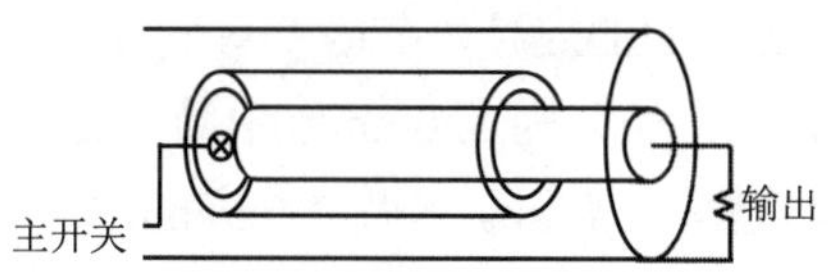

图 8-43　Blumlein 传输线工作原理

Blumlein 传输线的主要优点是，匹配负载上可以得到幅值等于充电电压的输出，使其提高了一倍，故又称倍压传输线。高电压运行常常采用此种结构。Blumlein 传输线的主要缺点是，在充电过程中，二极管上的预脉冲较大。

8.8.3　传输线的实例与发展

传输线通常采用同轴圆筒与平行平板两种主要结构形式。

传输线的材料，一般采用普通钢。曾有研究将导电表面镀铜（如西北核技术研究所的 1MV 机器），使用表明，无此必要。从材料表面电阻引起传输波形的衰减来看，衰减可以忽略不计。有水介质时，选用不锈钢材料防止生锈，为了提高绝缘，通常在导电的表面涂覆一层聚氨酯

清漆，既提高了耐压，又可以防锈。

传输线运行时处在高电压中，因此加工表面要求尽量光洁，以防止尖端毛刺引起放电。根据运行经验，机加工一般要求表面粗糙度小于 1 μm 就可以了。由于大型传输线抛光面积很大，如闪光-Ⅰ近 400m^2，工件尺寸又较大，所以抛光是一件很困难的工作。小型传输线抛光比较方便，根据高压静电场的要求，可以尽量做得好一些，特别是焊缝部分，一定要打磨光滑。

传输线的支撑问题，即内筒、中筒如何在外筒内部空间定位，这反映了传输线绝缘设计的一个重要问题。简单的小型传输线，如 1MV 机器，可利用圆柱形绝缘支柱，把内筒与中筒都支撑在外筒上（内筒支柱通过中筒上开孔引入），在外筒下半部伸出了 8 个小支管，好像爪子，用来安装支柱。

小型传输线的应用较为广泛，如西安理工大学高电压与绝缘技术研究所搭建的亚纳秒脉冲放电平台。低温等离子体气体处理装置如图 8-44 所示，该气体处理装置整体由三部分组成，即间隙开关、Blumlein 传输线和气体反应室。间隙开关与 Blumlein 传输线实现了脉冲电压的发生与调节，使气体反应室获得稳定的亚纳秒脉冲。亚纳秒脉冲放电技术对有害气体的处理有操作简单、低耗节能、效率高、无二次污染等优势。

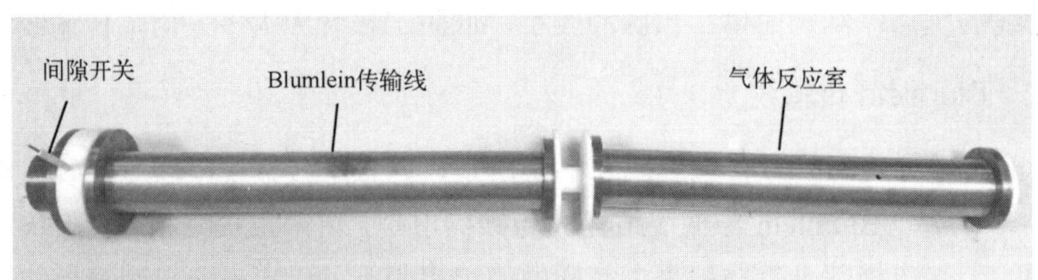

图 8-44　低温等离子体气体处理装置

图 8-45 所示为三轴传输线之间的连接，在这一套平台中，所有金属以及导电部分全部采用紫铜。其中内筒直径为 20mm，长度为 530mm；中筒外径为 42mm，壁厚为 1mm，长度为 695mm；外筒外径为 92mm，壁厚为 4mm，长度为 695mm。内筒与中筒通过绝缘支柱固定连接，外筒与金属法兰盘通过螺纹连接，且金属法兰盘与绝缘支柱嵌套固定连接。在传输线的另一端，外筒与另外一个金属法兰盘连接，内筒穿过绝缘支柱使之与首端保持水平，该绝缘支柱与同端的金属法兰盘嵌套固定连接，在此之后连接气体反应室部件。

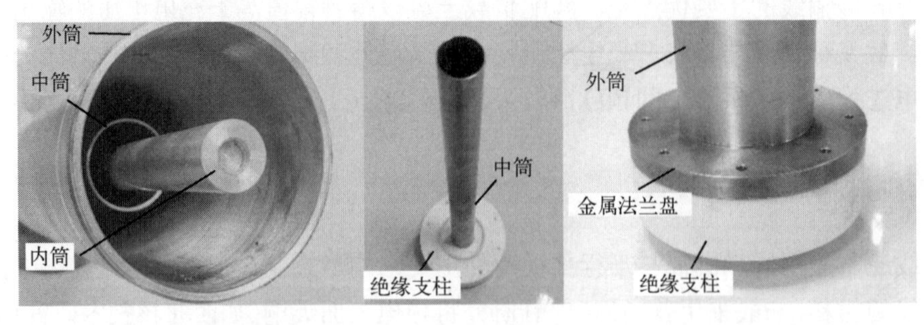

(a) 内、中、外筒放置图　　(b) 中筒的连接　　(c) 外筒的连接

图 8-45　三轴传输线之间的连接

大型传输线的运行电压很高，如闪光-Ⅰ已达到 7.5MV，内筒重 4.5t，中筒重 7t，选用了特制的尼龙吊带，把内筒、中筒悬吊在外筒的上部。传输线上部有 8 个烟筒伸出，可以适当调节上下和左右的距离。设计尼龙吊带要考虑受力和电绝缘。运行情况表明，尼龙吊带在受力的情况下，拉得较紧，浸油后基本不含气泡，具有良好的绝缘性能。运行中也发现，高压充电端，内筒吊带要穿过中筒上的槽孔，这根吊带经常被电击穿，这说明了绝缘结构设计中存在着问题。

国外这类机器，采用的方法是，在接地电感处悬挂吊带到油箱顶部，因此传输线上部只有 6 个烟筒，在新机器设计中，要注意改进。图 8-46 所示为闪光–Ⅰ传输线，展示了尼龙吊带的情况。

图 8-47 所示为 1MV 传输线，使用有机玻璃垫块支撑。水介质传输线一般较短，比如，中国原子能科学研究院的 1MV 水传输线，中筒支撑在发生器和传输线的油水绝缘隔板上，内筒支撑在二极管的真空绝缘隔板上。

图 8-46　闪光–Ⅰ传输线

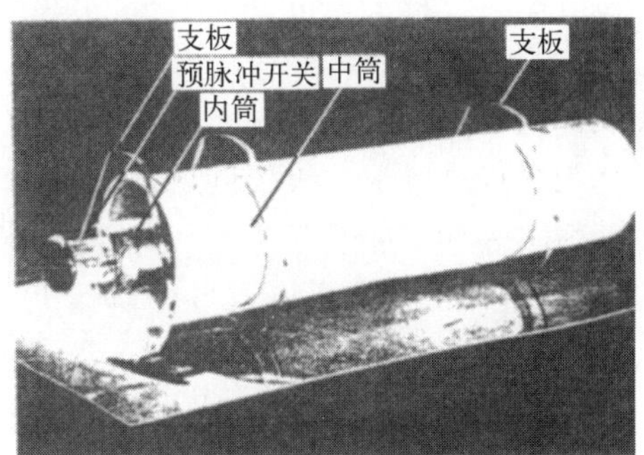

图 8-47　1MV 传输线

对传统 Blumlein 传输线的改进以及与其他设备的结合使用将会提高传输线的性能，如 Blumlein 传输线与传输线变压器（TLT）的结合。牛津大学使用同轴电缆制作的十级 TLT 如图 8-48 所示。装置整体高度为 130cm，当输入脉冲为 20kV、1 μs 时，输出脉冲达到 196kV，脉宽仍保持 1 μs，距理想输出电压 200kV 顶部降落只有 2%。

图 8-48　牛津大学使用同轴电缆制作的十级 TLT

传输线中主开关的位置大都处在内筒—中筒之间，输出波形好，极性不变。缺点是开关不便接近，调节、维修不方便。也有机器，主开关放在中筒—外筒之间，但其输出波形与充电波形极性相反，而且输出波形较差一些；优点是开关容易接近，操作、维修都比较方便。

传输线的应用将高储能技术、传输线技术、开关技术融为一体，大大减小了脉冲功率装置的体积和质量，易于实现脉冲功率系统的小型化和紧凑化。传输线技术和脉冲功率技术不但在高功率微波、加速器、强激光与强电磁效应等军事领域具有重要应用，而且在生物医疗、食品灭菌、污水处理等民用领域也将大有作为。

第9章

雷电及防雷装置

雷电放电的本质是一种超长气隙极不均匀电场的火花放电现象。雷电过程是雷电过电压计算和防雷设计的基础。本章内容主要介绍雷电放电的基本过程，包括雷电参数、雷电过电压的形成及危害等。重点介绍避雷针、避雷线和避雷器等防雷装置的工作原理和保护范围。同时，本章内容还对现有的接地装置及其防腐措施进行了介绍。

9.1 雷电放电过程

通常将雷电引起的电力系统过电压称为大气过电压。雷云放电在电气设备中产生的过电压，是由于雷云影响而产生的，所以也叫作雷电过电压。

大气过电压可分为感应雷过电压与直击雷过电压。感应雷过电压是由于电磁场的剧烈变化，形成电磁耦合产生的；直击雷过电压则是由流经被击物的很大的雷电流所造成的。

大气过电压对电力系统设备是有害的，因此必须加以预防。感应雷过电压一般不会超过500kV，其对35kV及以下电压等级的绝缘是有危险的；而对于110kV以上电压等级的设备，绝缘的最小冲击耐压水平通常已高于此值，一般不会受到危害。因此，电力系统防雷的重点是直击雷防护。

作用于电力系统的大气过电压是由带有电荷的雷云对地放电所引起的，为了了解大气过电压的产生与发展，必须先了解雷云放电的发展过程。

雷云是指积聚了大量电荷的云层，迄今为止，有关雷云形成原因的说法不一。通常认为，在含有饱和水蒸气的大气中，当有强烈的上升气流时，空气中的水滴会带电，这些带电的水滴被气流驱动，逐渐在云层的某些部位集中起来，这就是一般定义下的带电雷云。测量数据表明，一般云层的上部带正电荷，下部带负电荷，而在中间处出现正/负电荷的混合区域，雷云平均电场强度为1.5kV/cm，实测得到，在雷云雷击前的最大电场强度为3.4kV/cm，而在稳定下雨时，大约只有40V/cm。

雷云对大地的放电通常包括若干次重复的放电过程，而每次放电又分为先导放电及主放电两个阶段。在雷云带有电荷后，其电荷集中在几个带电中心，它们之间的电荷数也不完全相等。当某一点的电荷较多，且在其附近的电场强度达到足以使空气绝缘破坏的强度（25～30kV/cm）时，空气便开始游离，使其由原来的绝缘状态变为导电性通道。这个导电性通道的形成，称为先导放电。先导放电是不连续的，雷云对地放电的先导过程是分级发展的，每一级先导发展的速度非常快，但每发展到一定长度（平均约50m）就有一个10～100μs的间隔。因此，它的平均速度较慢，约为光速的1/1000。先导放电的不连续性，称为分级先导，历时0.005～0.010s。分级先导原因的一般解释：由于先导通道内的游离还不是很强烈，其导电性就不是很好，由于雷云电荷的下移需要一段时间，待通道头部的电荷增多，电场超过空气游离场强时，先导将又继续发展。

在先导通道形成的第一阶段，其发展方向受一些偶然因素的影响，并不固定。但当它距离地面一定高度时，地面的高耸物体上会出现感应电荷，使局部电场增强，先导通道的发展将沿其头部至感应电荷集中点之间发展。也可以说，放电通道的发展具有定向性，或者说雷击有选择性。上述使先导通道具有定向性的高度，称为定向高度。

当先导通道的头部与带异号电荷的集中点间的距离很小时，先导通道一端的电位约为雷云对地的电位（可高达10MV），而另一端为地电位，剩余空气间隙中的电场强度极高，使空气间隙迅速游离。游离后产生的正、负电荷将分别向上、向下运动，中和先导通道与被击物的电荷，这时便开始了放电的第二阶段，即主放电阶段。主放电阶段的时间极短，为 50～100μs，移动速度为光速的 1/20～1/2；在主放电过程中，电流可达数千安，最大可达 200～300kA。主放电到达云端时，意味着主放电阶段结束。此时，雷云中剩下的电荷，将继续沿主放电通道下移，此时称为余辉放电阶段。余辉放电电流仅数百安，但持续的时间可达 0.03～0.15s。由于雷云中可能存在多个电荷中心，因此雷云放电往往是多重的，且沿原来的放电通道，此时先导放电不是分级的，而是连续发展的。雷云放电的发展过程和入地电流示意图如图 9-1 所示。

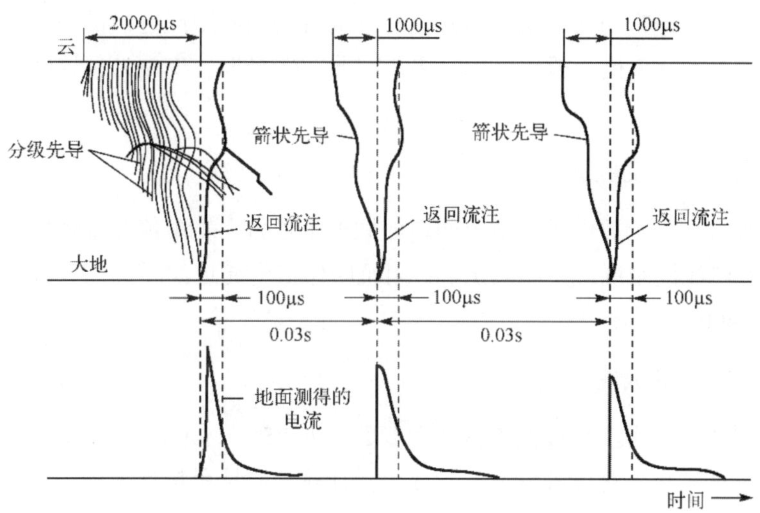

图 9-1　雷云放电的发展过程和入地电流示意图

9.1.1　雷电参数

在防雷设计中，需要知道雷电自身的电气参数，它是防雷设计计算的基础，一般来说，有下列主要参数。

9.1.1.1　雷电活动强度——雷暴日及雷暴小时

一个地区一年中雷电活动的强弱，通常以该地区多年年平均发生的雷暴天数或雷暴小时来计算。

雷暴日是指每年中有雷电的天数，在一天内只要听到雷声就算一个雷暴日；雷暴小时是指每年中有雷电的小时数，即在一个小时内只要听到雷声就算一个雷暴小时。据统计，我国大部分地区的一个雷暴日可折合为三个雷暴小时。

雷电活动的强弱不但和地球的纬度有关，而且与气象条件有很大关系。在炎热的赤道附近雷暴日最多，年平均为 100～150 个雷暴日。我国长江流域与华北的某些地区，年平均雷暴日为 40，而西北地区不超过 15。国家根据长期观察结果，绘制出了全国平均雷暴日分布图，给防雷设计提供了依据。

年平均雷暴日不超过 15 的地区为少雷区，超过 40 的地区为多雷区，超过 90 的地区为特殊强烈地区。

9.1.1.2 落雷密度

雷暴日或雷暴小时仅表示某一地区雷电活动的强弱，它没有区分是雷云之间放电还是雷云与地面之间放电。实际上，雷云间放电远多于云地间放电，雷云间放电与云地间放电之比在温带地区为1.5∶3.0，在热带地区为3∶6。一般而言，雷击地面才能构成对电力系统设备及人员的直接危害，因此防雷需要知道有多少雷落到地面上，这就引入了落雷密度。每一个雷暴日、每平方千米对地面落雷的次数γ称为落雷密度。电力行业国家标准《交流电气装置的过电压保护和绝缘配合设计规范》（GB/T 50064—2014）建议取γ=0.07次/（km^2·雷暴日）。但在土壤电阻率突变地带的低电阻率地区，易形成雷云的向阳或迎风的山坡，雷云经常经过的峡谷，这些地区的γ值比一般地区大得多，因此在选择发、变电站位置时应尽量避开这些地区。

9.1.1.3 雷电通道波阻抗

由前面分析可知，主放电时，雷电通道如同一个导体，雷电流在导体中流动，因此和普通导线一样，对电流波呈现一定的阻抗，该阻抗叫作雷电通道波阻抗Z_0，我国有关规程建议其取值为300～400Ω。

9.1.1.4 雷电流的极性

国内外实测结果表明，负极性雷占绝大多数，为75%～90%。加之负极性的冲击过电压在线路中传播时衰减小，对设备危害大，故防雷计算一般按负极性考虑。

9.1.1.5 雷电流幅值

雷击具有一定参数的物体（如后面将介绍的避雷针、线路杆塔、地线或导线）时，流过被击物的电流与被击物的波阻抗（Z_j）有关，Z_j愈小，流过被击物的电流愈大。当Z_j为零时，流经被击物的电流定义为“雷电流”。实际上，被击物阻抗不可能为零。有关规程规定，雷电流是指雷击$R_j \leqslant 30\Omega$的低接地电阻物体时，流过该物体的电流。

雷电流幅值与气象、自然条件等有关，只有通过大量实测才能正确估计其概率分布规律。图9-2所示的曲线是根据我国年平均雷暴日超过20的地区，在线路杆塔和避雷针上测录到的大量雷电流数据，经筛选后，取1205个雷电流值画出来的。后经过多年防雷工作者的努力，测得了更多的雷电流值，通过数据处理，我国电力行业国家标准GB/T 50064—2014推荐，一般地区雷电流幅值超过I的概率p可按以下经验公式求得

$$\lg p = -\frac{I}{88} \tag{9-1}$$

式中 I——雷电流幅值（kA）。

例如，当雷击时，出现超过88kA雷电流幅值的概率p约为10%，超过150kA雷电流幅值的概率p约为1.97 %。

我国西北、内蒙古等雷电活动较弱的地区，雷电流幅值较小，可用式（9-2）求出：

$$\lg p = -\frac{I}{44} \tag{9-2}$$

即出现超过44kA雷电流幅值的概率p约为10%，超过88kA雷电流幅值的概率p约为1%。

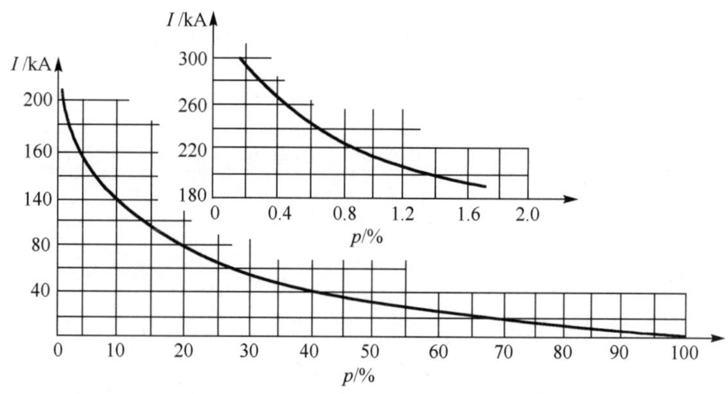

图 9-2 我国雷电流幅值概率曲线

9.1.1.6 雷电流的波头、陡度及波长

根据实测结果可知，雷电冲击波的波头在 1～5μs 的范围内变化，多为 2.5～2.6μs；波长在 20～100μs 的范围内变化，多数为 50μs 左右。波头及波长的长度变化范围很大，工程上根据不同情况需要，规定出相应的波头及波长的时间。

在线路防雷计算时，有关规程规定，取雷电流波头时间为 2.6μs，波长对防雷计算结果几乎无影响，为简化计算，一般可视波长为无限长。

雷电流幅值与波头决定了雷电流的上升陡度，即雷电流随时间的变化率。雷电流的陡度对雷击过电压影响很大，也是一个常用参数。可认为雷电流的陡度 a 与幅值 I 为线性关系，即雷电流幅值愈大，陡度愈大。一般认为陡度超过 50 kA/μs 的雷电流出现的概率很小（约为 0.04）。

9.1.1.7 雷电流的波形

实测结果表明，雷电流的幅值、陡度、波头、波尾虽然每次不同，但都是单极性的脉冲波。电气设备的绝缘强度试验和电力系统的防雷保护设计，要求将雷电流波形等效为典型化、可用公式表达、便于计算的波形。常用的等效波形有 3 种，如图 9-3 所示。

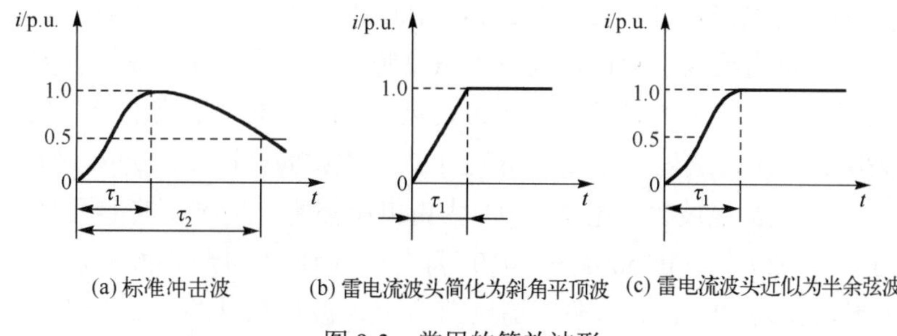

图 9-3 常用的等效波形

图 9-3(a)所示为标准冲击波，它是一个 $i = I_0(e^{-\alpha t} - e^{-\beta t})$ 的双指数函数波形。其中，I_0 为某一固定电流值；α、β 为两个常数；t 为作用时间。当被击物的阻抗只是电阻 R 时，作用在 R 上的电压波形 u 与电流波形 i 同相。双指数函数波形也用作冲击绝缘强度试验的标准电压波形。我国采用国际电工委员会（IEC）标准：波头 $\tau_f = 1.2\mu s$，波长 $\tau_t = 50\mu s$，记为 $1.2/50\mu s$。

图 9-3(b)所示为斜角平顶波，其陡度（斜度）a 可由给定的雷电流幅值 I 和波头时间决定，$a=\frac{1}{\tau_f}$，在防雷保护计算中，雷电流波头 τ_f 采用 2.6μs。

图 9-3(c)所示为等效余弦波，雷电流波形的波头部分，近似为半余弦波，其表达式为

$$i=\frac{I}{2}(1-\cos\omega t) \tag{9-3}$$

式中 I——雷电流幅值（kA）；

ω——角频率，由波头 τ_f 确定，$\omega=\frac{\pi}{\tau_f}$。

这种等效波形多用于分析雷电流波头的作用，因为用余弦函数波头计算雷电流通过电感支路时所引起的压降比较方便。此时最大陡度出现在波头中间，即 $t=\frac{\tau_f}{2}$ 处，其值为

$$a_{max}=\left(\frac{di}{dt}\right)_{max}=\frac{I\omega}{2} \tag{9-4}$$

对一般线路杆塔来说，用余弦函数波头计算雷击塔顶的电位与用更便于计算的斜角波计算的结果非常接近。因此，只有在设计特殊大跨越、高杆塔时，才用半余弦波来计算。

9.1.1.8 雷电波频谱分析

雷电波频谱是研究避雷的重要依据。从雷电波频谱结构可以获悉雷电波电压、电流的能量在各频段的分布，根据这些数据，可以估算信息系统频带范围内雷电冲击的幅度和能量大小，进而确定适当的避雷措施。通过对雷电波的频谱进行分析可知：①雷电流主要分布在低频部分，且随着频率的升高而递减。在波尾相同时，波前越陡，高次谐波越丰富。在波前相同的情况下，波尾越长，低频部分越丰富。②雷电的能量主要集中在低频部分，90%以上的雷电能量分布在频率为 10kHz 以下。这说明在信息系统中，只要防止 10kHz 以下频率的雷电波窜入，就能把雷电波能量消减 90%以上，这对避雷工程具有重要的指导意义。

9.1.1.9 雷电波形

除 1.2/50μs 的雷电波形以外，还有 8/20μs、10/350μs 等不同的雷电测试波形。

据统计，真实的雷电流波形应该是类似于 10/350μs 的三角波形（见图 9-4），并且闪电击中雷击点后，会沿导线以接近光速的速度侵害建筑物内的用电设备或电子系统。GB 50057—2010 第 6.4.7 条明文规定，选用 SPD 必须通过 I 级分类试验（即 10/350μs 波形测试）。

据计算，一次闪电雷电波含的电量（Q）为雷电流幅值一半时，波形近似于 10/350μs 波形，因此 IEC 61643—2011、GB 50057—2010 等国际、国内标准将标准 I_{peak} 幅值，和 $1/2I_{peak}$ 电量（Q）的波形定义为 10/350μs 波形，通过 10/350μs 波形测试的产品上必须标上雷电流幅值和库仑量，表示通过 I 类测试产品。

雷击电磁脉冲（LEMP）防护的主要对象是建筑物被雷电直击或附近落雷（见图 9-5 和图 9-6）。因为，此时雷击对建筑物内的电子系统的危害非常之大，必须使用高焦耳能量器件（通过 10/350μs 波形冲击和能量冲击）方保无虞（见图 9-7）。图 9-7 中仅使用 SPD 的原理说明，在工程实际中，主要使用 B 级 SPD（通过 10/350μs 波形测试）在建筑物入口处消散雷击电流

能量，而在后级中使用通过 8/20μs 波形测试的限压型 SPD 进一步降低残压，以多级 SPD 的能量配合来达到泄流、均压、限压的目的，从而保证系统的安全运行。

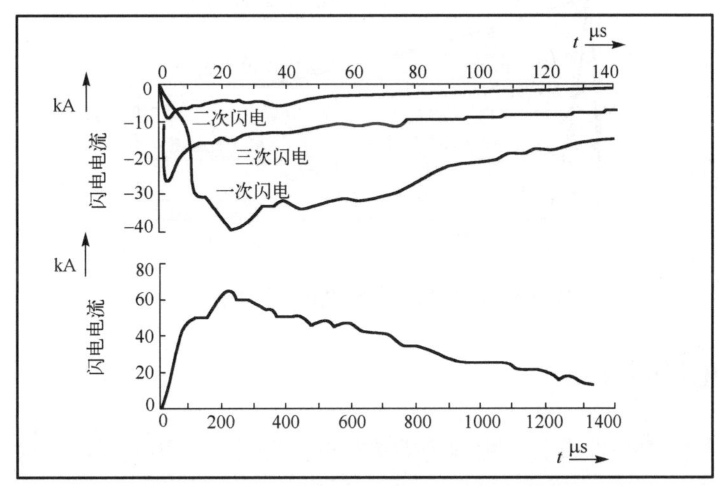

图 9-4　正、负极性云对地闪电电流波形图

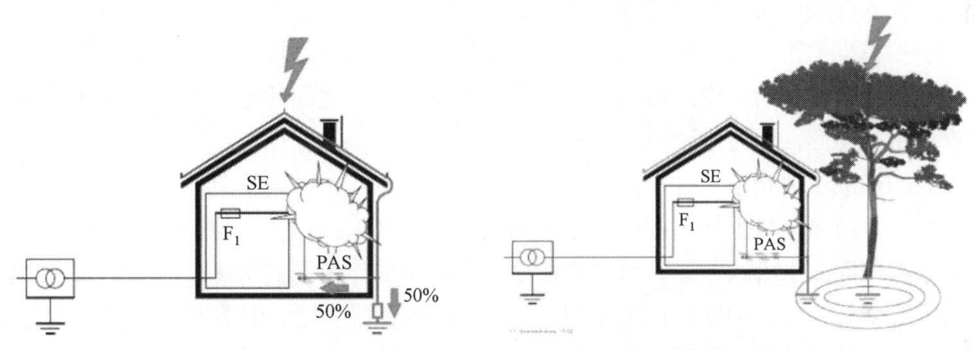

图 9-5　建筑物被雷电直击　　图 9-6　建筑物附近落雷

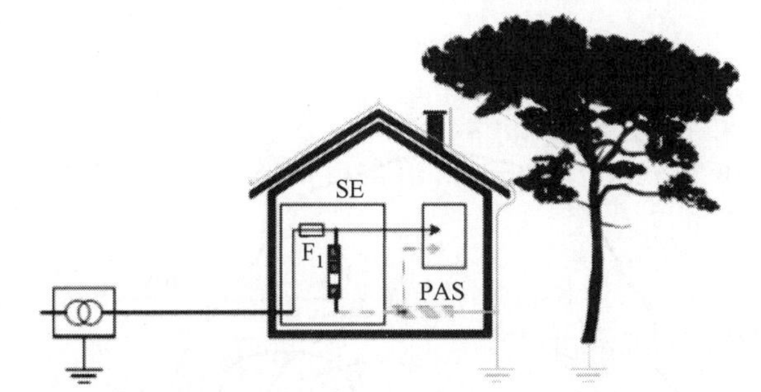

图 9-7　通过 SPD 消除地电位与供电线路之间的危险电势差

GB 18802.11—2020 标准规定 8/20μs 波形通常用来做 II 类测试。就波形包含的电流幅值而言，在同幅值情况下，10/350μs 波形近似为 8/20μs 波形的 20 倍；就能量而言，相差则更大，达到近 200 倍。如果使用压敏电阻 MOV 作为浪涌抑制元件，设计一个能防护 100kA 的 10/350μs 波形的冲击脉冲的保护器，它所具备的放电能力必须相当于防护 2500kA 的 8/20μs 波形冲击脉冲的能力（见图 9-8）。

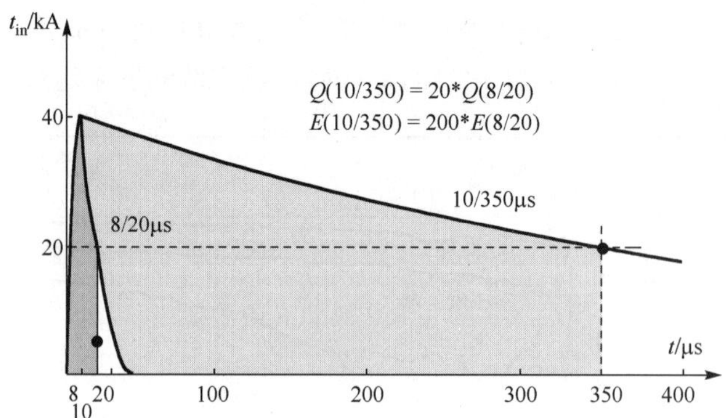

图 9-8　10/350μs 和 8/20μs 电流波形比较

9.1.2　雷电过电压的形成

雷电过电压与气象条件有关，由电力系统外部原因造成，因此又称为大气过电压或外部过电压。一般把电力系统的雷电过电压分成直接雷击过电压、雷电反击过电压、感应雷过电压、雷电侵入波过电压。

能产生雷电的带电云层称为雷云。雷电过电压现象主要是指大气中的雷云和雷云之间及雷云同地面物体之间所产生的放电现象，雷云可以直接对地面的电气设备及其建筑物放电，或者产生雷电感应，因而导致过电压的形成。

雷云的形成主要是由于含水汽的空气的热对流效应。在雷雨季节里，地面上的水受热变成水蒸气，并随热空气上升，产生向上的热气流。热气流在高空中与冷空气相遇，使上升气流中的水蒸气凝成水滴或冰晶，水成物在地球静电场的作用下被极化，形成积云（热雷云）。云中的水滴受强烈气流的摩擦产生电荷，而微小的水滴带负电，且容易被气流带走形成带负电的云，较大的水滴留下来形成带正电的云。最后，带正电的粒子在云的上部，而带负电的水成物在云的下部，雷电云层一旦形成，就构成了雷云空间电场，即雷电的成因源于大气的运动（见图 9-9）。

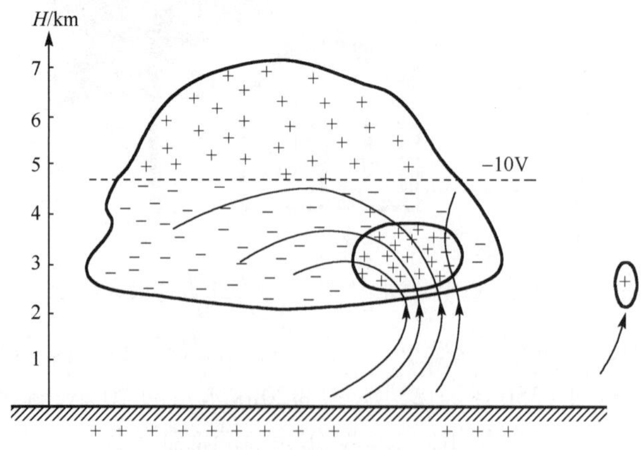

图 9-9　雷云中的电荷分布

由于静电感应，带电的云层在大地表面会感应出与云块异性的电荷，当电场强度达到一定值时，即发生雷云与大地之间的放电；在两块异性电荷的雷云之间，当电场强度达到一定值时，便发生云层之间的放电，放电时伴随着强烈的电光和声音，即雷电现象。雷电放电时的能量很强，电压可达上百万伏，电流可达数万安培。

9.1.3　雷电过电压的危害

雷电是一种大气中的激烈的静电中和现象，是一种典型的强电电磁脉冲。雷电灾害是指遭受直击雷、感应雷或雷电侵入而造成的人员事故、财产损失或供电中断。

由于雷电也是一种电流，因此其具有与电流有关的一切效应，特点在于其可在短时间之内以脉冲形式通过极大的电流，因而雷电流具有极其特殊和强大的破坏作用。具体而言，主要体现在以下方面。

（1）雷电流所具有的热效应可使被击物瞬间产生大量的热量，雷电流通过时，被击物的温度可超过 10000℃，因此十分容易导致火灾的形成。

（2）雷电所形成的激波可在空气中传播，并对建筑物及电气设备造成极大的破坏。

（3）雷电流的点动力效应，可以使金属导线发生折断，对电力输电线路造成极大的危害。

（4）雷电电磁及静电感应又被称为二次雷，对电气设备的危害虽没有直击雷那么强烈，但是其发生概率很大，可使大范围内的小局部同时产生雷电感应，并通过输电线路传输至较远的地方，因此会扩大雷电灾害的范围。对于电磁感应，其会导致导体产生极大的感应电动势，若此导体存在接触不良的情况，则会直接导致此处过热而着火。而对于静电感应，其将会在局部地区形成感应过电压，此种感应过电压将会导致高、低压线路及建筑物电气设备均产生极高的危险电压，因此危害很大。

雷电过电压对电力系统的安全运行有极大危害，轻则导致输电线路的绝缘子发生闪络而引起输电线单相接地或跳闸，造成对用户供电的短暂中断；重则由于雷电流在输电线路中形成雷电进行波在线路中传播，导致避雷器爆炸或破坏主变压器的绝缘保护设施，进而对用户供电造成长时间的中断。雷电如图 9-10 所示。

图 9-10　雷电

9.2 避雷针、避雷线、避雷器

直击雷的防护措施通常采用接地良好的避雷针或避雷线。当雷云的先导向下发展到离地面一定高度时，高出地面的避雷针或避雷线顶端会形成局部电场强度集中的空间，有可能产生局部游离，从而形成向上的迎面先导，同时影响下行先导的发展方向，使雷云仅对避雷针或避雷线放电，从而保护了避雷针或避雷线附近的物体，使它们免遭雷击危害。这就是避雷针和避雷线的保护作用机理。

避雷针和避雷线的保护作用机理是吸引雷电击于自身，并使雷电流泄入大地，从而保护周围物体。为了使雷电流顺利泄入大地，避雷针或避雷线需要具有优良的接地装置。另外，当强大的雷电流通过避雷针或避雷线泄入大地时，避雷针或避雷线与被保护物之间存在着间隙击穿（也称为反击），因此它们之间应保持一定的距离。

9.2.1 避雷针的保护范围

避雷针的保护范围是用模拟试验及运行经验确定的。在保护范围内，被保护物不会遭受雷击。由于放电的路径受很多偶然因素影响，因此要保证被保护物绝对不受雷击是非常困难的，一般采用 0.1%的雷击概率。9.1 节中提到，雷云先导在高空时是随机发展的，只有当先导到达离地面一定高度 H 时，才受到避雷针（线）电场畸变的影响而定向发展，从而击于避雷针（线）上。先导放电确定雷击目标的高度 H，称为雷击定向高度。由于避雷针是使电力线发生三维空间的集中，而避雷线是使电力线发生二维空间的集中，即避雷线比避雷针使电场畸变的影响小，其引雷空间小，因此模拟试验时，对避雷针取 $H=20h$，对避雷线取 $H=10h$[h 为避雷针（线）模型的高度]。根据模拟试验和运行经验的修正，为便于简化计算，我国有关避雷针（线）保护范围的规定如下。

单根避雷针的保护范围如图 9-11 所示，在被保护物高度 h_x 水平面上，其保护半径 r_x 为

$$\left.\begin{array}{l}\text{当}h_x \geqslant h/2\text{时，}r_x=(h-h_x)p_h \\ \text{当}h_x < h/2\text{时，}r_x=(1.5h-2h_x)p_h\end{array}\right\} \tag{9-5}$$

式中 p_h——高度修正系数，当 $h \leqslant 30\text{m}$ 时，$p_h=1$；当 $30\text{m} < h \leqslant 120\text{m}$ 时，$p_h=\dfrac{5.5}{\sqrt{h}}$。

等高双避雷针联合保护的范围比两根避雷针各自保护范围的和要大。避雷针的外侧保护范围同样可由式（9-5）确定，因为击于两根避雷针之间的单根避雷针保护范围边缘外侧的雷，可能被相邻避雷针吸引而击于其上，从而使两根避雷针之间的保护范围加大。等高双避雷针联合保护范围如图 9-12 所示。

$$\left.\begin{array}{l}h_0=h-D/7p_h \\ b_x=1.5(h_0-h_x)\end{array}\right\} \tag{9-6}$$

式中 h_0——等高双避雷针联合保护范围上部边缘最低点的高度（m）。

很明显，当 $D=7p_h(h-h_x)$ 时，b_x=0。

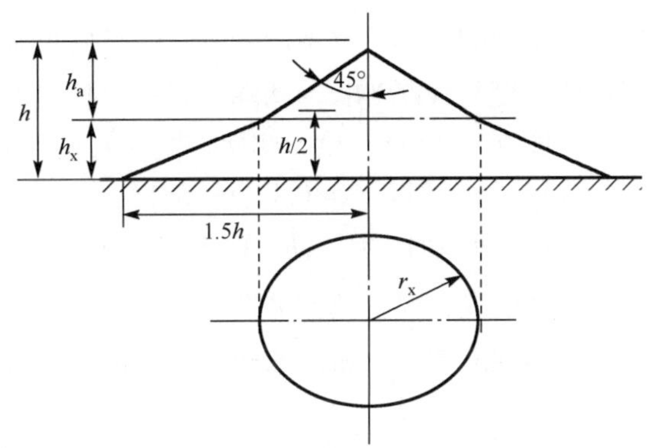

图 9-11　单根避雷针的保护范围

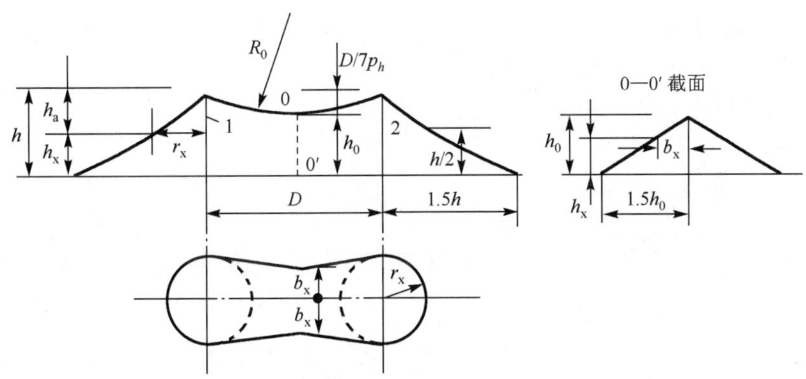

图 9-12　等高双避雷针联合保护范围

两根避雷针间的距离与针高之比 D/h 不宜大于 5，式（9-6）的适用范围为 $b_x<r_x$。

等高三避雷针联合保护范围可以两针、两针地分别计算，只要在被保护物高度的平面上，各个两针的 $b_x>0$，则三避雷针组成的三角形中间部分均处于三避雷针联合保护范围之内。

等高四避雷针及多避雷针，可以先按三针、三针地分别确定其保护范围，再加到一起即多避雷针联合保护范围。

两根不等高避雷针的保护范围可这样确定，如图 9-13 所示。首先按单根避雷针分别做出其保护范围，然后由低避雷针 2 的顶点作水平线，与高避雷针 1 的保护范围边界交于点 3，点 3 即一假想等高避雷针的顶点，最后求出等高避雷针 2 和 3 的保护范围。

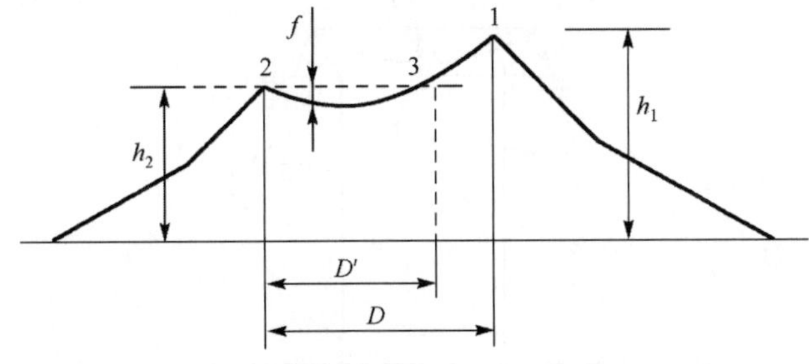

图 9-13　两根不等高避雷针 1 和 2 的联合保护范围

9.2.2 避雷线的保护范围

避雷线比等高避雷针的引雷空间要小，又考虑到避雷线受风吹而摆动，因此保护宽度也要取得小些，但其保护范围的长度与线路等长，两端还有其保护的半个圆锥体空间。

单根避雷线的保护范围如图 9-14 所示。设一侧保护宽度 r_x 的计算式为

$$\left.\begin{aligned}&当h_x \geqslant h/2时，r_x = 0.47(h-h_x)p_h\\&当h_x < h/2时，r_x = (h-1.53h_x)p_h\end{aligned}\right\} \tag{9-7}$$

两根等高平行避雷线 1 和 2 的联合保护范围如图 9-15 所示。两线外侧的保护范围与单线时相同；两线内侧的保护范围的横截面，由通过两线及保护范围上部边缘最低点（0 点）的圆弧确定 0 点的高度：

$$h_0 = h - D/4p_h \tag{9-8}$$

式中 h_0——0 点高度；

h——避雷线的高度；

D——两根避雷线间的水平距离；

p_h——高度修正系数，含义同式（9-5）。

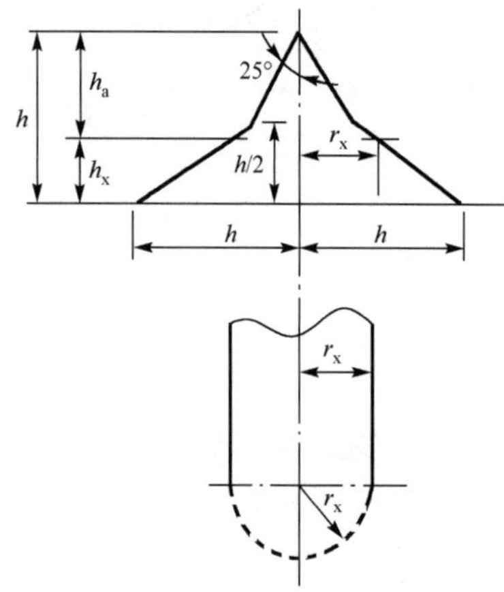

图 9-14 单根避雷线的保护范围

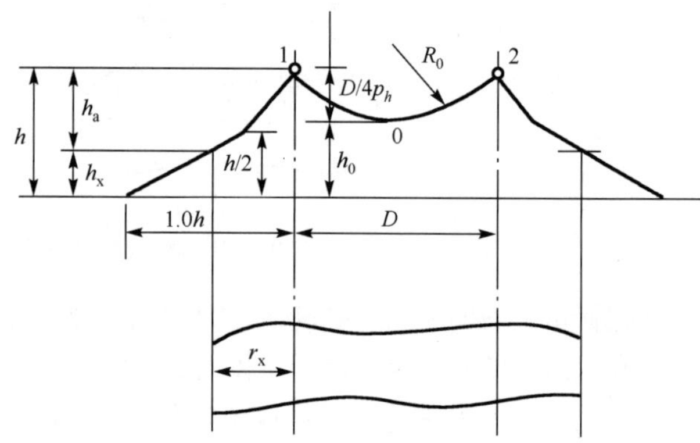

图 9-15 两根等高平行避雷线 1 和 2 的联合保护范围

用避雷线保护输电线路时，其保护范围用保护角表示更为实用。保护角是指避雷线的铅垂线和避雷线与边导线连线的夹角，如图 9-16 所示。由图 9-16 可知，保护角越小，对导线直击雷的保护越可靠，即雷击导线的概率越小。

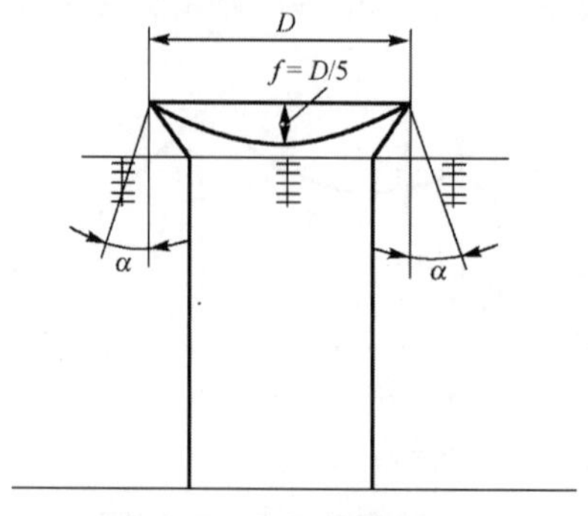

图 9-16 避雷线的保护角

9.2.3 避雷器

避雷器是防止过电压损坏电气设备的保护装置。它实质上是一个放电器，当雷电侵入波或操作波超过某一电压值后，避雷器将优先于与其并联的被保护电气设备放电，从而限制了过电压，使与其并联的电气设备得到保护。

避雷器放电时，强大的冲击电流泄入大地，大电流过后，工频电流将沿原冲击电流的通道继续流过，此电流称为工频续流。避雷器应能迅速切断续流，才能保证电力系统的安全运行。因此，对避雷器基本技术要求有两条：一是过电压作用时，避雷器先于被保护电气设备放电，当然这要由两者的全伏秒特性的配合来保证；二是避雷器应具有一定的熄弧能力，以便可靠地切断在第一次过零时的工频续流。

目前使用的避雷器主要有下列几种类型：保护间隙、管式避雷器、阀式避雷器、钳式避雷器、金属氧化物避雷器、跌落式避雷器等。当然，有些类型的避雷器已用得很少了，有的避雷器将被性能优越的避雷器代替，但了解这些避雷器的工作原理、发展过程，将会更加清楚避雷器特性指标确定的原则。

9.2.3.1 保护间隙

保护间隙常采用双羊角状间隙，其有电弧上吹特性，如图 9-17 所示，我国常将其用于 3～10kV 电网中。现在的保护间隙电极形状具有多样性，有时候用棒—棒、球—球和棒（球）—板间隙，甚至一片绝缘子，要根据需要来确定。保护间隙有一定的限制过电压效果，但有时不能避免供电中断。保护间隙的优点是结构简单、价廉。其缺点是保护效果差，与被保护设备的伏秒特性不易配合；动作后产生的截波，对变压器匝间绝缘有很大的威胁。因此，保护间隙往往与其他防护措施配合使用。

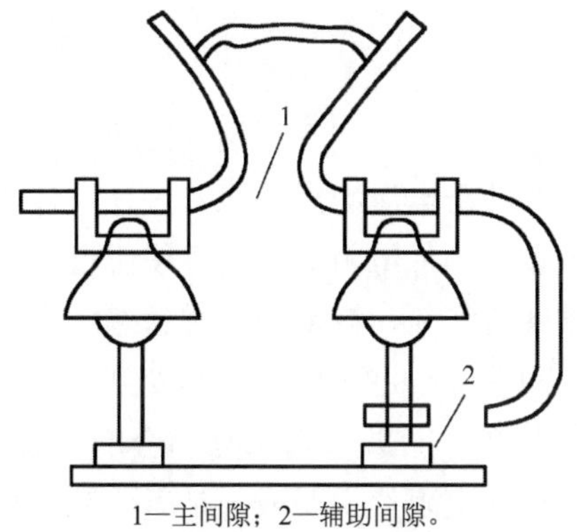

1—主间隙；2—辅助间隙。

图 9-17 双羊角状保护间隙

9.2.3.2 管式避雷器

管式避雷器的结构如图 9-18 所示。内间隙 s_1 置于产气材料制成的灭弧管内，外间隙把灭弧管与电网隔开。当雷电波使其内、外间隙击穿后，冲击电流即被导入大地。在系统工频电压作用下，流过短路电流，此时，在电弧的高温作用下，产气管产生大量气体，压弧腔内压力急速升高，高压气体从喷口猛烈喷出，使电弧在经过 1～3 个周波后，工频电流过零时灭弧，从而解决了保护间隙不能可靠地自动熄弧、使供电中断的问题。

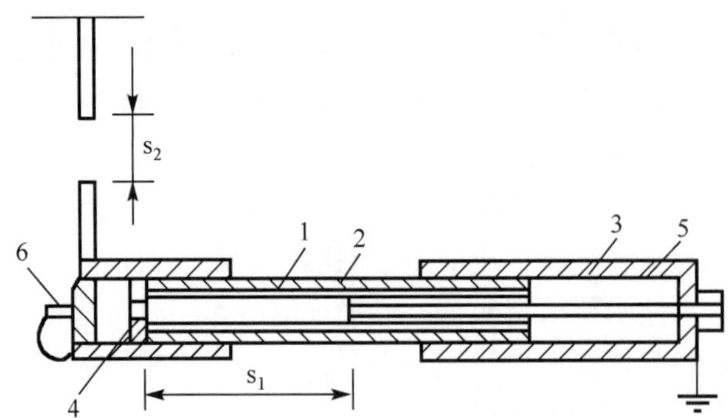

1—产气管；2—胶木套管；3—棒电极；4—环形电极；5—储气室；6—动作指示器；s_1、s_2—内、外间隙。

图 9-18 管式避雷器的结构

为了使工频续流电弧熄灭，管式避雷器必须能产生足够的气体，而产气的多少又与流过管式避雷器的短路电流的大小及电弧与产气管的接触面积有关。短路电流过小，产气不足，不能切断电弧；但如果短路电流过大，产生的气体过多，则管内的压力超过产气管的机械强度，会使管式避雷器爆炸。因此，管式避雷器不但有一个切断电流的下限，而且还有一个切断电流的上限。管式避雷器的上、下限电流通常在型号中标明，如 GXS$\dfrac{U_e}{I_{min}-I_{max}}$，$U_e$ 是额定工作电压；I_{max}、I_{min} 是切断续流的上、下限。很清楚，管式避雷器安装点系统的最大与最小短路电流要分别小于和大于管式避雷器的上、下限电流。

由于管式避雷器伏秒特性陡，放电分散性大，动作产生截波，放电特性受大气条件影响，故它主要用作保护线路弱绝缘，以及电站的进线保护段。

9.2.3.3 阀式避雷器

碳化硅阀式避雷器的保护作用主要靠间隙和阀片的相互配合来完成，当过电压达到间隙动作电压时，间隙动作，巨大的冲击电流经阀片泄入大地；过电压过去以后，阀片仅受到工频电压作用，由于非线性的关系，阀片电阻值增大，使流过的工频续流受到限制。并在第一次过零瞬间，由间隙将此工频续流切断，恢复到平时状态。避雷器从间隙击穿到工频续流被切断不超过半个周波，因此电网在整个过电压发生到受到限制期间均能保持正常供电。碳化硅阀式避雷器阀片的电阻片由金刚砂（SiC）粉末与黏合剂（如水玻璃等）模压成圆饼，电阻呈现非线性，但性能较差；阀片的电阻片主要成分是氧化锌材料构成的金属氧化物，其电阻具有良好的非线性，一种金属氧化物电阻片的典型伏安特性如图 9-19 所示。当过电压过去后，阀片呈现非常大的电阻，加在阀片上的工频电压形成的工频续流非常小，从而可以省去间隙，使避雷器结构大大简化。

图 9-20 所示为避雷器冲击动作示意图。

阀式避雷器可以分为普通阀式避雷器——FZ 型和磁吹阀式避雷器——FCZ 型，用于防护旋转电机的磁吹阀式避雷器叫作 FCD 型。为了保证在过电压来临时动作可靠，普通阀式避雷器的火花间隙一般用多个接近均匀电场的短间隙串联起来，并使用极易发生电晕的材料，如同对间隙照射，缩短了间隙的放电时间，使间隙有比较平的伏秒特性。采用多个短间隙的优点是易于切断工频续流，因为工频续流电弧被间隙的电极分割成许多短弧，靠极板上的复合与散热作用，去游离程度增强，使短弧具有工频续流过零后不易重燃的特性，提高了间隙绝缘强度的恢复能力，从而增强了切断工频续流的能力。

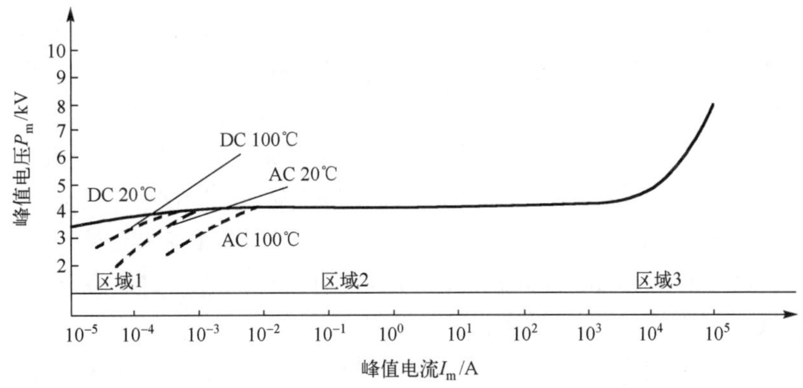

图 9-19 一种金属氧化物电阻片的典型伏安特性

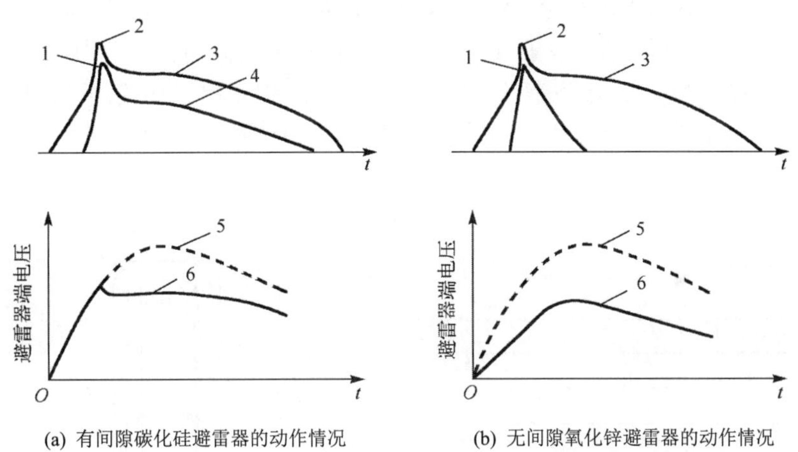

1—冲击电流；2—冲击电压；3—电源电压；4—工频续流；5—原始冲击波；6—避雷器电压。

图 9-20 避雷器冲击动作示意图

电气设备的绝缘水平是由避雷器的残压决定的。因此，要降低电气设备的绝缘水平，减少电气设备的造价，必须降低避雷器的残压。要降低残压，在普通阀式避雷器中就要减少阀片，以减少冲击电流通过的电阻值。阀片数的减少，使阀片电阻限制工频续流值、改变工频续流波形及协助间隙灭弧的作用相应减弱，这就要求提高间隙本身的灭弧能力。在避雷器制造中，一般选定残压与冲击放电电压大致相同，若残压低了，则间隙的冲击放电电压要降低，这也要求减少间隙数目，故必须提高间隙本身的灭弧能力。提高避雷器切断工频续流值的方法之一是"磁吹"，即利用磁场电弧的电动力作用，使电弧拉长或旋转，以提高间隙灭弧能力。这类避雷器称为磁吹阀式避雷器，目前在我国电网中仍有采用。避雷器安装在系统中，因此避雷器的灭弧电压是由安装点可能出现的工频电压升高值决定的，它必须大于这个升高值，而工频电压升高值与系统中性点的接地情况、系统的接线、系统的运行方式等因素有关，一般取决于由安装点看进去的系统零序与正序阻抗的比值。我国有关规程规定，阀式避雷器的间隙灭弧电压在中性点直接接地的系统中，应取设备最高运行线电压的 80 %，而在中性点非直接接地系统中，其取值不应低于设备最高运行线电压的 100 %。

9.2.3.4 钳式避雷器

非接触式无线钳形避雷器带电检测装置是一种新型避雷器，简称钳式避雷器。其通过金属氧化锌避雷器带电测试接线钳，应用于测试运行状态下的全电流和阻性电流，测试人员通过操作接线钳自动开始测试，能有效保障测试人员的安全，提高测试效率。

该检测装置包括 3 个独立的钳式探头，每个钳式探头测试一相泄漏电流。如图 9-21 所示，钳式探头将测量的泄漏电流的基波分量幅值和相角发送至接收终端 App，接收终端 App 计算出三相泄漏电流夹角，并根据本次与前次相比对应相泄漏电流夹角的变化量和本次三相泄漏电流夹角的绝对偏差来判断避雷器状态，将各测量所得参数、避雷器状态诊断结果等显示在接收终端 App 界面。

图 9-22 所示为一种便携式金属氧化锌避雷器带电测试电流钳，其结构包括第一滑轮（1）、固定螺栓（2）、牵引钢丝（3）、第一紧固钢丝螺栓（4）、下钳口（5）、滑槽（6）、绝缘杆（7）、第二滑轮（8）、第二紧固钢丝螺栓（9）。第一滑轮（1）固定在呈纵向设置的滑槽（6）的上端，绝缘杆（7）的一端套设在滑槽（6）的下端，绝缘杆（7）的另一端为自由端；第二滑轮（8）安装在绝缘杆（7）上；牵引钢丝（3）的一端与下钳口（5）连接，下钳口（5）在牵引钢丝（3）的牵引下在滑槽（6）内滑动，牵引钢丝（3）的另一端依次绕过第一滑轮（1）、第二滑轮（8）固定在绝缘杆（7）上。

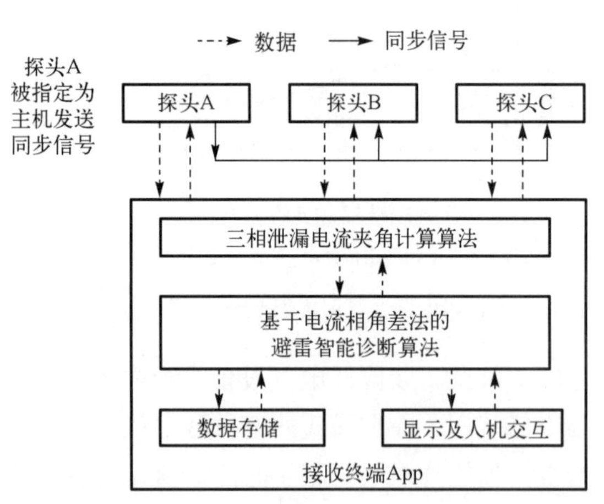

图 9-21 钳式避雷器工作原理图

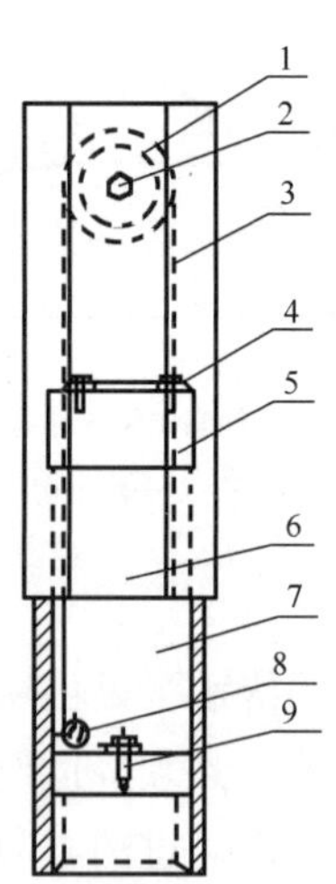

图 9-22 一种便携式金属氧化锌避雷器带电测试电流钳

该装置通过漏电检测的方法实现带电检修，增强了供电可靠性，无须检测系统电压，避免了检测电压的复杂接线过程，同时电流测试采用卡钳，数据传输采用无线通信，整个过程无须任何接线，安全便捷。

9.2.3.5 金属氧化物避雷器

金属氧化物避雷器的非线性电阻阀片的主要成分是氧化锌，另外还有氧化铋及一些其他的金属氧化物，经过煅烧混料、造粒、成型、表面处理等工艺过程而制成。以此制成的避雷器称为金属氧化物避雷器（MOA）。金属氧化物的主要成分是氧化锌，因此有时也称为氧化锌避雷器。

这种烧结体的基本结构是高电导的氧化锌晶粒，电阻率为 1Ω·cm，边缘由高电阻性的（主要是金属氧化附加物）粒界层包围，电阻率在低电场强度下为 10^{10}～10^{14}Ω·cm。在较高的电压作用下，金属氧化附加物的粒界层中的价电子被拉出，或者由于碰撞电离产生电子崩而使载流子大量增加。当电场强度达到 10^4～10^5V/cm 时，其电阻率即降到 1Ω·cm；当外加作用电压降低时，由于复合使载流子减少，电阻又变大，因此具有良好的非线性；且它的非线性伏安特性在正、反极性是对称的。

金属氧化物阀片在正常工作电压下，通过的阻性电流很小，一般为 10～15μA，接近绝缘状态，因此它不需要间隙，可以制成不带串联间隙的避雷器。作用于阀片上的电压升高时，电流增大。当通过阀片的阻性电流为 1mA 时，作用于避雷器上的电压 U_{1mA} 称为起始动作电压，U_{1mA} 的值为最大允许工作电压峰值的 1.05～1.15 倍。由于氧化锌阀片有良好的非线性特性，在通过 10kA 冲击电流时，残压与 U_{1mA} 的比值称为压比，压比一般不大于 1.9。显而易见，压比越小，其保护性能越好。同时，金属氧化物阀片不受大气环境影响，能适应于各种绝缘介质，因此也适用于高海拔地区和 SF_6 全封闭组合电器等多种特殊需要。

金属氧化物避雷器的非线性系数 α 值很小。在金属氧化物阀片中通过 1mA～10kA 的电流时，α 值一般在 0.02～0.06。在额定电压作用下，通过的电流极小，因此可以做成无间隙避雷器。

没有间隙的避雷器，在正常工作时，电压是直接施加在氧化物阀片上的，这种作用通常用荷电率这个参数来描述，其定义为避雷器的最大持续运行电压（峰值）与其参考电压（峰值）之比。根据需要，金属氧化物避雷器也可以做成带有串联间隙的，使平时施加的电压基本作用在串联间隙上，可大大降低金属氧化物阀片的荷电率，延迟阀片的老化，提升避雷器使用寿命。在特殊情况下，也可以做成带并联间隙的避雷器，间隙与部分阀片并联，当大电流通过时，间隙击穿，短接了部分阀片，从而降低了避雷器的残压，增加了避雷器的保护效果。

金属氧化物避雷器有一系列优点，发展潜力很大，是目前世界各国避雷器发展的主要方向，正在逐步取代传统的间隙的碳化硅避雷器，也是未来特高压系统关键的过电压保护设备。

金属氧化物避雷器的主要特性由下列参数表征。

（1）避雷器安装点可能出现的工频电压升高值决定了它的额定电压。

（2）避雷器的参考电压表征其伏安特性曲线拐点电压，有时采用工频参考电压，也可以采用直流参考电压。这个参数对控制避雷器的荷电率和残压具有重要作用。

（3）避雷器工频电压耐受时间特性是指在规定的条件下，对避雷器施加数值不同的工频电压，避雷器不损坏、不发生热崩溃时所对应的最大持续时间。该关系曲线（特性）表征避雷器耐受工频过电压的能力。

（4）避雷器的标称放电电流用来划分避雷器的等级，它以施加 8/20 μs 波形的雷电流峰值来表征。

（5）避雷器的保护特性由陡波电流冲击下的残压、雷电冲击电流下的残压和操作冲击电流下的残压表征。

（6）避雷器的压力释放性能是指避雷器发生故障时不引起外套粉碎性爆破的能力，由通过避雷器的短路电流的有效值表征。

（7）避雷器的通流能力由长持续时间冲击电流和大电流冲击表征。前者表征避雷器耐受方波电流冲击的能力，即耐受长线放电能力；后者表征避雷器耐受 4/10μs 冲击电流的能力。

（8）避雷器的污秽性能是指其耐受污秽的能力。避雷器在污秽时应保持其热稳定，外壳不发生闪络，内部的局部放电不应影响其安全运行。

虽然总的趋势是金属氧化物避雷器将取代碳化硅避雷器，但目前，碳化硅避雷器在电力系统中仍有使用。如果同一系统、变电站，或者同一安装点的三相上同时采用金属氧化物避雷器和碳化硅避雷器，那么会带来难以克服的技术问题，因此目前需要一定数量的备品，从事这项工作的人员也应该了解它们的特性。

9.2.3.6 跌落式避雷器

跌落式（可投式、可卸式）避雷器是在配电型氧化锌避雷器基础上，进一步优化而制成的，其结合了氧化锌避雷器的特性，是深度开发的新型避雷器，如图 9-23 所示。跌落式避雷器与跌落式熔断器的跌落式机构配套，安装在其机构里，与跌落式熔断器相结合。在不停电的状态下，可以借助绝缘拉闸操纵杆，对跌落式熔断器进行检测、维修与更换，方便维修人员维修工作高效率地进行，因此，在国内的许多场所都可以看到跌落式避雷器的使用，如医院、车站、机场、化工厂等场所。跌落式避雷器的使用，保证了线路的畅通，而且还大大减少了维修人员的工作强度与时间，是目前最先进的避雷器产品之一。跌落图解如图 9-24 所示。

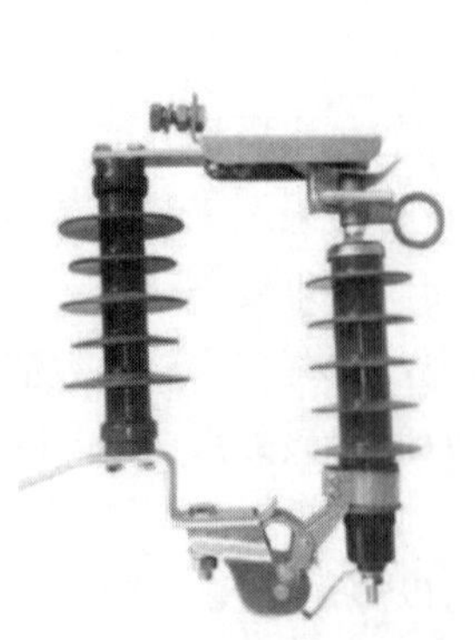

图 9-23　跌落式避雷器

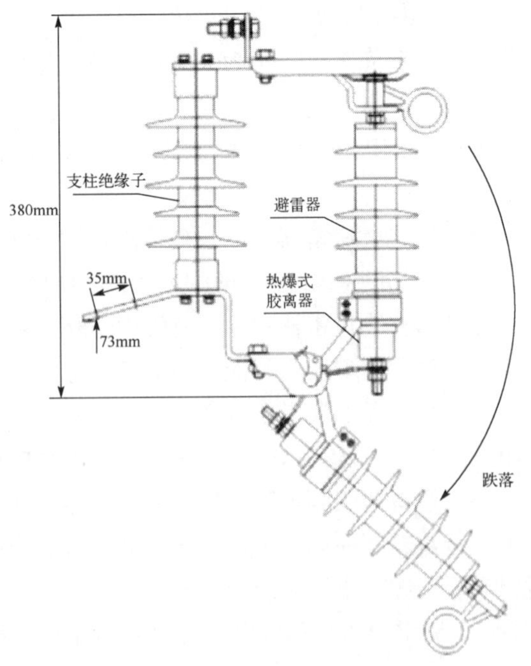

图 9-24　跌落图解

跌落式避雷器与传统的避雷器不同的是，跌落式避雷器增加了脱离器，脱离器的工作原理类似熔断器，相当于熔断器熔丝熔断进而引起熔管翻落，增加脱离器使得跌落式避雷器的工作性能更加稳定，安全性和可靠性得到进一步的巩固。在跌落式避雷器发生故障的情况下，利用工频短路电流让脱离器动作，使脱离器接地端自动脱开，从而使避雷器自动脱离电网，有效地避免事故的进一步扩大。增加脱离器有利于维修人员对跌落式避雷器进行维修与更换，及时发现跌落式避雷器的故障及异常，从而保证产品的安全性和稳定性，保证电力系统的正常运行。脱离器具有动作电流范围广、动作速度快、实用性强、抗动作负载和规定电流冲击的特点，与跌落式避雷器相结合，使跌落式避雷器性能更加优越，大大提高了避雷器产品的安全性。

跌落式避雷器与氧化锌避雷器的区别在于，跌落式避雷器能在不断电的情况下，借助绝缘拉闸操作杆，对产品进行检测、维修及更换，而氧化锌避雷器则不具备这个功能。跌落式避雷器的性能更加优良，安全性更高，反应灵敏度更强，满足配电网全绝缘化的要求，是国内应用广泛的避雷器产品之一。

9.3　接地装置

在防雷系统中，接地装置是不可缺少的一部分，但接地装置不仅仅只在防雷系统中有所应用。

9.3.1　接地和接地装置

接地是指将电气设备的某些部位、电力系统的某点与大地相连，提供故障电流及雷电流的泄流通道，以稳定电位、提供零电位参考点及降低绝缘水平，确保电力系统、电气设备的安全运行，同时确保电力系统运行人员及其他人员的人身安全。其办法是在大地表面土层中埋设金属电极，这种埋入大地中并直接与大地接触的金属导体，叫作接地体，有时也称为接地装置。

接地装置是包括引线在内的埋设在大地中的一个或一组金属体，或者由金属导体组成的金属网。输电线路杆塔或微波塔采用比较简单的接地装置，包括金属水平埋设或垂直埋设的接地极、金属构件、金属管道、杆塔的钢筋混凝土基础、金属设备等；发、变电站的接地装置是以外缘闭合、中间敷设若干均压导体为主的水平接地网。

接地按其目的可划分为如下 4 种。

（1）工作接地：电力系统为了运行的需要，将电网某一点接地，其目的是稳定对地电位与满足继电保护的需要。交流电力系统根据中性点是否接地，可分为中性点接地系统和中性点不接地系统，还有中性点通过电阻或消弧线圈接地的中性点非有效接地系统。我国在 110kV 及以上电压等级的电力系统中，多采用中性点接地的运行方式，其目的是降低电气设备的绝缘水平，这种接地方式称为工作接地。

（2）保护接地：为了保护人身安全，防止因电气设备绝缘劣化，外壳可能带电而危及工作人员安全。在电气设备发生故障时，电气设备的外壳将带电，如果这时人接触设备外壳，则有危险。因此，为了保证人身安全，所有电气设备的外壳必须接地，这种接地称为保护接地。当电气设备的绝缘损坏而使外壳带电时，流过接地装置的故障电流应使相应的继电保护装置动作，切除故障设备，也可以通过降低接地电阻保证外壳的电位在人体安全电压值下，从而避免因电气设备外壳带电而造成的触电事故。

（3）防雷接地：导泄雷电流，以消除过电压对设备的危害。为了防止雷电对电力系统及人身安全造成危害，一般采用避雷针、避雷线及避雷器等雷电防护设备。这些雷电防护设备都必须与合适的接地装置相连，以将雷电流导入大地，这种接地称为防雷接地。流过防雷接地装置的雷电流幅值很大，可以达到数百千安，但持续的时间很短，一般只有数十微秒。

（4）静电接地：在可燃物场所的金属物体，蓄有静电后往往爆发火花，以致造成火灾，因此要对这些金属物体（如储油罐等）进行接地。通过顶尖、接地夹体、接地夹电缆、接地电缆和接地桩的有效连接，使连接设备与大地形成等电位，将静电导入大地，保证设备静电接地的回路电阻符合国家安全标准规定。

9.3.2 接地电阻的测量

在清楚接地的含义及接地的种类后，还需清楚接地装置与接地电阻的关系，从而了解防雷接地的重要性。

众所周知，大地并不是理想导体，其有一定的电阻率。在外界因素的作用下，若大地内部出现电流，则其不再保持等电位。若地面上被强制流入大地的电流经接地导体从某一点注入，则电流在进入大地后会以电流场的形式向远处扩散。接地装置原理图如图 9-25 所示。若设土壤电阻率为 ρ，大地内的电流密度为 δ，则大地中必呈现相应的电场分布，其电场强度 $E=\rho\delta$ 。离电流注入点越远，大地中的电流密度越小，因此可以认为在相当远（或无穷远）处，大地中的电流密度 δ 已接近零，电场强度 E 也接近零，该处仍保持大地中没有电流时的电位，即零电位。显而易见，当接地点有电流流入大地时，该点相对于远处的零电位，具有确定的电位升高，图 9-25 画出了此时地面的电位分布情况。

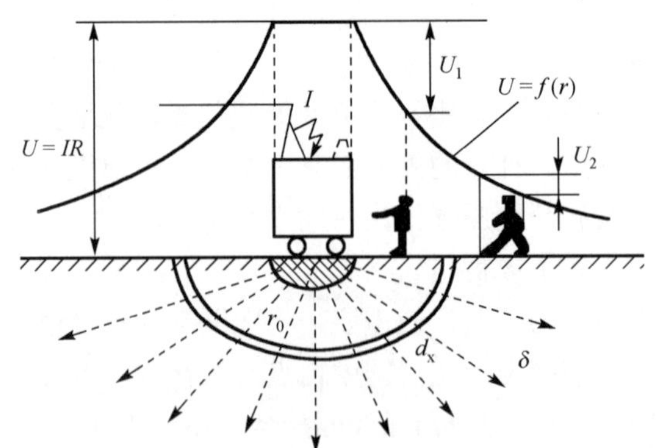

U—接地点电位；I—接地电流；U_1—接触电压；U_2—跨步电压；δ—大地内的电流密度。

图 9-25 接地装置原理图

接地点处的电位 U 与接地电流 I 的比值为该点的接地电阻 R，$R=U/I$，是大地效应的总和。由公式可知，当接地电流 I 为定值时，接地电阻 R 愈小，电位 U 愈低，反之则愈高。此时地面上的接地物体（如变压器外壳）也具有了电位 U。接地点电位的升高，有可能导致与其他部分绝缘闪络。也可能引起大的接触电压与跨步电压，不利于电气设备的绝缘及人身安全，因此要尽力降低接地电阻。

埋入地中的金属接地体称为接地装置。最简单的接地装置是单独的金属管、金属板或金属带。由于金属的电阻率远小于土壤电阻率，所以接地体本身的电阻在接地电阻 R 中可以忽略不计。如图 9-25 所示，设金属半球的半径为 r_0，经它注入大地的电流为 I，假定大地是电阻率为 ρ 的均匀无限大半球体。距球心 r 处，厚度为 $\mathrm{d}r$ 的半球层的电阻 $\mathrm{d}R$ 应为

$$\mathrm{d}R = \rho \frac{\mathrm{d}r}{2\pi r^2} \tag{9-9}$$

总电阻即式（9-9）的积分：

$$R = \int_{r_0}^{\infty} \mathrm{d}R = \int_{r_0}^{\infty} \rho \frac{\mathrm{d}r}{2\pi r^2} = \frac{\rho}{2\pi r_0} \tag{9-10}$$

接地电阻不是接地导体的电阻，接地电阻实质上是接地电流在大地中流散时土壤所呈现的电阻，与土壤电阻率 ρ 成正比，与金属半球的半径 r_0 成反比，r_0 的大小给电流提供了进入大地向远处扩散的起始面积。

采用上述半球形状是很不经济的，通常使用的是垂直接地体、水平接地体及它们的组合。根据恒流场下静电场相似原理，将一些典型接地体的工频接地电阻计算公式介绍如下。

（1）垂直接地体接地电阻（Ω）为

$$R = \frac{\rho}{2\pi l} \ln \frac{4l}{d} \tag{9-11}$$

式中　ρ——土壤电阻率（Ω·m）；

l——接地体长度（m）；

d——接地体直径（m）。

如图 9-26(a)所示，其中 $l>>d$，当采用扁钢时，$d=b/2$（b 是扁钢宽度）。当采用角钢时，$d=0.84b$（b 是角钢每边宽度）。

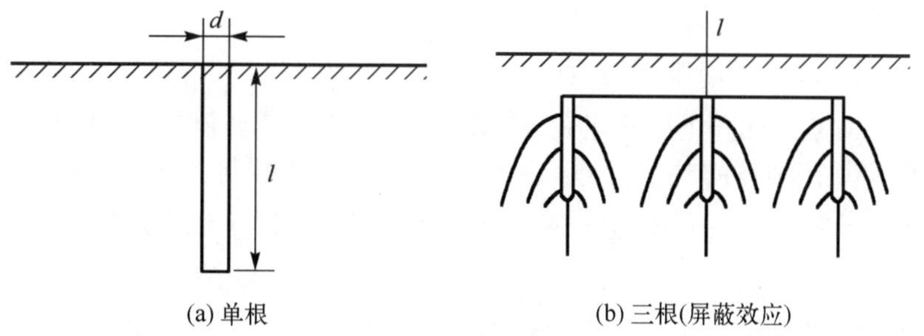

(a) 单根　　(b) 三根(屏蔽效应)

图 9-26　垂直接地体

当有 n 根垂直接地体时，总电阻 R_{Σ} 可按并联电阻计算，由于各接地体间的流散电流互相屏蔽，如图 9-26(b)所示，引入一个利用系数 η，通常 η 为 0.65～0.8。

（2）水平接地体接地电阻（Ω）为

$$R=\frac{\rho}{2\pi l}\left(\ln\frac{l^2}{dh}+A\right) \tag{9-12}$$

式中 l——接地体的总长度（m）；

h——接地体埋设深度（m）；

A——因屏蔽影响使接地电阻增加的系数；

d——接地体直径（m）。

（3）接地网。

发电厂与变电所的接地，一般采用以水平接地体为主组成的接地网。接地网的接地电阻可用式（9-13）估算：

$$R=\frac{0.44\rho}{\sqrt{S}}+\frac{\rho}{l}=0.5\frac{\rho}{\sqrt{S}} \tag{9-13}$$

式中 l——接地体（包括水平与垂直）总长度（m）；

S——接地网的总面积（m^2）。

式（9-12）和式（9-13）计算出的是工频电流下的接地电阻值。当接地装置流过雷电流时，它所呈现的冲击接地电阻一般并不等于它的工频接地电阻，这是由雷电流的特点所致的。也就是说，防雷接地与其他接地是有明显差异的，对上述计算值需要进一步修正。

雷电流的幅值大，且等效频率高。雷电流的幅值大，会使大地中的电流密度增大，因而提高了电场强度，在靠近接地体处尤为显著，此电场强度超过土壤击穿场强时，会发生局部火花放电，其效果犹如增大了接地体的尺寸，也使土壤电导增大。因此，同一接地装置在幅值很高的冲击（雷）电流作用下，其接地电阻要小于工频电流下的数值，这称为火花效应。

雷电流的等效频率高，会使接地体自身的电感受到影响，阻止电流向接地体远方流动，对于长度大的接地体，这种影响更为明显。结果使接地体得不到充分利用，接地体的电阻值高于工频接地电阻，称为电感效应。

综上所述，同一接地装置在冲击和工频电流作用下，将具有不同的阻抗，通常用冲击系数 α_i 表示两者的差异：

$$\alpha_{\mathrm{i}}=\frac{R_{\mathrm{i}}}{R} \tag{9-14}$$

式中 R——工频电流下的电阻（Ω）；

R_{i}——冲击电流下的电阻，其定义为接地体上的冲击电压峰值与冲击电流峰值之比（Ω）。

冲击系数 α_{i} 与接地体的几何尺寸、雷电流的幅值和波形及土壤电阻率等因素有关，一般由实验确定。一般 $\alpha_{\mathrm{i}}<1$，即火花效应大于电感的影响。对于电感影响特别大的情况，有时 $\alpha_{\mathrm{i}}\geqslant 1$。

当接地体长度达到一定值后，再增加其长度，接地电阻将不再减小，这个长度叫作伸长接地体的有效长度。

土壤电阻率 ρ 是决定接地电阻的一个重要的原始参数。ρ 不是常数，与季节、土壤中所含酸、盐及水分等有关。在计算时，应取 1 年内可能出现的最大电阻率。由于可能在不同的季节进行测量，因此需根据土质、接地体类型等因素，将测得的土壤电阻率 ρ 换算成 1 年内可能出现的最大值。

9.3.3　降低接地电阻的措施

1. 利用接地电阻降阻剂

在接地极周围敷设了降阻剂后，可以起到增大接地极外形尺寸，减小其与周围大地介质之间的接触电阻的作用，即降阻剂能在一定程度上减小接地极的接地电阻。降阻剂用于小面积的集中接地、小型接地网时，其降阻效果较为显著。

降阻剂是由几种物质配制而成的化学降阻剂，具有导电性能良好的强电解质和水分。这些强电解质和水分被网状胶体包围，网状胶体的空格又被部分水解的胶体填充，使它不至于随地下水和雨水而流失，因而能长期保持良好的导电作用。这是目前采用的一种较新颖且被积极推广普及的方法。

2. 采用外引式接地

在山丘地区，当接地电阻值要求较小且难以达到时，若其附近有水源或电阻系数较低的土壤，可先利用该区域搭建接地极或敷设水下接地网，再利用接地线将其引接过来，作为外引式接地。但需注意的是，外引接地装置必须避开人行通道，以防止出现跨步电压触电；当外引接地装置穿过公路时，外引线的埋深应大于或等于 0.8 m。

3. 采用导电性混凝土

通过在水泥中掺入碳质纤维来作为接地极使用，此法常用于防雷接地装置。如在 $1m^3$ 的水泥中掺入约 100kg 的碳质纤维，将其制成直径为 1m 的半球状接地极。经测定，其工频接地电阻相比普通混凝土的工频接地电阻，通常可以降低 30 %左右。若需要进一步降低冲击接地电阻值，则可同时在导电性混凝土中埋入针状接地极，使放电电晕能够从针尖连续地波及碳质纤维，从而降低冲击接地电阻值。

4. 采用加食盐等人工处理法

在接地体周围土壤中加入食盐、煤渣、炭末、炉灰、焦灰等物质，可以有效提高土壤的导电率。其中，最常用的是食盐，因为食盐对于改善土壤电阻系数的效果较好，同时受季节性变动较小，且价格低廉。该方法的具体处理步骤为，在每根接地体的周围挖一个直径为 0.5～1.0m 的坑，将食盐和土壤间隔填入坑内。通常食盐层的厚度大约为 1cm，土壤的厚度则为 10cm 左右，食盐层都用水湿润。经测算，一根管形接地体的耗盐量为 30～40kg；该方法可以将砂质土壤的接地电阻降为原来的 1/8～1/6，将砂质黏土的接地电阻降为原来的 1/3～2/5。如果在坑内再加入 10kg 左右的木炭，其降阻效果会更好。主要是因为木炭是固体导电体，不会被溶解、渗透和腐蚀，故其降阻的有效时间更长。但是，该法对于岩石或含石较多的土壤效果不大，且其降低了接地体的稳定性，同时加速了接地体的锈蚀。随着食盐的逐渐溶化流失，接地电阻也会慢慢增大。所以在人工处理后每隔两年左右即需进行一次处理。

5. 利用水和水接触的钢筋混凝土体作为流散介质

充分利用水井、水池等水工建筑物及其他与水接触的混凝土内的金属体作为自然接地体，可在水下钢筋混凝土结构物内绑扎成的许多钢筋网中，选择一些纵横交叉点，加以焊接，与接地网连接起来。

当利用水工建筑物作为自然接地体仍不能满足要求，或者利用水工建筑物作为自然接地体有困难时，应优先在就近的水中敷设外引接地装置，即水下接地网，接地装置应敷设在水的流速不大之处或静水中，并要回填一些大石块加以固定。

6. 钻孔深埋法

钻孔深埋法采用垂直接地体，其长度视地质条件一般为5～10m，再长时则效果不明显，且给施工带来困难。接地体通常采用20～75mm的圆钢。该法适用于建筑物拥挤或敷设接地网的区域狭窄等场合。这些场合采用传统方法很难找到埋设接地极的适当位置，且安全距离无法保证。虽可通过在接地体上覆盖沥青绝缘层等措施来保证安全，但增加了施工工作量和装设成本。钻孔深埋法对含砂土壤最为有效，因其含砂层大都处在3m以内的表面层，而地层深处的土壤电阻系数较低。此外，该法也适用于多石的岩盘地区。

在施工时，可采用50mm及以上的小型人工螺旋钻或钻机打孔。先在打出的孔穴中埋设20～75mm的圆钢接地体，再灌入碳粉浆或泥浆，最后将同样处理的数个接地体并联，形成完整的接地体。采用本方法施工的接地体，受季节影响小，可获得稳定的接地电阻值。同时由于深埋，可使跨步电压显著减小，这对保障人身安全很有利，且该法施工方便，成本较低，效果显著，可以多加推广和运用。

7. 精控爆破降阻技术

接地工程中会遇到很多特殊的地区，土壤电阻率过高不利于散流时，需要改变土壤的性质，降低土壤电阻率。基于精控爆破的降阻技术是一种新型的降阻技术。

精控爆破降阻技术是指在岩石的深井中精准爆破，将岩石固有的节理裂隙贯通，用压力灌注低电阻率材料填充缝隙，形成内部互连且向外延伸的立体接地网，实现了广义上的土壤置换。即岩石本身有缝隙，通过炸药爆破的威力将缝隙张开扩散，形成很多的裂纹，往裂纹内灌注低土壤电阻率的材料，使其填满裂纹并渗透到更远的地方，从而使整个岩石的等效电阻率降低。精控爆破扩大裂纹和灌注低电阻率材料如图9-27和图9-28所示。

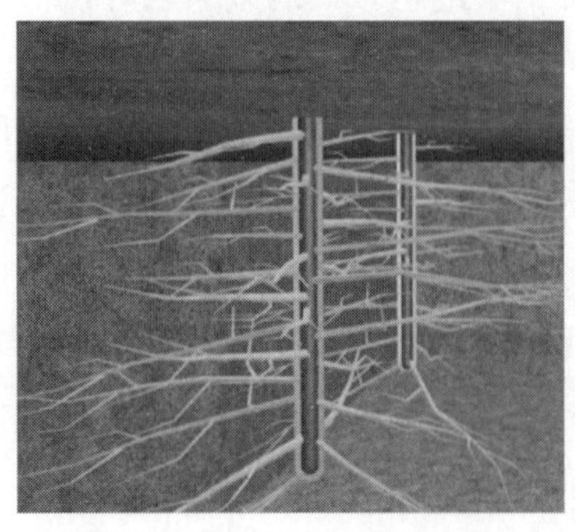

图9-27 精控爆破扩大裂纹

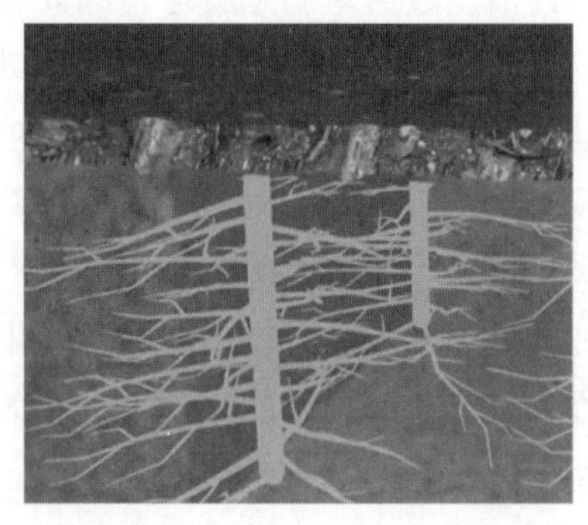

图9-28 灌注低电阻率材料

精控爆破降阻技术既可用于接地系统建设前，改善土壤性质，也可用于已经建设好的变电站，当土壤电阻率无法满足要求时，进行选点爆破，也可以解决降阻问题，避免大规模重建的问题。

9.4 接地装置防腐

接地电阻是接地装置的主要技术指标之一，接地装置是接地系统中的重要组成部分。接地装置的好坏，直接影响接地的效果。接地装置长期处于地下恶劣的运行环境或阴暗、潮湿的环境中，不可避免地会受到土壤的化学和电化学腐蚀，同时承受地网散流和杂散电流的腐蚀，接地装置的腐蚀会造成接地电阻增大，影响电气设备乃至整个测报系统的安全运行，影响接地装置的寿命，甚至造成接地网局部断裂，接地线与接地网脱离，形成严重的接地隐患或构成事故。

9.4.1 接地装置腐蚀的危害

接地装置是建筑物外部防雷系统的重要组成部分。当雷电被建筑物接闪器截获时，若雷电流沿着接闪器、引下线、接地体这条预定的通道泄入大地，则建筑物有可能得到保护；反之，如果这条通道出现故障，雷电流不能顺畅泄入大地，则建筑物和其内藏物品、人、畜和内部电气、电子系统都有可能受到雷击的伤害。

若接地系统中的导体被腐蚀变细，当发生短路故障时，这种变细的接地网导体可能存在因热稳定性不足而被熔断的现象，一旦断裂，会导致散流不畅、电位分布不均、局部电位异常升高，威胁人员和设备安全。

当接地装置被腐蚀后，接地装置中的接地电阻会严重超标。被腐蚀的接地装置图示如图 9-29 所示。当接地装置的接地线遭受严重腐蚀时，会与接地网断开，最终导致发生“失地”的情况。防雷设备和电气设备的“失地”会使防雷设备失去作用，在接地短路故障发生时，会使局部电位升高，高压向低压反击，使事故扩大。一般接地网 10 年腐烂，快的 5～6 年腐烂，使防雷产品安全运行受到潜在的威胁。因此，必须采取切实可行的接地装置防腐措施。

图 9-29 被腐蚀的接地装置图示

9.4.2 接地装置腐蚀的产生

接地装置腐蚀的环境包括大气和土壤两种。土壤内不同状态物质的组成会随温度、气候、季节等因素的变化而变化，导致土壤的电阻率、氧化还原电位、pH 值、含水率、透气性等特性改变；同时，土壤中伴有一系列微生物的新陈代谢活动，这些都是引起接地装置腐蚀的因素。因此，土壤的腐蚀性非常复杂。另外，土壤中的盐分、含氧量、微生物类型、有机质、杂散电流等也会对土壤的腐蚀产生影响。

1. 容易发生腐蚀的部位

一般情况下，容易发生腐蚀的部位包括设备接地引下线及其连接螺丝、焊接头、电缆沟内的均压带和水平接地体等。这些部位既有大气腐蚀环境，也有土壤腐蚀环境。其中，以吸氧腐蚀为主的电化学腐蚀和由有害气体所引起的化学腐蚀是最常见的腐蚀形式。

2. 腐蚀的原因

（1）土壤腐蚀性强，在偏酸性的土壤、风化石土壤和砂质土壤中，由于土壤的腐蚀性较强，极易发生析氢腐蚀和吸氧腐蚀。

（2）接地体杂质超标。接地体一般采用再生钢材，当再生钢材的杂质超标时，极易发生电偶电池腐蚀。

（3）使用了腐蚀性较强的降阻剂，特别是一些化学降阻剂。化学降阻剂中含有大量的无机盐类，会加速接地体的电化学腐蚀。部分固体降阻剂的膨胀系数与接地体之间存在差异性，在一定时间内，由于热胀冷缩等原因，降阻剂与接地体之间会产生缝隙，这种缝隙会导致腐蚀电位差，最终导致接地装置受到严重腐蚀。

（4）属于施工方面的原因。接地体的填埋深度不够，上层土壤的含氧率升高，将会导致严重的吸氧腐蚀；用砂子、碎石、建筑垃圾作为回填土，会增大回填土的缝隙，从而加速吸氧腐蚀的产生；焊接头存在虚焊、假焊等现象，或者对焊接头没有做防腐处理；对接地引下线没有采取过渡防腐措施，即没有刷防腐漆；在扩大地网时，将新地网安装到原地网的电缆沟中，或者把设备的接地装置接到电缆沟的均压带上，接地装置的均压带十分容易受到腐蚀，一旦焊接头因腐蚀断开，就会造成地网肢解。

3. 腐蚀的类型

接地装置的腐蚀类型一般分为化学腐蚀和电化学腐蚀两种。腐蚀过程主要是电化学溶解过程。腐蚀都是发生在接地装置金属表面上的，形成各种腐蚀电池致使接地装置腐蚀损坏。

1）化学腐蚀

化学腐蚀属于自然腐蚀，是由于接地体和周围环境里接触到的介质直接进行化学反应而引起的一种自发腐蚀。接地体与空气中的水分、氧气、二氧化碳产生化学反应，使金属接地体被腐蚀而生锈。

2）电化学腐蚀

当接地体与电解质溶液相接触时，由于电池的作用而引起的腐蚀即电化学腐蚀。其作用过程：当接地体组织不均匀或含有杂质时，在接地体表面的不同部分，会具有不同的电位，从而形成无数个微型原电池。当接地体表面附上一层水膜后，空气里的二氧化碳或其他酸性氧化物气体溶解在这层水膜里，将使水膜变成弱酸性溶液，而这种溶液溶解于某种盐类时，就变成了电解质溶液。在电解质溶液中，如果接地体中的杂质比铁更不活跃，则铁变成了原电池的阴极。阴极上电子放出与水和氧作用而生成 OH^-进入水膜。在侵入介质的作用下，由于溶液中有阴离子存在，接地体表面容易变成活态，使腐蚀加快。

9.4.3　腐蚀诊断

目前采用的腐蚀检测方法是，定期抽样选点开挖，选取 8～10 个点，挖开土壤查看是否有腐蚀现象。但选取的点有可能并不是腐蚀存在的点，该方法存在盲目性和片面性。测量接地电阻的方法受土壤电阻率影响较大。

为方便诊断腐蚀情况，可采用现场检测和软件仿真相结合的方式来判断整个接地网的腐蚀状态，将接地网等值为一个电阻网络，测量等值电阻，建立等值电路，得到各接地网支路导体电阻的变化情况，获得腐蚀状态。

（1）现场检测：根据接地网图纸，选择若干组接地引下线，测试引下线之间的回路电阻，选择十字交叉点的引下线测试，可以提高腐蚀诊断的准确性。分块测量回路电阻，每块选取多组接地引下线测量，一端作为不动点位，另一端作为移动点位，记录每一组的电阻值，作为输入量。现场检测如图 9-30 所示。

（2）仿真计算：采用基于地表电位变化的接地引下线断裂识别方法等不同检测方法，通过对腐蚀接地极接地电阻计算的研究与验证，划分不同腐蚀等级区间，检测腐蚀部位，为腐蚀诊断提供参考和依据。先将整个接地网图纸和拓扑结构录入仿真软件（见图 9-31），实测的电阻值作为输入量，从而得到具体的腐蚀信息（见图 9-32），然后对应具体位置，将其挖开并替换腐蚀部件。

图 9-30　现场检测

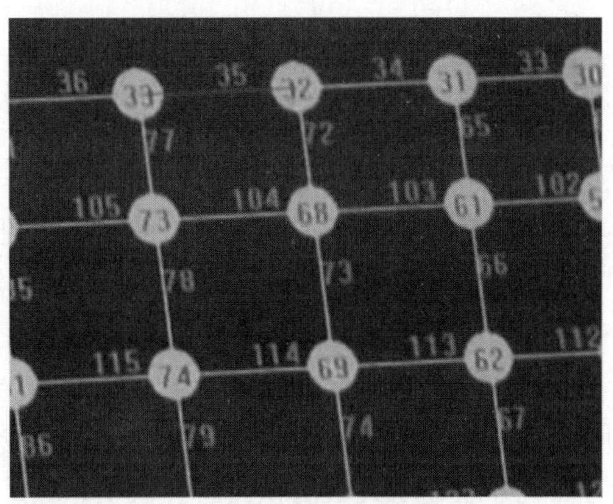

图 9-31　仿真结果

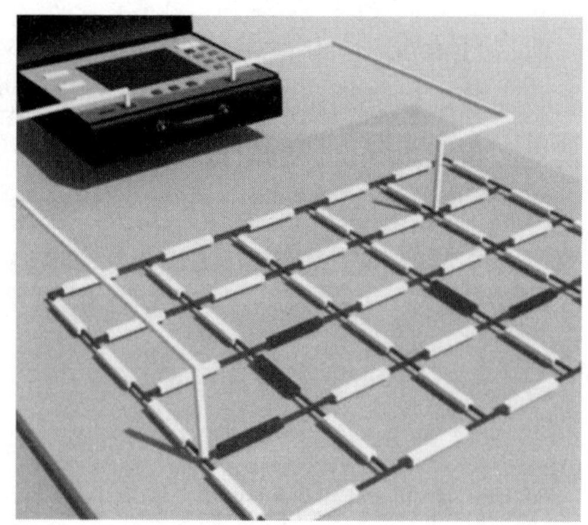

图 9-32 腐蚀检测图示

9.4.4 接地装置的防腐措施

接地装置的防腐措施有以下 3 种：①从材质本身着手，解决腐蚀或延缓腐蚀速度，如正确选材、埋深和采用优良施工工艺，加大接地体截面积，采用耐腐蚀的有色金属，应用复合材料等。②根据电化学腐蚀的原理，采用电化学保护的方法，如阴极保护法等。③采用物理保护的方法，如刷导电防腐涂料、高效降阻剂、非金属接地材料等。

1. 正确选材、埋深和采用优良施工工艺

为防止接地腐蚀，在选用材料时不再使用再生钢。接地体埋深要达到 0.6m 以上，采用细土回填并分层夯实，不使用碎石和建筑垃圾回填。着重检查焊接头的焊口长度和焊接质量，严禁出现虚焊、假焊现象，同时焊接口一定要进行刷防锈漆处理，从而降低腐蚀率。降阻防腐剂要均匀施加，不能有脱节现象。引下线要刷防腐漆进行过渡，防止接地装置出现电化学腐蚀。

2. 加大接地体的截面积

加大接地体的截面积可以对防腐起一些缓蚀的作用，但对于严重腐蚀的地区，该方法也无法从根本上解决腐蚀稳态，还会增加成本价格。

3. 采用耐腐蚀的有色金属

多数有色金属（如铜、铝、铅、锌）都具有较好的抗腐蚀能力，其中铜和铅在接地材料中使用较多。铜在低浓度的 NaOH、CO_2、海水等环境中有较好的抗腐蚀能力；铅在 H_2SO_4、SO_2 的环境中特别稳定；而锌比较适应的是碱性环境。采用更加耐腐蚀的有色金属，可以达到接地体防腐蚀的目的。然而直接用有色金属作为接地体，也有许多不足之处。一是有色金属价格昂贵，使成本大大增加；二是有色金属刚性不够，会使施工更加困难。解决刚性不够的唯一方法是增大截面积。研究表明，接地体的直径增加 30%，截面积可以增大 70%；直径增加 50%，截面积可以增大 125%，即要多耗费 70%～125%的有色金属。该方法也会使投入成本成倍地增加。

4. 应用复合材料

复合材料实际上是指，以碳钢为基体，采用高压、高温等特殊工艺技术，在碳钢的表面涂一层较厚的有色金属，以此来抗腐蚀。最常见的是镀锌技术。接地装置的材料大多采用圆钢、扁钢、角钢等碳素钢材。主要是因为这些材料取材方便、价格便宜、刚性较大、施工方便。而铁则是一种化学性质比较活泼的元素，在常温、常湿的条件下，能与许多非金属元素及盐类发生反应而导致腐蚀。

还可采用防腐涂料，如聚苯胺导电防腐涂料、环氧系导电防腐涂料、聚氨酯系导电防腐涂料等。防腐涂料一方面用于钢接地体与土壤或降阻剂之间作为中介物质，涂料的附着力强、黏度大等特征可以加强两者之间的接触效果；另一方面对两者起到隔离作用，更有利于抑制电化学腐蚀。通常情况下，涂料用量为接地网材料总量的 2%～3%，能使接地体的寿命延长1倍。

5. 阴极保护法

金属只有在阳极状态下才可能被腐蚀。阴极保护原理是，通过对受保护的金属设施进行阴极极化，使之形成一个大阴极，从而防止金属被腐蚀。阴极保护可通过牺牲阳极法和外加电流法实现。

阴极保护法是一种电化学保护方法，即将被保护金属体和一种可以提供阴极保护电流的金属或合金（即阳极）相连，使被保护金属体极化，以降低腐蚀速率的方法。在被保护金属体与牺牲阳极所形成的大地电池中，被保护金属体为阴极，牺牲阳极的电位往往负于被保护金属体的电位值，在保护电池中，阳极被腐蚀消耗，故称之为牺牲阳极，从而达到对阴极（被保护金属体）保护的目的。牺牲阳极的材料通常是高纯镁及镁合金、高纯锌及锌合金、铝合金等。牺牲阳极的阴极保护法，需要每隔数年开挖检查，要对牺牲的阳极进行更换。外加电流法利用外加直流电源，将被保护金属体与电源负极相接，使被保护金属体变成阴极进行阴极极化，从而达到防腐的目的。

阴极保护的设计是根据土壤特性（主要是土壤电阻率，其次是土壤 pH 值、含水率、透气性）、接地网总表面积、总的保护电流决定的。但无论采用何种阴极保护方式，都应使接地网的阴极电位小于-850mV（于相对 $Cu/CuSO_4$ 饱和电极而言），或者使接地网的自然腐蚀电位负于 250～300mV 且不小于 100 mV。只有接地网的阴极极化电位得到保证，才能有效地防止金属的腐蚀。接地网的最小保护电流密度一般在 10～100mA/m^2。接地网实施阴极保护时，整个地网不需要使用降阻剂，但埋设牺牲阳极或辅助阳极的地方，需要化学填实包或碳素回填料，以降低阳极的接地电阻。接地网防腐采用阴极保护后，一般可以延长 25～30 年的使用寿命。

6. 采用高效降阻剂

性能优良的降阻剂具有稳定的化学性能，对接地金属无腐蚀作用，同时能保护金属不受腐蚀。高效膨润土降阻防腐剂是目前较新的一种技术，从本质上讲，它属于物理降阻剂，具备 3 个最基本的技术要求：①导电性能良好，电阻率尽量低于土壤电阻率，并与被保护的金属的电阻率相接近；②防腐性能良好，对酸、碱、盐等化学溶剂有较强的耐受能力；③现场施工工艺简单易行，机械强度适当，价格适宜。使用降阻剂可以改善土壤酸碱度，隔离土壤中的无机盐介质。降阻剂中起凝聚作用的胶体可以降低接地体周边的氧含量，其中的缓蚀剂会在接地体表面形成钝化膜，隔开腐蚀介质与金属表面，从而达到保护防雷接地体的目的。

7. 采用非金属接地材料

非金属接地材料是目前行业里新生的一种金属接地体的替换产品，由于其特有的抗腐蚀性能和良好的导电性及较高的性价比，被广大用户所接受。目前，非金属接地产品主要以石墨为主要材料，根据制作工艺的不同，主要有压制和烧制两种，其中人造石墨电极以易加工、价格低而被推广使用。人造石墨电极由石油焦和沥青两种材料按一定比例烧制而成，其导电性好、化学稳定性好、使用寿命长，其腐蚀速率比钢小 30 倍。但石墨易脆裂，安装时须小心。石墨基本结构是碳，它对环境没有任何污染，因此这种原料的产品属于环保型产品。

接地网是防雷安全运行的重要装置，因此要尽量做到在设计前了解土壤的性质，预测接地体的腐蚀速率，合理选材、设计、施工、运行、维护，及时调整防腐措施，并在运行后定期检测接地网的腐蚀状况，以确保防雷产品的安全运行。

第 10 章

雷电过电压及其防护

为避免电力系统中的过电压造成电气设备绝缘破坏，必取采取一定的防护措施。电力系统过电压有多种类型，针对各种过电压的特点采取相应的防护措施，可以使电气设备绝缘强度的选择更加合理，并保证电力系统安全供电。过电压防护的基本原理是设法将形成过电压的电磁能量泄放掉或者消耗掉，以达到削弱过电压幅值的目的。本章将介绍输电线路、发电厂和变电所、特殊建筑及设施的雷电过电压及其防护。

10.1 输电线路的防雷保护

输电线路是电力系统最重要的一部分，负责将巨大的电能输送到四面八方。输电线路会穿越平原、山区、江河湖泊等多种地区，会遇到不同的地理条件和气象条件，有很大的概率遭受雷击。据统计，在电力系统雷害事故中，线路的雷害事故占到很大比例。线路雷害事故引起的跳闸，不但影响系统的正常供电，增加线路及开关设备的维修工作量，而且由于输电线路上落雷，雷电波还会沿线路侵入变电所。在电力系统中，线路绝缘的耐受能力最强，变电所次之，发电机最弱，若发电厂、变电所的设备保护不完善，往往会引起设备绝缘损坏，影响安全供电。

输电线路防雷是减少电力系统雷害事故及其引起的电量损失的关键，做好输电线路的防雷工作，不仅可以提高输电线路本身的供电可靠性，而且还可以使变电所安全运行，这是一举两得的事。

10.1.1 输电线路防雷的原则和措施

雷击暴露在空气中的架空输电线路上有 4 种不同情况，雷击输电线路部位示意图如图 10-1 所示，它们分别是雷击线路附近地面、雷击塔顶及塔顶附近避雷线（下称雷击塔顶）、雷击档距中央的避雷线（下称雷击避雷线）、雷击导线（有避雷线时，雷绕过避雷线而击于导线）。如果根据过电压形成过程来分，上述 4 种雷击情况可分为两类，即感应过电压（图 10-1 中所示的①）与直击雷电过电压（图 10-1 中所示的②、③、④）。

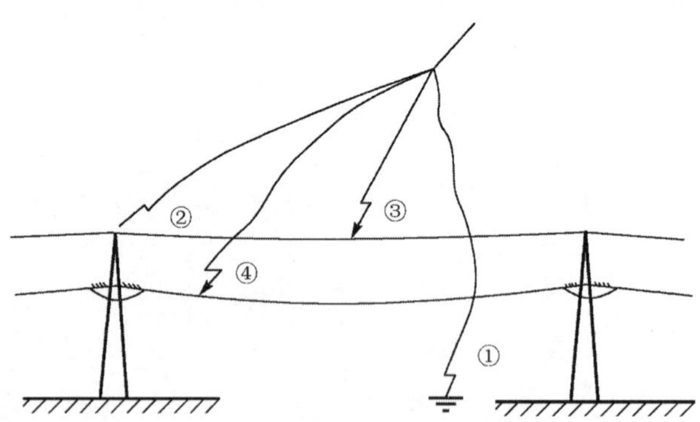

图 10-1 雷击输电线路部位示意图

输电线路防雷的任务：采用技术上与经济上的合理措施，使系统雷害降低到运行部门能够接受的程度，保证系统安全可靠运行。一般采取下列措施，有的也称为输电线路防雷的“四道防线”。

1. 防止雷直击导线

为防止雷直击导线，沿线需架设避雷线，还要装设避雷针与其配合。在某些特殊情况下可改用电缆线路，使输电线路免受直接雷击。

2. 防止雷击塔顶或避雷线后引起绝缘闪络

输电线路的闪络是指雷击塔顶或避雷线时，使塔顶电位升高，这样，原来被认为是接地的杆塔，现在却具有高电位，因而有可能对导线放电，使过电压加到导线上，这种现象也称反击或逆闪络。雷击线路不致引起绝缘闪络的最大雷电流幅值，称为线路的耐雷水平。线路的耐雷水平越高，其绝缘发生闪络的机会就越小。为此，降低杆塔的接地电阻，增大耦合系数，适当加强线路绝缘，在个别杆塔上采用避雷器等，是提高线路耐雷水平，减少绝缘闪络的有效措施。

3. 防止雷击闪络后转化为稳定的工频电弧

当绝缘子串发生闪络后，应尽量使它不转化为稳定的工频电弧，因为工频电弧建立不了，线路就不会跳闸。由冲击闪络转化为稳定工频电弧的概率虽与电源容量及去游离条件等因素有关，但主要的影响因素是作用于电弧路径的平均电位梯度。由运行经验与试验数据得出，冲击闪络转化为稳定工频电弧的概率——建弧率的计算公式如下：

$$\eta=\left(4.5E^{0.75}-14\right)\% \tag{10-1}$$

$$E=\frac{U_{\mathrm{e}}}{\sqrt{3}\left(l_{\mathrm{j}}+0.5l_{\mathrm{m}}\right)} \tag{10-2}$$

$$E=\frac{U_{\mathrm{e}}}{2l_{\mathrm{j}}+l_{\mathrm{m}}} \tag{10-3}$$

式中 U_{e}——额定电压（kV）；

l_{j}——绝缘子串长度（m）；

l_{m}——杆塔横担的相间距离（m）（对于铁横担和钢筋混凝土横担线路，$l_{\mathrm{m}}=0$）。

显然，降低建弧率可采取的措施是，适当增加绝缘子片数，减小绝缘子串上工频电场强度，电网中采用不接地或经消弧线圈接地方式，防止建立稳定的工频电弧。

4. 防止线路中断供电

采用自动重合闸，或双回路、环网供电等措施，即使线路跳闸，也能不中断供电。

上述 4 条原则，应用时应根据具体情况实施，如线路的电压等级、重要程度、当地雷电活动强弱、已有线路的运行经验等，再根据技术与经济比较的结果，做出因地制宜的保护措施。

在第二道防线中，线路绝缘子串旁边安装线路避雷器，幅值很高的雷电波到来之后，避雷器动作，只要它的残压低于绝缘子串的放电电压，绝缘子串就不会发生冲击闪络，当然不会出现稳定的工频电弧，从而增加了线路的耐雷能力。由于雷电波的陡度，这种避雷器保护范围是有限制的，加上现阶段避雷器的价格问题，这种避雷器只能安装在线路的“易击点”与“易击相”上。

输电线路的防雷性能在工程计算中用耐雷水平和雷击跳闸率来衡量。线路耐雷水平较高，就是指能承受高幅值的雷电流，线路防雷性能较好。雷击跳闸率是指折算为统一的条件下，因雷击而引起的线路跳闸的次数。此统一条件规定为每年 40 个雷暴日和 100km 的线路长度，因此雷击跳闸率的单位是次/(100km·40 个雷暴日)。

10.1.2 线路感应过电压

当雷云接近输电线路上空时，根据静电感应的原理，将在线路上感应出一个与雷云电荷相等但极性相反的电荷，这就是束缚电荷。而与雷云同极性的电荷则通过线路的接地中性点逸入大地，对于中性点绝缘的线路，此同极性电荷将通过线路泄漏而逸入大地，雷云主放电电荷与线路的电荷分布如图 10-2 所示。

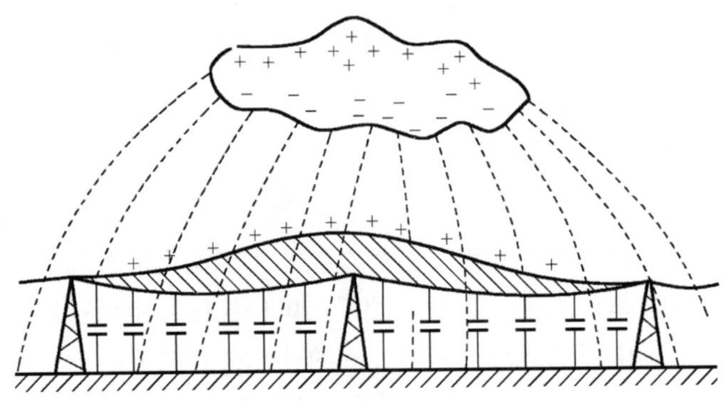

图 10-2 雷云主放电电荷与线路的电荷分布

此时，如果雷云对输电线路附近地面放电，或者雷击塔顶但未发生反击，那么，由于放电速度很快，雷云中的电荷便很快消失，于是输电线路上的束缚电荷就变成了自由电荷，分别向线路左右传播。主放电后导线上电荷的移动如图 10-3 所示。

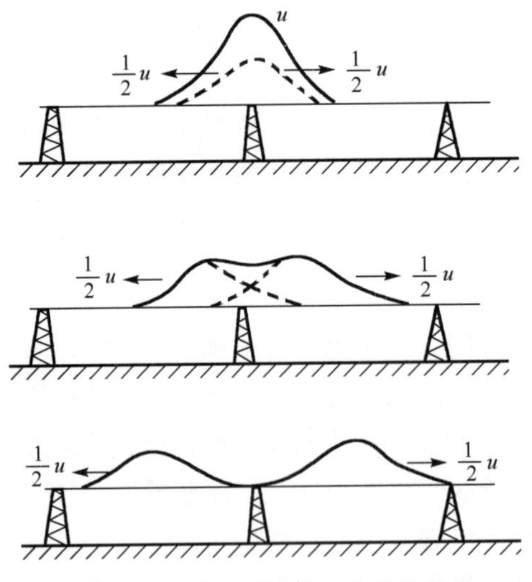

图 10-3 主放电后导线上电荷的移动

设感应电压为 u，当发生雷云主放电以后，由雷云造成的静电场会突然消失，从而产生行波。根据波动方程初始条件可知，波将一分为二，向左右传播。

感应过电压是由于雷云的静电感应而产生的，雷电先导中的电荷 Q 形成的静电场及主放电时雷电流 i 所产生的磁感应，是感应过电压的两个主要组成部分。

导线上所形成的感应过电压的大小，可按无避雷线的情况求得。

1. 无避雷线时的感应过电压

根据理论分析和实测结果，有关规程建议，当雷击点距输电线路的距离 s 大于 65m 时，导线上产生的感应过电压最大值可按式（10-4）进行计算：

$$U = 25\frac{Ih_{\mathrm{d}}}{s} \tag{10-4}$$

式中 I——雷电流幅值（kA）；

h_{d}——导线悬挂平均高度（m）；

s——雷击点距输电线路的距离（m）。

感应过电压的幅值与雷电流幅值及导线悬挂平均高度成正比，与雷击点距输电线路的距离成反比。

从产生静电分量的角度看，雷电流的幅值大，是先导通道中的电荷密度大，或者是主放电速度高所致。电荷密度越大，其电场强度越强，导线上束缚的电荷越多，U 越高。主放电速度越高，一定时间内被释放的束缚电荷越多，这些都将使静电分量加大。导线悬挂平均高度越高，则导线对地电容越小，释放出同样的束缚电荷所呈现的电压就越高。雷击点距输电线路的距离越近，导线上的束缚电荷越多，释放后的过电压也越高。

从产生电磁分量角度看，雷电流的幅值大、雷击点距输电线路近均将使导线与大地构成的回路中各部位的磁通密度加大。导线悬挂平均高度越高，上述回路面积越大，因而都增大了回路中磁通随时间的变化率。这些都会使感应过电压电磁分量增大。

由图 10-2 可知，感应过电压的极性与雷电流极性相反。由于雷击点的自然接地电阻较大，所以最大电流值可采用 $I \leqslant 100$kA 进行估算。实测表明，感应过电压峰值一般最大可达 300～400kV。这可能引起 35kV 及以下电压等级的水泥杆线路的闪络事故；对于 110kV 及以上电压等级的线路，由于线路绝缘水平较高，所以一般不会引起闪络事故，且感应过电压同时存在于三相导线上，故相间不存在电位差，只能引起对地闪络，只有两相或三相同时对地闪络，才可能形成相间闪络事故。

更近的雷击，会因线路的吸引而击于线路本身。当雷直击于杆塔或线路附近的避雷线（针）时，周围迅速变化的电磁场将在导线上感应出相反符号的过电压。在无避雷线时，对一般高度的线路，这一感应过电压的最大值（kV）可由式（10-5）计算得到：

$$U = \alpha h_{\mathrm{d}} \tag{10-5}$$

式中 α——感应过电压系数（kV/m），其值等于以 kA/μs 为单位的雷电流平均陡度值，即 $\alpha = I/2.6$。

2. 有避雷线时的感应过电压

如果线路上挂有避雷线，那么由于其屏蔽作用，导线上的感应过电压将会下降。假设避雷线不接地，在避雷线和导线上产生的感应过电压可用式（10-4）进行计算，当两者悬挂高度相差不大时，可近似认为两者相等。但实际上，避雷线是接地的，其电位为零，这相当于在其上叠加了一个极性相反，幅值相等的电压（$-U$），这个电压由于耦合作用，在导线上产生的电压为 $K_{\mathrm{e}}(-U) = -K_{\mathrm{e}}U$。因此，导线上的感应过电压幅值为两者的叠加，极性与雷电流相反，即

$$U' = U - K_{\mathrm{e}}U = (1 - K_{\mathrm{e}})U \tag{10-6}$$

式中 K_e——避雷线与导线之间的耦合系数。

如前所述，其值只取决于导线间的相互位置与几何尺寸。线间距离越近，则耦合系数 K_e 越大，导线上的感应过电压越低。

10.1.3 线路直击雷电过电压

电网中的雷击事故，线路雷害占比很大。雷击线路，沿线路侵入变电所的雷电波又是造成变电所事故的重要因素。

10.1.3.1 无避雷线时的直击雷电过电压

在输电线路未架设避雷线的情况下，雷击线路的情况只有两种：一是雷击导线；二是雷击塔顶。

1. 雷击导线的过电压及耐雷水平

如图 10-4(a)所示，当雷击导线后，雷电流便沿着导线向两侧流动，假定 Z_0 为雷电通道的波阻抗，$Z/2$ 为雷击点两边导线的并联波阻抗，则可建立等效电路如图 10-4(b)所示。若计及冲击电晕的影响，可取 Z=400Ω，Z_0 近似地取为 200Ω，则雷击点电压为

$$U_A = \frac{I}{2}\frac{Z}{2} = \frac{IZ}{4} = 100I \tag{10-7}$$

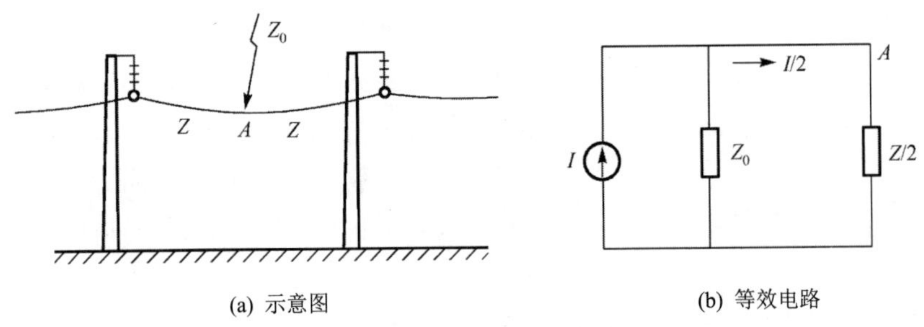

(a) 示意图　　(b) 等效电路

图 10-4 雷击无避雷线线路及等效电路

雷击导线的过电压与雷电流大小成正比。如果此电压超过线路绝缘的耐受电压，则将发生冲击闪络，由此可得线路的耐雷水平为

$$I = \frac{U_{50\%}}{100} \tag{10-8}$$

式中 I——单位为 kA。

2. 雷击塔顶时的过电压及耐雷水平

当雷击线路杆塔顶端时，雷电流 I 将流经杆塔及其接地电阻 R_{ch} 流入大地，如图 10-5(a)所示。设杆塔的电感为 L_{gt}，雷电流为斜角平顶波，且工程计算取波头为 2.6μs，则 $\alpha=I/2.6$。根据图 10-5(b)所示的等效电路求出塔顶电位为

$$U = IR_{ch} + L_{gt}\frac{\mathrm{d}I}{\mathrm{d}t} = I\left(R_{ch} + \frac{L_{gt}}{2.6}\right) \tag{10-9}$$

式中　R_{ch}——杆塔的接地电阻（Ω）；

L_{gt}——杆塔的等效电感（μH）。

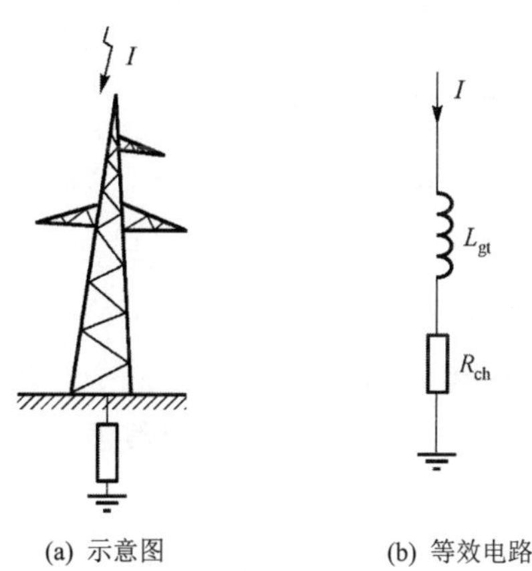

图 10-5　雷击塔顶时的过电压示意图

当雷击塔顶时，导线上的感应过电压为

$$U' = \alpha h_d = \frac{I}{2.6} h_d \tag{10-10}$$

由于感应过电压的极性与塔顶电位的极性相反，因此，作用于绝缘子串上的电压为

$$U_j = U - (-U') = I\left(R_{ch} + \frac{L_{gt}}{2.6}\right) + \frac{Ih_d}{2.6} = I\left(R_{ch} + \frac{L_{gt}}{2.6} + \frac{h_d}{2.6}\right) \tag{10-11}$$

由式（10-11）可知，加在线路绝缘子串上的雷电过电压与雷电流的大小、陡度、导线与杆塔的高度及杆塔的接地电阻有关。如果此值等于或大于绝缘子串的50%雷电冲击放电电压，那么塔顶将对导线产生反击。在中性点直接接地的电网中，有可能使线路跳闸，此时线路的耐雷水平为

$$I = \frac{U_{50\%}}{R_{ch} + L_{gt}/2.6 + h_d/2.6} \tag{10-12}$$

如前所述，雷电大约有 90%为负极性。雷击塔顶时，绝缘子串挂导线端为正极性，因此 $U_{50\%}$应为绝缘子串的正极性放电电压，它要比 $U_{50\%}$绝缘子串负极性放电电压低一些。

我国 60kV 及以下电压等级的电网采用中性点非直接接地方式，上述雷击塔顶的情况，若雷电流超过耐雷水平，塔顶会对一相导线放电。由于工频电流很小，不能形成稳定的工频电弧，故不会引起线路跳闸，仍能安全送电。只有当第一相闪络后，再向第二相反击，导致两相导线绝缘子串闪络，形成相间短路时，才会出现大的短路电流，引起线路跳闸。

雷击塔顶，第一相绝缘闪络后，可以认为该相导线具有塔顶的电位。由于第一相导线与第二相导线的耦合作用，使两相导线电压差为

$$U_j' = (1-K_e)U_j = I\left(R_{ch} + \frac{L_{gt}}{2.6} + \frac{h_d}{2.6}\right)(1-K_e) \tag{10-13}$$

式中　K_e——两相导线间的耦合系数。

当U_j'大于或等于绝缘子串 $U_{50\%}$时，第二相导线也发生反击，形成两相短路，有可能引起

跳闸，由此得出线路耐雷水平为

$$I = \frac{U_{50\%}}{(1-K_e)(R_{ch} + L_{gt}/2.6 + h_d/2.6)} \tag{10-14}$$

10.1.3.2 有避雷线时的直击雷电过电压

有避雷线时，雷击线路的情况有 3 种：一是雷绕过避雷线而击于导线；二是雷击塔顶；三是雷击避雷线档距中央。

1. 雷绕过避雷线击于导线的过电压及耐雷水平

假设有一条输电线路，其长度为 100 km，穿过 40 个雷暴日地区，它所受到的雷击次数为 N，那么有多少次雷绕击于线路呢？把雷绕过避雷线击于导线的次数与雷击线路总次数之比称为绕击率 p_a，则

$$N_1 = p_a N \tag{10-15}$$

模拟试验和多年现场运行经验表明，绕击率与避雷线对外侧导线的保护角 α、杆塔高度 h 和地形条件等有关，规程建议用式（10-16）和式（10-17）进行计算。

对平原线路：

$$\lg p_a = \frac{\alpha\sqrt{h}}{86} - 3.90 \tag{10-16}$$

对山区线路：

$$\lg p_a = \frac{\alpha\sqrt{h}}{86} - 3.35 \tag{10-17}$$

式中 h——杆塔高度（m）；

α——保护角（°）。

发生绕击后线路上的过电压及耐雷水平可分别用式（10-7）、式（10-8）进行计算。

2. 雷击塔顶时的过电压及耐雷水平

雷击塔顶时，雷电流大部分经过被击杆塔入地，小部分电流则经过避雷线由相邻杆塔入地。雷击杆塔示意图及等效电路如图 10-6 所示。

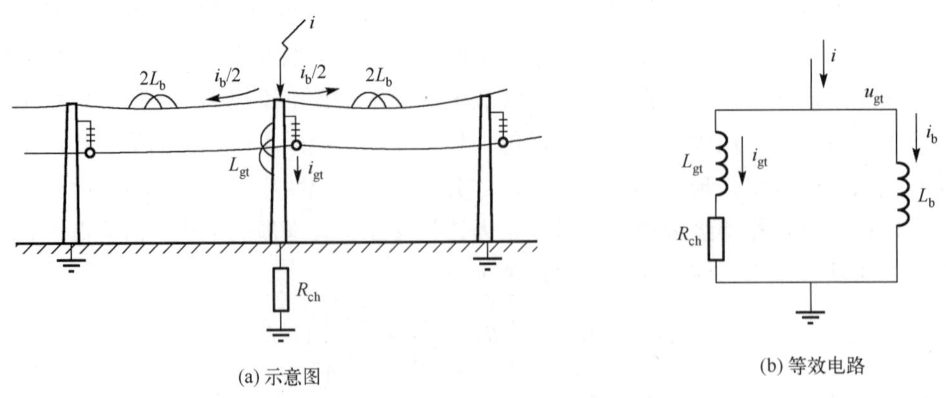

图 10-6 雷击杆塔示意图及等效电路

流经被击杆塔入地的电流 i_{gt} 与总电流 i 的关系可用式（10-18）表示：

$$i_{gt} = \beta_g i \tag{10-18}$$

式中　β_g——杆塔的分流系数，$\beta_g<1$。

由图 10-6(b)所示的等效电路可知，杆塔塔顶电位 u_{gt} 可以表示为

$$u_{gt} = i_{gt}R_{ch} + L_{gt}\frac{di_{gt}}{dt} \tag{10-19}$$

将式（10-18）代入式（10-19），可得

$$u_{gt} = \beta_g iR_{ch} + L_{gt}\beta_g\frac{di}{dt} \tag{10-20}$$

用 I/2.6 代替 di/dt，这样塔顶对地的电位幅值（kV）可写成

$$u_{gt} = \beta_g I\left(R_{ch} + \frac{L_{gt}}{2.6}\right) \tag{10-21}$$

式中　I——雷电流幅值（kA）。

将式（10-21）与式（10-9）进行比较可知，由于避雷线的分流作用，降低了雷击塔顶时的塔顶电位，分流系数 β_g 越小，塔顶电位就越低。

β_g 值可由图 10-6(b)所示的等效电路求出。电流为斜角波，即 $i=\alpha t$，则可建立下列方程：

$$R_{ch}\beta_g\alpha t + L_{gt}\beta_g\alpha = L_b d\frac{\alpha t - \beta_g\alpha t}{dt} \tag{10-22}$$

由此可得

$$\beta_g = \frac{1}{1+\dfrac{L_{gt}}{L_b}+\dfrac{R_{ch}}{L_b}t} \tag{10-23}$$

β_g 与雷电流陡度无关，随时间而变化。为了便于计算，工程上 t 值取 0～2.6μs 的平均值，因此有

$$\beta_g = \frac{1}{1+\dfrac{L_{gt}}{L_b}+1.3\dfrac{R_{ch}}{L_b}} \tag{10-24}$$

对于一般长度的档距，β_g 值可按表 10-1 查出。

表 10-1　分流系数 β_g

额定电压/kV	110	220	330	500
单避雷线	0.90	0.92	—	—
双避雷线	0.86	0.88	0.88	0.865～0.822

避雷线与塔顶相连，所以避雷线也将具有相同的电位 U_{gt}，避雷线与导线之间存在耦合，极性与雷电流相同，因此，作用在绝缘子串的这一部分电压为

$$U_{gt} - K_e U_{gt} = U_{gt}(1-K_e) = \beta_g I\left(R_{ch} + \frac{L_{gt}}{2.6}\right)(1-K_e) \tag{10-25}$$

同样，计及雷击塔顶时在导线上出现的感应过电压部分，加之避雷线的存在，可用

式（10-6）计算求得

$$U'_{g}=(1-K_{e})U_{g}=\alpha h_{d}(1-K_{e})=\frac{I}{2.6}h_{d}(1-K_{e}) \tag{10-26}$$

式（10-25）与式（10-26）叠加，此时作用在绝缘子串上的电压为

$$U_{j}=\beta_{g}I\left(R_{ch}+\frac{L_{gt}}{2.6}\right)(1-K_{e})+\frac{Ih_{d}}{2.6}(1-K_{e})=I\left(\beta_{g}R_{ch}+\beta_{g}\frac{L_{gt}}{2.6}+\frac{h_{d}}{2.6}\right)(1-K_{e}) \tag{10-27}$$

若 U_j 等于或大于绝缘子串冲击放电电压 $U_{50\%}$，绝缘子串将会出现闪络。这样，雷击塔顶的耐雷水平 I 为

$$I=\frac{U_{50\%}}{(1-K_{e})\left[\beta_{g}\left(R_{ch}+L_{gt}/2.6\right)+h_{d}/2.6\right]} \tag{10-28}$$

雷击塔顶的耐雷水平与杆塔的接地电阻、分流系数、导线与避雷线之间的耦合系数 K_e、杆塔等效电感 L_{gt} 及绝缘子串冲击放电电压 $U_{50\%}$ 有关。工程上常采取降低接地电阻 R_{ch}，提高耦合系数 K_e 作为提高耐雷水平的主要手段。对于一般高度的杆塔，接地电阻 R_{ch} 上的电压降是塔顶电位的主要成分。耦合系数 K_e 的增大可以减小雷击塔顶时作用在绝缘子串上的电压，也可以减小感应过电压分量，提高耐雷水平。因此，一般会将单避雷线改为双避雷线，甚至在导线下方增设耦合地线，其作用是增强导线、地线间的耦合作用。

3. 雷击避雷线档距中央的过电压及其空气间隙

雷击避雷线档距中央示意图如图 10-7 所示。

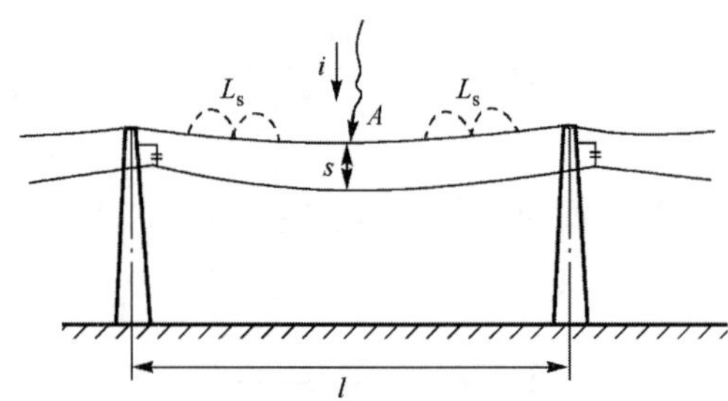

图 10-7 雷击避雷线档距中央示意图

由于雷击点距杆塔有一段距离，在两侧接地杆塔处发生的负反射需要一段时间才能回到雷击点而使该点电位降低。在此期间，雷击点地线上会出现较高的电位。这可用近似的集中参数的等效电路来分析，求得 A 点的过电压。设档距避雷线电感为 $2L_s$，雷电流取斜角波，即 $I=\alpha t$，则

$$U_{A}=\frac{1}{2}L_{s}\frac{\mathrm{d}I}{\mathrm{d}t}=\frac{1}{2}L_{s}\alpha \tag{10-29}$$

A 点与导线空气间隙绝缘上所承受的电压 U_s 为

$$U_{s}=U_{A}(1-K_{e})=\frac{1}{2}\alpha L_{s}(1-K_{e}) \tag{10-30}$$

式中　K_e——导线与避雷线间的耦合系数。

研究雷击避雷线档距中央的过电压是为了确定档距中央，导线与避雷线间的空气距离 s，如图 10-7 所示。

根据理论分析和运行经验，我国有关规程规定，在档距中央，导线与避雷线之间的空气距离 s(m)由式（10-31）求得

$$s \geqslant 0.012l+1 \tag{10-31}$$

式中 l——档距（m）。

电力系统多年的运行经验表明，按式（10-31）求得的 s 是足够可靠的，即只要满足上述要求，雷击避雷线档距中央时，导线与避雷线间一般不会发生闪络。所以，在计算雷击跳闸率时，不计及这种情况。

10.1.4 输电线路雷击跳闸率

雷击输电线路的跳闸次数与线路可能受雷击的次数有密切关系。而线路可能受雷击的次数与线路的等效受雷击宽度、每个雷暴日每平方公里地面的平均落雷次数、线路长度及线路所经过地区的雷电活动程度有关。根据模拟试验和运行经验，一般高度线路的避雷线和导线对地面的遮蔽宽度取 $4h_d+b$，h_d 是上导线的平均高度，b 为避雷线之间的宽度，这样 100 km 长的输电线路对地面的遮蔽面积或受雷害面积（km^2）为

$$A=\left(4h_d+b\right)\times 10^{-3}\times 100=0.1\left(4h_d+b\right) \tag{10-32}$$

地面落雷密度 γ 为 0.07，如果取每年 40 个雷暴日作为标准值，此时，每百公里输电线路受到的雷击次数［次/(100km·40 个雷暴日)］为

$$N=0.28\left(4h_d+b\right) \tag{10-33}$$

由前面的分析可知，雷击输电线路的部位不同，它们的耐雷水平也不同。由式（10-32）及式（10-33）可以计算出有避雷线线路的绕击率。

雷击塔顶及杆塔附近避雷线的次数由运行经验可以得出，雷击杆塔次数与雷击线路总数的比例称为击杆率 g，如表 10-2 所示。

表 10-2 击杆率 g

避雷线根数	0	1	2
平原	1/2	1/4	1/6
山区	—	1/3	1/4

线路因雷击而跳闸，有可能是由反击引起的，也可能是由绕击造成的，这两部分之和即线路总的雷击跳闸率。

10.1.4.1 反击跳闸率

由雷击点部位来看，反击包括两部分：一是雷击塔顶及杆塔附近的避雷线，雷电流经杆塔入地，造成塔顶具有较高的电位，使绝缘子闪络；二是雷击避雷线档距中央。前已分析，只要空气间隙符合规程要求，雷击避雷线档距中央一般不会发生闪络，当然不会引起反击跳闸。因此可以认为，反击跳闸率主要是由第一种情况决定的。

由表 10-2 可查出击杆率，也就是说，每百公里线路在 40 个雷暴日下，雷击杆塔的次数 $N_g=0.28\left(4h_d+b\right)g$，雷电流幅值大于雷击塔顶的耐雷水平 I_1 的概率 p_1 由式（9-1）求得，建

弧率η由式（10-1）［关于其中E的公式，中性点有效接地电网采用式（10-2），非有效接地电网采用式（10-3）］求得。那么，每百公里线路，40个雷暴日，每年因雷击塔顶造成的跳闸次数［次/(100km·40个雷暴日)］为

$$n_1 = 0.28\left(4h_{\mathrm{d}} + b\right)g\eta p_1 \tag{10-34}$$

10.1.4.2 绕击跳闸率

线路绕击率为p_{a}，每百公里每年绕击次数为Np_{a}=0.28(4h_{d}+b)p_{a}，雷电流超过耐雷水平I_2的概率为p_2，建弧率为η，每百公里线路因绕击造成的跳闸次数［次/(100km·40个雷暴日)］为

$$n_2 = 0.28\left(4h_{\mathrm{d}} + b\right)p_{\mathrm{a}}\eta p_2 \tag{10-35}$$

综上所述，对于中性点直接接地，有避雷线的线路跳闸率［次/(100km·40个雷暴日)］为

$$n = n_1 + n_2 = 0.28\left(4h_{\mathrm{d}} + b\right)\eta\left(gp_1 + p_{\mathrm{a}}p_2\right) \tag{10-36}$$

顺便指出，在中性点非直接接地的电网中，无避雷线（金属或钢筋混凝土杆塔线路）的线路雷击跳闸率［次/(100km·40个雷暴日)］可用式（10-37）进行计算：

$$n = 0.28\left(4h_{\mathrm{d}} + b\right)\eta p_1 \tag{10-37}$$

式中　h_{d}——上导线的平均高度（m）；

η——建弧率；

p_1——雷击使线路一相导线与杆塔闪络后，再向第二相导线反击时耐雷水平[用式（10-14）计算求得]的雷电流概率。

输电线路防雷是一个重要课题，人们从电网建设初期就开始对其进行研究，已经获得了许多经验，建立了一系列的国际、国家、行业规程（法规）。一些防止雷害的措施也得到了现场实践的检验，并证明上述分析和计算是行之有效的。也可以说，对220kV及以下电压等级，国家现有规程基本是适用的，国际上也是类似的。然而，到330kV及以上电压等级时，如美国的一条单避雷线、双回、塔高45m的345kV线路，运行雷击跳闸率与设计雷击跳闸率差异极大，按相关标准计算为0.5次/(100km·年)，而实际运行测得的值是8.4次/(100km·年)。后来，在线路上安装了“寻雷器”，对110～345kV、640km线路进行调查，发现在111次雷击中，103次为负极性，跳闸94次，其中绕击51次，反击52次，绕击几乎占了一半。

国内外的研究与现场运行经验表明：随着电压等级的提高，由于线路耐受反击的能力大大提高，使得绕击在线路雷击跳闸中占有很大比例。例如，广东电力部门统计表明，在500kV线路中，绕击是线路雷击跳闸率中的主要部分。同样，因为输电线路电压等级的提高，以及同塔多回输电线路结构的特点，如杆塔高、线路保护角大、经过地区地形复杂等因素，使得雷电来自的方向发生了变化，基于雷电来自输电线路上方的分析方法和计算公式当然就不适用了，这是很自然的。

按照我国有关规程去计算330kV及以上电压等级的雷击跳闸率也同样存在类似的问题，特别是输电线路绕击的计算。后来出现了“绕击的电气几何模型”，其基本出发点：当雷电先导在输电线路附近空间发展时，究竟雷电击中输电线路的避雷线（杆塔），还是击中导线、地面，取决于雷电流的幅值，哪一个距离近就打到哪一个部位上，而这个距离和雷电流幅值有关，因此该模型有时也称为“等击距”电气几何模型。目前许多国家对其进行了实际试验，并将试验的数据进行拟合，得到了类似的计算公式。尽管“绕击的电气几何模型”与试验之

间存在一定的差异，但它能很好地解释线路绕击率增加，并导致跳闸率提高这个现象。虽然其在数值计算上还存在一些不足，需要进一步完善，如雷电不一定始终沿着最短路径发展等，但人们正在进行这方面的工作。这项工作的困难是显而易见的，雷电本身是一个随机的自然现象，描述它特性的参数也具有“概率”的含义，因此人们研究出的方法要获得试验上的验证也是非常困难的。

10.1.5　架空绝缘线路防雷技术措施

传统输电线路可认为是裸导线，而配电线路要经过果园、市区树木、建筑物等，需要绝缘功能，防止接地短路。

在多种架空绝缘线路防雷技术中，采用架空避雷线、金属氧化物避雷器、线路过电压保护器的 3 种技术，在各供电公司所属架空绝缘配电线路中都已被普遍应用。值得一提的是，线路过电压保护器的防雷效果是稳定和显著的。

1. 架设架空避雷线

通过架设架空避雷线来防雷击的方法是输电线路防雷保护最基本和最有效的措施。

避雷线的主要作用是防止雷直击导线，同时还具有以下作用。

（1）避雷线具有分流作用，其能够减小流经杆塔的雷电流，降低塔顶电位。

（2）避雷线具有对导线的耦合作用，其可以减小线路绝缘子的电压。

（3）避雷线还具有对导线的屏蔽作用，因此其可以降低导线上的感应过电压。

一般来讲，线路的电压越高，采用避雷线的效果则会越好，并且避雷线在线路造价中所占的比重也会有一定的降低。因此，110kV 及以上电压等级的输电线路都应全线架设架空避雷线。

2. 安装金属氧化物避雷器

金属氧化物避雷器（Metal Oxide Arrester，MOA），也称为氧化锌避雷器。氧化锌材料具有优良的非线性伏安特性，可以使正常工作电压下，流过避雷器的电流达到微安级，甚至是毫安级。同时可以在过电压作用下，使电阻急剧下降，从而释放出过电压的能量，达到保护线路的效果。金属氧化物避雷器和传统避雷器的差异是它没有放电间隙，仅利用氧化锌的非线性伏安特性就可以起到泄流和开断的作用。但金属氧化物避雷器在运行期间，需要长期承受工频电压，极易存在外绝缘污闪、氧化锌阀片老化及阈值下降等问题，需要定期维护或更换。

3. 采用线路过电压保护器

线路过电压保护器采用的是限流消弧圈的工作原理，其通过限流元件能够达到快速切断工频续流的目的，不需要通过断路器跳闸来灭弧，也不会造成供电中断或影响供电质量，从而可有效地限制雷电过电压。

采用线路过电压保护器可以有效限制雷电过电压，可以防止雷击断线事故，降低雷击跳闸的概率。线路过电压保护器在正常工作时不需承受运行工频电压，因此设备的使用寿命长，可以不必经常维护。线路过电压保护器在安装过程中不需要剥开导线的绝缘层，安装较其他方式更加简单。但是，线路过电压保护器只能用于防护击穿绝缘导线的雷击过电压，对于其他类型的过电压不能起到有效的防护作用，还需要采用导线终端或是金属氧化物避雷器来限制其他类型的过电压。

4. 安装电导型放电绝缘子

还有一种防雷措施，即在绝缘导线的固定处剥开导线的绝缘层，加装引弧放电间隙及特殊设施的金属线夹，即安装电导型放电绝缘子。安装电导型放电绝缘子的过程简单方便，但在安装过程中必须剥开导线绝缘层。雷电闪络引起的工频续流，可以在金属线夹上引发燃弧，从而导致线路的断路器跳闸，可以达到避免烧伤绝缘子并且保护导线的目的。

5. 关于防雷接地装置

1）配电变压器的接地电阻

按照《架空配电线路及设备运行规程》（SD 292—1988）的规定，总容量为100kVA及以上的变压器，其接地装置的接地电阻不应大于 4Ω，每个重复接地装置的接地电阻不应大于10Ω；总容量为100kVA以下的变压器，其接地装置的接地电阻不应大于10Ω且重复接地不应少于3处。

2）柱上开关

柱上开关可以作为隔离开关和熔断器的防雷装置，该接地装置的接地电阻，应小于等于10Ω。

3）降低杆塔的接地电阻

该方法可以有效提高架空线路的耐雷电水平。对于架设有避雷线的配电线路，其杆塔接地电阻不宜过大。

4）有效利用杆塔自然接地电阻

对于土壤电阻率较低的地区，应充分利用杆塔的自然接地电阻。可以通过采用与架空线路平行的地中伸长地线办法，通过其与导线之间的耦合作用，降低绝缘子串上的电压，使架空线路的耐雷电水平得以提高。

在确定架空绝缘配电线路的防雷方式时，应该全面考虑架空线路的重要程度、线路经过地区的土壤电阻率、系统的运行方式、线路经过地区的地形地貌特点、架空线路经过地区的雷电活动状况等因素。最重要的是必须充分降低接地电阻的大小，从而完善防雷接地装置，以便更加有效地导泄雷电流，消除过电压对设备的危害。

10.2 发电厂和变电所的防雷保护

发电厂、变电所是电力系统的中心环节，电力系统的重要设备——发电机、变压器、断路器等都安装在其内。如果它们受到雷击而损坏，将带来大面积的停电事故，造成很大的经济损失，因此，必须采取可靠的防雷措施。

发电厂和变电所的雷害事故来自两个方面：一是雷直击于发电厂、变电所；二是雷击输电线路产生的雷电波沿线路侵入发电厂和变电所。

对直击雷的防护一般采用避雷针或避雷线。对侵入波防护的主要措施是在变电所、发电厂内安装避雷器以限制电气设备上的过电压幅值；同时在发电厂、变电所的进线保护段上采取相应措施，以限制流过阀式避雷器的雷电流和降低侵入波的陡度；对于直配电机，在电机母线上装设电容器以降低侵入波的陡度，使电机的匝间绝缘和中性点绝缘不受损坏。SF_6 气体绝缘全封闭变电所的出现，新型金属氧化物避雷器的应用，给发电厂、变电所的雷电过电压防护带来了新的特点。

10.2.1　发电厂和变电所的直击雷保护

为了防止发电厂、变电所的电气设备及其他建筑物遭受直接雷击，需要装设避雷针或避雷线，使所有被保护物体都处于避雷针或避雷线的保护范围之内；可以采用避雷针和接地网防止直击雷的危害；同时还应采取措施，防止雷击避雷针时对被保护物体的反击。

10.2.1.1　装设避雷针（线）的原则

装设的避雷针和避雷线应该使所有设备均能处于其保护范围之内。被保护的设备主要包括室外配电装置、烟囱、冷却塔等高建筑物，易燃、易爆装置及材料仓库等。雷击于避雷针及避雷线后，避雷针和避雷线的地电位有可能会有一定程度的提高，如果它们与被保护设备之间的距离不够大，则有可能在避雷针、避雷线与被保护设备之间发生放电，这种现象称为避雷针和避雷线对电气设备的反击，或称为逆闪络。此类放电现象不但会在空气中发生，还会在地下接地装置间发生，一旦出现，高电位就将加到电气设备上，从而导致电气设备的绝缘损坏。

避雷针的装设可分为独立避雷针和装设在配电装置构架上的避雷针即构架避雷针。

我国有关规程做出以下规定。

（1）35kV 及以下电压等级的配电装置应采用独立避雷针来保护。

（2）60kV 电压等级的配电装置，在土壤电阻率 ρ>500Ω·m 的地区宜采用独立避雷针，在 ρ<500Ω·m 的地区容许采用构架避雷针。

（3）110kV 及以上电压等级的配电装置，一般允许将避雷针装设在构架上。但在土壤电阻率 ρ>1000Ω·m 的地区，仍宜装设独立避雷针，以免发生反击。

10.2.1.2　避雷针（线）的设计计算

1. 独立避雷针

如图 10-8 所示，当雷击独立避雷针时，雷电流经过独立避雷针及接地装置流入大地。在独立避雷针的 A 点（高度为 h）及接地装置的 B 点将出现电位 U_A、U_B（kV）。

$$U_A = L\frac{\mathrm{d}i}{\mathrm{d}t} + iR_{\mathrm{ch}} \tag{10-38}$$

$$U_B = iR_{\mathrm{ch}} \tag{10-39}$$

式中　L——AB 段独立避雷针的电感（μH）；

i——流过独立避雷针的雷电流（kA）；

di/dt ——雷电流的陡度（kA/μs）；

R_{ch}——接地装置的冲击电阻（Ω）。

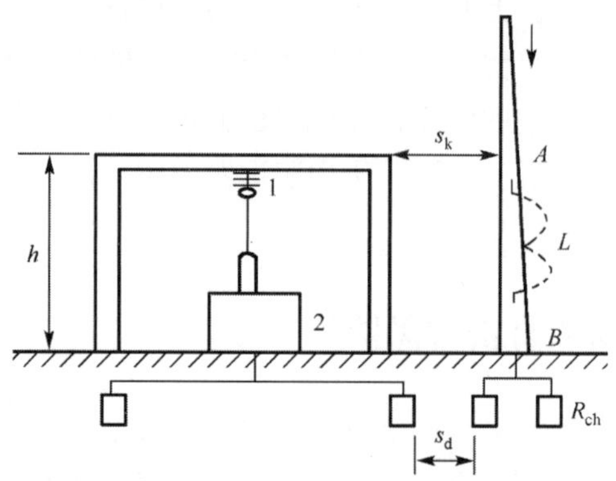

图 10-8　雷击独立避雷针时的高电位分析

在了解上述参数后，即可以计算出 U_A、U_B。

为了防止独立避雷针对被保护物体发生反击，独立避雷针与被保护物体之间的空气间隙应有足够的距离 s_k；同样地，地下接地装置之间为了防止反击，也要有足够的距离 s_d。

有关规程建议雷电流幅值 I 取 140～150kA，L=1.7μH/m，空气击穿场强为 500kV/m，土壤击穿场强为 300kV/m，di/dt 按斜角波头 τ_f=2.6μs 计算。根据运行经验，对 s_k、s_d（m）提出如下要求：

$$s_k \geqslant 0.2R_{ch} + 0.1h \tag{10-40}$$

$$s_d \geqslant 0.3R_{ch} \tag{10-41}$$

2. 架构避雷线

和避雷针保护一样，保证避雷线保护可靠性的关键，仍然是正确计算雷击时在避雷线上和接地装置上产生的过电压。为了保证空气、地下间隙不发生反击，空气间隙应有足够的距离 s_k，地下接地装置之间也要有一定的距离 s_d。

采用架构避雷线保护，有两种布置形式：一种形式是避雷线一端经配电装置构架接地，另一端绝缘；另一种形式是避雷线两端接地。

（1）一端绝缘、另一端接地的避雷线：

$$s_k \geqslant 0.2R_{ch} + 0.1(h + \Delta l) \tag{10-42}$$

$$s_d \geqslant 0.3R_{ch} \tag{10-43}$$

式中　h——避雷线支柱的高度（m）；

Δl ——避雷线上校验的雷击点与接地支柱的距离（m）；

R_{ch}——接地装置的冲击电阻（Ω）。

（2）两端接地的避雷线：

$$s_k \geqslant \beta'^{[0.2R_{ch} + 0.1(h+\Delta l)]} \tag{10-44}$$

$$\beta' \approx \frac{l_2 + h}{l_2 + \Delta l + 2h} \tag{10-45}$$

$$s_d \geqslant 0.3\beta' k_{ch} \tag{10-46}$$

式中 β' ——避雷线的分流系数；

Δl ——避雷线上校验的雷击点与最近支柱间的距离（m）；

l——避雷线两支柱间的距离（m）；

l_2——避雷线上校验的雷击点与另一端支柱间的距离（m），$l_2 = l - \Delta l$。

避雷针、避雷线的 s_k 一般不宜小于 5m，s_d 一般不宜小于 3m，在可能的情况下，应适当地加大。

10.2.1.3 安装注意事项

1. 构架避雷针

构架避雷针的构架离电气设备较近，若要安装构架避雷针，必须保证避雷针与设备之间不会发生反击。110kV 及以上电压等级的配电装置的绝缘较强，在土壤电阻率较低的地区不易发生反击，因此可装设构架避雷针。但在土壤电阻率大于 1000Ω·m 的地区，不宜安装构架避雷针。

35kV 及以下电压等级的配电装置的绝缘较弱，可以装设独立避雷针。

发电厂厂房一般不装设避雷针，以避免发生感应或反击情况，使得继电保护误动作，造成线路绝缘损坏。

2. 避雷线

避雷线有两端分流的特点，当雷击时，它比避雷针引起的电位升高小一些。变电所的配电装置至变电所出线的第一个杆塔之间可以采用避雷线，使最后一档线路也可以受到保护，降低了成本，使防雷措施更加经济。我国有关规程规定如下。

（1）110kV 及以上电压等级的配电装置，可将线路的避雷线引接到出线门形构架上，但土壤电阻率大于 1000Ω·m 的地区，应加装 3～5 根接地极。

（2）35～60kV 电压等级的配电装置，在土壤电阻率低于 500Ω·m 的地区，允许将线路的避雷线引接到出线门形构架上，但应装设 3～5 根接地极；当土壤电阻率大于 500Ω·m 时，避雷线应终止于线路终端杆塔，进变电所一档线路可装设避雷针进行保护。

10.2.2 发电厂和变电所的行波保护

为防止雷电波侵入变电所损坏电气设备，一般从两方面采取保护措施：一是使用阀式避雷器，限制来波的幅值；二是在距变电所适当的距离内，装设可靠的进线保护段，利用导线高幅值侵入波所产生的冲击电晕，降低侵入波的陡度和幅值，利用导线自身的波阻抗限制流过阀式避雷器的冲击电流幅值。

10.2.2.1 避雷器的保护作用

安装避雷器是限制变电所侵入波的主要措施，避雷器动作后，可将来波的幅值加以限制。如果避雷器和被保护设备直接接在一起，则由避雷器的保护特性——冲击放电电压和残压来决定避雷器上的电压，也就是作用在被保护设备绝缘上的电压。但是在变电所中，不可能也没有必要在每个电气设备旁都装一组避雷器，一般只在变电所母线上安装避雷器，它除了保护变压器，还要对其他设备提供保护。这样，避雷器与各个电气设备之间就不可避免地要有一定距离的电气引线。在这种条件下，作用在被保护设备上的过电压数值是必须注意的问题。

1. 避雷器保护的动作过程

电压波侵入时的避雷器电压图解如图 10-9 所示，当避雷器动作后，其电压波形可由图解法或解析法求得。由图 10-9(b)可以看出，电压波有冲击放电电压（A 点）及残压（B 点）两个峰值。因为避雷器的伏秒特性较平，一般冲击放电电压不随入射波陡度而变，可视为一定值；残压虽与流过避雷器中的电流有关，但阀片是非线性的，在流过避雷器雷电流的很大范围内，残压的变化仍很小，通常避雷器的残压与其全波冲击放电电压大致相等，这样避雷器上的电压波形可简化成一个斜角平顶波。上述结果是在有间隙阀式避雷器动作后得到的。对于金属氧化物避雷器，该过程也是类似的。金属氧化物避雷器不但有很好的非线性伏安特性，而且不出现间隙放电时有一个负的电压跃变现象，也就是说，开始时，避雷器端点电压始终是上升的，但到一定数值以后，电压几乎不随电流增大而上升。

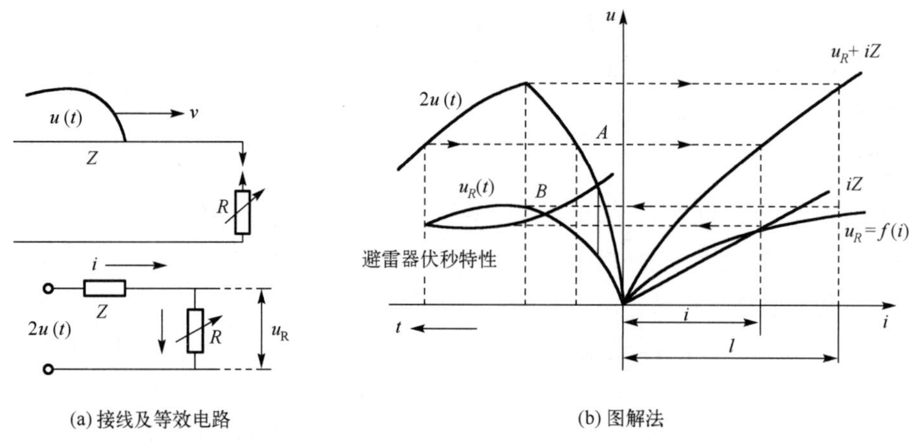

(a) 接线及等效电路 (b) 图解法

图 10-9 电压波侵入时的避雷器电压图解

2. 被保护设备上的过电压

前面说过，如果将被保护设备和避雷器接在一起，那么避雷器端部电压就是加到被保护设备上的电压，只要此值不超过设备的耐受能力，即可安全运行。在变电所中，避雷器与被保护设备之间总有一段电气距离，在这种情况下，当阀式避雷器动作时，由于波的折射与反射，会使作用于被保护设备上的电压高于避雷器的冲击放电电压或残压，从而影响了避雷器的保护效果。

图 10-10 所示为阀式避雷器保护变压器的原理接线图。假设避雷器与变压器的电气距离为 i，陡度为 a（kV/μs）、速度为 v 的波向避雷器袭来，设 t=0 时，入射波到达避雷器，该处的电压将按 $u_R = at$ 上升，如图 10-11 所示的虚线 1。经过时间 τ=l/v，波到达变压器端部。若不计变压器的入口电容，波到达端部时，将发生全反射。图中虚线 2 为端部的入射波，反射波应与它相同，变压器上的电压应为入射波和反射波的和，即 $U_{\mathrm{T}} = 2a\left(t-\tau\right)$，其陡度为 $2a$，用虚线 3 表示，可见斜率为虚线 2 的 2 倍。当 $t \geqslant 2\tau$ 时，$U_R = at + a\left(t-2\tau\right)$。在 2τ 至避雷器动作前这段时间内，$u_R = u_{\mathrm{T}}$。假设 u_{T} 在 t=t_0 时上升到避雷器的放电电压，避雷器动作，限制了 R 点电压

u_R 的继续上升，由于阀片的非线性特性，u_R 的曲线基本上为水平直线。避雷器放电后限制电压的效果需经过时间 τ，即 $t=t_0+\tau$ 才能到达变压器。在这段时间内，变压器上的电压仍以 $2a$ 的陡度继续上升。由图清晰可见，变压器上的最大电压将比避雷器上的电压高出 Δu，数值为

$$\Delta u = 2a\tau = 2a\frac{l}{v} \tag{10-47}$$

也就是说，变压器上的电压应为

$$u_{\mathrm{T}} = u + \Delta u = u_R + 2a\frac{l}{v} \tag{10-48}$$

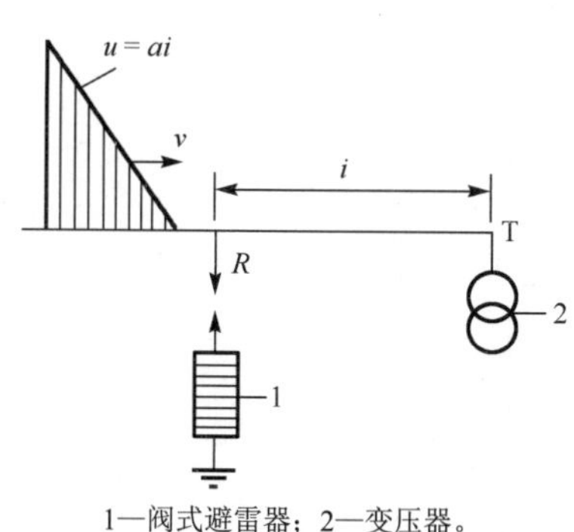

图 10-10　阀式避雷器保护变压器的原理接线图

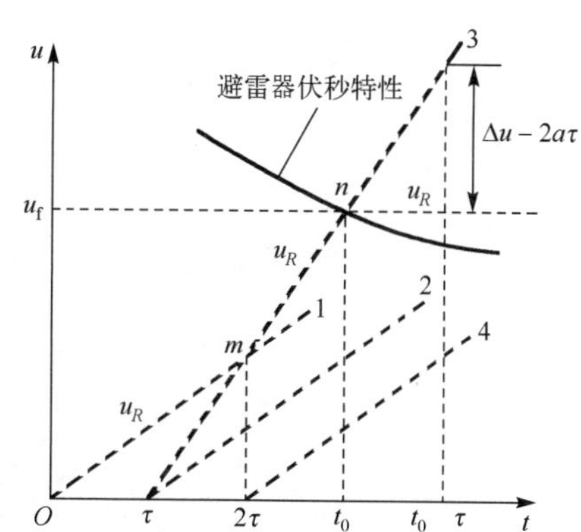

图 10-11　阀式避雷器保护设备时避雷器及设备上电压的波形

为了保证变压器上的电压不超过一定的允许值，避雷器与变压器之间的电气距离应有一定限度，也就是有一定的保护距离。

在实际的变电所中，变压器有一定的入口电容，避雷器与变压器之间的连线也有电感、电容。计及这些参数后，避雷器动作后在避雷器与变压器之间的波过程会复杂化。

图 10-12 所示为雷电波侵入时变压器上电压的典型波形，这与前面理论分析的结果是一致的。这种波形与全波相差较大，对变压器绝缘的作用与截波的作用较为接近，因此常用变压器绝缘耐受截波的能力来说明在运行中该变压器承受雷电波的能力。这样变压器与避雷器之间允许的最大电气距离 l_{m} 应为

$$l_{\mathrm{m}} \leqslant \frac{u_j - u_R}{2a/v} \tag{10-49}$$

若以空间陡度 a'（kV/m）计算，式（10-49）可改写成

$$l_{\mathrm{m}} \leqslant \frac{u_j - u_R}{2a'} \tag{10-50}$$

以上是从最简单的情况来考虑的，事实上，设备的电容、变电所引出线的阻抗、冲击电晕和避雷器电阻的衰减作用等均可使情况变得有利。

式（10-50）表明，l_{m} 不但与 $u_{\mathrm{j}}-u_R$ 的值有关，而且与雷电流侵入波的陡度 a（a'）有关。

图 10-13、图 10-14 所示为根据模拟试验求得的避雷器与变压器的最大电气距离 l_{m} 与侵入波计算陡度 a'的关系曲线，其中 35～220kV 级按普通阀式碳化硅避雷器进行计算；330kV 级按磁吹阀式碳化硅避雷器进行计算。变电所中其他设备的冲击耐压值比变压器高，它们与

避雷器的最大允许电气距离比图 10-13、图 10-14 所示的相应地增大 35%。由于金属氧化物避雷器的性能更优越，所以设备与避雷器的最大允许电气距离将进一步增大。

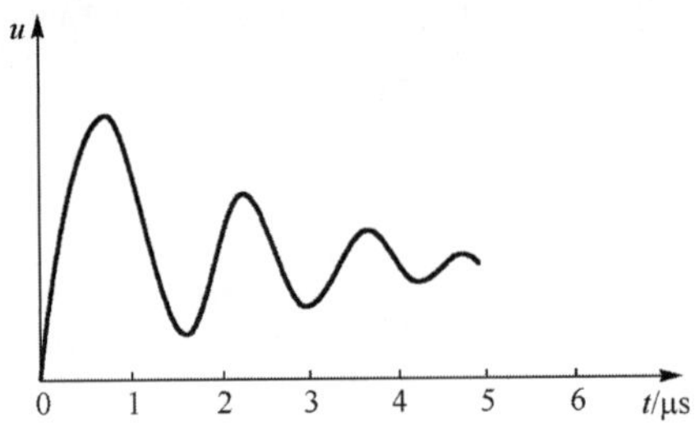

图 10-12　雷电波侵入时变压器上电压的典型波形

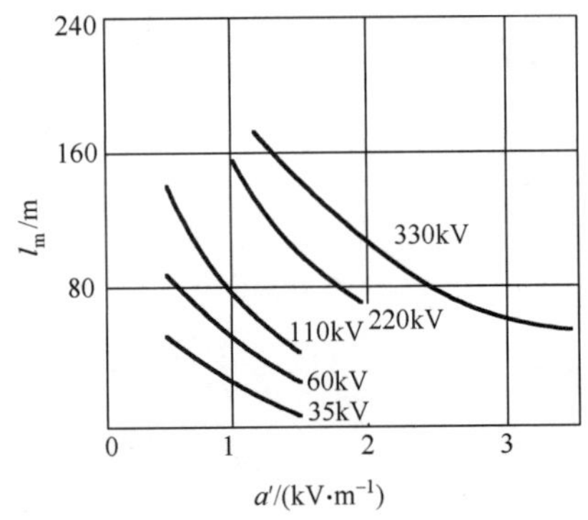

图 10-13　一路进线的变电所中，避雷器与变压器的最大电气距离与侵入波计算陡度的关系曲线

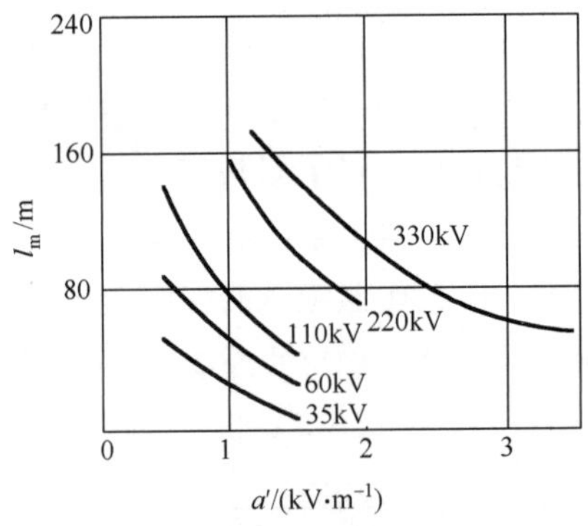

图 10-14　两路进线的变电所中，避雷器与变压器的最大电气距离与侵入波计算陡度的关系曲线

显而易见，由于金属氧化物避雷器的非线性特性好，在规定的电流下，和碳化硅避雷器相比，其残压会更低，使得被保护设备与避雷器允许的最大电气距离进一步增大，也可以说，金属氧化物避雷器可以保护更多的电气设备。

10.2.2.2　变电所的进线保护

当线路遭受雷击时，将有行波沿导线向变电所运动，其幅值不超过线路的冲击放电电压。线路的冲击耐压比变电所设备的冲击耐压要高得多。如果没有架设避雷线，那么当靠近变电所的线路上受到雷击时，不但流过避雷器的雷电流幅值可能超过规定值，而且陡度也会高于允许值，从而会使变电所遭受雷害。因此，在靠近变电所的一段进线上必须加装避雷针（线），使得这一段线路绕击和反击于导线的概率都非常小，以减少变电所的雷害事故。

对于 35～110kV 线路，并不要求全线架设避雷线进行保护，但在靠近变电所的 1～2km 范围内应装设避雷线、避雷针或其他防雷装置，通常称此线段为进线段。

对全线架设避雷线的线路来说，靠近变电站附近 2km 长的一段线路也叫作进线段。它除了线路防雷，还担负着避免或减少变电所雷电行波事故的作用。

在上述两种情况下，进线段的耐雷水平要达到有关规程规定的值，以减少反击；同时保护角不超过 20°，以减少这段线路的绕击。

1. 流过避雷器的冲击电流

图 10-15 所示为变电所行波保护接线。可以认为，最危险的雷击只能发生在进线段的首端，且来波的幅值一般被限制在进线段绝缘的 $U_{50\%}$。

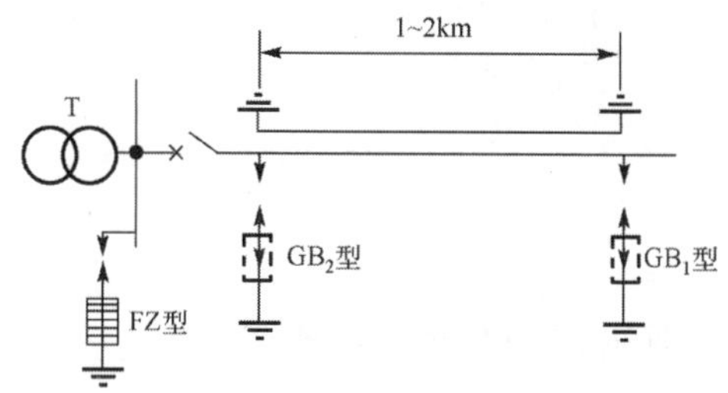

(a) 未沿全线架设避雷线的 35～110kV 线路进线保护

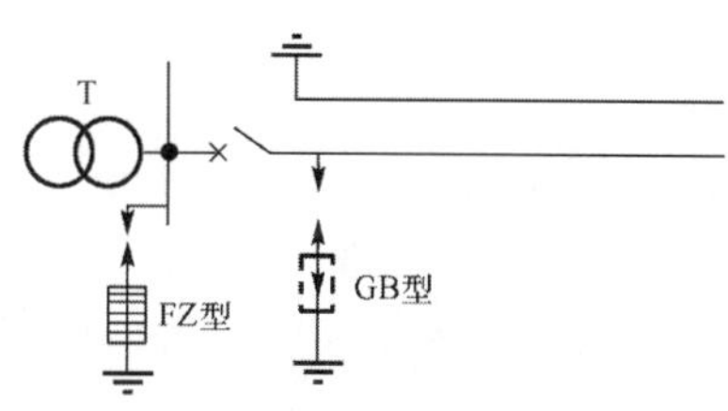

(b) 全线架设避雷线的变电所进线保护

图 10-15　变电所行波保护接线

由于波在 1～2km 进线段来回一次的时间为 $2l/v \geqslant$（2000～4000）/300μs≈6.7～13.3μs，它已超过进波的波头时间，即避雷器动作产生的负反射波折回到落雷点，又在该点产生负反射波再到达避雷器从而加大电流时，流过避雷器的电流早已超过峰值。因此可用图 10-16(b) 所示的等效电路进行计算，由图可列出方程：

$$2U_{50\%} = IZ + u_R \tag{10-51}$$

$$u_R = f(I) \tag{10-52}$$

式中　$U_{50\%}$——侵入电压波（kV）；

Z——线路波阻抗（Ω）；

$f(I)$——阀式避雷器的伏安特性。

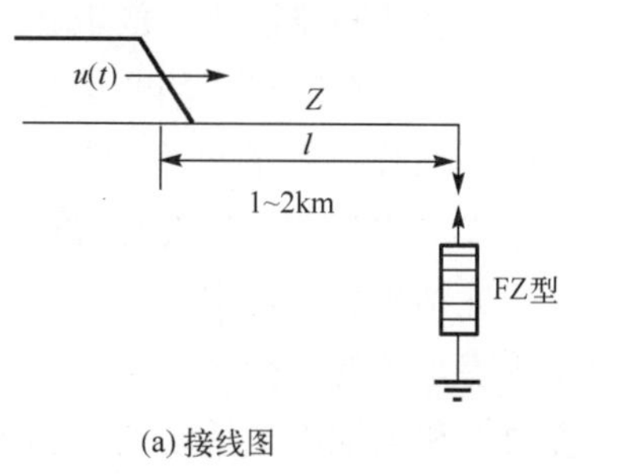

(a) 接线图

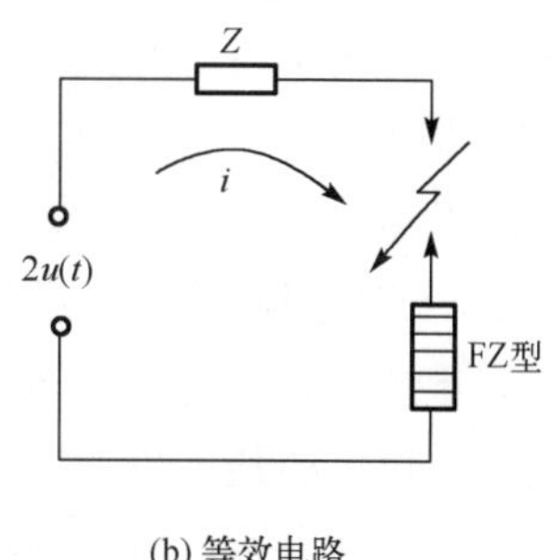

(b) 等效电路

图 10-16　一条出线时，计算避雷器中电流的电路

用图解法或解析法求解上述方程，可得

$$I = \frac{2U_{50\%} - u_R}{Z} \tag{10-53}$$

2. 陡度 a

在最不利的情况下，如在进线段首端落雷，侵入雷电波最大幅值为线路的 50%冲击闪络电压。当此电压幅值超过导线的临界电晕电压时，导线在侵入雷电波的作用下将发生冲击电晕。电晕要消耗能量，将导致侵入雷电波的衰减与变形，其波头长度可按式 $\Delta\tau = \left(0.5 + \frac{0.008u}{h_{\mathrm{dp}}}\right)l$ 进行计算。

若雷击时在进线段首端反击，则导线上便突然出现雷电波，其波头长度 τ_0 接近于零，此波经过距离 l_0 后，其陡度 a（kV/μs）为

$$a = \frac{U}{\Delta\tau} = \frac{U}{\left(0.5 + \frac{0.008U}{h_{\mathrm{dp}}}\right)l_0} = \frac{l}{\left(\frac{0.5}{U} + \frac{0.008}{h_{\mathrm{dp}}}\right)l_0} \tag{10-54}$$

式中 h_{dp}——进线段导线平均高度（m）；

l_0——进线段长度（km）。

在比较短的距离 l_0 内，可令波速为 300m/μs，且用 a'（kV/m）来表示，则

$$a' = \frac{a}{300} = \frac{l}{\left(\frac{150}{U} + \frac{2.4}{h_{\mathrm{dp}}}\right)} \tag{10-55}$$

应该指出，尽管来波幅值较高，并由线路绝缘的冲击放电电压决定，但由于变电所中装有避雷器，当侵入波到达母线时，其会被避雷器限制。人们关心的是电压由零上升至避雷器冲击放电电压（或残压）所需要的时间，所以用上述公式计算来波陡度时，U 值应取避雷器冲击放电电压（或残压）。

在图 10-15 所示的标准进线段保护方式中，还装有 GB_1 型避雷器和 GB_2 型避雷器。对于冲击绝缘水平比较高的线路，如木杆或木横担线路，以及降压运行的线路，其侵入波幅值比较高，流过避雷器的电流可能超过规定值。这就需要在进线段首端装设 GB_1 型避雷器以限制侵入波的幅值，且所在的杆塔接地电阻应降到 10Ω 以下，以减少反击。又因在雷雨季节，进线的断路器或隔离开关可能经常开断，而线路侧则可能带有工频电压，当沿线路有雷电波袭来到达开路的末端时，电压将上升到 $2U_{50\%}$，这时可能使断路器绝缘放电并产生工频电弧，加装 GB_2 型避雷器是为了保护断路器。但 GB_2 型避雷器应在断路器闭合运行时处于阀式避雷器的保护范围内，以免 GB_2 型避雷器动作产生截波危及变压器的纵绝缘与相间绝缘。

需要说明的是，GB 型避雷器在进线段保护方式中的应用，是现有规程规定的，但现在很少使用了，其大量被金属氧化物避雷器代替。研究结果表明，电压等级比较低的变电所，受雷电影响比较大，这可能是低电压等级变电所雷害增加的原因之一。

对于 35kV 小容量变电所，可根据供电的重要性和当地雷电活动的强弱采用简化的进线保护，其接线如图 10-17 所示。这是因为在 35kV 小容量变电所中，接线简单，设备尺寸小，

变压器和避雷器的电气距离一般可在 10m 以下，允许侵入波有较高的陡度，因此进线段长度可以缩短。

对于 35kV 变电所，若进线段架设避雷线有困难，或进线杆塔接地电阻很难降低，满足不了耐雷水平的要求，可在进线的终端杆上安装一组 1000μH 左右的电感线圈来代替进线保护段，其接线如图 10-18 所示。此电感线圈既能减小流过避雷器的雷电流，又能降低侵入波的陡度。

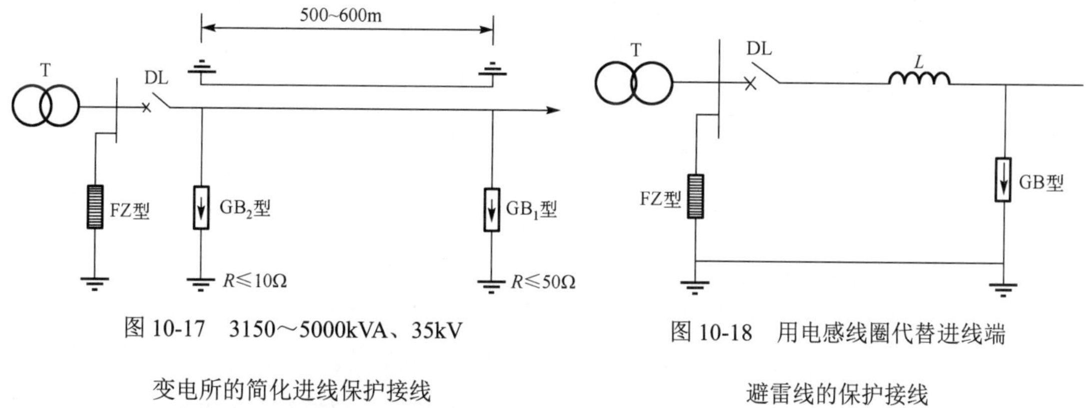

图 10-17　3150～5000kVA、35kV 变电所的简化进线保护接线

图 10-18　用电感线圈代替进线端避雷线的保护接线

10.2.3　主要设备的防雷保护

本节将围绕三绕组变压器、自耦变压器的保护，变压器的中性点保护，以及配电变压器的防雷保护等几个具体问题展开讨论。

10.2.3.1　三绕组变压器和自耦变压器的防雷保护

1. 三绕组变压器的防雷保护

如前所述，当变压器高压绕组侧有雷电波侵入时，通过绕组间电磁与静电耦合，在低压绕组侧也将出现过电压。三绕组变压器在正常运行时，可能有高、中压绕组运行，低压绕组开路的情况。此时，若线路有雷电波作用在高压绕组或中压绕组，由于低压绕组的对地电容很小，开路的低压绕组上的静电耦合分量可能达到很高的数值，危及低压绕组的安全。由于静电分量会使低压绕组三相电位同时升高，因此为了限制这种过电压，只要在任一相低压绕组出线端对地加装一台避雷器即可。如果低压绕组连接有 25m 及以上的金属铠装电缆段，那么相应地增加了低压绕组的对地电容，限制了过电压，此时低压绕组可不装设避雷器。

相对来说，三绕组变压器的中压绕组绝缘水平比低压绕组的要高，当其开路运行时，一般静电耦合分量不会损坏中压绕组，不必加装上述要求的避雷器。

双绕组变压器在正常运行时，高压绕组与低压绕组的断路器都是闭合的，两侧都有避雷器保护。

2. 自耦变压器的防雷保护

自耦变压器一般除有高、中压自耦绕组外，还带有三角形联结的低压绕组，以减小零序电抗和改善波形。因此，它可能只有两个绕组运行而另一个绕组开断的情况。

当雷电侵入波从高压绕组端线路袭来时，设高压绕组端电压为 U_0，其初始和稳态电压分布及最大电位包络线都和中性点接地的绕组相同，如图 10-19(a)所示，在开路的中压绕组端 A'上可能出现的最大电位为高压绕组端电压 U_0 的 $2/k$ 倍（k 为高压与中压绕组的电压比），这样可能造成开路的中压端套管闪络。因此在中压绕组与断路器之间应装设一组避雷器，以便在中压绕组断路器开路时，保护中压绕组的绝缘。

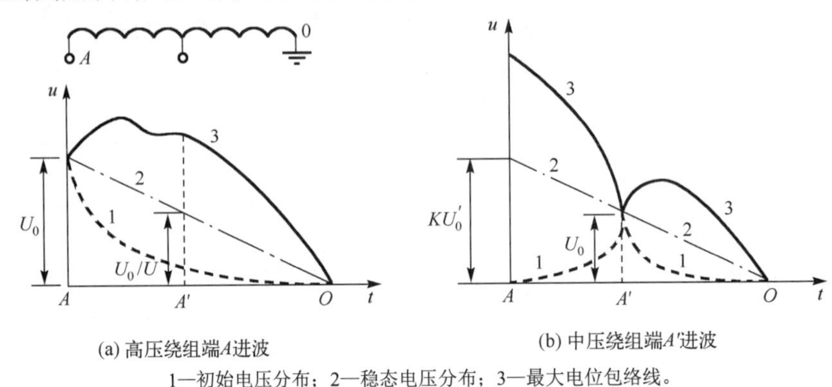

(a) 高压绕组端A进波　　(b) 中压绕组端A'进波

1—初始电压分布；2—稳态电压分布；3—最大电位包络线。

图 10-19　自耦变压器的电位分布

当高压绕组开路，中压绕组有一雷电波 U_0' 侵入时，其初始和稳态电压分布及最大电位包络线如图 10-19(b)所示。由中压绕组端 A'到开路的高压绕组端 A 的稳态分布，是由中压绕组端 A'到中性点 O 稳态分布的电磁感应形成的，高压绕组端的稳态电压为 kU_0'。在振荡过程中，A 端的电位可达 $2kU_0'$，这将危及开路的高压绕组。因此，在高压绕组与断路器之间也应装设一组避雷器。当中压绕组侧有出线（相当于 A'经线路波阻抗接地），高压绕组侧有雷电波侵入时，雷电波电压将大部分加在 AA'绕组上，可能使绕组损坏。同样，中压绕组侧进波，高压绕组侧有出线时，情况与上述类似。在这种情况下，显然 AA'绕组越短（即电压比 k 越小）越危险。为此，当电压比小于 1.25 时，在 AA'之间应装设一组避雷器。

自耦变压器的一般避雷器配置如图 10-20(a)所示。也可采用图 10-20(b)所示的自耦避雷器配置，与图 10-20(a)相比，它可以节省避雷器元件，但引线较麻烦，还需验算自耦绕组任一侧接地短路条件下，避雷器所承受的最高工频电压是否不超过其灭弧电压。

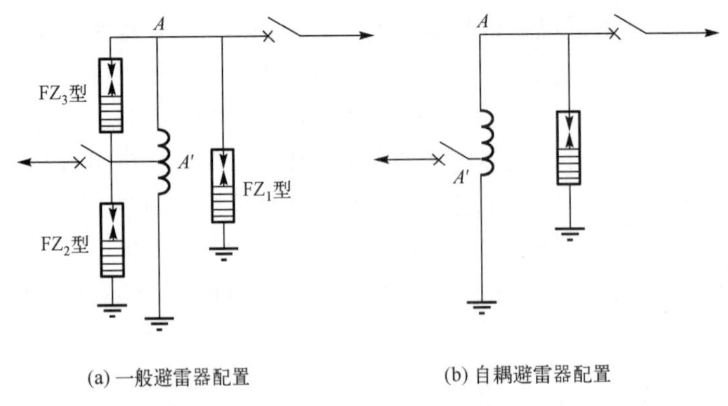

(a) 一般避雷器配置　　(b) 自耦避雷器配置

图 10-20　保护自耦变压器的避雷器配置

10.2.3.2　变压器的中性点保护

在中性点直接接地的系统中，为减小单相接地的短路电流，有部分变压器的中性点改为不接地运行。这时，变压器的中性点需要保护。

用于这种系统的变压器中性点对地绝缘有两种不同的设计方案。

（1）全绝缘，中性点处的绝缘水平与相线端的绝缘水平相等。

（2）分级绝缘，中性点处的绝缘水平低于相线端的绝缘水平。

变压器中性点绝缘为全绝缘时，其中性点一般不需保护。若变电所为单台变压器且为单路进线运行，在三相同时进波的情况下，中性点的对地电位会超过首端的对地电位。这种情况虽属少见，但在单台变压器的变电所中，如果变压器中性点绝缘损坏，经济损失会很大，故需在中性点加装一个与首端有同等电压等级的避雷器。

变压器中性点绝缘水平降低时，应选用与中性点绝缘等级相同的避雷器进行保护，但要注意校验避雷器的灭弧电压，它应始终大于中性点可能出现的最高工频电压。

10.2.3.3　配电变压器的防雷保护

3～10kV 配电线路的绝缘水平低，直击雷常使线路绝缘闪络，但大部分雷电流流入大地，限制了侵入波及通过避雷器的雷电流幅值；加之避雷器与变压器靠得很近，两者之间的电位差很小，因此可以不设进线保护。

配电变压器的保护接线如图 10-21 所示。避雷器应尽量靠近变压器装设，并尽量减小连接线的长度，以减少雷电流在连接线电感上的电压降，使变压器绕组与避雷器之间不致产生很大的电位差。避雷器的接地线应与变压器金属外壳及低压绕组侧中性点相连接地。这样，如果高压绕组侧来波，那么作用在高压绕组侧主绝缘上的电压就只是 FS 型避雷器上的残压，而不包括接地电阻 R 上的电压降。

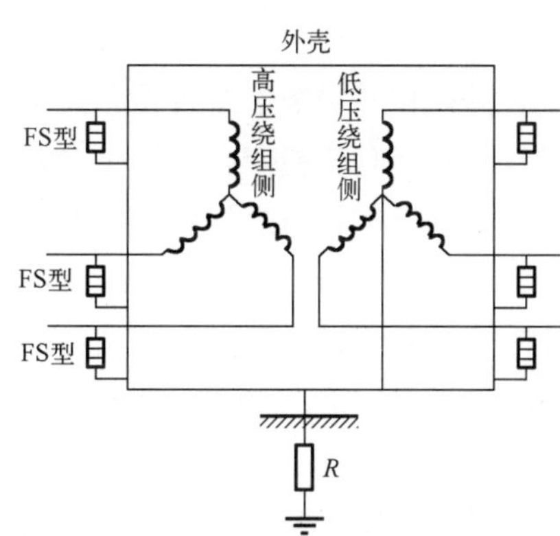

图 10-21　配电变压器的保护接线

运行经验表明，如果只有高压绕组侧装设避雷器，还不能使变压器免除雷害事故。这是由于雷击高压绕组侧线路时，避雷器动作后的雷电流将在接地电阻上产生电压降。这一电压将作用到低压绕组侧中性点上，而此时低压绕组出线相当于通过线路波阻抗接地，故将在低压绕组上产生电流，通过电磁耦合，在高压绕组侧感应出电动势。由于高压绕组出线段的电位被避雷器固定，所以这个高电位将沿高压绕组分布，在中性点上达到最大值，可能使中性点附近的绝缘损坏。高压绕组侧遭雷击，避雷器动作，作用于低压绕组的电流通过电磁耦合又变换到高压绕组侧的过程叫作“反变换”。另外，如果低压绕组侧线路落雷，那么作用在低压绕组侧的冲击电压将按电压比感应到高压绕组侧，由于低压绕组侧的绝缘裕度比高压绕组侧的大，故有可能在高压绕组侧引起先击穿，这个过程叫作“正变换”。为了防止正、反变换出现的过电压，可在低压绕组侧每相上装设一只避雷器，使配电变压器的防雷保护得以改善。

10.2.4　智能变电站的防雷保护

现阶段，随着我国电力技术水平的不断发展，智能变电站开始兴起，并逐渐成为电力系统当中不可或缺的重要环节。智能变电站的设计和建设的技术水平非常高，同时又具有低碳环保的特质，可以通过数字化方式实现高效的信息共享，进而完成电力信息的自动采集和测量。

由于智能变电站中尖端技术设备和精密元件的数量较多，随着智能设备的先进程度越来越高，智能芯片的集成度会随之提升，电路的复杂程度也会随之提升，所以智能变电站对环境稳定性的要求非常高。雷击是对智能变电站破坏程度最大的一种自然灾害，强大的瞬时电流会让变电站中的设备瞬间失灵，同时还会对内部工作人员的人身安全造成非常大的威胁。

智能变电站当中的通信系统、监测系统、自动化系统及计算机网络系统都会使用 CMOS 电路及 CPU 单元的智能电子设备。一旦雷击所产生的过电压和过电流进入智能设备，由于这些高度集成化的智能设备瞬时电压和瞬时电流的承载能力较弱，所以会引发智能设备的严重故障，同时继电保护器也会出现拒动或误动的现象，最终对电力系统的安全运行造成实质性的威胁。雷电保护区域划分的具体原理如表 10-3 所示。

表 10-3　雷电保护区域划分的具体原理

雷电保护区域		具体原理
$LPZ0_a$	雷电直击非保护区	该区域当中的设备及元件极有可能遭遇直接雷击，电磁场无衰减现象
$LPZ0_b$	雷电直击保护区	该区域当中的设备及元件极少遭受雷击，电磁场无衰减现象
LPZ_1	第一保护区	该区域当中的设备及元件不会遭受直接雷击，电磁场有初步衰减，衰减程度与屏蔽措施有关
LPZ_2	第二保护区	在分流及合适的界面单反汇总加设 SPD 之后，雷电流大幅缩减，电磁场强度大幅降低
LPZ_3	后续保护区	不断化解雷电电磁脉冲，重点保护精密程度高的设备和元件

1. 直击雷的防护措施

在传统模式下，智能变电站应对直击雷的防护通常使用避雷针和避雷线这两种设备，整个避雷系统由接闪器、引下线及接地装置连接构成。通过避雷针能够对智能变电站当中的建筑物及高压配电装置进行直击雷防护，并采取相应的措施防止雷电反击。但是随着智能变电站的构成越来越复杂，传统的避雷针与避雷线结构已经无法满足直击雷防护的实际需求，因此现阶段许多智能变电站都会采用避雷带来防御直击雷。避雷带需要铺设在智能变电站的屋角、屋脊及屋檐等容易遭受雷击的位置，在屋面之上组成的网格规格一般在 10m×10m 或是 12m×8m 左右，并使用两根以上的引下线，间距满足相关的规程要求。

此外，工作人员还可以根据智能变电站的实际情况合理选择避雷器，避雷器能够有效防止雷电波的侵入，它也是雷电过电压保护的重要设备。相关工作人员在应用过程中需要准确把握避雷器的保护机制和性能特点，依照智能变电站的条件和防护设备的类型进行科学合理的选取。

2. 接地系统的建设

接地系统的建设是智能变电站防雷保护工作的核心环节，变电站接地系统建设的合理性对变电站内部的人身和设备安全有非常严重的影响。任何形式的雷都需要通过接地系统将雷电流导入大地当中，智能变电站当中的接地系统主要包括工作接地、保护接地及雷电保护接地。智能变电站当中的接触电势和跨步电压需要严格控制在既定数值之下。同时为了防止电位发生转移，工作人员可以将接地网当中的高电位引向站外及低电位引向站内的设施进行隔离处理，还可以在通信设备和用电设备当中加设隔离变压器，对变电站外的线路进行绝缘处理。一般情况下，智能变电站都会使用镀锌扁钢进行接地，接地主网的材料选取要充分考量该区域的土壤腐蚀状况，从而选出成本和性能比值最高的材料。

3．弱电系统过电压的防护措施

从智能变电站当中的交流供电线进入总配电柜开始，再至弱电系统设备电源的入口位置，需要使用分级协调的措施来防范过电压，充分抑制首次雷击电流及后续雷击电流，并防范沿线路侵入的感应雷击。在安装过程中，技术人员要结合具体的安装位置和距离，全面考量第一级和第二级 SPD 之间的能量配合状况和解耦措施，最终实现弱电系统过电压的全面防护，系统的具体设计方案如图 10-22 所示。

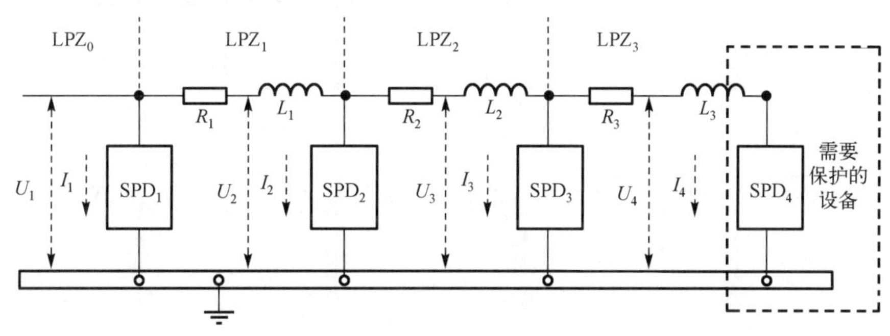

图 10-22 弱电系统过电压全面防护系统的具体设计方案

（LPZ 为防雷区，SPD 为避雷器，URES 为残压）

10.2.5 气体绝缘变电所的防雷保护

全封闭 SF_6 气体绝缘变电所是指除变压器以外整个变电所的高压电气设备及母线，封闭在一个接地的金属壳内，壳内充以（3～4）$\times 1.01325\times 10^5$ Pa 气压的 SF_6 气体作为相间和对地的绝缘，它是近年来发展起来的一种新型变电所。我国已经有了一些 110kV、220kV 气体绝缘变电所的运行经验。在 500kV 系统中，特别是在大型水电工程和城市高电压电网的建设中，气体绝缘变电所正在迅速得到推广。

10.2.5.1 气体绝缘变电所雷电过电压保护的特点

（1）气体绝缘变电所绝缘的全伏秒特性比较平坦，其冲击系数很小，为 1.2～1.3，因此它的绝缘水平主要取决于雷电冲击电压。

（2）气体绝缘变电所的波阻抗一般在 60～100Ω，远比架空线路低，这对变电所的侵入波保护有利。

（3）气体绝缘变电所结构紧凑，设备之间的电气距离小，避雷器离被保护设备较近，防雷保护措施比敞开式变电所容易实现。

（4）气体绝缘变电所的绝缘完全不允许电晕，一旦发生电晕，将立即被击穿，而且没有自恢复能力。致命的绝缘损伤可能导致整个气体绝缘变电所系统的损坏。因此要求包括母线在内的整套气体绝缘变电所装置的雷电过电压保护具有较高的可靠性，在设备绝缘配合上留有足够的裕度。

10.2.5.2 气体绝缘变电所常用的雷电保护接线

实际的气体绝缘变电所有不同的主接线方式。其进线方式大体可分为两类：一类是架空线直接与气体绝缘变电所相连；另一类是经电缆段与气体绝缘变电所相连。

（1）与架空线直接相连的气体绝缘变电所的防雷保护接线图如图 10-23 所示。

（2）经电缆进线的气体绝缘变电所的保护接线方式如图 10-24 所示。

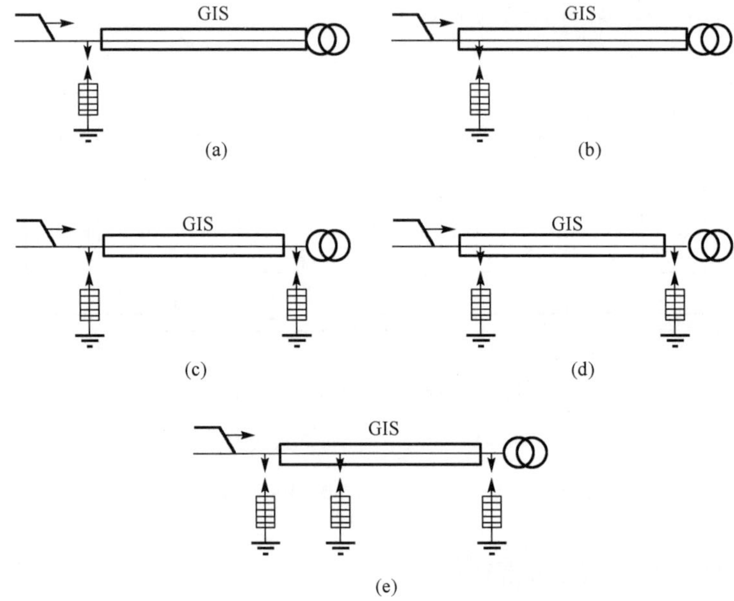

图 10-23 与架空线直接相连的气体绝缘变电所的防雷保护接线图

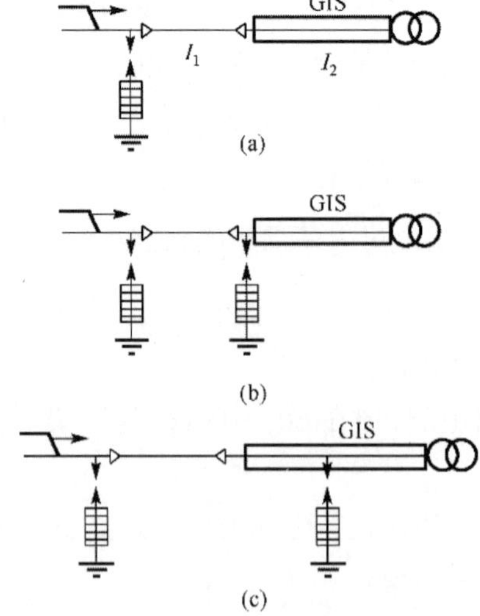

图 10-24 经电缆进线的气体绝缘变电所的保护接线方式

研究表明，从绝缘配合的角度看，气体绝缘变电所的保护应尽量使用保护性能优良的金属氧化物避雷器。另外值得注意的是，如果在气体绝缘变电所内部和外部各自采用保护性能不相同的避雷器，则由于伏安特性的差异，可能出现避雷器动作后放电电流负担不均匀的问题。

10.2.6　旋转电机的防雷保护

旋转电机虽处于室内，但也会受到大气过电压的作用，如图 10-25 所示。图 10-25(a)所示为发电机经升压变压器与架空线连接的情况，线路上的雷电波经变压器绕组过渡到发电机绕组。有时发电机和升压变压器低压绕组侧连线过长，为使这段连线不受雷击，需用避雷针进行保护。当雷击避雷针时，将有感应过电压作用于电机绝缘上，如图 10-25(b)所示。图 10-25(c)所示为发电机与负荷相距较近，无须升高电压输电，可以将发电机与架空线直接相连，称为直配电机的情况。此时，若雷击于导线或附近地面，将会有大气过电压作用于发电机绝缘上。

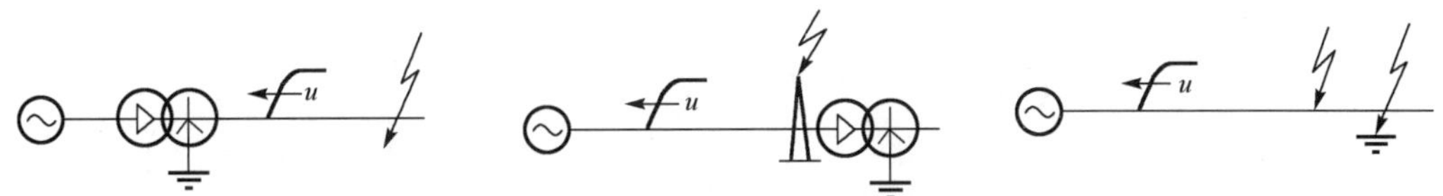

(a) 发电机经升压变压器与架空线连接　(b) 有感应过电压时发电机与升压变压器连接　(c) 发电机与架空线直接相连

图 10-25　在旋转电机绝缘上有大气过电压作用的几种情况

10.2.6.1　旋转电机防雷保护的特点

由于旋转电机在结构和工艺上的特点，它们的冲击绝缘水平要比同电压等级的变压器低得多。首先，电机绕组不像变压器那样为浸在油中的组合绝缘，而是全靠固体介质来绝缘，故其绝缘相对更容易受潮、被污染；其次，制造过程也可能会使固体绝缘损伤，或有气隙，造成绝缘隐患，在这些地方很容易发生游离，同时电机也不能采取其他均压措施使电压均匀分布。电机绝缘（如云母等），特别是在导线出槽处，电场极不均匀，故在过电压作用后，会有局部的轻微损伤使绝缘老化，可能引起击穿。从运行方面看，电机绝缘在运行中受机械振动、发热及局部放电所产生的臭氧的侵蚀等影响，相对变压器的工作条件更为严峻。

保护旋转电机的磁吹避雷器（FCD 型）的保护性能与电机绝缘水平的配合裕度很小，电机出厂冲击耐压值只比 FCD 型避雷器的 3kA 残压高 8%～10%；金属氧化物避雷器要好一些，但也仅高出 25%～30%。考虑到电机运行后绝缘性能还要下降，裕度会更小，所以单靠避雷器来保护电机是不够的，还必须与电容器、电抗器、电缆段等配合。

由于电机绕组结构布置的特点，特别是大容量电机其匝间电容很小，起不到改善冲击电压分布的作用，所以为了保证电机匝间绝缘的安全运行，必须将侵入波陡度限制得很小。

试验与运行经验表明：为使一般电机的匝间绝缘不致损坏，需将来波陡度限制在 5kV/μs 以下。若电机中性点不引出，需将侵入波陡度限制在 2kV/μs 以下，使它不至于损坏中性点绝缘。

10.2.6.2　直配电机的防雷保护

雷击线路或其邻近大地产生的直击雷电过电压波或感应雷电波，都有可能沿线路侵入而危害直配电机的绝缘。对直配电机的防雷应采取以下措施。

（1）每组发电机母线上都装一组 FCD 型磁吹避雷器，以限制侵入波过电压的幅值。

（2）在发电机电压母线上装设一组并联电容器（电容量为 0.25～0.5μF），以限制侵入波陡度。这不但是保护发电机匝间绝缘及中性点绝缘的需要，同时也是为了降低感应过电压。

（3）在直配线进线处加装电缆段和管形避雷器等，以限制流过避雷器的雷电流不超过 3kA。

（4）发电机中性点有引出线，在中性点加装一只避雷器，或者将母线并联电容加大到 1.5～2.0μF，以进一步降低侵入波陡度。

需要说明的是，随着我国电力系统的发展，发电机的容量越来越大，出现直配电机的接线机构会越来越少，但防雷的原理同样适用于电压高、容量大的电动机的接线，因此这个防护方法同样是实用的。

直配电机防雷的原理接线基本上有三种类型，如图 10-26 所示。

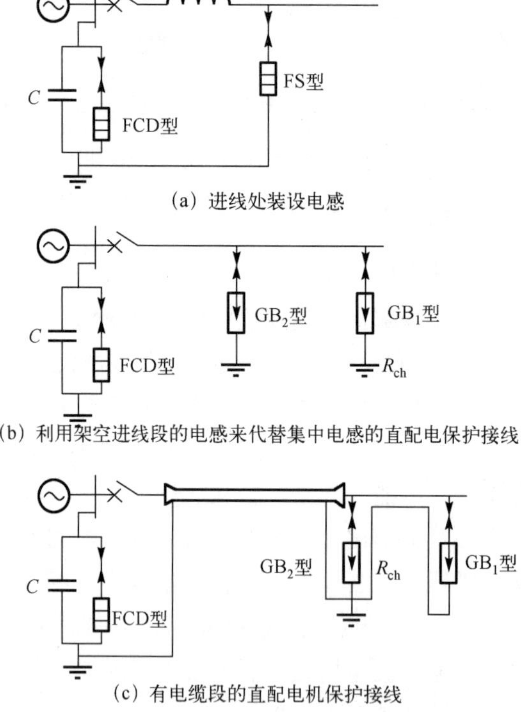

图 10-26 直配电机防雷的原理接线

如图 10-26(a)所示，在进线处装设电感，电感可以是限流电抗器，也可以是专为防雷设置的电感线圈。电感不但和母线上的电容器构成一个串联振荡电路（周期为 $T=2\pi\sqrt{LC}$），而且进波在电感进端的正、反射提高了线路侧的电压，从而加速了 FS 型避雷器的动作，限制了进波的幅值。在图 10-26(a)中，若 C=0.25～0.5μF，L=100～300μH，则 T=31.4～77.0μs，它要比线路来波波头 2.6μs 大得多，故适当选择 L 及 C 的数值，可以将加到电机绕组上的陡度限制在所要求的范围内。目前，国内外已有很多地方采用了这种方法。我国用电抗器保护的电机，在 494 台/年的运行中，从未发生过一次电机的雷击损坏事故。

图 10-26(b)所示为利用架空进线段的电感来代替集中电感的直配电保护接线，架空线段长度为 450～600m。此段线路用独立避雷针来保护，避雷针到线路的距离要保证在有 50kA 的雷击加到避雷针上时，不会向线路发生反击。在进线段首端还应装 GB_1 型管形避雷器，其作用是当进线段首端外侧附近发生雷击时，GB_1 型管形避雷器先放电，从而将雷电流大部分由此引入大地，以防止 FCD 型磁吹避雷器电流超过 3kA。但要注意的是，这时加在线路首端的电压，除了 GB_1 型管形避雷器上的电压降，主要是接地电阻上的电压降。为了降低该电压，必须降低接地电阻 R_{ch}。在土壤电阻率较高的地区，降低 R_{ch} 若有困难，可在进线中间再装设一组 GB_2 型管形避雷器。

图 10-26(c)所示为有电缆段的直配电机保护接线。电机经过一段大于 100m 的电缆与架空线连接。电缆段的首端接有 GB_2 型管形避雷器，末端接线与图 10-26(a)、图 10-26(b)所示的末端接线相同，由 FCD 型磁吹避雷器和电容器并联，电缆外皮两端接地。

电缆段的主要作用是什么？从分布参数的角度看，电缆是具有较低波阻抗的传输线；从集中参数的角度看，电缆相当于一个大电容。但电缆对电机防雷所起的作用，不在于电缆具有较低的波阻抗和较大的电容，而在于利用电缆外皮高频电流的趋肤效应或电缆外皮的分流及耦合作用。

当侵入波使电缆首端 GB_2 型管形避雷器动作时，电缆芯线与外皮短接，相当于把电缆芯线和外皮连在一起并具有同样的对地电压 iR_1。由于雷电流的等效频率很高，而且电缆外皮与芯线为同心圆柱体，其间的互感等于外皮的自感，因此，当电缆外皮流过电流时，芯线上会产生反电动势，阻止沿芯线流向电机的电流，使绝大部分电流如同高频电流趋肤效应那样，从电缆外皮流走，从而减小了流过避雷器的电流，使残压降低。

上述具有较长电缆段的接线可达到很高的耐雷水平。当电缆长 100m，电缆末端外皮接地引下线长 12m，接地电阻 $R_{ch}=5\Omega$ 时，电缆首端电流为 50kA，流过避雷器的电流不会超过 3kA，对电机绝缘无危险；也可以说，这种保护接线耐雷水平为 50kA。但要注意，这种接线的必要条件是要保证电缆首端的 GB_2 型管形避雷器可靠动作，否则上述电缆外皮的分流及耦合就不能很好地完成。由于电缆的波阻抗远低于架空线路，侵入波到达电缆首端后会产生负反射波，使该点电压降低，以致 GB_2 型管形避雷器不一定动作，因而失去电缆段保护作用。为了避免这种情况，可在 GB_2 型管形避雷器与电缆之间串入一组 100～300μH 的电感，利用电感对侵入波的正、反射波使 GB_2 型管形避雷器动作；也可以将 GB_2 型管形避雷器前移 70m 或增加 GB_1 型管形避雷器[见图 10-26(c)]。注意 GB_1 型管形避雷器的接地端应为电缆首端外皮的接地装置，并用架空导线连接[见图 10-26(c)]，以发挥电缆段的作用。此连接线应悬挂在杆塔导线下 2～3m 处，以使两线之间有一定的耦合作用。增加 GB_1 型管形避雷器的原因是，仅将 GB_2 型管形避雷器前移 70m 时，这种耦合作用可能不大，遇到强雷时，流向芯线通过 FCD 型磁吹避雷器的电流又有可能超过每相 3kA，为了避免这一情况，增设 GB_1 型管形避雷器的同时，电缆首端仍保留 GB_2 型管形避雷器，遇到强雷时，后者放电，便可发挥电缆段的限流作用。

如前所述，GB 型管形避雷器在防雷保护中采用是目前规程的规定，如果采用其他避雷器，如金属氧化物避雷器，还需研究它的影响。

10.2.6.3 非直配电机的防雷保护

国内外的运行经验表明：经变压器送电的电机在防雷上比直配电机更可靠，但也有被雷击坏的事例。如前所述，作用在变压器高压绕组上的侵入波过电压可能通过高、低压绕组之间的静电感应和电磁感应传播到低压绕组。当发电机运行时，变压器低压绕组侧所连接的等效电容较大，静电分量相对来说是次要的。对于电磁分量，高、低压绕组之间仍保持着相同的关系。

研究及运行经验表明：在多雷区，经升压变压器送电的发电机，其出线上宜装设一组磁吹避雷器或金属氧化物避雷器。若与该避雷器并联一组保护电容（C=0.25～0.5μF），再装上中性点避雷器，则可认为发电机已得到了可靠的保护。

10.3 特殊建筑及设施的防雷保护

除电力系统防雷以外，有很多特殊的建筑及设施也需要防雷保护，如古建筑物、通信基站、户外架空管道、水塔、烟囱、微波基站。古建筑由于其特殊的意义和价值，需要更为细致的防雷保护。另外，飞机飞行过程中会穿越云层，容易遭受雷击，引起事故，飞机因为不与地面直接接触，导致大部分的防雷措施无法适用，需要独有的特殊防雷措施。因此，本节重点介绍古建筑和飞机的防雷保护。

10.3.1 古建筑的防雷保护

10.3.1.1 概述

古建筑自身有一定的防雷保护方式，如自然消雷、绝缘消雷、塔刹消雷、选择合适的环境条件等。

自然消雷。地表的感应电荷在雷云电场的作用下，通过自然界中的尖凸物如树木、山峰、岩石等产生电晕电流，将雷云所带的部分电荷以缓和方式释放，从而降低该区域内发生雷击的概率。

绝缘消雷。中国古代建筑本身具有绝缘性，因此当雷击损毁屋顶构件后不会引起火灾。中国古代的建筑大多为木构，其本身电阻率都会比较高，除少量金属构件外，绝大多数构件都是绝缘体。使用桐油及各种油漆将这些木材和金属构件刷过后，可以使材料保持干燥，不易受潮，同时也能加强构件的绝缘作用。建筑屋顶上正脊两端的鸱吻作为整个建筑的最高部位，最易被雷电击中。但一般会采用琉璃或陶瓷制作鸱吻，因此即使鸱吻遭到雷击，也不容易引起火灾。大同华严寺大雄宝殿的琉璃鸱吻如图 10-27 所示。

塔刹消雷。中国古代的塔顶部会存在塔刹，大多数塔刹都是由金属做的。而从塔刹到地面，通常没有导体连通，因此塔刹与现代避雷针并不相同。有研究表明，在雷电场的作用下，塔刹可以产生较强的电晕电流，从而起到消雷的作用。不少文献中记录的“雷雨天可见塔尖闪光”的现象，极有可能就是塔刹的放电。

环境条件。雷击具有选择性，而雷击选择的最主要因素一般为地质环境。在河床、池沼、金属矿床等土壤电阻率低的地区，更易于积聚大量的电荷，容易遭受雷击。在岩石与土壤的衔接地段即土壤电阻率突变的地区，也易遭受雷击。同时，高处突出的物体相比其他地区的物体，也容易遭受雷击。连接湿润的深层土壤的深根树木，山中的泉眼、小溪等，都容易成为雷击的对象，它们附近的建筑就不易遭受雷击。

图 10-27　大同华严寺大雄宝殿的琉璃鸱吻

古建筑自身虽然有一定的防雷消雷措施，但由于古人对雷电的认识不足，还是有很多建筑物因雷击而焚毁。保存至今的诸多古建筑，因其庞大的数量、各具特色的结构、无法估量的历史价值，在中华民族悠久的发展史上占有特殊的地位。因此，需要对这些古建筑采取更为全面的防雷保护，保证其在任何情况下都不会受到雷击而造成不必要的经济文化等方面的损失。

10.3.1.2　防雷技术

古建筑的防雷保护工作尤为重要。古建筑的防雷设计必须将内部防雷装置和外部防雷装置作为整体统一考虑。

古建筑的内部防雷的具体措施有电源防雷、天馈通信及数据等信号线路防雷、均压等电位、雷击电磁脉冲（LEMP）干扰等。

古建筑的外部防雷装置由接闪器、引下线和接地装置三部分组成，如图 10-28 所示。其中，接闪器主要有避雷针和避雷带两种形式，一般位于建筑的顶部。接闪器的作用是引雷或截获闪电，即把雷电流引下来。引下线的上端与接闪器连接，下端则与接地装置连接，其作用是把接闪器截获的雷电流引至接地装置。接地装置由水平接地装置和垂直接地装置组成，位于地下一定深度，其作用是使雷电流顺利流散到大地中去。

随着科技的发展，人们对雷电的认知不断深入，能使用的防雷方法也在不断更新，目前常用的防雷方法主要有以下 7 种：避雷针防雷法、法拉第笼式防雷法、滚球防雷法、E • F 避雷保护系统、消雷器防护法、避雷设施保护法和人工影响雷电防雷法。几种方法各有侧重，对古建筑最为适用的是避雷针防雷法。

1. 避雷针系统

（1）防雷原理。避雷针防雷法主要利用避雷针高出被保护对象，使雷云下的电场发生畸变，从而将雷电流吸引到避雷针上，再通过引下线和接地装置导入大地，使被保护对象免遭雷电直击。也可以说其实质并不是避雷，而是引雷。

（2）适用范围。避雷针系统主要用于防直击雷，其使用的接闪器主要有避雷针、避雷线、避雷网和避雷带等。由于古建筑的防雷设置不仅要有实效性，同时还要能够尽量保持古建筑的原有风貌，所以多用避雷带或避雷网作为古建筑防雷的接闪器。

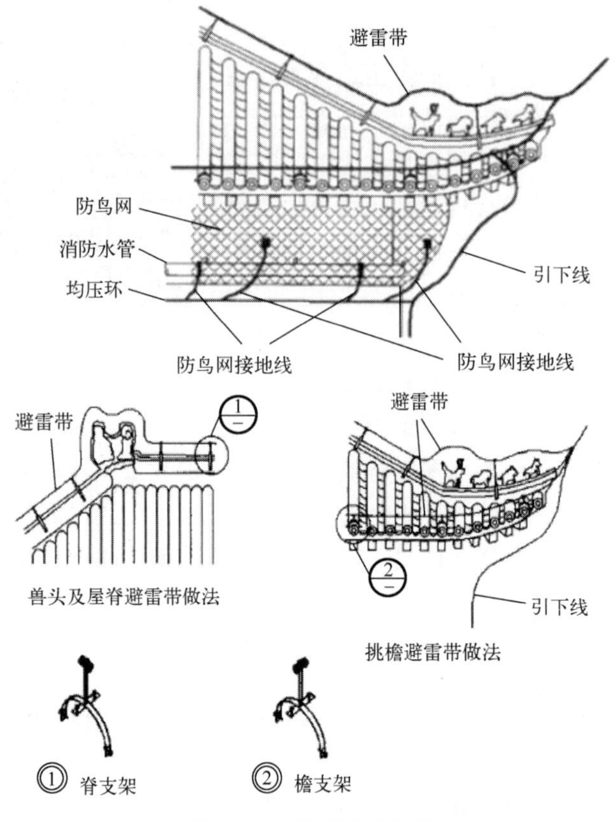

图 10-28　外部防雷装置

2. 避雷针系统的局限性

（1）保护范围不稳定。避雷针系统的保护范围是一个伞形或屋脊形保护区，其张开角度受到接闪器设置高度、雷电强度等多种参数的影响。尽管关于保护角的计算公式很多，但如何确定其值一直是富兰克林防雷理论的最大困扰所在。

（2）反击问题。当雷击避雷针或避雷带时，由于引下线的阻抗，对地电压可达到相当高的数值，以至于可能造成接闪器及引下线向周围设备跳火反击。

3. 球雷的预防

（1）球雷是空气中带静电荷气雾层运动相互作用放电电离的结果。其本质是一个由高速旋转电子封闭的等离子球体，之所以能形成球体，主要是空气中的气雾层电离产生强电场和高频电磁振荡，产生一团漩涡状等离子体的缘故。漩涡体的存在或消失，取决于其内部的电磁平衡和能量补充。球雷是一个复杂的电荷系统，球体本身好似法拉第笼，对外不呈现电性，普通避雷针、避雷网、避雷带对其不起作用，并能从避雷网、避雷带的孔洞缝隙中自由出入。因此，目前还没有较为有效、可靠的办法来对抗球雷。

（2）球雷的基本预防措施：由于球雷的难预防性，采用屏蔽措施是目前防护球雷的最好方法。对于一般的建筑，可给门窗加上金属纱网与全部钢筋连成一片，构成一个笼式防雷网，可以防止球雷侵入。但对古建筑这样做是很困难的。对重要的古建筑，应当做金属纱窗和金属纱门，将它可靠接地；对次要的古建筑，如不能补加金属纱门、窗，应注意在雷雨天紧闭门窗，力争达到全封闭状态，以防球雷的侵入，但不可用纸裱糊门窗。

4. 注意事项

引下线的安装分为明、暗两种，对于古建筑而言，应采用明线，便于检修施工。引下线弯曲段开口部分的直线距离，应不小于弯曲段全长的十分之一，避免弯折成直角或锐角。接地装置安装在土壤电阻率较低且行人较少的地方，避免跨步电压的危害。除此以外，还需进行定期检查，以保证防雷装置有可靠的保护效果。

10.3.2 飞机的防雷保护

10.3.2.1 民用飞机的防雷保护

在雷雨季节，电闪雷鸣的现象时有发生。统计数据显示，每架飞机平均一年就会遭遇一次雷击。这意味着在一架飞机的服役期内，它将被雷击多达 25 次。那么为什么航班上的旅客不会因此触电呢？

其实，这要从一个被称为“法拉第笼”的专业名词说起。电磁学奠基人、英国著名物理学家迈克尔·法拉第曾经冒着被电击的危险，做了一个闻名于世的实验：他把自己关在金属笼内，当笼外发生强大的静电放电时，身处笼中的他平安无事。“法拉第笼”就是用他的姓氏命名的一种用于演示等电势、静电屏蔽和高压带电作业原理的设备，通常是一个由金属或者良导体制成的笼子。

基于“法拉第笼”和静电屏蔽原理，人们制造出了用金属丝做的高压带电操作员的防护服。此外，我们的汽车就是一个“法拉第笼”。由于汽车外壳是一个大金属壳，形成了一个等位体，当驾驶员在雷雨天行驶时，车里的人不用担心遭到雷击。实验表明，大量的电荷击中汽车，会沿着汽车外表面的金属流入大地，而不是直接通过汽车，从而确保了车内人员的安全。

飞机的主要结构是由铝合金等导电材料制成的，雷击的发展是由云层到地面，飞机结构相当于提供了一个“短路”的路径，飞机成了闪电路径的一部分。当然这种情况是很少遇到的，特别需要注意的是当发生雷击时，至少有两个雷击点：一个进口，一个出口。由于飞机通常在水平面上前进，所以进口通常在飞机的前部，即机头、发动机吊舱、翼尖等部位，出口在飞机的后部，即翼尖、垂直和水平安定面的后部、起落架等部位。由于飞机是向前飞行的，那么每一次雷击都是沿着机身或发动机吊舱向后走的，因此往往会留下多个雷击点。

飞机上的防雷装置是安装在飞机主翼或尾翼尖端处的“静电释放器”，静电释放器是刷子一样的金属放电刷，约 3 根手指粗，由几十根很细的针组成，总的电阻相对机身来说非常小。机翼上的放电刷如图 10-29 所示。根据尖端放电原理，放电刷能够将飞机外壳累积的大量电荷放至大气中从而避免飞机被雷击，有的飞机上安装的静电释放器多达十几个。另外，飞机外壳中由非金属材料制成的结构一般都装有避雷条，比如，机头雷达天线罩的表面贴有避雷条，尾翼也埋了避雷条，它们的作用是使雷电电流顺利通过机壳表面。因此，当飞机受到雷击时，上述的防雷装置会帮助电流经过机壳传输到机身或机翼伸出的金属放电刷而迅速放电。

图 10-29　机翼上的放电刷

除此以外，所有型号的飞机都必须进行防雷测试。飞机的雷电防护试验即通过在实验室模拟真实的雷电环境，对飞机整机及各零部件承受直接效应和间接效应的能力进行考察及验证。飞机的雷电防护试验是新飞机研制、飞机改型及改进的必做试验，此类试验涉及飞机的总体、结构件、所有外部安装设备及所有机载电子设备。

美国联邦航空管理局（FAA）制定的联邦航空条例（FAR）声明，飞机一定要有承受灾难级闪电的保护。飞机的设备、系统及安装，需要在任何能预计的情况下发挥其功用。飞机在雷击后，无论其损坏部分是电机设备、电子仪器还是结构，都不可以影响飞机继续安全飞行。

民航飞机在设计时需要采取一定的措施以确保飞机在雷击后的安全，主要包括以下几个方面。

（1）所有关键性的盖板在雷击后不会熔化。

（2）在复合材料结构中加入避雷条，如雷达罩上装有放电条。

（3）飞机结构设计有较低的电阻值，即具有良好的导通性，使飞机可以避免在雷击时产生过热状况。

（4）对于雷击产生的电磁干扰：

① 金属的飞机外壳为内部设备提供屏蔽保护，使电荷分布在飞机外部。

② 为最为关键的设备提供高等级的保护。如飞机电子仪器的电线包括电源通信及控制线都加装有接地金属网保护，作用如 STP 线。当感应雷出现时，感应电场就会经金属网到达飞机的地线，防止各电线出现过压现象，避免仪器损坏。

③ 采取冗余技术，即多套设备互为备份。

（5）安装密封性佳、防止火花引爆的结构油箱。

（6）放电刷。放电刷的作用是将由于蒙皮和空气摩擦产生的静电释放掉，以避免静电对通信和导航系统造成干扰。发生雷击后，放电刷往往发生损坏。这是放电刷的形状决定的，放电刷是安装在机翼或操纵面后缘的尖锐元件，因此其往往成为雷击的出口。

10.3.2.2　军用飞机（战斗机）的防雷保护

对于不是全金属外壳的飞机，除放电刷外，还需要安装其他的防雷设备。如战斗机前端的雷达整流罩，它并不是用金属制成的，而是使用的非金属复合材料，这种材料并不导电，如果没有放电措施，很容易被雷电击中后损坏，从而损坏内部的雷达设备。战斗机前端雷达如图 10-30 所示。因此，现代战斗机雷达罩表面大都安装“防雷击分流条”，区别只是安装位置和结构形式不同，目的是将击中雷达整流罩的电流导到飞机的金属外壳上，然后从放电刷中放出，达到保护

图 10-30　战斗机前端雷达

前端雷达的目的，常用的防雷击分流条有金属箔条、金属带和纽扣式导电条三种。F-22 雷达罩上的防雷击分流条如图 10-31 所示。

金属箔条质量小，空气动力性能出色，但在遭到雷击时会迅速加温，截面小的箔条在高温中会融化蒸发，仅能作为一次性使用的防护措施。

金属带的导电性能高，但截面尺寸较大，所产生的气动阻力和质量影响也大，且整体金属带与复合材料雷达罩的热膨胀系数差异较大，使用中容易出现结构分离，影响结构完整性，破坏抗雷击的导电和保护效果。

纽扣式导电条则是金属条的适应性发展物。纽扣式导电条的尺寸和安装位置与金属条相似，结构上是大量很薄的小圆铝片连续安装在基带上，能按照雷达罩的曲线固定在雷达罩外表，点式金属片与雷达罩的连接比较牢固，不易受材料热膨胀系数差异的影响。短间距的铝片质量比金属带要小，也能获得相当于金属片的电导性能，是目前各型飞机雷达罩防雷设施的主要形式。导电条排雷过程如图 10-32 所示。

图 10-31 F-22 雷达罩上的防雷击分流条

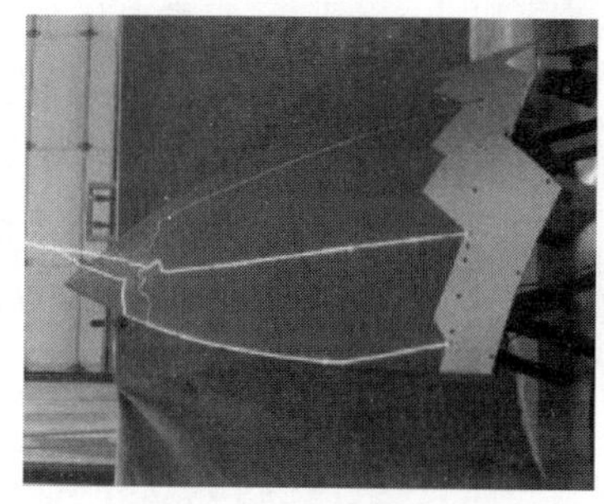

图 10-32 导电条排雷过程

按照技术要求，无论什么类型的防雷击分流条，顺气流方向安装的分流条的前端，必须超过雷达天线扫描面的前方。采用平板缝隙旋转天线的战斗机，防雷击分流条的长度大都在天线罩轴向 2/3 左右，因为机扫雷达的天线需要全向旋转，天线用支架安装在机头背板，分流条必须覆盖雷达天线旋转所要运动的范围。以 F-22A 为例，其采用的 AESA 雷达虽然不需要旋转，但为保证雷达天线的雷击安全性，防雷击分流条整体横穿折边位置的天线罩前端。防雷击分流条的作用目前无可替代，无论采用什么类型的雷达都不可能取消这个结构。

对于现代飞机来说，雷电造成伤害的概率很小，同时由于气象雷达的进一步发展，完全可以在抵达雷暴区之前，提前规避雷暴最严重的区域，从而降低被雷电击中的可能性。

第11章

内部过电压

在电力系统中，当断路器运行或故障时，会改变系统的参数，造成电网的电磁能量转换或传递，在系统中出现过电压,这种过电压称为内部过电压。

由于各种因素的影响，系统内部过电压的幅值、振荡频率、持续时间不同，通常按其产生的原因分为操作过电压和暂时过电压。操作过电压，即在电磁暂态期间的过电压；暂时过电压的种类有工频电压升高和谐振过电压。如果按照其持续时间的长短来划分，对于频率为 50Hz 的电网，持续时间在 0.1s（5 个工频周波）之内的过电压称为操作过电压；持续时间长的过电压，叫作暂时过电压。

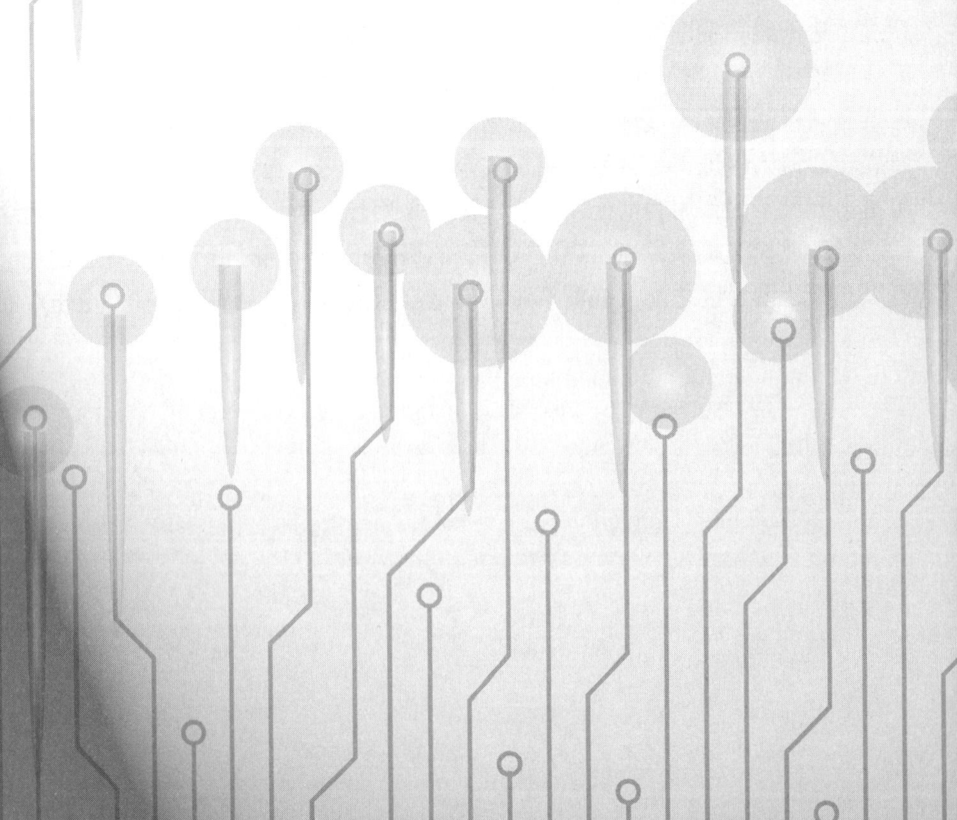

11.1 暂时过电压

有时也把频率为工频或接近工频的过电压称为工频电压升高，或工频过电压。电感和电容参数的不匹配，引起的各种持续时间长、周期性重复的谐振现象及其电压升高，就叫作谐振过电压，这与工频电压升高有相同的原理，但频率不同。当然，它可能涉及回路中电感的非线性，导致同一回路出现多个频率，增加求解问题的复杂性，因此，按照国际电工委员会的划分，它同属于暂时过电压。

暂时过电压对正常运行的电气设备的危害取决于其幅值和持续的时间。

11.1.1 工频电压升高

图 11-1 所示为在国内首台 500 kV 输变电系统中，实测得到的某 500km 空载线路合闸时，线路首、末端过电压随时间变化的曲线，图中 K_0 为过电压倍数。此线路的断路器具有 400Ω 的合闸电阻，线路两端并联电抗器的补偿度为 71.5%。在合闸后 0.1s 之内，第一次发生高幅值、强阻尼的高频振荡操作过电压；在 0.1s 之后，发电机的暂态电动势 E_d' 因其自动电压调整器的惯性而维持不变，同时空载线路的电容效应导致了电压的上升；大约 1.0s 以后，由于发电机的自动电压调整器开始作用，母线电压逐渐降低。在合闸之后 0.1～1.0s 的时间内的电压升高，称为暂态工频电压升高；在 2～3s 之后，系统处于稳定状态，这时的工频电压升高称为稳态工频电压升高。暂态工频电压升高对过电压保护和绝缘配合的影响很大，而稳态工频电压升高也会对系统的电气设备造成一定的影响。

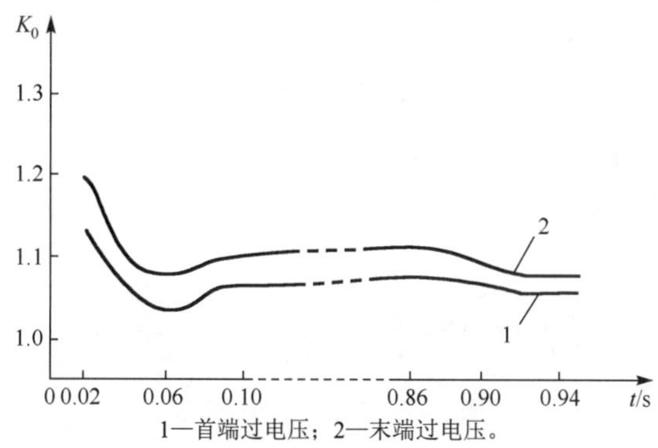

图 11-1 500km 空载线路合闸时，线路首、末端过电压随时间变化的曲线

通常，在 220 kV 以下、不太长的线路上，工频电压升高不会对正常绝缘的电气设备造成危害，但是对超高压、远距离传输系统的绝缘等级的确定具有重要意义。

11.1.1.1 超高压系统中工频电压升高的重要性

工频电压升高的数值是决定保护电器工作条件的主要依据，如金属氧化物避雷器的额定电压就是根据电网中工频电压的升高来确定的。具有间隙的避雷器，随着工频电压的升高，需要更高的灭弧电压。在相同的保护比下，工频电压的升高提高了装置的绝缘水平，或增加了避雷器的灭弧性能和通流能力。同时，随着工频电压幅值的增大，对断路器并联电阻热容量的要求也随之提高，这就为生产低值并联电阻带来了一定的难度。

操作过电压和工频电压升高是同步的，所以工频电压升高会对操作过电压的幅度产生直接的影响。

工频电压升高持续的时间较长，会严重地影响设备的绝缘和运行性能，如可导致油纸绝缘内部游离、污秽绝缘子闪络、铁芯过热、电晕等。

11.1.1.2 工频电压升高的原因

1. 空载长线的电容效应

在集中参数 L、C 串联电路中，如果容抗大于感抗，即 $\dfrac{1}{\omega C} > \omega L$，电路中将流过容性电流。电容器上的电压与电源电动势和通过电感器的电容电流所引起的电压升高相等。这种电容上的电压高于电源电动势的现象，称为电容效应。

由前面章节的学习可知，一条空载长线可以看成是由许多串联的 L、C 回路组成的，在工频电压作用下，线路的总容抗通常要比导线的感抗大得多，所以线路各点的电压都要比首端电压高，并且越靠近终端处的电压越高。

在图 11-2 中，线路长度为l，$\dot{E}$ 为电源电动势，$\dot{U}_1$、$\dot{U}_2$ 分别为线路首、末端电压，X_S 为电源感抗。若输电线路为无损耗长线，则可求得线路首、末端电压、电流关系为

$$\begin{cases} \dot{U}_1 = \dot{U}_2 \cos(\alpha' l) + \mathrm{j}\dot{I}_2 Z \sin(\alpha' l) \\ \dot{I}_1 = \mathrm{j}\dfrac{\dot{U}_2}{Z}\sin(\alpha' l) + \dot{I}_2 \cos(\alpha' l) \end{cases} \tag{11-1}$$

式中 Z——线路的波阻抗（Ω）；

α'——相位系数，$\alpha' = \omega\sqrt{L_0 C_0}$（$\omega$ 为电源角频率，L_0、C_0 分别为导线单位长度的电感和电容），对于输电线路，通常 $\alpha' \approx 0.06^\circ/\mathrm{km}$；

l——线路的长度（km）。

图 11-2 空载长线示意图

若线路末端开路，即

$$\dot{I}_2 = 0$$

由式（11-1）可得线路首、末端电压关系为

$$\dot{U}_2 = \frac{\dot{U}_1}{\cos(\alpha' l)} \tag{11-2}$$

图 11-3 中的曲线 1 是根据式（11-2）画出的线路末端电压升高的倍数与线路长度的关系。很清楚，当$\alpha' l = \frac{\pi}{2}$时，无论首端电压为何值，线路末端电压将趋于无穷大。此时线路长度$l = \frac{\pi v}{2}\omega$，线路电感与电容构成谐振状态。当电网频率为 50 Hz 时，电磁波的波长为$\frac{v}{f} = 3\times 10^5 / 50\text{km}$，$l$的长度相当于 1/4 波长，因此也称为 1/4 波长谐振。

上述分析未考虑电源阻抗，即电源的容量。它可以被理解为一种情形，即电源电动势$\dot{E} = \dot{U}_1$，电源感抗 X_S=0。在实际应用中，电源容量是有限度的，即 X_S>0，线路的电容电流流过电源上的电感也会使电压上升，从而使电容效应增大，就像延长电线的长度一样。显然，电源容量越小，电容效应越严重。

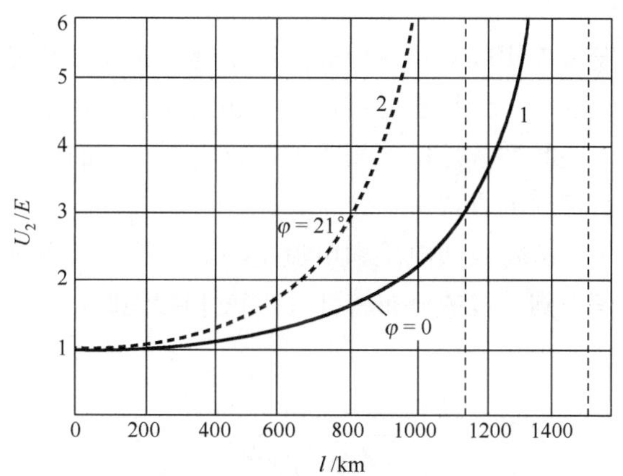

图 11-3　空载线路终端的电压升高

为了计算与分析，有时需要将线路用集中参数阻抗来代替。如无损耗线路末端开路，从首端往线路看去，可等效为一个阻抗 Z_R，Z_R 叫作末端开路时的首端输入阻抗。由式（11-1）求出线路末端开路的输入阻抗为

$$Z_R = \frac{\dot{U}_1}{\dot{I}_1} = -\mathrm{j}Z\cot(\alpha' l) \tag{11-3}$$

当$\alpha' l < 90°$时，Z_R 为容抗，而电源 X_S 为感抗，可计算线路首端电压

$$U_1 = \frac{\dot{E}}{\mathrm{j}X_S + Z_R} Z_R = \frac{\dot{E}}{X_S - Z\cot(\alpha' l)}\left[-Z\cot(\alpha' l)\right] \tag{11-4}$$

式（11-4）也可用电压传递系数来表示。线路首端对电源的电压传递系数

$$K_{01} = U_1 / E = \frac{Z\cot(\alpha' l)}{Z\cot(\alpha' l) - X_S} \tag{11-5}$$

同样可求出线路末端对电源电动势的传递系数

$$K_{02} = \frac{\dot{U}_2}{\dot{E}} = \frac{\dot{U}_1}{\dot{E}}\frac{\dot{U}_2}{\dot{U}_1} = K_{01}K_{12} \tag{11-6}$$

将式（11-2）、式（11-5）代入式（11-6），经化简得

$$K_{02}=\frac{1}{\cos(\alpha' l)-\frac{X_S}{2}\sin(\alpha' l)} \tag{11-7}$$

令 $\varphi=\arctan\frac{X_S}{Z}$，则式（11-7）又可写成

$$K_{02}=\frac{\cos\varphi}{\cos(\alpha' l+\varphi)} \tag{11-8}$$

电源电抗 X_S 的影响可通过参数 φ 表示出来。图 11-3 中画出了 $\varphi=21°$ 时 K_{02} 与线路长度的关系曲线（虚线 2）。由计算可知，当 $l=1150\text{km}$ 时，线路将发生谐振。由于电源容量越小，情况越严重，因此在计算工频电压升高时，应计及系统可能出现的最小运行方式，即取 X_S 可能出现的最大值。

2. 不对称短路引起的工频电压升高

在空载线路中，若发生单相或双相接地故障，则健全相的工频电压升高，除因长线的电容效应所致外，短路电流的零序分量也会增加健全相的电压。由于两相接地的可能性较低，且以单相接地最为常见，因此系统是以单相接地工频电压升高的数值来确定阀式避雷器的灭弧电压的，这里仅对单相接地的方式进行讨论。

在单相接地的情况下，故障点的电压和电流是不对称的，采用对称分量法序网图进行分析，既便于计算，又能考虑到长线的分布特性。当 A 相接地时，可求得健全相 B、C 相的电压为

$$\begin{cases}\dot{U}_B=\frac{(a^2-1)Z_0+(a^2-a)Z_2}{Z_0+Z_1+Z_2}\dot{E}_A\\ \dot{U}_C=\frac{(a-1)Z_0+(a^2-a)Z_2}{Z_0+Z_1+Z_2}\dot{E}_A\end{cases} \tag{11-9}$$

式中 $\dot{E}_A$——正常运行时故障点处 A 相的电动势；

Z_1、Z_2、Z_0——从故障点看进去的电网正序、负序、零序阻抗；

$a=e^{j\frac{2}{3}\pi}$。

对于较大电源容量的系统，$Z_1\approx Z_2$，若再忽略各序阻抗中的电阻分量 R_0、R_1、R_2，则式（11-9）可改写成

$$\begin{cases}\dot{U}_B=\left(-\frac{\frac{1.5X_0}{X_1}}{2+\frac{X_0}{X_1}}-j\frac{\sqrt{3}}{2}\right)\dot{E}_A\\ \dot{U}_C=\left(-\frac{\frac{1.5X_0}{X_1}}{2+\frac{X_0}{X_1}}+j\frac{\sqrt{3}}{2}\right)\dot{E}_A\end{cases} \tag{11-10}$$

由式（11-10）可求出 $\dot{U}_B$、$\dot{U}_C$ 的模为

$$U_B = U_C = \sqrt{3}\frac{\sqrt{(X_0/X_1)^2 + (X_0/X_1) + 1}}{(X_0/X_1) + 2}E = K^{(1)}E \tag{11-11}$$

式中，

$$K^{(1)} = \sqrt{3}\frac{\sqrt{(X_0/X_1)^2 + (X_0/X_1) + 1}}{(X_0/X_1) + 2} \tag{11-12}$$

$K^{(1)}$叫作单相接地因数，它表示单相接地故障时，健全相的对地最高工频电压有效值与故障前故障相对地电压有效值之比。

顺便指出，在不计损耗的前提下，一相接地，两健全相电压升高是相等的；若计及损耗，用式（11-9）很容易证明：$U_B \neq U_C$。

利用式（11-11）可以画出 A 相接地故障时健全相工频电压升高时 $K^{(1)}$与 X_0/X_1 的关系曲线，如图 11-4 所示。从图中可以看出损耗对 B、C 两相电压升高的影响。

随着 X_0/X_1 数值的增大，健全相上电压升高严重。X_0 和 X_1 都是从故障的角度来判断的，包括了线路的分布、暂态电抗、变压器漏感等，并且零序和系统的中性点运行方式密切相关。

对于中性点绝缘的 3～10kV 系统，X_0 主要由线路容抗决定，故应为负值。单相接地时，健全相的工频电压升高约为线电压的 1.1 倍。因此，在选择避雷器灭弧电压（注意：金属氧化物避雷器为额定电压，下同）时，取 110%的线电压，这时避雷器称为 110%避雷器。

对于中性点经消弧线圈接地的 35～60kV 系统，在过补偿状态运行时，X_0 为很大的正值，单相接地时健全相上的电压接近线电压。因此，在选择避雷器灭弧电压时，取 100 %的线电压，这时避雷器称为 100%避雷器。

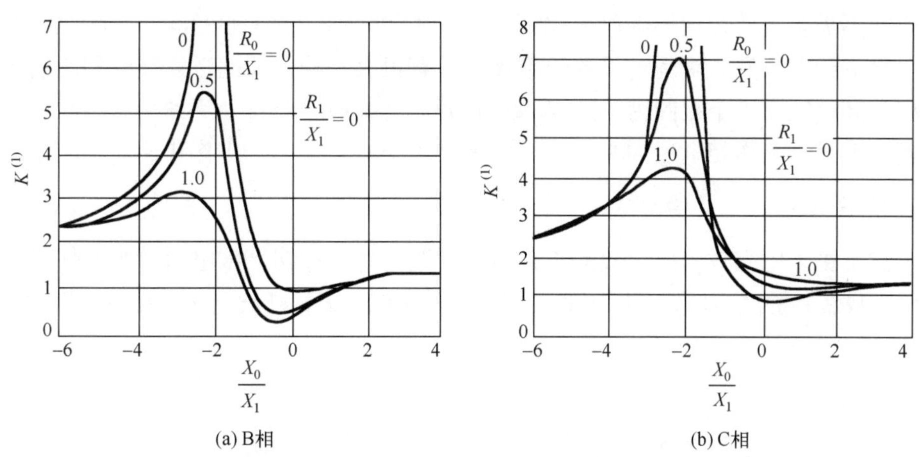

图 11-4　A 相接地故障时健全相工频电压升高时 $K^{(1)}$与 X_0/X_1 的关系曲线

对于中性点直接接地的 110～220kV 系统，X_0 为不大的正值。由于继电保护、系统稳定等方面的要求，需要对不对称短路电流加以限制，故而选用较大的值，一般 $X_0/X_1 \leqslant 3$。因此，健全相上的电压升高不大于 1.4 倍相电压，约为 80%的线电压，故采用 80%避雷器。

同一系统，有“大”“中”“小”三种运行方式，很明显，从“小方式”到“大方式”运行时，电源的正序阻抗下降很快；相反，由于继电保护的原因，零序阻抗不是成比例下降的。

也就是说，该电网某一点发生单相接地时，从该点看进去的零序阻抗与正序阻抗比值 X_0/X_1 不是定值，因此单相接地因数 $K^{(1)}$ 也不是定值。一般情况下，“大方式”运行时单相接地因数大。

3. 突然甩负荷引起的工频电压升高

当传输负载较大时，断路器由于某些原因跳闸，电源突然甩负荷，会使原动机和发电机发生一系列的机电暂态过程，这也是导致线路工频电压升高的另一个因素。

首先，按照磁链守恒定律，甩负荷后，发电机中的励磁线圈的磁通没有时间发生变化，而与之对应的电源电动势 E'_d 保持在原来的值（很明显，负载越大，此电势就越大）。由于负载电感电流对发电机主磁通的去磁效应突然消失，而空载线路的电容电流又会对发电机的主磁通产生助磁作用使 E'_d 上升，所以会使发电机的工频电压升高。

其次，就机械过程而言，发电机的有功负载突然被抛出，由于原动机的调速器具有一定的惯性，所以在很短的时间内，向原动机输入的功率来不及减少（汽轮机与蒸汽流量有关，水轮机与水流量有关），因此，在主轴上存在过多的功率，会增大发电机的速度。随着转速的增大，电源频率也随之增大，不仅使电动机的电动势增大，而且使线路的电容效应更加明显。

对于汽轮发电机，因转子机械强度的需要，其转速不能过高，一般可容许超速 10%～15%；水轮机可以超速达 30%以上。

11.1.1.3 工频电压升高的限制措施

在考虑空载线路的电容效应、单相接地和突发性甩负荷等因素的影响下，计算线路工频电压升高时，工频电压的升高将会更大。从国内实际运行经验来看，220kV 及以下电压等级的电网通常不需要采用特别的手段来控制工频电压的升高，但是在 330kV、500kV、750kV 系统中，由于工频电压升高对确定设备的绝缘水平有很大影响，因此必须采取相应的措施，把工频电压升高控制在一个范围内。目前，在 330kV、500kV、750kV 系统中，母线上的工频电压升高不大于最高工作相电压的 3 倍，线路不应大于 1.4 倍。一般采用下列方式进行约束。

1. 利用并联电抗器补偿空载线路的电容效应

为了抑制由于电容效应而导致的工频电压升高，目前在超高压电网中普遍使用并联电抗器来补偿空载线路的电容电流，以削弱电容效应的影响。无损耗线路末端接有并联电抗器，如图 11-5 所示。

图 11-5 无损耗线路末端接有并联电抗器

在图 11-5 中，假设在线路末端接电抗器 X_p，将 $\dot{U}_2 = jX_p\dot{I}_2$ 代入式（11-1），并令

$\theta = \arctan\dfrac{Z}{X_{\mathrm{P}}}$，可求得线路首、末端电压的传递系数为

$$K_{12} = \frac{U_2}{U_1} = \frac{\cos\theta}{\cos(\alpha' l - \theta)} \tag{11-13}$$

在线路末端接入电抗器，相当于减小了线路长度，因而降低了电压传递系数。

当线路末端的并联电抗器接入后，由首端看进去的入端阻抗将增大，用式（11-1）同样可以求出线路末端开路时的入端阻抗

$$Z_{\mathrm{R}} = -\mathrm{j}Z\cot(\alpha' l - \theta) \tag{11-14}$$

在欠补偿时，Z_{R}仍呈容抗性质。因此，在同样的首端电压下，电容电流减小，流过电源阻抗X_{S}的电压下降，从而降低了首端电压。

可求得首端对电源的电压传递系数

$$K_{01} = \frac{\dot{U}_1}{\dot{E}} = \frac{Z_{\mathrm{R}}}{Z_{\mathrm{R}} + \mathrm{j}X_{\mathrm{S}}} = \frac{-Z\cot(\alpha' l - \theta)}{X_{\mathrm{S}} - Z\cot(\alpha' l - \theta)} \tag{11-15}$$

由式（11-13）及式（11-15）可求得线路末端对电源的电压传递系数，通过化简可得到下列表达式

$$K_{02} = K_{01}K_{12} = \frac{\cos\theta\cos\varphi}{\cos(\alpha' l - \theta + \varphi)} \tag{11-16}$$

由式（11-16）可知，线路末端安装电抗器可以降低电压传递系数K_{02}，从而降低了线路的末端电压。

系统中的电抗器可以安装在线路的末端，也可安装在线路的首端，甚至安装在线路的中间，用上述类似的方法，可对电抗器限制工频电压升高的效果进行计算。

并联电抗器的主要功能是降低空载线路的电容电流，以降低工频电压的升高，但并联电抗器的设置还涉及系统无功平衡、潜供电流补偿、自激过电压及非全相状态下的谐振等问题。所以，在选用合适的电抗器时，应综合考虑系统的结构、参数、可能出现的操作模式和故障类型，并根据实际系统的特点，选择合适的电抗器。

2. 利用静止补偿装置限制工频电压升高

上述并联式电抗器会对工频电压升高产生一定的抑制效果，但如果是在正常情况下，系统会消耗大量的无功功率，导致资源的浪费。在过去的10多年中，出现了一种新型的并联补偿装置，它采用晶闸管等先进的电子技术。图11-6所示为静止补偿装置系统接线示意图，它包含三个部分：晶闸管开关投切电容器组（TSC）、晶闸管相角控制的电抗器组（TCR）、调节器系统。

它具有时间响应快、维护简单、可靠性高等优点。

当系统由于某种原因发生工频电压升高时，TSC断开，TCR导通，吸收无功功率，从而降低工频电压升高。根据需要，可改变TSC、TCR的导通相角，达到调节系统无功功率、控制系统电压、提高系统稳定性的目的。

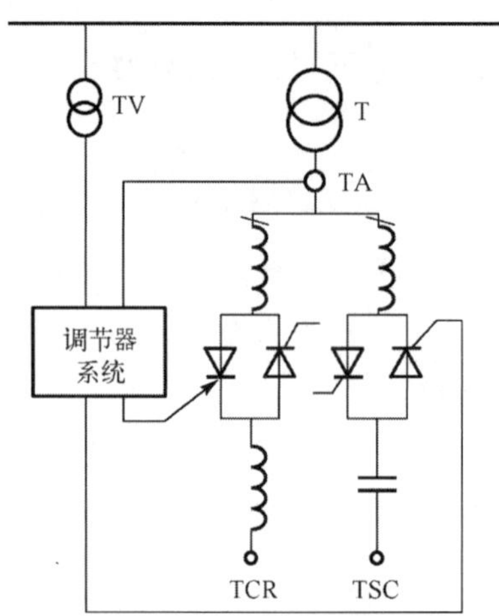

图 11-6　静止补偿装置系统接线示意图

3. 采用良导体地线降低输电线路的零序阻抗

前面已经提到，在故障点处，零序阻抗 X_0 和正序阻抗 X_1 之比是决定故障点稳态电压的重要因素。X_0、X_1 包含了集中参数电机的暂态电抗、变压器漏抗和分布参数线路的阻抗。在通常情况下，电源侧零序阻抗和正序阻抗之比都小于 1，而线路的零序阻抗和正序阻抗之比是大于 1 的。如果使用良导体地线，则会使 X_0 减小，从而减小零序阻抗和正序阻抗之比，达到对工频电压升高的限制。计算结果显示，电源容量越大，良导体地线越能降低工频电压升高。

11.1.2　谐振过电压

在电网中，“储能元件”，即储存静电的电容器和储存磁能的电感，数量众多。如线路电容、补偿用的串联和并联电容，以及变压器的电感等，构成了振荡回路的多种类型，因此，在电力系统中发生谐振的概率很高。在正常工作状态下，振荡回路会被负载阻尼或分流，因此不会发生剧烈的振动。但是当出现故障时，由于系统线路连接方式发生了变化，负载也甩掉了，在一定的电源作用下，就会产生谐振。谐振经常导致严重的、长期的过电压；有时候，即使过电压不是很高，也会发生一些不正常的情况，导致系统不能正常工作。

11.1.2.1　谐振的类型

实践证明，在不同的电网中，不同的电压水平，会引起不同的谐振过电压。一般将电阻器、电容器等作为线性参量，而感应元件则可分成三种情况：在特定条件下，有些电感元件是线性的；部分电感元件具有非线性特性；有些电感元件的参数大小具有周期性的变化。在特定的电容参数和其他情况下，可以产生三种不同类型的谐振现象。

1. 线性谐振

在实际电力系统中，由于在设计和运行过程中都能避免这种谐振现象，所以很难有充分的线性谐振。然而，即便在接近谐振状态下，也会出现较高的过电压。

线性谐振的条件：等效回路中的自振频率与电源频率相等或相近。它的过电压幅度仅限于回路中的损耗（电阻）。但在某些情况下，由于电流在谐振过程中的突然增大，会使回路中的铁磁元件接近饱和，导致系统偏离谐振，从而限制系统的过电压幅值。

2. 铁磁谐振

在电力系统中，出现铁磁谐振现象的可能性很大。国内外的实际应用证明，这种故障是造成电力系统重大事故的直接原因。由于具有铁芯，电路中的电感元件会发生饱和现象，其电感不再具有恒定值，但会随着电流或磁通的改变而改变。当满足特定的条件时，这种带有非线性电感元件的电路就会产生铁磁谐振。由于其本身的特性，在设计和运行过程中难以避免这种谐振现象，下面将在 11.1.2.2 节对其进行更详尽的分析。

3. 参数谐振

在一定条件下，某些感应元件的电感参数会出现周期性的改变。比如，当发电机转动时，由于转子的位置不同，电感的幅值会有周期性的改变。如果发电机具有容性负载，如一段空载线路，在一定的参数匹配下，可能会出现参数谐振的现象。这种现象有时被称作发电机的自励或自激。

参数谐振所需的能量来自改变了参数的原动机，无须独立的电源，通常只要有剩余磁场或者电容上的残余电荷，并且在一定的参数范围之内，就可以实现谐振。

回路中存在着损耗，因此，只需在参数改变时引入足够的能量来补偿回路内的损耗，就可以使谐振得到充分的发展。相应地，在一定的回路电阻下，存在着一定的自激励范围。谐振发生后，其振幅在理论上趋于无限大，而不会因回路阻抗而产生线性谐振。但事实上，电感饱和会导致电路自动偏离谐振状态，从而限制了过电压。

在机组投入电网之前，设计单位要对其进行自激校核，所以一般不会出现参数谐振。

11.1.2.2 铁磁谐振过电压

为了对铁磁谐振过电压进行分析，首先对 LC 串联谐振电路进行了研究。串联铁磁谐振电路如图 11-7(a)所示，图中电感为非线性电感，特性如图 11-7(b)中的 U_L 所示。略去损耗后，出现谐振时，除了基频分量，还存在较高的次谐波分量，但对基频谐振的影响不大，因此可以忽略。通过这种方法，可以将谐振状态下的电流和电压看成正弦波，利用交流符号方法进行求解。

因为电感上的电压 $\dot{U}_L$ 和电容上的电压 $\dot{U}_C$ 符号相反，且电容是线性的，即 U_C 和 I 的关系是一条直线，由图 11-7(b)可见，当 $\omega L > \dfrac{1}{\omega C}$，即 $U_L>U_C$ 时，电路中的电流是感性的；但随着电流的增大，铁芯饱和，电感降低，两条伏安特性曲线相交；电流再增加，$\dot{U}_C>\dot{U}_L$，电路中的电流变为容性。由电路元件上的压降与电源电动势的平衡关系可得

$$\dot{E}=\dot{U}_L+\dot{U}_C \tag{11-17}$$

以上平衡式可用电压降总和的绝对值 ΔU 来表示，即

$$E=\Delta U=\left|U_L-U_C\right| \tag{11-18}$$

可做出 ΔU 与 I 的关系曲线，如图 11-7（b）所示。

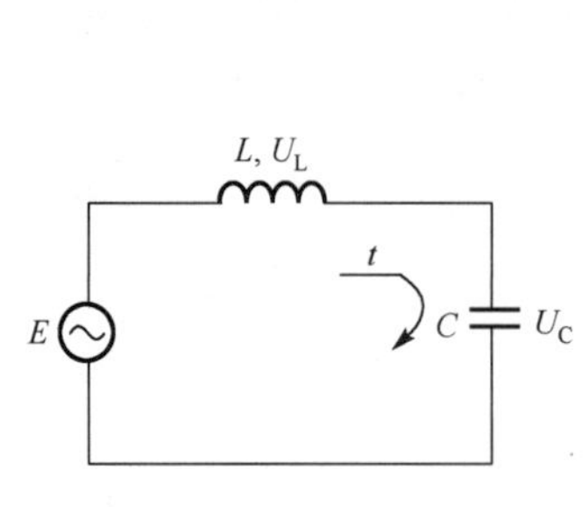

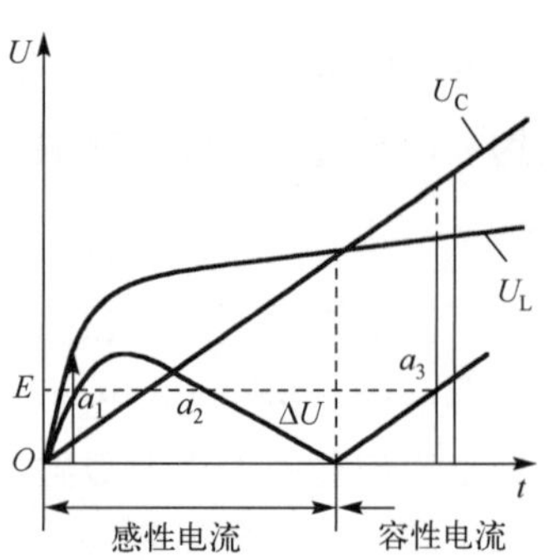

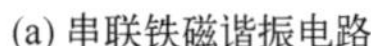

(a) 串联铁磁谐振电路　　(b) 串联铁磁谐振电路的特征曲线

图 11-7　铁磁谐振

在这一点上，电动势 E 和 ΔU 曲线的相交点符合以上平衡方程。如图 11-7(b)所示，有三个平衡点 a_1、a_2、a_3，但是这三个点并非都是恒定的。为了考察一个点的稳定性，可以假设在回路上存在一个很小的干扰，并分析这个干扰能否将回路从这个点上分离出来。如 a_1 点，若回路中的电流稍微增大，$\Delta U > E$，也就是电压降比电动势大，那么回路的电流就会减小，并返回到 a_1 点。相反，若回路中的电流略有降低，$\Delta U < E$，即回路的电压降比电动势小，则回路电流也会增大，并返回到 a_1 点。所以，a_1 是一个稳定点。通过对 a_2、a_3 点的分析可以看出，a_3 点为稳定点，a_2 为非稳定点。

从图 11-7 可知，在电动势较小的情况下，回路有两个工作点 a_1、a_3，如果 E 大于某一点，那么可能仅有一个工作点。如果存在两个工作点，电源电动势逐步升高，就可以处于非谐振工作点 a_1。要建立一个稳定的谐振点 a_3，电路必须经历诸如故障、断路器跳闸、断路器故障等强干扰。这种谐振现象是通过过渡过程形成的，我们称之为铁磁谐振的“激发”。一旦“激发”之后，就可以“保持”谐振状态，并且持续相当长的一段时间。

根据以上分析可知，基波的铁磁谐振有下列特点。

（1）产生串联铁磁谐振的必要条件：电感和电容的伏安特性必须相交，即

$$\omega L > \frac{1}{\omega C} \tag{11-19}$$

因而，铁磁谐振可以在较大范围内产生。

（2）对于铁磁谐振电路，在相同的电源电动势下，其回路的稳定运行状态可能不止一个。当外部激励时，回路会由非谐振工作状态跃变到谐振工作状态，由电感向电容转变，并出现相位倒置，并产生过电压和过电流。

（3）铁磁元件的非线性是产生铁磁谐振的根本原因，但其饱和特性本身又限制了过电压的幅值。此外，回路中的损耗也能使过电压降低，当回路电阻值大到一定数值时，就不会出现强烈的谐振现象了。

上面讨论了基波铁磁谐振，事实上，在铁芯电感的振荡回路中，由于电感值不是常数，回路没有固定的频率，即使是简单的串联回路，只要参数配合恰当，谐振频率也可以是电源频率的整数倍（高次谐振波）或几分之几（分次谐振）。识别这类谐振的方法：一般高次谐振波出现时，会伴随着过电压的产生，而分次谐振波出现时，回路中会出现过电流。

电力系统中的铁磁谐振过电压常发生在非全相运行状态中，其中电感可以是空载变压器

或轻载变压器的励磁电感、消弧线圈的电感、电磁式电压互感器的电感等。电容可以是导线的对地电容、相间电容及电感线圈对地的杂散电容等。由于涉及三相系统的不对称开断、断线、非线性元件特性，给分析铁磁谐振过电压带来了一定的困难，所以一般常采用戴维南定理，将三相电路简化为图 11-7(a)所示的简单串联铁磁谐振回路，然后用图解法求出各点电压及分析谐振条件。

为了限制和消除铁磁谐振过电压，人们已找到了许多有效的措施。

（1）改善电磁式电压互感器的励磁特性，或改用电容式电压互感器。

（2）在电压互感器开口三角绕组中接入阻尼电阻，或在电压互感器一次绕组的中性点对地接入电阻。

（3）在有些情况下，可在 10kV 及以下电压等级的母线上装设一组三相对地电容器，或用电缆段代替架空线段，以增大对地电容，但从参数搭配上应该避免谐振。

（4）在特殊情况下，可将系统中性点临时经电阻接地或直接接地，或投入消弧线圈，也可以按事先规定，投入某些线路或设备以改变电路参数，消除谐振过电压。

目前，人们研究发明了很多装置用来限制谐振过电压，虽然有不同的结构，各有各的特点，但原理是相同的，即设法改变回路参数，破坏铁磁谐振条件，接入阻尼电阻，使谐振过电压得到有效的限制。

一般来说，消谐装置针对的是某种类型的铁磁谐振。由于电网中到处存在着铁磁元件，特别是运行接线复杂的配电网系统，构成了多样性的谐振回路，出现不同种类的铁磁谐振，因此，即使安装了某种消谐装置，也不能避免系统中铁磁谐振现象的发生。

11.2 操作过电压

操作过电压是在电力系统中发生的另一种过电压，这种过电压是由系统的断路器操作和各种故障产生的过渡过程引起的。操作过电压通常具有幅值高、存在高频振荡、强阻尼和持续时间短的特点。

常见操作过电压包括中性点不接地系统中的电弧接地过电压、空载线路合闸过电压、切除空载线路过电压及切除空载变压器过电压等。

操作过电压的幅值、波形与电网结构、参数、断路器性能、系统接线、运行操作方式及限压设备的性能等因素都有一定的关系，具有随机性。目前，对操作过电压的定量研究多依赖于系统实测、暂态网络分析仪（Transient Network Analyzer，TNA）、计算机的计算等。

近几年来，高压断路器的灭弧性能不断提高、变压器铁芯材料的不断改进、避雷器生产技术的不断发展，限制了切除空载线路和空载变压器的过电压，但是空载线路的合闸过电压仍然没有得到有效的控制，特别是在超高压、特高压系统中，这样的过电压已经成为决定电网绝缘水平的主要依据。

控制操作过电压的途径包括在低压系统中设置消弧线圈、在高压线路上设置并联电抗器、使用并联电阻的断路器及避雷器等。

11.2.1 中性点不接地系统电弧接地引起的过电压

实践证明，在电力系统中，超过 60%的故障为单相接地。在中性点不接地的情况下发生单相接地时，通过故障点将流过数值不大的接地电容电流。若电网小，线路较短，则接地电容电流较小。很多临时的单相接地故障（如雷击、飞鸟等），在故障原因消失后，电弧通常会自动熄灭，使整个系统迅速恢复到原来的状态。随着电力系统的不断发展，电压水平的不断提高，单相接地电容电流也相应增大，6～10kV 电网的接地电流在 30A 以上、35～60kV 电网的接地电流在 10A 以上时很难被熄灭。但这种电流并不足以形成稳定的燃烧电弧，因此可能出现电弧时燃时灭的不稳定状态，导致电网的工作状态发生瞬间的改变，从而产生强大的电磁波，并且在健全相和故障相上产生一个过电压，这就是间歇性电弧接地过电压。

间歇性电弧接地时，弧道中的电流基本上由两部分组成：一是工频分量，二是高频分量。电弧有时在工频电流过零熄灭，有时在高频电流过零熄灭，也有时在工频和高频叠加的某个时刻熄灭。试验中，三种情况都有发生。下面用工频电流过零电弧熄灭的过程分析间歇性电弧接地产生过电压的机理。

11.2.1.1 过电压发展的物理过程

图 11-8 所示为中性点不接地系统 A 相接地时的等效电路图及相量图。其中 U_A、U_B、U_C 代表三相电源电压，C_1、C_2、C_3 分别表示 A、B、C 三相导线的对地电容，设三相线路对称，故 $C_1=C_2=C_3=C$。

图 11-9 所示为工频熄弧时电弧接地过电压的发展过程，u_1、u_2、u_3 分别代表三相线路的对地电压。

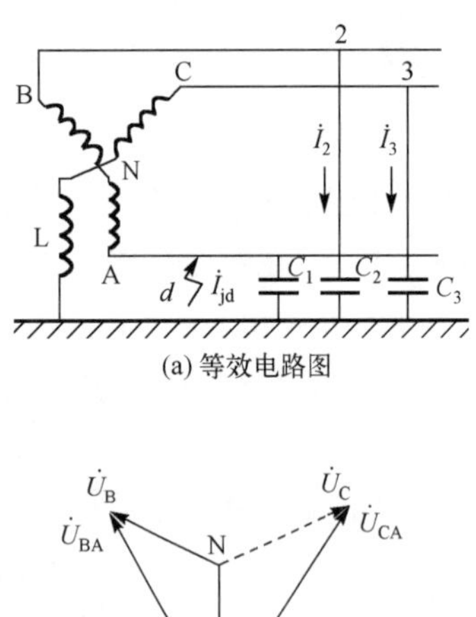

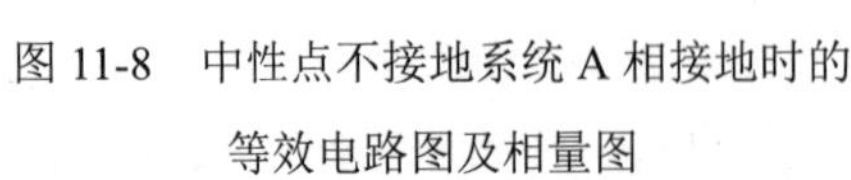

图 11-8 中性点不接地系统 A 相接地时的等效电路图及相量图

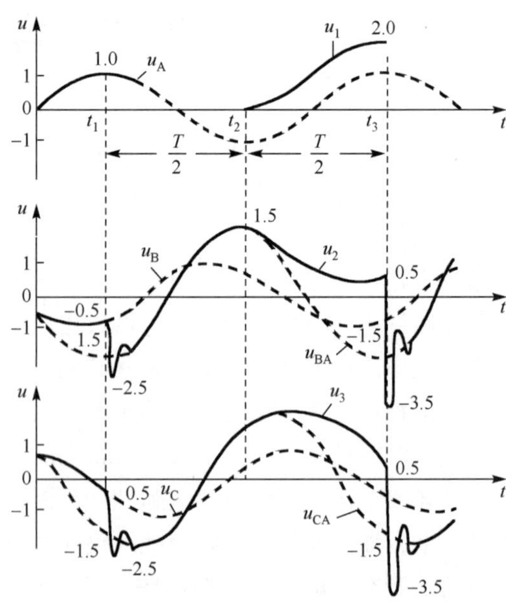

图 11-9 工频熄弧时电弧接地过电压的发展过程

若在 t_1 时刻A相电压达到最大值，即 $u_1(t_1)=1.0(\text{p.u.})$、$u_2(t_1)=u_3(t_1)=-0.5(\text{p.u.})$ 时，A相发生对地闪络，则 $u_1(t_1^+)=0$，而 $u_2(t_1^+)=u_3(t_1^+)=-1.5(\text{p.u.})$。很明显，发弧前后的电压是不同的，在此期间，电源通过自身的漏抗对 C_2 和 C_3 进行充电，这是一种高频振荡过程。在集中参数LC串联振荡期间，当回路中的电容从初始电压 U_0 过渡到另一稳态电压 U_s 时，过渡过程中可能出现的最大电压 U_{max} 可由式（11-20）近似求出：

$$U_{max}=U_s+(U_s-U_0)=2U_s-U_0 \tag{11-20}$$

则健全相上的电压为

$$u_{2max}=u_{3max}=\{-1.5+[-1.5-(-0.5)]\}(\text{p.u.})=-2.5(\text{p.u.})$$

如果A相发生金属性接地，或电弧熄灭后没有重燃，那么在健全相上的过电压不会大于2.5(p.u.)。相反，如果电弧不稳定，是时燃时灭的间歇性电弧，那么可能会引起较大的过电压，这种电弧的大小取决于电弧熄灭和重燃的时间。目前已知，如果A相接地，弧道中不仅有工频电流，而且还会有幅值很高的高频电流，电弧可以在高频电流过零时熄灭，也可以在工频电流过零时熄灭，还可以在一定时间内将高频分量与工频分量叠加。但通常认为，在大气中出现的开放性电弧的熄灭是由工频电流所控制的。所述的电弧接地过电压发生的原因，采用了工频熄弧的原理。

根据工频熄弧原理，在 t_1 瞬间发生电弧后，要等工频电流过零后，电弧才会熄灭。因为发弧之后的电路是容性电路，电流超前电压90°，所以在发弧 t_1 时刻，电流的先导，也就是弧道处的工频电流成分为零。弧道中的高频电流急剧减小，而工频电流则先增大后减小，经过 $T/2$ 时间后又恢复到零，此时，在 $t_2=t_1+T/2$ 时，工频电流熄弧，所以电弧的持续时间是 $T/2$。

熄弧时，$u_1(t_2)=0$，$u_2(t_2)=1.5(\text{p.u.})$，$u_3(t_2)=1.5(\text{p.u.})$，这也就是熄弧瞬间各相电容电压的初始值。熄弧后，$C_2$、$C_3$ 上的电荷将重新分配到三相对地电容上。由于是中性点不接地系统，这些电荷无处泄漏，仍留在系统中，即各相电容上叠加了一个直流分量，且数值为

$$2C[1.5(\text{p.u.})]/3C=1.0(\text{p.u.})$$

故障熄弧后，三相电容上的电压应是三相对称交流电压与三相相等的直流分量的叠加，即

$$u_1(t_2^+)=u_1(t_2)+U_0=(-1.0+1.0)(\text{p.u.})=0$$

$$u_2(t_2^+)=u_2(t_2)+U_0=(0.5+1.0)(\text{p.u.})=1.5(\text{p.u.})$$

$$u_3(t_2^+)=u_3(t_2)+U_0=(0.5+1.0)(\text{p.u.})=1.5(\text{p.u.})$$

以上三式为 t_2^+ 时刻各相电压的新稳态值，它们分别与 t_2 时刻各相电容电压值相同，即 t_2^+ 熄灭后，将不会出现高频振荡的过渡过程。

熄弧0.01s后，即 $t_3=t_2+T/2$ 时刻，原A相故障点的电压又达到最大值，此时

$$u_1(t_3)=(1.0+1.0)(\text{p.u.})=2.0(\text{p.u.})$$

$$u_2(t_3)=(-0.5+1.0)(\text{p.u.})=0.5(\text{p.u.})$$

$$u_3(t_3)=(-0.5+1.0)(\text{p.u.})=0.5(\text{p.u.})$$

假定这个时刻故障点电弧重燃，则 u_1 由2.0(p.u.)突然降为零，电路将再次出现过渡过程。B、C两相电压的初始值为0.5(p.u.)，而新的稳态值为

$$u_1\left(t_3^+\right)=0$$

$$u_2\left(t_3^+\right)=-1.5(\text{p.u.})$$

$$u_3\left(t_3^+\right)=-1.5(\text{p.u.})$$

B、C 两相电容 C_2、C_3 经电源电感从 0.5(p.u.)充电到−1.5(p.u.)，由式（11-20）可得

$$U_{2\max}=\left[-1.5+\left(-1.5-0.5\right)\right]\left(\text{p.u.}\right)=-3.5\left(\text{p.u.}\right)$$

$$U_{3\max}=\left[-1.5+\left(-1.5-0.5\right)\right]\left(\text{p.u.}\right)=-3.5\left(\text{p.u.}\right)$$

也就是说，在第二次发弧时，健全相上的过电压为 3.5(p.u.)。可以采用相同的方法，对每隔半个工频电压周期的依次熄弧和重燃进行分析，这一过渡过程与上述情况完全相同，健全相最大过电压为 3.5(p.u.)，故障相的最大过电压为 2.0(p.u.)。其主要原因：在发生间歇性电弧接地时，由于健全相对地电压起始值与稳态值之间存在一定的差异，从而使电容和电源电感之间出现振荡，从而导致过电压。

用高频熄弧原理对其进行分析发现，当高频电流第一次过零熄弧后，振荡电压正好达到最大值，过电压的分析结果要比上述严重些。事实上，燃弧相位、熄弧相位、导线的相间电容、残余电荷的泄漏、线路损耗等因素都会对振荡过程有一定的影响，考虑到上述因素，就可以减小最大过电压。

11.2.1.2 限制过电压的措施

要消除电弧接地过电压，最基本的方法就是消除间接性电弧。其最有效的办法是将中性点直接接地，使得单相接地故障时出现较大的单相短路电流，从而切断线路，在故障排除后重新供电。目前 110kV 及以上电压等级的电力系统大多采用中性点直接接地的运行方式。

然而，在我国多数电压等级较低的配电网络中，其单相接地事故率较高，如果采用中性点直接接地，则必然导致开关频繁跳闸，需要增设大量的重合闸装置，会增加断路器的检修工作量，因此宜采用中性点绝缘的运行方式。为了减小电容电流，使电弧容易熄灭，国内 35kV 及以下电压等级的配电系统均采用中性点经消弧线圈接地的运行方式。

消弧线圈是一种连接在系统中性点处的电感线圈，如图 11-8(a)所示。它的电感值由接地电容或单相短路电流的大小来确定。消弧线圈的基本作用如下：

（1）补偿流过故障点的短路电流，使电弧能自行熄灭，系统自行恢复到正常工作状态。

（2）减小故障相上恢复电压上升的速度，降低电弧重燃的可能性。

由图 11-8 可知，在系统正常工作时变压器中性点电位为零，消弧线圈中没有电流流过。当 A 相发生金属性接地时，中性点电位 $U_{\text{N}}=U_{\text{ph}}$（相电压），此时流过故障点的电流为 $\dot{I}_{\text{jd}}$。此电流由两个分量组成：一是电容 C_2、C_3 在线电压作用下的电容电流 $\dot{I}_{\text{C}}$，二是消弧线圈电感 L 在 U_{ph} 作用下流过的电感电流 $\dot{I}_{\text{L}}$，则由图 11-8(b)可得出

$$\dot{I}_{\text{jd}}=\dot{I}_{\text{C}}+\dot{I}_{\text{L}} \tag{11-21}$$

由于 $\dot{I}_{\text{C}}$ 与 $\dot{I}_{\text{L}}$ 在相位上是相反的，因此，调节消弧线圈的电感量，即可改变 $\dot{I}_{\text{jd}}$ 的大小，从而限制短路电流。

把电感电流补偿电容电流的百分数称为消弧线圈的补偿度（或调谐度），用 k_{r} 表示如下：

$$k_r = \frac{\dot{I}_L}{\dot{I}_C} = \frac{\dfrac{U_{ph}}{\omega L}}{3\omega C U_{ph}} = \frac{1}{3\omega^2 LC} = \frac{\omega_0^{\ 2}}{\omega^2} \tag{11-22}$$

式中　ω_0——电路的自振角频率，$\omega_0 = \dfrac{1}{\sqrt{3LC}}$。

用γ_t表示脱谐度：

$$\gamma_t = 1 - k_r = \frac{\dot{I}_C - \dot{I}_L}{\dot{I}_C} = 1 - \left(\frac{\omega_0}{\omega}\right)^2 \tag{11-23}$$

当k_r<1，γ_t>0 时，表示消弧线圈的电感电流小于线路的电容电流，故障点有一容性残流，称此为欠补偿；当k_r>1，γ_t<0 时，表示消弧线圈的电感电流大于线路的电容电流，故障点流过感性残流，称此为过补偿；当k_r=1，γ_t=0 时，消弧线圈的电感电流与线路的电容电流相互抵消，消弧线圈与三相并联电容处于并联谐振状态，称此为全补偿。

在电力系统中，一般采用过补偿运行模式，以使消弧线圈的“消弧作用”得到最大程度的发挥。这是由于如果原先是欠补偿，那么随着电网的发展，其脱谐度会增大，当脱谐度过大时，则失去消弧线圈的作用；另外，在运行过程中，如果有一些线路退出，那么就会出现全补偿或者接近全补偿的情况，因为电网三相对地电容的非对称，会使中性点产生较大的位移电压，从而危及系统的绝缘。如果使用了过补偿，以上的问题就不会发生了。

采用过补偿时，通常γ_t=−0.10～−0.05，即过补偿 5%～10%，但应使残流值不超过 10A，否则还可能出现间隙性电弧。

在大多数情况下，中性点经消弧线圈接地能够迅速地消除单相瞬间接地电弧而不破坏电网的正常运行，若接地电弧不重燃，则单相接地的过电压不会超过 2.5(p.u.)。很明显，在很多单相瞬时接地故障的情况下（如多雷地区、大风地区等），消弧线圈的采用可以看成提高供电可靠性的有力措施。但是，由上述分析可知，消弧线圈使用不当时也会引起谐振过电压。最后还应指出，消弧线圈并不能直接降低弧光接地过电压，而是具有易于熄弧和防止重燃的作用，使过电压持续时间大为缩短，降低了出现高幅值过电压的概率。

11.2.2　空载线路合闸引起的过电压

空载线路合闸是电力系统中常用的一种操作方式。空载线路的合闸分为正常合闸和自动合闸两种情况。两种情况的初始条件不同，如电源电动势的幅值不同和残余电荷的存在，使得这种情形下的过电压振幅差别很大。通常，重合闸的过电压比较高。

正如上面所述，超高压传输系统的合闸与重合闸是影响整个系统设备绝缘等级的关键因素。我国已把 250/2500 μs 操作过电压的波形作为标准操作冲击波，取代了以往用工频试验代替操作波试验的方法。

合闸过电压与电源容量、系统接线方式、线路长度、合闸相位、开关性能、故障类型、限压措施等因素有很大关系，并且它们相互影响，关系十分复杂。本节仅从定性的角度，对产生过电压的物理过程、影响过电压的因素及限制过电压的措施进行探讨。

11.2.2.1 产生过电压的物理过程

先对简单的集中参数单相模型进行分析，其等效电路如图 11-10(a)所示。设电源电动势为$E_m \cos\omega t$。为简化分析，等效为 T 形电路，L_T、C_T分别为线路总的电感、电容，电源电感为 L_s，并忽略线路及电源的电阻。做上述简化后，合闸空载线路的等效电路如图 11-10(b)所示，其中$E_m = L_s + L_T/2L$。

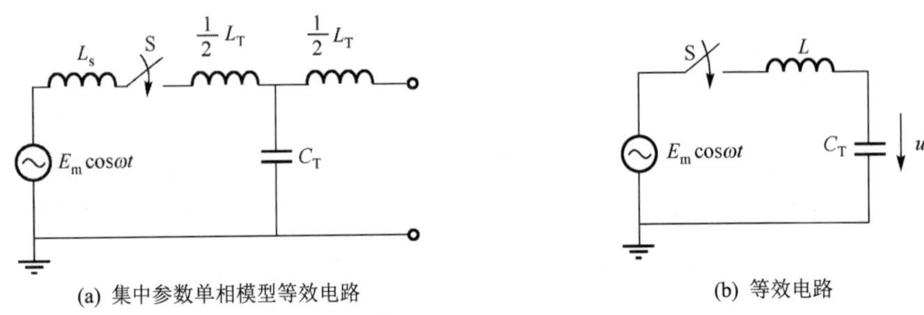

(a) 集中参数单相模型等效电路　　(b) 等效电路

图 11-10　合闸空载线路

由电路建立微分方程，根据初始条件，可求得电容上的电压为

$$U_C(t) = U_{Cm}(\cos\omega t - \cos\omega_0 t) \tag{11-24}$$

式中　ω——电源频率；

U_{Cm}——电容上电压的振幅，$U_{Cm} = E_m/[1-(\omega/\omega_0)^2]$；

ω_0——等效回路自振荡频率，$\omega_0 = 1/\sqrt{LC_T}$。

若ω_0远大于电源频率ω，在电源电压到达峰值时合闸，可认为在振荡初期电源电动势E_m保持不变，这样电容上的电压可达$2U_{Cm}$。

在超高压系统中，ω_0通常等于$(1.5\sim3.0)\omega$，实际上在式（11-24）中，由于线路的电容效应，$U_{Cm} > E_m$，因此线路上的电压要超过电源电动势的 2 倍。若计及损耗，但忽略损耗对ω_0的影响，则式（11-24）可写成

$$U_C(t) = U_{Cm}(\cos\omega t - e^{-\delta t}\cos\omega_0 t) \tag{11-25}$$

式中　δ——衰减系数，我国 330 kV、500 kV 电网实测结果$\delta \approx 30$，与国外同级电网实测结果相同。

如果是重合闸，线路上有残余电荷，相当于图 11-10 所示电容 C_T 上有初始电压，同样可得到电容上电压的表达式为

$$U_C(t) = U_{Cm}(\cos\omega t - A_0\cos\omega_0 t) \tag{11-26}$$

式中　$A_0 = 1 - U_{C0}/U_{Cm}$，A_0值在 0～2；

U_{C0}——重合闸线路上的残余电荷在线路电容上建立的电压。

在这种情况下，线路上过电压的最大值可达$3U_{Cm}$。若计及损耗，则低于此值。

空载线路合闸时，产生过电压的根本原因是电容、电感振荡，其振荡电压叠加在了稳态电压上。

11.2.2.2　影响过电压的因素

1. 合闸相位

以上所述的是最严重的合闸现象，其实，无论是合闸还是重合闸，合闸相位均是随机的，并不能总是在最大值时刻合闸，存在着一定的概率分布，这与断路器合闸的预击穿特性和断路器合闸速度有关。

2. 残余电荷

合闸过电压的大小与残余电荷值及极性相关。如果在线路上安装了一个电磁式电压互感器，则可以释放残余电荷；如果在线路上安装并联电抗器，对于重合闸来说，在断路器开断后，线路电容与电抗器之间会产生一个衰减振荡回路，不仅对残余电荷幅值有一定的影响，对残余电荷极性也有一定的影响。

3. 断路器合闸的不同期

三相线路间存在着耦合现象，所以先合相相当于在另外两相上产生残余电荷。以这种方式，在其电源电压和感应电压极性相反的情况下，进行合闸，过电压自然增加。

4. 回路损耗

在实际的传输线路上，由于能量损失，振荡分量会受到影响。损耗的原因有两个：一是输电线和电源的电阻；二是在过电压较高时，导线产生电晕，从而导致过电压下降。

5. 电容效应

当合闸空载长线时，线路的稳态电压会因电容效应而升高，从而引起合闸过电压的上升。同时还表明，在无约束条件下，在线路末端的操作过电压始终比前端的高。

11.2.2.3　限制过电压的措施

限制空载线路合闸过电压的措施可以从两方面入手：一是降低线路的稳态电压分量；二是限制其自由电压分量。

1. 降低工频电压升高

空载线路的操作过电压是以工频稳定电压为基础，通过振荡来实现的。很明显，工频电压的升高会导致操作过电压的下降。目前，在超高压电网中，采用并联电抗器和静态补偿器是一种行之有效的方法，其主要作用是削弱电容效应。

2. 断路器装设并联电阻

将电路的闭合分为两个阶段：电阻器 R 闭合，将电阻器与辅助触点串联，因为电阻器对振荡环起阻尼作用，从而降低了过渡期间的过电压，这是第一阶段。在 8～15ms 后，主触点闭合，将电阻器短接，电源与导线直接连接，完成合闸操作，这是合闸的第二个阶段。合闸电阻 R 值与过电压倍数 k_0 的关系如图 11-11 所示。

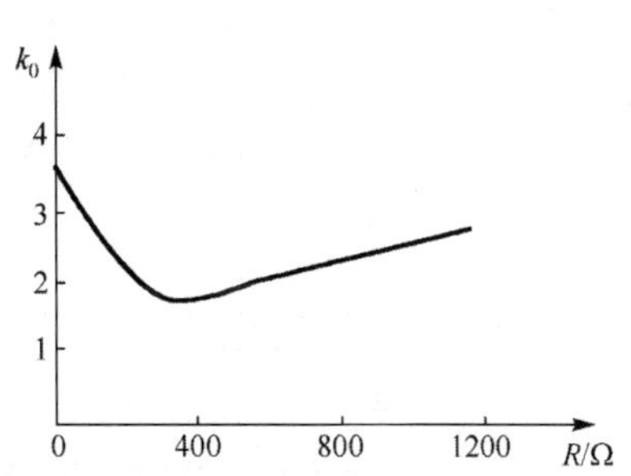

图 11-11　合闸电阻 R 值与过电压倍数 k_0 的关系

在断路器合闸过程中，为了减少过电压，R 值的选择存在着矛盾。在合闸初期，要求 R 值较大，使阻尼效果较好；而在第二阶段，R 值越小，短接时回路的振荡程度就越弱。结果表明，空载线路合闸过电压的幅值与闭合电阻之间的关系为 V 形，如图 11-11 所示。从图中可以找到将过电压控制在最低的最优值。国外对 500kV 线路的断路器一般采用 400 Ω 的并联电阻，而我国一般采用 1000 Ω 左右的并联电阻。

需要说明的是，断路器中装设并联电阻和线路上安装避雷器，都是为了降低线路操作过电压，但会使断路器的操作结构复杂化，在运行过程中操作机构有时会发生故障，反而增加了系统的故障率。随着避雷器通流能力的增强，使得只用避雷器限制操作过电压已成为可能，所以现在不少的超高压线路的断路器“联消”了合闸电阻。

3. 控制合闸相位

空载线路合闸过电压值与电源电压的合闸相位相关，故可利用某些电子设备对其进行控制，在各个相合闸时，将电源电压的相位角控制在某一区间，从而减小合闸过电压。

4. 消除线路上的残余电荷

在线路侧连接一种电磁式电压互感器，它能使全部残余电荷在若干工频周波内由互感器泄放。

5. 装设避雷器

在导线的两端安装磁吹避雷器或金属氧化物避雷器，在发生较高过电压时，避雷器应能可靠动作，将过电压限制在允许的范围内。

11.2.3 切除空载线路引起的过电压

切除空载线路是电力系统中常见的操作之一。在我国 35～220kV 电力系统中，都曾由于切除空载输电线路的过电压导致许多故障。多年来的实践表明，采用的断路器没有足够的灭弧能力，导致电弧在触点之间重新点燃，造成了大量的短路事故，所以，电弧的重燃是造成这种过电压的根本原因。

11.2.3.1 产生过电压的物理过程

用 T 形等效电路代替一条单相空载线路如图 11-12(a)所示，其中，L_T、C_T 分别为线路的总电感、对地电容，电源电感为 L_s。若不计母线电容及损耗，即可得到图 11-12(b)所示的简化电路。

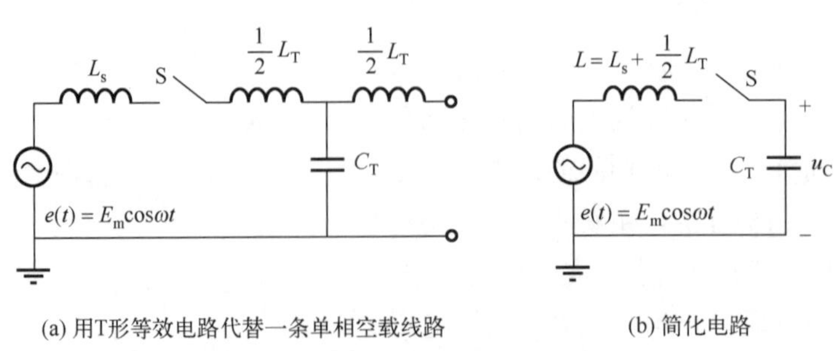

(a) 用T形等效电路代替一条单相空载线路　　(b) 简化电路

图 11-12　切断空载线路的等效电路

在断路器S断开前，由于$\omega L << 1/(\omega C_T)$，所以电流$i$是容性电流，超前线路电压90°，且电容上（即线路）的电压近似等于电源电压。若$e(t)=E_m\cos\omega t$，则$i(t)=-\omega C_T E_m \sin\omega t$。切断空载线路的过电压发展过程（三次重燃）如图11-13所示。

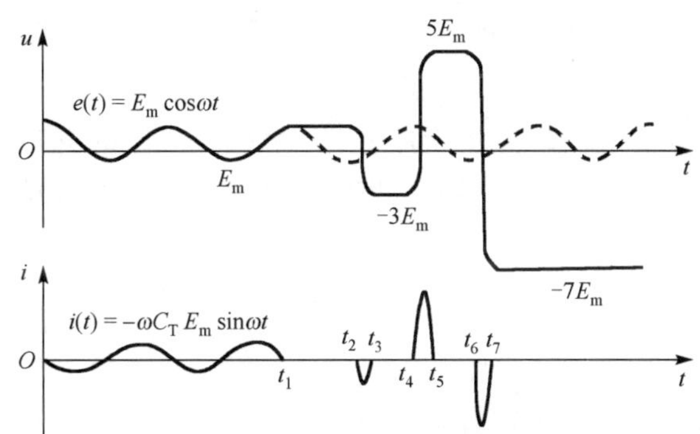

图11-13 切断空载线路的过电压发展过程（三次重燃）

在断路器被关断后，在电流i经过工频零点时，触头之间的电弧就会熄灭，如图11-13所示的t_1时刻，此时，电源上的电压正好是最大值E_m。在电弧熄灭后，C_T上的残余电荷无处流动，相当于一个直流电压。断路器连接到线路上的接点仍然维持此电压E_m，而与电源相连的触头随电源电动势仍按余弦曲线变化。在经过工频半波之后，$e(t)$变成$-E_m$，此时两触点之间的电压，也就是恢复电压是$2E_m$。如果两个触点之间的距离还不够长，接触器之间的绝缘强度没有得到很好的恢复，或者绝缘恢复强度的提高不够快，那么在$2E_m$的影响下，触点间隙会重燃电弧（如图11-13所示的时间t_2），然后出现振荡过程和过电压。

C_T上的起始电压为E_m，电弧重燃后，它将具有新的“稳态电压”$-E_m$，由式（11-20）可知

$$U_{C\max1}=-E_m+(-E_m-E_m)=-3E_m \tag{11-27}$$

式中 $U_{C\max1}$——电弧第一次重燃后出现的最大过电压。

该回路的振荡角频率为$\omega_0=1/\sqrt{LC_T}$，一般情况下，$\omega_0>>\omega$。当高频电流过零时，如图11-13所示的t_3时刻，电弧又熄灭，导线上的残留电压为$-3E_m$，电源仍按余弦曲线变化。再经过半个工频周波，$e(t)$由$-E_m$变为E_m，这时触头间的恢复电压达到$4E_m$，若再发生电弧重燃，可求得振荡过程中C_T上的过电压为

$$U_{C\max2}=E_m+\left[E_m-(-3E_m)\right]=5E_m \tag{11-28}$$

式中 $U_{C\max2}$——电弧第二次重燃后出现的最大过电压。

若电弧继续重燃下去，则可能出现$-7E_m$、$9E_m$等的过电压，可见电弧的多次重燃是切除空载线路时产生危险的过电压的根本原因。过电压所需的能量是由电源提供的。换句话说，如果断路器性能很好，在它断开后电弧基本不重燃，切断了电源继续提供能量的通道，线路就不会出现危险的过电压。

上面是一种理想化的分析，是最严重的情况，它有助于了解此类过电压产生的机理。系统实测结果表明，超过$3E_m$的过电压出现的概率是很小的，这是过电压受多种因素影响的缘故。

11.2.3.2 影响过电压的因素

1. 断路器的性能

如上所述，过电压的产生主要是由断路器中的电弧重燃引起的。若断路器的触点分离迅速，触点之间的恢复强度增长速率比触点之间恢复电压升高的速率大，那么电弧就不会重燃，自然也就不会产生高的过电压。20 世纪 80 年代以前，由于断路器制造技术的制约，在空载运行时，切断空载线路所引起的过电压一直是制约断路器生产的主要问题。但是，随着断路器生产品质的不断提高，它基本可以实现不重燃，从而使这种过压降低到一个较小的值。

2. 中性点接地方式

在中性点直接接地的电力系统中，尽管有线路间的耦合，但是各个相可以形成一个单独的回路，其处理过程与上述的单相电路基本相同。但是，在中性点非直接接地系统中，三相断路器分闸不同步，将会形成一种不对称的短路，从而引起中性点的偏移，相间的耦合，使分闸过程变得复杂，过电压升高（一般会比中性点直接接地电网高出 20%左右）。

3. 损耗

在空载输电线路出现过电压后，线路上会产生较强的电晕，这种电晕要消耗电能，从而使过电压下降。另外，电源和线路的损失，也会造成过电压的下降。

4. 其他

如果母线上有大量的出线，就等于增加了母线的电容，电弧重燃后，会使残余电荷分布在线路上，初始值发生变化，从而使过电压下降。另外，当线路装有电磁式电压互感器时，会将残余的电荷释放出来，使得过电压下降。

11.2.3.3 限制过电压的措施

1. 采用不重燃断路器

国内外生产实践表明，不重燃断路器的生产是完全可行的。目前，国内 220kV 断路器对切断空载线路的过电压的控制能力有了很大的提高，330kV 和 500kV 断路器基本实现了电弧不重燃。

2. 给断路器装设分闸电阻

分闸电阻有时也称为并联电阻，它与合闸电阻相反，当切断导线时，首先接通主触头，这时，电源仍然经由分闸电阻器与导线连接，残余的电荷经分闸电阻器释放到电源上，分闸电阻器上的压降即主触头上的恢复电压。分闸电阻器 R 值越小，主触头的恢复电压越低，亦即不会再重燃。经过一段时间后，辅助触头才打开，恢复电压也比较低，不会再出现电弧。就算重燃，分闸电阻器也会对它的振荡过程产生阻尼，从而导致过电压的下降。如果断路器的电弧重燃，也希望它在辅助触头间重燃，所以断路器的设计人员要根据两个触点之间的恢复电压和分闸电阻器的热容量，来决定分闸电阻的大小，通常在千欧以上。

3. 线路上装设泄流设备

从上述分析可以看出，如果在线路一侧设置并联电抗器或电磁式电压互感器，则可以使线路上的残余电荷得以泄放或产生衰减振荡，改变电路的幅度和极性，减小断路器之间的恢复电压，降低重燃的可能性，从而实现过电压的减小。

4. 装设避雷器

在线路首、末端装设可以限制操作过电压的磁吹避雷器或金属氧化物避雷器。

11.2.4　切除空载变压器产生的过电压

在电力系统中，切除空载变压器也是一种常用的运行方式。在正常工作状态下，空载的变压器可以等效为一个励磁电感，所以切除空载变压器就等于切除了一个小容量的感性负载。同样，切除消弧线圈、并联电抗器、大型电动机等也是切除感性负载的一种。

在断开小感应电流时，电弧一般不会产生较强的电离，因为电弧的能量较低，电弧非常不稳定；此外，断路器的去电离能力较强，会导致电弧电流在工频电流过零之前被切断，从而被强制熄弧。弧道中电流被突然切断的情况叫作“截流”。通过对电感器进行截断，使电感器内的电磁场转换成电容器上的电磁场，使其产生过电压。

11.2.4.1　产生过电压的物理过程

图 11-14 所示为切除空载变压器的等效电路。L 为变压器的励磁电抗，C 为变压器本身及连接母线等的对地电容，其数值视具体情况而定，为几百至几千皮法，$e(t)$为电源电动势，L_s 为电源电感。

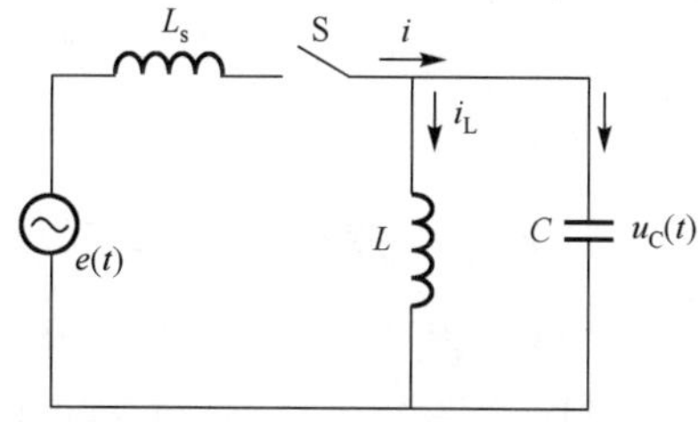

图 11-14　切除空载变压器的等效电路

在断路器未开断前，电源在工频电压作用下，流过的电流 i 为变压器空载电流 i_L 与电容电流 i_C 的相量和。由于 C 很小，或者说工频下 C 的容抗很大，i_C 可以略去，则

$$\dot{I} = \dot{I}_L + \dot{I}_C \approx \dot{I}_L \tag{11-29}$$

设被截断时 i_L 的瞬时值为 I_0，电感与电容上的电压相等，$u_L = u_C = U_0$。断路器开断后，在电感与电容中储存的能量为

$$W_L = \frac{1}{2} L I_0^2 \tag{11-30}$$

$$W_C = \frac{1}{2} C U_0^2 \tag{11-31}$$

L、C 构成振荡回路，当全部电磁能量转变为电场能时，电容 C 上的电压最大值 U_{Cmax} 可由式（11-32）求得

$$\begin{gathered} \frac{1}{2} C U_{Cmax}^2 = \frac{1}{2} L I_0^2 + \frac{1}{2} C U_0^2 \\ U_{Cmax} = \sqrt{\frac{L}{C} I_0^2 + U_0^2} \end{gathered} \tag{11-32}$$

若略去截流时电容上的能量，则式（11-32）为

$$U_{Cmax} = I_0 \sqrt{\frac{L}{C}} = I_0 Z_m \tag{11-33}$$

式中　Z_m——变压器的特征阻抗。

由此可见，截流瞬间的I_0越大，变压器的励磁电感越大，则磁场能量越大；寄生电容越小，使同样的磁场能量转化到电容上，则可能产生很高的过电压。一般情况下，I_0并不大，极限值为励磁电流的最大值，只有几安到几十安，可是变压器的特征阻抗Z_m很大，可达上万欧，故能产生很高的过电压。

上述过电压是在不计损耗下求得的，实际上，在磁场能量转化为电场能量的高频振荡过程中，变压器是有铁耗和铜耗的，因此使过电压幅值有所下降。

11.2.4.2 影响过电压的因素

1. 断路器的性能

切断空载变压器所产生的过电压与截流数值成正比，断路器的截断电流容量越大，其过电压U_{Cmax}就越高。此外，在断路器开断变压器时，因断开的变压器一侧存在极高的过电压，而电源端为工频电源电压，因此，如果触点间隔不大，在高恢复电压的影响下，会发生电弧重燃，将能量释放到电源端，从而减小过电压。

2. 变压器的参数

变压器的L越大，C越小，则过电压越高。当电感中的磁场能量不变，电容C越小时，过电压越高。

此外，变压器的相数、绕组接线方式、铁芯结构、中性点接地方式、断路器的断口电容，以及与变压器相连的电缆线段、架空线段等，都会对切除空载变压器的过电压产生影响。

11.2.4.3 限制过电压的措施

切断空载变压器的过电压具有幅值高、频率高的特点，但持续时间短、能量低，因而不存在很大的局限性。采用常规的阀式避雷器，可以有效地抑制变压器的过电压。计算结果显示：常规阀式避雷器在发生雷击后，其所吸收的电能要大于变压器线圈所储存的电能。在实际操作中，没有出现由于切断空载变压器而造成的故障。但是，必须注意，因为该装置是为了限制空载变压器的过电压而设置的，因此，在非雷雨季节，也不应该停止运行。

11.3 快速瞬态过电压

在电力系统中，SF_6气体绝缘金属封闭开关设备中的隔离开关在分、合空载母线时，因触头移动缓慢，开关自身的灭弧能力较差，因而触头间隙会出现多次重燃现象。该破坏性的放电会导致高频振荡，从而形成一个迅速的瞬态过程，其产生的阶跃电压行波经过一个密封的气体隔离的开关器件和它的连接装置，在每一个阻抗突变处都会发生反射和折射，造成波形畸变，导致一个陡波前过电压，即快速瞬态过电压（Very Fast Transient Overvoltage，VFTO）。该电压具有上升时间短及幅值高的特点，其波形和幅值取决于气体绝缘金属封闭开关设备的内部结构和外部配置。该过电压会对气体绝缘金属封闭开关设备的母线支撑、套管及与之相关联的二次设备造成极大的伤害，近年来，该问题受到了电力行业和电力装备领域的专家和学者的高度关注。因此，对 VFTO 幅值、频谱特性进行分析，对气体绝缘金属封闭开关设备绝缘水平的选择及安全可靠运行具有十分重要的作用。

11.3.1　VFTO 产生的机理及特性

11.3.1.1　VFTO 产生的机理

气体绝缘金属封闭开关设备中的隔离开关和断路器的操作会产生快速瞬态现象，其中隔离开关的操作尤为常见。气体绝缘金属封闭开关设备中的所有元件都在微小的非均匀性电场作用下工作，隔离开关双极插入式同轴圆柱体的触点移动缓慢（约 1cm/s），在 SF_6 气体中，断口处会出现多次预、重击穿。在每个电压跳跃点都会出现波前很陡（通常为 3～20ns）的阶跃电压波，并沿断口两侧传播。因为这种过电压的升高速度非常快，所以称作快速陡波阵面过电压（VFFO），而更多的文献将它称作 VFTO。在气体绝缘金属封闭开关设备中，SF_6 的绝热和灭弧性都要优于空气，所以邻近电器装置的间隔和母线的长度要小于同型空气绝缘变电站（Air Insulated Substation，AIS），产生的阶跃电压波在气体绝缘金属封闭开关设备中不断地产生和传播，产生复杂的折射、反射和叠加，最后，瞬态振荡的频率急剧增大，可高达几百兆赫兹。隔离开关闭合引起的典型 VFTO 波形如图 11-15 所示。

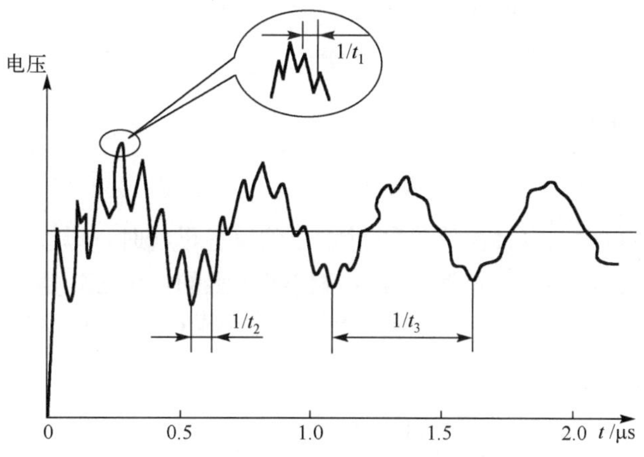

图 11-15　隔离开关闭合引起的典型 VFTO 波形

（$1/t_1$ 段为极高频率，$1/t_2$ 段为中等频率，$1/t_3$ 段为低等频率）

11.3.1.2　VFTO 的特性

根据相关文献，VFTO 的特性如下。

1. 幅值

在气体绝缘金属封闭开关设备中，开关运行时，VFTO 的幅度通常小于 2.0(p.u.)，也可以大于 2.5(p.u.)。隔离开关和断路器运行都会引起 VFTO，VFTO 的幅度较大；由于金属密封式气体隔离开关装置的结构比较复杂，在同一时间内，在不同的节点上，其振幅会有很大差异。尽管隔离开关操作所产生的 VFTO 振幅可能低于设备所能承受的标准雷电冲击电压，但是它的陡坡非常大，因此在实践中应尽量避免。

2. 陡度

在隔离开关断口击穿的过程中，火花导电通道会在几纳秒内建立起来，在均匀或稍不均匀电场中，通道形成冲击波的上升时间T_r(ns)由式（11-34）给出：

$$T_{\mathrm{r}}=\frac{13.3K_{\mathrm{t}}}{\frac{\Delta u}{s}} \tag{11-34}$$

式中 Δu——击穿之前的电压（kV）；

K_{t}——Toepler 火花常数（K_{t}=50kV·ns/cm)；

s——火花长度（cm）。

对于正常设计的气体绝缘金属封闭开关设备，电压上升时间T_r可为 3～20ns，随电场的非均匀度而异。

3. 频率

VFTO 主要包含以下频率的几个分量。

（1）几十至数百千赫兹的基本振荡频率，此频率电压由整个系统决定，绝缘设计不取决于其数值。

（2）数十兆赫兹的高频振荡，由行波在气体绝缘金属封闭开关设备内发展形成，是构成 VFTO 的主要部分，决定绝缘设计。

（3）高达数百兆赫兹的特高频振荡，其幅值较低。

11.3.1.3 VFTO 的影响因素

1. 残余电荷

当隔离开关开断带电的气体绝缘金属封闭开关设备母线时，母线上可能存在的残余电荷会影响 VFTO 的幅值。电源侧、母线侧及支撑绝缘子上的过电压幅值与残余电荷近似呈线性关系，残余电荷越多，幅值越高。一般地，不同残余电荷(x_1, x_2)与所对应的电压幅值(V_{x_1}, V_{x_2})之间具有下列关系（均以标幺值表示）：

$$V_{x_2}=\frac{\left[\left(1+x_2\right)V_{x_1}+x_1-x_2\right]}{1+x_1} \tag{11-35}$$

利用暂态网络分析仪对几个回路进行计算，得到的结果都验证了式（11-35）的正确性。在不同残余电荷下，同一节点的过电压波形相同，但幅值不同。VFTO 幅值较大的节点在操作支路上受残余电荷的影响大于气体绝缘金属封闭开关设备内的其余节点。

残余电荷电压与负载侧电容电流大小、开关速度、重燃时刻和母线上的泄漏等因素密切相关。在这些因素中，电容电流的影响最大。开断前电容电流越大，母线上储存的电荷越多，残余电荷电压也会随之增加，其限制条件是，在上一次重燃之前，负载端的残余电压为相电压的峰值，而上一次重燃正好发生在电源端的反向极性峰上，但是这个可能性并不大。

2. 变压器的入口电容 C_T

在对变电站的防雷保护进行分析时，由于雷电波的持续时间较短，因此可以不考虑变压器线圈的感应电流，而将变压器改为接地电容。在气体绝缘金属封闭开关设备中，VFTO 的频率非常高，使用 C_T 等效变压器时，精度不会降低。变压器的入口电容和它的结构、电压等级、容量有关。通常，电压等级越大、变压器额定功率越大，C_T 值也相应地越大。随着入口电容的增大，VFTO 幅值增大，计算结果显示，C_T 值每增加 1000pF，VFTO 幅值约增加 0.2(p.u.)。其主要原因在于，在断口电弧重燃之前，变压器等效电容中存在着一定的能量，由触头击穿后产生的电流所致。C_T 值越大，储存的能量越多，VFTO 的幅值自然越大，但进一步的研究发现，随着 C_T 值的增大，VFTO 的幅值并不总是增大，这取决于气体绝缘金属封闭开关设备的结构，尤其是操作母线的大小和操作方式。

3. 电压的上升时间 T_r

气体绝缘金属封闭开关设备中冲击电压的上升时间 T_r 在 3～20ns，T_r 增加使 VFTO 幅值下降，因为此时会表现出一种阻尼作用，使那些 T_r 较小时出现的瞬态电压的极高频分量消失。还应指出，对于末端开路的气体绝缘金属封闭开关设备相同的上升时间增量，从零增加（0～4ns）比从较大值增加（4～8ns）对过电压的幅值影响大得多。利用计算机模拟方法分析 VFTO 时，要考虑上升时间的影响，选择合适的值，否则会使过电压幅值偏大。

4. 气体绝缘金属封闭开关设备的支路长度

气体绝缘金属封闭开关设备的支路长度对 VFTO 幅值的影响没有明显的规律，从有关仿真结果可以看出，在某些情况下，母线长度很小的改变都可引起节点电压的巨大变化，有时相差可达 50%。支路长度变化对气体绝缘金属封闭开关设备内不同节点的过电压的影响程度不同；主干支路的长度变化比分支支路的长度变化对 VFTO 幅值的影响大。

5. 开关弧道电阻 R_{are} 的影响

隔离开关起弧时弧道电阻 R_{are} 为一时变电阻，对过电压有阻尼作用。电弧电阻的数学表达式如下：

$$R_{are} = R_0 e^{-\left(\frac{1}{T}\right)} + r \tag{11-36}$$

式（11-36）给出了一个在 30ns 内阻值由几兆欧迅速降低到 0.5Ω 的时变电阻，其值直接受隔离开关分闸性能的影响。过电压的大小随 R_{are} 的增大而呈下降趋势，因而隔离开关触头间串联一电阻可降低 VFTO 幅值，虽然结构复杂，但现在在超高压、特高压气体绝缘金属封闭开关设备中的隔离开关已经开始采用该方法，因此在仿真计算 VFTO 时，开关弧道电阻的模拟就不那么重要了。

6. 其他因素的影响

影响 VFTO 的因素还有很多，如气体绝缘金属封闭开关设备的布置、内部结构、接线方式及外部设备等。这些因素不同，VFTO 的波形也不相同。但有些因素只影响 VFTO 的振荡频率，对幅值影响不大。

11.3.2 VFTO 的危害及防护

11.3.2.1 VFTO 的危害

随着超高压气体绝缘金属封闭开关设备在 20 世纪 70 年代末的出现，VFTO 的危害引起了普遍关注。实践表明，对于 300kV 以上电压等级的气体绝缘金属封闭开关设备，当隔离开关或断路器操作时，会引起内部的击穿或外接设备的事故，给电力系统带来很大的损失。

1. 瞬态地电位升高

由于隔离开关或断路器的操作，气体绝缘金属封闭开关设备中的 VFTO 将导致瞬态地电位升高（Transient Ground Potential Rise，TGPR）。1983 年，CIGRE 调查显示，超过一半的电厂都曾经出现过 TGPR 故障，在 VFTO 向断口处扩散时，由于趋肤效应，只在母线外侧和壳体内侧表面流过。在遇到终端套管、互感器等波阻抗值发生改变的节点时，会有电流从外部流过，从而导致地电位上升。虽然 TGPR 的衰减速度很快，但是如果没有严格的控制，TGPR 就会导致火花放电，严重的会导致机壳的破裂，危及人身安全。

2. 对二次设备的影响

VFTO 可以通过电压互感器（Potential Transformer，PT）或电流互感器（Current Transformer，CT）内部的杂散电容传入与其相连的二次电缆进而进入二次设备；另外，还可以通过接地网进入二次电缆的屏蔽层，进而感应到二次电缆的芯线。这样，气体绝缘金属封闭开关设备的二次电缆会处于电磁污染严重的环境中，会影响气体绝缘金属封闭开关设备控制和保护设备的正常运行。二次设备的微型化、数字化和智能化也增加了二次设备对瞬态干扰的敏感性和脆弱性。根据 CIGRE 1988 年的特别报告可知，气体绝缘金属封闭开关设备周围的空间瞬态电磁场场强 E=1～10kV/m，变化率 $\mathrm{d}E/\mathrm{d}t=10^3$～$10^5$kV/μs。

3. 对变压器的影响

当气体绝缘金属封闭开关设备内部产生的 VFTO 以行波的方式通过母线传播到套管时，一部分会耦合到架空线上并沿线路传播，危及外接设备的绝缘。系统中的主变压器直接和气体绝缘金属封闭开关设备相连，受 VFTO 的影响很大。例如，我国一核电站的 500kV 气体绝缘金属封闭开关设备，曾先后两次发生 VFTO 导致变压器绝缘损坏和线饼烧损的严重事故。VFTO 陡度在变压器处可达 0.49MV/μs，沿变压器绕组近似于指数分布，其作用甚至超过截波，因此首端绝缘会承受较高的电压。VFTO 所含的谐波分量会在变压器绕组的局部引起谐振，尤其当变压器通过气体绝缘线路（Gas Insulated Line，GIL）与气体绝缘金属封闭开关设备连接时更严重，加上累积效应使变压器绝缘发生击穿。

11.3.2.2 VFTO 的防护

1. 快速动作隔离开关

从 VFTO 的生成机理可知，采用快速动作隔离开关缩短切合时间，可以减少重击穿次数，减少 VFTO 发生的概率。普通的电动操动机构的开合速度无法满足这种需要。满足要求的快速动作隔离开关是由弹簧蓄能器驱动的，当需要时，弹簧脱扣，储存的能量会迅速地被释放，从而驱动基础元件的动导体以极高的速度射到开关的静接触，从而使开关在一瞬间闭合。然而，采用快速动作隔离开关并不能彻底解决 VFTO 所带来的问题。

2. 合闸电阻

目前，超高压、特高压系统采用在隔离开关、断路器断口并联合闸电阻的方法限制操作过电压。在开关操作的过程中先串入电阻，阻尼作用使行波上升时间下降、幅值降低。对一个采用了合闸电阻的 1100kV 气体绝缘金属封闭开关设备进行仿真计算及实测，发现 200Ω 的隔离开关合闸电阻可将过电压幅值降低到 1.5(p.u.)以下，当合闸电阻为 1000Ω 时，幅值降低为 1.25(p.u.)左右。但合闸电阻会使隔离开关结构复杂，而且带来潜供电流增大、单相对地闪络电弧燃弧时间长的问题。

3. 铁氧体磁环

有人建议利用磁环对 VFTO 进行抑制，并在室内进行了仿真，结果表明该方案是可行的。铁氧体是一种高频率的磁性材料，它可以通过将铁氧体磁环套在绝缘金属密封开关装置的绝缘开关上，从而改变导电杆的高频特性，相当于在断开和空载之间插入一个阻抗，减小了 VFTO 的幅度和陡度，并削弱了行波折、反射的重叠。不过，这种技术的应用还有许多问题。

4. 改变操作程序和简化接线

国内在 500kV 气体绝缘金属封闭开关设备的运行与设计中，对操作规程进行了修改，并对线路进行了简化。比如，一座蓄水池可以降低产生 VFTO 的可能性，这是因为它的运行方式发生了变化；目前已有的一些大型水力发电厂，为了减小 VFTO 对变压器的影响，采用了取消变压器的高压侧绝缘开关（500kV）的措施。

5. 其他措施

针对与气体绝缘金属封闭开关设备相连的设备，可以采取适当的措施，例如，采用隔离电容的绕组结构、增大变压器导线末端部分的匝绝缘厚度、在变压器导线末端附近增加匝间衬垫或加小角环、在变压器入口和变压器出口安装避雷器等。

目前 800kV 气体绝缘金属封闭开关设备在世界上运行得较少，主要有南非的 ALPHA 和 BETA、美国的 DOEWALTZ MILL 及韩国的唐津、新西山和安城等变电站。虽然对 800kV 气体绝缘金属封闭开关设备的 VFTO 进行了较多研究，但由于其气体绝缘金属封闭开关设备主要是 20 世纪 80 年代的产品，其结构、布置和接线与现在的存在较大区别，因此，气体绝缘金属封闭开关设备操作所产生的 VFTO 特性也存在着差异。

11.3.3 VFTO 的测量与抑制

11.3.3.1 VFTO 的测量方法

在气体绝缘金属封闭开关设备中，当断路器与空载短母线接通时，接触器之间的接触间隙会出现多次反复的击穿，从而导致 VFTO。在超高压系统中，曾经发生过使用隔离开关而导致的设备故障，而且特高压系统中的 VFTO 问题更为严重，所以进行 VFTO 性能的研究就显得尤为重要。VFTO 的性能研究主要有两个方面：仿真计算和测量。由于仿真计算的模型精度有限，所以对其进行了实际的测试。VFTO 是一种具有瞬态高频、工频和残余电荷（准直流）分量的连续多个击穿过程，而且反复击穿的时间较长，为了充分反映 VFTO 的波形特性和参数，必须对 VFTO 的全过程进行测量。高频瞬态波在气体绝缘金属封闭开关设备腔体中传播时，由于受阻尼和折、反射的影响，在不同的空间位置，VFTO 的瞬态波形存在着很大的差别，因此，对其进行多测点同步检测是非常有必要的。而在上述领域，至今尚未有相关的文献报道。

国内外已有很多关于超高压系统的气体绝缘金属封闭开关设备中的VFTO测试技术和仪器，并在实验室和野外测试中开发了一套电容式传感器。目前，这种测量方法主要有两种：一种是对工频、阶梯波的测量；另一种是对高频瞬态波形的测量。在每一次试验中，只记录一次击穿的高频瞬态过程，从中发现每一次击穿的高频瞬态波形都是相似的，而其他的击穿频率则是由击穿电压的幅度来进行线性推导的。这一方面是因为当时的示波器记录波形的长度有限，无法以较高的采样速率记录VFTO的整个波形；另一方面是，所研制的传感器的低频性能无法满足整个测试的需要。

加拿大开发了两种用于测量1～100MHz和100～500MHz的手孔式电容传感器，它们仅记录了在气体绝缘金属封闭开关设备的隔离开关操作中的一次击穿VFTO的波形，无法精确地反映多次击穿的整个过程，导致对VFTO的测量精度降低。

在分析了VFTO的波形特点及对测试系统的需求之后，本书将介绍一种在将手孔式电容传感器与高频阻抗变换器结合在一起的气体绝缘金属封闭开关设备中，VFTO单测点全过程的检测方法和装置，并给出了一种用于VFTO多测点测量的同步触发装置，该装置能有效地解决VFTO测量中的电磁干扰问题，并能精确地测量出VFTO的单测点全过程和多测点同步。

1. VFTO的波形特点和测量要求

图11-16所示为气体绝缘金属封闭开关设备的隔离开关切、合空载短母线发生触头间隙重复击穿产生VFTO的电路原理图。下面以隔离开关一次分闸操作为例，说明触头间隙重复击穿产生VFTO的过程。

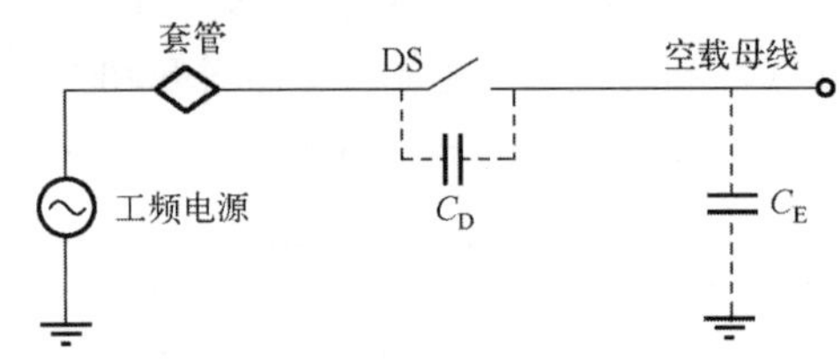

图11-16　气体绝缘金属封闭开关设备的隔离开关切、合空载短母线发生触头间隙重复击穿产生VFTO的电路原理图

在隔离开关分闸时，隔离开关触头分开后，空载母线仍处于悬浮电位状态，空载母线电压是残余电压与工频感应电压的累加，残余电压依赖于空载母线的残余电荷，是直流分量；工频感应电压与开关触点间隙电容C_D和空载母线接地电容C_E的电流分压有关。空载和工频电源电压的差值，是触头间隙的补偿电压。触头张开距离不够，触头间隙的介质强度不足以支撑回压时，触头间隙会出现电弧，从而在电路中形成极快的瞬变。在快速瞬态衰减完成后，空载母线电压与电源电压相等，触点间隙电弧电流为零时，电弧熄灭，空载母线恢复为悬空电势，残余电压与电弧熄灭瞬间的工频电源电压相等。当电弧消失时，触点间的电压又会再次出现。这样，恢复电压、间隙击穿、特快速瞬态衰减、电弧熄灭交替发生，从而形成了反复击穿。触头间距越大，触头间隙介质的强度越高，击穿电压越高；触头间隙介质的强度越大，能承受的恢复电压越高，就越不会出现击穿现象。

图11-17所示为计算机仿真的隔离开关分闸操作的重复击穿过程电压波形。其中，图11-17(a)所示为隔离开关的空载母线侧电压，也称负载侧电压；图11-17(b)所示为隔离开关的电源侧电压。在重复击穿过程中，负载侧电压以击穿跳变的方式跟随电源电压变化，具

有近似阶梯的形状，每个阶梯高度为击穿电压。

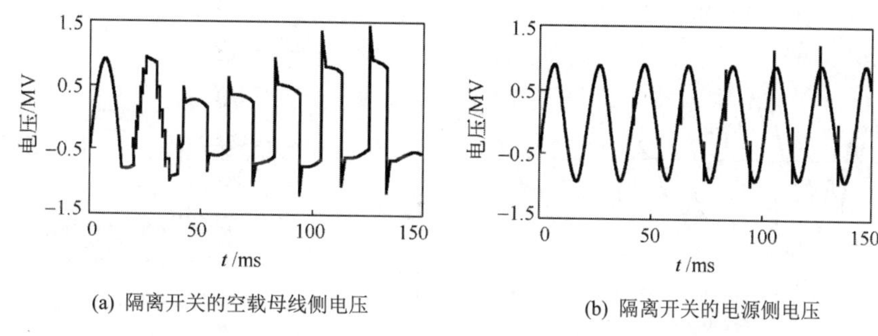

(a) 隔离开关的空载母线侧电压　　(b) 隔离开关的电源侧电压

图 11-17 计算机仿真的隔离开关分闸操作的重复击穿过程电压波形

在重复击穿过程中，每次击穿产生一个特快速瞬态，在隔离开关的负载侧，特快速瞬态叠加于阶梯波上，形成负载侧的 VFTO；在隔离开关的电源侧，特快速瞬态叠加于工频电压上，形成电源侧的 VFTO。图 11-18 所示为 VFTO 的特快瞬态脉冲的典型波形，此瞬态波形通常包含 3 个主要频率成分，分别为由气体绝缘金属封闭开关设备内部相邻部件的波反射形成的频率 f_1、陡行波在气体绝缘金属封闭开关设备内部发展形成的特快速瞬变频率 f_2 和基本振荡频率 f_3。这些波形的特点主要取决于触头间隙击穿所产生的行波在气体绝缘金属封闭开关设备中的传播、折/反射和叠加，频率分量在数兆赫兹至 100 MHz 范围，波头上升时间在数纳秒量级。

在重复击穿过程中，最高击穿电压为工频峰值，即空载母线残余电压为一个极性的工频峰值，电源电压为相反极性的工频峰值，此时出现最高幅值的 VFTO，严重场合可接近 3p.u.。

重复击穿过程的持续时间决定于隔离开关的分合闸速度，另外还受隔离开关操作时的工频相位及触头间隙击穿电压的分散性等随机因素影响，因而具有随机性。对于试验中所使用的 1100kV 气体绝缘金属封闭开关设备的隔离开关，它的平均操作速度约为 0.55m/s，重复击穿过程持续时间最长约为 150ms。

根据上述 VFTO 的波形特点，得到 VFTO 测量的基本要求。

（1）分压比：估计最大被测电压为±3p.u.，考虑示波器量程（50Ω 输入电阻），分压比为 106 量级。

（2）频率特性：特快速瞬态测量要求测量系统的高频特性至少到 100MHz，重复击穿过程测量要求测量系统低频特性满足对工频和阶梯波（准直流）的测量。

（3）记录时间：完整记录重复击穿过程，约为 10 个工频周期（200ms）。

2. 手孔式电容传感器的研制

在气体绝缘金属封闭开关设备中，VFTO 的检测方法主要利用电容分压原理和泡克尔斯效应的光学电场传感原理来实现。目前，电容传感器主要利用电极与中间导体之间的耦合电容来实现，并将其应用于手孔内置电极和盘形绝缘子的预埋式电极，其中，采用手孔内置电极的电容传感器在高频性能上表现出良好的优越性。系统采用手孔式电容传感器，其频率可达 1GHz 以上。本节内容涉及一种手孔式电容传感器，其结构如图 11-19 所示。将一盘状电极置于手孔中，电极与高压母线间的耦合电容构成了电容传感器的高压臂，而电极与接地手孔盖板间的耦合电容则是传感器的低压臂。

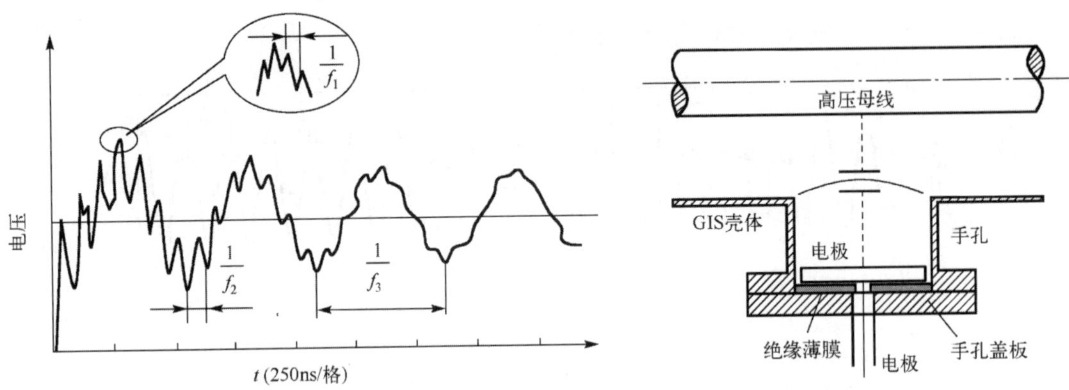

图 11-18 VFTO 的特快速瞬态脉冲的典型波形

图 11-19 手孔式电容传感器结构

在电容传感器设计中，首先需要选择手孔和电极直径，对此需要考虑以下影响因素。

（1）获得尽量大的低压臂电容。电极直径、绝缘薄膜材料及薄膜的厚度是影响低压臂电容的主要因素。增加低压臂电容对提高低压臂回路的时间常数和改变传感器低频性能是有益的。为了提高低压杆的容量，必须选用更大的电极直径。

（2）避免电极上的寄生振荡。当 VFTO 的行波经过与电极相对的高压母线时，如果电极尺寸较大，则在电极上感应出显著的波过程，产生寄生振荡。因此，电极直径的选择应使得行波经过母线时，电极的不同位置基本处于等电位。设行波的波头上升时间为 4ns，行波在气体绝缘金属封闭开关设备中的传播速度为真空中的光速 c（mm/ns），电极直径为 D（mm），如果要求在电极直径的距离下行波波头幅值的变化小于其总幅值的 10%，则有

$$\frac{D}{4c} < 10\% \tag{11-37}$$

$$D < 120\text{mm} \tag{11-38}$$

（3）避免放电辐射干扰。隔离开关触头间隙击穿能够在气体绝缘金属封闭开关设备同轴管道中产生复杂模态的电磁波，高次模电磁波会对 VFTO 测量产生干扰。试验显示，减小手孔直径能够降低高次模电磁波的干扰。

综合以上因素，设计选取电极直径为 110mm，手孔直径为 134mm。选择聚四氟乙烯薄膜作为电极和手孔盖板之间的绝缘介质，薄膜厚度为 100μm。以此参数制作 4 个电容传感器样品，它们的低压臂电容（20℃环境温度）如表 11-1 所示。取其中一个电容传感器样品进行温度稳定性试验，其低压臂电容随温度变化的关系如图 11-20 所示，在−30～70℃变化范围内，低压臂电容变化小于 3.5%。

表 11-1 电容传感器样品的低压臂电容

样品	低压臂电容/nF	实际分压比
1	1.415	610000
2	1.446	669400
3	1.448	814400
4	1.406	800700

根据已确定的电容传感器分压比和低压臂电容，可以确定高压臂电容。给定气体绝缘金属封闭开关设备的结构尺寸、手孔直径、电极直径和厚度，通过选择手孔深度，可以获得需要的高压臂电容。借助静电场仿真，可以计算多导体系统导体间的耦合电容。

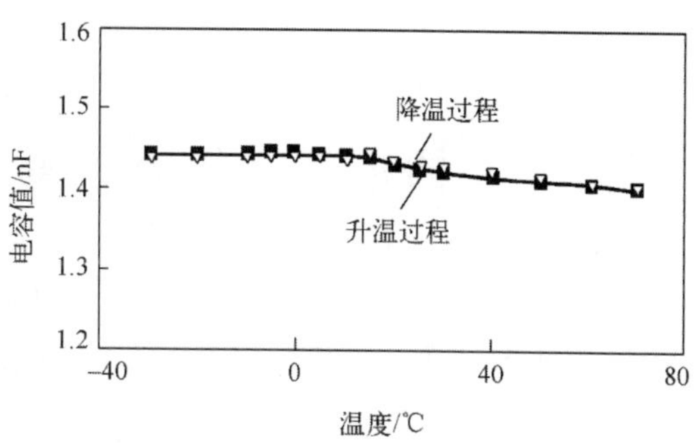

图 11-20　电容传感器样品低压臂电容随温度变化的关系

根据需要的高压臂电容值，确定电容传感器手孔的设计尺寸。经过计算，得到手孔式电容传感器的结构设计：手孔直径为 134mm；手孔深度为 120mm；电极直径为 110mm；电极厚度为 10mm；低压臂电容为 1.4nF；高压臂电容值为 0.001598pF；分压比为 8.76×10^5。

4 个电容传感器安装在气体绝缘金属封闭开关设备试验装置上后，实际得到的分压比如表 11-1 所示。每个电容传感器所处气体绝缘金属封闭开关设备位置的实际结构存在差别，因此它们的分压比和设计值存在一些差异。

3. 阻抗匹配的 VFTO 测量

1）阻抗匹配方式的选择

VFTO 测量系统由电容传感器、信号电缆、示波器等组成。测量系统的频率特性除了受电容传感器的特点影响，还与示波器的特性、电缆匹配等因素密切相关。图 11-21 所示为阻抗匹配测量电路，即通常采用的电缆匹配模式，图中，C_H 和 C_L 是电容传感器的高压臂和低压臂；R_D 是电缆前端的匹配电阻；R_O 是一个示波器的输入电阻。图 11-21(a)所示的示波器输入阻抗匹配测量电路被广泛用于特快窄脉冲测量，其中，示波器的输入电阻 R_O 被选定为 50Ω，并且与电缆波阻抗是一样的。该测量电路在频率范围内表现出良好的频率性能，但是在低频方面受到了极大的制约。在低频时，该测量系统可以简单地用来表示如图 11-22 所示的等效电路，其中 U_{IN} 和 U_{OUT} 是测量系统的输入和输出，而示波器的输入电阻 R_O 与低压臂电容 C_L 并联。

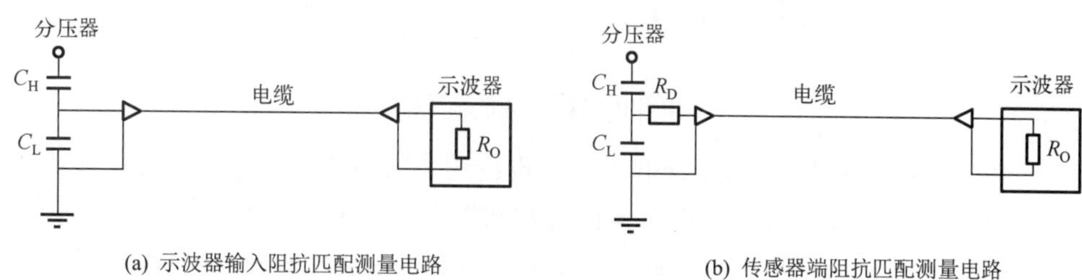

图 11-21　阻抗匹配测量电路

图 11-22 所示电路的幅频特性和相频特性分别为

$$\left|H(\mathrm{j}\omega)\right| = \left|\frac{U_{\mathrm{OUT}}}{U_{\mathrm{IN}}}\right| = \frac{C_{\mathrm{H}}}{C_{\mathrm{L}}}\frac{\omega R_{\mathrm{O}} C_{\mathrm{L}}}{\sqrt{1+\omega^2 R_{\mathrm{O}}^2 C_{\mathrm{L}}^2}} = \frac{C_{\mathrm{H}}}{C_{\mathrm{L}}}\frac{\omega\tau}{\sqrt{1+\omega^2\tau^2}} \tag{11-39}$$

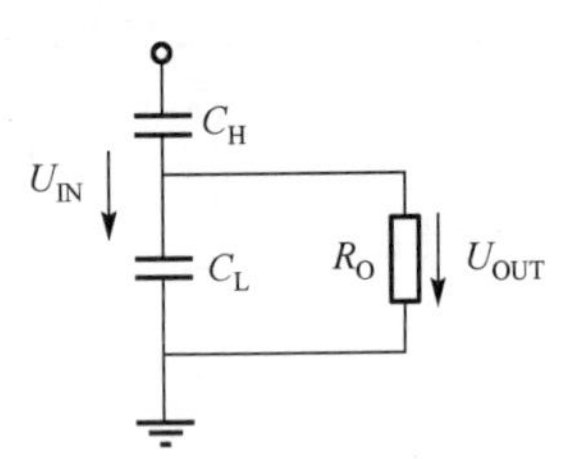

图 11-22 测量系统低频等效电路

$$\varphi(\omega)=\frac{\pi}{2}-\arctan(\omega R_O C_L)=\frac{\pi}{2}-\arctan(\omega\tau) \quad (11\text{-}40)$$

式中 τ——低压臂电路的时间常数，$\tau=R_O C_L$。

式（11-39）具有高通滤波特性，当 $\omega^2\tau^2>>1$ 时，幅频特性近似为常数 C_H/C_L，测量系统具有基本恒定的分压比；随着频率降低，分压比减小，当 $\omega\tau=1$ 时，分压比减小为原来的 1/0.707，对应的频率为测量系统的 3 dB 低频截止频率，有

$$f_{CUTOFF}=\frac{1}{2\pi\tau} \quad (11\text{-}41)$$

由此可知，低压臂电路的时间常数 τ 越大，系统低频截止频率越低，低频特性越好。

当电容传感器低压臂电容为 1.4nF，示波器输入电阻为 50Ω 时，低压臂电路的时间常数约为 70ns，低频截止频率约为 2.3MHz，即使测量 VFTO 的特快速瞬态脉冲，此低频特性也不能很好地满足。

采用如图 11-21(b) 中所示的传感器端阻抗匹配测量电路，其示波器具有高阻值（R_O=1MΩ），并通过匹配电阻 R_D 将该电容传感器与线缆连接。在这种匹配模式下，低压臂回路具有 1.4ms 左右的时间常数，而低频断开频率则达到 114Hz 左右，其低频特性可以很好地满足 VFTO 的特快速瞬态脉冲的检测要求，但是仍然无法满足工频、阶梯形的检测要求。

传感器端阻抗匹配不是完全匹配的，匹配效果取决于低压臂电容、电缆长度和匹配电阻等电路参数。以下通过试验研究传感器端阻抗匹配测量电路的匹配效果和高频特性。

2）测量系统高频特性试验

为了研究测量系统的高频特性，建立了图 11-23 所示的电容传感器测量系统试验检验电路，用理论波形和测量波形进行对比。

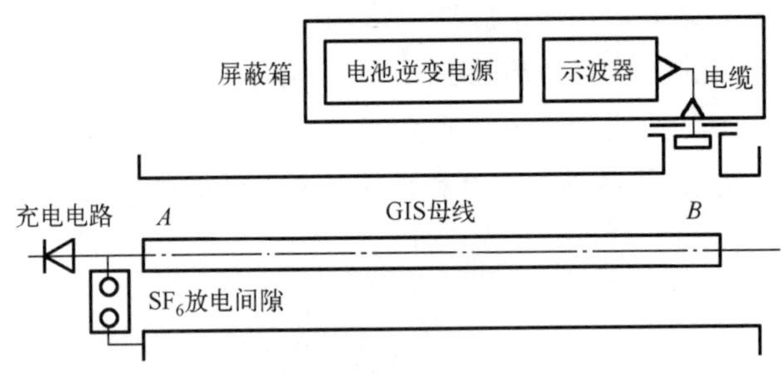

图 11-23 电容传感器测量系统试验检验电路

采用一段 252kV 的气体绝缘金属封闭开关设备的 GIS 母线（长度为 1.5m，外导体内径为 0.32m，内导体直径为 0.1m），SF_6 放电间隙被布置在它的末端 A 的内导体和外导体之间。由充电电路向内导线充入直流电压，使其电压上升直到 SF_6 放电间隙被击穿，从而产生较大的行波，并在 GIS 母线上来回反射，从而形成特快速瞬态。根据行波原理，在理想状况下，在 GIS 母线末端 B 处，其特快速瞬态电压是 SF_6 放电间隙击穿电压的 2 倍，其周期为 GIS 母线单次移动时间的 4 倍。将电容传感器置于 GIS 母线末端 B，并将其与理论波形进行比较，以验证该系统的性能。

该检验电路采用了横河 DLM2054 型示波器，该示波器具有 500MHz 的模拟带宽、2.5GS/s

的采样速率、125MS 的单路记录长度和 50Ω 或 1MΩ 的输入电阻。为消除放电干扰，将示波器置于屏蔽箱中，由蓄电池反相供电。在试验中，SF_6 放电间隙的击穿电压在 20kV 左右，其瞬时方波振幅在 40kV 左右。

试验观测了电缆长度和匹配电阻 R_D 变化对测量波形的影响。图 11-24 所示为电缆长度和匹配电阻对测量系统高频特性的影响。

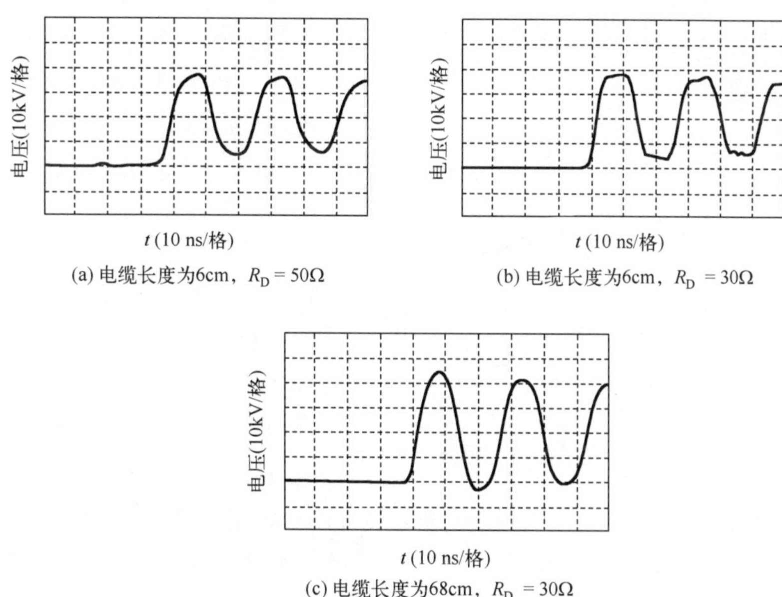

(a) 电缆长度为6cm，R_D = 50Ω

(b) 电缆长度为6cm，R_D = 30Ω

(c) 电缆长度为68cm，R_D = 30Ω

图 11-24 电缆长度和匹配电阻对测量系统高频特性的影响

试验结果显示，电缆长度较短，匹配电阻为 30Ω 时，特快速瞬态波形最接近理论预期的方波，没有寄生振荡和干扰。

在图 11-24(b)中，脉冲波头上升时间约为 3ns。上升时间和 3dB 高频截止频率的等效关系为

$$f_{3db} = 0.35 / T_r \tag{11-42}$$

式中 T_r——脉冲波头上升时间；

f_{3dB}——3dB 高频截止频率。

因此，3ns 上升时间表明测量系统的高频特性达到了 116MHz。

在图 11-23 所示的检验电路中，方波振荡频率是 38MHz，而测量系统的分压比是 273600（用 SF_6 放电间隙的击穿电压来测定方波幅度）。并在此基础上，检验了其他低频段的分压比。在图 11-23 所示的检验电路中，GIS 母线采用并联电容器、电感器，在母线上形成不同频率的高压瞬态；同时使用高压探头（TektronixP6015A，量程为 40kV，频带为 75MHz；分压比为 1000/1）和手孔式电容传感器进行测试，得出了电容传感器在不同频率下的分压比，试验结果表明，分压比是比较稳定的。试验检验电路中分压比随频率的变化如表 11-2 所示。

表 11-2 试验检验电路中分压比随频率的变化

频率/MHz	分压比	频率/MHz	分压比
38.000	273600	0.480	286500

续表

频率/MHz	分压比	频率/MHz	分压比
5.400	271700	0.084	290500
1.100	282200	—	—

试验结果表明，采用传感器端阻抗匹配方式，电缆长度应尽量短，匹配电阻应根据具体检验电路进行试验和选择。本书实际选择的电缆长度为6cm，匹配电阻为30Ω。

在西安交通大学的高电压实验室中，采用电阻分压器测量系统对上述的电容传感器测量系统进行了100kV电压范围内的对比试验。图11-25所示为传感器端阻抗匹配电容传感器与电阻分压器对比。由图可知，两个测量系统同时测量的瞬态电压波形具有较好的一致性。

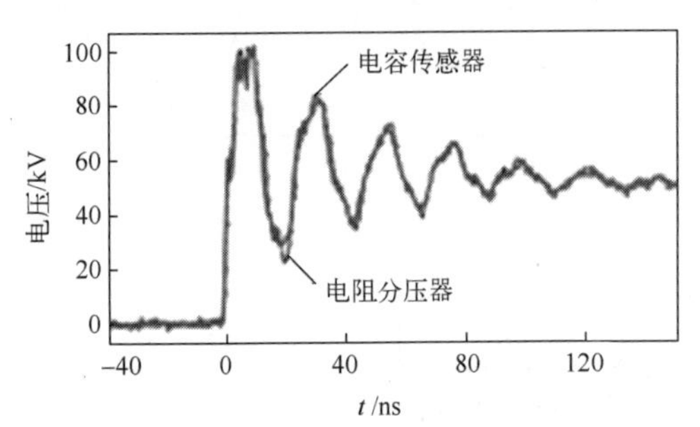

图11-25 传感器端阻抗匹配电容传感器与电阻分压器对比

3）1100kV气体绝缘金属封闭开关设备试验条件下的VFTO测量

利用阻抗匹配测试系统，对1100kV气体绝缘金属封闭开关设备的测试装置进行了VFTO测试（使用横河DLM2054示波器，设定采样速率为625MS/s，记录波形长度为200ms）。阻抗匹配方式测量的负载侧VFTO波形如图11-26所示。从图11-26可以看出，每一次接触间隙被击穿之后，母线电压都会迅速地呈指数下降，不能获得恒定的母线残余电压，而且工频电压的电压也会出现较大的畸变。如上所述，虽然示波器采用了高电阻输入，但传感器低压臂环的时间常数还不是足够大，因此，测量系统的低频性能仍不能满足对工频及残余电压的检测要求。

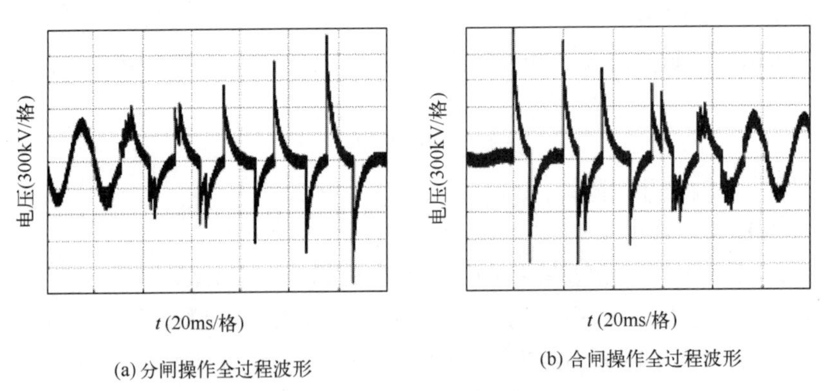

(a) 分闸操作全过程波形

(b) 合闸操作全过程波形

图11-26 阻抗匹配方式测量的负载侧VFTO波形

4. 阻抗变换的VFTO测量

1）阻抗变换测量电路

为满足测量工频电压及空载短母线残余电压的要求，并完成VFTO全过程测量，需要增大低压臂回路的时间常数，因此，本书提出了一种在电容器与信号电缆之间加入阻抗变换电路的测试方法。阻抗变换电路（见图11-27）的输入阻抗高，输出阻抗低，且与电容传感器的低压臂并联，大大增大了其工作时间常数，并可提供50Ω的输入电阻，能达到较好的阻抗匹配。

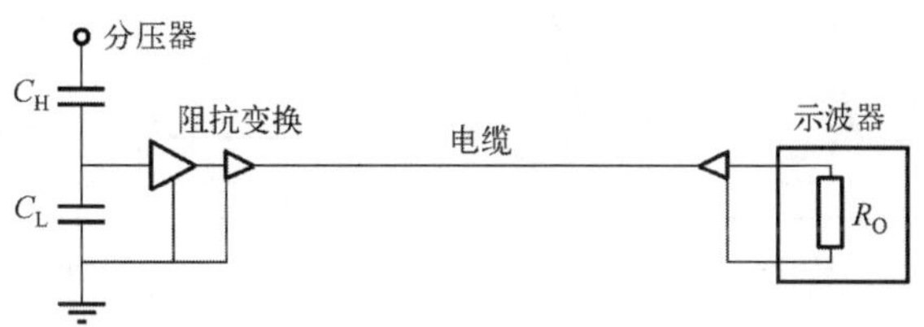

图 11-27 阻抗变换电路

利用高频运放构成射极跟随电路，可实现阻抗变换。其中，输入电阻是1TΩ；输出电阻是0.04Ω；最大的驱动电流是70mA。图 11-28 所示为电容传感器的阻抗变换，其阶跃响应值是 55.6s，由式（11-34）可知，其低频截止频率是 0.003Hz，低压臂并联电阻是 0.04TΩ。这种并联电阻比阻抗变换电路的输入电阻要小得多，这是由于传感器电极引出线的密封使用了O形橡胶圈，其绝缘电阻不够大。

重复击穿工艺的持续时间不到200ms，而在55.6s的感应器低压臂时间常数下，在200ms内衰减到0.996p.u.，没有明显的误差。加拿大的测量体系，它的低频断开频率是1Hz，并且具有 159ms 的低压臂时间常数，此时，如果两次打孔之间的间隔是 10ms，那么直流电压就会下降6%，200ms范围内的衰减更严重，因此1Hz的带宽不能精确地测量准直流分量。

2）测量系统高频特性试验

在 VFTO 测量中，阻抗变换电路需要满足高频特性的要求。首先，利用正弦波产生器测量阻抗变换电路的频率特性，得出了其幅频、相频特性，如图 11-29 所示。试验结果表明，该阻抗变换电路在 0.1Hz～100MHz 的频率范围内，其幅频、相频特性基本保持不变，能够保证 VFTO 信号不失真地传输。

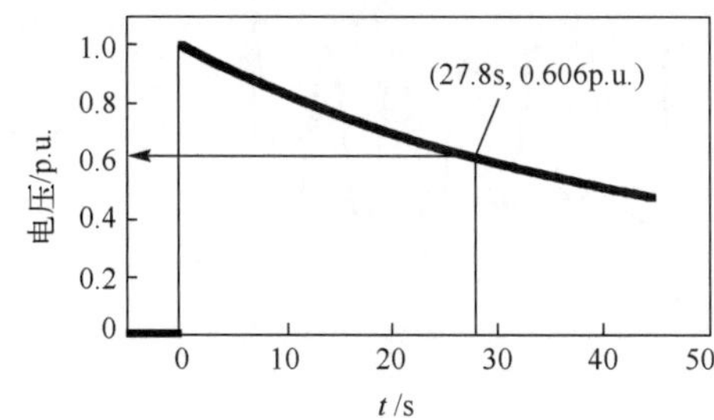

图 11-28 电容传感器的阻抗变换

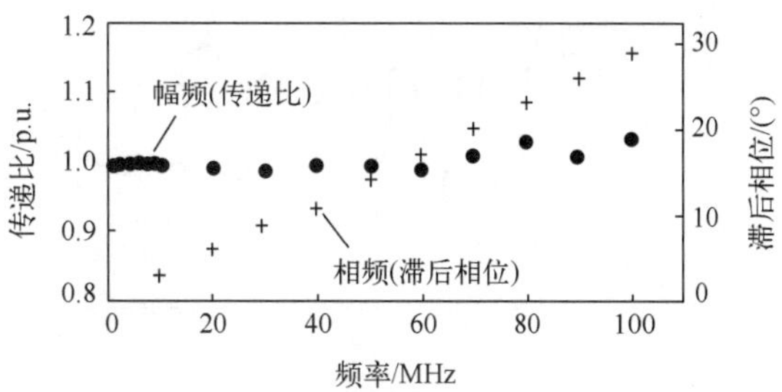

图 11-29 阻抗变换电路的频率特性

利用图 11-23 所示的试验检验电路，对测量系统在阻抗变换电路下的频率特性进行了试验。将示波器的输入电阻设定为50Ω，电缆长度设定为6cm和68cm，两种情况下测量的波形基本一致，如图 11-30 所示。该试验结果表明，该测量系统具有100 MHz的高频性能，而且可以使用较长的电缆。

同样将西安交通大学高电压实验室中的手孔式分压器和水电阻分压器测量系统进行对比，得到了图 11-31 所示的对比结果，两者依然具有较好的一致性。以上各试验表明，采用传感器端阻抗变换方式的测量系统，高频特性也能满足 VFTO 的测量。

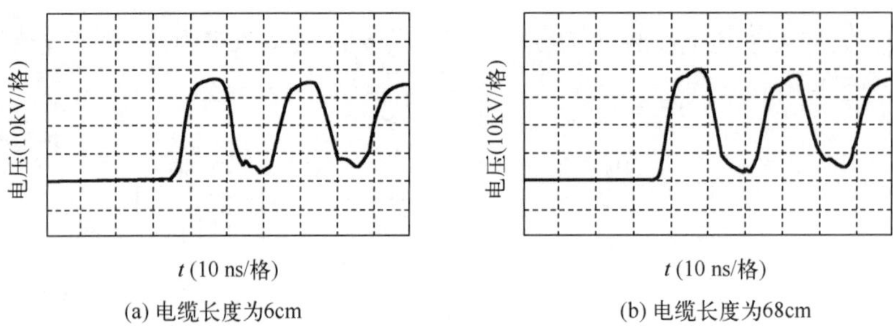

(a) 电缆长度为6cm (b) 电缆长度为68cm

图 11-30 阻抗变换电路对测量系统高频特性的影响

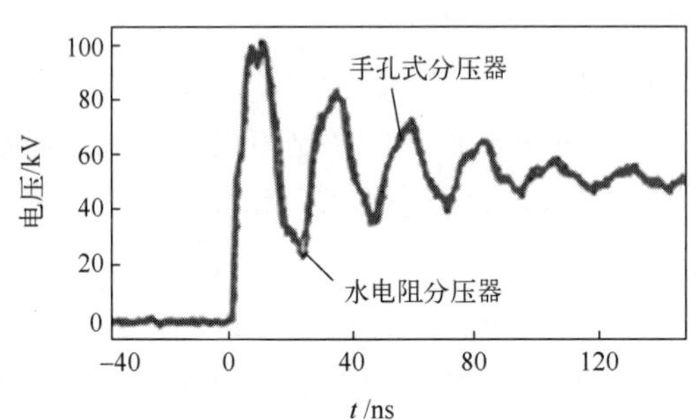

图 11-31 手孔式分压器与水电阻分压器的对比结果

3）1100kV 气体绝缘金属封闭开关设备试验条件下的 VFTO 测量

采用阻抗变换方式的测量系统，在 1100kV 气体绝缘金属封闭开关设备试验装置上测量 VFTO，得到图 11-32 所示的阻抗变换方式测量的负载侧 VFTO 波形。此试验结果表明，测量系统的低频特性扩展到了准直流，能够有效地测量工频电压和母线残余电压。

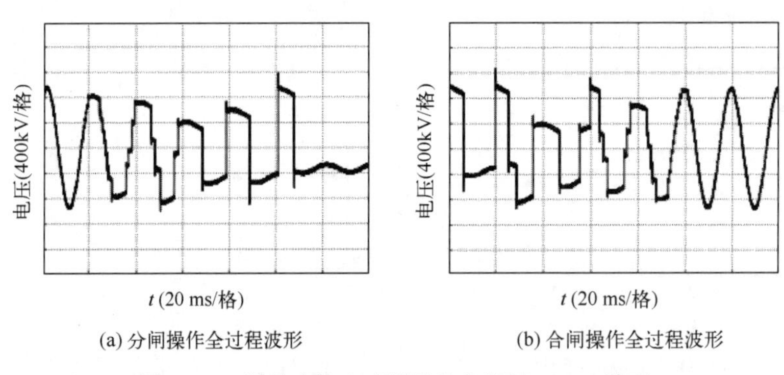

(a) 分闸操作全过程波形 (b) 合闸操作全过程波形

图 11-32 阻抗变换方式测量的负载侧 VFTO 波形

将图 11-26 和图 11-32 中的 VFTO 波形水平展开，得到阻抗匹配和阻抗变换的特快速瞬态脉冲波形测量结果，如图 11-33 所示。由图可知，在阻抗匹配和阻抗变换方式下，测量系统的特快速瞬态的测量结果基本一致。

5. 气体绝缘金属封闭开关设备中多测点同步 VFTO 测量

为了充分了解 VFTO 在气体绝缘金属封闭开关设备中的分布特性，并为 VFTO 的仿真建模提供试验依据，可在 1100kV 气体绝缘金属封闭开关设备试验装置上进行 4 测点位置的同步 VFTO 测量，以此研究多测点同步测量方法。

图 11-34 所示为 1100kV 气体绝缘金属封闭开关设备试验模型和 VFTO 测点布置。每个测点布置一个测量系统，4 个测量系统通过光纤实现示波器的同步触发控制和与计算机的通信。图 11-35 所示为多测点 VFTO 测量系统的结构框图。

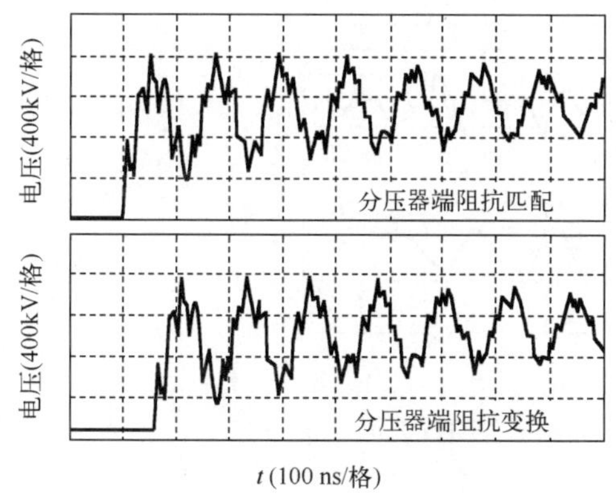

图 11-33　阻抗匹配和阻抗变换的特快速瞬态脉冲波形测量结果

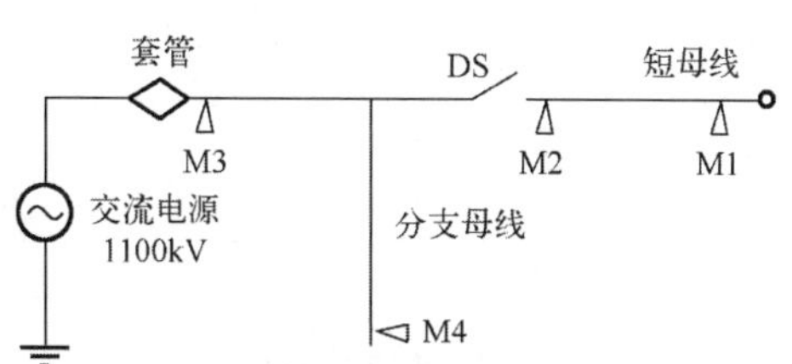

图 11-34　1100 kV 气体绝缘金属封闭开关设备试验模型和 VFTO 测点布置

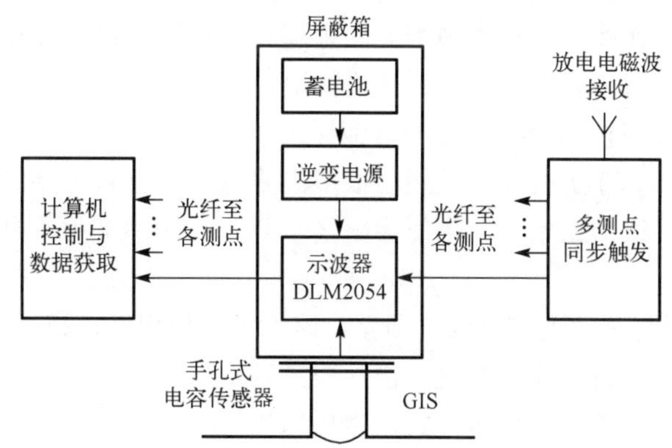

图 11-35　多测点 VFTO 测量系统的结构框图

多测点同步测量是由一个同步触发设备来实现的，该设备接收绝缘开关接触处的空隙破裂所产生的脉冲电磁波，在识别出故障后，装置发出光脉冲经光纤传输至各个测点，并将其转化为电脉冲，使各个示波器（横河 DLM2054）同时被触发。

为消除因接触器接触间隙反复击穿而引起的空间辐射干扰及气体绝缘金属封闭开关装置外壳电势上升造成的干扰，可在测量系统中使用屏蔽箱，将屏蔽箱与传感器的手孔盖板连接，与地面绝缘。测量系统由蓄电池的逆变器提供动力，并将电源置于屏蔽箱中。

横河 DLM2054 示波器利用的是光纤构成的通信网络，它可以对每一台示波器进行控制和采集。图 11-36 所示为不同测点同步测量的 VFTO 波形，从波形可以看出，气体绝缘金属封闭开关设备不同位置的特快速瞬态波形特点和分布规律。

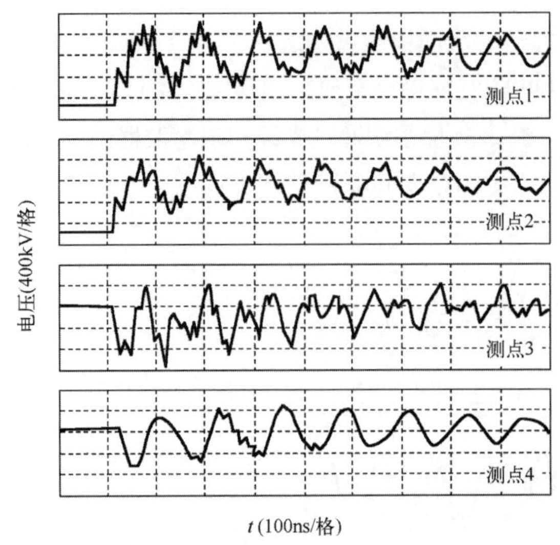

图 11-36　不同测点同步测量的 VFTO 波形

11.3.3.2　VFTO 计算实例

根据电站设备配置、运行方式及气体绝缘金属封闭开关设备的结构参数，对气体绝缘金属封闭开关设备中断路器和隔离开关的切换操作引起的 VFTO 预期值（幅值、频率、持续时间等）进行计算；根据计算结果对电站配置的金属氧化物避雷器参数和瞬态特性进行优化选择，并提出建议值；根据计算结果和金属氧化物避雷器在 VFTO 下的瞬态特性，对电站气体绝缘金属封闭开关设备和相邻设备的防护措施提出建议。

计算与实测表明，VFTO 的幅值虽然与很多因素有关，但它主要取决于气体绝缘金属封闭开关设备的结构，网络支路增多，幅值会随之下降，一般都采用单机、单变、单回线供电方式对其进行研究。

某水电站进、出线示意图如图 11-37 所示。该水电站使用发电机、变压器组联合单元 3/2 气体绝缘金属封闭开关设备断路器接线，由一段气体绝缘金属封闭开关设备转架空线出线，因此即使是单机、单变、单回线供电方式，也可以出现多种排列组合。

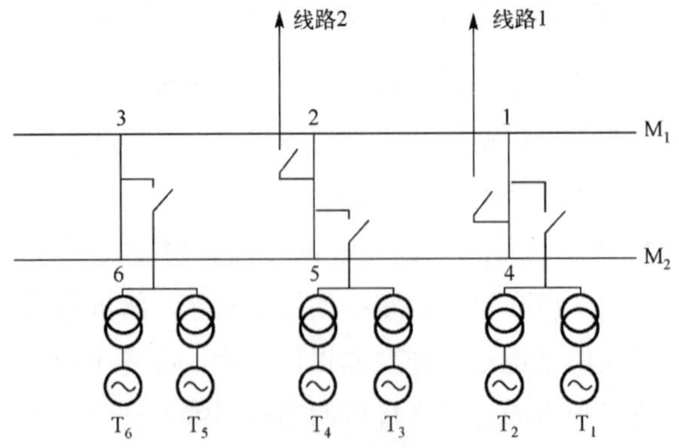

图 11-37　某水电站进、出线示意图

其中，1 号主变压器运行，不经母线直接向线路送电，等效计算电路如图 11-38 所示，相邻元件的间距也标在图中相应位置。

图 11-39 所示为断路器合闸时变压器端部的 VFTO 波形，对计算结果进行快速傅里叶变换，得到变压器端部的 VFTO 频谱分析如图 11-40 所示。

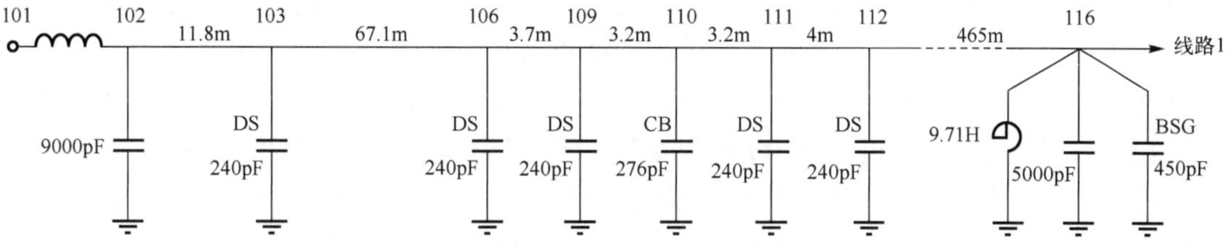

图 11-38 1 号主变压器运行下的等效计算电路

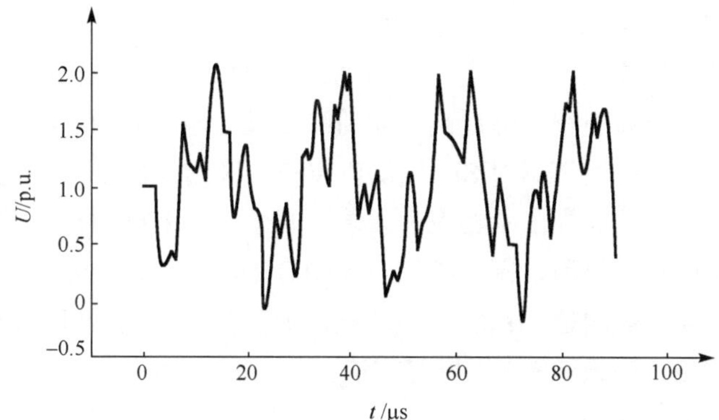

图 11-39 断路器合闸时变压器端部的 VFTO 波形

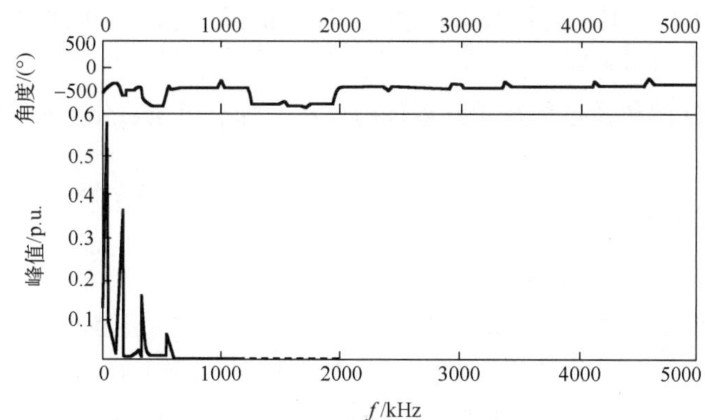

图 11-40 变压器端部的 VFTO 频谱分析

由 VFTO 波形可以看出，合闸操作过电压幅值并不是很高，变压器端部的 VFTO 不超过 2.189p.u.；由频谱分析可知，50kHz 左右是基频分量，这是由气体绝缘金属封闭开关设备的结构特点和接线长度决定的。0.1～1.5MHz 的特快速瞬变过程频率，是由电压行波在气体绝缘金属封闭开关设备内多次折射、反射形成的，叠加在基频分量上构成过电压最重要的部分，另外还有接近 2 MHz 的特高频分量，但幅值很低。

11.3.3.3 VFTO 的抑制

国内外对 VFTO 的研究始于 20 世纪 70 年代中期，目前国内外的学者多从线路残余电荷、变电站的开关操作类型、分闸和合闸的速度、开关的操作模式等方面来探讨 VFTO 的作用。目前，VFTO 的模拟研究主要是通过模拟和现场试验进行的，VFTO 的模拟侧重于建立精确的气体放电模型，并对其幅值、频率、陡度和击穿次数等因素进行分析；VFTO 的现场试验主要是对在不同条件下操作所引起的 VFTO 波形进行研究。在多年的研究中，关于 VFTO 的成因、气体绝缘金属封闭开关设备的传输方式、如何抑制 VFTO 的振幅等问题，国内外研究人员已经有了很多的共识。VFTO 波形在气体绝缘金属封闭开关设备中传播的过程中，受开关设备工作模式、结构参数、击穿时刻电源电压的相位（均匀分布在 0～360°）、隔离开关位置、隔离开关触头重燃时的击穿电压（根据残余电荷电压的幅值和击穿时刻电源电压的幅值）影响会发生很大的变化。在不对 VFTO 进行抑制的情况下，隔离运行可产生最大峰值为 2.6p.u.的 VFTO，变压器入口 VFTO 的峰值达到 2p.u.，如果 VFTO 的尺寸超出了气体隔离金属封闭开关设备的绝缘要求，将对变电站的绝缘和内部设备造成很大的影响。VFTO 对内部设备的危害很大，主要体现在幅值过高和波前陡度过大两个方面，其波形与雷击时的过电压有很大差别。德国、意大利等国对 SF_6 气体在 VFTO 及雷电冲击下的绝缘状况做了大量的研究与试验，并对其绝缘性能提出了相应的要求。要想使 VFTO 得到有效的抑制，就必须减小振幅，使波前陡度降低。目前，国内外针对 VFTO 的各种抑制方法已经有了较多的研究。一般有隔离开关加装阻尼电阻器，铁氧体磁环法，加装金属氧化物避雷器，改变隔离开关速度，控制分、合闸相角，装设 RF 谐振器等方法。

上述方法可分为以下两类。

（1）抑制 VFTO 的产生过程。VFTO 的产生过程与隔离开关的操作过程相关，因此对 VFTO 产生过程的干扰多是通过隔离开关实现的，如隔离开关加装阻尼电阻器，改变隔离开关速度和控制分、合闸相角等。

（2）抑制 VFTO 的传播过程，如铁氧体磁环法、加装金属氧化物避雷器、装设 RF 谐振器等。

1. 抑制 VFTO 的产生过程

1）隔离开关加装阻尼电阻器

关于抑制 VFTO 的产生过程，最典型的是在隔离开关上加装阻尼电阻器，它是目前最有效的 VFTO 抑制方法，也是目前用于实际工程中的 VFTO 抑制方法。20 世纪 80 年代初期，国外学者提出了在绝缘开关断口处加装分、合闸电阻器以抑制 VFTO 的方法，其原理是利用隔断电阻吸收能量的特性来减小 VFTO 的上升时间和幅度。但是由于当时生产能力和技术水平的限制，没有采用这种方法来处理较高级别以上的隔离，因此 VFTO 问题一直没有得到很好的解决。20 世纪 90 年代以后，750kV 及以上电压等级的气体绝缘金属封闭开关设备开始在隔离开关上安装分、合闸电阻器。在 1986 年，Ozawa 等人对一个 1100kV GIS 进行了仿真模拟和试验，结果表明，随着电阻增大，VFTO 幅值的抑制效果变好，200Ω 的电阻可将 VFTO 的幅值降至 1.5p.u.以下；电阻为 1000Ω 时，VFTO 的幅值低至 1.25p.u.。

隔离开关加装阻尼电阻器抑制 VFTO 的原理图如图 11-41 所示。在合闸时，动接触器首先与阻尼电阻器放电；分闸时，动、静触头间的电弧放电被拉伸，并向动触头和阻尼电阻器之间传递；在开、关过程中，由于阻尼电阻器的插入，使 SF_6 气体的放电能量下降，SF_6 气体的放电次数减少，VFTO 的折、反射次数相应减少，对 VFTO 的抑制也有所减弱。

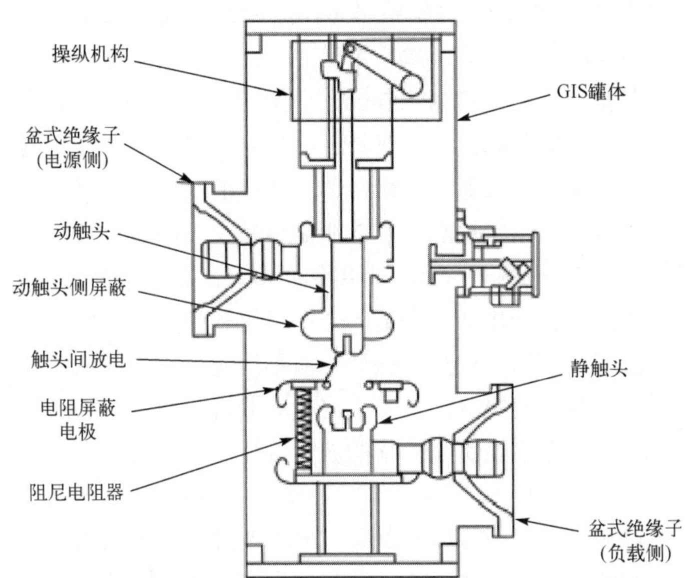

图 11-41　隔离开关加装阻尼电阻器抑制 VFTO 的原理图

断路器具有投切电阻抑制过压的优势，且具有绝缘支承与电阻杆的构造模式，其原理易于实施。由于它与绝缘开关是一体的，因此，在设置了绝缘开关的地方，都能有效地抑制过电压，减小了对系统和变电站过电压计算的依赖性。

武汉特高压交流实验基地的 VFTO 试验线路进行了 120 次分、合闸运行试验，试验结果表明，在安装了投切电阻器后，VFTO 的峰值和频率都有了显著的下降。晋东南变电站对带投切电阻的隔离开关进行了带电运行调试，测试得到的最大电压峰值为 1.29p.u.，频率在 1MHz 以下，证明了该方法的有效性。在实际应用中，其投切电阻的大小为 100～500Ω。

但这种带有投切电阻器的隔离开关也有如下缺点。该方法增加了大量的元件，使得其结构复杂化，可靠性下降，故障概率增大，若不能达到较好的控制方向，很容易与过渡屏蔽层发生摩擦，形成金属粒子，影响整体的绝缘性能；同时，在多次放电之后，过渡保护层的光洁度会有问题，从而影响接口之间的绝缘性能。另外，由于在隔离开关中加装了投切电阻器，使其尺寸增大，只能垂直安装，从而提高了隔离开关的生产成本。最重要的是，目前我国还不能制造出这样的电阻器，所有的产品都要靠进口。若将多个加装投切电阻器的隔离开关布置在一座交流特高压变电站，则在经济上会产生较大的冗余。因此，我国电力工业提出了废除并联电阻器及其有关的研究。

2）控制隔离开关操作

VFTO 的大小与触点之间的击穿电压有很大关系，而动触点的运动速率和分、合闸的初相角对击穿电压有很大的影响。这种方法主要通过对断路器转速和相位角度进行控制来达到对 VFTO 的抑制。关于间隔运动速率，有两个完全不同的观点：一是增加间隔运动速率可以减少 SF_6 气体重复击穿次数和持续时间，减少了在来源处 VFTO 的出现；二是降低间隔运动速率可以减小空载短母线上的残余压力，因此在传播方面减少了 VFTO 的出现。有研究发现，在隔离开关转速低于 0.8m/s 时，在特高压等级下运行的 VFTO 值会降低。

中国电力科学研究院以 1100kV 气体绝缘金属封闭开关设备的 VFTO 试验回路为例，对 VFTO 试验回路进行了理论上的模拟计算，并在特高压交流试验基地内进行了两个 VFTO 试验回路的测试，其中包括：分闸速度为 1.7m/s、合闸速度为 2.5m/s、低速隔离开关（分、合闸速度大约为 0.54m/s）。模拟和测试结果都显示，开关 VFTO 的振幅随隔离开关运行速度的减小而减小；而在分闸速度大于或等于 0.8m/s 时，相应的闭合 VFTO 幅度会达到 2.4p.u.。也就是说，通过减小隔离开关的运行速度，可以明显地减少 VFTO 的含量。

但是，在此基础上，由于隔离开关运行速度的下降，在运行中 VFTO 的发生频率会增大，对设备绝缘造成的撞击次数也会增加，这是一个不可忽视的因素。可以确定的是，增大隔离开关的运行速度，仅能减少 VFTO 的产生次数，而不能完全减小或消除其危害。有关残余电压和减小运行速率的相关性研究很少，且缺少定量的分析和定义。因此，采用这种方法，不仅不能减小 VFTO 的振幅，也不能使 VFTO 的波面陡度变平，因而无法对 VFTO 进行有效的抑制。

此外，研究人员对分、合闸初始相位角度与 VFTO 抑制的关系也进行了试验。从初始相位角度对残余电荷的影响出发，建立了残余电荷与击穿电压之间的函数关系，并从理论上说明了控制初始相位角度来抑制 VFTO 的可行性。目前，这种方法还处在初级阶段，建模比较简单，没有进行初始相位角度控制的研究。不过，这种方法的思路是很有价值的。

2. 抑制 VFTO 的传播过程

在抑制 VFTO 传播过程的方法中，以在气体绝缘金属封闭开关设备内部母线导体上安装“电阻器+电感器”元件最为常见，铁氧体磁环法是其中很有代表性的 VFTO 抑制方法。

1）铁氧体磁环法

铁氧体磁环是一种具有高频率、高磁导性能的材料，它可以看成一个由电阻器和一个非线性电感器组成的并联器件。同时，电感器和电阻器共同作用，对 VFTO 的振幅和陡度有一定的影响。在工频电压下，磁环的感抗特性对其所在系统的影响可以忽略不计。在 VFTO 工况下，电阻器损耗能量，VFTO 振幅减小；电感器会使 VFTO 波变平，降低其陡度。

21 世纪初，清华大学首次在母线上安装了铁氧体磁环，以抑制 VFTO。本书提出一种磁环电阻器与非线性电感器并联的集中参量等效电路模型，分析了不同磁环尺寸、不同磁场饱和程度对 VFTO 抑制作用的影响。采用模拟和低压模拟试验对该方法进行了验证。以 252kV 气体绝缘金属封闭开关设备为研究对象，进行了实际的 VFTO 抑制试验，试验结果表明，磁环对 VFTO 有一定的抑制作用。550kV 气体绝缘金属封闭开关设备在考虑磁介质的性质后，对其进行了磁环阻尼 VFTO 试验，试验结果显示，这种方法可以有效地抑制 VFTO 的振幅和陡度；但也存在一个缺点：磁环在大电流下会出现饱和，从而限制了抑制作用。为了解决这一问题，清华大学建议采用磁环两端并联电阻器来增大电流损失，加速 VFTO 的衰减。

除了清华大学，中国电力科学研究院与清华大学、华北电力大学、西安西电开关电气有限公司等单位也进行了磁环模型的深入研究，建立了 L-R 磁环模型，给出了相应的参数选择，并进行了仿真试验，比较了磁环对 VFTO 的影响；针对超高压气体绝缘金属封闭开关设备的试验线路，进行了磁环阻尼 VFTO 的试验研究。为了优化铁氧体磁环的作用，同济大学根据材料学原理，在其表面涂覆了一层纳米吸波材料，并建议利用磁环的形状，提高 VFTO 的反射次数，从而达到显著的 VFTO 衰减效果。

目前，世界上对磁环研究最多的是 ABB 公司，该公司在 550kV 气体绝缘金属封闭开关设备中使用了磁环，并对其进行了 VFTO 抑制试验，使 VFTO 的幅度降低了 20%。ABB 公司虽然同样使用了铁氧体磁环来抑制 VFTO，在整体设计上与国内并无太大的差别，但是其磁环等效回路和安装模式却与国内的有很大的差异。图 11-42 所示为国内磁环不同阶次电路模型。图 11-43 所示为 ABB 公司磁环等效电路。由图 11-42 和图 11-43 可知，随着电阻、电感的增大，磁环等效电路的阶次增大，可以等效为高阶电路；而在国外，其等效电路都是一阶模型。

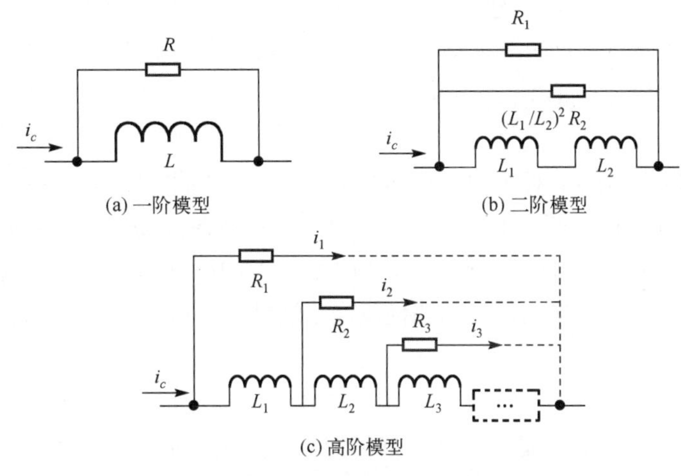

图 11-42 国内磁环不同阶次电路模型

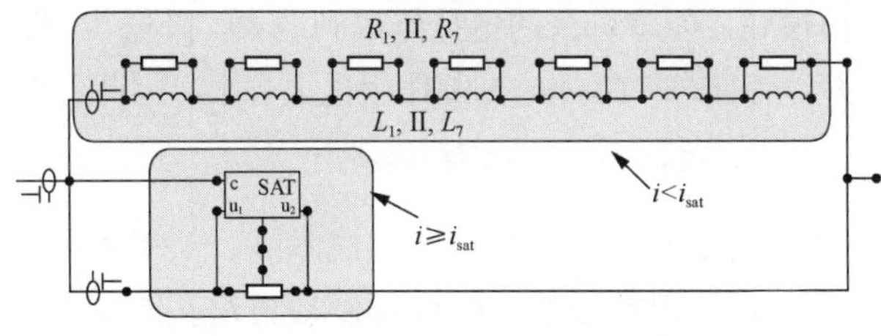

图 11-43 ABB 公司磁环等效电路

与国内将磁环安装在母线导体外部不同，如图 11-44(a)所示，ABB 公司将磁环安装在气体绝缘金属封闭开关设备主导体内部，如图 11-44(b)所示。其中，ABB 公司的磁环安装更加复杂，工程实现更难。

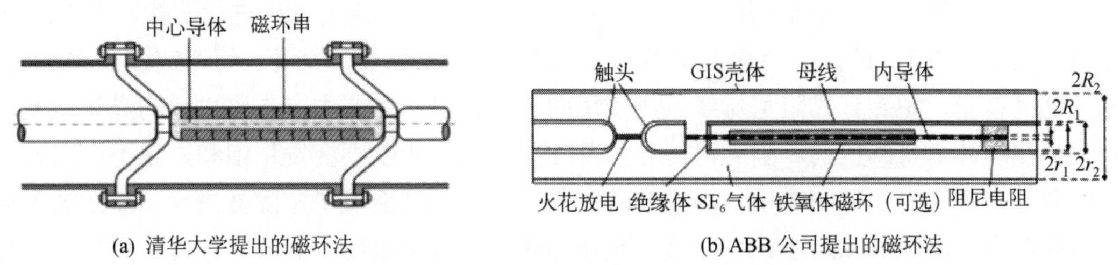

图 11-44 磁环不同的安装方法

虽然铁氧体磁环法的研究已经进行了很多年，但是至今还没有在工程上进行过试验。其根源在于这种方法有一个致命的缺点，即磁环容易发生饱和。铁氧体磁环在电流达到某一数值后，会由于饱和而丧失抑制效果。在 VFTO 的产生过程中，必然会出现高频大电流 VFTO，所以磁环的深度饱和是无法避免的。虽然经过几年的研究，磁环的性能得到了改善，但是其深度饱和问题仍然没有得到根本解决。对特高压来说，VFTO 能达到 6kA 才饱和，但即使这样，也无法抑制 VFTO 所产生的最大幅度的单个脉冲波。总之，磁环法是目前最接近实际工程应用的一种方法，但是磁环材料的饱和性能却使其在实际应用中受到很大的限制。

2）金属氧化物避雷器

金属氧化物避雷器（MOA）是一种非线性电阻元件，在雷电冲击作用下其电阻随电流的增大而快速增大。因此，有学者建议，利用 MOA 的非线性电阻特性来对 VFTO 进行抑制。MOA 是一个非线性元件，它的阻抗特性与所加激励特性、避雷器周边的电磁场、MOA 的残余电压等因素密切相关。目前，关于 MOA 对 VFTO 抑制作用的研究多集中在 MOA 的等效模型上。

虽然有研究显示，MOA 对 VFTO 的振幅有一定的抑制作用，但是并不能使 VFTO 的陡度减小，其原因在于 MOA 反应速度过慢。VFTO 的升高时间是纳秒级，而 MOA 则是微秒级，二者有很大的差别；在响应性能方面，MOA 对 VFTO 的陡坡几乎没有起到抑制作用。MOA 在 VFTO 的作用下，其工作机制和性质尚不清楚，有待于进一步的深入研究。

3）其他抑制方法

除上述方法外，还存在其他方法来抑制 VFTO 的传播过程。采用高压架空线路对 VFTO 进行抑制，这种方法具有成本低、经济性好的特点，其原理是利用高压架空线路上的高压电晕来抑制 VFTO 的波前陡度，但对 VFTO 的振幅影响不大，并且会增大绝缘变电站上方的空间利用率。采用接地切换模式，能将剩余的电荷排放到地表，降低 VFTO 的电压幅值大小，但是这种方法的局限性很大，而且对 VFTO 的抑制作用也很有限，因此，有关这方面的研究很少。

3. VFTO 抑制新方法——螺旋管式阻尼母线法

针对现有的 VFTO 抑制方法存在的结构复杂、成本高、工程适用难等不足，中国电力科学研究院提出了一种极具工程应用前景的 VFTO 抑制新方法，即螺旋管式阻尼母线法。它将气体绝缘金属封闭开关设备中的普通母线镂空成了螺旋管的形状。

原来的母线变成了多匝的空心电感线圈，利用其内部空心对其并联阻尼电阻器即可构成螺旋管式阻尼母线，其样机图如图 11-45 所示。在工频情况下，它作为普通母线，用于传送电压/流波；当分离操作生成 VFTO 时，它起到抑制作用。螺旋管式阻尼母线抑制 VFTO 的工作原理和磁环法相似，都是利用“电感+电阻”对 VFTO 的传输过程进行干扰。当 VFTO 经过电感器时，VFTO 的波面会变得平坦，在经过电阻器时会损耗能量，使 VFTO 的振幅减小。不同之处在于，螺旋管式阻尼母线法所使用的感应材料，并非由高导磁材料的高频激发，而是由母线导体本身感应的。因为母线导体并非导电的，所以不会发生饱和，也不会因为磁环法的磁性饱和而丧失抑制作用。如果 VFTO 的振幅太大，造成了空隙被击穿，那么被击穿的空隙就会变为电阻对 VFTO 进行吸收，从而加速 VFTO 的衰减。另外，螺旋管式阻尼母线是在传统母线上加工而成的，所以其安装过程与传统母线相同，具有标准化的安装流程，无须改变气体绝缘金属封闭开关设备的内部结构，满足了工程应用的需求。为了证实该方法的有效性，中国电力科学研究院设计了一台样机，通过试验证实了螺旋管式阻尼母线法对 VFTO 的抑制作用。对一台装设螺旋管式阻尼母线前后样机的 VFTO 抑制性能进行了对比实验，发现安装了螺旋管式阻尼母线后，使 VFTO 的幅值、陡度和击穿次数都有所下降，说明安装螺旋管式阻尼母线能有效地抑制 VFTO，并且抑制效果良好。

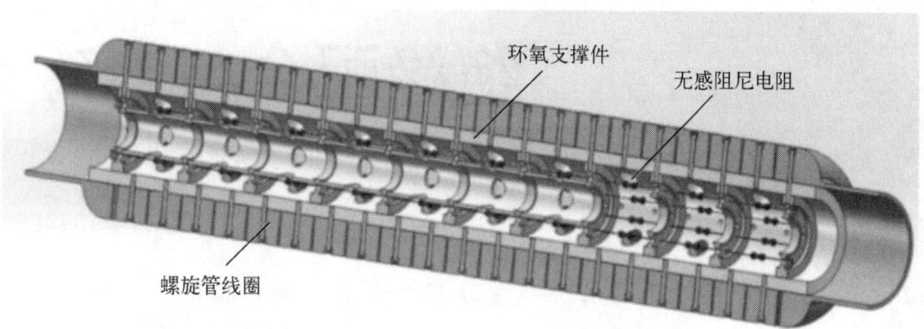

图 11-45 螺旋管式阻尼母线样机图

第12章

绝缘配合与电磁环境

电力系统绝缘配合是指综合考虑电气设备在电力系统中可能承受的各种作用电压（工作电压及过电压）、保护装置的特性和设备绝缘对作用电压的耐受特性之间的关系，合理地确定设备的绝缘水平，以使设备造价、维护费用和设备绝缘故障引起的事故损失最小，达到在经济和安全运行上最高的总体效益。电力系统绝缘配合是一个复杂的、综合性很强的技术经济问题。

同时，电力系统作为一个庞大的、分布广泛的超级系统，会产生各种电磁干扰，同时也面临着各种电磁干扰问题。

本章重点介绍电力系统绝缘配合的方法和原则，并对电力系统设计、建造和运行中的电磁环境相关知识进行重点阐述。

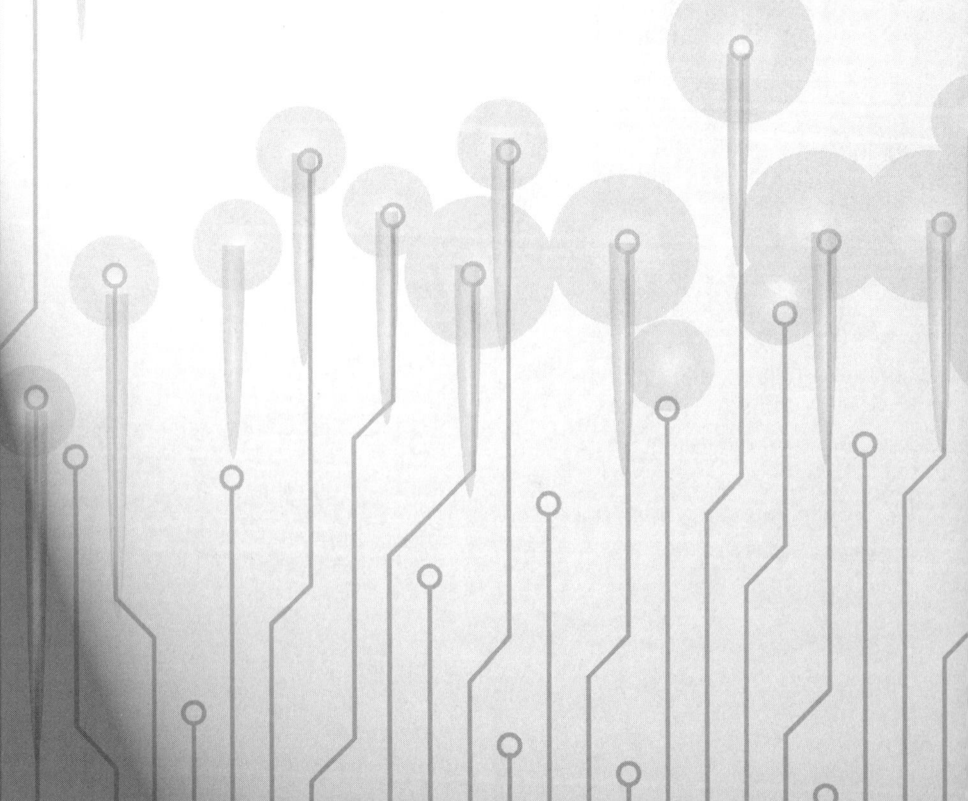

12.1　绝缘配合

电力系统绝缘包括发电厂、变电站的电气设备和电线的绝缘。这些绝缘体在运行时要经受的电压有正常运行时的工作电压、短时过电压、操作过电压及大气过电压。通常，过电压是决定绝缘等级的关键因素。

随着电网电压水平的不断提高，输电线路的绝缘工程投资在设备总投资中所占的比例不断增大；同时，随着电网电压水平的提高、传输容量的增加，如果发生故障，将会造成很大的损失。所以，在超高压输电线路中，绝缘配合是一个非常关键的问题。

12.1.1　绝缘配合的概述

12.1.1.1　绝缘配合的原则

绝缘配合指的是综合考虑电气设备在电力系统中可能承受的各种作用电压（工作电压及过电压）、保护装置的特性和设备绝缘对各种作用电压的耐受特性之间的关系，合理地确定设备的绝缘水平，以使设备的造价、维修费用和设备绝缘故障引起的事故损失最小，达到在经济和安全运行上最高的总体效益。在绝缘配合技术方面，要解决各种作用电压、限压措施和设备绝缘耐受能力的相互影响；在经济方面，应协调投资、维修和意外损害费用之间的关系。如此，既不会因绝缘等级过高而导致设备体积过大和成本过高，造成不必要的浪费，又不会因为绝缘等级太低而导致设备在使用过程中发生事故，造成电力中断和维护成本大幅增长，最后造成经济损失。

绝缘配合的终极目的是确定电气设备的绝缘水平，即电气设备的绝缘等级是指其能够经受的试验电压值。鉴于装置运行时要受工作电压、工频过电压、操作过电压等因素的影响，对电气设备绝缘规定了短时工频试验电压，对外绝缘规定了干、湿两种状态下的工频放电电压；鉴于长时间工作电压及工频过电压对内绝缘的老化及外绝缘的防污能力的影响，本书还对某些装置的工频长时试验电压进行了规定；鉴于雷电过电压对绝缘的影响，规定了雷电冲击试验电压等，并在技术上实现了工作电压和绝缘强度的全伏秒特性配合。

低于 220kV 电压等级的电力系统，对大气过电压的要求低于内部过电压，这是非常不经济的。所以，在低于 220kV 电压等级的电力系统中，电气设备的绝缘等级很大程度上取决于大气过电压。也就是说，在低于 220kV 电压等级的电力系统中，绝缘等级正常的电气设备，必须能够经受内部过电压，通常不会采用特别的方法来限制内部过电压。

在现代防雷技术条件下，超高压系统的大气过电压通常没有内部过电压那么危险。同时，随着电压等级的提高，运行过电压的幅值也会越来越大，对设备和线路的绝缘要求也会越来越高，绝缘成本也会越来越高。所以，在 330kV 及以上电压等级的电力系统中，操作过电压将起主导作用。在污染区域内的电力系统，其外绝缘强度会受到污染的影响，在恶劣天气情况下，污染会在正常工作电压下发生。所以，这类电网的外绝缘等级主要取决于最大运行电压。

此外，在特高压电网中，随着电压控制措施的改进，其过电压可以降至 1.6～1.8p.u.或更低，而电网的绝缘等级则取决于工频过电压和长期工作电压。

由于在绝缘配合中不考虑谐振过电压，所以在电网的设计与使用中应尽量避免出现谐振过电压。

通常不会降低线路绝缘与变电站的绝缘配合，因为这会极大地提高线路的事故发生率。关于线路绝缘和变电站的绝缘之间的协调问题，如果将线路绝缘降到与变电站的绝缘状态相配合，将会极大地增大线路的事故发生率。

在很长一段时间里，除了型号测试，一般的电气设备出厂测试都是一分钟的工频耐压测试，这既是为了测试的便利，也是因为在一定程度上，雷电冲击对绝缘的影响可以用工频电压来衡量。根据图 12-1 所示的程序，确定电气设备的工频试验电压。在此基础上，β_1、β_2为雷电冲击电压和操作冲击电压换算为等效工频电压的冲击系数。

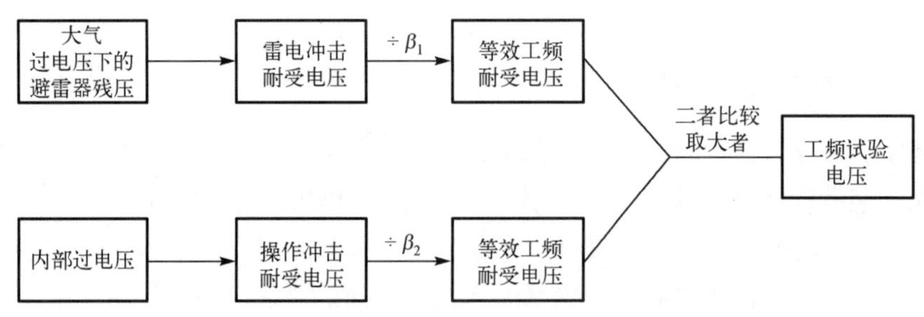

图 12-1　确定电气设备的工频试验电压的程序

可见，工频耐压值代表了绝缘对雷电过电压、操作过电压总的耐受水平，只要设备能通过工频耐压测试，就认为该设备在运行中遇到大气、内部过电压时能保证安全。

但对于超/特高压电气设备，考虑到冲击波对绝缘作用的特殊性，用工频电压来代替操作过电压、雷电过电压是不恰当的，需按规定分别进行操作冲击电压、雷电冲击电压的试验。

12.1.1.2　绝缘配合的基本概念

电网绝缘配合的基本要求：妥善解决过电压与绝缘的矛盾，保障供电质量，确保系统安全、经济。更具体地讲，依据电气设备所处系统存在的不同电气应力（工频工作电压和各种过电压），并考虑其防护和绝缘的电性能，对设备的绝缘等级进行适当的选择，以保证在不同的电气应力条件下，其绝缘故障率和事故损失在经济上和操作上都可以接受。

在进行绝缘的经济核算时，必须综合考虑投资成本（特别是绝缘投资和过电压保护）、运行维护费用（也就是维护绝缘和过电压保护设备）及意外损失（绝缘故障造成的事故）。

绝缘配合的关键在于决定各类电气设备的绝缘等级，这是进行绝缘设计的第一个先决条件。通常用试验电压值来表达不同的耐压测试。因为没有一种电气设备在操作中是独立的，它必须与特定的过压保护装置共同工作，并且受到后者的保护；其次，各种电气设备的绝缘、甚至各种保护设备在工作中都会相互影响，因此，在选用绝缘等级时，要综合考虑很多因素，协调起来也比较复杂。在电力系统中，绝缘配合会有很多问题，实例如下。

1）架空线路与变电站之间的绝缘配合

由于大多数过电压都发源于输电线路，因此，在电网发展的早期，为了使侵入变电站的过电压不至于太高，曾一度把线路的绝缘水平取得比变电站内电气设备的绝缘水平低一些，因为线路绝缘（自恢复绝缘）发生闪络的后果不像变电站电气设备绝缘故障那样严重，在当时的条件下，此举有一定的合理性。

在现代变电站中，安装了一种安全性能较好的阀式避雷器。来波的幅度大并不可怕，因为有避雷器，可以对其进行很好的控制，只要不是太大的波峰，或者所有的设备都在避雷器的保护范围内，通过避雷器的雷电流不会超出规定的范围，就不会对设备的绝缘造成任何影响。

实际上，现代输电线路的绝缘水平高于变电站电气设备的绝缘水平，因为有了避雷器的可靠保护，不仅可以降低电气设备的绝缘等级，还可以取得较好的经济效益。

2）同杆架设的双回路线路之间的绝缘配合

为了防止雷击线路导致双回路同时跳闸的停电事故，在架空输电线路防雷保护中采用了“不平衡绝缘”方法，其中，双回路的绝缘水平应该相差多少，就是一个很重要的绝缘配合问题。

3）电气设备内绝缘与外绝缘之间的绝缘配合

在未得到现代避雷器可靠的保护之前，内绝缘等级已达到了高于外绝缘等级的程度。在未得到现代避雷器可靠的保护之前，曾将内绝缘水平取得高于外绝缘水平，因为内绝缘击穿的后果比外绝缘（套管）闪络要严重得多。

4）各种外绝缘之间的绝缘配合

很多电气设备都有不同的外绝缘，这些外绝缘常常存在着绝缘配合的问题，塔头上的气隙击穿电压和绝缘子串闪络电压的关系就是典型的绝缘配合问题。例如，高电压隔离开关的断口耐压一定要高于支撑式绝缘子对地的闪络电压，这种配合对于确保人身安全是非常有必要的。

5）各种保护装置之间的绝缘配合

在变电站防雷接线中，阀式避雷器与断路器外部管式避雷器放电性能的关系是一个很典型的实例。

6）被保护绝缘与保护装置之间的绝缘配合

该绝缘配合是最基本和最重要的一种配合，将在后续内容中做详细的分析。

从电力系统绝缘配合的发展过程来看，大致上可分为以下三种方法。

1. 多级配合

该绝缘配合方法多用于1940年以前，由于当时所用的避雷器保护性能不够好、特性不稳定，因而不能把它的保护特性作为绝缘配合的基础。

在此时期，多层协作的基本原理是，价格越昂贵、维修难度越大、破坏后果越严重的绝缘结构，选择的绝缘等级越高。根据这个原理可知，变电站绝缘等级高于线路绝缘等级，设备内绝缘等级高于外绝缘等级等。

有些国家直到20世纪50年代仍沿用这种绝缘配合方法。例如，把变电站中的绝缘水平分为四级（见图 12-2）：①避雷器(FV)；②并联在套管上的放电间隙(F)，其作用是防止沿面电弧灼烧套管的釉面，图 12-3 所示为其示意图；③外绝缘；④内绝缘。按照上述多级配合的原则，这四级绝缘的伏秒特性的配合方式如图 12-2 所示。

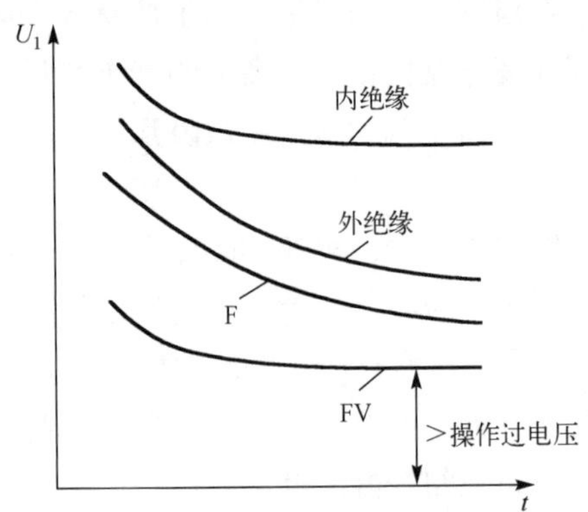

图 12-2 四级绝缘的伏秒特性的配合方式

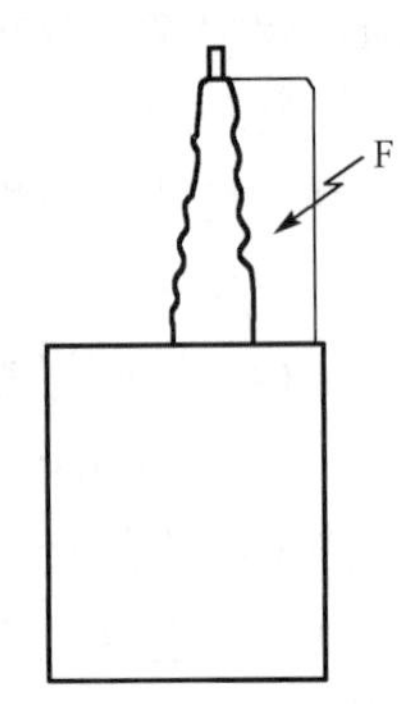

图 12-3 在套管上并联放电间隙的示意图

粗略看来，这种配合方法似乎也有一定的合理性。但实际上，采用这种配合方法会引起严重的问题，其中最主要的问题是，为了使上一级伏秒特性带的下包线不与下一级伏秒特性带的上包线发生交叉或重叠，相邻两级的 50%伏秒特性之间均需保持 15%～20%的差距（裕度），这是由冲击波下闪络电压和击穿电压的分散性所决定的。因此，不难看出，采用多级配合必然会把设备内绝缘水平抬得很高，这是特别不利的。

如果说，在过去由于避雷器的保护性能不够稳定和完善，因而不能过于依赖它的保护性能而不得不把被保护绝缘的绝缘水平分成若干等级，以减轻绝缘故障后果、减少事故损失，那么在现代阀式避雷器的保护性能不断改善、质量不断提高的情况下，再采用多级配合的方法就不太合适了。

2. 两级配合

20 世纪 40 年代末，各国逐步抛弃了多级配合的观念，转为两级配合，所有的绝缘体均接受避雷器的保护，只与避雷器做绝缘配合，而不是在不同的绝缘体中寻求配合。换句话说，避雷器的保护性能成为绝缘配合的依据，只要将其保护等级乘以一定的影响因子及必要的容限，即可得出其应有的耐电压等级。从这个基本原理开始，经过反复的修改和改进，最终形成了至今仍然被广泛使用的绝缘配合惯用法。

3. 绝缘配合统计法

当输电电压升高时，绝缘成本会迅速增加，因此，绝缘配合所带来的经济效益日益明显。

在绝缘配合惯用法中，绝缘电流的最高值应与绝缘电强度的下限相匹配，并应预留一定的余量，以确保不会出现绝缘故障。但是，这种做法与总体经济指标的最优化原则是不一致的。自 20 世纪 60 年代起，一种名为“统计法”的绝缘装配新技术应运而生，其基本原理：电网中的过电压和绝缘的强度是一个随机变量，在过电压条件下，绝缘不会出现闪络、击穿等问题，这就显得太保守、太不合理（尤其是在超高压和高电压传输系统中）。正确的方法：设定一个允许的绝缘故障率（例如，将超、特高压线路绝缘在操作过电压下的闪络概率取作 0.1%～1%），允许冒一定的风险。因此，在解决绝缘配合问题时，应采用统计学的观点和方法，以求达到最佳的总经济指标。

12.1.2　中性点接地方式对绝缘水平的影响

电力系统的中性点接地方式是一项涉及广泛的技术问题，涉及供电可靠性、过电压与绝缘配合、继电保护、通信干扰、系统稳定等诸多问题。一般把中性点接地方式划分为非有效接地（包括不接地、经消弧线圈接地等）和有效接地（包括直接接地等）两大类。这种划分方式还特别适用于过电压和绝缘配合。由于上述非有效接地和有效接地两类不同的接地方式，其过电压等级和绝缘等级差异较大。

12.1.2.1　最大长期工作电压

在非有效接地系统中，单相接地故障时并不需要立即跳闸，而可以继续带故障运行一段时间（如两个小时），这时健全相上的工作电压升高到线电压，因为最大工作电压可比额定电压 U_0 高 10%～15%，所以该系统的最大长期工作电压为$(1.1～1.15)U_0$。

在有效接地系统中，最大长期工作电压仅为$(1.1～1.15)\dfrac{U_0}{\sqrt{3}}$。

12.1.2.2　雷电过电压

无论原来的雷电过电压波幅大小如何，对绝缘的实际雷电过电压幅度都与阀式避雷器的保护等级有关。由于阀式避雷器的消弧电压是根据其最大长期工作电压确定的，因此，有效接地系统中所用避雷器的灭弧电压较低，相应的火花间隙数、阀片数较少，冲击放电电压和残压也较低，通常约比同一电压等级、但中性点为非有效接地系统中的避雷器低 20%左右。

12.1.2.3　内部过电压

在有效接地系统中，内部过电压的产生与发展取决于相位电压；而在非有效接地系统中，内部过电压有可能在线电压的基础上发生和发展，因此，前者产生的内部过电压要比后者低 20%～30%。

综合上述三个因素，可以得出，中性点有效接地系统的绝缘水平可比非有效接地系统低 20%左右。但是，降低绝缘水平所产生的经济效益与电网的电压等级密切相关：110kV 及以上电压等级的电网的绝缘成本占全部工程造价的比例很高，因此采取有效的接地措施来降低电网的绝缘水平能产生很大的经济效益，成为选择中性点接地方式时的首要因素；在 66kV 及以下电压等级的电网中，绝缘成本所占比例较小，因此，降低绝缘水平对经济效益的改变并不显著，供电可靠性的提高成为主要考量，通常采用中性点非有效接地（不接地或经消弧线圈接地）。但是，由于 6～35kV 电压等级的电网发展迅速，所使用的电缆比例也在逐年上升，而且运行模式复杂，这不仅使消弧线圈难以进行调整，而且容易引起多相短路。因此，近几年，一些以 6～10kV 电缆网为主的大城市和大公司的电网，已不再采用中性点非有效接地的方式，而是采用中性点经低值或中值电阻接地的方式，这些都是有效接地系统，一旦出现单相接地故障，就会立刻跳闸。

12.1.3　绝缘配合惯用法

12.1.3.1　概念

绝缘配合惯用法是按作用于绝缘上的最大过电压和最小绝缘强度的概念来配合的，是电力系统绝缘配合长期以来被广泛采用的方法。

应用绝缘配合惯用法时，先要确定设备安装点用作绝缘配合的过电压值，再根据运行经验乘以考虑各种影响因素及有一定裕度的配合系数，以确定绝缘能耐受的电压水平。要求设备绝缘的最低抗电强度不低于此耐受电压，即绝缘配合惯用法要求设备绝缘的最低抗电强度高于可能作用于设备的最高过电压，并留有一定的裕度。

实际的过电压值和绝缘强度都是随机变量，很难准确确定其上下限，为使电力系统安全运行，采取留有较大裕度的办法。而它确定的绝缘水平是偏严格的，也无法定量地估算绝缘的故障率。

目前，绝缘配合惯用法中所采用的计算用雷电过电压是以避雷器残压为基础决定的。计算用最大操作过电压则按实测和模拟实验的结果统计归纳得出，我国相对地的计算用最大操作过电压的倍数 K_0（以电网最高运行相电压幅值为基数）为

66kV 及以下（低电阻接地系统除外） $K_0=4.0$

110kV 及 220kV $K_0=3.0$

330kV 和 500kV $K_0=2.2$ 和 $K_0=2.0$

绝缘配合惯用法对绝缘放电后能恢复其绝缘性能的自恢复性绝缘和一旦绝缘被击穿或损坏就不能自动恢复原有绝缘性能的非自恢复性绝缘均适用。

12.1.3.2 变电站电气设备绝缘水平的确定

变电站内的所有电气设备均受到避雷器的保护，故避雷器在 5kA（220kV 及以下）或 10kA（330～500kV）下的残压是确定电气设备绝缘水平的基础。

变电站电气设备的绝缘水平与保护设备的性能、接线方式和保护配合原则等有关。如前所述，避雷器对电气设备的保护有两种方式：第一种是避雷器只用来保护雷电过电压而不保护操作过电压；第二种是避雷器同时用来保护雷电过电压和操作过电压。

避雷器对电气设备的第一种保护方式又分为两种情况：一是 220kV 及以下电压等级的变电站，操作过电压对正常绝缘不危险，避雷器不动作；二是通过改进断路器性能把操作过电压限制到一定水平的超高压变电站，一般情况下避雷器也不会在操作过电压作用下动作，避雷器只是作为后备保护而已。无论哪种情况，变电站中的雷电过电压水平都比操作过电压水平高，因此电气设备的绝缘水平是根据避雷器的雷电波残压决定的，即全波基本冲击绝缘水平（BIL）。电气设备的基本操作冲击绝缘水平（BSL）是由既定的内部过电压计算倍数所决定的。

对于避雷器对电气设备的第二种保护方式，避雷器同时用来保护雷电过电压和操作过电压，这种方式只有在超高压变电站中才会用到。此时电气设备的 BSL 是以避雷器的操作波放电电压为基础决定的，设备的 BIL 则以避雷器的雷电波残压为基础来确定。这里的操作过电压被控制在避雷器操作波放电电压的水平。

就绝缘配合而言，绝缘水平是指能耐受的试验电压。试验电压模拟的是实际中的各种作用电压，它包括雷电冲击电压和操作冲击电压或工频试验电压。雷电冲击电压波包括全波和截波。

在 220kV 及以下电压等级的系统中，除了型式试验需要进行雷电冲击和操作冲击试验，一般只做短时（1min）工频试验。这种工频试验电压实际上是由电气设备的 BIL 和 BSL 共同

决定的绝缘水平。图 12-4 所示为短时工频耐受电压的确定过程。

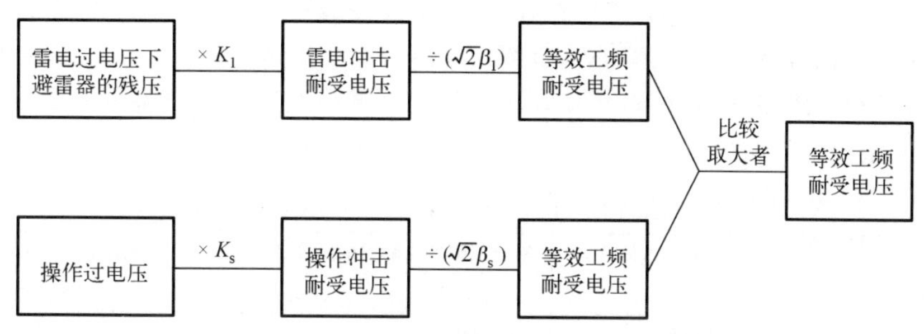

图 12-4　短时工频耐受电压的确定过程

图中 K_1、K_s 分别为雷电冲击配合系数和操作冲击配合系数。配合系数是一个综合系数，主要考虑避雷器与被保护设备之间的距离、避雷器内部电感、避雷器运行中参数的变化、设备绝缘的老化（累积效应）、变压器工频励磁因素的影响；β_1、β_s 分别为雷电冲击耐受电压和操作冲击耐受电压换算为等效工频耐受电压的冲击系数，雷电冲击系数 β_1 通常可取为 1.48，操作冲击系数 β_s 为 1.3～1.35（66kV 及以下电压等级的电气设备取 1.3，110kV 及以上电压等级的电气设备取 1.35）。

这样，短时工频耐受电压就可以代表绝缘对操作过电压、雷电过电压总的耐受水平。凡能通过工频耐受电压试验的设备，可以认为其能够保证足够的运行可靠性。

BIL 可由式（12-1）求得

$$\mathrm{BIL} = K_1 U_{\mathrm{P1}} \tag{12-1}$$

式中　U_{P1}——避雷器的雷电冲击保护水平。

国际电工委员会（IEC）规定 $K_1 \geqslant 1.2$。我国规定在电气设备与避雷器相距很近时，K_1 取 1.25；相距较远时，K_1 取 1.4。避雷器分变电站型、线路型两种，前者接在母线上，其额定电压和残压较低，用以确定变压器的耐受电压；后者接在线路侧，其额定电压和残压较高，用以确定并联电抗器、高压电器、电流互感器等设备的耐受电压。

BSL 可由式（12-2）求得

$$\mathrm{BSL} = K_s K_0 U_{\mathrm{xg}} \tag{12-2}$$

式中　U_{xg}——系统最高相电压幅值；

K_0——计算用操作过电压倍数；

K_s=1.15～1.25。

对于 330～500kV 电压等级的电力系统，避雷器用来同时限制雷电过电压与操作过电压。由于操作冲击波对绝缘作用的特殊性，以及不能肯定操作冲击电压与工频电压之间的等价程度，故特别规定有其操作冲击耐受电压，而不能用工频耐受电压替代。电气设备除进行工频和雷电冲击试验外，还要进行操作冲击试验。这时最大操作过电压的幅值取决于统计操作过电压水平或避雷器的操作冲击保护水平 U_{PS} 值。于是有

$$\mathrm{BSL} = K_s U_{\mathrm{PS}} \tag{12-3}$$

以上是用绝缘配合惯用法确定电气设备绝缘水平的过程。根据我国近阶段的电网结构、制造水平等情况、我国电力系统发展情况及电气设备制造水平，结合我国电力系统的运行经验，并参考国际电工委员会推荐的绝缘配合标准，在我国国家标准《绝缘配合第 1 部分：定

义、原则和规则》（GB/T 311.1—2012）中对各电压等级电气设备的试验电压做出了规定，如表 12-1 和表 12-2 所示。表 12-1 中对系统电压为 3～20kV 的设备给出了两个系列的绝缘水平，即系列 1（交流：1kV<U_m≤252kV，直流：1kV≤U_m<100kV）和系列 2（交流：U_m>252kV，直流：100kV≤U_m≤820kV），一个较低，一个较高。选择时应根据设备可能遭受的雷电过电压和操作过电压程度、所用限制过电压保护装置的性能、系统的重要性等来决定。

表 12-1　电压范围Ⅰ（1kV<U_m≤252kV）的设备标准绝缘水平　单位：kV

系统标称电压（有效值）	设备最高电压（有效值）	额定雷电冲击耐受电压（峰值）		额定短时工频耐受电压（有效值）
		系列 1	系列 2	
3	3.5	20	40	18
6	6.9	40	60	25
10	11.5	60	75 95	30/42③；35
15	18.0	75	95 105	40；45
20	23.0	95	125	50；55
35	40.5	185/200①		80/95③；85
66	72.5	325		140
110	126	450/480①		185；200
220	252	（750）②		（325）②
		850		360
		950		395
		（1050）②		（450）②

注：系统标称电压 3～15kV 所对应设备的系列 1 的绝缘水平，在我国仅用于中性点直接接地系统。

① 表中斜线后数据仅用于变压器类设备的内绝缘。

② 对于系统标称电压为 220kV 设备，括号内的数据不推荐选用。

③ 为设备外绝缘在干燥状态下的耐受电压。

表 12-2　电压范围Ⅱ（U_m>252kV）的设备标准绝缘水平　单位：kV

系统标称电压（有效值）	设备最高电压（有效值）	额定操作冲击耐受电压（峰值）					额定雷电冲击耐受电压（峰值）		额定短时工频耐受电压（有效值）
		相对地	相间	相间与相对地之比	纵绝缘②		相对地	纵绝缘	
1	2	3	4	5	6②	7①	8	9	10③
330	363	850	1300	1.50	950	850 （+295）③	1050	见 GB/T 311.1—2012 中 6.10 条的规定	（460）
		950	1425	1.50			1175		（510）
500	550	1050	1675	1.60	1175	1050 （+450）③	15		（510）
		1175	1800	1.50					（630）
750	800	1425	2420	1.70	1550	1425	1950		（680）
1000	1100	1550	2635	1.70	1800	（+650）	2100		（900）
		1675	2510	1.50		1675	2250		（960）
		1800	2700	1.50		（+900）	2400		1100/1200

注：其中系统标称电压 750kV 和 1000kV 的规定可能来自行业或企业。

① 第 7 栏括号中的数值是加在同一极对应相端子上的反极性工频电压的峰值。

② 纵绝缘的操作冲击耐受电压选取第 6 栏或第 7 栏的数值，决定了设备的工作条件，在有关设备标准中有规定。

③ 第 10 栏括号内的短时工频耐受电压值，仅供参考。

12.2 电磁环境

广义上，电磁环境一般是指给定时间和空间范围内存在的所有电磁（辐射和传导）现象。从电磁环境的产生因素看，既有自然因素，又有人为因素。在具体描述对目标可能造成影响的电磁环境时，多称为电磁干扰（有时习惯上也不加区分，称为电磁骚扰）。电力系统作为一个庞大的、分布广泛的超级系统，会产生各种电磁干扰，同时也面临着各种电磁干扰。一方面，目前电力系统的电压等级高、输送容量大，电力系统本身产生的稳态和暂态电磁环境更加复杂；另一方面，电力系统的智能化、自动化程度越来越高，功耗更低的微电子器件和弱电控制保护装置等广泛应用于电力系统，也使得电力系统自身对各种电磁环境更为敏感。电力系统因各种电磁干扰现象而使继电保护误动、拒动，甚至造成微机保护和综合自动化插件损坏的事故时有发生。因此，电磁环境问题在电力系统设计、建造和运行中的重要性不断提高。

本节将介绍交流输电线路、变电站、直流输电线路、换流站的各种电磁环境的产生机理、标准限值，并对系统外电磁环境和一般防护方法做简要介绍。

12.2.1 交流输电线路的电磁环境

交流输电线路作为我国输电线路的主网架结构，覆盖范围广、涉及区域大，其电压等级最高可达 1000kV。随着电压等级的提升，其线路走廊区域的电磁环境问题变得不容忽视，相关的投诉和事故不断，因此对于交流输电线路走廊区域电磁环境的研究不容忽视。

12.2.1.1 地面工频电场的分布特点及其限值

交流输电线路下的工频电场强度在离地 2m 的范围内比较均匀，通常以离地 1m 高的未畸变电场强度有效值作为度量地面电场的标准。

图 12-5 所示为 750kV 输电线路产生的地面电场分布。一般来说，220kV 及以下电压等级的架空输电线路引起的工频电场场强较小，主要考虑 330kV 及以上电压等级的架空输电线路的静电感应问题。电场的影响程度取决于电场强度、被感应物体的对地电容及对地绝缘状况、四周环境的屏蔽效应等参数，其中电场强度是最基本的参数。

空间某点的电场强度与每根导线上电荷的数量及该点与导线之间的距离有关，导线上的电荷多少除与所加电压有关外，还与导线的几何位置及其尺寸有关。因此，导线对地高度、相间距离、分裂导线的结构尺寸、单回路导线布置形式及双回路相序布置方式等因素，都将直接影响交流输电线路下电场强度的分布和大小。

交流输电线路附近的工频电场，可在与之接近的输电线路或金属导体上产生较高的感应电压和电流，从而对输油管道、铁路等造成影响。在输电线路工频电场对人员影响方面，几十年来，世界各国进行了大量试验性研究，到目前尚无一致的明确结论，但为了慎重起见，各国已经或正在制定相关标准。

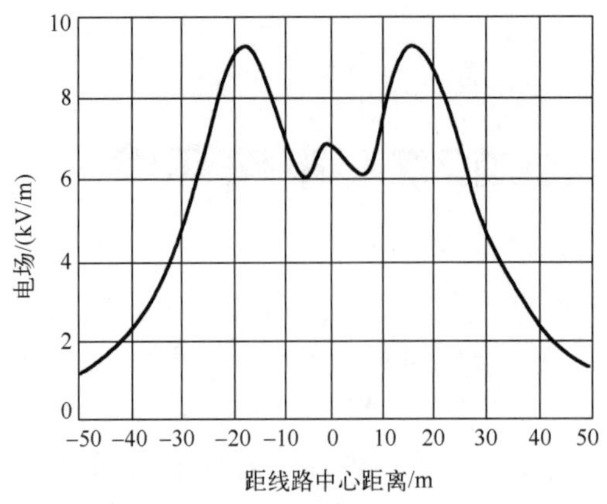

图 12-5 750kV 输电线路产生的地面电场分布

以国际非电离辐射防护委员会（ICNIRP）的导则作为制定全球标准的基础，我国制定了相关的标准，针对工频电场的标准目前有《电磁环境控制限值》(GB 8702—2014)，标准规定工频电场下居民区最高限值为 4kV/m。因工作需要必须进入超过最高限值的地点或延长接触时间时，应采取有效的防护措施。带电作业人员应该在全封闭式的屏蔽装置中操作，或应穿上包括面部的屏蔽服。在环保部门发布的标准《环境影响评价技术导则输变电》(HJ 24—2020）中，对 500kV 超高压送变电工程推荐暂以 4kV/m 作为居民区工频电场评价标准。对于一般公众来说，每天 24 小时内连续照射的电场强度不应超过 5kV/m；当电场强度为 5～10kV/m 时，受照射时间应限制在每天数小时内；如有必要，电场场强可以超过 10kV/m，但容许的受照射时间仅为每天数分钟，并应以体内的感应电流密度不超过 2mA/m^2 为条件。对于超高压输电线路，为了保证线下地面电场强度控制在限值以内，规定了导线对地面和交叉物的最小垂直距离，如表 12-3 所示。

表 12-3 导线对地面和交叉物的最小垂直距离

经过地区或交叉跨越		35～110kV	220kV	330kV	500kV
居民区		7.0	7.5	8.5	14
非居民区		6.0	6.5	7.5	10.5～11.0
交通困难地区		5.0	5.5	6.5	8.5
跨越公用铁塔，至塔顶		7.5	8.5	9.5	14
跨越等级公路，至地面		7.0	8.0	9.0	14
跨越通航河流	至五年一遇洪水位	6.0	7.0	8.0	9.5
	至最高航行水位的最高船桅顶	2.0	3.0	4.0	5.5
跨越不通航河流	至百年一遇水位	3.0	4.0	5.0	6.5
	冬季至水面	6.0	6.5	7.5	10.5～11.0
跨越电力线路		3.0	4.0	5.0	6.0（至导线、地线）
跨越电力线路		3.0	4.0	5.0	8.5（至杆塔塔顶）
跨越弱电线路		3.0	4.0	5.0	8.5

12.2.1.2 地面工频磁场的分布特点及其限值

当输电线路的导线中有电流流过时，就会在周围产生工频磁场。工频磁场的大小主要与导线的电流有关。对于磁导率为 1 的介质（大多数建筑物和人），工频磁场很容易穿透这些介质，因此其防护难度较大。交流输电线路的三相电流大小基本相等，相位互差 120°，因而在离导线较远的地方，一般可认为三相电流产生的磁场互相抵消；而在导线附近的工频磁场则不容忽略。

国际辐射防护协会（IRPA）及其所属国际非电离辐射防护委员会向世界各国推荐了一个工频磁场照射限值临时指导原则，把照射值分为职业照射限值和公众照射限值，如表 12-4 所示。

表 12-4 IRPA-ICNIRP 推荐的工频磁场照射限值

受限现象		磁通密度/[B/(mT)]
职业	整工作日内	0.5
	短时内	5
	局限于四肢	25
公众	每天至多达 24 小时	0.1
	每天数小时内	1

我国标准《环境影响评价技术导则 输变电》（HJ 24—2020）推荐应用表 12-4 中所示的公众全天照射时的工频限值 0.1mT 作为磁场强度的公众安全评价标准。

另外，工频磁场会对电子设备产生影响。例如，计算机的监视器、电子显微镜等设备在工频磁场作用下会产生电子束的抖动，电子式电度表在工频磁场作用下会导致其程序产生紊乱、内存数据丢失和计度误差。因此，用工频磁场发生器对上述设备进行磁场干扰的抗扰度试验具有特殊意义。国家推荐性标准《电磁兼容 试验和测量技术 工频磁场抗扰度试验》（GB/T 17626.8—2006）中，对稳定持续和 1～3s 短时工频磁场试验等级做出了相应规定，如表 12-5 和表 12-6 所示，这是对设备提出的抗扰度要求。

表 12-5 稳定持续工频磁场试验等级

等级	1	2	3	4	5	…
磁场强度/（$A\cdot m^{-1}$）	1	3	10	30	100	待定

表 12-6 1～3s 短时工频磁场试验等级

等级	1	2	3	4	5	…
磁场强度/（$A\cdot m^{-1}$）	…	…	…	300	1000	待定

12.2.1.3 电晕

如气体放电部分所述，电晕放电是指由于导体表面电位梯度过大，从而使其表面的电场强度超过空气的击穿强度、周围的气体电离，因此气体分子会分解成带正电荷的离子与带负电荷的电子。当电场强度进一步增大时，会出现电子倍增现象，形成电晕放电，同时产生较弱的发光、可听噪声、机械振动、臭氧和其他生成物。

电晕放电的单个脉冲宽度约为 10^{-1}μs 量级。实际交流输出线路的电晕放电多发生在工频电压的正、负峰值附近，由一系列脉冲组成脉冲群，并且其波形十分不规则。脉冲群的持续时间为 2～3ms，这样一系列的脉冲，一般包含丰富的高频分量。根据大量测量的结果可知，输电线路电晕放电的能量集中在 0.15～4MHz 频率范围内。

12.2.1.4 无线电干扰及其限值

无线电干扰［简称 RI，或称为无线电噪声（RN）］是指在无线电频段可能对正常的通信信号造成影响的电磁干扰。输电线路在电晕放电过程中会出现一些有害的、频带相当宽的电磁波，干扰无线电通信，危害环境。电晕放电产生的高频电压、电流脉冲干扰频谱在 3kHz～30MHz 范围内，几乎覆盖了大部分的无线电频谱。输电线路无线电干扰主要是对调幅广播、通信（550kHz～12MHz）和电视产生干扰。一般来说，5MHz 以上频率的无线电干扰幅值已经很小了。

除输电线路导线、绝缘子或线路金具等发生电晕放电可对无线电产生干扰外，还有其他干扰源也可对无线电产生干扰，如因绝缘子表面污秽而产生的间歇性放电，有缺陷绝缘子的间隙击穿火花，连接金具、线夹的火花放电，间隔棒、导线接续管、补修管，甚至均压环、屏蔽环的火花放电等。

因为电晕放电现象与导线表面状态、天气湿度、气压等密切相关，因此输电线路的无线电干扰电平也会随天气而变化。此外，线路无线电干扰还与导线参数、高度、相间距离、导线（子导线）截面、分裂导线数等有关。

无线电干扰限值主要考虑对居民无线电广播接收质量的影响，信噪比是评价其影响的关键指标。信噪比意义如表 12-7 所示。国际无线电干扰特别委员会（CISPR）推荐 26dB 作为评价无线电干扰影响可接受的信噪比，即当无线电信号强度减去干扰水平，其差值大于 26dB 时，可认为有满意的接收质量。

表 12-7 信噪比意义

信噪比/dB	意义
40	对古典音乐收听完全满意
32	对一般收听满意
26	不易察觉的背景噪声
20	背景噪声明显
15	背景噪声很明显

国家标准《高压交流架空输电线路无线电干扰限值》（GB/T 15707—2017）规定了高压交流架空输电线路在正常运行时的无线电干扰限值，适用于运行半年以上的 110～500kV 交流架空输电线路产生的频率为 0.15～30MHz 的无线电干扰。

频率为 0.5MHz 时高压交流架空输电线路无线电干扰限值如表 12-8 所示。为了便于比较，国际无线电干扰特别委员会规定，不同位置的测量值需要折算到距边导线投影 20m 处；频率为 1MHz 时高压交流架空输电线路无线电干扰值为表 12-8 中所示的数值分别减去 5dB；在 0.15～30MHz 频段中，无线电干扰限值需要按照相应修正公式修正；距边导线投影不等于 20m 处的无线电干扰场强按照修正公式修正到 20m 处。

表 12-8 频率为 0.5MHz 时高压交流架空输电线路无线电干扰限值

电压/kV	110	220～330	500
无线电干扰限值 dB/（μV/m）	46	53	35

12.2.1.5　交流输电线路的可听噪声及其限值

电压等级较低的输电线路，噪声问题不突出。随着电压等级的提高，特别是在导线潮湿的条件下，输电线路可听噪声将成为一种环境问题。对于超高压、特高压线路，可听噪声是线路设计需要考虑的主要因素之一。

交流高压输电线路由电晕产生的可听噪声有两种：宽频带噪声和交流声。宽频带噪声是由导线表面电晕放电产生的杂乱无章的电流脉冲造成的，特别是在交流电压正半波时的正极性电晕电流脉冲流注阶段最为严重。交流声是由导线周围正、负离子在电压变化周期内往返运动造成的，由于正、负离子到达和离开导线表面的运动，使周围气压每半周内变换两次方向，从而产生了 50Hz 倍频（主要是 100Hz 或 200Hz）的嗡嗡声。

天气条件对输电线路可听噪声的影响很大，天气好时可听噪声小，天气坏时可听噪声大。不同气象条件下，宽频带噪声和交流声的相对数值也不同，雨天时宽频带噪声大，而结冰时交流声大。高海拔下空气的击穿场强低，电晕放电加强。海拔每增加 300m，可听噪声大约增加 1dB(A)。

目前国家标准《声环境质量标准》（GB 3096—2008）针对输电线路、变电站等产生的噪声，规定了城市五类区域的环境噪声最高限值，如表 12-9 所示。噪声测试可按照该国家标准执行。

表 12-9　环境噪声最高限值　　单位：dB（A）

类别标准	昼间限值	夜间限值
0	50	40
1	55	45
2	60	50
3	65	55
4	70	55

注：0 类标准适用于疗养区、高级别墅区、高级宾馆区等特别需要安静的区域，位于城郊和乡村的这一类区域分别按 0 类标准减去 5dB 执行；1 类标准适用于居住、文教机关为主的区域，乡村居住环境可参照执行该类标准；2 类标准适用于居住、商业、工业混杂区域；3 类标准适用于工业区；4 类标准适用于城市中的道路交通干线道路两侧区域，穿越城区的内河航道两侧区域，穿越城区的铁路主、次干线两侧区域的背景噪声（指不通过列车时的噪声水平）限值也执行该类标准。

12.2.2　变电站的电磁环境

从被干扰的敏感器角度来看，干扰的耦合可分为传导耦合和辐射耦合两类。传导耦合必须在干扰源和敏感器之间有完整的电路连接，干扰信号沿着这个连接电路传递到敏感器，发生干扰现象，这个电路可包括导线、设备的导电构件、供电电源、公共阻抗、接地平面、电阻、电感、电容和互感元件等。传导耦合有电阻性耦合、电导性耦合、电容性耦合、电感性耦合等。辐射耦合是指电磁能量通过介质以电磁波的形式传播，并通过接收体耦合到电路中形成干扰的能量传递过程。

实际上，两个设备之间发生干扰通常可能包含多种途径耦合。变电站是电磁环境较为恶劣的场所，自然和人工操作均有可能产生严重的电磁干扰。图 12-6 所示为变电站内主要电磁干扰及各种电磁干扰对二次系统的耦合途径。

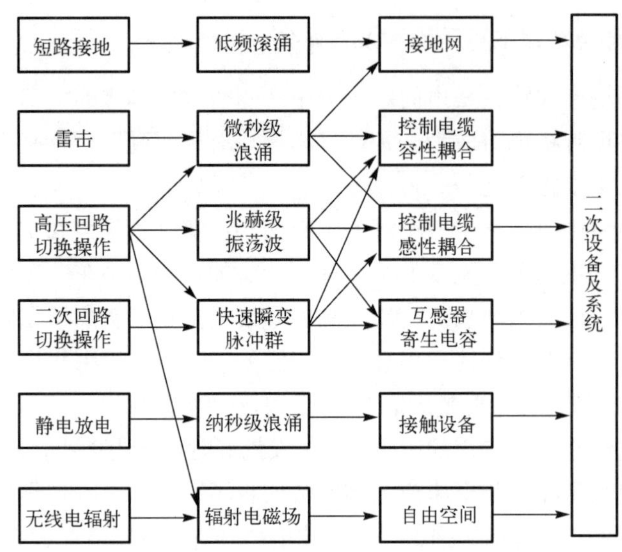

图 12-6 变电站内主要电磁干扰及各种电磁干扰对二次系统的耦合途径

12.2.2.1 变电站的工频电磁场及其限值

变电站中的带电设备会在周围的空间产生工频电场和工频磁场。工频电磁环境可能会在附近的人、动物、电气设备及其他物体上产生感应电压和电流，从而对人、动物和电气设备的安全产生威胁。

变电站运行时各种带电导体上的电荷和在接地构架上感应的电荷会产生工频电场，产生工频电场强度较高的设备依次为母线、电容、架空进出线，而变压器产生的电场强度相对较小。变电站内工频磁场强度高的设备主要是母线和电抗器等。我国对不同电压等级变电站工频电场和工频磁场的大量实测统计结果表明，70%以上测点的电场强度在 4～8kV/m。在 500kV 变电站内，电场强度的最大实测值约为 11.66kV/m。在垂直于两主设备连线方向上，电场强度较大。磁感应强度水平分量最大值为 13.23μT，垂直分量最大值为 9.58μT，最大合成磁感应强度为 16.33μT，90%以上测点的合成磁感应强度在 10μT 以下。

由于变电站工作人员需要经常接近带电高压设备，因此变电站内的工频电场允许限值比其他场合要高。对工作人员经常巡视或检查必经的地方，一般规定电场强度小于 8kV/m，其他地方则不大于 10kV/m，少数地区允许最大电场强度范围为 10～15kV/m。变电站围墙处电场强度则应不大于 5kV/m。

为满足上述要求，除适当提高带电体对地高度外，有时还采用合理安排带电体的排列及并列或重叠回路的相序等措施，以减小地面电场。

12.2.2.2 开关操作引起的暂态干扰

变电站中有很多隔离开关和断路器的常规操作，如隔离开关切、合高压空载母线，断路器切、合高压母线和高压线路，投切电容组合、投切空载变压器及电抗器等。当开关操作使系统状态发生变化时，会产生操作过电压。特别是在隔离开关和灭弧性能较差的断路器操作时，开关触头间会发生一系列的电弧重燃和预击穿，从触头第一次重燃到最后一次重燃，时间可能持续 1s 以上。由于被操作的母线上往往接有其他设备，从而构成了复杂的振荡网络，因此开关操作形成的暂态电压（电流）波形一般是衰减振荡波。

变电站内开关操作产生的瞬态过程，不仅会通过传导耦合对站内设备产生影响，还会通过辐射耦合对二次设备带来电磁干扰。高频辐射电磁场可直接辐射到非屏蔽电缆的芯线上，也可以通过二次设备的散热孔、显示板等孔缝侵入二次设备，造成二次设备的误动或者拒动。

（1）空气绝缘变电站（AIS）的电磁辐射特性。由于隔离开关操作持续的时间长，重燃次数多，容易产生频率高的阻尼振荡型暂态过程，因此在隔离开关的触头间有电弧燃烧的瞬间振荡，频率很高，而且电弧熄灭后才能逐渐过渡到稳态。这种具有阻尼振荡特征的暂态过程在电压（电流）的每个周期中都会多次重复。隔离开关操作是变电站正常生产过程中产生电磁干扰最严重的操作，其干扰脉冲群数量多（每个操作过程产生数百个）、持续时间长（每个操作过程从起弧到电弧熄灭，持续时间约为2s）、频率分布范围宽（在数百千赫兹到30MHz）、幅值大（空间磁场幅值可达380A/m）。变电站的结构布置对电磁干扰的分布及耦合也有重要影响。

（2）气体绝缘变电站（GIS）的电磁辐射特性。GIS通常采用SF_6或SF_6与其他气体的混合气体作为绝缘介质。在均匀电场中，SF_6气体的击穿场强为空气的2～3倍，所以在极间距离相同的情况下，SF_6气体中产生的最大电压陡度为空气的4～9倍。因此，与常规变电站相比，GIS中开关操作产生的辐射电磁场频率更高，对二次设备的危害可能会更为严重。

GIS中的开关操作会产生前沿很陡的快速暂态过电压（VFTO），VFTO的振荡频率很高，由于趋肤效应，暂态电流波主要沿着母线的外表层及外壳的内表层流动，并且外壳电位可保持不变。当电流波到达终端套管、互感器等波阻抗发生变化的地方，就会产生折射、反射，从而引起外壳暂态地电位升高（TGPR）。沿GIS母线传播的VFTO和GIS壳体与接地系统的TGPR都会产生瞬态电磁场，形成辐射干扰。一般前者的辐射场强要比后者高。

12.2.2.3 雷电直击避雷针等构件引起的干扰

发生雷击时，由于变电站内一般有避雷针、避雷线等，因此雷电一般较少直接击中变电站内的设备，而是通过两个渠道进入变电站：①雷电直接击中避雷针、避雷线或微波塔（枢纽变电站或大型变电站内通常都有微波通信系统）等高大构件；②输电线路遭受直击雷电或感应雷电，雷电波沿线路侵入变电站。对于后一种情况，在避雷针布置方式部分已经有所讨论，这里不再赘述。

雷击变电站内避雷针或微波塔等高大构件时，被击构件周围出现暂态电磁场，对邻近的二次回路感应耦合产生干扰电压和电流；经地网泄放入地的雷电流会引起地网电位升高及接地系统中各接地点间很大的电位差；沿地网敷设的电缆屏蔽层中流过雷电流，通过转移阻抗在电缆芯线间及芯线对地间产生暂态干扰电压。以上现象都可能对变电站二次回路的各种信息系统造成干扰或损坏。

雷击变电站避雷针（线）时，既能产生传导干扰，又能产生严重的辐射干扰。闪电的先导通道会辐射瞬态电磁场，雷击避雷针系统，雷击线路、避雷线后引起绝缘子闪络也会辐射瞬态电磁场。这些辐射干扰现象对变电站二次回路各种信息系统的正常工作也会构成威胁。

由于雷电波在线路上的折射、反射，干扰电压的波形可能呈高频振荡，频率分布覆盖几百千赫至数十兆赫的范围。雷电在二次回路中引起的干扰电压一般为数千伏的量级，极少情况下可达 30kV 或更大。

12.2.2.4 变电站的无线电干扰及可听噪声

变电站的无线电干扰主要有三种来源：母线及其他电气设备间连线的电晕放电；高压电气设备向母线或连线上发射的高频电流；绝缘子火花放电及其他高压部件连接松动或接触不良产生的间隙火花放电。

变电站的无线电干扰会影响无线电、电视等的接收质量，所以在变电站中选择导线及电气设备时，应考虑降低整个配电装置的无线电干扰水平。变电站配电装置围墙外 20m 处（非出线方向）的无线电干扰水平不宜大于 50dB(μV/m)（频率为 1MHz）。

变电站的可听噪声主要来源于设备运行时的机械振动和电晕放电两个方面。与高压设备运行时的机械振动噪声相比，母线电晕噪声较小，并可通过采用大截面导线来改善。变电站内的主要噪声来源为变压器和电抗器，其产生的噪声远大于母线电晕噪声，它们的噪声频率以中低频为主，测试表明，750kV 变电站变压器的声源源强可达 80dB(A)（距离变压器 2m），高压电抗器的声源源强为 80dB（A）（距离电抗器 2m）。由于变压器容量的增大及变电站与居民区的距离逐渐缩短，设计时必须注意主变压器与主控制室、通信室及办公室的距离，还需考虑主变压器与居民区的距离，以使变电站内各建筑物的户内连续噪声级别不超限值。

另外，变电站的厂界电磁干扰、噪声干扰控制问题在变电站设计和运行中也需要着重考虑。

12.2.3 直流输电线路的电磁环境

直流输电线路的电磁环境主要与输电线路电晕有关，包括电晕损失、直流电场效应、无线电干扰和可听噪声等方面。

12.2.3.1 直流输电线路的电晕

当直流输电线路发生电晕后，按电离的发生情况可将除导线以外的整个空间分为电离区和非电离区两部分。其中，电离区是指紧贴导线周围的很薄的一层空间，在电离区内，电场强度很高，电子在该电场作用下与气体分子发生碰撞，使气体分子电离，新产生的电子被电场加速后又与其他分子发生碰撞，使电离雪崩式发展。与导线极性相反的带电粒子朝靠近导线的方向运动，最终进入导线或在导线表面被中和。与导线极性相同的带电粒子朝远离导线的方向运动，最终被排斥到电离区以外，它沿电力线方向继续运动，其运动速度随着电场强度的减小逐渐减慢。在两极导线间，除正、负带电粒子的运动外，还存在着带电粒子的复合现象。由于带电粒子运动速度变慢，因此，在电离区的边缘形成一层和导线极性相同的空间电荷层，此空间电荷层的存在在一定程度上削弱了电离区内的电场，使导线表面电场强度保持临界值，从而使电晕放电持续稳定地进行。上述的电离区和非电离区的带电粒子的运动，形成了直流输电线路上的电晕电流，由此造成电晕损失。

12.2.3.2 直流输电线路的电磁场及其限值

交流输电线路产生的是一种准稳态静电场，直流输电线路产生的是离子流电场。直流输电线路下的空间电场是由两部分合成的：一部分是由导线所带电荷产生的静电场，该电场与导线排列的几何位置有关，与导线的电压成正比，通常又称为标称电场；另一部分是由空间电荷产生的电场，称为离子流电场。这两部分电场的相量叠加，称为合成电场。合成场强的大小主要取决于导线电晕放电的严重程度，最大合成电场有可能比标称电场大很多，可达它的 3～3.5 倍。

如果直流架空线路的导线上不发生电晕，在稳定情况下（忽略纹波），线路下面的物体无持续的电流流过。当直流输电线路导线表面的电场强度大于起始电晕场强时，靠近导线表面的空气发生电离，电离产生的空间电荷将沿电场线方向运动。以双极直流输电线路为例，其电力线和带电离子分布示意图，如图 12-7 所示，此时整个空间大致可分为三个区域。其中，正极导线与地面之间的区域充满正离子，负极导线与地面之间的区域充满负离子，正、负极导线之间的区域，正、负离子同时存在。这些空间电荷在电场作用下运动，形成离子电流。由正、负极导线向地面流动的离子电流，遇到对地绝缘的物体，将附着在该物体上形成物体带电现象，可能引起暂态电击。在直流输电线路下，对地绝缘良好的人或物体，截获离子电流后，由于电荷集聚，将使人或物体对地产生高电位。此时对地绝缘的人接触接地物体，或处于地电位的人接触对地绝缘的物体，在接触瞬间，人感应的电荷或聚集在对地绝缘物体上的电荷，将以火花放电的形式通过人或物体释放到大地中。

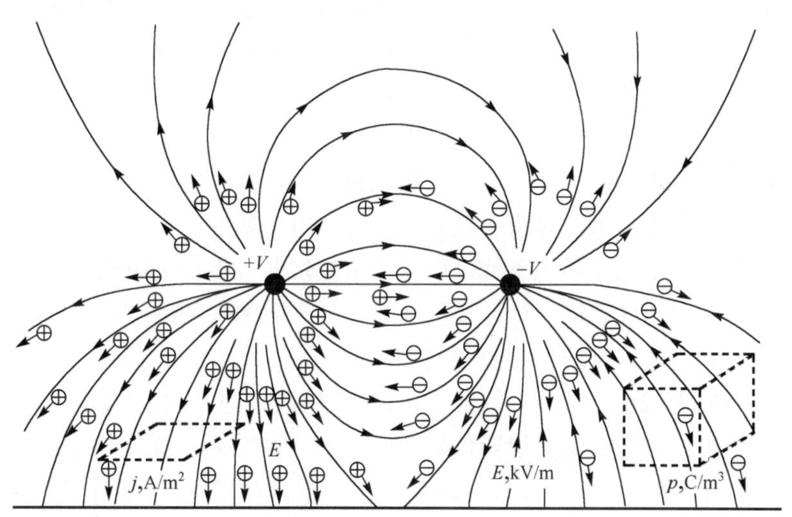

图 12-7　双极直流输电线路的电力线和带电离子分布示意图

加拿大魁北克省水电局研究所（IREQ）和美国电力研究协会（EPRI）对±600～±1200kV 直流输电线路电场影响的研究表明：在特高压直流输电线路下，对地绝缘的人的感应电压平均值为 6.4kV，标准方差值为 10.8kV；人截获离子电流的平均值为 1.7μA，标准方差值为 3.1μA。在湿度极小的条件下，感应电压超过 40kV，最大感应电流为 18μA。

直流场强对生态的长期影响尚未有明确的一致性结论。但目前各国在特高压线路设计规范中提出了直流输电线路电磁环境的限值。美国能源部特高压输电线电气和机械设计规范规定，±800kV 直流输电线路无电晕时的电场强度（不包括空间电荷形成的电场下的标称场强）取线下为 15kV/m，日本环境部取值为 9kV/m。关于地面最大合成场强，加拿大取 25.1kV/m，巴西伊泰普取 40kV/m。俄罗斯：750kV 直流输电线路设计规定的最大电场强度，有人居住时为 10kV/m，无人居住时为 25kV/m。

我国在《高压直流架空送电线路技术导则》（DL/T 436—2021）中规定，±500kV 直流输电线路下地面的合成场强限值取为 30kV/m，线路邻近民房应同时满足导线与建筑物的最小距离和地面场强的要求，民房所在地面的未畸变合成场强不应超过 15kV/m（对应于湿导线）。目前，我国±500kV 直流输电线路线下离子电流密度限值为 100nA/m^2。我国《±800kV 特高压直流线路电磁环境参数限值》（DL/T 1088—2020）规定，±800kV 直流输电线路邻近民房时，民房处的地面合成场强限值为 25kV/m；线路跨越农田、公路等人员容易到达区域的合成场强限值为 30kV/m；线路在高山大岭等人员不易到达区域的限值按电气安全距离校核。±800kV 直流输电线路线下离子电流密度限值为 100nA/m^2。

对于直流输电线路的磁场，由于没有交变现象，其限值较高，我国 DL/T 1088—2020 标准规定，±800kV 直流输电线路下的磁感应强度限值为 10mT。

12.2.3.3 直流输电线路的无线电干扰及可听噪声

与交流输电线路一样，直流输电线路的电晕放电会对线路周围的无线电正常接收产生干扰。电晕对无线电通信造成干扰的主要原因是电晕电流的高频分量，干扰与脉冲的参数（幅值、上升时间和下降时间）有关，由于电晕脉冲电流波形包含了一系列频率分量，所以会对宽频带的通信信号造成干扰。交、直流输电线路的电晕脉冲特性不同，在同样条件下，直流电晕干扰值较小，随电压的提高而增大的幅度也比较小。在雨、雪、雾天时，直流电晕干扰值比晴朗天气时低，这与交流电晕干扰完全不同。

正极性导线电晕放电点在导线表面的分布随机性大，持续的放电点大多数出现在导线表面有缺陷处，放电脉冲幅值大，且很不规则，是无线电干扰的主要来源。对于双极性直流输电线路，正极性导线产生的无线电干扰一般要比负极性导线大。负极性导线电晕放电的放电点一般均匀分布在整个导线表面，脉冲幅值小，重复出现的脉冲幅值基本一致，与正极性导线电晕放电相比，它对无线电信号接收干扰小。

直流输电线路的无线电干扰主要来源于正极性导线，与交流输电线路不同，下雨时直流输电线路的无线电干扰比晴天时有所降低。±500kV 直流输电线路无线电干扰限值应符合《高压交流架空输电线路无线电干扰限值》（GB/T 15707—2017）的规定，即干扰限值不超过 55dB（μV/m）。《±800kV 特高压直流线路电磁环境参数限值》（DL/T 1088—2020）规定，对于±800kV 直流输电线路，距线路正极性导线对地投影外 20m 处，频率为 0.5MHz 的无线电干扰限值为 58dB（μV/m），在天气好的条件下其测量值不得大于 55dB（μV/m）。海拔高度大于 1000m 时，无线电干扰限值按照 3dB/1000m 线性修正。直流输电线路允许的无线电干扰的信噪比为 20dB，即广播信号必须比直流电晕高出 20dB，才有令人满意的收听效果。直流输电线路因电晕对无线电广播的干扰要比同一电压等级的交流输电线路小。

输电线路导线产生电晕后，会伴随产生可听噪声。直流输电线路电晕放电时产生的可听噪声主要来自正极性流注放电。输电线路因电晕放电产生的可听噪声，严重时会使输电线路附近居民感到烦躁和不安，因此设计和建设直流输电线路时，应将可听噪声限制到合理范围内。美国能源部（DOE）建议将直流输电线路可听噪声限制在 40～45dB（A），晴朗天气的可听噪音 50%值不超过该范围。日本将直流输电线路晴朗天气的可听噪声 50%值的目标值定为 40dB（A）。巴西的±800kV 直流输电线路电场强度设计规定，线路走廊边缘的可听噪声不超过 40dB(A)。我国规定±800kV 直流输电线路的可听噪声限值为 45～48dB(A)。可听噪声海拔修正量取 2dB，即海拔以 1000m 为基准，每增加 1000m，线路可听噪声增加约 2dB。

我国《高压直流架空送电线路技术导则》（DL/T 436—2021）规定，+500kV 直流输电线路，在线路档距中央距正极性导线投影外侧 20m 处，由线路电晕产生的可听噪声应不大于 50dB(A)。我国 DL/T 1088—2020 标准规定，对于±800kV 直流输电线路，距线路正极性导线对地投影外 20m 处，晴天时由电晕产生的可听噪声 50%值（L50）不得超过 45dB(A)。海拔高度大于 1000m 的非居民区，可听噪声限值按照 3dB/1000m 线性修正。

12.2.4　换流站的电磁环境

直流换流站作为交、直流转换的中心，是交、直流输电系统的交汇点，电磁环境非常复杂。从一次系统方面来看，高压直流换流站不仅具有换流变压器和交流开关场，还具有完成交流与直流转换的换流阀及其阀厅、平波电抗器、直流开关场和不同功能的滤波器组等。从二次系统方面来看，高压直流换流站除具有与交流变电站类似的变压器和开关的保护控制设备外，还具有实现换流阀体导通与关断的控制与保护的光电系统。

高压直流换流站稳态运行和开关操作时，均会产生非常复杂的电磁环境。对比交流变电站的电磁环境，换流站稳态电磁环境的特点与交、直流转换过程中换流阀的工作状态紧密相关。无论是整流侧交流到直流的转换，还是逆变侧直流到交流的转换，都伴随着换流阀体的快速通断。换流阀体每一次的快速通断都会产生瞬态电磁过程。因此，换流站的稳态电磁环境是具有一定周期性的瞬态电磁过程，不仅大大增加了交流和直流侧的谐波含量，还伴随着换流阀体的快速通断过程也向空间辐射频率高、频谱宽的电磁干扰。另外，高压直流换流站的开关操作与交流变电站相比也有诸多不同。例如，交流变电站使用断路器接通与切断负荷电流，而直流换流站则通过对换流阀体的解锁与闭锁操作来控制输电功率；交流变电站的运行方式相对单一，直流换流站则有双极运行、单极经地面回路运行和单极经金属回线运行等方式，其运行方式的在线转换，交流、直流侧滤波器的投切操作都将产生强烈的瞬态电磁干扰。

换流站电磁环境包括直流电磁环境，工频电磁环境，由交、直流电晕产生的高频电磁环境和由换流阀开关过程产生的高频电磁环境等。换流站的直流电磁环境和工频电磁环境分别与直流输电线路及交流变电站类似，此处不再赘述。

高压换流站高频电磁干扰源较为复杂，从产生机理区分，主要干扰源可以分为以下五种：①换流阀运行引起的持续电磁干扰；②换流站高压设备电晕产生的电磁干扰；③换流站高压设备火花放电产生的电磁干扰；④开关操作和故障暂态引起的电磁干扰；⑤雷电等外界原因产生的电磁干扰。火花放电、雷电等产生的干扰源在特性和强度方面与一般交流高压变电站情况类似，以下简要阐述其余几种干扰源。

（1）换流阀运行引起的持续电磁干扰。换流阀运行引起的电磁干扰在换流器阀体的晶闸管触发和关断过程中产生，在换流站运行过程中持续存在，是换流站中最主要的干扰源。在换流站运行过程中，换流阀导通和关断时，换流阀两端的电压和晶闸管内的电流会发生快速突变，并向外传播，此过程会辐射产生强度较大的瞬态电磁场，覆盖很宽的频率范围。

辐射电磁干扰的传播路径如图 12-8 所示。在直流场中，由换流阀产生的电磁干扰沿套管、平波电抗器、直流场母线传播到直流输电线路上；在交流场中，电磁干扰通过套管、换流变压器传播至交流场母线，进而通过各种耦合方式进入二次系统。

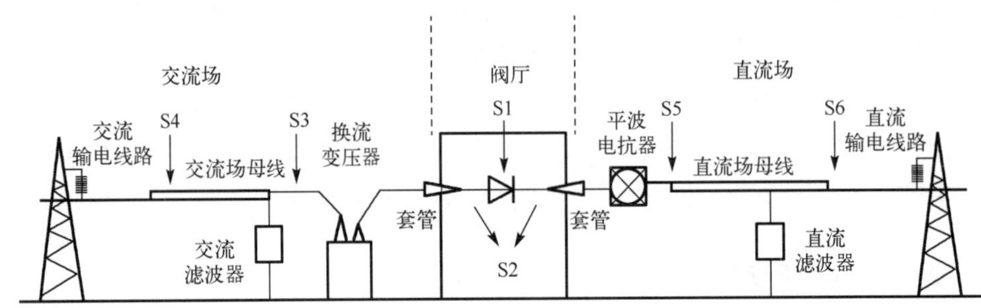

图 12-8　辐射电磁干扰的传播路径

换流阀内开关动作及其在传导过程中产生的辐射干扰，会干扰换流站内的敏感设备，如载波通信系统、控制保护系统等，也会对换流站周围及输电线路附近的无线电接收设备产生影响。现场实测结果表明，辐射干扰覆盖几百千赫兹至几百兆赫兹的频率范围。换流站内开关动作等引起的干扰在传导过程中会在主回路设备上产生辐射干扰，主要包括六部分（图 12-8 中所示的 S1～S6）：阀厅中阀和阀电路部件、阀和套管间器件或连接线、换流变压器和交流滤波器之间的电路器件或连接线、交流场母线和交流输电线路、套管与直流场母线之间的器件或连接线及直流场母线和架空电力线产生的辐射干扰。

（2）换流站高压设备电晕产生的电磁干扰。换流站内交流电晕产生的电磁干扰源在特性和强度方面与一般交流高压变电站情况类似。电晕放电的频谱一般在数百千赫兹至数兆赫兹频率范围。换流站内的电晕现象包括直流和交流电晕两种。一般来说，换流站内由直流电晕产生的无线电干扰水平很低，在直流开关场中主要考虑因换流阀开通和关断操作在母线上产生的无线电干扰。

（3）开关操作引起的电磁干扰。在换流站开关操作过程中，网络结构的突变可引起储能元件的能量转移而产生暂态电磁辐射过程。换流站的交流场开关操作与交流变电站相似，换流站直流系统的操作一般通过阀的触发控制配合断路器操作完成电流的切断或开通操作，操作引起的暂态过程比交流系统短。

当交流场开关动作时，主回路传导是首要的干扰传播途径，其电磁干扰通过换流变压器的杂散电容和换流器进入直流电流互感器，并通过直流滤波器、线路间电容、线路对地电容构成回路。刀闸操作产生的干扰经辐射和传导（电导性、电容性和电感性）耦合方式进入换流回路的交流引线，具体哪一种耦合方式为主，与系统运行状况密切相关。

12.2.5　电力系统电磁环境的一般性防护方法

由以上几节的内容可以看出，电力系统面临的系统内和系统外的电磁干扰源非常复杂，传播耦合途径也各不相同，需要根据电磁干扰源、耦合途径和敏感目标的具体特点采取针对性的防护措施。下面给出各种电磁环境的一般防护方法。

（1）减小系统对外的电磁干扰，即设法降低输电线路、变电站、换流站等产生的工频高频等干扰源辐射强度。

（2）提高重要设备或系统自身的抗干扰能力。

（3）采取有效措施切断电磁干扰源与系统、系统与其他系统的电磁耦合通路。

其中，第一种方法是抑制电磁干扰源最直接的方法。例如，在工程设计时选择合适的分裂导线结构、导线布置方式，或适当提高输电线路及变电站高压电气设备及引线的对地高度，均可减小线路附近地面的电场。但这种方法受经济性和其他因素制约，降低电磁干扰的效果有限。通常依据后两种方法提高系统的抗干扰能力，常用措施如下。

（1）接地。接地的目的是防止触电或保护设备的安全，方法是给电气、电信等设备的金属底盘或外壳接上地线，利用地面作电流回路接地线。良好的接地可以将一些无用的电流或干扰导入地面，还可以保护使用者不被电击。例如，变电站接地网可以限制跨步电压和接触电压，降低高频或低频共模干扰；在避雷针的入地点附近增设垂直接地极来改善防雷保护效果等。

（2）屏蔽。屏蔽是利用导电或导磁材料制成的盒状或壳状屏蔽体，将电磁干扰源或干扰对象包围起来从而割断或削弱干扰场的空间耦合通道，阻止其电磁能量的传输。例如，电力系统二次侧采用屏蔽电缆，利用电缆的金属屏蔽层使屏蔽层内的芯线免受外部强电场的干扰；换流站内阀厅的墙壁、天花板及地板贴合一层金属板，从而降低阀厅周围房间的辐射水平，使其小于规定限值。

（3）隔离。隔离是把电磁干扰源与接收系统隔离开来，使有用信号正常传输，而干扰耦合通道被切断，达到抑制电磁干扰的目的。常见的隔离方法有光电隔离、变压器隔离等。其中，光电耦合具有较强的隔离和抗电磁干扰能力。对于交流信号的传输一般使用变压器隔离干扰信号的办法。隔离变压器是常用的隔离部件，可阻断交流信号中的直流干扰和抑制低频干扰信号的强度。

（4）滤波。滤波也是抑制干扰传导的一种重要方法。由于电磁干扰的频谱往往与要接收的信号频谱不一致，因此，当接收器接收有用信号时，对接收到的不希望有的干扰信号可以采用滤波的方法，只让所需要的频率成分通过，而抑制干扰频率成分。常用的滤波器可分为低通、高通、带通、带阻等各种类型。

参考文献

[1] 严璋，朱德恒．高电压绝缘技术[M]．3 版．北京：中国电力出版社，2015．

[2] 梁曦东，周远翔，曾嵘．高电压工程[M]．北京：清华大学出版社，2015．

[3] 张纬钹，何金良，高玉明．过电压防护及绝缘配合[M]．北京：清华大学出版社，2002．

[4] 施围，邱毓昌，张乔根．高电压工程基础[M]．2 版．北京：机械工业出版社，2014．

[5] 沈其工，方瑜，周泽存，等．高电压技术[M]．4 版．北京：中国电力出版社，2012．

[6] 高胜友，王昌长，李福祺．电力设备的在线监测与故障诊断[M]．北京：清华大学出版社，2018．

[7] 解广润．电力系统过电压[M]．2 版．北京：中国电力出版社，2018．

[8] 赵智大．高电压技术[M]．3 版．北京：中国电力出版社，2013．

[9] 张仁豫，陈昌渔，王昌长．高电压试验技术[M]．3 版．北京：清华大学出版社，2009．

[10] 陈季丹，刘子玉．电介质物理学[M]．北京：机械工业出版社，1982．

[11] 吴广宁，张冠军，刘刚．高电压技术[M]．2 版．北京：机械工业出版社，2014．

[12] 陈维贤．电网过电压教程[M]．北京：中国电力出版社，1996．

[13] ARORA R, MOSCH W. High Voltage and Electrical Insulation Engineering[M]. New York: IEEE Press, 2011.

[14] 中华人民共和国住房和城乡建设部．交流电气装置的过电压保护和绝缘配合设计规范：GB/T 50064—2014[S]．北京：中国计划出版社，2014．

[15] 邵长勇，王德成，张丽丽，等．现代物理种业工程技术研究现状及发展趋势[J]．农机化研究，2020，(8)：1-5，12．

[16] 刘锡三．高功率脉冲技术[M]．北京：国防工业出版社，2005．

[17] 王伟，屠幼萍．高电压技术[M]．北京：机械工业出版社，2011．